常德市环境保护志

（1988—2012）

常德市地方志编纂委员会
常 德 市 环 境 保 护 局
编

方志出版社
Publishing House of Local Records

图书在版编目(CIP)数据

常德市环境保护志:1988—2012/常德市地方志编纂委员会,常德市环境保护局编.——北京:方志出版社,2016.8

ISBN 978-7-5144-2032-6

Ⅰ.①常… Ⅱ.①常… ②常… Ⅲ.①环境保护-概况-常德市-1988-2012 Ⅳ.①X321.264.3

中国版本图书馆 CIP 数据核字(2016)第 176051 号

常德市环境保护志(1988—2012)

编　　者: 常德市地方志编纂委员会、常德市环境保护局
责任编辑: 李志瑜

出 版 人: 翼祥德
出 版 者: 方志出版社
地址 北京市朝阳区潘家园东里 9 号(国家方志馆 4 层)
邮编 100021
网址 http://www.fzph.org
发　　行: 方志出版社发行中心
电话 (010)67110500
经　　销: 各地新华书店
印　　刷: 常德市宏嘉印务有限公司

开　　本: 787×1092　1/16
印　　张: 38.5
字　　数: 765 千字
版　　次: 2016 年 8 月第 1 版　2016 年 8 月第 1 次印刷
印　　数: 0001～1000 册

ISBN 978-7-5144-2032-6　**定价:** 258.00 元

常德市地方志编纂委员会

顾　　问　王　群　徐正宪　刘　明　李爱国
主　　任　周德睿
副 主 任　朱水平　黄清宇　陈　华　吉荣华
委　　员　周代惠　涂碧波　王兴钊　沈　跃　朱　明　任克勤
　　　　　李百艳　胡以军　汤祚国　诸戈文　马　慧　唐子钧
　　　　　龚美爱　曾　勇　尹正锡　张运华　刘建跃　杨成英
　　　　　戴君耀　向美华　黄云新　向才焰　涂贤春　黄修林
　　　　　洪振海　张克武　张国政　刘新华　伍彩霞　郑家火
　　　　　覃志云　程方山　夏国祥　刘李波　陈集群　周华辉

《常德市环境保护志》编修工作领导小组

第一届

组　　长　洪振海
副 组 长　陈建国　卜忠华　丁指南　谢剑平　陈　华　张明军
　　　　　魏利权
成　　员（以姓氏笔划为序）
　　　　　王兴初　王宇峰　龙新高　田伟志　刘设平　刘希彦
　　　　　刘建军　许　平　牟志勇　张　琳　张　帆　岳　健
　　　　　赵　军　赵晋弘　胡　玉　胡胜飞　谌忠凡　曾庆中
　　　　　粟爱国　舒业勇

第二届

组　　长　关建锋　杨成英
副 组 长　陈建国　丁指南　唐俊武　何书元　王金华　许　平
　　　　　卜忠华　魏利权　杨希刚　章宏炮
成　　员（以姓氏笔划为序）
　　　　　王兴初　王宇峰　龙新高　田伟志　刘设平　刘希彦
　　　　　刘建军　朱清运　牟志勇　张　帆　张　琳　岳　健
　　　　　赵　军　赵晋弘　胡　玉　胡胜飞　谌忠凡　曾庆中

栗爱国　舒业勇

第三届

组　　长　陈建国　呙滨辰

副组长　周　进　丁指南　唐俊武　何书元　许　平　陈志明
　　　　唐　涛　王金华　杨希刚　章宏炮

成　　员（以姓氏笔划为序）
　　　　王兴初　龙新高　田爱辉　刘仕稳　刘设平　刘希彦
　　　　刘建军　牟志勇　朱昱睿　宋湘平　张　琳　岳　健
　　　　卓德祥　胡　玉　胡胜飞　赵　军　赵晋弘　黄道兵
　　　　谌忠凡　崔海宁　舒业勇　曾庆中　谢　俐　游子荣

《常德市环境保护志》编修工作办公室

主　　任　谢剑平　陈　华　何书元　许　平

成　　员　王兴初　刘希彦　黄道兵　龚　慧　陈　鑫　周湘平

《常德市环境保护志》编修人员

顾　　问　佘洪涛

主　　编　何书元　　　　副主编　王兴初

总　　纂　何仕林　　　　副总纂　齐绍正

撰　　稿　邓　洁　王兴初　田伟志　龙新高　许　平　刘设平
　　　　　朱清运　牟志勇　张　帆　张　琳　岳　健　胡　玉
　　　　　赵　军　胡胜飞　舒业勇　曾庆中　栗爱国

英文翻译　陈　鑫

《常德市环境保护志》审稿人员

陈建国　呙滨辰　卜忠华　丁指南　谢剑平　陈　华
许　平　刘李波　周华辉　向满华　江时宜　方移洪
周　波　翦　甜　程　关

常德市环保机构及设施分布图

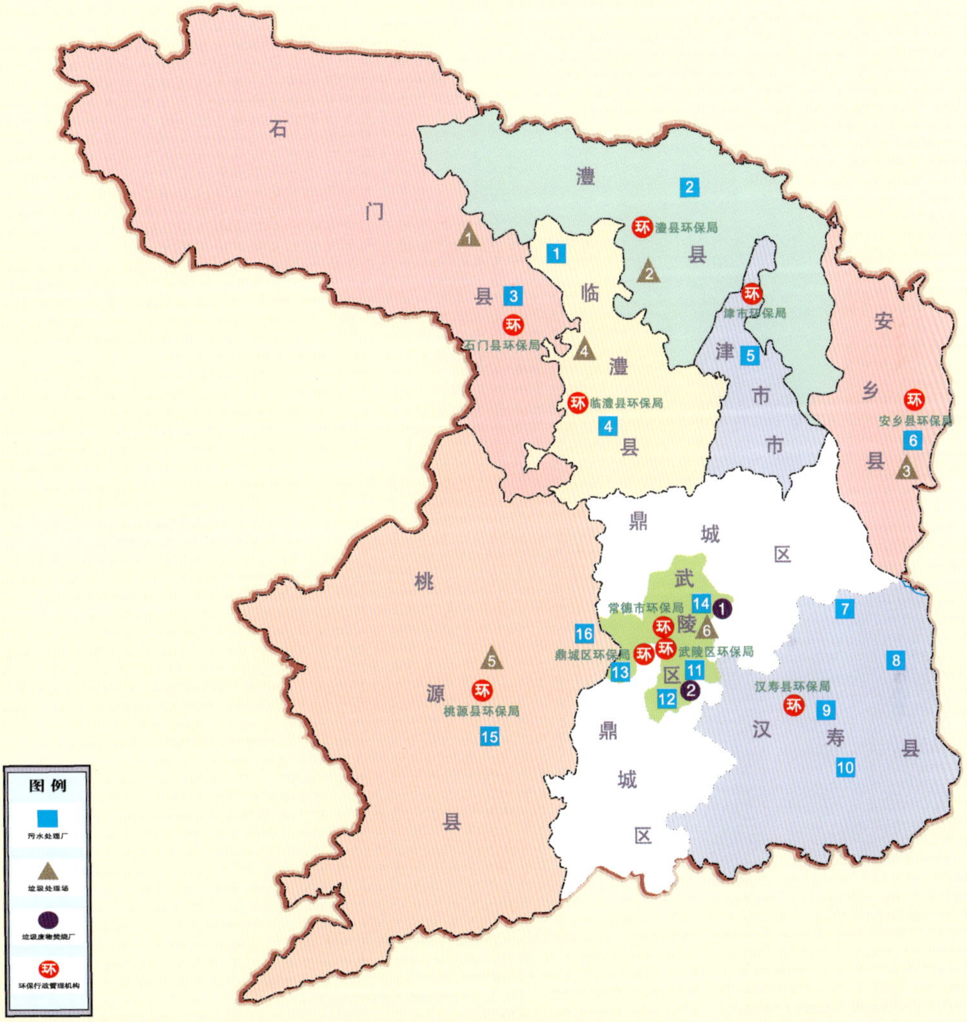

1 临澧县天蓝污水处理有限公司
2 常德集水水务有限责任公司
3 石门县城市污水处理有限公司
4 临澧县丰河污水处理有限责任公司
5 津市市海川达水务有限公司
6 安乡县海川达水务有限公司
7 常德市西洞庭祝丰污水处理有限公司
8 西湖管理区清河污水处理厂
9 汉寿县龙泉城市排水有限公司
10 汉寿县汉林污水处理有限责任公司
11 皇木关污水处理厂
12 常德清蓝水务有限公司
13 常德市辉睿水务有限公司
14 常德市污水净化中心
15 桃源县深港环保工程技术有限公司
16 桃源县首创环境治理有限公司陬市镇污水处理厂

▲1 石门县刘家湾垃圾无害化处理场
▲2 澧县生活垃圾处理厂
▲3 安乡县蔡家溪生活垃圾无害化处理厂
▲4 临澧县生活垃圾无害化处理场
▲5 桃源县城生活垃圾无害化处理厂
▲6 常德市环境卫生管理处垃圾处理中心

●1 常德市安邦医疗废物处置有限公司
●2 常德中联环保电力有限公司

常德市环保局新办公大楼

常德市环保局原办公大楼

原常德市环境监测站机关

常德市城区

常德市街景（图1）

常德市街景（图2）

常德市街景（图3）

壶瓶山国家级自然保护区

西洞庭湖

国家级自然保护区

乌云界国家级自然保护区

桃源沅水国家湿地公园

花岩溪国家森林公园

毛里湖——国家湿地公园

桃花源国家森林公园

鸟儿州国家湿地公园

常德市污水净化中心

净化池

净化池

楠竹山排污站

垃圾焚烧发电厂

（常德中联环保电力有限公司）

中央控制室

厌氧罐

发电设备

常德中联环保电力有限公司

桃树岗垃圾填埋场

垃圾填埋场铺设的防渗膜

纳入装置

反渗透装置

生物处理池

垃圾填埋场大门及办公楼

医疗废物专运车

医疗废物处理设备

安邦医疗废物处理中心大门

医疗废物处理中心

（常德市安邦医疗废物处理中心）

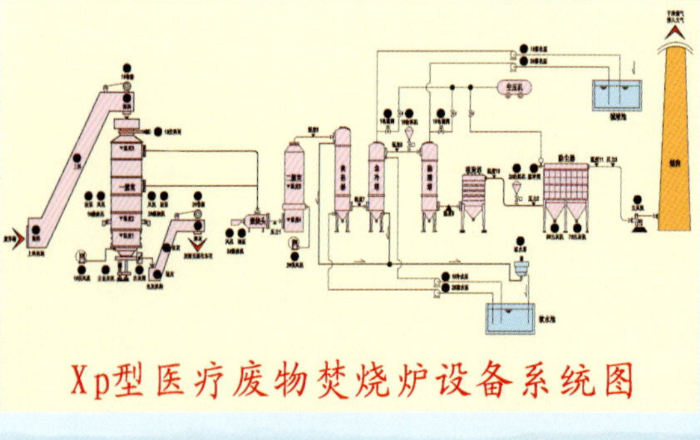
Xp型医疗废物焚烧炉设备系统图

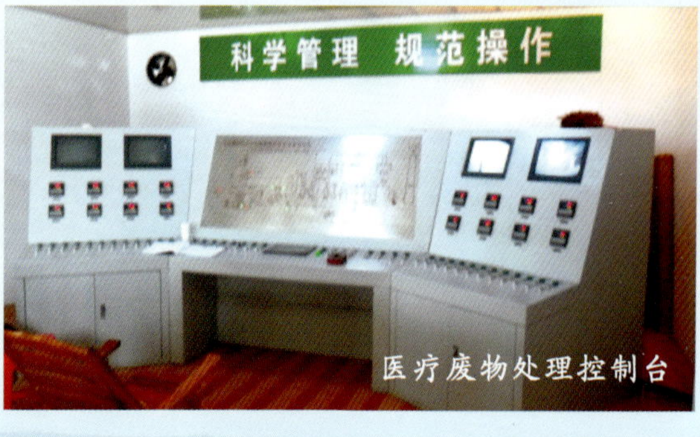

医疗废物处理控制台

序

关建锋 杨成英

常德，洞庭湖粮仓，世界谷物种植发祥地。在传统农业时代，红树青山，桃花流水，阡陌交通，鸡犬相闻，曾是沅澧儿女引以为傲的福地洞天。随着工业文明的闯入，人与自然的和谐很快被打破：20世纪70年代，伴随“烟囱林立、机器轰鸣”的盲目自豪，常德人开始感受到“三废”的威胁；20世纪80年代，村村点火、户户冒烟以及“消灭空壳村”的工业“壮举”，让常德人见识了家门口的污染；20世纪90年代，不惜一切求发展的举措，让常德人领教了什么叫生态灾难、什么叫环境破坏的不可逆转。石门雄磺矿砷中毒之殇、西洞庭牛屎湖重度污染之恨、欧美杨种植与珍珠养殖之憾……终于唤醒了人们的环保意识。

1997年6月，常德市委、市政府做出《关于加强环境保护工作的决定》。这是常德人民对破坏环境行为的第一次全方位宣战。之后，特别是进入21世纪以后，以激发环保意识、倡导环保行动为主旨的“环保世纪行”“世界环境日”等系列宣传活动，一个接着一个，一年接着一年，并且不断变换活动主题；城区工业企业外迁、“十八小”清理整顿以及造纸行业、苎麻行业、水泥行业、重金属污染行业等环保专项整治行动从未停歇；废物集中处置能力不断提升，污染治理手段日益强化，环境保护从“头疼医头，脚疼医脚”，上升到数字化、系统化、科学化、法制化的“总量控制污染减排”；退耕还林还草、退田还湖还河、自然保护区建设以及各种生态修复工程接连上马，并陆续显现成效。经过20多年的不懈努力，常德终于找回了那片久违的碧水蓝天、绿野青山，并顺利通过国家环保模范城市考核验收。《常德市环境保护志》便是对这段历史的忠实记录。

《常德市环境保护志》历时三年，终成卷帙。它是20多载常德环保工作的缩影，也是全体编纂人员心血的结晶。这部志书体系完备，篇目清楚，篇目之间互为呼应，主次强弱安排得当，为人们全面了解常德环保历史提供了方便，足显编纂人员的高远立意和逻辑功力；这部志书史料浩繁，内容翔实，取舍准确，剪裁得体，处处可见资料收集上“翻箱倒柜”之艰难、资料鉴别上披沙铄金之辛苦；这部志书表述客观，全凭事实说话、数据说话、图像说话，既不饰功，也不诿过，用淡淡的“春秋笔法”，书写了“实事求是”四个凝重的大字。我相信，这部志书一定能成为常德人民走进本地环保历史最便捷的“时光隧道”，成为常德环保工作者学习、熟悉本地环保业务最珍贵的“四库全书”，成为常德决策者们谋划绿色发展不可或缺的“资治通鉴”。

鉴古以铄今，追远以启后。让历史告诉未来，这是编纂人员的初衷与企望。在中共十八大上，党中央将环保国策上升到“生态文明”建设的历史高度，并且与“物质文明、精神文明、政治文明”并驾齐驱。所有这些，预示环保的春天已经到来！我们要抓住这一历史机遇期，认真总结环保工作经验教训，着力推进绿色发展、循环发展、低碳发展，让常德的天更蓝，水更清，山更绿，人与自然更和谐，经济发展更持续。在实现这一愿景的过程中，读读眼前这部环保志或许有所裨益。

于2015年7月8日

（作者分别为常德市环保局党组书记、常德市环保局局长）

凡　例

一、以马克思列宁主义、毛泽东思想、邓小平理论、“三个代表”重要思想和科学发展观为指导，深入贯彻习近平总书记系列重要讲话，坚持辩证唯物主义和历史唯物主义的立场观点和方法，记述了常德市1988年至2012年的环保工作发展。

二、本志上限始于撤区建市的1988年，下限止于2012年。为了保持事物发展的连续性，对个别重大事情的记述适当上溯下延。

三、本志采用述、记、志、图、表、录等体裁。卷首列概述，为全志之纲，设大事记，为全志之经。正文分11章，为全志主体。按照生不立传原则，本志未设人物传。在人物简介中介绍了常德市环保局历届主要领导和具有高级技术职称的环保科技工作者。

四、根据部门（专业）志记述突出专业的原则，本志主要记述常德市环保事业发展的情况，市环保局内部人、财、物管理从略；鉴于市环保局对县（市）环保部门只是业务指导关系，县（市）环保部门工作情况仅略述其要。

五、为叙述方便，书中出现的“常德市”以1988年常德撤区建市为界，若在撤区建市前，则指原县级常德市，若在撤区建市后，则指地改市后的省辖常德市；鼎城区在撤区建市前仍称常德县，撤区建市后称鼎城区。

六、为节省篇幅、使志书语言更符合人们的语言习惯，中国共产党常德市（地）委员会缩写为市（地）委，常德市人民代表大会缩写为市人大、常德市人民代表大会常务委员会缩写为市人大常委会、常德市人民政府缩写为市政府、中国人民政治协商会议常德市委员会缩写为市政协，常德市（地）属部、委、办、局写作市某某部、委、办、局。在记述区县（市）委、人大、政府、政协机关时，在机关名称前冠区县（市）名；其下属部、委、办、局前冠区县（市）名。

七、书中多次使用一名称时，首次用全称，其后用简称。

八、本志体例和行文，均按《地方志书质量规定》《〈湖南省志〉编写行文通则》和《常德市志书编纂工作细则》执行。

九、组织机构和领导人职务，一律采用当时使用的称谓。

十、标点符号执行 2012 年 6 月 1 日开始执行的国标《标点符号用法》；汉字数字和阿拉伯数字的用法执行国家质量监督检验检疫局和国家标准化管理委员会颁布的、于 2012 年 11 月 1 日起实施的《中华人民共和国国家标准出版物上数字用法》。

十一、本志所引用资料，多出自常德市档案馆、常德市环保局档案室、常德市统计局以及常德市方志办出版的有关书籍。所引用资料均已核实，不交代出处。

目 录

第一章　自然环境

第二章　环境质量

第三章　环境污染防治

第四章 生态环境保护

第五章　环境监测

第六章　环保科技

第七章　环境管理

第八章　环境监察

第九章　环保宣传与信息化建设

第十章　重大环保活动

第十一章　机构队伍

人　物

附 录

CONTENTS

Chapter 1 Natural Environment

Chapter 2 Environmental Quality

Chapter 3 Environmental Pollution Prevention

Chapter 4 Ecological Environment Protection

Chapter 5 Environmental Monitoring

Chapter 6 Environmental Protection Technology

Chapter 7 Environmental Management

Chapter 8 Environmental Supervision

Chapter 9 Propaganda of Environmental Protection and Information Construction

Chapter 10 Important Activities of Environmental Protection

Chapter 11 Organization and Team

Character

Appendix

概 述

常德市位于湖南北部，江南洞庭湖西侧，武陵山下，史称“川黔咽喉，云贵门户”。其最北端在石门县壶瓶山镇桐木山村（北纬 30°07′53″），最南端在桃源县西安镇薛家冲村（北纬 28°24′31″），最西端在石门县东山峰（东经 110°），最东端在汉寿县百禄桥乡烟包山（东经 112°17′52″）。市境东西极宽 174.6 千米，南北极长 187.2 千米，市域总面积 18190 平方千米。境内山水相连，地势西北高东南低，西部有“湖南屋脊”之称的壶瓶山，东南部是地肥水美的西洞庭湖平原，中部过渡地段为丘陵，湖南四大水系中的沅水和澧水流经常德，属中亚热带湿润季风气候向北亚热带湿润季风气候过渡的地带。

常德原为地区建制，1988 年撤区建市，现系湖南省省辖市，下辖武陵区、鼎城区、汉寿县、桃源县、临澧县、石门县、澧县、安乡县、津市市，以及德山经济开发区、西洞庭管理区、西湖管理区、柳叶湖旅游度假区、桃花源旅游管理区。至 2013 年年末，常德市户籍人口 607.2万，其中非农业人口 142.1 万。改革开放以来，特别是“撤区建市”以后，常德市社会、经济、文化建设出现质的飞跃。2013 年，全市完成地区生产总值 2264.9 亿元，人均地区生产总值达到 39169 元；完成财政总收入 168.7 亿元，城镇居民人均可支配收入 20766 元。常德市综合实力始终位居湖南省前列，经济总量保持湖南前三甲，并先后荣获全国文明城市、国家卫生城市、国家园林城市、国际花园城市、中华诗词之市、中国优秀旅游城市、中国首届魅力城市、全国交通管理模范城市等称号。常德市已发展成为湖南省省域副中心城市、国家公路运输枢纽城市、湘西北铁路枢纽城市，并因其自身的地理位置及社会、经济发展实力，跻身于环洞庭湖生态经济圈、长株潭 3+5 城市群、长江中游城市群。

在大力促进经济、社会发展的同时，常德市没有放松对家园环境的保护，爱护生态环境、发展绿色经济、实现人与自然的和谐共处等概念一步步深入人心，进而转化为自觉行动。经过 20 多年的艰苦努力，常德市终于通过了国家环境保护模范城市的全面考核。同撤区建市前相比较，常德市环境及环保工作呈现出五个方面的重大变化。

一、全民环保意识逐步增强

常德市原属传统农业地区，污染程度相当低，环保概念也随之淡薄。随着20世纪80年代常德乡镇企业的“全面开花”“异军突起”，以及规模企业特别是矿山的无序开发，污染事件陆续出现，环境问题才逐步引起人们的重视。撤区建市以后，常德市立即将环境保护局从建委系统的归口管理中分离出来，升格为市人民政府组阁局；随后各区县(市)以及各管理区均陆续成立了环保局或环保分局，并建立健全了各自内部职能机构；环保队伍经多年补充，逐步由小到大，由弱变强，2014年，全市环保系统在编人员已达677人，其中市局环保人员编制已由1988年的74人增加到2014年的152人；市级财政对环保的投入逐年增加，至2013年，全市节能环保支出达50932万元，社会各方面对环保的投入也在成倍增长，用于区域环境综合整治和重点污染源治理的总投资，“八五”环保规划为3.46亿元，“十五”环保规划为19.6亿元，“十一五”环保规划为67.19亿元，“十二五”环保规划为89.51亿元，“十二五”环保规划投资为“八五”环保规划的25.87倍。在科学发展观的指引下，决策层面逐步树立“绿色发展”理念，在项目引进中开始改变来者不拒的做法，对影响生态环境的项目实行一票否决，同时对杨树种植、珍珠养殖等不利自然生态而自以为傲的错误决策主动修正，并持之以恒开展“国家环保模范城”“生态常德”创建活动，绿色发展、环境至上理念已经在常德决策层牢牢扎根。

为了让绿色环保理念成为社会共识，常德市在对市民进行常规性环保教育的基础上，每年都开展“环保世纪行”“世界环境日”等集中环保宣传教育活动，并不断深化活动主题。在“环保世纪行”活动中，1999年发出了“还我蓝天，还我碧水，还我绿地”的呼喊，2003年制定了“建设生态家园，促进可持续发展”的主题，2009年年提出了“推进节能减排，建设生态常德”的口号，2012年推出了“统筹城乡生态环保，打造宜居幸福家园”的目标。在“世界环境日”宣传活动中，活动主题年年推陈出新，2005年为“营造绿色城市，呵护地球家园”，2008年为“转变传统观念，推行低碳生活”，2010年为“低碳减排，绿色生活”，2012年为“绿色消费，你行动了吗”。这些主题与口号的变化，折射出常德市民环保理念的步步提升。从对环境污染的熟视无睹，到减少“三废”(废水、废气、废渣)、变废为宝，再到节能减排、绿色生活，最终升华为生态常德建设，常德市民经历了艰苦而漫长的认知与接受过程。正是上述活动中的一次次环保知识讲座、一册册环保知识读本、一台台环保文艺演出、一个个环保整治行动，改变并“绿化”了常德市民的环保理念。

随着绿色环保理念的增强，常德市民对环境的关心度和环保行动参与度大幅提升。1990年3月常德市环境科学学会宣告成立，2007年5月15日常德市环境保护志愿者协会宣告成立，2010年8月常德市老科学技术工作者协会环保分会宣告成立，2012年7月

20日常德市环境保护产业协会宣告成立。在各类群众团体的号召下，越来越多的市民加入到环保队伍中来。特别是2002年“环保110”和2007年“12369”环保热线的设立，更是拓宽了市民关心环保、参与环保的平台与渠道。仅2007—2013年，“环保110”和“12369”环保热线共接受环保投诉6731件。这些环保投诉均得到及时有效处理，其中不乏噪声扰民、大气污染、水域重金属超标等群众反映强烈且长期得不到解决的环境问题。随着环保国策的确立，人大代表、政协委员参与环境保护的积极性不断高涨，涉及环保的建议与提案成为人大代表、政协委员建议提案的主体。1988年至2013年，共承办省、市人大代表建议和政协委员提案295件，办复率、见面沟通率、满意和基本满意率均达到100%，问题解决率达到95%以上。市民、群团组织和民意代表的加持，形成了强大的环保社会氛围。

二、污染防治力度不断加大

撤区建市以前，污染防治主要是头痛医头、脚痛医脚。为从根本上解决污染问题，撤区建市以后，常德市立即从调整工业布局入手，关停了一大批散落在沅澧大地的小造漆厂、小电镀厂、小化工厂、小造纸厂、小水泥厂、小砖瓦厂，并结合企业改制完成了城区内所有工业企业的外迁。在此基础上，对历史遗留的和新产生的污染问题，进行全方位高强度治理。

在大气污染防治方面，为遏制二氧化硫和酸雨，市人民政府于2000年制定《常德市城区大气环境保护圈建设管理暂行办法》，提出以常德市城区为中心在四周最高山脊300平方千米环状范围内建立大气保护圈，并为此采取了一系列行动：2001年8月，市政府决定全部关停城区0.5蒸吨/时以下燃煤小锅炉，城区锅炉、炉灶改用管道燃气、液化石油气、电力等清洁能源；2003年10月，市政府下发《市城区餐饮业油烟污染限期治理实施方案》，要求所有餐饮单位安装油烟净化装置；2004年12月，常德市正式确定烟控区范围为47.63平方千米。在对城区实施烟控的同时，常德市还对其他大气污染问题进行了管控和治理。2001年，针对秸秆焚烧污染空气问题，全市划定了秸秆禁烧范围，所涉面积7577.5平方千米，占辖区总面积的42%；2001年9月，发布了《常德市机动车排气污染防治管理办法》，对187种化油器类汽车禁止销售、上牌，尾气不达标的车辆不准上牌、过户和入城行驶，并于2012年5月1日起全市登记的机动车辆开始执行第三阶段国家机动车大气污染物排放标准；2006年12月31日，为保护大气层，常德市全面禁止使用含氟利昂的制冷剂及其他物质，提出建立无氟市目标。通过一系列整治，常德市空气质量明显好转，2012年优良天数达到350天，二氧化硫、二氧化氮、可吸入颗粒物年均值均符合国家《环境空气质量标准》中的二级标准。

在水环境污染整治方面，主要集中在企业排污、河流清淤、湖库禁投、水源保护上。针对企事业单位排污问题，1999年6月，市政府发出《关于重点抓好湖南雄磺矿、常德锦纶厂等60家企业污染治理的通知》，要求按照“谁污染，谁治理”的原则，对超标排放的企业，分期限期治理。围绕通知精神落实，2000年7月，对市属16家企事业单位开展了污水处理设施运行情况执法检查；2001年7月，对市区范围内13家医院的医疗废水处理进行专项执法检查；2002年4月，启动了水域环境“严打”整治专项行动；2003年4月，对江北城区按自来水和自备水实际用量开征污水处理费；2006年7月，市环保局联合8个部门，开展了整治排污企业保障群众健康环保专项行动，并重点就造纸企业污染问题，先后对57家化学制浆、废纸造纸企业实行限期停产；2009年7月，开展了苎麻水泥行业污染整治，对67家国控重点污染源企业开展有针对性检查，发现违法排污企业20多家。针对江北城区河流淤塞污染，1998年9月，启动了护城河清淤工程，对5370米护城河渠进行全线清淤，所排污水经污水净化中心处理后流入姻缘河；2003年9月，启动了穿紫河环境综合整治工程，完成了底泥清淤、河面扩卡、河床控高以及新建改建截污泵站等一系列施工任务，成功实现水污分流，将城市生产生活污水全部送至江北城区污水处理厂处理，并从2005年12月开始，自来水厂每天向穿紫河送水13万立方米，穿紫河通过清淤、截污、活水，已达地表水Ⅳ类标准。对大面水域污染防范，2003年4月，常德市推出《水环境功能区划方案》，在20条河流、12个湖库划分56个水环境分类管理功能区，其中包括湿地自然保护区、饮用水源保护区、渔业用水区、农业用水区、工业用水区、景观娱乐用水区，覆盖河流1296千米，湖库面积495平方千米。特别是对诗墙公园外滩、柳叶湖及其周边水域进行重点盯防，禁止设排污口，禁止从事水上餐饮，全面关停污染企业。为了保护好水源，从2008年4月1日开始，所有大中型水库禁止投肥养鱼，曾为常德农村支柱产业的珍珠养殖逐步缩减直至完全退出，所有珍珠养殖设施于2013年12月31日前全部拆除。

在固体废物污染防治方面，撤区建市以前对固体废物的处置不仅量小，而且水平较低。进入20世纪90年代中期，工业固体废物逐步由自发处置、政府倡导迈向法制管理轨道。1995年10月30日，国家颁布首部“固体废物污染环境防治法”。此后，常德市及其区县(市)按法律要求制定固体废物污染环境防治规划，并在固体废物产生单位建立起相应的防治责任制度，对固体废物从产生、流向、贮存、处置实行全程管控。2004年12月29日，国家的《固体废物污染环境防治法》经修订再次颁布后，常德市进一步强调政府、企业、个人在固体废物污染防治方面的法律责任，并提出“减量化、资源化、无害化”的更新更高要求。在这一要求指引下，常德市固体废物综合利用产业出现井喷式发展，石门登峰环保建材有限公司的灰渣砖厂、湖南雪丽造纸有限公司的碱回收厂、常德市拓新包装材料厂的废纸利用、湖南理昂再生能源电力有限公司的生物发电厂、常德市科辉墙材有机肥厂，就是这方面的突出代表。2013 年,全市共产生工业固体废物 273.61 万吨,利用、处置了 268.91 万吨,综合处置率高达 98.28%。在固体废物污染防治中,还着重抓了工业危险废物、医疗废物以及城市垃圾与粪便的管理,监管强度与处置能力均有大幅度的提升。

此外,常德市还将污染防治延伸至噪声污染防治、辐射污染防治。经过 20 多年的探索与努力,2012 年,常德市城区环境噪声平均值达到 52.9dB(A),符合区域环境噪声标准;电离辐射稳定保持在本底天然辐射水平,电磁辐射水平均达到国家有关控制标准水平。

三、自然保护区建设突飞猛进

1988 年以前,常德市仅有一处省级自然保护区,即壶瓶山自然保护区。该保护区于 1982 年经湖南省人民政府批准建立。撤区建市以后,广大人民群众对自然生态与人类生命、环境友好与可持续发展的依存关系有了新的认识,进而对森林、湿地两大类型自然保护区建设与发展表现出极大的关心与热情。

森林类型自然保护区逐年增多,级别上升。1994 年 4 月,经国务院批准,位于石门县境内的壶瓶山自然保护区由省级自然保护区升格为国家级自然保护区,总面积达到 6.7 万公顷。壶瓶山自然保护区经过Ⅰ期、Ⅱ期、Ⅲ期建设,生物多样性得到原始保存,于 2001 年被世界自然基金会、国际自然保护联盟及世界银行列为全球 200 个重点生态区之一。继壶瓶山国家级自然保护区之后,1998 年建立的面积达 3.38 万公顷的桃源黑山县级自然保护区,经过长达 8 年的禁采、禁伐、禁猎和基础设施建设,迅速完成"三级跳":2000 年 10 月晋升为省级自然保护区并更名为乌云界自然保护区,2006 年 2 月经国务院批准升格为国家级自然保护区。此外,还于 2001 年 11 月,由常德市环保局申请,经湖南省人民政府批准,以鼎城区花岩溪林场为依托,建立起花岩溪省级自然保护区,保护区面积达 4032 公顷。除了正规的自然保护区,还在原国有林场的基础上,先后建立了 5 个国家级森林公园、4 个省级森林公园、2 个市级森林公园。

湿地类自然保护区从无到有,拓展迅猛。1998 年 1 月,经湖南省人民政府批准,在汉寿县境内的西洞庭湖,建立了全市第一个省级湿地自然保护区,总面积 35680 公顷,其中湿地面积 26960 公顷。2002 年 1 月,被国际湿地恢复组织纳入《国际重要湿地名录》,后被世界自然基金会(WWF)确认为全球 200 个重要生态区之一。2005 年,经建设部批准,西洞庭湖省级自然保护区被命名为"西洞庭湖国家湿地公园"。2013 年 1 月,环境保护部将该湿地公园升格为西洞庭湖国家级自然保护区。西洞庭湖湿地自然保护区所带来的生态效益、经济效益、社会效益,给各区县(市)以极大启发。2001 年 6 月,安乡县境内总面积 7021.1 公顷的珊珀湖、明塘湖湿地自然保护小区成立；2005 年 2 月，澧县境内总面积 11310 公顷的北民湖湿地自然保护小区成型；2012 年前后，津市市境内总面积 5400 公顷的毛里湖国家湿地公园、安乡县境内总面积 4225 公顷的书院洲国家湿地公园、桃源县境内总面积 752 公顷的沅水国家湿地公园相继挂牌。

经过 20 多年的不懈努力，常德市包括森林、湿地在内的自然保护区面积已达 23.7 万公顷，占市域国土面积的 13%。在抓好自然保护区建设的同时，还抓了大面上自然生态环境的修复，1998 年长江流域特大洪水之后，全市以加大“平垸行洪”为契机，大面积实施退田还湖还河，西洞庭湖、毛里湖、书院洲、珊珀湖、明塘湖、北民湖等国家湿地公园和湿地自然保护小区的出现与成型，均受益于退田还湖还河；2002 年，常德市对生态脆弱的坡耕地启动了退耕还林还草工程，到 2010 年年底，累计完成 8.2 万公顷，使全市森林覆盖率提高了 4.2 个百分点。与此同时，全市还积极倡导生态农业和生态村建设，对矿山开发环境进行整治与规范，对已经造成生态危害的矿山环境进行整治和修复。通过这些措施，常德市生态环境呈现出越来越好的趋势，并为野生动植物特别是珍稀野生动植物的生存、繁衍提供了理想的家园。在常德境内，有各类植物 3572 种，其中有国家一级保护的野生植物 8 种，国家二级保护保护野生植物 27 种，列为国际公约的濒危植物 87 种；有野生动物 1667 种，其中有国家一级保护动物 10 种，国家二级保护动物 65 种，世界濒危野生动物 78 种，充分体现了生物的多样性。

四、环保能力建设成绩斐然

撤区建市后的 20 多年，是常德市环境状况不断向好的 20 多年，也是环保能力快速提升的 20 多年。常德市环保能力的提升，主要体现在以下四个方面：

一是环境监测能力快速提升。监测点位不断增多，同撤区建市前比较，地表水监测点位由 5 个省控常规水质监测断面，增至 2 个国控断面、5 个省控断面、18 个市控断面；环境空气监测点位由 1 个增至 5 个，并根据城市发展需要不断优化点位布局，加大监测密度；酸雨监测点位由 2 个增至 10 个；交通噪声监测点位由 16 个增至 100 个，区域噪声监测由 102 个点位增至 279 个网格。监测项目不断扩大：同撤区建市前比较，地表水监测项目由 11 项增至 24 项，水和废水分析检测能力拓展至 135 项指标；环境空气和废气监测项目由 2 项增至 6 项，即二氧化硫、氮氧化物、可吸入颗粒物、$PM_{2.5}$、CO、臭氧，环境空气和废气分析检测指标拓展至 43 项；噪声监测项目由 1 项增至 8 项，即城市区域环境噪声、工业企业厂界噪声、建筑施工场界噪声、铁路边界噪声、机场噪声、道路交通噪声、环境振动、社会生活环境噪声；土壤、底质、植物、生物残留量、固体废物、煤质检测拓展至 18 项，即砷、硒、汞、总铬、pH值、铜、锌、镉、铅、铁、镍、锰、硫、氟、细菌总数、总大肠杆菌、粪大肠杆菌、叶绿素a。监测技术不断进步:环境监测站建站初期,仅有分光光度计、分析天平、声级计、大气采样器等较为简陋的监测仪器设备,至1997年,大小仪器设备也不过73台套。至2011年,环境监测仪器设备猛增到172台套,总值1032万元,设备中不乏红外分光测油仪、自动烟尘(气)测试仪、高效液相色谱仪、原子分光光度计等一批国内外领先水平的分析仪器。特别是应急监测车和一批便携式分析仪器的添置,更是大大提升了环境监测的机动能力。

二是环境监察能力快速提升。撤区建市以前,常德市仅有一个编制10人的排污收费监督管理站。1991年5月,常德市环境监察队正式成立,并于1996年2月升格为环境监察大队,专司环境监察。2003年,排污收费监督管理站与环境监察大队合并,正式组建常德市环境监察支队(正科级),全额拨款事业编制增至24名。除了机构升格、力量增强,环境监察领域也在不断扩大和延伸,逐步由以往的排污收费为主转向污染源监察和项目监察为主。在污染源监察方面,监察领域由单纯的水污染源扩大到大气污染源、固体废物污染源、辐射污染源和其他污染源;形成了以环保目标责任制为基础、以专职环境监察队伍为主体、以群众监督和专业布点为网络、以环保行政复议和法院环保法规执行为后盾的环境监察机制,并定期或不定期开展环境监察执法专项行动,仅2009年,全市共出动2000多人次,检查企业1700多家,对20家企业分别做出停产整治、限期治理、立案查处的处罚。在项目监察方面,在严格建设项目立项监察的同时,加强对在建项目"三同时"监管,市局与各区县(市)建立了建设项目管理台账和限期治理台账,否决了一批与国家产业政策和污染减排政策不符的建设项目,建设项目环保审核率、"三同时"执行率长期保持100%。结合环境监察,全市不断加大排污费征收力度,征收额度由1990年的1455万元,增加到2013年的4528万元,净增2.11倍,让排污单位付出应付的违法成本。

三是环境科研能力快速提升。撤区建市以前,环保科研尚属空白地带。1994年10月,常德市从市环境监测站抽调了5名技术人员,组建常德环境科学研究所,主要从事环保科技研发和环保实用技术推广。2003年9月1日,《中华人民共和国环境影响评价法》施行,环科所工作重点转向环境影响评价和污染治理技术推广应用。2007年11月,根据国家政企分开的要求,环科所改制为双赢环境咨询服务有限公司,并于2008年3月获得环保部环评乙级资质,还于2013年在岳阳成立了分公司。环科所及双赢公司成立以来,取得了不俗的成绩:在环境评价方面,仅据2008年至2011年四年统计,便完成环评项目1290个,出具环评影响报告书96个,指导70家企业完成了清洁生产审核。环评工作成绩不菲,环保科研同样硕果累累。在环保科研论文方面,《常德市城市污水净化与资源化生态工程系统研究》《容量法测定水样中硫酸根》《三乙醇胺吸收对品红分光光度法测定大气中二氧化硫》《常德市环境空气质量功能区划》《催化光度法测定天然水中微量碘化物》《测定地表水中微量亚硝酸盐的灵敏度法》等一批有分量的科研论文在国内外产生巨大影响，并获取多项科研论文奖项。在清洁生产指导方面，先后帮助石门县雄磺矿利用硫铁矿渣进行彩色路面砖生产，帮助桃源纺织印染厂利用粉煤灰建起了免烧免蒸粉煤砖生产线，帮助金海大酒店解决了柴油发电机引发的噪声污染问题，帮助华南光电仪器厂燃煤锅炉进行了脱硫改造，帮助临澧县再生纸厂处理造纸废水实现多级利用等。在环保实用技术推广方面，先后研究推广了磷化氢气体净化处理装置、生活污水氧化沟改良净化工艺、生活污水人工快渗技术、"石灰—石膏"法烟气脱硫技术、HB 及 R—PXJ 型高效脱硫除尘技术等。

四是污染处置能力快速提升。20 多年来，常德市在提升污染处置能力方面投入巨大。围绕城市生活垃圾处置，1990 年，常德市在距城 15 千米的桃树岗建起第一个生活垃圾填埋场。对垃圾进行简单填埋。2001 年，按照建设部颁布的《城市生活垃圾卫生填埋技术标准》，启动桃树岗填埋场扩建及生活垃圾无害化处理工程。2010 年工程竣工，桃树岗填埋场扩大至 246.67 公顷，日处理垃圾能力增至 500 吨，底层全部铺设 HDPE 防渗膜，无害化处理率达 100%，满足了城市生活垃圾消纳需要。与此同时，所辖 7 个县(市)也纷纷建起了生活垃圾填埋场。2011 年 6 月，常德市从中科院引进生活垃圾焚烧技术，投资 2.8 亿元，在德山工业园建成日处理生活垃圾 900 吨、湖南省首个生活垃圾焚烧发电厂。2014 年 3 月，利用桃树岗填埋场生活垃圾产生的沼气，建成了日处理有机垃圾 600 吨、年发电量 500 万千瓦时、湖南最大的沼气发电厂，实现了化害为利的愿景。特别是对危险废物处置，更是慎之又慎，2006 年成立的安邦医疗废物处置有限公司，承担了全市 77 家医院、240 家乡镇卫生院、3886 家个体诊所的医疗废物处置任务；2007 年成立的润东环保有限责任公司，专门从事含铜含镍危险矿渣的处置与利用；还依托相关企业，建立了电镀处理中心、铅镉处理中心、铝废料填埋场、废旧电器回收拆改中心等。围绕城镇污水处理，2001 年建成日处理 15 万吨的二级污水处理厂，随后又建成了德山污水处理厂和江南污水处理厂，使市城区污水集中处理率升至 80%以上；自 2008 年起实施城市污水处理 3 年行动计划以来，先后投入 10 多亿元，建成 9 座污水处理厂，建设污水管网 439 千米，每个县城都能进行污水处理，全市城镇污水集中处理能力达到 44.5 万吨 / 日。

五、环保管理机制日臻完善

20 多年来，常德市在环保管理方面着重抓了规划管理、目标管理、应急管理，并在各项管理中形成和突出了自身的原则与风格。

规划管理中坚持先行与威权原则。撤区建市以来，环保规划一直走在各项建设的前面。在综合性规划方面，从“七五”至“十二五”的五年期环保规划一个也没落下，编制1999——2020年常德市环境20年远景规划；在区域性规划方面，编制了《柳叶湖生态环境保护规划》《西洞庭湖区环境污染防治规划》《德山开发区东区化工造纸工业园区环境保护规划》；在专业性规划方面，编制了《“十二五”环境监测规划》《“十二五”监察与应急能力建设规划》《“十二五”危险废物处置设施建设规划》《常德市土壤环境保护规划》《常德市环境保护产业发展规划》。特别是在建设项目的审查上，常德市始终坚持规划的至高权威，对选址不符合环保要求、不符合产业政策、对敏感点产生重大不利影响、群众反映强烈的项目一律不予批准。据不完全统计，2000年至2012年，共否决100多个建设项目，其中包括鼎城区五氧化二钒加工厂、津市甜菜碱生产、武陵区环氧氯丙烷生产、石门铁矿选矿、汉寿环乙酮皂化液处理、铅酸蓄电池生产等一批有分量的建设项目。

目标管理中坚持精细与追责原则。从1988年起，常德市即在市县两级政府之间、两级环保部门之间、市环保局与内部科室之间、政府与有关部门及重点污染源单位之间，全面实施环保目标管理责任制。从1990年开始，在省市两级环保大会上，市长、市环保局局长分别与省长、省环保局局长公开签订环境保护目标管理责任书；市长、市环保局局长分别与各区县(市)长、市直有关部门及重点污染源单位签订环境保护目标责任状。环保目标管理坚持目标细化、任务细化、措施细化、责任细化，强调可操做性，并层层督促、层层考核、层导追责，在全市“双文明”目标管理考核中无条件实行环保一票否决制。2006年9月，常德市人民政府与湖南省人民政府正式签订《常德市“十一五”主要污染物总量削减目标责任书》，对二氧化硫、化学需氧量、砷、镉排放总量提出了具体的削减目标。从此，环保目标责任管理上升到真正意义上的数字化、科学化高度。常德市依据省里下达的削减目标，层层分解到各区县、各部门、各行业、各污染源产生重点单位，并制定相应的减排考核奖惩办法，其实施情况分别纳入“双文明”建设、新型工业化、县域经济综合考核体系。各责任单位围绕减排目标，对污染企业该关停的关停，该限产的限产，该整治的整治，将每年省政府下达的减排任务落到了实处。

应急管理中坚持快速与缜密原则。为了应对突发性环境污染事件，常德市推行了环境“一案三制”管理，即环境应急预案管理、环境应急体制管理、环境应急机制管理、环境应急法制管理。在环境应急预案管理方面，2007年12月，市政府印发《常德市突发环境事件应急预案》，针对水体污染、生态破坏、放射性物质泄漏、地震引发的环境灾难等，根据相关部门的专业优势，提出了包括组织领导、人员集结、设备配置、处置步骤、后续清理、时限要求等一系列应急响应要求。全市还按预案要求不定期组织应急演练，2007年以来，在沅水流域先后组织了3次水体污染应急演练，在重点单位湖南海利常德农药化工有限公司组织了5次应急演练。在环境应急体制管理方面，市政府成立了常德市环境应急指挥部，市环保局成立了突发环境事件应急工作领导小组，下设现场处置组、应急监测组、污染防控组、专家咨询组、信息资料组、后勤保障组，并成立了环境应急管理专家库。在环境应急机制管理方面，建立了突发环境事件预警机制，由市环境应急指挥部负责收集市内外环境信息、突发公共信息、自然灾害预警信息、常规环境监测数据、辐射环境监测数据等，开展综合分析，做出风险评估；明确应急响应分级，根据灾难的可控性、严重程度和影响范围分为四级响应；制定预警行动计划，要求指挥部各组根据分工迅速落位，进入应急状态；组建了预警支持系统，形成了包括环境监测、信息收集与传递、预警发布、应急指挥在内的预警网络。在环境应急法制管理方面，制定《常德市环境应急管理办法》以及配套的规章制度和程序，建立环境污染责任保险制度，健全污染损害评估鉴定机制，使应急管理工作逐步走上规范化、法制化轨道。按照“一案三制”要求，常德市成功处置西洞庭管理区氯化氢泄漏事故、湖南海利常德农药化工有限公司甲胺泄漏事故、长常高速常德境内苯酚槽罐车泄漏事故、桃源县黄磷危险化学品泄漏事故，及时避免了更大的环境灾难。

20多年日月盈昃，600万常德人民在环保之路上艰难前行，终于找回了神清气爽、山明水秀的“福地洞天”。在保持经济持续发展的同时，保护好这片美丽而又洁净的土地，常德人民任重而道远。中共十八大向全国人民发出了建设生态文明的伟大号召，随后中共中央国务院出台《关于加快推进生态文明建设的意见》，将环保国策提升到前所未有的高度。常德人民必定借此东风，巩固发展既有的环保成果，不断将环保工作、环保事业推向新的高度，在实现“中国梦”的伟大进程中，将沅澧大地建成世人钦羡的绿色家园、生态家园、和谐家园、富庶家园。

大事记

1949 年

8 月　新建的常德市公安局接管原常德县警察局清洁卫生队 23 人，继续担负城市街道清扫。

10 月 17 日　常德市人民政府颁发布告，禁止市区街道、公共厕所旁及公共场所搭建小棚。

是年　常德市环卫部门选择城郊远离住户的坑洼地带做为垃圾倾倒场，垃圾多做农田渣肥处理。

1950 年

1 月　常德专署指定专署建设科兼管区内森林植被保护。

7 月 14 日　常德市人民政府颁布《清除污物暂行规定》和《保护沅水水源清洁暂行办法》。

是年　常德市人民政府贯彻中央人民政府“除四害，讲卫生，消灭疾病，振奋精神，移风易俗，改造国家”的指示，并建立“每周星期六为卫生日”制度。

是年　常德市爱国卫生运动委员会与市卫生局在城郊先后确定 23 个垃圾倾倒站。其他城镇亦在城郊指定垃圾倾倒点。

是年　常德地区地方党委和人民政府贯彻执行中共中央提出的“普遍护林，重点造林，合理采伐利用”的林业方针，至 1952 年，全区植树造林 5149 公顷，封山育林 4456 公顷。

1954 年

7 月 常德专署指定专署建设科将区内森林植被保护工作移交农林水局兼管。

10 月 14 日 常德市委和常德市政府执行国务院“治理洞庭湖”的命令，成立“常德市后方支援治湖办公室”。至次年 2 月止，抽调干部 133 人、船工 23032 人，调集船只 10274 艘，为西洞庭、南洞庭、大通湖、荆江分洪工程等，共运送治湖工具、生活物资 6 万多吨，接送桃源县和常德县治湖民工 6 万多人。

1956 年

2 月 常德市团委和建设科联合发出《关于开展全市性突击造林的通知》，常德市在市区和德山荒山上首次开展群众性植树造林、绿化城市活动。

5 月 常德专署林业局成立，其主要职能是负责区内森林植被保护。

是年 常德市建立沅水常德段水质监测站，对水质变化进行监测。

1959 年

11 月 常德市成立“绿化办公室”，对街道行道树实行“条条负责，块块包干，三包（包栽、包活、包成林）到户”管理办法。

是年 常德市委、常德市人民委员会（以下简称市人委）为减少工业“三废”对城区的污染，将市硫酸厂和市烧碱厂合并成常德市化工厂，厂址由城区迁往德山苏家渡。

1961 年

10 月 26 日 常德市人委颁布《关于进一步加强粪便统一管理的通知》。

10 月 中共常德地委发出《关于迅速制止破坏山林的紧急通知》。

是年 常德市人委决定在德山老虎窝一带建设德山林场，并决定在德山孤峰岭建设苗圃，培育城市绿化用花苗和树苗。

1962 年

常德市人委和常德县人委联合颁布《关于重申城市人畜粪尿实行统一管理的布告》。

1963 年

10 月　常德市肥料公司改名为“常德市环境卫生管理处”，属全民事业单位。

1968 年

11 月　常德市化工厂利用国家投资 2.66 万元，建成硫化氢尾气吸收装置，设计处理能力为每年 5.55 万标立方米。该装置投入运行后，每年利用回收的硫化氢多生产硫化碱 400.4 吨，价值 2.4 万元。

1970 年

是年　常德市玻璃总厂、湘西金矿开始利用废渣制砖，为常德地区变废为宝、化害为利、综合治理环境之始。其中，湘西金矿每年将 2 万～3 万吨锅炉废渣和冶炼废渣用做制砖原料，利用率达 80%。

1971 年

1 月 15 日　常德市革命委员会和常德县革命委员会联合颁布《关于加强城市粪肥统一管理，维护公共卫生和社会治安的联合通告》。

1973 年

常德市成立“三废治理办公室”，对城市废水、废气、废渣进行治理，是为真正意义上的环境保护工作之始。

1975 年

4 月 12—13 日 常德地区召开首次环境保护会议，研究全区环境保护机构建设问题。郝慎吾主持会议并代表常德地区革命委员会（简称地革委）做题为《迅速建立环保机构，把我区环保工作开展起来》的工作报告。地直机关和各县（市）革委会负责人 54 人与会。

6 月 11 日 常德地区环境保护领导小组成立，地委书记郭连贵任组长，地委委员、地革委工交办主任李显存，地委委员、地革委计委主任郝慎吾，地革委委员、地革委财贸办副主任徐明魁任副组长；领导小组归口地区革命委员会领导，负责全区环境保护工作。领导小组下设办公室，地区基建局副局长刘继明任主任，地区卫生局局长刘泉水和地区卫生防疫站站长张渠亭任副主任，办公地点设常德市人民路民航售票处院内，定编 5 人。同日，常德地区环境保护监测站成立，为科级单位，负责对全区各种环境要素的质量状况进行经常性监测分析。该站在行政上属地区卫生局领导，在业务上接受环境保护领导小组办公室指导，并与地区卫生防疫站合署办公，定编 3 人。

7 月 24 日 常德市革命委员会环境保护领导小组成立，由市委副书记曲帮照、副市长潘萍海等 43 人组成，下设办公室。曲帮照任领导小组组长，朱斐然任领导小组副组长，高福昌任办公室主任，王凤清、王剑芳任办公室副主任，并配备工作人员 2 人。

1976 年

2 月 12 日 正式启用“常德市革命委员会环境保护领导小组办公室”印鉴。

3 月 15 日 市委组织部以常组发〔1976〕34 号文，批复成立常德市环境监测站，列事业编制 10 人，归口市计委系统，并制订出环境保护十年规划。

4 月 14 日 地区环境保护科研所成立，与地区环境监测测站合二为一（二块牌子，一套人马），隶属环境保护领导小组办公室，定编 30 人，年末实有 11 人。其主要职能是通过环境保护科学研究，为全区重大环境决策提供科学依据，为全区污染防治提供先进技术。

5 月 常德市革委会成立环境保护监测站。常德地区环境监测站指示常德市环境监测站常年承担沅水常德段夹街寺、南碈、杜水点、苏家渡断面的水质监测。

11月 常德市首座公园——滨湖公园动工修建。该公园位于常德市老城区北部壕坪湖，总面积 28.27 公顷，其中水面14.98 公顷。1979 年 7 月 1 日建成开放。

图 1 滨湖公园

12 月 15—17 日 常德地区召开第二次环境保护会议，贯彻全国第一次环境保护会议精神。郝慎吾代表地革委在大会上做题为《认真贯彻精神，扎扎实实开展环保工作》的工作报告。地直机关、各县（市）革命委员会、地直部分厂矿负责人 63 人与会。

是年下半年 地区环保办工作人员钟奇、唐儒卿首次开展全区重点工业污染源调查。调查以澧水流域为重点，基本摸清主要污染源分布情况。

是年 常德地区环境监测站确定对沅水和澧水常德地区段进行定期常规监测。

是年 常德市人民武装部政治委员冯继才，带领全市民兵数百人，到德山林场修建林区道路，拟将该林场建设成为森林公园。

1977 年

是年初 常德地区环境保护监测站、常德地区环境保护科研所随环境保护领导小组办公室迁至常德市三间桥常德地区基建局内。

5 月 23 日 常德城东炭精棒厂因严重污染城市环境，被常德市革命委员会责成迁往郊区。该厂是常德市城区第一家因污染而外迁的企业。

1978 年

5 月 2 日 中共常德市委发出《关于清理整顿市直临时机构的通知》，确定常德市环境保护领导小组办公室为保留单位，划归常德市建委领导。

8 月 省环境保护局下拨基建款 26 万元，修建常德市环境保护局办公大楼和一栋宿舍。

10 月 20 日 国务院副总理谷牧对石门县望洋公社合山大队群众“反映湖南雄磺矿污染严重”的信件批示。根据国务院环境保护领导小组、湖南省人民政府、常德地区行政公署意见，常德地区化工局和地区环境保护领导小组对湖南雄磺矿的“三废”污染问题组织联合调查，写出专题调查报告。

11 月 国务院环境保护领导小组以〔1978〕22 号文件通知湖南雄磺矿停产治理污染。

翌年，湖南雄磺矿井下含砷废水治理试验小组成立。该小组查阅大量技术资料、借鉴外单位成功的经验、结合本矿实际，经过 130 多次实验、获得 1500 多个可靠数据以后，确定用硫酸亚铁和石灰二级处理工艺方案处理井下含砷废水。

11 月　崔景义任地区环保领导小组办公室主任，次年 3 月兼任党组书记。

12 月 2 日　国务院环境保护领导小组行文通知湖南雄磺矿立即停止雄磺生产，待污染治理后再恢复生产。

12 月 4 日　常德地区环境保护领导小组发出《关于推广无氰电镀的通知》。

是年　中国科学院长沙农业现代化研究所布点监测桃源县内地下水，多数地方地下水铁含量超过国家饮用水标准，部分地方地下水锰、铅、汞和大肠菌群超过国家饮用水标准，其中双溪口公社地下水含铅量达 0.200 毫克/升，尧河公社和陬市镇部分地下水含汞量达 0.01 毫克/升～0.018 毫克/升。

1979 年

7 月 2 日　常德市公安局、常德市环境保护领导小组、常德市城市建设局、常德市卫生局四家联合，发出《关于加强全市垃圾管理的通知》，并在全市设立 7 个垃圾倾倒点。

8 月　常德地区环境监测站联合怀化地区环境监测站，监测湘西金矿废气污染源。从此，以常德地区环境监测站为主，开始对区内各工矿企业、事业单位的锅炉和窑炉实行分期分批监测。

9 月　常德地区环境保护监测站化验楼与宿舍建成，常德地区环境保护监测站开始独立承担全区环境监测工作。随后，常德地区环境保护科研所撤销。9 月，常德地区环境监测站联合常德市环境监测站在常德护城河布点 10 个，取水样监测溶解氧、化学耗氧量、细菌总数、大肠菌群、氰化物、硫化物、氨氮、亚硝酸盐氮、硝酸氮、总碱度、石油类、汞、砷、六价铬、锌的含量，共获有效监测数据 150 个。

10 月　湖南省洞庭湖环境监测站取样监测临澧县新合公社芭茅、富强、黄陵、白鹤、澧阳、管渡、大云、龙池、南桥、双堰、苍蒲 11 个大队 50 个生产队的群众生活井水，各水样有机磷含量均超过国家饮用水标准 4～5 倍。

12 月 16 日　常德地区环境保护领导小组撤销，领导小组办公室改名为常德地区环境保护办公室，定为处级单位，配编 8 人。崔景义任主任兼党组书记，杨金仓任副主任。常德地区编制委员会常编发〔1979〕4 号文件，核定常德市环保办、监测站人员编制 25 人。

12 月 18—21 日　常德地区召开第三次环境保护会议。杨金仓宣读《中华人民共和国环境保护法（试行）》，崔景义做题为《认真宣传环保法，依法保护好全区环境》的工作报告，郝慎吾做总结发言。地直机关、各县（市）革委会、常德市和津市市环境保护办公室及地直部分厂矿负责人 110 人与会。

是年　常德市委常组发〔1979〕68 号文，任命潘兆林为环境保护办公室副主任。市建委党组以常建发〔1979〕5 号文，任命王天发为市监测站副站长。

1980 年

3 月 3 日　中国人民解放军 00521 部队致函地区环境保护办公室，反映湘西金矿废气污染问题。地区环境保护办公室获悉，立即派人调查处理。

3 月　根据国务院环境保护领导小组和湖南省环境保护办公室的通知精神，常德地区开展首次环保宣传月活动，着重宣传《中华人民共和国环境保护法（试行）》和环境保护科学知识。

4 月 5 日　地区环境保护办公室发出《关于认真执行〈湖南省排污收费办法（试行）〉的通知》。

4 月　常德市环境监测站开始对城区大气中的主要污染物二氧化硫、氮氧化物进行测试。

5 月 2 日　地区财政局、地区环境保护办公室联合发出通知，立即执行《财政部、国务院环境保护领导小组关于工矿企业治理三废污染，开展综合利用产品利润提留办法》。

5 月 8 日　中共常德市委常组发〔1980〕42 号文，批转市委《关于机构、人员编制管理意见的报告》，确定市环保办、市监测站列事业编，人员编制 25 人。

7 月 8 日　按照“谁污染谁治理”的原则，常德地区行政公署首次下达限期治理污染的通知，限期治理项目共 35 项。

7 月 20 日　地区环境保护办公室设综合科、监督治理科、环境管理科三个职能科室。

9 月　贺迪生任环保办公室副主任。

11 月　常德地区环境监测站和津市市环境监测站共同监测津市市城区大气环境质量，获有效监测数据 155 个。

11 月 25 日—12 月 14 日　地区环境保护办公室抽查 25 个首批限期治理项目，按“三废”达到国家排放标准、有一个月以上的稳定运行纪录和效果评价、设备运行处于良好状况、工艺指标和操做规程齐全可靠、工人能够熟练掌握操做技术五条标准考核，为湘西金矿锅炉消烟除尘、湖南雄磺矿井下含砷废水处理等 7 个项目颁发了“环保工程验收合格证”。

12 月 1 日　地区环境保护办公室发出《关于转发〈湖南省环境保护办公室关于重申

超标排污费不得挪做他用的通知〉的通知》。对未完成地区行政公署限期治理的常德肉联厂屠宰废水处理9个项目做出加倍征收排污费的决定。

是年 地区环境保护办公室人员编制增至9人,年末实有8人。

1981年

1月12日 地区环境保护办公室发出《关于做好锅炉除尘的通知》。

3月8日 地区环境保护办公室第二次下达限期治理污染的通知,此次限期治理项目共70项。

4月15—18日 常德地区召开第四次环境保护会议,主要学习国务院《关于在国民经济调整时期加强环境保护工作会议的决定》。曲帮照代表地革委做题为《认真贯彻国务院决定,进一步提高认识,切实搞好调整时期的环保工作》的工作报告。地直机关、各县(市)革委会和环境保护办公室、地直部分厂矿的代表134人与会。

6月13—14日 地委书记刘佳时等视察常德市的环境保护和环境卫生工作,指出该市环境保护工作宣传有待加强、规划有待完善、企业环境管理有待加强。常德市人民政府随即召开有关部门负责人会议研究制定整改措施。

6月15日 湖南雄磺矿硫烟(即二氧化硫气体)外溢。20—30日,地区环境保护办公室、地区农业局、地区林业局、地区化工局领导代表地区行政公署共同到实地鉴定。这次污染事故使3610公顷农做物和100公顷林木受损,该矿因此赔款49638元,并交罚款2万元。

7月13日 地区环境保护办公室发出《关于认真贯彻〈湖南省环境保护暂行条例(试行)〉的通知》。

10月 常德地区环境监测站先后选取常德地区劳动技校、常德市电厂为地下水监测点,监测项目有氨氮、亚硝酸盐氮、硝酸盐氮、化学耗氧量、总硬度、硫化物、挥发性酚、砷、铜、铅、总铁、二价铁、锰。

是年 常德地区开展大规模工业污染源普查,普查以采用查阅统计报表、物料衡算、现场观测、走访等多种方式进行,取得大量可靠数据。

是年 中共常德市委和常德市人民政府开始对护城河污水进行重点治理,并本着“谁污染,谁治理”的原则,限期治理护城河沿岸7个主要污染源。此后,常德市城区建成两个日处理3000吨纺织印染废水和400吨制革废水的污水处理站。

1982 年

2 月 19 日 地区环境保护办公室、地区能源办公室、地区交通监理所、常德港航监督所联合发出《关于严格控制简易柴油车辆、船只冒黑烟和噪声的通知》。

3 月 常德市首次开展全市“文明礼貌月”活动，万名青年突击队员在全市各汽车站、轮船码头、影剧院、公共厕所、贸易市场及卫生死角，大搞清洁卫生，改变市容“脏、乱、差”的面貌。

3 月 30 日 地区环境保护办公室会同地区林业局发出《关于转发湖南省〈关于开展爱鸟周活动的通知〉的通知》，规定每年的 4 月 1 日至 7 日为全区爱鸟周。

3 月 地区环保办刘建军、谭梅初开始进行西洞庭区域环境调查。通过一年的努力，写出 8 万余字的《常德地区西洞庭湖区域环境调查报告》。该报告由湖南省环保代表团带到日本交流，并获省环保局科技进步三等奖。

3 月 常德地区畜产品出口公司投资 43 万元，采用生化法，建设一座日处理能力为 300 吨的制硝废水处理站。该站投产后，地区畜产品出口公司外排制硝废水化学耗氧量平均浓度由每升 1900 毫克减至每升 194 毫克、生化需氧量平均浓度由每升 119 毫克减至每升 61 毫克、总铬平均浓度由每升 11.700 毫克减至每升 0.5 毫克。

4 月 湖南省人民政府发出《关于保护稀有珍贵动植物的通知》，从此常德地区开始对国家一、二、三类动植物及对农林有益的动物和古木大树的有效保护。

4 月 常德市政府行文禁止任意使用水塘倾倒垃圾，并在市区东郊皇木关征用水塘 2.18 公顷，建成第一个垃圾填埋处理场。

4 月 3 日 湖南省人民政府确定慈利县索溪峪、石门县壶瓶山为省级自然保护区，从此，常德地区自然保护区保护工作逐步展开。

图 2 索溪峪

4 月 8 日 中共湖南省委书记万达到常德市，指示常德市人民代表大会要认真监督解决环境污染问题。

6 月 杨金仓、贺迪生为地区环保办公室党组成员。

7 月 6 日 慈利县人民政府颁布《关于加强索溪峪自然保护区管理的布告》。

8 月 5—8 日 地区环保办杨金仓、慈利县环保办田明初等考察索溪峪自然保护区之后，写成《关于索溪峪自然保护区的初步考察情况和建议》，建议迅速建立保护区的管理机构，配齐人员，拨足资金，便于开发和管理。

10 月 4 日 索溪峪自然保护区管理局成立。

是年 地区环保办有工作人员 9 名。

1983 年

3 月 10—13 日 常德地区召开第五次环境保护会议，主要传达湖南省工业污染防治工作会议精神，研究全区环境保护工作的近期规划和 2000 年的奋斗目标。地直机关、各县(市)政府和建委(城建局)、地直部分厂矿的代表 96 人与会，地区行政公署郝慎吾做重要讲话。

4 月 9 日 地区环境保护办公室发出《关于贯彻执行〈湖南省征收排污费和污染环境罚款实施办法〉的通知》。

4 月 常德市环境保护监测站开始对城区环境噪声进行监测。监测结果表明，在 79.3 平方千米(其中城区面积 11.9 平方千米)的监测区域内，有大小工厂 228 家，机动车辆 2489 辆，道路总长 58.7 千米，其中城市干道 32.8 千米。市中心商业区噪声污染较严重，其等效声级平均值为 60 分贝，已达到中心商业区噪声标准规定的限值；噪声本底值为 55 分贝，表明该区域始终嘈杂；标准偏差即噪声离散度较高，达 3.7 分贝，表明哭喊声不平稳。

4 月 石门县副县长姚应远等写出《壶瓶山自然保护区考察报告》。

5 月 5 日 地区环境保护办公室第三次下达限期治理污染的通知，此次限期治理项目共 50 项。

5 月 24 日 经石门县人民政府批准，壶瓶山自然保护区管理站成立。

6 月 6 日 石门县人民政府发出《关于加强壶瓶山自然保护区管理的布告》。

6 月 15 日 地区环境保护办公室以常地环〔1983〕009 号文件，向常德粮油工业锅炉厂发出“关于重申不准生产和销售未配消烟除尘装置锅炉的函”。

9 月 地区环境保护办公室与地区建设委员会合并组成地区城乡建设环境保护处，下设环境保护科。郑庆振任处长兼党组书记，潘善松、马盛武、贺迪生任副处长兼党组成员，刘腊珍任纪检组长兼党组成员。环境保护科定编 4 人，年末实有 9 人。

10 月 常德市环境监测站选取城区内 41 口民用水井和 11 口工业水井，进行水样监测，监测项目有氟化物、氰化物、氨氮、挥发性酚，汞、镉、总铬、六价铬、砷、铅、锌、细菌数、大肠菌群，共获有效监测数据 676 个。

11月 常德市政府在德山工业区征用德郊公社旱地1.33公顷，建立常德市第二座垃圾填埋处理场。

12月 常德市化工厂投资3万元，建成胺化废水处理装置，使该厂外排胺化废水中的二甲胺浓度由4.5%下降到0.5%以下，处理每吨胺化废水可回收二钾胺40千克，价值140元。

是年 常德市政府从轻工业部获得1700万元投资款，将严重污染城区环境的市制革厂搬迁到德山重建。

是年 常德市政府宣布将德山林场改名为德山公园，供市民游览。

是年 常德市环卫处在德山乡征用荒山1.33公顷，建成垃圾处理场。

是年 常德地区环境监测站抽查湖南省601矿和常德地区劳动技校井水，601矿井水亚硝酸盐氮含量超过国家饮用水标准5.53倍，常德地区劳动技校井水氨氮、亚硝酸盐氮、化学耗氧量分别超过国家饮用水标准1.4倍、23倍、45.67倍。

是年 常德市环境监测站取样监测市区内52口水井水质，井水中汞、镉、砷、铅、铁、锰、化学耗氧量、氨氮、石油类、氟化物、氰化物、细菌总数、大肠菌群检出率均在95%以上，其中化学耗氧量、氨氮、石油类、细菌总数、大肠菌群普遍超过国家饮用水标准，最高值分别为24.8毫克/升、32.0毫克/升、17.6毫克/升、309000个/升、23800群/毫升。

是年 常德地区环境监测站和常德市环境监测站开始合做监测常德市城区降雨。监测频率为逢雨必测。设地区环境监测站、市环境监测站、汽车北站、地区农校、市电线厂、太阳山六个点，其中市电线厂、太阳山为对照点。监测项目有pH值、硫酸根、硝酸根、氯、钾、钠、钙等21种阴阳离子。

是年末 常德市环保办与常德市建委合并改称“常德市城乡建设环境保护委员会”，主任马先奇，副主任张清藻、李仁圣。设置环保股，股长胡元林，副股长彭运武。常德市环保行政人员和监测站人员总数达到26人。

1984年

2月 常德地区城乡建设环境保护处改名为常德地区城乡建设环境保护局，下设环境保护科。潘善松任局长兼党组书记，刘谷良任副局长兼党组副书记，马盛武、李培成任副局长兼党组成员，刘腊珍任纪检组长兼党组成员。是年，环境保护科定编10人，年末实有9人。

7月31日 常德市生化法二级污水处理站建成投产，日处理能力3600吨。该站由常德市人民政府组织内衣厂、经编厂、染整厂、建民织布厂、制线厂集资承建。投产后，上述五厂外排纺织印染混合废水的污染物除去率为化学耗氧量 86.5%、生化需氧量75.7%、硫化物 98.4%、悬浮物 89.8%、色度 80%。

9 月 省、地环保部门联合评价索溪峪自然保护区环境质量。评价报告称：由于旅游业的开发，索溪峪自然保护区已受到一些污染和破坏，今后应该从长远的战略观点出发，注意保护，避免原有的生态平衡受到破坏，使其能永续利用。

是年 常德市获湖南省十个地区县级市的环境卫生大检查第一名。

是年 常德市从事环保工作的人员增加到 30 人，其中管理人员 13 人，监测站工作人员 17 人。市建委党组任命李子玉为监测站党支部书记，任命王天发为监测站站长。

是年 常德地区森林保护工作站、地区和县（市）护林防火指挥部、部分县森林虫情测报站和林业派出所及多数基层（区、乡、村、场）护林组织相继成立，区内森林植被保护组织网络至此形成。

是年下半年 常德地区环境监测站陈建国、万道林采用湖南省统一制定的《工业污染源调查表》，再次进行全区工业污染源普查，进一步查清全区除安乡县以外的工业污染源状况。

1985 年

4 月 常德市环境保护办公室、常德市工商行政管理局联合出动 60 余人（次），对市区鸡鹅巷、下南门、东门、青年路、大西门、常蒿路、三岔路等路段的饮食店进行“爱护鸟类及野生动物执法检查”，关闭野味餐馆 12 家，查获灰鹤等野生动物 60 只（条）。《环境保护报》《中国环境报》《湖南日报》《人民日报》《光明日报》先后报道此事。

5 月 7—9 日 常德地区召开第六次环境保护会议。马盛武传达国家第二次环境保护会议和湖南省环境保护会议精神；潘善松做《振奋精神，开拓前进，创造环保工作新局面》的工作报告；地区行署副专员何秋舫做《领导动手切实搞好环保工作》的重要讲话。地直机关、县（市）建委、地直部分厂矿的代表 110 人与会。

5 月 30 日 常德地区环境科学学会成立。该学会是常德地区环境保护系统科技与管理技术人员的地方学术团体，行政上由地区环境保护局领导，业务上接受地区科学技术协会指导，成立时有会员 152 人。马盛武任第一届理事长，刘玉山、张臣纶、李高林任副理事长，学会办公地点设在地区环境保护局内。

11 月 14 日 常德市环境监测站对市区的主要交通干道进行噪声监测，结果表明，等效声级的平均值比国家标准 70 分贝高出 4.6 分贝，最高值高出 12.8 分贝。据监测统计，在机动车辆通过市区的总流量中，手扶拖拉机流量占车流量总数的 50%以上，简易柴油车和手扶拖拉机的运行噪声在 80～85 分贝之间，这两种车的噪声对环境污染极为严重。

是年 常德市人民政府决定成立“常德市环境保护局”。任命何广辉为局长，丁成英为副局长。工作人员 28 人，其中环境保护局 12 人，监测站 16 人。环境保护局下设办公室，李子玉任主任，胡元林任管理股股长，彭运武任副股长兼机关工会主席。王天发任监测站站长，向光明、黄成林任副站长。

是年 常德地区城乡建设环境保护局改名为常德地区建设委员会，环境保护科名称不变。潘善松任主任，刘谷良、马盛武、李培成任副主任，刘腊珍任纪检组长。同年 9 月，潘善松兼任党组书记，刘谷良兼任党组副书记，马盛武、李培成、刘腊珍兼任党组成员。是年，环境保护科定编 10 人，年末实有 12 人。

是年 常德地区农业区划地貌土资组梅克保、杨福隆、刘经平、马继国在考察索溪峪和壶瓶山自然保护区以后，写成《关于索溪峪、壶瓶山旅游资源的保护与利用问题》，提出“一明确”和“两结合”建议，即：明确发展方向与规模；实行开发利用与保护相结合、近期利用与远期开发相结合。

是年 索溪峪自然保护区管理局邀请北京建工学院部分专家对索溪峪自然保护区进行全面规划。整个保护区划分为四个类别：百户堂一带为一级动植物保护区，禁止一切捕猎、采伐和旅游活动；山岭、溪谷属二级保护区，区内的动植物禁止砍伐、攀摘和捕猎，可适度开展旅游活动，但不许建造规模大、造型与风景不相称的旅游建筑；索溪峪以内、游览景区以外的地区为三级保护区，区内禁止捕猎、采伐，允许开辟旅游基地；三级保护区以外为四级保护区，区内禁止砍伐、捕猎，实行封山育林，允许农民经营与旅游有关的农、副、牧、渔业和服务业。

是年 常德地区及其县、市环境保护部门开始抓清洁工厂建设工作。清洁工厂的条件是：经济合理地利用资源、原料、能源和水，其消耗指标达到国内同行业的先进水平，废水、废气、烟尘的排放和厂界噪声达到国家标准，废渣得到妥善处理，厂部、车间、工段都建立起健全的环境管理系统和监测系统，有科学的管理制度和办法，厂容整洁，普遍绿化。

1986 年

1 月 根据常德地区行政公署常署发〔1986〕1 号文，常德地区环境保护办公室更名为常德地区环境保护局，为行署直属局级机构，归口地区建设委员会管理。内设办公室、环境管理科、监测科研科，定编 12 人，年末实有 14 人。地区环境保护监测站为地区环境保护局二级机构。2 月，马盛武任副局长（无正职），3 月，马盛武兼任党组副书记（无正职），刘建军任副局长兼党组成员，康迎华任纪检组长兼党组成员。内设办公室、环境管理科、检测科研所。

1月 常德县白鹤山乡少数人在柳叶湖非法猎捕白天鹅和灰鹤，地区行政公署副专员李丰茂责令常德县政府迅速查处，对主要违法当事者郑xx处以罚款，并责令郑在全乡群众大会上检讨。乡政府随即召开持枪猎手人员会议，学习鸟类保护等一系列环保法规，并在柳叶湖沿岸村庄张贴珍禽异兽图谱。

2月15日 常德市人民政府颁发《关于成立常德市环境保护委员会的通知》，市长陈德铨为主任。

2月27日 常德市环境保护局编导、常德师专电教室摄制的环境保护宣传教育电视片——《警惕呀！不要自毁家园》上映。该片长达39分钟，详细记述了常德市内环境污染源的形成、发展及其影响，并告诫人们在发展生产的同时，加强环境保护。

2月 石门县南坪河乡、桃源县菖蒲乡各发生一起猎杀国家一类保护动物金钱豹、云豹案件。案发后，地区行政公署要求当地县人民政府和公安机关立即调查处理。在确认金钱豹、云豹属误杀后，石门县政府除没收所杀害金钱豹，还对当事人唐某给予通报全县的处分；桃源县政府责令杀害云豹者张某写出深刻检查、退回所得全部赃款，还在各乡张贴保护珍稀野生动物的布告。

3月7日 常德市第九届人民代表大会第三次会议决定：香樟树为市树，栀子花为市花。

3月15日 常德地区林业局和常德地区环保局联合发出《关于进一步贯彻〈国务院关于严格保护珍贵稀有野生动物的通令〉的通知》，要求各地有关部门运用各种行之有效的办法，切实抓好保护珍稀野生动物的宣传教育，对滥捕乱猎、乱收购者，一经发现从重从严处理，坚决取缔专门经营珍稀野生动物食品的“野味餐馆”。

3月19日 常德市政府首次召开全市环境保护委员会会议，制定《常德市环境保护“第七个五年计划”》《常德市环境保护委员会岗位责任制》《关于进行全市环境综合整治的决定》《常德市环境保护局1986年度工作计划》。会上，与会者观看了电视片《警惕呀！不要自毁家园》的环境保护电视影片。

3月 常德地区环境监测站陈建国组织沅水流域怀化地区、湘西自治州和常德地区环保科技人员，开展沅水水环境质量评估、预测与规划研究，首次提出该流域内环境污染的经济损失率，并完成各地(州)区段及流域总研究报告。该报告顺利通过国内有关专家评审。

3月 常德地区科委把“有机氯农药污染稻田环境规律研究”课题下达给常德地区环境监测站，该站经过一年半的努力，完成有机氯农药污染稻田监测分析试验，得出稻米中的农药残留量与施药时间(灌浆期最高)、施药剂量、次数及稻米加工程度有关，且早、晚稻有差异的结论。

5 月 10 日 常德市爱国卫生运动委员会办公室、常德市环境保护局、常德市环境卫生管理处联合颁发《关于城区特殊垃圾管理办法》，并决定在全市开展工业污染源的调查。

5 月 13 日 常德地区行政公署发出《批转地区环境保护局〈关于进一步加强保护我区珍稀野生动物资源的意见〉》。

5 月 20 日 常德市政府召开全市环境保护工作会议，驻市的中央、省、地、市各单位负责人 465 人到会，副市长张安中和沈国凡分别做了题为《认清形势，明确任务，再展宏图，把我市城市建设提高到一个新水平》和《立足长远，狠抓当前，切实搞好我市环境综合整治》的工作报告。

同日 地区排污收费监督管理站成立，定编 5 人，为地区环保局二级机构。

6 月 14 日 全国城市污水资源化研讨会在常德市召开。会议决定将常德市做为全国城市污水资源化生态工程试点，并列为国家"第七个五年计划"科研攻关项目。当年全市限期治理 24 个污水源，新增废水处理能力 85 万吨。

6 月 15 日 常德地区环境保护局、常德地区司法局联合转发《湖南省司法局关于认真宣传实施〈中华人民共和国水污染防治法〉的通知》。

6 月 27 日 在常德地区排污监理工作会上，常德市被评为排污监理先进单位。

6 月 常德地区环境保护局联合常德地区环境科学学会举办全区科级以上干部"环保知识竞赛"。全区 493 人参加答卷，其中 75 人获一等奖，217 人获二等奖。地委书记陈彰嘉，地区行政公署副专员卜启圣、李丰茂所答试卷均获一等奖。

7 月 18 日 常德市政府与中国科学院水生生物研究所、湖南省环保局三方签订"常德市污水资源化生态工程研究协议书"。9 月，国家科委把该项研究纳入"七五"科技攻关项目，立为 75～59～92～13(6)课题，研究起止时间为 1986 年 11 月至 1990 年 12 月。

8 月 7 日 慈利县人民政府决定，索溪峪自然保护管理局升格为副处级管理处。

8 月 25 日 常德地区环境保护局发出《关于批转〈汉寿县关于保护蛙类、蛇类的情况通报〉的通知》。

9 月 20 日 常德市滨湖公园、德山苗圃被评为湖南省"最佳公园""先进苗圃"；浦沅工程机械厂、常德纺织机械厂、常德轴承厂等单位获湖南省"花园式单位"称号。

10 月 24 日 常德地区环境保护局第四次下达限期治理污染的通知，此次限期治理项目共 17 项。

11 月 8 日 常德地区环境保护局发出《关于转发〈国务院关于加强乡镇、街道企业环境管理的规定〉的通知》。

11 月 16 日 中国科学院、中国环境科学学会、湖南省环境保护局的专家到常德市，与常德市党政领导座谈常德市"城市污水资源化工程"建设问题。

是年 常德市环卫处在德山建成区内第一座垃圾焚烧炉，可一次性焚烧垃圾0.5吨。

是年 常德地区环境监测站以罗银菊、万道林为主，组织全区工业污染源普查。在原有基础上确定重查、详查和普查单位。对普查单位，实行单位自报、环保部门验收的方法；对重查和详查单位，由环保部门实地采样监测，按照国家统一的污染源监测和统计方法，采用等标污染负荷法，查明区内主要工业污染源和污染物。写成的《常德地区工业污染源调查技术总结报告》获湖南省工业污染源调查成果二等奖。

是年 地区环保局定编12人，年末实有14人。

1987年

3月10日 常德市城市污水资源化生态工程中试场建成，日处理污水100吨。

3月 常德市政府颁发《常德市环境噪声管理规定》。实施区域责任管理以后，市区交通噪声污染没有因机动车辆的增加而上升。

4月 常德地区环境保护局会同地区化工局等部门，检查化工、火电、冶炼等36个厂矿企业的环境污染事故隐患，与有关厂矿共同制定出事故隐患整改措施或办法。

4月30日 常德市政府副市长张安中主持召开护城河自费治理部分单位负责人会议，宣布市政府收缴护城河代清费事宜。

6月3日 常德地区环境保护局与常德市电视台共同举办"环保知识电视抢答赛"活动，常德市、津市市、常德县、汉寿县、桃源县、澧县、石门县、慈利县、常德棉纺织厂、桃源纺织印染厂、安乡县缝纫机厂派出代表队参加竞赛，常德市、汉寿县、桃源纺织印染厂分获一、二、三名，常德地区行署副专员李丰茂和地直各部、办、委、局的负责人等近200人到场观看，并将比赛实况录像发给各区县(市)放映。

6月17日 常德市环境保护局组织市民开展"世界环境保护日"活动。

6月20日 常德地区环境保护局办公室主任诸明清率常德地区代表队一行8人参加湖南省环境保护宣传教育中心和湖南省电视台联合举办的"环保知识抢答赛"，获第一名，获奖旗一面、双卡收录机一台。

7月 《中国环境报》刊登津市市窑坡渡污水处理站久置不用的批评文章。常德地区环境保护局立即实地调查处理，责令津市市床单厂等五厂集资解决该站经费问题，重建该站领导班子，保证设施尽早投入运行。

8月16日 常德地区环境保护局发出《县、市环境管理工作考核评比办法》。

9月 常德地区环境监测站开展全区天然放射性污染调查，通过对200多个样点的测试，得出区内天然放射性水平属轻度污染级的结论。

10 月 常德市临江公园开始筹建，公园位于常德城区西端，沅江大堤内侧，东起汽车北站，西至落路口，南靠沅江大堤，北临人民西路。整个公园呈长条形，东西长 1600 多米，南北最宽处 800 米，最狭处 60 米，规划占地面积 29.1 公顷（其中水面 15 公顷），投资 1800 万元。1994 年 11 月 8 日公园正式对外开放。

图 3 临江公园

11 月 24 日 湖南省建委和湖南省环境保护局联合召开“常德市城市污水资源化生态工程可行性研究论证会”。该项成果得到国家科委、国家建委、国家“七五”科研攻关项目领导小组等 32 个有关单位的领导和专家学者的肯定，将此做为中国南方城市污水生态处理的示范工程。该工程由中国科学院水生生物研究所邱昌强和孙兴湘主持，常德市环境监测站向光明等参与研究。

是年 常德市政府颁布《常德市烟尘排放管理规定》，并以街道办事处和交通警察分队所辖区域为单位，实施区域管理。年底，1 吨以上锅炉烟尘治理率为 97.8%，新增废气处理能力 2796 万标立方米。

是年 常德市人民政府拨款 10 万元，在市区武陵路建成区内第一座垃圾中转站。尔后，在全城分地域设置容量达 3 吨的垃圾斗，用多功能垃圾车逐日将中转站垃圾运往垃圾处理场填埋。

是年 地区环保局定编 13 人，年末实有 15 人。

1988 年

1 月 3 日 常德地区环保局副局长刘建军、常德地区环境监理站谭梅初等会同常德县环保局有关同志，到常德县渔场苏家吉分场，对西洞庭农场污水进入苏家吉河，给苏家吉渔场造成重大污染损失一事进行调查。1 月 5 日，行署副专员卜启圣就这次污染事故召开专门会议。随后，地区环保局发出常环管字〔1988〕第 001 号文，对西洞庭纸厂五号纸机未执行湘环法〔1987〕第 154 号文件要求，未上环保设施，未经验收继续开车运转，严重违反“三同时”规定等问题，决定五号纸机立即停止运行，碱回收工程及五号纸机配套的白水回收设施限期 1988 年内建成，罚款一万元。并以此为契机，召开了常德地区环境管理及大自然保护工作会议。

2月1日 常德地区环境保护局、常德地区司法局联合颁发《常德地区建设项目环境保护管理规定(试行)》。

2月2—9日 常德地区环保局召开环境统计报表会审会议,副局长刘建军到会讲话。

2月13日 常德地区环保局召开建设项目环境保护管理工作座谈会,地区计委、地区建委、地区经委、地区国土局、中国银行常德分行等单位有关领导同志参加会议。

2月25日 常德行署副专员李丰茂到常德地区环保局专题听取全区环保工作汇报。

3月14日 常德地区环境保护局做出《关于对行署限期治理污染项目逾期未完成单位加倍收费的处理决定》。

3月22日 省环保局局长凡明带队到常德调查处理西洞庭农场工业废水污染问题。

3月23—26日 常德地区环保局召开常德地区十个县市环保局正副局长、书记会议。地区环保局副局长马盛武做了题为《更新观念,转变职能,为实现我区环保工作再上新的台阶而努力奋斗》的工作报告。省环保局副局长邹育文,常德行署副专员李丰茂和地区建委主任潘善松出席会议。

4月9日 常德地区环保局副局长马盛武率地区环保局有关人员会同西洞庭农场、常德县渔场和常德县环保局有关人员,协商处理西洞庭农场纸厂造纸废水所造成的苏家养殖河污染纠纷,商定由西洞庭农场赔偿常德县渔场渔业损失10万元。

4月上旬 常德地区环保局采取以会代训形式,举办环保法制学习班。地区和县市环保局23名法制工作人员参加培训,历时4天,并组织测验,参训人员成绩均在93分以上。

4月上、中旬 常德地区环保局管理科会同有关部门,对化工、火电、氮肥、石油、冶炼等36个厂矿企业进行环境污染事故隐患大检查,并与有关厂矿共同研究整改措施。

4月中旬 常德市、县交界处的长胜桥河"三合一"渔场因上游污水流入造成了重大污染,据农民反映,污染水面8.67公顷,新放的9500尾鱼全部死亡。

5月 常德地区环保局会同有关部门,在各县市中学开展环境保护征文,经筛选,上报省环保局46篇。常德地区环保局、桃源县环保局、桃源师范联合印发了《环境保护征文集》,计31篇。常德市环保局丁成英带领市一中学生曾文勇、聂惠玲,于6月1日参加全省环保知识演讲比赛,获三等奖。

5月 常德撤区建市。常德地区环境保护局更名为常德市环境保护局,机构性质职能不变。

6月1—4日 常德市召开第七次环保工作会议。市环保局副局长马盛武做工作报告，副市长卜启圣、李丰茂发表讲话，汉寿县政府等20多个单位介绍了经验。各县（市）分管环保工作的副县长和环保局长、市直有关单位和厂矿企业负责人150多人与会。

6月5日 各县（市）组织了“六五”世界环境日庆祝纪念活动。副市长李丰茂驱车先后参加武陵区、津市市、桃源县召开的“世界环境日”纪念大会，并在会上做环境保护宣传报告。

6月8日 根据群众举报，市工商行政管理局会同市公安局、鼎城区公安局收缴江苏商贩在鼎城区渔场收购加工的各类蛇4吨多，其中活蛇2吨多，贩主和区渔场主要负责人除受到批评教育外，分别被罚款数千元。

6月20日 在全省排污监理会上，常德排污费财务管理获省局一等奖；临澧县、澧县排污监理站被评为先进单位。

6月 市环境保护局和常德群众艺术馆联合举办“环境美”艺术展览，共展出美术、摄影、书法、篆刻等艺术做品147件，参观者近万人。

6月27—7月22日 市环保局组织各区县（市）环保局到江苏、浙江、安徽等地进行生态农业实地考察。

7月上旬 市排污收费监理站会同市财政局，对全市9个治理项目（其中限期项目4个）进行审查后，发放污染治理补助资金70万元。

7月27—30日 市环保局组织武陵区、鼎城区环保局及部分厂矿负责环境管理工作的同志到株洲市考察企业环保指标和创建烟尘控制区的经验。

8月10—16日 市环保局举办环保法制学习班，各区县（市）环保局长、市环保局副科以上干部参加培训。

9月2—7日 市环保局召开企业环境指标考核经验交流会和环保法制学习研讨会，10个区县（市）环保局及19个首批进行企业环保指标考核的试点企业相关人员参加会议。

10月7日 马盛武任市环保局局长、党组书记，张良法、刘建军任市环保局副局长。

10月6日 常德市环境统计工作被评为全省第四名。

10月8日 《中国环境报》发表严鲁的专题评论——《未来教师的答卷》，对桃源师范学校开展的环境保护宣传教育给予高度评价。该校于同年8月，被评为湖南省环境教育先进单位。

10月8—31日 市环保局环保目标考核评委小组对十个区县（市）环保局的目标管理完成进度进行督促检查。

10月25日 市环保局局长马盛武主持召开市属和武陵区属企业排污收费底数调查学习班，94人参加学习。

11月2日 市环保局召开环境宣传教育工作会议，总结部署宣教工作，并下达了环保报刊的发行工作指标任务。各区县(市)环保局长参加会议。

11月19—28日 在全市县(处)级以上干部普法学习班,市环保局领导两次讲授《环境保护法》。

11月22日 市环保局组织对澧县、临澧县环保局和盐井矿区环境执法情况抽查。

12月8日 市环保局组织召开0.4m^{2}无烟锻造反射炉现场会,推广消烟除尘先进技术。参加会议的有省环保局、省机械工业厅、省劳改局、省环境监测站、市经委、市科委、市机械电子工业公司和部分区县(市)单位的领导和专业人员,计50多人。

12月11日 中共常德市委、常德市人民政府做出《关于五年消灭荒山十年绿化全市的若干问题的规定》,规划森林覆盖率达40%。

12月19—23日 市环保局在石门县召开1988年目标管理考核验收工作会议,津市市环保局获最高分99.03分。

12月 常德市编委常编办发〔1988〕41号文,对市环境保护局内部机构设置进行变更,由原来的办公室、环境管理科和监测科研科变更为办公室、政工科、城市环境管理科和农村环境管理科,党的工作部门有局机关党支部和纪律检查组。局属二级机构有市环境保护监测站、市排污收费监理站和挂靠市局的市环境科学学会。局党组由马盛武、刘建军、康迎华组成,马盛武主持全面工作。

12月 根据中共常德市委常通字〔1988〕13号和常办发〔1988〕3号文件精神,武陵区环境监测站和排污收费监理站上交市环境监测站和市排污收费站。同时,为了有利于武陵区环境保护工作的开展,保留武陵区环保机构。经有关单位协商并经市、区政府同意,从武陵区环保局和环境监测站、排污收费站(下称“两站”)人员中选调2人到市环保局工作,5人留在武陵区环保机构,其余31人(包括离退休人员2人)和武陵区环保局(含两站)的固定资产、财务等全部上交市“两站”。武陵区环保人员上收后,市环保局机关人员增加到17人,局属二级单位人员增加到74人,离退休2人。

1989年

3月15日 “常德市城市排水管理站”成立,负责城区雨污水的排渍。原常德地区排污收费监理站和原常德市排污收费监理站合并,组成常德市排污收费监理站,对全市超标排污单位排放的废水、废气、废渣和噪声等项目开征超标排污费。

6月4日 市政府副市长陈德铨发表电视讲话,公布全市环境质量;6月4—5日晚,市环保局、市文联与常德卷烟厂等企业在天声影剧院共同举办纪念“6·5”世界环境日文艺晚会,观众达3000余人。

12月中旬 各科、室、站向市环保局领导提交1990年工作要点。

12月下旬 市环保局在津市召开1989年目标管理工作总结评比会，与会代表讨论1990年工作规划，市环保局局长马盛武在总结会上，提出了全市1990年工作要点。

是年 石门磷肥厂通过省化工厅的验收，被省化工厅命名为“湖南省化工系统清洁文明工厂”。

是年 建立健全了市、县两级政府之间，两级环保部门之间，政府与其他有关部门及重点污染源单位之间的环保目标管理网络。常德市政府荣获省政府1989年环保目标管理二等奖，常德市环保局荣获省环保局1989年环保目标管理二等奖。

是年 市县两级环保部门、共青团组织及教育部门携手将环境教育从“娃娃”抓起工作落到实处，将桃源师范学校、常德市六中、常德市三职中等15所学校列为环境保护课程教育试点单位。桃源师范学校的环境教育经验得到国家环保局的肯定，被国家环保局树立为全国环境教育典范。

1990年

1月6—8日 副市长杨万柱接待和陪同湖南省环境保护检查组，对常德城区污水资源净化处理工程及12个工厂的环境卫生进行检查。

1月10日 市政府在武陵区政府机关会堂召开城区绿化工作动员大会，副市长杨万柱做动员报告。下午，市委、市人大、市政府、市政协、军分区五大家领导带领机关干部，同市民一起在城区参加义务植树活动。

1月 为了完成市长环保目标项目，市长蔡长松与市环保局局长马盛武到国家环保局汇报污水资源化工作，争取将该项目列入国家示范工程。

2月10日 市环保局召开各区县(市)环保局长会议，进一步讨论全市环保工作计划。

3月1—7月1日 为创建国家卫生城市，市政府从市建委、市公安、市工商、市卫生、市交警等单位抽调120名干部，开展城市管理和创建文明卫生城市联合执法行动，对城市“脏、乱、差”展开全面治理，并出台了《常德市城市管理暂行规定》及实施细则、《“门前三包”实行办法》《市直有关委、办、局及区、街两级城市管理工作职责》等规范性文件。

3月3日 市环保局召开办公会议，研究讨论1990年工作目标规划，总结评议各区县(市)1989年度目标完成及计分情况。

3月5日 市长蔡长松带领党政机关干部500多人，到德山林场和城区植树造林、送肥、扫街等。

3月23日 市环保局以常环字〔1990〕11号文件，发出《关于印发区县（市）环保局长目标管理责任制1989年执行情况和1990年实施方案的通知》，提出了1990年工作目标方案。

3月 常德市环境科学学会选举新的理事会，吸收了一批热爱学会工作，有一定学识水平的同志为会员，建立健全了环境工程、环境生态等5个专业学会小组。

4月6日 市环保局局长马盛武向省环保局局长祁叔和签订1990年环境保护目标责任书。

4月7日 副市长杨万柱向副省长王向天签订“1990—1992年环境保护目标责任书”。

5月23日 常德市环境保护委员会成立，副市长杨万柱任主任，另设副主任、委员共20名。

5月25—26日 市政府召开全市环保工作会议，表彰1989年目标管理先进区县（市）政府领导及环保局；副市长杨万柱与各区、县（市）政府领导、市有关部门与企业签订环保责任书，市环保局局长马盛武与各区县（市）环保局长签订环保目标责任书。

5月27日 常德市人民政府常政办通〔1990〕33号文件下达了第一批环境污染限期治理项目，共计21项，其中水污染治理项目15项，大气污染治理项目5项，固体废弃物治理项目1项。市政府提出三点要求：第一，各区县（市）人民政府要把环境保护工作列入重要议事日程，定期研究解决本辖区的限期治理项目建设中存在的问题；第二，有限期治理任务的企事业单位要明确专人负责，制订实施规划，采取有力措施，按期完成治理任务；第三，限期治理项目应优先纳入地方和部门的基本建设计划，在资金、材料和其他配套条件方面优先安排。

5月 按照市区职能第二次调整方案，撤销武陵区城乡建设环境保护局（环保办），同时设立武陵区城乡建设局和常德市环保局武陵分局。武陵分局由市环保局和武陵区政府双重领导，以市环保局为主，其党组织关系留在武陵区。

6月4日 副市长杨万柱、市政府副秘书长张安中、市环保局局长马盛武在芷园宾馆主持召开常德市环境新闻记者招待会，发布常德市环境新闻，答复记者提出的各种环境问题

7月 市环保局召开办公会议，听取上半年目标管理工作情况汇报，分析目标管理工作形势，并决定成立目标管理办公室，将各项目标进一步分解到单位与个人。

8月3日上午 市委、市政府在市工人文化宫召开城区居委会以上各单位负责人共700多人的动员大会，动员城区市民大搞环境清洁卫生，创建卫生城市。市建委向大会散发《城市容貌标准》1000份。下午，常德通用机械厂、常德烟机厂、浦沅机械厂、常德第二纺织机械厂、常德七一机械厂负责人，到市建委捐赠果皮箱数百个。

8月 副市长杨万柱与市环保局局长马盛武到省计委、省建委、省环保局汇报污水资源化工作，争取立项与投资。

8月15日 市环保局以常环字〔1990〕28号文件，对各区县(市)环保局、市环保武陵分局、市监测站、市监理站下达了《关于设立常德市环境目标管理办公室的通知》，要求目标管理办公室负责全市环境目标管理工作的指导、监督、监察、评比、验收、汇总。环境目标管理办公室由城市环境管理科兼管。

8月27日 常德市环境目标管理办公室召开各科、室、站负责人会议，讨论研究下半年目标管理工作计划与安排；进一步分解落实市长、市环保局局长环境目标责任；各科、室、站提名负责本科室、站目标管理的人员。

9月12日 常德市环境目标管理办公室制定对区县(市)环保局长目标责任制考核奖罚办法，并以常环目字〔1990〕第002号文件下达到各区县(市)环保局。

9月10日 省辖八市爱卫检查团到常德市检查，省局环保指标检查组到市环保局检查环保指标。经检查审定，常德市环保指标为省辖八市第三名。

9月 常德市编委常编办发〔1990〕65号文，同意市环保局内部增设环境宣传法制科，专门负责环保法规宣传普及和执法工作。

10月23日 市人民政府以常政办通〔1990〕45号文印发《关于下发区县(市)长环境保护目标责任制考核实施办法的通知》。

10月 1986年立项的国家“七五”重大科技攻关项目《湖南省常德市污水净化生态工程研究》，正式通过中国环境科学研究院和湖南省科委组织的专家鉴定。鉴定委员会认为：“这一研究在总体上达到国际先进水平，在运用热力学理论建成的高效污水净化与资源生态工程系统模式和以基塘系统和垄沟系统做为核心工程的复合系统，以及提出的新的需氧方程等方面，居国际领先地位”，并建议主管部门尽快立项，付诸实施。

11月15—30日 常德市环境保护目标管理办公室组织市环保局各科、室、站，对全市八个区县(市)的环保局局长目标考核进行检查验收，并对区县(市)长的环境目标执行情况进行收集。

12月5—12日 市环境目标管理办公室配合市爱卫会对六县的城镇卫生进行检查，环境保护指标以各区县(市)长环保目标为主进行考核验收。

12月30日 市环保局完成1990年目标管理项目的自查与总结，报市政府有关部门。

是年 市环保局完成《常德市沅江—澧水干流及西洞庭湖区域功能区划》，划定一级、二级和准饮用水源保护区，设立专门的标志牌。

是年 市建委决定在距城区15千米的北郊农村肖伍铺建成一座占地2公顷的垃圾

填埋场，容积为21万立方米。

是年 武陵大道中段被评为“湖南省绿化最美一条街”。

是年 常德市江北城区“污水净化与资源化工程”纳入市政府市长环境保护“办实事项目”责任制。

是年 桃源纺织印染厂被评为“全国环境保护先进企业”，受到国家环保局的表彰；同年，常德纺织机械厂通过省人民政府的验收，被省人民政府命名为“湖南省清洁文明工厂。”

1991年

1月10日 市环境目标管理办公室组织召开目标管理年终汇报会议，市环保局党组三位领导听取汇报。1月18日，对各科、室、站目标管理的资料、台账、档案进行检查。进行市长与局长目标完成情况的各项材料收集，开展各区、县(市)环保目标的考核评分工作，迎接省目标管理检查组对常德市环保目标完成情况的检查与验收。

1月 市环保局召开区县(市)环保局管理人员参加的管理工作会，进行目标结账，提出1991年工作重点，草拟了争创卫生城市的1991至1992年工作规划并报市政府。

1月 市环保局有关同志分别参加桃源柴油机厂和413地质队项目扩建、湘澧盐矿电站脱水工程、七一机械厂锻造炉验收、常德卷烟厂环境影响评价大纲评议等会议以及常德洞庭制药厂技改工程座谈会；会同有关部门对贾家堰、叶家堰鱼塘污染纠纷问题进行处理。

1月 市环保局完成《关于壶瓶山自然保护区建设与管理的建议》，并提交市政府。

2月 市环保局审批了烟机厂新建液化气站、武陵区大修厂迁建项目，考察了石门航运码头新址及陬市轴承厂、七一机械厂锻造炉、市水表厂锅炉房、临澧县太平冷冻厂生态建设工程，完成市合成纤维厂的污染处罚报告，并将报告送交市环保局审议委员会审议。

3月16日 原中共常德地委书记刘佳时等市委、市政府机关的35名离休老红军、老八路、老领导，到市临江公园奠基建造第一个老年人的“长寿林”。

3月 常德市编委常编办直〔1991〕15号文，同意市环境保护局机关的事业编制由16名增加到24名，其中7名编制从下属的环境监测站调拨。

3月 全市环境保护工作会议召开，市环保局局长马盛武做了题为《求深、求实、求硬、求严，把我市环保工作向纵深推进》的工作报告。市人大常委会副主任揭乐田、市政府副市长杨万柱到会并讲话。

3月 市环保局与市教委联合发出组织全市三万名中小学生开展环境知识竞赛、组织“六五”环境文艺调演的通知；拟定 1991 年环境宣传教育计划；召开市属有关厂矿的环境宣传教育总结会议。

4 月 15—17 日 湖南省“青少年绿化祖国”工作会议在常德市桃林宾馆召开。

4 月 市环保局、市教委组织全市 104 所中小学校 30410 名中小学生参加全省环保知识竞赛，全市有 294 名中小学生受到省教委、省环保局的表彰。

4 月 市环保局副局长刘建军调任长沙环境保护学校党委书记；5 月，安乡县委副书记张义田调任市环境保护局副局长。

4 月 市环保局制定印发《常德市城镇烟尘控制区验收标准和管理办法》；拟定“双文明”单位建设计划。

6 月 3 日 市环保局在滨湖影剧院组织全市环保文艺会演，各区、县(市)环保局和 10 个厂矿企业选送的 24 个节目登台演出，其中津市环保局选送的小品《孙悟空寻弟》代表湖南省到北京参加调演。

6 月 10 日 市委、市政府在工人文化宫举行“创建文明卫生城市动员大会”，市直各单位负责人参加，市长蔡长松做动员报告，副市长杨万柱宣读市委、市政府《关于加强城市管理，创建文明卫生城市的决定》。

6 月 市环保局完成除安乡县外《常德市生态建设试点村生态、经济、社会情况报告表》的填写。

7 月 26 日 常德市环境保护局武陵分局成立，定编 5 人，隶属常德市环保局和武陵区政府双重领导，以常德市环保局管理为主，专司常德城区环境保护之职。

8 月 3 日 常德市一届人大常委会第 21 次会议听取和审议了市人民政府《关于贯彻实施〈中华人民共和国环境保护法〉情况的汇报》，会议做出了《关于加强环境保护工作的决议》。这是全省各地州市人大中做出的第一个环保决议。

9 月 市环保局草拟《常德市污染事故处理暂行办法》。

9 月 市委、市政府决定 9 月份为“创建文明卫生城市活动月”，先后颁发《关于对创建文明卫生城市工作实行领导人包片、部门包段工作责任制的通知》，抽调 130 多名干部上街上路执法执勤，推广城南办事处落实“门前三包”责任制的经验，改建水冲厕所 30 座，增加垃圾桶和集装箱 40 个、痰盂和果皮箱 280 个，组织 5 次卫生大清扫，上街人数 3 万多人。

10 月 常德市环保局与常德市教委联合召开有各区县(市)环保局长、教委主任和有关学校主要负责人参加的学校环境保护教育工作会，推广桃源师范学校的经验，探索环境保护教育的办法。

11 月 1—4 日 湖南省城市卫生检查团到常德，检查城区市容市貌卫生和环境保护创建文明卫生城市的情况。

是年 常德市江北城区污水净化与资源化生态工程被省计委批准立项，常德市人民政府成立工程指挥部专门负责这一工程。

是年 6家氮肥厂投资130万元推广小氮肥"三气"回收（小氮肥厂造气吹风气、合成驰放气、氨罐放空气余热回收简称"三气"回收）技术取得成功，每年共减少废气排放15857万标立方米，节约标煤1.2万吨，减少煤渣排放4850吨，"三气"回收每年获利337.7万元。

是年 常德市污水处理站集中治理纺织印染废水项目被评为全国城市环境综合整治优秀项目，受到建设部、国家环保局的表彰。

是年 常德纺织机械厂、石门磷肥厂、常德烟草机械厂、湘澧盐矿、石门化工二厂、汉寿烟机厂、常德市纺织印染厂水处理厂、澧申联营猪鬃厂等8家企业被评为"湖南省环境保护先进企业"，受到省人民政府嘉奖。

是年 市委、市政府决定以1962年建成的河洑林场为基础，筹建森林公园。该公园1993年建成，1994年被批准为国家森林公园。该园位于常德市西郊7000米的河洑山，系武陵山系余脉，有大小山头56个，纵横沟谷42条，设七大景区：主入口景区、太和观景区、植物园景区、野生动物繁衍保护区、中心服务区、度假别墅区、水上娱乐区。

图4 河洑国家森林公园

是年底 从20世纪80年代中期开始的生态农业户、生态农业村试点取得重大突破，全市培养生态农业户达万余个，开展生态建设的村、组、场达100多个。全市建成自然保护区面积4.2万公顷，列入重点保护的珍稀动植物达55种。森林、土地、矿藏等自然资源得到较好保护。

1992 年

1 月 27—28 日 市政府召开全市计划工作会议，首次将《常德市 1992 年环境保护计划（草案）》，正式下达给各区县（市）。从 1992 年起，常德市环保年度计划开始纳入国民经济和社会发展年度计划。环保计划分城市环境质量控制计划和污染物排放控制计划，共 9 个指标：大气总悬浮微粒年日平均值、大气二氧化硫年日平均值、饮用水源水质达标率、工业废气处理率、工业废水处理率、工业固体废物综合治理率、万元工业产值烟尘排放量、万元工业产值废水排放量、万元工业产值固体物产生量。

2 月 22—24 日 在全省地（州）市环保局局长工作会议上，常德市环保局被评为 1991 年度全省环保目标管理一等奖。

2 月 25—26 日 市环保局在石门县召开全市环境管理工作会议。会议总结了 1991 年度全市环境管理工作，交流了经验，表彰了先进，研究部署了 1992 年全市环境管理工作。

2 月 25—27 日 在全省城市环境综合整治会议上，常德市纺织印染废水集中治理、临澧县合口珍珠养殖、市滨湖路三个环保项目受到了省建委、省环保局的表彰。

2 月 津市市环境监测站被省环保局授予“省环境监测优秀实验室”称号。

3 月 1—12 日 常德市青少年环保知识竞赛代表队在省里的系列竞赛活动中，获环保知识抢答赛团体第三名、小学生讲环保故事第四名、小学生画环保图优胜奖。

3 月 10—11 日 区县（市）环保局长工作会议召开，市环保局局长马盛武传达了全国环保厅局长会议及全省地（州）市环保局局长会议精神，代表市局党组做了《围绕经济中心，突出工作重点，努力创造我市环保工作的一流水平》的工作报告。会议兑现了 1991 年度区、县（市）环保局长目标责任制，石门县环保局、鼎城区环保局获目标管理一等奖，其他县市环保局获二等奖。会上，市环保局局长与各区、县（市）环保局局长签订了 1992 年环保目标责任制。

3 月 12—14 日 常德市环境监理站举办有市属企业会计、环保科长或环保专干参加的排污收费新标准学习班，85 人参加学习培训。

3 月 28—29 日 常德市环保局邀请省环保局及其二级单位负责人和各地（州）市环保局局长共 50 余人，在常德召开环保产业技术经验交流会议，共同研讨环保产业的发展。澧县酒厂、市粮油锅炉厂等单位推出各自的环保产品，受到与会代表好评。

4 月上、中旬 常德市环保局在鼎城区召开环境宣教、排污监理、环保信息与综合调研三个工作会议，全面总结 1991 年上述三个方面工作，并对 1992 年的工作做了部署。

4 月 24 日 省环保局副局长欧阳梓代表省政府，授予桃源纺织印染厂“湖南省清洁文明工厂”荣誉称号。常德市政府副市长杨万柱、市环保局副局长张义田等参加授奖命名大会。

4月28日 常德市环保局发布《1991年常德市环境统计公报》。公报表明,“三废”(废气、废水、废渣)排放量与1990年相比降低了13%,“三废”治理和综合利用比1990年分别增长8.24%、7.3%。

4月 澧县、临澧、安乡等县先后着手对机动车辆尾气进行监督管理。

5月4—18日 常德市环保局与长沙环保学校、国家环保局长沙培训部在长沙联合举办常德市首届环境管理干部培训班,79人参加培训。

5月12—13日 全市环境监测工作会议在津市市召开,区县(市)环保局分管监测工作的局长及监测站负责人参加会议。会议回顾和总结了1991年监测工作,部署了1992年的目标管理任务,同时传达了省监测科技工作会议和省降雨监测和重点污染源监测两个专业会议精神。

5月15—16日 常德市政府在桃林宾馆召开《常德市江北城区污水资源化工程可行性研究报告》论证评审会议。国家建设部、省计委、省建委、省环保局、湖南大学、省建筑设计院、省化工设计院、中科院永生所以及市直有关部门的教授、专家应邀参加会议。专家们认为:《报告》所用的工艺路线和设计参数可行,建设规模为日处理能力15万立方米合适,投资总额可按100万元初步控制。

5月 根据省环保局的部署,常德市在江北城区范围内开始排污许可证制度试点工作。根据试点工作大纲的要求,对区内的水环境进行调查,用等标负荷法从23家重点污染源中筛选出明胶厂、毛巾厂、卷烟厂、中药厂、有线电厂、变压器厂、粮食机械厂、轴承厂、水表厂9家重点污染源单位,为首批排放水污染物申报登记单位。并用等标负荷法确定了区内水环境中主要污染物化学耗氧量、硫化物、石油类三项为总量控制指标,采用目标总量控制法,确定了水环境中三项主要污染物最大允许排放量和9家重点污染源单位三项污染物的最大年排放量。

5月中旬 津市市人大常委会组织部分人大代表对该市5家重点污染源单位进行了为期6天的环保执法检查;5月20—21日,桃源县环境保护委员会邀请县人大、县政协、县科委等单位领导,对牯牛山金矿等单位进行环保执法检查。

5月20日—6月5日 为迎接世界环发大会在巴西召开和纪念《世界环境宣言》发表二十周年和92’世界环境日,常德市举办了一系列活动:5月20日,组织全市10万名青少年参与“保护地球——我们共同的心声”签名活动,在芷园宾馆举行了隆重的首签式,市委 、市人大、市政府、市政协、军分区等主要领导均出席会议并签名;5月21日,进行以

图 5　世界环境日签名活动

“环境与发展”为主题的全市青年演讲比赛；6 月 1 日，举办庆“六一”暨纪念 92’世界环境日文艺会演；6 月 3 日，组织 65 名少年儿童绘制 65 米环保画卷；6 月 4 日，举办纪念《人类环境宣言》发表 20 周年座谈会议，市委、市人大、市政府、市政协等单位 80 名党政领导应邀参加；6 月 5 日，常德市政府副市长杨万柱与市环保局局长马盛武代表全市 65 万少年儿童，将 65 米环保画卷献给省政府，市长蔡长松发表纪念’92 世界环境日电视讲话。各区县(市)都举行了声势浩大的宣教活动。

6 月 27 日　常德市政府副市长杨万柱召开市长办公会议，研究解决市长环保办实事项目存在的有关问题，市建委、市经委、市电力、市国土、市环保及有关责任单位负责人共 25 人应邀参加会议。

7 月 18 日　市政府办发出《关于建设城区环境噪声控制达标区的通知》。通知指出：1992 年噪声控制达标区的建设范围是：德山 4.42 平方千米，1993 年扩展到江北及其他全部城市建成区，总面积 22.5 平方千米。各单位要根据噪声控制区建设规划和年度计划，检查噪声排放装置，凡不符合国家标准的，必须在下达的限期内完成整改任务，任何单位不得延缓、阻碍噪声控制区的建设进度。

7 月中、下旬　对七一机械厂、纺机、浦沅等 14 家企业环保设施运行情况进行检查，并提出整改、处理意见，部分区县(市)也相继开展了这项工作。

7 月 27 日　全市区县(市)环保局长会议在桃源召开，市环保局副局长张良法传达了省环保局南岳会议精神，市环保局局长马盛武介绍了中国参加世界环发大会的基本情况，并就 1992 年上半年全市环保工作进展情况和下半年工作安排与要求做了重要讲话。

8 月 27—29 日　全市环境宣教工作会议在桃源召开，市环保局副局长张良法做了题为《乘胜前进，把我市环境宣教活动引向深入》的工作报告。

8 月 28—29 日　常德市首届环保棋竞赛在桃源举办，经过两天角逐，张良法等 3 人获一等奖，吴泽灼等 3 人获二等奖，方家球等 6 人获三等奖。

9 月 8—11 日　全国环境卫生综合整治检查团湖南省一分团苏野一行到常德市，检查创建文明卫生城市的工作情况。

是年　江北城区污水净化与资源化生态工程完成扩初计划，该研究成果荣获常德市科技进步一等奖。

是年 在常德市科学技术协会组织的50多家专业学会参加的全市科技论文评比活动中，市环境科学学会推荐上报的4篇论文均获常德市科技论文一等奖。其中，学会会员周小平的文章被全俄罗斯科技情报所主办的《文摘杂志》摘录，学会会员刘汉初的《容量法测定水中硫酸根》被英国《皇家化学学会分析文摘》摘录。

是年 市环保局开展“保护地球”的签名活动，全市1万多名市民签名。

是年 市政府制定颁布《常德市饮用水源保护区污染防治管理办法》，各区县(市)政府也根据各地的实际先后颁布各自的饮用水源保护区污染防治管理办法，强化对饮用水源保护。

是年 桃源纺织印染厂通过省人民政府验收，被省人民政府命名为“湖南省清洁文明工厂”。

是年 市环境监测站计量认证工作通过省环保局、省计量局的验收。结合计量认证工作，市环境监测站进一步完善了监测分析人员职业道德规范、质量控制和监测分析制度，编写了《常德市环境监测站质量管理手册》，正式发布《市环境监测站监测数据公正性声明》，环境监测工作进一步程序化、规范化、科学化。

是年底 纳入1990—1992年市政府环保目标责任制中的常德卷烟厂抛煤机锅炉消烟除尘项目按期完成。2台10吨锅炉基本实现达标排放。

1993年

1月 市环境保护局副局长张义田调任常德市人大专职委员(正处级)，12月，张义田又调回任原职。

3月 吴泽灼任市环境保护局副局长、党组成员。

6月5日 市政府副市长钦时中发表题为《保护蓝天碧水、促进改革开放》电视讲话。

6月10—11日 市长吴定宪主持召开市政府常务会，要求各级政府加强对环境综合整治的领导，多层次、全方位开展环境保护宣传教育，提高全民环保意识，并同意征收污水排放费和城区二氧化硫排放费。

6月28—30日 市人大常委会做出《关于确定市树市花的决定》，确定樟树为市树，栀子花为市花。

8月 市人大、市政府联合发出《关于开展环境保护执法检查的通知》，重点检查《中华人民共和国环境保护法》《中华人民共和国水污染防治法》和《中华人民共和国野生动物保护法》的实施执行情况。这次全市环境保护联合执法检查，共检查企事业单位43个、集市 16 个、宾馆和饭店 71 家，严肃处理违反环保法规的单位 18 个，关停严重违法企业 3 家，收缴非法经营的蛙、蛇等野生动物 500 千克。

10 月 距常德城西北 80 多千米的石门夹山森林公园建成对游人开放。

10 月 常德市计委、市劳动局常劳计〔1993〕8 号文，同意成立“常德市环发工贸总公司”，为全民所有制企业，行政隶属市环保局领导，实行独立核算、自负盈亏、自主经营。

11 月 常德市江北城区排污许可证制度试点工作通过湖南省环保局技术组的验收。这次试点工作历时 1 年多，收集整理数据 1.2 万个，撰写试点区技术报告、工作报告 4.2 万字，编制图表 8 个，绘制彩色插图 4 幅，节约监测、调查费用 3 万元。

是年 全市征收超标排污费首次突破千万元大关。

是年 常德市中级人民法院、石门县人民法院、安乡县人民法院、桃源县人民法院、鼎城区人民法院先后成立环保法规执行室。

是年 常德市 8 个区县(市)环境监测站(不含武陵区)，按省环保局和省计量局的要求，开展计量认证并全部通过验收。

是年 常德市城区烟尘控制区总面积达 18.9 平方千米。

是年 市政府颁布《常德市城市园林绿化管理试行办法》。

是年 市委、市政府动工筹建“常德市柳叶湖旅游度假区”。度假区坐落在常德城东北郊，太阳山、花山、白鹤山连绵环绕其北，南与沅水相通，面积 44.96 平方千米，其中水域面积 16.93 平方千米。

图 6 柳叶湖

是年 常德纺织机械厂被评为“全国环境保护先进企业”，受到国家环保局的表彰。

是年 常德市环境科学学会被中国科协评为“全国先进学会”，并出席中国科协在桂林召开的全国先进学会表彰大会。

是年 在 1990 年、1991 年、1992 年连续三年荣获省环保局环保目标管理一等奖的基础上，常德市环保局被省人事局、省环保局授予“湖南省环境保护先进集体”和“全省环境管理工作先进单位”光荣称号。

是年底 常德市第一批 21 项环境污染限期治理项目完成 17 项，总投资 1142.89 万元，新增“三废”处理能力：废水17300吨/日、废气7.9万标立方米/时、固体废弃物0.76万吨/年，收到较好的经济效益。

1994年

6月14日 中国科学院武汉水生物研究所邱昌强教授到常德，考察城区污水处理工程；副市长杨万柱、市建委主任张启祥、市环保局局长马盛武陪同并介绍污水治理工程情况。

8月7—9日 市长吴定宪主持召开市政府常务会，研究江北城区下水净化与资源化工程，要求该工程与柳叶湖的开发协调进行，指挥部要向国家环保局汇报，争取纳入国家环境示范工程计划，得到国家的资金支持，并于今冬明春完成柳叶湖柳堤河汊的围湖堤工程和城区青年路到净化站的下水管道铺设，抓好这个以社会效益和环境保护效益为主的公益性建设项目。

10月10—13日 全国人大林业、环境保护执法检查团到常德检查工作，副市长莫道宏等领导人接待、汇报。

11月21—23日 湖南省“创建文明卫生城市检查团”和“城市环境综合整治检查团”到常德检查工作。

是年 经国务院批准，湖南壶瓶山晋升为国家级自然保护区（该区于1982年经湖南省人民政府批准成立省级自然保护区）。该保护区东南西三面分别与石门县太平镇、所街乡、罗坪乡及东山峰管理区、南北镇接壤，北与湖北省五峰县、鹤峰县毗邻，总面积66568公顷，是以保护华南虎等濒危动物物种及其栖息地和珙桐等珍稀植物物种及群落为主的森林和野生动植物类型自然保护区。

图7 壶瓶山

是年 市委、市政府将新颁布的《湖南省环境保护条例》列为全市开展社会主义市场经济法规宣传教育的主要内容，并将环境保护法律知识纳入全市1.5万名科级以上干部经济法规考核试卷。

是年 常德市城区烟尘控制总面积达22.17平方千米。

是年 常德市城区被湖南省爱国卫生运动委员会评为“省级卫生城市”。

1995年

2月14日 市政府代理市长张昌平主持召开市政府常务会，研究在城区禁止燃放烟花、鞭炮问题。会议决定从1995年5月1日起，在穿紫河以南的江北城区、德山的建成区内，禁止燃放烟花鞭炮。

4月 市政府颁布《关于禁止在常德市城区燃放烟花爆竹的规定》。

5月 市政府针对城区出现的一批露天卡拉OK点噪声扰民问题，组织公安、文化、工商、环保等部门对露天卡拉OK点依法予以取缔。

6月5日 市环保局在朗州路中段（市政府机关门前）举办“环境保护知识有奖猜谜宣传活动”，向市民宣传环境保护知识。

6月 陈建国通过公选，任市环境保护局副局长、党组成员。

8月 市环境保护局对市城区40多个音像点进行整顿，通过限制音量、拆除室外喇叭等措施，使音像点噪声污染得到限制。

10月 常德市编委发文，批准市环保局机构改革的“三定”方案。市环保局内设6个职能科室：办公室、人事教育科、污染管理科、自然保护科、科技监测科和法制宣传科；核定行政编制21名、事业编制3名。

10月31—11月1日 市人大常委会主任熊奇生和市政府副市长杨万柱，带领市环境保护执法检查组，检查武陵区和鼎城区的部分污染严重的企业，对武陵区高坪头村电镀厂、红光化工厂、红光玛钢厂、鼎城区沧山冶炼厂责令关闭。

是年 市委、市政府拨200万元专款，用于城区公共卫生基础设施建设。

是年 市环保局等六个单位联合颁发《关于加强城区婚丧喜庆活动管理的通知》，规范乐队的时间和音量，限制噪音扰民。

是年 市环保局在《常德日报》上开辟“绿苑杯”征文活动，全年刊登环境保护文章35篇。

是年 市委、市政府提出把常德城三年建成“卫生城市”的奋斗目标。常德市再次被评为“省级卫生城市”。

是年 常德市城区从1986年开始的将100多座公共厕所由旱厕改水冲厕任务全面完成。

是年 市委、市政府决定将距常德城西南45千米的花岩溪建设成“花岩溪旅游风景区”。次年10月，花岩溪旅游风景区对游人开放。

是年 常德市被建设部评为全国城市环境综合整治先进城市，市建委主任张启祥荣获"全国城市环境综合整治先进城市建委主任"称号。

1996年

1月 常德市编委发文,批复成立"常德市环境监察大队",为正科级事业单位,隶属市环保局领导。核定事业编制8名,所需人员经费从收取的排污费中按政策规定提取解决。

4月1日 鼎城区沙河口电力排灌站擅自启开南干渠闸门,致使西洞庭农场约150万立方米的造纸废水直排,污染了鼎城区、汉寿县和西洞庭农场十多个乡和渔场,污染全程达27.5千米,污染水面600公顷,其中养殖水面520公顷,大面积农田遭受不同程度的污染,鱼类、珍珠蚌及其他水生物大量死亡,直接经济损失60多万元,间接经济损失267万元,25000多农民受污染危害,汉寿县洲口乡小河村有232人饮用河水后发生恶心、呕吐、腹泻、腹痛等多种病症。此事引起了市委、市政府的高度重视,给予妥善处理。

6月4日 市委、市政府召开世界环境保护日座谈会,市长张昌平、副市长杨万柱和市委宣传部部长蒯定勋以及市人大、市政协和14个市直部门的主要负责人参加会议。次日,市政府在《常德日报》上发布《常德市环境质量公报》,副市长杨万柱在常德电视台发表环境保护电视讲话。

7月中、下旬 常德市遭受百年不遇的特大洪涝灾害,桃源、汉寿等县损失惨重。8月,市委、市政府在全市范围内组织开展赈灾募捐、支灾救灾活动,常德市环保局先后为灾区捐款18210元(其中个人捐款7710元),捐献衣物500余件。同时,还抽调1名工作人员,派驻到这次受灾严重的桃源县青林乡进行对口抗灾救灾。

8月6—9日 常德市市属及市属以上企事业单位排放污染物申报技术培训班在桃花源宾馆举办,共有43个企事业单位的50多名环保科长、专干参加了培训,对申报登记的内容、技术规范要求及格式进行学习。

8月10日 常德市环保局组织首届环保系统职工乒乓球赛,桃源、临澧、石门、津市、鼎城等区、县(市)环保局,市局机关、监测站、监察大队派队参加了比赛。市环境监测站张献民、桃源县环保局李运初、石门县环保局黄文奇分别荣获男子个人1、2、3名,桃源县环保局田娟和鼎城区环保局袁浩分别荣获女子个人1、2名。

8月中旬 为了给省"八运会"提供良好环境,迎接省局城市环境综合整治定量考核检查,市环保局专门组织烟控区、噪控区环保执法检查,对烟尘、噪声超标不合格单位责令其限期整改。

9月5—6日 市环保局召开全市排污申报登记进度摸底会议,参加会议的有各区县

(市)环保局、市监察大队、市监理站的有关负责同志共 20 余人。会议要求各区县(市)务必在 9 月 20 日前完成排污申报登记工作。

9 月 9—13 日 市人大、市政府、市环保局组成的环保执法检查小组对石门县、临澧县、安乡县和西洞庭农场 8 个单位进行现场执法检查。该次执法检查解决了一些严重扰民、群众反映强烈的问题,扭转了环保工作有法难依、有污难治的局面,促进了全市环保工作健康发展。

9 月 26 日 市环保局召开各区县(市)环保局长会议,传达省委常委扩大会议关于贯彻国务院《关于环境保护若干问题的决定》的具体指示以及省环保局关于落实省委常委扩大会议精神的意见。市环保局局长马盛武要求各地将关停工作当作整个环保工作的"重中之重"来抓,力争在 9 月 30 日前关掉一批严重污染企业。会上,通报了全市第一批拟取缔、关停企业名单。

9 月 27 日 为贯彻落实国务院《关于环境保护若干问题的决定》,常德市政府办公室发出《关于关停环境污染严重企业的通知》(常政办发〔1996〕42 号),具体列出了 42 家第一批关停、取缔企业名单。通知要求各级人民政府切实加强领导,按规定完成任务,并妥善安置好关停、取缔企业干部职工的工作和生活。

10 月 14 日 市长张昌平主持召开市政府常务会,研究城市建设资金安排、环境保护等问题。会议决定,坚决执行国务院《关于环境保护若干问题的决定》,坚决取缔和关停严重污染环境的"十种企业",并以市政府名义发出《关于坚决取缔和关停严重污染环境企业的紧急通知》。到年底,全市共关停污染环境严重的企业 49 家。

10 月 15 日 市环保局在市政府第 5 次常务会议上就贯彻国务院《关于环境保护若干问题的决定》有关情况做了详细汇报,汇报内容得到市政府领导的充分肯定,并就下一阶段加大关停工作力度达成共识。

10 月 23—26 日 市环保局召开全市乡镇工业污染源调查工作会议。参加会议的有各区县(市)环保局和市直国有农场的主要负责同志、市乡镇企业局和市统计局的领导。市环保局局长马盛武、副局长陈建国出席会议并讲话。会后,各区县(市)环保局管理股长、市直国有农场环保科长以及一名技术骨干参加了培训学习,为下一步实质性的调查工作奠定了基础。

10 月 28—31 日 市环保局组织各区县(市)分管环保工作的政府领导和环保局长参加第四次全省环境保护会议。会议主要内容是:贯彻落实国务院《关于环境保护若干问题的决定》、第四次全国环境保护会议的精神和省委、省政府《关于进一步加强环境保护工作的决定》,总结湖南省"八五"环保工作,研究部署湖南省"九五"环保工作任务。

12 月 11—12 日 市长张昌平主持召开市政府常务会议,会议要求尽快出台《常德市关于加强环境保护工作的决定》。会议规定,各级政府“一把手”亲自抓环境保护工作,并纳入个人工作责任目标考核的重要内容;对新上和改造的工程建设项目,环保部门要行使“第一审批权”;在全市“双文明”(物质文明、精神文明)建设考核中,环保工作为第一考核内容;政府要不断增加对环保事业的投入;市政府挂帅,市公安局、市乡镇企业局、市冶煤局、市工商局、市电业局、市监察局、市环保局各抽调一人组成两个督查组,对全市各区县(市)的环保工作,特别是应该关停的“十五种企业”的关停情况,进行一次大督查。

是年 经市人民政府审核同意,《常德市二氧化硫、烟尘排放总量控制计划(1996—2000年)》,以市政府常政办函〔1996〕62号文件印发给各区县(市)人民政府和市直有关单位。计划的主要内容是:到2000年,将二氧化硫、烟尘排放总量控制在1995年的水平,并提出了实现这一目标所要采取的办法、措施。

是年 鼎城区政府以花岩溪、莫家溪、仙池山、五溪湖、龙凤潮为主体,建成“花岩溪度假村”。花岩溪度假村被国家批准为“花岩溪国家森林公园”。花岩溪森林公园在常德城西南45千米处,是雪峰山的东北支脉,与桃花源相倚背,总面积约14平方千米,主景区4000多公顷,其中森林面积500多公顷。

图8 花岩溪

是年年底 常德城区“垃圾无害化处理”率达100%。

是年年底 常德市被评为“湖南省甲级卫生城市”。

1997年

1月25日 日本海外协力基金会高山先生一行5人到常德,考察为常德污水处理工程贷款问题,副市长杨万柱、市建委主任张启祥、市环保局局长马盛武陪同并介绍工程建设情况。

2月20日 市环保局和市监察局联合发出《关于监督检查〈国务院关于环境保护若干问题的决定〉贯彻执行情况的通知》。

2月27日 常德市环境保护委员会第八次全会在市环保局召开,讨论市委、市政府即将颁发的《关于进一步加强环境保护工作的决定》。

3月1日 市委宣传部、市城管办、市建委、市爱卫办、市总工会、团市委和市妇联7家单位联合发布《常德市市容卫生公约》及实施办法，提出了市民卫生行为规范“十不准”、市容卫生监督管理和教育处罚办法。3月5日，副市长杨万柱在市体育运动中心主持“《常德市市容卫生公约》万人签名”活动。

图9 市民自发维护市容卫生

3月10日 市委书记吴定宪、市长张昌平等领导人带领党政机关干部到柳叶湖参加义务植树劳动。

3月 针对18种严重污染环境的小型企业可能出现反弹的局面，市政府组织监察、工商、公安、环保、矿管、乡镇企业局等单位，对“18小”企业关停情况进行一次全面的“回头看”，防止取缔关停工作的华而不实。

5月4日 常德市人民政府颁发《关于治理机动车尾气污染的通知》，规定所有汽车安装“环境保护节油器”。

6月27日 市委、市政府颁布《关于加强环境保护工作的决定》。决定规定，各级党委、政府“一把手”为环境保护第一责任人；建立常德市城区大气环境保护圈；各级环保局对建设项目享有第一审批权；将环境保护列为“物质文明和精神文明建设”的考核内容；市财政每年安排200万元资金用于综合性公益环境保护工程建设。

6月 正式划定常德城区大气环境保护圈的范围：常德城区大气环境保护圈包括城区、河洑、南坪、丹洲、护城、东江、东郊、芦山、武陵镇、柳叶湖、德山，面积300平方千米。在保护圈内，所有砖瓦窑厂3年内关闭，机动车尾气必须达标排放，工业锅炉必须使用洁净型煤并达标排放烟尘废气，同时要求三年内城区使用管道液化气普及率达60%。

7月1日 市政府发布《常德市城区环境噪声适用区划》的文件，规定常德市城市规划区内各类环境噪声标准适用区域，并以此做为建设项目环保审批的重要依据。

8月16日 市政府颁布《常德市饮食娱乐服务业环境管理办法》，解决污染扰民问题。

是年 市政府成立以副市长杨万柱为组长，环保、经委、劳动、城管、技术监督等部门负责人为成员的常德市推广使用型煤领导小组，并成立洁净型煤股份有限公司。

是年 柳叶湖杨柳堤新建的城市污水处理场正式动工，设计日处理污水能力15万立方米，投资1.26亿元。

是年 市委、市政府提出以常德市悠久历史文化为主题，以洞庭水乡为特点，以城市园林绿化为依托，把常德市建设成为“园林城市”。

是年 在湖南省城市绿化检查评比中，常德市的城市园林绿化被评为第三名，武陵大道中段第四次保持湖南省“绿化最美一条街”的称号。

是年 常德市江北城区庭院绿地面积达442公顷。被评为湖南省级“园林式单位”的有浦沅工程机械厂、常德市第一中学、常德棉纺织厂等27家；被评为市级“园林式单位”的有常德彩印厂、常德市五中等57家。

是年 副市长杨万柱、市建委主任张启祥经多次勘查护城河的淤塞现状后，决定拨款20万元，对城区原护城河（1988年改建为渠）几处严重淤塞地段进行清淤。历时数月，清除水面漂浮物1046吨，淤泥14000多立方米。

是年起 市财政预算（含城建费）除排污费外，每年安排200万元以上的资金用于综合性、公益性的环境建设项目和环保示范工程，该资金由常德市环保局统一安排，常德市财政局监督使用。

1998年

1月10日 市建委主任张启祥带领市燃气燃料总公司经理夏崇仁前往北京，与国务院“特区办公室”洽谈常德市江北城区管道燃气合做投资建设问题，特区办公室综合司司长毛宗诚在合做协议上签字。

1月12—16日 市城管办牵头，联合市工商局和市公安局，对城区执行禁止燃放鞭炮的规定，再次进行拉网式大检查。

1月18日 市建委主任张启祥带领鼎城区燃气燃料公司负责人，与北京市科力新技术发展总公司副总经理轩辕寒玉，洽谈合做投资建设常德市江南城区管道燃气工作，并签署合做意向书。

3月 常德市委、市政府对常德市环保局领导班子进行调整，佘洪涛任常德市环境保护局党组书记兼局长。

3月 常德市“普及法律知识领导小组”决定将国务院第101号令《城市市容和环境卫生管理条例》，纳入全市干部普法学习的内容。

6月5日 市人大和市政府联合召开常德市第四次环保大会。市委副书记兼代市长程海波、市人大常委会副主任向启国、市政府副市长杨万柱和助理巡视员郑景阳出席会议，区县（市）人大常委会副主任、副区县（市）长、环保局局长和市直有关单位及重点污染源企业负责人共150余人参加会议。会上，副市长杨万柱与各区县（市）政府和德山开发区管委会领导人签订了1998—2000年环境保护目标责任状。

9月22日 常德市燃料燃气总公司在江北城区西片首批成功敷设燃气管道，84户居民开始改用管道燃气，是为常德市居民使用管道燃气之始。

9月24日 市政府在常德市五中召开城区护城河沿线57家单位负责人会议，落实护城河综合治理方案，解决护城河渠淤塞问题。会议决定成立“护城河清淤工程指挥部”，投资200万元，对5370米护城河渠全线清淤，确保护城河渠排水畅通

10月19日 代市长程海波在市城市管理委员会上发表重要讲话，要求抓好市容市貌、交通秩序、环境保洁、食品卫生等工作，重点教育市民改掉不良卫生习惯，增强市民文明卫生意识，抓好“细胞工程”即各单位院内的环境卫生和沿街的“门前三包”责任制。

11月20日 江北城区举行管道燃气通气点火仪式，全国政协常委、原国务院特区办公室主任胡平出席仪式。

12月18日 市委、市政府在市工人文化宫召开“创建全国文明卫生园林绿化城市动员会”，市委常委、市委宣传部部长周用金主持大会，市委副书记莫道宏做动员报告，代市长程海波发表重要讲话，副市长杨万柱介绍大连、濮阳市的园林建设情况，城区各单位1000多干部群众参加大会。

是年 常德市被建设部评为全国“城市环境综合整治优秀城市”，列为全国“地级市”第32强。常德市建委副主任童大移被建设部评为优秀城市建设工作者。

1999年

2月 常德市被建设部授予“1998年度全国城市环境综合整治优秀城市”的称号，常德市武陵大道被湖南省政府命名为“湖南省样板街”。

4月1日 市委、市人大、市政府组织开展“1999年常德环境保护世纪行活动”。这次活动要求以国家环境保护法律法规为武器，以舆论监督和法律监督为手段，以城市大气、水环境整治和城市绿化为重点，以改善环境质量、保护人民生命健康为宗旨，全面贯彻落实市委、市政府有关城市环境保护的决定，增强全社会的环境保护意识，加快治污步伐，尽快把常德建设成为国家文明城市、全国卫生城市、园林城市、优秀旅游城市和全省最美的现代化城市。活动的主题是“还我蓝天，还我碧水，还我绿地”。活动中，举行新闻发布会，市人大常委会副主任向启国、市政府副市长杨万柱、市人大城环委主任鲁秉群和市环保局局长佘洪涛回答省、市新闻记者的提问。

4月1日 在市委、市人大、市政府、有关企事业、新闻等单位的60多位负责人监督下，用推土机将丹洲乡泽远砖厂砖窑推倒。到6月底止，大气圈内的38家砖瓦厂已责令

关闭16家，减少二氧化硫排放上千吨，剩下的其他砖瓦厂将于2000年前全部关闭完毕。

14日 市环保局公布30家限期治理锅炉烟尘污染单位的治理结果，除常德军分区一家，其余29家均克服困难按期治理，常德城区锅炉烟尘排放量降低到国家规定标准以下，大大减少了城市污染。

5月10—12日 市委、市政府组织第二次迎接创建文明卫生城市“国检”的模拟检查，对郊区农户“改水改厕”按“国检”要求进行检查。检查结果表明，城郊农村自来水普及率已达80％，城郊农民改厕2万多个，基本结束“旱厕”历史。

5月20日 市江北城区污水净化处理站经过一年建设，建成开机排污。经过净化后的污水流入姻缘河，可以用来养鱼和灌溉农田。

6月21—23日 为落实市政府关于今明两年内关停城区大气保护圈内38家乡镇办砖瓦厂的指示，市人大常委会副主任向启国带领市环保局、市国土局负责人，到武陵区、鼎城区、德山开发区实地检查，发现1999年必须关停的21家砖瓦厂只有15家关停，责令武陵区、德山开发区特别是关停缓慢的鼎城区，要提高认识，加快进度，通过控制土源、移民建镇、招商项目征地、引导农民转产停产复耕等多种办法，将应关停的砖瓦厂按时间要求迅速关停。

6月24日 市政府发出《关于重点抓好湖南雄磺矿、常德锦纶厂等60家企业污染治理的通知》。《通知》要求各区、县(市)人民政府本着“谁污染，谁治理”的原则，对本地区超标排放企业，分期限期治理，执行验收标准。

6月25日 市环境保护局在《常德日报》上发布《关于在高考期间加强环境噪声污染监督管理的通告》，1999年6月25日至1999年7月10日期间，加强对全市工业企业、娱乐场所、建筑行业和临街商业门面等环境噪声现场监督管理：(一)在此期间，禁止中午和城区夜间10点钟以后从事产生一切噪声的建筑施工作业和各项其他做业；(二)高考期间(7月7—9日)，禁止在高考考场100米范围内进行产生一切噪声的建筑施工和其他生产经营活动；(三)为确保学生高考期间有一个安静环境，设立噪声举报电话，对群众举报的违法违规行为及时查处，并在24小时内将处理结果告知举报人；(四)市环保局会同市公安局、市文化局，对机动车辆和营业性娱乐场所进行现场监督检查，对违法违规行为坚决制止并严肃处理，对群众反应强烈、影响较大、危害严重的噪声污染事件，通过新闻媒体曝光。

6月26日 市环保局科技科科长黄道兵在《常德日报》上发表《常德的环境“家底”》一文。文章说，常德的环境污染令人担忧：常德的森林覆盖率由1957年的40％降低到14％；大气中二氧化硫浓度徘徊在二级标准和三级标准之间；酸雨出现频率由50％左右上升到1998年的89.3％，成为湖南省降酸雨最重的城市之一；沅水常德城区段岸边水质污染带呈明显加重的趋势，大肠杆菌群、总氮、总磷等指标时有超标，总体维持在国家地面水质标准Ⅱ类与Ⅲ类之间；常德市区划定的大气保护圈内，每年排出有害气体145.2亿立方米；排放工业废水2亿吨，其中70%不达标；其他几项主要污染物排放如工业烟尘、粉尘和化学耗氧量等，都排在全省14个地、州、市的前列；常德过度开发山丘、砍伐森林，造成水土流失面积达3000多平方千米。

8月2日 市政府发布《常德市全民义务植树管理办法》，要求更加深入持久地开展全民义务植树运动，加快城市绿化和美化步伐，改善人民的生存环境。办法规定：凡11～60岁的男性公民和11～55岁的女性公民，每人每年义务植树3～5株，或完成3个义务工日的相应绿化任务；义务植树实行“分级负责，因地制宜，讲究科学，注重实效”的原则，逐步实现规范化、基地化、科学化、制度化；市和县的绿化委员会负责义务植树和绿化的全面工作，各级林业、城建、园林部门在同级绿化委员会的领导下，分别做好城镇和农村的义务植树的规划设计、种苗培育、现场技术指导。绿化经费属于行政事业性收费，只能由市和各区县(市)的绿化办公室收取，专账储存，专款专用。该办法还对义务植树的实施、验收、奖惩及林木权属等做出了明确规定。

图10 常德市全民义务植树活动

8月14日 市人大城建环保委员会主任鲁秉群、常德市环境保护局科技科科长黄道兵联名在《常德日报》上发表《常德市创建城区大气环境保护圈纪实》一文。文章说，1997年6月27日，市委、市政府联合发出《关于加强环境保护工作的决定》，实施“蓝天工程”以来，市环境保护局做了许多工作。据1999年监测结果表明，城区大气中二氧化硫含量为0.078毫克/立方米，比1996年下降了23%；氮氧化物浓度为0.027毫克/立方米，比1994年下降了21%；酸雨频率由1996年的100%下降到1997年的91.9%，1998年酸雨频率再降到89.3%。

8月19日 市委副书记莫道宏在《常德日报》上发表题为《抓好城市绿化，建设园林城市》的文章。要求对全市进行总体设计，尽快形成一个完善的城市绿地系统。要以悠久的历史文化为主题，以洞庭水乡为特色，以满足市民的生活需要和城市可持续发展为目标，按照与国际接轨的要求，高起点、高水平地编制城市园林绿地系统规划，达到“人均公共绿地面积不低于6平方米、城市绿化覆盖率不低于35%、城市绿地率不低于30%”的三大标准。城区内要以沅江两岸、穿紫河地带、柳叶湖周围三大水系的绿化建设为重点。规划区内各单位和住宅小区按城市绿地系统规划完成各自的绿地建设，其建设费用列入建设总投资。

8月27日 常德市第四自来水厂净化中心工程在武陵镇孔家溶破土动工。第四自来水厂共占地8.47公顷，总投资2.2亿元，仅净化工程就达1.7亿元，全部工程在2001年完工。该水厂建成后，常德市城区日供水量可翻一番。

9月3日 常德市公安局发布江北城区禁止汽车鸣喇叭的通告，决定从9月10日8时起，禁止江北城区行驶的机动车鸣叫喇叭。为此，市政府成立以常务副市长陈君文为指挥长的"禁鸣指挥部"，从公安、城管、环保等部门临时抽调2000多名干部，上街宣传禁鸣喇叭通告，稽查禁鸣情况。

9月13日 为期3天的湖南省创建文明城市工作会议在常德市芷园宾馆举行。会议表彰了全省首批创建文明城市的先进城市长沙市、岳阳市、常德市。省委副书记吴向东在会上做了题为《面向新世纪，创造新业绩，努力开创我省创建文明城市的新局面》的报告，并特别肯定了常德市近几年来创建文明城市的经验与成果。常德市委书记吴定宪、副书记莫道宏等有关领导人出席会议。

10月16日 《常德日报》发表《母亲河在呼唤》一文。文章说，由于人口剧增、经济发展，沅澧二水污染日益严重。据统计，沅水从桃源县开始到汉寿县，沿岸共有117个污水排放口，排污单位105家，平均每天排放废水2.5万吨，年排放废水7500多万吨；澧水从石门县到安乡县，沿岸共有108个污水排放口，平均每天排放废水2.6万吨。一年中排放入沅、澧二水的废水总量约1.7亿吨。这些废水中检测出有16种污染物，一度出现"身在水乡无水喝"的局面。

图11 清查污染源

10月20—21日 湖南省燃气工作会及管道燃气现场会在常德市召开。来自全省各地的燃气管理人员和专业公司人员，考察常德市在全省率先使用的"绿色燃气"，即空气与液化石油混合的"空混气"。常德市自1998年9月22日首次点火，市民使用"空混气"管道燃气，标志着常德市市民家用生活燃料进入现代化。这种"空混气"管道燃气，热值高，燃点好，价格便宜，使用安全，环境无污染，是国际上最先进的家用燃料气，已在城区的朗州路、人民路的步行街、武陵大道、滨湖路、龙港路、长庚路、洞庭大道等地铺设主干管和支干管线，有2000多户市民使用。

11月6日 市长程海波、常务副市长陈君文率市建委主任张启祥及规划、园林绿化、公用事业局的负责人，实地考察穿紫河两岸污染情况，要求尽快制订穿紫河整治方案。

11月24日 市建委主任张启祥、市政公用事业局局长刘奇志及《常德日报》记者，从穿紫河最东端建设桥走到最西端竹叶港，行程17.3千米，考察穿紫河污塞情况，为编制“综合治理穿紫河方案”调查掌握第一手资料。穿紫河整治工程，东起南碈电排，西至护城乡白马湖地段，全长17.3千米。穿紫河整治水面近1平方千米，河堤两岸加宽到30～50米，净增绿化面积140万～170万平方米，投资4.6亿元，计划3～5年完成，力求达到“水清、堤绿、岸美”要求。

11月30日 常德市城市管理委员会、常德市卫生局、常德市工商行政管理局联合发出《关于禁止在城区经营露天烧烤(油炸)的通告》。通告根据国务院颁发的《城市市容和环境卫生管理暂行条例》《中华人民共和国食品卫生法》《城乡个体工商户管理暂行条例》，决定禁止任何单位和个人，在城区街道、空坪、绿地、桥梁、车站、码头、广场、公共场所摆摊设点，经营烧烤(油炸)，所有临街烧烤门店不得出店占用人行道经营。

12月14日 市政府副秘书长张家安主持召开整治城区露天饮食烧烤(油炸)调处会，要求各有关部门统一认识，依法整治，保持城市环境卫生。12月15日，市城管办、市卫生局、市工商局、市巡警支队、市法院、市检察院等单位联合出动50多名执法人员、出动10多台汽车开展联合执法行动，全面取缔城区露天经营烧烤的饮食摊担。联合行动中，执法人员在皂果巷、芙蓉路、光荣路、市五中等地收缴露天经营烧烤(油炸)的摊担、炉灶等工具几十件，城区主次干道街畔的露天烧烤饮食摊担明显减少，受到市民好评

12月15日 《常德日报》记者周秋桂发表题为《绿了古城，美了常德，我市城市园林绿化步入全省先进行列》的消息报道。报道称，1999年，常德市城区参加义务植树的人数达4万人，义务工10万个，义务植树2.4万株。有30多家单位共投资200多万元，新建、改建庭院绿地5万多平方米，有10个单位达到了市级“园林式”单位标准，城区市级“园林式”单位达到67家，省级“园林式”单位达到27家。

12月 市环保局和常德电视台共同完成《绿潮涌常德》电视片，宣传常德环境保护工作及成效。

2000年

1月13日 市人大、市政府在君蓓宾馆召开’99环保世纪行总结表彰暨工业企业达标排放会议，市直有关单位负责人、各区县(市)人大分管环保工作负责人和环保局长、市控60家工业企业负责人、市环保局副科级以上干部与会。市人大常委会主任彭孟芝、副

市长陈君文、市环保局局长佘洪涛出席会议并讲话。

1月18日 市政府办发出表彰通报，市环保局荣获建议提案办理工作先进单位，曾庆中荣获建议提案办理工作先进个人。

2月4日 常德市环境监测站荣获1999年度常德市“双文明”建设先进单位称号。

3月6—8日 省达标排放督查组现场督查常德市达标排放工作，对湘北水泥有限公司、常德卷烟厂、安乡县安康造纸厂等国家重点考核企业的达标方案、治理资金、工程进度、达标时间等进行重点督查。

图12 对排放废水水质进行达标检测

3月7日 市工业污染源达标排放领导小组在市环保局举行2000年工业污染源达标排放倒计时揭牌仪式，市委常委、副市长陈君文和市人大常委会副主任俞斌龙共同揭牌。

3月8—9日 全市环保局局长会议在安乡县召开，市环保局局长佘洪涛做了题为《做好世纪之交环保工作　全面实现“九五”环保目标》的工作报告。会上，对1999年区县(市)环保局目标管理先进单位和1996—1997年全市乡镇污染源调查先进单位进行表彰，并与各区县(市)环保局签订2000年环保目标管理责任状。

3月底 市人大新闻中心、市环保局、市广播电视局联合完成电视片——《让母亲河重现“笑颜”》的拍摄，重点对沅澧两水造纸行业的污染和治理状况进行剖析，旨在引起全市上下对工业企业达标排放的思考。片长10分钟。

4月18—20日 全省2000年城市环境综合整治定量考核结果会审暨环境监测工作座谈会在常德市芷园宾馆召开，市环保局局长佘洪涛致欢迎词，省环保局副局长谷文龙做工作报告。会上，讨论了全省“十五”环境监测规划(草案)，对各城市环境综合整治定量考核结果进行了交叉会审，常德市、郴州市、岳阳市环境监测站负责人介绍了抓好环境监测和网络建设的经验。

4月21—23日 国家环保局副局长宋瑞祥，在省政府副秘书长唐见奎、省环保局局长傅玉辉、市政府助理巡视员姚正先的陪同下，考察石门及壶瓶山国家森林保护区。

5月18日 常德市第一个县级大气质量地面监测网络—津市网站正式运行。该网站投资近10万元，安装了永久性的大气环境质量收集、测试装备，常年对工业、交通污染物排放等情况进行跟踪监控。

5月18日 市环保局和市旅游局在金海大厦举办首期旅游区(点)ISO 14000环境管

理体系认证培训班，30 多个单位的 60 多人参加培训。

5 月 19 日 市环保局邀请市计委、市经委、市建委、市外经委、市国土局、市规划局、市工商局、市冶煤地矿局、市乡镇企业局等部门负责人，召开建设项目环境管理座谈会，学习国务院《建设项目环境管理条例》，研究常德市加强建设项目环境管理的对策与措施。

5 月 26 日 《常德晚间新闻》披露中南电工厂塑料再生桶生产污染严重，市环保局立即派人进行查封。

6 月 2—4 日 省政协副主席范多富率省人大执法组、省政协视察组、“三湘世纪行”记者采访团共 28 人，督查、采访常德市贯彻落实《中华人民共和国水污染防治法》《湘江污染防治条例》和工业企业达标排放情况。

6 月 5 日 4000 多名学生和市民代表在常德市四中举行“2000 环境千年——行动起来吧”万人签名首签式，在长达 30 米的横幅上做出保护环境的庄严承诺。市人大常委会副主任向启国和市环保局全体干部职工参加了首签式。

6 月 21 日 市三届人大常委会召开 第 17 次会议，听取审议市环保局局长余洪涛代表市人民政府做的《2000 年常德环保世纪行活动和企业达标排放情况的报告》。会议对常德市环保世纪行活动围绕“推进排污达标，还我蓝天碧水绿地”展开表示肯定。

6 月 市环保局编制的《常德市城市环境保护规划(1999—2020)》正式出台。该规划分总论、现状描述与城市发展规划、环境质量现状、环境质量预测、环境功能区划、环境综合整治规划、对策与措施七章，为《常德市城市总体规划》的一部分。

7 月 11—26 日 市环保局对市直 16 家企事业单位污水处理设施运行情况进行执法检查，并发出《常德市环境保护局关于污水处理设施运行情况检查通报》，表扬了市妇幼保健院、浦沅集团、湖南坝道特种水泥股份有限公司，对市二医院、市五医院、市一医院、桃源纺织印染厂、常德纺织机械厂进行通报批评。

8 月 28 日—9 月 6 日 市环保局对辖区内 20 家企事业单位建设项目报批、“三同时”执行、环保设施验收情况进行执法检查，共下达环保行政处罚预通知 11 份，监察意见书 12 份。至 9 月底，先后有 14 家单位到市环保局补办了建设项目报批、验收手续。

9 月 6—7 日 全市环保局局长会议在壶瓶山自然保护区金泰宾馆召开。区县(市)环保局长和市环保局科、室、站主要负责人参加会议，市环保局局长余洪涛做题为《振奋精神鼓足干劲全面完成年度环保任务》的工作报告。与会者还考察了壶瓶山国家生态自然保护区。

2001 年

1 月 3 日　2000 年环保世纪行活动暨工业企业排污达标总结会议在桃林宾馆召开。市直有关单位主要负责人，各区县(市)人大、政府分管领导和财工委主任、环保局长，共计 90 多人参加会议。会议总结了 2000 年环保世纪行活动和企业排污达标工作，表彰石门县等 4 个区、县和常德卷烟厂等 16 家工业企业。副市长刘剑英做工作报告，市委副书记莫道宏，市人大常委会主任彭孟芝，市人大常委会副主任向启国、俞斌龙到会并讲话。

2 月 12 日　市委在桃林宾馆召开常德市首届人口资源环境工作座谈会，听取市环保局局长佘洪涛对全市环保工作情况的汇报。会议由市长程海波主持，市委书记吴定宪发表讲话，在家的市委常委和人大常委会主任、副主任等市级领导，区县(市)委书记及部分市直单位主要负责人出席会议。

2 月 15 日　在全省地州市环保局局长会议上，常德市环保局获 2000 度全省环保工作目标责任制一等奖，石门县环保局荣获全省精神文明建设先进单位称号，常德市环保局局长佘洪涛被省人事厅、省环保局评为先进工作者，记二等功一次。

2 月 27 日　常德环保世纪行活动第一次组委会会议暨新闻发布会在市人大机关举行。会议发布了 2001 年常德环保世纪行活动重点，巩固企业排污达标成果，促进排污达标扫尾工作早日完成；推进城区大气保护圈建设；推进生态环境保护工作，促进退田还湖还水、退坡还林还草，加强封山育林、植树造林和自然保护区的保护；推进以创建“绿色学校”为主的绿色行动；创建国家文明城市、卫生城市、园林城市和环保模范城镇。会议由市委副书记莫道宏主持。

3 月 6—7 日　省环保局副局长谷文龙和自然处领导一行 4 人到石门夹山寺参加石门县全国生态示范区总体规划评审会，同时考察石门壶瓶山生态建设情况。

3 月 6—8 日　区县(市)环保局长会议在常德市芷园宾馆召开，市环保局局长佘洪涛做了题为《认清形势明确目标确保“十五”环保工作良好开局》的工作报告。省环保局副局长谷文龙、市政府副秘书长张家安到会并讲话。

3 月 16 日　省政协组织部分省政协委员和有关专家，带着“三峡工程对洞庭湖富营养化的影响及对策研究”课题，到常德考察汉寿县目平湖湿地自然保护区，对洞庭湖区水资源保护提出了具体意见。市委副书记洪明祥、市政协副主席蒯定勋陪同考察。

3 月 23 日　针对常德市城区新增包子坊锅炉污染严重、安全隐患多的问题，市环保局与市技术监督局联合行动，对城区 8 家包子坊进行查封。

3 月 26 日　《常德日报》报道：壶瓶山国家级自然保护区被世界自然基金会、国际自然与自然资源保护联盟及世界银行等国际组织共同确认为全球 200 个重点生态区之一。

3月—6月 根据国家环保总局统一部署，市环保局完成全市环境保护相关产业基本情况调查。此次调查涉及61家环保产业单位，重点了解2000年环保产品的生产、资源综合利用等6个方面的情况。

4月2日 市环保局发文，决定在全市环保系统推行环境保护行政执法责任制。

4月4日 全市环境管理工作会议在市环保局召开。会议对2000年和2001年环境管理工作做了总结和部署，并对编写《常德市二氧化硫污染控制规划》《常德市重点区域（流域）行业污染防治规划》的有功人员进行表彰。

同日 省环保局局长傅玉辉到常德市进行工作考察，听取市环保局局长佘洪涛关于常德市争创环保模范城工作的情况汇报，并对常德市创模工作进行具体指导。市委常委、市委宣传部部长周用金、市政府副秘书长张家安陪同。

4月18日 市环保局发文，决定在全市环保系统推行政务公开，并确定津市市环保局、鼎城区环保局为政务公开试点单位。

4月23日 全市建设项目环境保护管理座谈会在芙蓉大酒店召开。会议总结"九五"期间全市建设项目环保管理状况，学习《中华人民共和国环境保护法》《建设项目环境保护条例》，市计委、市经委、市建委、市外经委和国土、规划、工商、地矿等职能部门负责人发表了意见。

4月25—26日 由省环保局副局长蒋益民带队的省达标排放验收检查团一行4人抵常。检查团先后深入汉寿、安乡、鼎城、石门、澧县的重点达标企业察看现场，进行验收。市级领导刘剑英、向启国陪同。

4月25—27日 环保志士李彬途经常德市，先后在武陵广场、工人文化宫、常德师范学院进行环保演讲。李彬系福建省顺昌县埔上中学物理老师，他从1998年3月3日出发，计划用4年时间走遍全国，沿途宣传环保，已拍得2万多张照片，记录沿途环境问题。

5月12日 市环境科学研究所获得国家环保总局颁发的环境影响评价乙级证书。

5月22—23日 全国部分环保重点城市空气质量自动连续监测系统建设工作会议在北京中日环境友好中心召开。会上，国家环保总局要求常德市在2001年建成2个空气质量自动连续监测站，建设资金由国家环保总局负担50万元，常德市政府配套50万元。

5月25日 市政府第八次市长办公会议同意改造市委机关、市人大机关、市政府机关生活锅炉，配置压力型燃油锅炉。

5月30—31日 省环保局纪检组长彭良军、机关党委副书记邹文录到常督查环保政务公开工作，在听取市环保系统政务公开情况汇报后，考察鼎城区环保政务公开工作。

5月—9月 市环保局分期分批对全局环保行政执法人员进行封闭式换证培训，并组织闭卷考试。培训考试主要内容：《行政处罚法》《行政复议法》《立法法》《大气污染防治法》《噪声污染防治法》《水污染防治法实施细则》。共400多人参加换证培训，考试合格率达到100%。

6月1日 市环保局发文，要求全市环保系统统一使用国家环保总局制做的环保行政执法法律文书，并规定各单位环保行政处罚工作的责任和要求。

6月15日 市环保局在《常德日报》上发布加强中高考期间环境噪声污染控制和监督检查的通告，决定在6月15日至7月10日期间，强化城区工业企业、娱乐场所、建筑行业和临街商业门面的噪声监督管理。

6月18日 国家环保总局副局长祝光耀莅临常德，重点考察汉寿目平湖湿地保护区，并深入到汉寿县氮肥厂察看排污情况。其间，市委书记程海波汇报常德市环保工作特别是环保模范城创建情况，省环保局副局长谷文龙、市政府副市长刘剑英、市政协副主席蒯定勋全程陪同。

6月19—22日 国家卫生城市省预考团环保组组长、省环境监测中心站副站长田湘群，对常德市创建国家卫生城市环境保护情况进行检查。

6月24日 中华环保世纪行"保护长江生命河"记者采访团到常德市采访。采访团有中央和省级新闻单位记者30多人，由中华环保世纪行执委会主任兼秘书长尚莒城率领。采访团听取市委、市政府生态环境保护工作情况汇报后，实地考察了柳叶湖旅游度假区、江北城区污水处理工程、五强溪水电站生活区、常德卷烟厂、常德市一中、常德诗墙、常德民俗馆。市级领导莫道宏、彭孟芝、向启国、刘剑英陪同。6月29日，全国人大常委会副委员长邹家华将采访团撰写的题为《充满活力和生机的绿色常德》的报道转给湖南省委书记和省长，并肯定"常德的工作反映好"。

7月3—4日 市人大常委会副主任向启国带领市人大城环委、市环保局、市国土局和武陵区、鼎城区、德山开发区、武陵监狱的负责同志以及新闻单位记者，对城区大气环境保护圈内年内应关停的11座砖厂逐一进行督导。

7月19日 常德广播电台午间直播节目开始每天向全市人民播送常德城区空气环境质量日报。

7月31日 市政府秘书长蔡建和受常务副市长杨光宏委托，主持召开严查环境违法行为专题会议。会议传达全国严肃查处环境违法行为专项行动电视电话会议精神，通报了汉寿县氮肥厂、德山酒业公司等6家企业的污染情况及违法事实，6家企业的负责人汇报了各自污染状况及准备采取的治理措施。

7—8月 市环保局对市区范围内13家医院的废水处理设施开展执法检查，对6家未建废水处理设施和闲置废水处理设施的医院，依法做出行政处罚决定，并责令限期改正。

7—9 月 按照省环保局统一部署，常德市开展洞庭湖区生态环境现状调查。

8 月 1 日 市政府副市长刘剑英主持召开现场办公会，专题研究西洞庭造纸厂废水污染十美堂镇和纸厂排污达标问题。会议决定拨款 30 万元，用于西洞庭纸厂排污达标工程，并要求该厂碱回收装置在 10 月 31 日前启动。市政府督查室、市环保局、市农经委、鼎城区政府、西洞庭管委会、十美堂镇政府负责人参加办公会。

图 13 环保监测人员采集水样

8 月 14—17 日 市人大常委会主任彭孟芝，副主任向启国、姚绍球、周鸿翔、孙维忠、蒋祖建和市人大常委会委员，对全市自然保护区、风景名胜区、森林公园（简称“两区一园”）的生态环境保护工作进行视察。市环保局局长佘洪涛介绍常德市“两区一园”生态环境保护工作情况，汉寿县政府介绍了西洞庭湖省级湿地自然保护区的生态环境保护工作，石门县政府介绍了壶瓶山国家自然保护区、夹山国家级森林公园的生态环境保护工作。视察组还实地考察西洞庭湖湿地自然保护区、壶瓶山自然保护区以及石门县高山反季节蔬菜基地。

8 月 15 日 市政府决定限期关停城区范围内污染严重的燃煤小锅炉、茶水炉。首批 96 家单位的 98 台 0.5 蒸吨/时（含 0.5 蒸吨/时）以下的燃煤小锅炉、茶水炉及其他污染严重的锅炉，限期在 10 月 15 日前关停。

8 月 20 日 市政府发布在城区控制噪声污染的通告，依法划定城区“环境噪声控制区”的范围，明确各部门职责和具体的噪声管理措施，并向社会公布噪声污染举报电话。

8 月 31 日 市三届人大常委会第 28 次会议审议通过：任命佘洪涛为市环保局局长。这是市环保局在机构改革中成为市政府工作部门后，市人大常委会对环保局长的第一次表决任命。

9 月 6 日 市政府发布《常德市机动车排气污染防治管理办法》。

9 月 13—14 日 市环保局、市工商局、市公安局、市创建办组成噪声专项整治小组，对市城区临街门面、建筑工地、工厂等 100 多家有噪声污染的单位进行现场检查，关闭噪声源 30 多处。

9 月 14 日 常德市第二期排污申报登记及变更申报登记学习班在市环保局举办。全市 30 多家非重点工业企业和医疗、三产等单位的环保专干参加了学习。

9 月 25—28 日 市人大城环委、市教委、市环保局、市园林局等单位组成的“绿色学校”考评组，到全市 9 个区县(市)，对“绿色学校”创建工作进行检查验收。鼎城一中、武陵区卫门口小学、汉寿县三中等 35 所中小学荣获全市首批“绿色学校”称号。

9 月 29 日 省环保局副局长蒋益民带领省局创模指导组，对常德市创建国家环保模范城市工作进行指导。指导组听取市政府创模工作情况和查处环保违法行为专项行动情况汇报，并给予充分肯定。市委副书记莫道宏、市人大常委会副主任向启国、市政府副秘书长张家安出席汇报会并陪同考察。

11 月 9 日 市环保局对德山酒业有限公司、石门桥建设工程公司、广东茂名建筑安装工程公司拖欠、拒缴排污费的环境违法行为的查处情况予以通报。

11 月 17 日 经省环保局和省环境监测中心站现场检查评估，常德市环境监测站通过三级站达标验收，机动车尾气检测工作在补充相关资料后即可办理认证手续。

11 月 18 日 市政府批准《常德市环境保护局职能配置、内设机构和人员编制规定》。市环保局主要职能共 16 项，内设 5 个职能科室：办公室、法制科、科技标准产业科、污染管理科(加挂自然生态保护科牌子)、人事教育科(监察室与其合署办公)；行政编制为 19 名，离退休人员管理服务编制 1 名，机关后勤服务编制 2 名。

11 月 20 —21 日 全省市州环保局长座谈会(湘北片)在常德市桃林宾馆召开。省环保局局长傅玉辉和纪检组长彭良军出席会议并讲话。市委副书记莫道宏、市政府副市长刘剑英看望了与会代表。

11 月 23 日 在市环保世纪行组委会召开的环境宣传好新闻评审会上，市环保局推荐的 7 篇新闻做品 6 篇获奖，其中《谁在污染城市用水》获一等奖。

11 月 26 日 市环保局印发《常德市环境保护行政执法过错责任追究暂行办法》。

12 月 4 日 常德市环保局决定在全市开展排污口规范化整治，整治的重点是废水排污口。

12 月 10 日 受刘剑英副市长的委托，市政府副秘书长张家安主持召开专题会议，研究市城区关停污染严重的燃煤小锅炉和茶水炉问题，重点解决逾期未关停的锅炉问题。武陵区政府、鼎城区政府、德山开发区管委会、市环保局、市公安局、市财政局、市内贸办及逾期未关停的锅炉使用单位负责人参加会议。

12 月 10—12 日 按照市委、市政府统一部署，市环保局组织执法人员，对市城区 52 所大、中、小学周围的环境污染问题进行集中整治，依法取缔污染源 5 处，责令整改污染源 15 处。

12 月 30—31 日 市人大常委会副主任向启国带领有关单位负责人，对武陵区、鼎城区和德山开发区砖瓦厂关停情况进行督导检查。

2002年

1月24日 市环保局局长佘洪涛在全省环境保护工作会议上做了题为《加大城市环境综合整治力度积极创建环保模范城市》典型发言。

1月29日 常德市突发性环境污染应急监测领导小组成立，杨彩星任组长，周应旺、邓楼成任副组长。

2月1日 市环保局发出通报，对常德卷烟厂环保工作部门(计量技术部)在建设项目管理和日常环境管理上所做的贡献进行表彰，并颁发奖金2万元。

同日 市环保局对德山片市、区人大代表反映东风河水体污染问题，正式向市政府提交调查报告。查明东风河主要工业污染源有常德纸业有限公司、洞庭药业股份有限公司、棉纺分厂、常德恒安纸业有限公司、常德拓新包装材料厂、常德制革厂6家企业和德山开发区直接排放的生活污水。建议政府对上述6家企业进行限期达标治理；责成德山开发区管委会履行做为一级政府的环境保护职责；调整排水管网布设，恢复东风河的水体功能，生活污水在污水处理厂建成前不得排入闸口以上。

2月2日 汉寿县西洞庭自然保护区被国际湿地恢复组织纳入《国际重要湿地名录》。

图14　西洞庭湖湿地

2月27日 市环保局与市经贸委就常德市加快淘汰消耗臭氧层物质联合发出通知，提出从2006年12月31日起，常德市全面禁止使用含氟利昂的制冷剂及其他物质，基本建成无氟城市。

3月17—19日 国家卫生城市调研团对常德市创建国家卫生城市工作情况进行为期3天调研考察。调研团环保组专家现场检查常德卷烟厂、市环境监测站、市污水净化中心、饮用水源保护区、柳叶湖等地点，对常德市环保工作给予肯定。

3月中下旬 常德市环保局申请市中级人民法院强制执行《关于德山酒业和津市造纸厂未按期完成限期治理任务的行政处罚决定》，被强制执行到位。德山酒业、津市造纸厂被分别处罚款5万元，加处罚款3.3万元和1.5万元。

3月21日 2001年常德市环保世纪行活动总结表彰暨2002年动员大会在市桃林宾馆召开。会议由市人大常委会副主任向启国主持，副市长刘剑英做工作报告，市人大副秘书长、城环委主任鲁秉群和市环保局局长余洪涛分别介绍了环保世纪行活动和国家环保模范城市创建情况。市级领导周用金、余习忠出席会议并讲话。会议还对获得2001年常德世纪行优秀组织奖、先进个人和好新闻做品的单位和个人进行通报表彰。

3月22日 区县（市）环保局长会议在市环保局召开。会议主要任务是，贯彻落实全国第五次环境保护会议和全省环境保护工作会议精神，总结交流环保工作经验，明确“十五”环保目标，部署2002年工作任务。会上，市环保局局长余洪涛做了题为《认清形势明确任务为“十五”环保目标的实现再添新绩》的报告，下发了《常德市“十五”主要污染物排放总量控制方案（讨论稿）》，市环保局还与各区县（市）环保局签订了2002年环保工作责任状。

3月26日 常德市环境保护局下达《关于加强常德市城区范围内建筑噪声排污申报登记工作的通知》，规定在常德市城区范围内（含德山开发区），建筑施工过程中使用机械设备，可能产生环境噪声污染的，施工单位必须在开工15日以前向环保部门申报。城区范围禁止夜间进行产生环境噪声污染的建筑施工作业。特殊需要必须昼夜连续做业的，须经环保部门批准方可施工，并公告附近居民。

3月29日 省环保局总工程师徐顺禄应市委、市政府的邀请，在市委党校镇长培训班上讲授了小城镇建设环境保护方面的知识。市委书记程海波、市长陈君文等市级领导参加听课。

4月2日 常德市水域环境违法行为“严打”整治专项行动领导小组成立，市环保局局长余洪涛任组长，陈建国、魏利权、李木银、卜忠华、陈术明任副组长。“严打”整治专项行动同日展开，重点预防新污染，防止已关停的“十八小”及新“五小”企业死灰复燃和已实现达标排放企业超标反弹。

同日 常德市环境保护局印发《2002年严查环境违法行为工作方案》，明确和细化组织领导、查处范围、职责分工、工作要求。方案要求重点查处的违法行为是：1.拒报、谎报有关污染物排放申报事项的；2.拒绝环保部门现场检查或者检查时弄虚做假的；3.擅自拆除、闲置污染处理设施或故意不正常使用污染处理设施，排放污染物超过规定标准的；4.违反建设项目环境管理条例的各类行为；5.未完成限期治理任务的；6.拖欠、拒交排污费或超标排污的；7.超标排放大气污染物的；8.不依法贮存、堆放、弃置、倾倒、燃烧、排放污染物的;9.造成环境污染事故的;10.城市饮食、娱乐、建筑业的经营者未采取有效防污染措施污染扰民的。

4月10日 市环保局发出通知,调整常德市地表水省、市控监测断面及区县(市)城关镇(城区)环境空气及噪声监测点位。调整后的省、市监测断面(点位),沅、澧水(常德段)共17个,其中省控4个,市控13个,另有县控24个;区县(市)城关镇(城区)环境空气及噪声监测点位16个。

4月26日 市环保局召开全市环境监测工作会议,总结2001年环境监测工作,部署2002年环境监测任务,表彰环境监测先进单位和先进个人。区县(市)环保局分管监测的负责人、环境监测站站长和大中型企业环保部门负责人与会。

6月6日 根据国家环保总局统一部署,市环保局制订《常德市严查环境违法行为遏止污染反弹工作方案》。查处的重点:1.国务院和国家环保总局责成查处的环境污染问题;2.各级人大代表、政协委员提出的环境污染问题;3.群众反映强烈、影响较大的环境污染问题和"环保世纪行"披露的环境污染问题;4.已关停又死灰复燃和已达标又超标排放,以及擅自闲置污染防治设施而导致污染反弹的问题;5.被限期治理而未按期完成或要求近期达标排放而在规定期限内未达标排放的;6.违反《建设项目环境保护管理条例》的行为;7.有毒、有害危险化学品不按规定进行申报登记,没有应急措施,存在严重安全隐患的问题;8.不依法缴纳排污费的。

6月21日 省环境监测中心发文对常德市15个环境监测点(断面)予以确认,其中空气监测点位5个,水域功能监测断面5个,城市饮用水源水质监测断面3个,城市区域环境噪声、城市交通干线交通噪声监测点各1个。

同日 市环保局发出通知,决定从2003年1月1日起在常德市新闻媒体上发布各区县(市)政府所在地的空气环境质量周报,各区县(市)也应在本地新闻媒体上同期发布。空气环境质量用空气污染指数表述,其监测因子为总悬浮颗粒物、二氧化硫、二氧化氮。

7月15日 市环保局向市政府提交对制浆造纸行业排污达标情况的处理建议,建议关闭年产量小于5000吨的制浆造纸企业安乡县安裕纸厂;安乡县纸厂、安康纸厂限期在2002年底达标;津市市造纸厂、西湖造纸厂、汉寿县造纸厂、西洞庭造纸厂停产进行污染治理;常德市造纸厂限期在8月底前通过达标验收。

7月17日 市环保局印发《2002年市本级排污费征收目标及奖励办法》,对超额完成确保计划者,在征收总额的超额数中提取4%做为奖金,用于奖励监理人员和有关配合支持部门、人员,并按其实际征收总额提取一定比例的手续费。

8月2日 市政府发出通告,划定禁止使用高污染燃料区域:江北城区为沅江以北,铁路以西及以南,新河以东;鼎城区武陵镇为金霞大道至西站路以东、西站路以北,玉霞大道桥南商贸城到柱水桥路段西侧400米以东至沅江;德山开发区为沅江以南,枉水以东,兴德路以北,东风河以西。

8月10日 市环保局制订《集中整治学校周边环境行动方案》,决定从2002年8月20日起到12月底,对学校周围污染环境行为进行集中整治。整治重点是,染学校教学环境的工业企业、歌舞厅、铁艺加工、木器加工、喷漆、餐饮等。这次整治行动涉及52所大专院校、中小学校,先后对15个污染源单位下达整改通知。

8月18—26日 市环保局组织部分中层骨干及石门、澧县、津市三县(市)环保局局长一行15人,对吉林市、大连市、青岛市进行为期8天的总量排污收费改革和城市环境综合整治考察。

9月13日 市环保局印发《环保行政处罚案件移送制度》《环保行政处罚案件备案制度》和《环保行政执法回避制度》。

11月4日 市环保局、市教育局发出通报,授予武陵区育才小学等41所学校为"常德市绿色学校"称号。

11月11日 经澧县人民政府申请,有关部门检查测试,市环保局发出《关于澧县城区烟尘控制区验收合格的通知》,确认澧县城区烟尘控制区面积达到17平方千米,烟尘控制区覆盖率为100%,各项指标达到《城市烟尘控制区管理办法规定》的要求,同意验收合格。

是年 市环保局历时7个月,完成了全市生态环境状况调查,收集了大量生态环境数据,写出近10万字调查报告,为划分生态功能区、制定生态保护规划提供了第一手资料。

2003年

1月23日 市环保局发出《关于建设项目环境保护管理有关问题的通知》。通知对建设项目环境保护分级管理权限、规范环境影响评价工作、加强建设项目中后期管理、督促"三同时"落实等,做出了明确规定。该通知自2003年2月1日起施行。

2月21日 市经贸委、市工商局、市质量技术监督局、市环保局联合发出《关于加强对淘汰一次性发泡塑料餐具执法监督工作的通知》,要求在全市范围内立即停止一次性发泡塑料餐具的生产、销售和使用,并大力推广替代产品。对一次性发泡塑料餐具生产企业、销售市场和使用市场,加大监督检查和执法力度。对继续生产和销售一次性发泡塑料餐具的,一经查实,依据国家有关法律法规严肃查处。

3月20日 市人大常委会四届二次会议任命王吉亚为市环境保护局局长。

同日 市物价局、市财政局、市建设局联合发出《关于在市江北城区开征污水处理费的通知》,从 2003 年 4 月 1 日起(5 月 1 日抄表水量起),对常德市江北城区各用水户按自来水实际用量和自备水实际用量的 100%开征污水处理费,污水处理费征收标准为 0.2 元/吨。

4 月 7 日 市环保局制订《常德市水环境功能区划方案》。方案从全市社会、经济发展需要出发,结合各水域使用功能、环境容量及上级规定的排污总量控制要求,在 20 条河流、12 个湖库上划分了 57 个水环境分类管理功能区。其中自然保护区 2 个,饮用水源保护区 13 个,渔业用水区 33 个,农业用水区 3 个,工业用水区 3 个,景观娱乐用水区 2 个,覆盖河流总长度 1296 千米,湖库面积 495 平方千米。该方案分别于 2003 年 3 月 13 日和 3 月 20 日,先后通过了省环保局和国家环保总局的验收。

5 月 18 日 市环保局发出《关于表彰 2002 年度环境监测工作先进集体和先进个人的通报》,澧县环境监测站、石门县环境监测站、津市市环境监测站获先进集体称号,游翠华、戴丽萍、王威、刘国见获先进个人称号。

5 月 23 日 市环保局发出《关于表彰 2002 年度环保目标责任制先进单位的通报》,石门县环保局、桃源县环保局、澧县建设和环保局获环保目标责任制一等奖,临澧县环保局、武陵区环保局、津市市建设和环保局获目标责任制二等奖,并颁发奖金。

6 月 2 日晚 常德环保知识竞赛暨颁奖晚会在常德电视台举行。通过决赛,鼎城区代表队获一等奖,武陵区代表队、石门电厂代表队获二等奖,津市市代表队、汉寿县代表队、常德市一中代表队获三等奖。市级领导周用金、莫道宏、覃清香、蒋祖建、李学林、邹克忠、张启祥、高勇、刘克云、何英满以及市委宣传部、市人大城环委、市环保局、市广播电视局等有关部门负责人出席观看。

6 月 4—5 日 为防治“白色污染”,市环保世纪行组委会组织有关单位开展声势浩大的“禁白”宣传与检查活动,在城区步行街搭起“禁白”彩门,摆放“禁白”宣传牌,发放“禁白”资料,并将国家禁止的发泡塑料产品和推广的纸浆环保餐具摆上展台。“环保世纪行”组委会还组织有关成员单位到桥南市场、火车站大市场以及宾馆、餐饮店检查禁止销售、使用一次性发泡塑料餐具的情况。

6 月 5—10 日 常德市开展《大气污染防治法》《固体废物污染环境防治法》执法检查。这次执法检查由市人大常委会副主任张启祥、向启国带队,组成二个执法检查组,分别下到安乡县和汉寿县进行重点抽查。检查组还集中了解了德山开发区、武陵镇、江北城区部分单位和企业贯彻执行“两法”的情况。与此同时,还组织常德电视台、常德日报社、常德晚报社等主要新闻单位进行集中新闻采访。

6 月 9 日 市环保局发出《关于加强农产品基地环境保护工作的通知》。通知要求,提高对农产品基地环境保护重要性的认识,加强对农产品基地周边工业企业环境管理;深化生态示范区建设与管理，抓好石门、桃源两县国家级生态示范区（县）验收命名和其他各区县（市）生态示范点工作；支持和指导有条件的地方发展有机食品，大力推广农业生物防治技术，减少农药化肥施用量，从源头杜绝污染。

7月16日 市环保局制订《常德市清理整顿不法排污企业保障群众健康环保行动实施方案》。清理整顿的重点是国家、省责成查处的群众反映的环境污染问题；未依法进行环境评估、未实行“三同时”、影响人民群众身体健康的严重污染环境项目；死灰复燃的“十五小”“新五小”企业；技术落后、二次污染严重、直接危害人民群众身体健康的五金电器、电线电缆和电机加工利用企业；排放有毒有害污染物、直接危害人民群众身体健康的行业集中地区。7月25日前各区、县（市）完成调查摸底，9月15日前完成取缔、关闭、淘汰、停产工作，并落实长效管理措施。

图15 整顿“十五小”“新五小”企业

7月17日 市环保局上报《常德市城区餐饮业油烟污染限期治理实施方案》。方案要求2003年7—12月对芙蓉大酒店等42家市城区中型及以上餐饮企业油烟污染限期治理；2004年1—12月对江北城区油烟污染严重的其他餐饮企业限期治理。

8月19—23日 市环保局在石门壶瓶山举办全市重点排污单位贯彻实施《排污费征收使用管理条例》培训班，44家省、市属工业企业和省控重点污染源单位负责环境保护的领导、环保专干及有关人员参加。

8月21日 市编委办公室发文，核定常德市环境监测站全额拨款事业编制52名，常德市环境科学研究所自收自支事业编制5名，均为正科级机构。

8月26日 副市长刘剑英主持召开政府专题会议，研究常德市危险废物无害化处理中心建设问题。会议同意该中心建设用地选址在桃树岗垃圾填埋场，为全市唯一的医疗废物、工业可燃危险废物处理企业，特许经营30年。

8月27日 市建设局、市环保局授予健民花园、五强溪生活基地“绿色小区”称号。

8月 穿紫河治理工程启动，着手清淤引水。整个穿紫河综合整治工程，预计投入11.4亿元，计划在2006年全面完成。

9月2日 市环保局组织相关技术人员对津市西湖水质进行现场调查和监测分析。

其水质分析结果显示：西湖水质部分指标超过国家《地表水环境质量标准》III 级水质标准。随后，要求当地全面停止对西湖投肥，防止对西湖的进一步污染；加强对西湖水质监管，采取得力措施，迅速恢复西湖水域 III 级水质标准；在西湖水质未达标期间，妥善解决周围广大群众的生活用水问题。

9 月 4 日 常德市城市创建工作领导小组制订《创建国家环境保护模范城市工作方案》。方案明确了“创模”指导思想、创建目标、组织领导，分别提出了 2003 年、2004 年、2005 年工作目标，并对市直有关部门和各区县（市）政府提出了职责任务和完成任务的时间要求。

9 月 8 日 常德市环境监察大队和常德市排污收费监督管理站合并，组建常德市环境监察支队，机构级别为正科级，核定全额拨款事业编制 24 名。

9 月 11 日 市环保局发出《关于加强城区餐饮、食品加工行业废油综合治理的通知》，要求从事餐饮、食品加工行业的单位或个体业主必须自觉进行废水治理，确保达标排放；市环保局对废油脂收集、运输、贮存和加工处理实行统一监督管理，进行废油脂回收，必须出示经市环保局审查批准的废油脂回收许可证，收集的废油脂必使用密封器具运送，运送途中不得撒漏。

10 月 18 日 市政府颁布《常德市城市绿线管理办法》，办法共 20 条，所划定城市绿线区域：（一）现有的和规划的公共绿地、防护绿地、生产绿地、居住区绿地、单位附属绿地、道路绿地、风景林地；（二）城市规划区内的河流、湖泊、水塘、湿地、山体等城市生态控制区域；（三）城市规划区内的风景名胜区、散生林植被、古树名木规定的保护范围等。该《管理办法》自 2003 年 11 月 1 日起施行。

10 月 21 日 市环保局印发《常德市环境保护局工作失职（过错）责任追究暂行办法》。该暂行办法共 16 条，其中第 6 条，共提出应实行工作失职（过错）责任追究的行为 30 类。

11 月 5 日 市环保局发出通知，决定开展岗位学法活动，重点学习《行政处罚法》等 7 个行政法规，《环境保护法》《水污染防治以及实施细则》《大气污染防治法》《环境噪声污染防治法》《放射性污染防治法》等 10 个环保专业法规。岗位学法进行闭卷考试，通过考试者颁发合格证。整个活动于 2004 年 5 月前结束。

11 月 25 日 市环保局、市教育局授予武陵区北正街小学等 56 所学校为“常德市绿色学校”称号。

12 月 9 日 市环保局制定常德市环境保护系统十三条禁令。禁令涉及违规审批项目、纵容环境违法、数据弄虚做假、插手工程招标等方面内容，并规定对违反上述禁令的，一律给予纪律处分；造成严重后果的，按照有关规定和程序予以辞退直至开除。对违反上述禁令的行为隐瞒不报、包庇袒护的，一经发现，追究有关领导的责任。

2004 年

2 月 17 日 市环保局发出通知，决定在市辖区内开展排污调查和排污申报工作。排污调查与排污申报的范围与对象：市辖区内所有排放废水、废气、固体废物、噪声的工矿企业、事业单位、医院、大专院校、从事第三产业的企业和个体工商户。排污单位在规定的期限内如实填报了《全国排放污染物申报登记与变更申报表》《第三产业排污申报登记简表（试行）》《建筑施工场所排污申报登记简表（试行）》《畜禽养殖场排污申报登记简表（试行）》。

2 月 20 日 市环保局制定穿紫河综合治理工程项目执行环境保护标准：环境空气质量标准执行 GB3095—96 二级标准；柳叶湖、渐河、沅江常德市城区段执行地表水环境质量 GB3838—2002 Ⅲ类标准，穿紫河水系执行地表水环境质量Ⅳ类标准；地下水质量标准执行 GB/T 环保生产行为(14848—93)Ⅲ类标准；城市区域环境噪声标准执行 GB3096—93 中 2 类标准，城市中的道路交通干线两侧区域执行 4 类标准；大气污染物排放标准执行无组织排放监控浓度限值标准；恶臭污染物排放标准执行 GB14554—93 中的二级标准；污水排入城市下水道水质标准执行 CJ3082—1999，其余污水排放执行《污水综合排放标准》GB8978—96 表 4 中一级标准；工业企业厂界噪声标准执行 GB12348—90 Ⅱ类标准，道路两侧执行Ⅳ类标准。

3 月 15 日 市政府主持召开全市环保工作会议，提出用科学发展观统领经济社会发展全局，部署以“创模”为重点的八件大事，保障环境安全和社会和谐，并向 18 个工作部门和 9 个区县（市）人民政府和 4 个管委会下达《创模任务交办书》。

3 月 19 日 市环保局制定《关于办理人大代表建议和政协委员提案工作暂行规定》，明确了办理范围、办理原则、办理程序、组织领导，并要求建立健全承办工作责任制、检查催办制度、与人大代表政协委员联系制度、信息反馈制度。常德市环境保护局人大建议政协提案办理领导小组由局长王吉亚任组长。

4 月 4 日 全市环境保护工作会议在芷园宾馆召开。参会人员：各区县（市）分管环保的副区县（市）长及政府办分管负责人；德山开发区、柳叶湖旅游度假区、西湖和西洞庭管理区主要负责人，市直和中央、省驻常副处级以上行政事业单位主要负责人和分管负责人、安环处（科）长；区县（市）环保局（建设和环保局）局长。会议议题是贯彻全国、全省环境保护工作会议精神，讨论落实《排污费征收使用管理条例》，布置 2004 年全市环境保护工作任务，对创建国家环境保护模范城工作进一步动员部署。

4月7日 市环保局发出《关于开展全市水环境功能区环境监测工作的通知》，要求各区县(市)环保局(建设和环保局)、环境监测站按照环境监测技术规范，对该辖区内各水环境功能区监测控制断面开展一次全面监测。全市监测水域共61处，其中沅水水域27处，澧水水域23处，洞庭湖区11处，涵盖了渔业用水区、饮用水水源保护区、工业用水区、景观用水区、农业用水区、娱乐用水区、国家自然保护区。监测工作于4月20日结束。

4月20日 市环保局制订《关于搞好环保信息调研工作的实施方案》，围绕工作目标、组织领导、工作要求、考核与奖励四个方面提出具体要求。

4月22日 市环保局制定《2003年市本级排污费征收目标及奖励办法》，对超额完成确保计划的，可在征收总额的超额部分中提取4%做为奖金，还可按其实际征收总额提取一定比例的手续费。

4月26日 市环保局制定《环境污染事故应急预案》，要求市和各区县(市)环保局(建设和环保局)成立污染事故应急领导小组，设置污染事故投诉举报电话，组成应急采样小组。在接到发生污染事故报告后，环保110和市环境监测站监测人员必须第一时间到达现场调查取样，市内1小时内，市外4小时内。

4月29日 全市环境保护系统工作会议在桃源县金源大酒店召开。参会人员：区县(市)环保局(建设和环保局)主要负责人，办公室、人事、法制、环境管理、监理(监察)、监测分管负责人及其股(室、站、队)负责人；市局直属各科(室、站、支队、分局、所)主要负责人。会议主要研究2004年环保工作盘子，探讨排污费征收改革办法，对市人大所做的加强环境保护工作决定提出建议意见。

5月18日 市环保局联合市发展计划委、市经贸委、市监察局、市工商局、市司法局、市安监局，转发国家六部门《关于开展整治违法排污企业保障群众健康环保专项行动的通知》，并制定常德市清理整治违法排污企业保障群众健康环保专项行动方案。这次专项行动，重点整治群众反映强烈、影响社会稳定的环境污染和生态破坏问题；市污水处理厂、垃圾处理场不正常运行问题，医疗废水废物、废弃危险化学品污染和“十五小”“新五小”企业污染反弹问题，规模化畜禽养殖污染问题；建设项目违反《环境影响评价法》的问题；搞地方保护主义，造成环保执法缺位、环境管理失控的问题。

6月1日 市环保局成立常德市环境质量全面达标规划编制领导小组，局长王吉亚、党组书记余洪涛任组长，陈建国、卜忠华、杨彩星、马慧、张明军任副组长，马慧兼任办公室主任。

6月21日 市环保局发出《关于加强城区烟尘控制区和噪声达标区建设的通知》，要求在2004年9月30日前，武陵区新建城西片烟控小区10平方千米以上，鼎城区新建10平方千米以上的烟控小区，武陵、鼎城两区要将已建成的烟控小区同步建成噪声达标区。

同日 市环保局制定柳叶湖旅游度假区环境保护标准:环境空气质量执行 GB3095—1996 中二级标准;地表水环境质量,柳叶湖、沾天湖水域执行 GB3838—2002 中Ⅲ类水域标准,穿紫河姻缘桥河段执行Ⅳ类水域标准,红旗水库执行Ⅱ类水域标准;地下水质量执行 GB/T14848—93Ⅲ类标准;声环境质量执行《城市区域环境噪声标准》GB3096—93 中的Ⅰ类标准;大气污染物排放执行 GB16297—1996 二级标准;江北城区污水处理厂出水排放执行 GB18918—2002 二级标准;工业企业厂界噪声执行 GB12348—90 中的Ⅰ类标准。

6 月 常德市人民政府颁布《关于进一步规范环保产品市场管理秩序的通告》,要求生产、销售各类冠以"环保"名称的产品,必须达到国家环境保护总局规定的环境标志产品标准和技术要求,必须黏附国家环境标志产品标志和市环境保护行政主管部门的认定标志,其有毒有害物质必须符合限量规定。

图 16　环境监察人员检查奶牛厂排污情况

7 月 20 日 市环保局发出《关于落实家禽业排污费等有关问题的通知》,决定按照湖南省人民政府办公厅《关于加大扶持力度促进家禽业发展的通知》规定,从 2004 年 2 月 1 日至 2004 年 7 月 31 日,对家禽业排污费实行减半征收。

7 月 27 日 市政府发出关于贯彻执行《湖南省实施〈排污费征使用管理条例〉办法》的通知,启征污水排污费、废气排污费、固体废物排污费、危险废物排污费、噪声超标准排污费。

7 月 市政府印发《常德市企业环境行为信息公开化管理试行办法》。试行办法共 32 条,每年按试行办法对市域范围内全部工业企业进行评估,产生"环保先进企业""环保欠佳企业"各 10 名公之于众,分别予以奖励和惩戒。

8 月 4 日 市编委办公室发文,同意市环保局内部增设项目开发监督科,核定行政编制 2 名。

8 月 26 日 市环保局局长王吉亚在市第四届人大常委会第十五次会议上,专题报告全市环境保护工作。报告指出,2002 年以来,通过开展环境保护宣传教育,着力治理老污染,严格控制新污染,解决突出的环境问题,严厉查处和打击各种环境违法行为,积极推动生态建设,基本遏制了环境污染和生态破坏加重的趋势,总量控制的 6 种主要污染物均实现不同程度的削减,城镇饮用水源水质基本达到国家规定的Ⅲ级标准,城区空气环境质量优良率保持在80%左右，创建国家环境保护模范城市取得实质性进展。报告还指出了环境保护方面存在的问题和努力的方向。

8月27日 市环保局发出《关于规范放射源管理的通知》，要求设置放射源安全警示标志；建立健全放射源档案及管理规章制度，并抓好放射源清查工作。

8月29日 经省环保局批准，常德市确定环境综合整治定量考核环境监测点（断面），其中环境空气监测点位5个，水域功能区监测断面5处，城市饮用水水源水质监测点位3处，城市区域环境噪声监测点按500米×500米网格布局203个，城市交通干线交通噪声监测点位100个。

9月13日 市环保局开展密封放射源现场检查，检查重点是有无明显的放射性标志、有无规范健全的管理制度，有无安全的闲置废弃放射源临时存贮场所等。

同日 市环保局、市财政局、市监察局联合发出通知，开展排污费征收使用管理督查工作，重点督查各区县（市）环保部门对排污者排放的污染物的种类、数量和缴纳排污费数额的核定情况，排污费依法征收和减、免、缓情况，征收排污费程序履行及时限情况，按规定比例解缴排污费情况，环保经费纳入财政预算情况和"收支两条线"管理情况等。

9月28日 市政府常务副市长陈文浩主持召开专题会议，研究常德亿利达医疗废物处置项目建设的有关事项。会议同意常德亿利达医疗废物处置有限公司在常德依法经营医疗废物，经营期为50年。其工程建设和生产经营，有关方面要给予支持。

10月11日 市环保局、市建设局、市房地产管理局、市园林局联合印发《常德市绿色小区考核验收办法》。绿色小区验收工作分申报、验收、考评、发证、复查五个程序，考核内容包括基本条件、组织建设、物业管理、绿色消费、环境建设五个方面，考核验收采用百分制计分方式。

10月24—28日 市人大城环委、市监察局、市财政局、市环保局对各区县（市）开展整治违法排污企业保障群众健康环保专项行动、环保创模交办任务进展、《排污费管理条例》的贯彻实施情况进行联合检查。

11月9日 副市长刘剑英主持召开专题会议，研究环保执法检查中有关问题的整改意见。会议决定，对临澧恒杰纸业、临澧杰新印染厂、桃源杰新纺织印染厂、鼎城区南亚染整厂、鼎城区斗姆湖纸厂6家威胁城市饮用水安全的企业，鼎城一片净卫生材料公司医疗废物加工处理，柳叶湖、王家厂水库等大湖大库水面养殖，桃源县垃圾处理场渗漏液处理，鼎城恒康竹业公司电镀车间等问题，进行限期整改治理。

11月19日 市经委、市环保局为贯彻实施《中华人民共和国清洁生产促进法》，加强对企业实施清洁生产的监督管理，积极推动和组织开展清洁生产审核工作，联合发出《关于贯彻执行〈湖南省清洁生产审核暂行办法〉的通知》。

12月28日 市政府印发《常德市企业环境行为评分奖励试行办法》。企业环境行为主要指染物排放行为、环境管理行为、环境社会行为、环保生产行为。按照企业环境行为的优劣程度，从高分到低分排列，前5名为“环保先进企业”；根据当年企业污染治理投入及效果，评出“环保有突出贡献企业”若干名(一般不超过3名)。被评定为“环保先进企业”和“环保有突出贡献企业”的，由市人民政府授予称号，对企业法定代表人给予奖励。连续三年被评为“环保先进企业”的，授予市级“环境友好企业”称号，享受相应优惠政策。

12月30日 经各区县(市)环保世纪行组委会推荐，常德市绿色学校评估验收团验收，市环保局、市教育局授予武陵区芙蓉路小学等45所学校“常德市绿色学校”称号，并予以通报表彰。

2005年

1月25日 市环保局印发《创建国家环境保护模范城市2005年目标责任实施方案》，将创建任务分解到各科室、各部门，并签订目标任务责任书。各单位负责的重点工程，实行一月一调度、一月一报告。

2月22日 市环保局发出2004年度全市环保系统政务信息工作先进单位、优秀信息员暨优秀调研报告评选获奖个人的表彰通报。在政务信息工作先进单位和优秀信息员评选中，市环保局办公室获红旗单位，市环保局监察室、津市市环保局、鼎城区环保局获先进单位称号，赵立文、黄道兵、燕孙、吴怡、刘建军、梁晓鸿、张立兵、谭峻岭获优秀信息员称号；环保调研报告采用隐去做者姓名的评分方式，评出一等奖2篇，二等奖4篇，三等奖8篇，优秀奖10篇。

2月24日 市委办、市政府办印发《2005年常德环保世纪行活动方案》。活动内容主要包括：环境保护法律法规及知识的宣传，加强全市大气环境保护，促进穿紫河及城区的污水治理和柳叶湖的水环境保护，开展城区噪声污染防治，推动生态建设与保护。

同日 市环保局印发《常德市企业环境行为评分奖励试行办法实施细则》，对污染物排放行为、环境管理行为、环境社会行为、环保生产行为分别明确了分值、指标定义、计分方法、计分依据，还对评定机构、材料审查、评定程序提出了要求。

图17 “绿色小区”锦都豪苑

3月1日 依据常德市“绿色小区”评选标准，市人大城环委、市建设局、市环保局、市房管局组成检查组，对城区申报“绿色小区”的单位进行考核，市环保局、市建设局决定对锦都豪苑、阳光花城、石门县人民银行、桃源县交通局授予“绿色小区”称号。

同日 常德市申报国际花园城市大型画册《走近常德》与专业设计机构正式签定制做协议，此举标志着常德市创建国际花园城市进入实质性申报冲刺阶段。

3月8日 市环保局发出2004年度环境保护目标管理先进单位的表彰通报，澧县环保局获一等奖，石门县环保局、临澧县环保局获二等奖，桃源县环保局、安乡县环保局、汉寿县环保局、鼎城区环保局获三等奖，并对获奖单位分别给予15000元、12000元、10000元奖励。

3月14日 市环保局发出2004年度全市环保系统专项业务工作先进单位和先进个人暨环保执法优秀案卷表彰通报，对7项业务工作先进单位、15名环境监察先进个人、6个环保执法优秀案卷予以通报表彰。

3月15日下午 常德市环境保护工作会议暨环保世纪行总结动员大会在芷园宾馆芷园会堂召开，市委副书记周用金、副市长刘剑英分别发表讲话。晚上，在芙蓉宾馆芙蓉大歌厅举行了全市环保系统联欢晚会，市领导、市局全体工作人员、区县（市）环保局全体参会人员观看了晚会节目。次日，环保系统的六个专业组分别召开了工作座谈会。

同日 省人大环境与资源委员会副主任傅玉辉组织省环保、水利、林业、渔政等部门对汉寿县生态环境保护工作进行为期2天的专题调研。

3月25日上午 市人大常委会召开主任会议审议环保世纪行方案和“创模”规划。市人大常委会主任会议成员莫道宏、孙维忠、蒋祖建、李学林、邹克忠、张启祥、高勇、刘克云、何英满、鲁秉群出席会议，副市长徐万发及有关部门的负责人列席会议。

3月29日 市环保局发布《2005年自然生态环境保护工作要点》，主要包括：做好生态市建设基础调查工作，做好湿地环境保护，加强资源开发生态环境保护，创建生态县、生态示范区、环境优美乡镇，做好农产品生产基地环境保护工作。

4月18日 市环保局向社会发布创建“满意环保110平台”公开承诺书。承诺内容包括建立完善的污染投诉处理应急机制，24小时接受市民投诉，环保110有警必接、接警必查、有诉必复，建立局长和局领导接待日制度。

4月26日 副市长刘剑英主持召开创建国家环境保护模范城市工作调度会，要求加强创模宣传和督导，并确定关闭不上碱回收的制浆造纸企业的制浆工段等一批创模重点工程。

4月30日 市政府成立常德市环境与资源保护协调推进委员会。委员会由市长陈君文任主任，由常务副市长陈文浩，副市长刘剑英、徐万发任副主任，刘剑英任执行主任，市直相关部门负责人任委员，市环保局局长王吉亚任办公室主任。委员会负责对全市环境资源保护和建设的重大问题进行综合研究、协调。

4月 湖南省环保局公布2004年度全省城市环境综合整治定量考核结果，常德市荣登榜首。城市环境综合整治定量考核包括环境质量、污染控制、环境建设、环境管理等4个方面。

5月9日 市环保局向市政府上报《常德市环境事件应急预案》。预案包括总则、组织体系及职责、预警和预防机制、应急响应、后期处置、保障措施、附则七个部分。

5月17日 省环保局副局长谷文龙、污控处处长张在峰一行到常德市进行"创模"调研，先后到湖南海利常德农药化工有限公司、常德纸业股份有限公司、常德顺隆皮革有限公司及德山污水处理厂建设工地进行实地考察，并就污水处理问题与相关企业负责人交换意见。

5月18日 市环保局印发《区县(市)环保局2005年环境保护目标管理考核办法》。年度环保工作目标各项指标以100分制进行分解并考核，考核要有相应的原始证据，有工作过程和工作结果，最后 按得分多少从高分到低分评出一、二、三等奖。

5月26日 副市长刘剑英主持召开专题会议，研究护城河综合治理有关问题。会议决定成立护城河综合治理协调领导小组，副市长刘剑英任组长，张家安、郭道义、李迪伟任副组长，领导小组下设项目办公室，由市建设局具体组织。会议原则同意市建设局对护城河的现状分析和综合治理方案，力争二年确保三年内完成治理任务。

5月31日 市环保局发出《关于重大环境保护违法案件集体审议的通知》，审议范围包括责令停止生产或使用、吊销许可证或者临时许可证、对法人或者其他组织处以20000元以上罚款、对个人处以1000元以上的罚款、复杂难以确定案件类型的案件。同时明确审议机构和审议程序。

6月5日 为做好创建国家环境保护模范城市的宣传工作，市环保局在"世界环境日"向市民免费发放《市民环保手册》10万册。

6月10日 市环保局发布《常德市危险废物和医疗废物处置设施普查技术总结报告》。此次普查从4月初开始，6月10日结束，历时2个多月，共调查105个单位，确定危险废物和医疗废物产生量为8.67万吨，其中处置量0.23万吨，排放量3.14万吨，综合利用量(包括转移量)5.3万吨；贮存量12.85吨。

6月15日 市环保局制订《创满意环保110平台活动实施方案》，成立了由局长王吉亚、书记佘洪涛任组长的创"满意环保110平台"活动领导小组，制定了创"满意环保110平台"主要指标，对污染投诉处理进行了责任分工，并制做了污染投诉、信访处理流程图。

6月16日 市发改委、市城管局、市环保局联合向省发改委呈报《常德市城市生活垃圾无害化处理设施建设"十一五"规划》，市发改委、市建设局、市环保局联合向省发改委呈报《常德市城镇污水处理设施建设初步方案(2006年—2010年)》。

同日 市环保局向市委、市政府提交《关于建设常德市环保综合大楼的请示》，请求在常德大道以南、皂果路以东、朝阳路以西征地1.87公顷，建设资金采取自筹、变卖老院子和国家、省环保局资助的方法筹集，争取在年内动工建设。

6月28日 市环保局、市监察局发出通知，开展对企业违法排污损害群众利益突出问题专项检查。专项检查分自查自纠、抽查和重点检查、总结三个阶段，6月开始，11月结束，重点检查各地各部门执行环境保护法规的情况，企业违法排污影响群众健康问题的整治情况，企业执行环境保护政策的情况，《环境影响评价法》的执行情况，生态环境保护的情况，重点流域污染防治情况，各地对违法违纪行为的查处情况。

7月11日 市环保局制定《行政许可过错责任追究暂行办法》，该暂行办法共19条，主要对环境管理和环境监察等工作机构及其工作人员，在履行行政许可职责过程中，因违反有关法律、法规和规章的规定或者重大过失，侵犯了国家、公民、法人和其他组织的合法权益的行为，以及依法应当作为而不做为或乱做为造成严重后果的行为追究所应承担的行政责任。

同日 市环保局向省环保局提交《关于解决环境信息管理控制中心建设经费的请示》，恳请省环保局支持解决常德市环境信息管理控制中心建设经费490万元。

同日 市编办发文，同意市环保局自然保护科从污染管理科单设出来。核定自然保护科行政编制2名，其编制来源从污染管理科连人带编划转(含科级领导职数1名)。

7月21日 省环保局副局长彭翔带领8人专家组，对桃源县生态示范区进行省级预验收，经现场实地考察，专家组一致认为，桃源生态示范区达到验收标准。

7月 省环保局公布第一批污染物超标排放企业名单，常德市天宏纸业、众鑫纸厂、桂华纸业3家企业被要求实施强制性清洁生产审核。

8月2日 市教育局、市环保局根据《关于开展中小学环境教育优秀教案评选活动的通知》精神，经各区县(市)教育局、市直学校推荐，市评审委员会认真评选，共评选出中学组一等奖15篇、二等奖14篇、三等奖24篇；小学组一等奖6篇、二等奖7篇、三等奖26篇，并予以通报表彰。

8月19—20日 全市环境监测工作座谈会在石门县壶瓶山召开。会议议程是总结交流上半年的工作，省站领导、专家做专题报告，讨论水质监测断面调整方案，安排下半年质量控制和质量考核工作。各区县(市)环保局环境监测分管领导、监测站站长、监测站质控员参加了座谈。

8月24日 省环保局局长蒋益民、污管处处长张在峰一行4人到常德，实地督导检查国家环保模范城市创建工作，对常德市在城市基础设施建设、环境保护、环境监测、城区污水处理、城市供水、企业污水治理等方面所做的努力给予充分肯定，并决定将常德市做为全省唯一的创模城市向国家环保总局申报。市长陈君文代表全市人民对省环保局的支持表示衷心感谢。副市长刘剑英参加汇报会。

8月27日 市编办发文,同意西洞庭管理区设立环境保护局,承担县级环境保护行政职能,为管委会工作机构,正科级,核定编制4名,从行政事业编制总额中自行调剂解决。机构调整后,西洞庭管理区国土规划建设局不再承担环境保护相关职能。

9月1日 市环保局制定《常德市环境保护行政许可项目实施程序》。实施程序包括:建设项目环境影响评价文件审批、建设项目竣工环境保护验收、排污许可证核发、污染防治设施的拆除或闲置许可、危险废物经营许可证核发、向大气排放转炉气等可燃气体审批、转移危险废物审批、排污申报登记和排污变更申报登记、环境保护拨款和贷款贴息竣工项目验收、限期治理项目延期完成治理任务审批、限期治理项目验收、用做原料的废物进口审查。

9月12日 国家环保总局正式核定常德市2004年二氧化硫环境容量为7.5万吨。

9月21日 市环保局制定《优化经济发展环境若干制度》,其中包括内务管理制度、环境保护行政执法制度、行政过错责任追究制度、行政许可过错责任追究制度。

9月28日 市环保局发出通知,开展重污染行业和建设项目"三同时"执行情况专项检查,重点检查钢铁、电解铝、水泥、炼焦、铁合金等行业违反建设项目环保规定的行为,水污染物排放量大、达标率低的造纸企业,建设项目未执行环保"三同时"擅自开工或投入生产的行为,"十八小""新五小"企业连片反弹的地区。

9月底 桃源县创建国家生态示范区正式通过国家验收。

10月10—12日 市环保局举办环保行政执法培训班,并赴重庆、成都学习考察。培训内容:行政许可法、环境保护法律概论、建设项目环境管理、排污收费管理制度、畜禽养殖环境保护、环保执法程序及应注意的问题。各区县(市)环保局分管局长或法制股长参加培训。

10月28日 市人大城环委、市环保局、市监察局等部门联合执法,对造成环境违法建设或未落实环保"三同时"的武陵区创益纸业有限公司、石门玉叶公司和澧县涔源新科材料、金鑫科技材料、华宏金属材料和鑫泰金属4家练铟企业紧急叫停。

图18 常德市——国际花园城市

11月3—8日 2005年度国际花园城市竞赛评选在拉科

鲁尼亚进行。世界入围的 36 个城市经过 5 天紧张的陈述、演讲、展示、答辩，15 座城市荣获金奖，常德市位列其中。

11 月 8 日 市环保局根据国家《污染源自动监控管理办法》，结合常德市环保创模规划要求，决定在全市排污单位分期分批开展重点污染源连续自动监控系统建设工作，常德卷烟厂废气在线监控项目等 12 个项目为第一批污染源在线监控建设项目。

11 月 11 日 市环保局发出《关于做好环境宣传教育工作的通知》，要求环保系统和相关企业，围绕国家宏观战略和环保中心工作开展宣传教育活动，借助“世界环境日”“环保世纪行”等平台，不断扩大环境保护新理念新政策的社会影响，不断拓宽环境宣教工作新路子，重视和发挥新闻媒体宣传主渠道做用。

12 月 1 日 根据《常德市绿色小区考核验收办法》，经各区县（市）推荐，市绿色小区考核委员会考核验收，市环保局、市建设局授予汉寿县国税局机关、桃源县国税局机关、石门县政府机关、安乡县城关镇金安花园小区、澧县地税局机关、临澧县电力局机关、临澧县地税局机关、临澧县国税局机关、鼎城区枫丹丽舍小区、鼎城区质监局机关、津市市委机关为常德市绿色小区。同日，市教育局、市环保局授予武陵区南坪中学等 37 所学校常德市绿色学校称号。

12 月 17—19 日 市环保局举办循环经济研讨会，各区县（市）环保局分管负责人，中央、省驻常有关单位分管生产环保的负责人、环保部门负责人参加研讨。

12 月 22 日 国家环保总局组织专家对常德市创建国家环境保护模范城市进行技术评估。以国家环保总局原科技司副司长、科学顾问委员会研究员陈尚芹女士为组长的专家组，同意常德市做为湖南省和华中地区唯一代表，申报创建国家环保模范城市。

2006 年

1 月 12 日 常德市环境监测站对常德市城区区域环境噪声监测点位重新进行网格布点和编号，按 500 米×500 米网格尺寸，在原有 203 个城区区域环境噪声监测网格点位的基础上，在新城区增加点位 76 个，监测点位总数达 279 个。

1 月 20 日 市环保局发出 2005 年度先进单位、先进集体和先进个人的表彰通报，市环境监测站、市环境监察支队、市环保局污染管理科、环保 110 办公室、市环保局项目科获先进单位、先进集体，陈建国、邓楼成、牟志勇、许平、张琳、肖爱萍、刘建军、丁文华、李民峰、李朝晖、周隽婕、杨春玲、郑明涛、柳昌文、周建民获先进个人（嘉奖）。

2 月 23—24 日 省监察厅副厅级监察专员李智、省卫生厅助理调研员朱水芝率省政府督察组抵常，督导检查常德市“环保三年行动计划”的各项工作。市人大常委会副主任张启祥陪同。

2月27日 市人大常委会副主任张启祥在市环保局局长王吉亚陪同下，对安乡日银等4家纸厂、津市雪丽纸厂等重点污染源企业进行突击检查，并对安乡仙桃纸业、津市雪丽纸厂污染处理设施闲置、偷排大量超标废水、造成严重污染的行为，提出批评，做出处罚。

3月10日 市环保局发出2005年度环境保护目标管理先进单位的表彰通报，汉寿县环保局获一等奖，津市市环保局、石门县环保局、临澧县环保局获二等奖，澧县环保局、桃源县环保局、鼎城区环保局、安乡县环保局获三等奖。

3月14日 常德市城市创建工作领导小组分别向市卫生局、市建设局、市教育局、市司法局、武陵区人民政府、鼎城区人民政府、德山开发区管委会下达《2006年创建国家环境保护模范城市污染治理任务交办书》。

同日 常德市环境保护工作暨环保世纪行总结动员大会在桃林宾馆召开。会议要求抓好五件环保大事：一是围绕环保世纪行活动抓好环境宣传教育；二是围绕创建国家环境保护模范城市督导污染防治；三是围绕资源节约型和环境友好型社会建设抓好试点；四是围绕建设生态常德和社会主义新农村深化绿色创建内涵；五是围绕群众反映强烈的环境问题搞好环境执法。会议由市人大常委会副主任张启祥主持，市委副书记周用金、副市长刘剑英到会并讲话。

3月中旬 德国、荷兰的10多位水资源管理专家组成的代表团抵达常德市，正式与常德市签署治理穿紫河协议。此项目将由欧盟提供近50万欧元的赞助资金及其他优势技术支持。

图19 穿紫河

3月27日 市环保局、市监察局联合发出《关于贯彻实施〈环境保护违法违纪行为处分暂行规定〉的通知》。

3月31日 市环保局提出《柳叶湖及其周边生态环境保护综合治理的建议》，要求太阳山及周边地区全部关闭采矿、采石、粉煤加工企业和砖瓦厂；柳叶湖取缔水上和岛上餐饮，限制岸上餐饮业规模。取缔燃油旅游船，禁止渔场投肥养鱼，关停环湖不符合国家产业政策或污染严重的企业，优先建设柳叶湖及周边区域的地下排水管网，确保污水不排入柳叶湖。

3月 为实行制度化、规范化和程序化管理，市环保局新编的《机关规章制度》出台，内容涵盖机关工作人员守则、党组会议制度、集体领导与分工负责制度等37项。

3月 国家环保总局公布，常德市做为唯一的地级市与江苏省、吉林省、宁夏回族自治区和四川省成都市、安徽省绩溪县被确立为“农村小康环保行动计划”示范试点单位。

4月6日 市环保局成立信访及维稳工作领导小组，局长王吉亚、党组书记佘洪涛任组长；明确每周三为局长信访接待日，接待来访群众的污染投诉。

4月10日 市人大常委会正式启动环境保护执法检查，主要检查《中华人民共和国环境保护法》及相关法律法规贯彻实施情况。检查分组织发动、调查自查、重点检查、整改落实四个阶段，于2006年10月结束。

4月11日 市环保局下达各区县（市）2006年度排污费征收预算，预算总额为2350万元。

4月13日 市人民政府向国家环保总局报送《关于对国家环境保护模范城市验收的请示》，提请环保总局于4月下旬对常德市创建国家环保模范城市工作正式验收。

4月15日 常德市医疗废物处置中心建成并投入运行。该中心投资1800万元，占地1公顷，日处理医疗废物能力8吨，采用较先进的回转窑二次燃烧高温焚烧杀菌技术，废气采用急冷、活性炭吸附、布袋除尘等措施，是湖南省首家建成并投入运行的医疗废物处置中心。

4月17日 在第六次全国环境保护大会上，常德市环境保护局局长王吉亚从国务院副总理曾培炎手中接过“全国环保系统先进集体”奖牌，这是该局建局以来取得的最高荣誉。

4月26—29日 湖南省环保局在常德市举办为期四天的全省环境监察支、大队长培训班。全省14个地州市环境监察支队长和122个县市区大队长接受了环境现场监管、环境应急处置、排污申报登记、排污费征收等环境监察业务培训，并学习《环境保护违法违纪行为处分暂行规定》和《常见环境监管失职行为与预防对策》。

5月11日 市环保局与市科协、市教育局、市科技局联合组织的2006年常德市青少年科技创新大赛产生评选结果。该大赛于1月6日举行。各区县（市）共申报做品381件，其中评选出优秀个人（集体）项目一等奖21项，二等奖24项，三等奖29项；优秀科技实践活动一等奖3项，二等奖3项，三等奖3项；优秀少儿科幻绘画做品一等奖22幅，二等奖55幅，三等奖99幅。同时，大赛组委会还评选出本年度大赛优秀组织奖单位14个，优秀科技教师15名。

5月18日 市人大常委会召开全市环境保护执法检查重点抽查动员会。这次执法检查由市人大常委会领导带队，分5个组赴各区县（市）及西湖管理区、西洞庭管理区、柳叶湖旅游度假区。检查时间从5月22日至27日。动员会由市人大常委会主任莫道宏主持，市人大常委会副主任张启祥做动员报告，市人大常委会副主任孙维忠、蒋祖建、邹克忠、高勇、何英满出席会议。

5 月 27 日　市委书记武吉海在副市长刘剑英的陪同下视察市环境保护局，认真听取了市环境保护局负责人的汇报。

5 月 31 日　市人民政府向国家环保总局上报《关于将我市列为“全国实施农村小康环保行动计划”试点城市的请示》。

6 月 1 日　市环保局发出《关于做好新农村建设示范村环保工作的通知》，要求示范村建设环保工作，重点抓好饮用水源保护区建设、畜禽养殖业污染防治、工业企业污染治理、农业农药化肥农膜等面源污染。

6 月 5 日　常德市启动以“绿色的关怀平凡的感动”为主题的首届“芙蓉王杯十大环保卫士”评选活动。经过层层推介和初选、复选、公众投票，郭三元、谢俐、常旭、刘国华、宋世泉、高飞、陈瑛、白帆、康祖杰、谭登双获“芙蓉王杯十大环保卫士”称号，赵忠德、彭子斌、于国进、龚元初、王本香、朱培赋、胡全成、邓樱成、刘冬华获提名奖。

6 月 26 日　常德市城市规划管理委员会印发《关于加强城市空间环境规划管理的规定》，对影响城市空间环境的各项指标，如：容积率、建筑密度、绿地率、建筑间距、停车泊位以及城市景观等，做出了具体规定。该规定共 20 条，自 2006 年 7 月 15 日起执行。

6 月 28 日　副市长张元英、刘剑英主持召开专题会议，研究全市医疗废物处理的有关问题，决定由市卫生局牵头，市法制办配合，尽快出台《常德市医疗废物处理实施办法(试行)》，并从 7 月 1 日起县级以上的医疗机构产生的医疗废物必须集中到医疗废物处理中心处理，其他医疗机构逐步实施，不按规定处理医疗垃圾将依法处罚。7 月 2 日，再次召开全市医疗垃圾集中处理协调会。

7 月 5 日　市委副书记周用金、省爱卫办副主任郑卿、省环保局污控处处长高庆祥和市环保局、市城管局、市爱卫办的负责人，以及市环保局的噪音监测技术人员，到鼎城区武陵镇先玉网具现场办公，研究解决该企业噪音扰民问题。

7 月 10 日　市环保局、市发改委、市监察局、市经委、市工商局、市司法局、市安监局、市电业局联合发出《关于开展整治排污企业保障群众健康环保专项行动的通知》，要求集中整治威胁饮用水源安全的污染和隐患、工业园区的环境违法、建设项目环境违法、造纸行业的环境违法等问题。专项行动分动员部署、摸底排查、集中整治、总结四个阶段，于 11 月底结束。

7 月 11 日　市委书记武吉海、市长陈君文主持召开重点造纸企业治污工作专题会议。会议议定，对达到规模、有能力解决环保治污问题的企业，银行要支持解决资金问题；对企业扩大规模和治污需征用的土地，市直企业由市政府负责协调落实，区县(市)属企业由各区县(市)政府负责协调落实；达到规模的造纸企业环保治污达标后，三年缴纳的所得税地方留成部分、增值税地方留成部分的 50%以及排污费地方所得部分可实行同级财政先征后返，专项用于企业治污贷款贴息和归还治污贷款。

7月24日 市环保局发出通知，正式启动省级绿色社区的推荐评选工作和省级绿色学校复查工作，推荐与复查工作均于9月30日前结束。

7月 在湖南省环境监察工作会议上，常德市环保局获得2005年度全省环境监察工作一等奖。

8月4日 常德市规划局召开万金障退田还湖专题研讨会议。会议提出，万金障退田还湖应以柳叶湖总体规划为依据，按照有利于防洪安全，有利于生态环境保护，有利于城市休闲特色形成的原则，科学合理地制定退田还湖的范围和面积。

8月13日下午 在创建国家环境保护模范城市验收情况通报会上，国家验收组副组长、国家环保总局宣教中心主任焦志延宣布，国家验收组一致同意通过对常德市创建国家环境保护模范城市工作的考核验收。通报会由省环保局总工程师郑粟主持。国家验收组组长、国家环保总局污控司司长樊元生，市领导周用金、莫道宏、刘春林、邹克忠、刘剑英、丁时祺等出席通报会。

8月14日 常德市地表水环境监测工作布置会议在市环境监测站召开，各区县（市）环境监测工作分管负责人、环境监测站站长、负责水质分析的工作人员与会。会议布置常德市地表水环境监测工作，组织了《地表水和污水监测技术规范》（HJ、T91—2002）培训，开展环境监测技术交流，学习考察张家界市环境监测站业务工作。

8月15日 市环保局调整常德市地表水环境监测断面设置方案，共设置监测断面25个，其中省控监测断面7个；新增凌津滩、官垱、青龙窖、马坡湖、安生5个监测断面，其中4个属省控。

8月21日 市环保局发出《关于加强全市辐射环境安全监管的通知》，要求各级环保部门及有关单位切实加强对生产、销售、使用放射性同位素和射线装置单位的安全监管，加强对辐射源的安全监管，加强对人员辐射防护的安全监管，加强对辐射安全与防护工作现场的监管，并认真做好换发补发辐射安全许可证工作，确保辐射安全工作监管到位。

9月5日 市环保局发出《关于加强畜禽养殖业环境监管严防病死畜禽污染环境的通知》，要求近期组织一次全面检查，督促畜禽养殖单位（农户）落实相关污染预防措施，严格按照无害化处置要求，妥善处置好病死畜禽尸体，严禁随地乱丢，确保饮用水源安全和环境质量。

9月8日 市政府根据国家环境保护模范城市验收组8月12日至13日考核验收意见，制订《常德市人民政府创建国家环境保护模范城市整改方案》，并上报国家环保总局。

9月26日 据常编办〔2006〕73号文，设立常德市环境保护局德山分局、常德市环境保护局柳叶湖分局，两分局均为具有行政职能的正科级事业单位。德山分局核定全额拨款事业编制3名，柳叶湖分局核定全额拨款事业编制2名。

9月26—28日 市环保局在桃源县举办为期三天的《放射性同位素与射线装置安全和防护条例》培训班。市环保局辐射管理工作人员及辖区各辐射工作单位辐射安全和防护负责人、主管部门负责人共80余人参加培训。

10月23日 市政府常务副市长陈文浩主持召开市长办公会议，强调把治理环境污染，特别是治理水和大气污染纳入政府为民办实事范围，严格环保“第一审批权”制度；原则同意市环保局编制《常德市生态市建设规划（草案）》，同意比照省里成立相应的市生态市建设工作领导小组。

同日 为支持环保事业健康持续协调发展，市财政局来函同意，到2006年年底止，市本级排污费结余部分原则上用于市环保局今后的能力建设。从2007年起，市环保局及其二级机构编制内的干部职工、离退休人员（含市环境监察支队）的工资、一般公用经费全额纳入一般财政预算支出，专项工作经费暂从排污费中安排。

10月27日 常德市第四届人民代表大会常务委员会第三十六次会议审议通过《常德市生态市建设规划》。该规划由国家环保总局环境发展中心与常德市环保局共同编制。

10月31日 市环保局、市监察局发出《关于对存在突出环境问题的企业实施挂牌督办的通知》，决定对武陵区南坪油膏厂、鼎城区南亚染整厂、汉寿百禄桥麻纺原料厂等19家企业污染治理问题实行挂牌督办。

11月3日 市环保局制订《行政执法职权分解方案》，对行政许可职权、行政处罚职权、行政强制职权、行政征收职权分别做出分解与界定，并明确各自受理岗位职责、审查岗位职责、审核把关岗位职责、决定岗位职责。其中行政处罚职权针对范围多达120项。

同日 市环保局制定《常德市环境保护行政处罚证据收集规则》。收集规则分总则、证据收集的形式、几种重要证据的制做要求、附则四部分，共19条。附件《常见环境违法行为调查取证的主要内容》包括不按照国家规定缴纳排污费或超标排污费、进行产生噪声污染的建筑施工作业、未按规定进行污染物排放申报登记、违反建设项目环境保护管理规定、擅自拆除或闲置污染防治设施五个方面。

11月14日 常德市工业危险废物申报登记及重点行业危险废物产生源专项调查工作领导小组正式成立，市环保局党组书记余洪涛任组长，市环保局副局长马慧任副组长。

11月22日 各区县（市）将已收缴的毒鼠强等剧毒鼠药一次性送常德市环保局，进行统一集中焚烧处置。

11月29日 第六次全市环境保护大会在常德国际大酒店召开，各区县（市）政府区县（市）长、分管环保工作的副区县（市）长，发展计划物价局局长、经委主任、财政局局长、环保局局长，德山开发区、柳叶湖旅游度假区、西湖管理区、西洞庭管理区管委会主任和分管负责人、工业发展局局长、环保局（分局）局长，市直和中央、省在常单位及重点企业主要负责人与会。市委常委、副市长欧运崇做工作报告，市长陈君文发表讲话，市人大常委会副主任张启祥、市政协副主席曹同生出席会议。

同日 全市环境监测工作座谈会在常德国际大酒店召开。会议主要传达省环境监测工作会议及有关会议精神，明确全市环境监测工作思路，布置近段时间的监测工作。各区县（市）环保局分管监测工作的负责人、环境监测站站长参会。

12月18日 市政府办印发《常德市造纸企业污染整治实施方案》，责令限期停产的化学制浆、废纸造纸企业57家，其中限期在2006年12月31日前关停的17家，限期在2007年3月31日前关停的40家，且全市原则上不新上10万吨/年以下的草（苇）浆造纸项目。

12月27日 市环保局土壤调查专项工作领导小组成立，局长王吉亚任组长。

2007年

1月29日 市环保局发布2006年度环境保护目标责任先进单位的表彰通报，石门县环保局获一等奖，临澧县环保局、桃源县环保局、津市市环保局获二等奖，汉寿县环保局、澧县环保局、鼎城区环保局、安乡县环保局获三等奖。

1月31日 市环保局发布2006年度全市环保系统专项业务工作先进单位和先进个人的表彰通报，对办公室综合、精神文明建设、环境法制与宣传、污染管理建设项目、环境管理、自然生态保护、环境监察、环境监测8项业务工作先进单位和先进个人予以通报表彰。

同日 2007年环境信访及维稳工作领导小组成立，市环保局局长王吉亚、党组书记佘洪涛任组长，陈建国、杨彩星、卜忠华、马慧、杨家珍、张明军、魏利权任副组长。

3月20日 市环保局制定《落实常德市优化经济发展环境规范涉企行政执法检查与收费七项制度实施细则》，从环境执法角度，就执法检查主体、执法检查权限、依法行政程序做出具体规定。

3月27日 市环保局成立污染物减排领导小组，局长王吉亚、党组书记佘洪涛任组长，马慧、陈建国、杨彩星、卜忠华、张明军、杨家珍、魏利权任副组长，田伟志兼领导小组办公室主任。

4月3日 市环保局发布《2007年自然生态环境保护工作要点》，工作要点包括：做好生态市创建工作、抓好县域经济环保指标考核、搞好土壤污染状况调查、推动新农村建设、农村小康环保行动、加强养殖业环境管理、强化自然保护区建设项目环境管理、配合国土部门搞好矿产资源开发秩序整合。

4月12日 市环保局发出《关于加强对已停产造纸企业环境监管的紧急通知》，点名通报了鼎城洞庭纸业有限公司关停后擅自恢复生产的不法行为，要求各级环保部门高度重视，明确责任，加强对已停产造纸企业的日常监管，杜绝未经审批擅自恢复生产的违法行为。

4月16日 市环保局成立市持久性有机污染物调查工作领导小组，市环保局局长王吉亚任组长，马慧、杨彩星任副组长。

4月29日 市环保局、常德电业联合发出紧急通知，加强造纸企业污染整治监管，对污染整治不到位的造纸企业坚决采取断电措施。对断电不彻底、包庇纵容关停企业私自恢复生产或监管失察的基层电管站（所）以及当地电业部门的负责人和相关责任人，坚决追究行政责任。

4月30日 市财政局、市环保局、中国人民银行常德市中心支行联合发出《关于排污费收缴及分成有关问题的通知》，明确市、区（含管理区）环境保护行政主管部门征收的排污费，10%缴入中央国库，25%缴入省国库，65%缴入市（区）国库。县（市）环境保护行政主管部门征收的排污费，10%缴入中央国库，20%缴入省国库，10%缴入市国库，60%缴入县（市）国库。

图20 常德市环保志愿者捡拾垃圾

5月15日 常德市环保志愿者协会正式成立。

6月1日 市政府办发布2006年度全市企业环境行为评分结果，授予常德烟草机械有限责任公司、常德纺织机械有限公司、湖南重庆啤酒国人有限责任公司常德分公司、湖南中烟工业公司常德卷烟厂、湖南汽车车桥厂5家企业2006年度“环保先进企业”称号，授予湖南雪丽造纸有限公司、湖南常德纸业股份有限公司2家企业2006年度“环保年度治理突出贡献企业”称号，对企业环境行为评分排名后5名的湖南常德湘联实业有限责任公司、澧县燕山化工厂、湖南广源麻业有限公司、湖南牛力水泥股份有限公司常德分公司、石门中美矽砂矿 5 家企业予以通报批评。

6 月 5 日 市政府办转发市环保局《常德生态市建设 2007 年行动安排及考核办法》。行动的目标任务是加强饮用水源保护，增强水污染防治能力；加强造纸和建材企业污染整治；加强节能降耗和污染物总量减排工作；实施农村小康环保行动计划；搞好全市土壤污染现状调查；加快固体废物处置设施建设，提高固体废物收集、处置和利用水平；推行清洁生产，发展循环经济。考核对象分甲、乙两类，得分在 80 分以上的单位为达标单位。甲类得分在前 3 名、乙类得分在前 2 名为先进单位。

6 月 6 日 市环保局与市科协、市教育局、市科技局联合组织的 2007 年常德市青少年科技创新大赛产生评选结果。在 291 件申报做品中，评选出优秀个人（集体）项目一等奖 17 项，二等奖 22 项，三等奖 27 项；优秀科技实践活动一等奖 1 项，二等奖 2 项，三等奖 2 项；优秀少儿科幻绘画做品一等奖 16 幅，二等奖 29 幅，三等奖 50 幅。同时，产生优秀组织奖单位 10 个，优秀科技教师 12 名。

6 月 7 日 市环保局发出《关于建设全市污染源自动监控系统的通知》，各排污单位根据通知精神，按国家规定设立排放口和永久性明显标牌，安装监控项目在线监测仪，配备满足要求的在线监测仪用房，保证设备正常运行，并与省、市、县三级环保行政主管部门联网。

6 月 22 日 市环保局向湖南省白蚁防治氯丹灭蚁灵替代示范项目协调指导小组办公室承诺，常德市将严格按照《关于持久性有机污染物（POPS）的斯德哥尔摩公约》规定，从 2009 年 5 月 17 日起在白蚁防治中全面停止使用氯丹和灭蚁灵。

7 月 25 日 市环保局、市监察局联合发出《关于对有关企业突出环境问题挂牌督办的通知》。2007 年挂牌督办的企业有常德湘联实业有限责任公司、石门玉叶化肥有限责任公司、石门雄磺化工有限责任公司等 11 家。

7 月 27 日 市财政局、市环保局联合下发《关于加强建设项目环境保护三同时保证金管理的通知》，凡在本市行政区域内建设对环境有重大或较大影响的新、扩、改建项目，必须缴存环保设施投资额 5%～20%的保证金，其中环保设施投资小于 500 万元的缴存比例为 20%，500 万～1000 万元的缴存比例为 15%，1000 万～2000 万元的缴存比例为 10%，2000 万元以上的缴存比例为 5%。单个项目缴存保证金最高限额为 500 万元。未批先建补办环保手续的建设项目一律按最高比例 20%缴纳保证金，且不设置最高限额。

9 月 10 日 根据国家有关党政机关不能办企业的规定，企业性质的“常德市环境科学研究所”被注销，原班人马重新组建为个人合伙企业，并保留原名称。

9 月 11 日 市环保局向代市长卿渐伟汇报养殖业污染防治工作，建议禁止大湖大库和主要水域实行承包或租赁养殖，在全市范围内划定畜禽和珍珠养殖的禁养区、限养区和准养区，污染严重的企业特别是养殖业要限期治理，规模小、污染严重、排污量大、没有能力治理的养殖企业一律关闭。

9月18—28日 市环保局、市财政局联合开展排污费征收及缴库工作检查，检查排污费征收程序履行、排污费征收票据管理及缴库、排污费按规定比例解缴、环保部门经费和设备购置费纳入财政预算及“收支两条线”管理、阻碍环境执法和征收减免缓排污费等方面违规情况。

9月21日 市环保局向代市长卿渐伟递交江北城郊水环境污染调查报告。调查报告在剖析城郊芦荻山乡、护城乡、南坪乡、东江乡、东郊乡水环境污染状况的基础上，建议政府建立相对集中的小型自来水厂或延伸铺设自来水管道，覆盖地下水源污染严重的乡镇；对污染严重的沟渠近期实行明沟改暗沟或铺设盖板，分阶段采用排污管道排污；逐步完善城市下水道管网配套建设，最终达到城郊所有生活污水汇入城市污水管网。

10月15日 常德市生态市建设领导小组发出《关于深入开展创建环境优美乡镇和生态村活动的通知》，并发布《常德市环境优美乡镇考核验收暂行办法》《常德市生态村考核验收暂行办法》。

10月26日 《常德市医疗废物集中处置暂行办法》经市人民政府同意正式颁布实行。

10月29日—11月2日 全市环保系统污染源普查、污染减排工作会议在桃花源宾馆召开，并同时举办技术培训班。各区县（市）环保局局长，分管污染源普查、污染减排、污染管理、环境统计工作的副局长、专干，市环保局项目科、环境监察支队、污管科、监测站负责人参会。

10月30日 为统一领导生态市建设工作，常德市生态市建设领导小组成立，市委副书记、代市长卿渐伟任组长，市委常委、副市长欧运崇，市委常委、市委宣传部部长覃清香，市人大常委会副主任张启祥、市政协副主席李金城任副组长，23个相关单位主要负责人为成员。领导小组下设办公室，市环保局局长王吉亚兼任办公室主任。

10月 在省环保局举报、省环境监测站承办的湖南省环境监测系统第一届（综合技术）比武中，市环境监测站获得团体二等奖，刘芳、朱光辉获个人三等奖。

11月1日—12月14日 市环保局开展污染源普查抽查监测，检查相关污染源企业废水、废气排放口的GPS地理位置；收集各企业“环保三同时”执行情况、应急预案、工艺流程、污染处理流程、厂区平面布置图、原辅材料使用情况等。抽查监测分为废水和废气两部分，废水、废气监测项目根据污染源普查规定执行。

11月5—15日 市环保局、市监察局联合对环保专项行动挂牌督办的环境问题进行督查，督查对象涉及2006年挂牌督办的19家企业和2007年挂牌督办的11家企业。经督查，29家挂牌督办的企业中，已按要求整改的18家，预计年底可完成整改的4家，需要继续加强改进的企业1家，未按要求整改的6家。

11月8日 常德市被国家环境保护总局正式列为第二批全国生态环境监察试点地区。

11月14日 市环保局发出紧急通知，要求各地加强辖区内各流域、水体枯水期水污染防治工作。市环境监测站从11月12日到2008年2月底，每周一将各区县(市)饮用水源、交界断面水质监测结果报市环保局，出现超标情况随时上报。

12月10日 国家环保总局发出《关于查处湖南桃源县九溪水泥公司环境违法问题的监察通知》，要求当地政府拆除原4.4万吨/年生产线，责令该企业尽快建设污染治理设施，安装在线监测设备，确保污染物达标排放。

12月29日 市政府办印发《常德市突发环境事件应急预案》。

12月30日 市环保局成立污染减排领导小组，局长王吉亚任组长，陈建国、卜忠华、丁指南、杨家珍、张明军、杨彩星、魏利权任副组长。魏利权兼任污染减排工作领导小组办公室主任，并配备工作人员7名。同时明确减排办、项目科、污管科、监察支队、监测站在污染减排工作中各自的责任。

2008年

1月14日 市环保局荣获2007年度市长热线工作红旗单位。

1月21日 《常德市环境保护局突发环境事件应急预案(试行)》发布。预案对应急指挥部、现场处置组、应急监测组、污染防控组、专家咨询组、信息资料组、后勤保障组的任务、职责、工作流程、应急程序，做出了明确的界定。

2月29日 常德市第五届人民代表大会常务委员会第一次会议决定任命王吉亚同志为市环境保护局局长。

3月5日 市长卿渐伟主持召开生态市领导小组第一次会议，专题研究部署2008年生态市建设工作。市政府制定《常德市生态市建设2008年目标责任制考核实施办法》，调整了生态市建设领导小组，有3位市委常委任副组长。

3月7日 常德市生态市建设领导小组发布《2007年生态市建设目标责任考核结果的通报》，石门县政府、市发改委等6个单位被评为生态市建设目标责任考核先进单位，桃源县政府、市经委等15个单位被评为生态市建设目标责任考核达标单位，石门县壶瓶山镇、石门县子良乡被评为创建环境优美乡镇先进单位，陈本祥、熊大顺等17人被评为生态市建设目标责任考核先进个人。

3月8日 市妇联、市环保局、市消费者委员会联合在步行街启动“健康消费环保行”

活动，倡导健康消费、环保消费。

3 月 10 日　市环保局发出《关于 2007 年度环境保护工作目标责任考核奖励的通报》，石门县环保局、汉寿县环保局获一等奖，澧县环保局、桃源县环保局和柳叶湖环保分局获二等奖，临澧县环保局、津市市环保局、安乡县环保局、鼎城区环保局、西洞庭管理区环保局、西湖管理区环保局和武陵区环保分局、德山环保分局获三等奖。

3 月 12 日　常德市召开 2008 年环境保护工作暨环保世纪行动员大会，市环保局局长王吉亚做题为《抓住转型机遇推进污染减排为建设我市两型社会努力奋斗》的工作报告，市委常委、副市长宋冬春发表讲话，要求 2008 年常德市重点行业和区域性污染排放强度有所下降，饮用水源安全得到有效保障，城市空气质量持续改善，生态市建设和农村环境保护工作取得新进展，核与辐射安全得到保障，环保能力建设有新的突破。全市二氧化硫、化学需氧量排放量分别控制在 6.72 万吨、7.8 万吨。

同日　市环保局制订《创“满意环保”活动工作方案》，并做出四项公开承诺：1.环境投诉处理中心全天候接受职责范围内的环境投诉，局属相关工作部门保证及时处理与回复。2.建设项目环保审批按规定时限办结。3.依法征收排污费，做到公平、公正。4.定期向媒体提供环境质量信息，扩大市民的环境知情权。

3 月 17 日　为加强农村生活饮用水水源保护和管理，防治水污染，保障农村饮水安全，市政府办印发《常德市农村生活饮用水水源保护管理办法》。

4 月 2 日　全市污染源自动监控能力建设会议在常德市芷园宾馆召开。各县市区环保局（分局）分管局长及环境监察大队长，西洞庭管理区环保局局长，市环保局德山分局局长，已安装和在建自动监控设备的 42 家企业负责人参会。

4 月 6 日　常德市生态市建设领导小组印发《常德市生态市建设 2008 年目标责任制考核实施办法》，考核对象 29 个，分 A、B、C 三类，考核内容包括加强饮用水源保护、生态县（市区）建设、环境优美乡镇和生态村建设、完成节能减排任务、解决突出环境问题、生态文明和环境保护宣传 6 个方面。

图 21　建设美丽乡村绿色环保生态行活动现场

4 月 9 日　市环保局发出通知，从 4 月份开始，集中一个月的时间，专门组织对典型环境违法案件和突出环境问题整治措施落实情况进行后督察。

4 月 28 日　石门县子良乡、壶瓶山镇被环保部命名为国家级环境优美乡镇。

4月 市政府在澧县王家厂水库组织大中型水库禁止投肥养鱼启动仪式，并明令全市所有大中型水库一律禁止投肥养殖。

5月4日 市环保局发出通知，要求加强和规范建设项目环境保护管理，认真执行国家产业政策和环境影响评价制度，严格项目准入；加强建设项目中后期监督管理，督促落实环境保护"三同时"；全面清理2001年以来竣工的建设项目，限期完成环保设施建设；加强建设项目环境保护竣工验收管理；对建设项目环境管理严重违反环保法律法规的区县(市)实行区域限批。

5月5日 市环保局召开全市污染减排造纸企业污染整治工作会议，并发布《全市造纸企业污染整治现场检查情况的通报》。会上通报批评了鼎城区关闭的造纸企业死灰复燃、企业废水治理设施运行不正常、废水在线监控设备运行不正常、环保验收工作进展缓慢、部分造纸企业二次污染、制浆造纸企业中段废水处理设施建设进度缓慢等问题，并提出了相应的整改要求。

5月7日 市环保局发出通知，要求所有辐射工作单位在2008年年底以前，办理由省环保局统一核发的放射性同位素与射线装置安全许可证。

5月8日 于1月16日启动的2008年常德市青少年科技创新大赛评选结果揭晓，大赛共收到各区县(市)和市直学校申报做品367件，产生优秀个人(集体)项目一等奖17项，二等奖25项，三等奖39项；优秀科技实践活动一等奖2项，二等奖3项，三等奖4项；优秀少儿科幻绘画做品一等奖20幅，二等奖49幅，三等奖113幅；优秀组织奖单位10个，优秀科技教师12名。

5月10—11日 常德市举行2008年度环境影响评价工程师职业资格考试。

5月12日 四川省汶川县发生里氏8.0级强烈地震，常德市环保局发出紧急通知，启动突发环境事件应急预案。

5月13日 市环保局制定《常德市环境监察工作年度考核办法》，对执法检查、交办件办理、现场环境监察、环境违法查处、排污费征收、环境突发事件处置、排污申报和环境统计、污染源自动监控、环境监察标准化、生态环境监察、环境稽查11项工作分别定出所占分值、考核标准和评分细则。

5月21日 市环保局启动2008年环境安全隐患百日督查专项行动，重点督查石化、冶炼、造纸、油气贮存库站等重点行业和重点企业，集中饮用水源地等环境敏感区域，环境安全隐患集中的化学工业园区，存在溃坝、泄漏隐患的矿山尾矿库，危险化学品生产、储存、运输、销售、使用等各环节，洞庭湖周边的重点企业，近年来发生较大以上突发环境事件的单位。督查专项行动于7月底结束。

5月24—27日 省环保局副局长李继军带队对常德市污染减排情况进行专项督查，

省督查组对常德市减排工作给予肯定。

5月30日 市环保局召开2008年全市环境监察工作会议。各区县(市)环保局(分局)分管局长、环境监察大队长,德山开发区、柳叶湖旅游度假区、西湖管理区、西洞庭管理区环保局(分局)局长参会。

同日 由市环保局牵头协调,在湖南海利常德农药化工有限公司召开环境应急演练现场观摩会,各区县(市)环保局分管领导、环境监察大队大队长和相关企业负责人共计30多人全程观摩。演练背景是湖南海利常德农药化工有限公司乐果车间停电引起火灾,工厂内有硫化氢有毒气体泄漏。

5月 市减排办下达常德市2008年主要污染物总量减排计划,2008年预计排放总量化学需氧量9.3239万吨、二氧化硫27.29万吨,分别减排7.8万吨、6.72万吨。

6月2日 市政府办通报2007年度全市企业环境行为评分结果,常德卷烟厂、常德烟草机械有限责任公司、湖南重庆啤酒国人有限责任公司常德分公司、常德纺织机械有限公司、安乡桂华纸业有限公司获2007年度"环保先进企业"称号,湖南海利常德农药化工有限公司、安乡金大地化工有限责任公司、常德胜利化工有限公司获2007年度"环保年度治理突出贡献企业"称号,并对企业环境行为评分排名后5名的汉寿县百禄桥苎麻脱胶厂、湖南湘鲁万福农业开发有限公司、津市市洞庭机械制造有限责任公司、湖南伟临纸制品有限公司、石门王堰煤矿予以通报批评。

6月3日 市环保局印发《局属各科室和二级机构职责》。

同日 市环保局发出《关于进一步加强造纸企业污染整治监管的通知》,采取限期办理验收手续、限期整改、责令停产、永久关闭、区域限批等手段,重点加强再生纸企业污染整治监管。

6月13日 市政府办发出《关于对造纸企业环境违法行为处理意见的通报》,决定关闭死灰复燃的沧山、钱家坪两家"土纸"厂;临澧新安纸业有限公司、春楠造纸厂、常德拓新纸厂实施停产整治,责成石门利发、澧县恒力、安乡弘升、西洞庭宏泰纸业自试生产之日起3个月内办理竣工验收手续,到期未经验收或验收不合格的,一律停止生产。

6月26日 市政府办印发《常德市"十一五"节能工作实施方案》,实施方案要求,到2010年,万元GDP(按2005年价格计算)能耗由2005年的1.09吨标准煤下降到0.87吨标准煤,降低20%,平均年节能率为4.4%。规模以上工业万元增加值能耗由2005年的1.80吨标准煤下降到1.35吨标准煤以下,下降25%以上。重点行业主要产品单位能耗总体达到或接近21世纪初国内先进水平。

同日 市政府印发《常德市节能目标工作责任制考核办法》,考核对象为各区县(市)人民政府和34家市重点耗能企业,考核内容主要包括节能目标完成情况和落实节能措施情况，考核办法采用量化办法，相应设置节能目标完成指标和节能措施落实指标，满分为100分。

6月30日 市环保局发出通知，要求19家国控重点企业和11家节能减排单位，于2008年8月底前按要求安装自动监控设备并与市环保局联网。

同日 市政府召开第5次常务会议研究通过《苎麻水泥行业污染整治工作实施方案》。根据实施方案要求，于7月31日前关闭4家年产精干麻3000吨以下的苎麻脱胶企业；9月30日前，关闭列入国家发改委2007年93号公告范围内指令关闭的9家小水泥厂。对达不到苎麻行业污染整治试生产条件的企业一律停产整治；12月31日前，对未达到整治要求的所有水泥企业全部关停。

7月2日 市环保局发出通知，启动取缔柳叶湖周边珍珠养殖专项行动。专项行动分调查核实珍珠养殖情况、协助业主调整珍珠养殖产业、全面取缔柳叶湖周边养殖珍珠、检查总结验收四个阶段。专项行动于2008年12月30日结束。

同日 市环保局、市发改委、市监察局、市经委、市司法局、市建设局、市城管局、市工商局、市安监局、市电业局决定于2008年6月至12月，继续在全市范围内开展整治违法排污企业保障群众健康环保专项行动。专项行动以巩固整治成效为目标，集中开展环保专项行动后督察；以促进污染减排为目标，集中开展对城镇污水处理厂、垃圾填埋场等重点行业专项检查；以休养生息为目标，集中开展重点流域污染企业的专项整治。

7月3日 市环保局在芷园宾馆召开安装污染源自动监控系统会，要求19家国控重点污染源企业和11家节能减排企业必须在2008年内安装在线监控装置。

7月10日 市环保局启动"环境信访大接访"活动。活动以保暑期、保奥运为工作重点，分宣传动员、深入接访、总结验收三个阶段，全体局级领导逐日排班参加大接访，面对面处理群众关心、反映强烈的环境信访问题。大接访活动持续到12月31日。

7月11日 市编办同意市环保局污染管理科加挂市辐射安全监督管理站牌子，其机构规格、人员编制等维持不变。

7月13日 市政府办印发《常德市农村饮水安全集中供水工程运行管理办法》。管理办法分总则、工程管理、供水管理、优惠政策、奖惩、附则六章二十七条，于2008年8月1日起施行。

7月21日 市环保局开展建设项目环境管理检查，包括自2001年以来开工建设和审批、验收的建设项目。重点清查在建设和生产期间不落实"三同时"、污染严重扰民、群众反映强烈的项目。

8月5日 为切实做好奥运会期间的安全稳定，确保群众饮水安全，市环保局发出《关于加强污染防治确保饮用水安全的紧急通知》，要求加大对污染源的控制力度，搞好环境隐患排查，加强水环境监测，完善预警制度和应急方案并加强演练，确保饮用水源安全。

8月11日 市环保局制订《全市消耗臭氧层物质现状调查工作方案》，要求除协助省里调查小组对常德市5家多边基金资助企业进行现场调查外，还应对当地消防哈龙、交通车辆、制冷填充量大于20千克/台以上的企业以及常德卷烟厂、大型冷库和保温材料、海绵和塑料包装泡沫行业企业消耗臭氧层现状展开调查。

8月22日 市环保局制订《常德市污染减排责任领导到县、科长到厂驻厂监管实施方案》。到县、驻厂时间为8—12月，其任务是负责包干减排工作的指导和情况通报，调度重点减排项目进度，提供技术信息支持，协调解决污染减排工作的具体问题。

8月25日 西洞庭湖管理区祝丰镇亚王化工公司发生氯化氢气体泄漏事件。事发后，管委会立即启动应急预案，公安、消防、医院等保障部门紧急出动，党政领导会同相关部门负责人在第一时间赶到事故现场。由于指挥得当，措施得力，经过15分钟的紧急处置，事故得到有效控制。

9月3—9日 市环保局在常德市德华宾馆举办污染减排专题学习班，22人参加学习，省环保局总量办主任唐跃成及科长陈星、骆英授课。

9月12日 市编办发文同意设立市污染减排办公室，为市环保局管理的具有行政职能的正科级事业单位，核定全额拨款事业编制3名。

9月18—23日 市环保局举办全市环保系统法制培训班，集中学习《中华人民共和国水污染防治法》《湖南省行政程序规定》。市局全体工作人员及环境监测站负责人，各区县(市)环保局主管法制、环境监察的副局长，法制股股长和环境监察大队大队长，德山开发区、柳叶湖旅游度假区、西湖管理区、西洞庭管理区环保局(分局)主要负责人参加培训。

9月22日 为加强对柳叶湖区域环境的保护和管理，改善柳叶湖区域环境质量，实现柳叶湖旅游资源的可持续利用，市政府印发《常德市柳叶湖区域环境保护管理办法》，共二十六条，于2008年12月1日起施行。

同日 市环保局联合市商务局、市发改委、市公安局、市规划局、市工商局、市城管局制定《常德市再生资源回收管理办法》。办法共五章三十二条，自2008年10月1日起施行。

9月27日 市环保局决定在湖南中烟有限责任公司常德卷烟厂、湖南重庆国人啤酒有限责任公司常德分公司开展污染源自动监控装置社会化运营管理试点工作。

同日 市环保局、市监察局将湖南广源麻业有限公司、汉寿德乐纺织原料厂、湖南紫阳纺织有限公司、汉寿县百禄桥苎麻脱胶厂、安乡金成沅纺织有限公司、安乡兴源亚麻有限公司、桃源县四喜养殖有限责任公司、斗姆湖5家铝粉厂纳入常德市2008年环保专项行动挂牌督办企业。

10月7日 市环保局同意成立常德市绿色时代环境教育中心。常德市绿色时代环境教育中心性质为环保民间组织,经费自筹。

10月12—17日 环保部在常德市举办全国环境影响评价管理人员培训班,环保部8个司级领导、5个处级领导到常德讲课,省环保局局长蒋益民陪同。参加培训的有27个省(直辖市、自治区)市级以上环保部门领导及专家。

10月14—16日 市环保局副局长卜忠华到市长热线、常德人民广播电台新闻频道和市信访局,直接受理群众投诉、答复处理群众疑难问题。共受理群众来电26个,在市信访局接待群众来访2起9人次,现场答复群众咨询12个,解决或承诺解决疑难问题16个。

10月31日 常德市第五届人民代表大会常务委员会第五次会议听取和审议了市人民政府关于建设生态市、减少污染物排放工作情况的报告。

同日 市环保局发通知,对2004年至2007年中央和省级环保专项资金项目实施进展情况进行检查。检查内容包括:项目前期准备、资金到位及使用、项目组织实施、工程质量、环境效益、项目验收及有关档案资料管理等。

11月17日 市环保局向市政府提交非法炼钒污染环境情况的报告,对汉寿蒋家嘴镇大七冲村、津市涔澹农场、鼎城区沧山镇、澧县金鹏陶瓷有限公司、澧县赤峰昌家村、澧县闸口乡羊耳山村、澧县闸口乡关冲村、澧县垱市镇涔南村、澧县火连坡镇、桃源县新科矿业有限公司非法炼钒情况进行如实反映,并提出对现有非法炼钒企业立即关闭、断电断水并拆除生产设施的建议。

图22 整治非法炼钒企业

11月28—29日 在湖南省监测系统第二届(常规与应急快速分析)技术比武中,市环境监测站获得团体二等奖,刘勇军、张运广分别获得化学需氧量分析个人亚军和挥发酚分析个人季军。全省14个市州监测站的100多名选手参加比武。

12月31日 市环保局在常德市芷园宾馆召开市城区企事业单位排污申报登记工作会议,共80家企事业单位负责排污申报的专业人员参会。

2009年

1月7日 市环保局发出表彰通报，市减排工作办公室、市环境监测站、市环境监察支队被评为先进单位，市局办公室、污染管理科被评为先进集体，陈建国等19名同志被评为先进个人。

2月8日 市委书记卿渐伟在市环保局《关于2009年全市污染减排工作重点及有关情况的报告》上做出批示："环境保护是基本国策，必须不折不扣地完成2009年化学需氧量削减4%、二氧化硫削减3%的任务，若新上水泥企业等还将增加削减。要在整治城市污水、整顿或关闭小水泥、小纺织、小矿山等方面下功夫，涉及人员、机构和经费，如确系工作需要，增加一点也是可以的"。

2月17日 市环保局制订《深化企业环境监督员制度试点工作实施方案》。试点范围包括国家重点监控污染企业以及各区县(市)环保部门认为有必要纳入试点的企业共15家，主要指导试点企业建立环境管理责任体系，完善环境管理机构，完善各种台账和资料，建立污染事故环境应急预案，完成污染减排计划。

2月20日 市环保局启动沅江环保执法行动，重点检查直接排入检查范围河流的工业企业污水排放口、污水处理厂排放口及市政排污口，对私设排污口、超标排污等环境违法企业依法进行查处。

同日 市环保局发布"满意环保"创建活动公开承诺书及创"满意环保"活动考核细则。

2月25日 王吉亚在任原桃纺破产还债清算组组长期间，收受贿赂和他人礼金，数额较大，市纪委决定给予王吉亚开除党籍的处分。2月26日，常德市第五届人民代表大会常务委员会第七次会议决定，撤销王吉亚的市环境保护局局长职务。

3月3日 市环保局向省环保局上报常德市城镇污水处理厂建设三年行动计划实施情况。常德市共有"三年行动计划"实施项目9个，其中石门、澧县、津市、临澧、安乡、桃源、德山7个污水处理厂要求在2009年年底前投入运行，鼎城、汉寿2个污水处理厂要求在2010年年底前投入运行。

3月4日 市环保局发布《关于2008年度区县(市)环境保护工作目标责任考核奖励的通报》，石门县环保局、临澧县环保局获一等奖，澧县环保局、安乡县环保局、汉寿县环保局、津市市环保局、西洞庭管理区环保局和柳叶湖环保分局获二等奖，桃源县环保局、鼎城区环保局、西湖管理区环保局和德山环保分局、武陵区环保分局获三等奖。

3月15日 市环保局制订《2009年常德市核与辐射安全管理工作计划》，要求加强辐射工作单位日常监督管理，推进辐射安全许可证的核发工作，开展核与辐射安全运行年度评估，强化放射性废物监管。同日，市环保局发出通报，对在辐射环境安全管理方面做出突出成绩的桃源县环保局等5个单位和张志勇等8名同志予以表彰。

3月16日 市政府办发出生态市建设表彰通报，桃源县、石门县、临澧县、西洞庭管理区、市发改委、市农业局、市水利局、市国土资源局、市财政局、市环保局被评为生态市建设工作先进单位；武陵区、柳叶湖旅游度假区、市农村办、市经委、市建设局、市规划局、市卫生局、市林业局、市畜牧水产局被评为生态市建设工作达标单位；佘洪涛等60人被评为生态市建设工作先进个人。

3月20日—4月20日 全市开展环境违法自查自检专项行动，查处私设排污口和超标排放污染物等环境违法行为，先后组织造纸企业、化工行业专项检查和苎麻、水泥行业污染整治。

3月30日 常德市生态市建设领导小组印发《常德市生态市建设2009年目标责任制考核实施办法》。考核按区县(市)、管理区、市直相关单位分A、B、C三类进行，围绕农村饮用水源保护、生态县建设、环境优美乡镇和生态村创建工作、解决区域突出环境问题、开展生态建设宣传活动五个方面进行考核，根据得分评选常德市2009年度生态市建设达标单位、先进单位、先进个人。

4月2日 市环保局发布2008年完成当年淘汰落后产能情况，临澧县双龙山水泥有限责任公司等15家水泥厂于2008年12月31日前被关停，汉寿县百禄桥苎麻脱胶厂等7家苎麻生产企业于2008年9月30日前被关停。

4月30日 全市环保系统党风廉政建设暨环境监察工作会议在德华宾馆召开，并对获得2008年环境监察工作一、二、三等奖的单位进行了表彰。各区县(市)环保局(分局)局长，分管环境监察的副局长、纪检组长，监察(人事)股长、环境监察大队长、管理股长(有单独项目审批股的为项目审批股长)，局属各单位负责人参加会议。

5月8日 市环保局就建设项目竣工环境保护验收工作做出说明，将验收工作依据、验收工作程序、验收条件、验收时间进一步细化。

5月10日 市环保局、市卫生局联合发出《关于加强全市医疗系统射线装置使用单位辐射安全监督管理的通知》，要求射线装置使用活动统一由环保部门监督管理；职业病防治、放射源诊疗技术和医用辐射机构的准入管理、放射性污染事故医疗应急救治等工作由卫生行政主管部门负责；医疗射线装置使用单位必须取得由环保行政主管部门统一核发的“辐射安全许可证”，由卫生行政主管部门核发的“放射工作诊疗许可证”。

5月27日 市环保局在德华宾馆召开全市自然生态与农村环境保护工作会议。各区县(市)环保局(分局)分管农村环保工作和生态创建工作的副局长、管理股长、生态办负责人；德山开发区、柳叶湖旅游度假区、西湖管理区、西洞庭管理区环保局(分局)负责人参加会议。

5月29日　市环保局制订2009年创建国家环境保护模范城市工作方案，要求在“十一五”期间国家环境保护模范城市命名、授牌，并围绕节能减排、污染防治、饮用水安全、环保基础设施建设、环境质量公告、普及环境教育、城市卫生工作等做出具体安排。

5月31日　市环保局向30家再生纸造纸企业下发《关于下达常德市再生纸造纸企业环境污染限期治理项目的通知》，要求各再生纸造纸企业在2009年年底前按照新的《制浆造纸工业水污染物排放标准》(GB3544—2008)实现达标排放。

6月1日　市环保局、市发改委、市监察局、市经委、市司法局、市建设局、市城管局、市工商局、市安监局、常德电业局联合发出通知，决定于2009年5月至10月，继续在全市范围内开展整治违法排污企业保障群众健康环保专项行动。

图23　“减少污染—行动起来”签名活动

6月1—30日　常德市以“减少污染——行动起来”为主题，开展了第38个世界环境日系列宣传活动。6月1—8日，在步行街电视墙、常德电视台公共频道、市移动公司等地开展环保公益广告活动；6月4—5日，市委常委、副市长宋冬春发表“六五”世界环境日电视讲话；6月6日，在市城区商业步行街、滨湖公园门前开展街头宣传活动；6月5—12日在全社会开展节能宣传周活动；6月1—30日，在市城区张贴宣传画，发放《市民环保读物》。

6月3日　中共常德市委常委干〔2009〕13号文决定：洪振海同志任市环境保护局党组书记，免去其市委副秘书长、市委政策研究室主任职务。

6月4日　市编办为市环境保护局柳叶湖分局增加全额拨款事业编制2名，增编后的柳叶湖分局全额拨款事业编制为5名。

6月8日　市环保局对常德市列入省计划安装的重点污染自动监控设施企业进行适当调整。调整后，列入省在线监控建设计划的重点污染源企业共101家，其中废水监控企业62家，废气监控企业39家。

6月8—10日　市环保局在工业学校组织环境监测实验室分析技术理论培训；11—12日，组织污染源现场监测技术理论培训。理论培训结束后，参训人员在市环境监测站参加为期2个月的跟班学习。

6月11日　市环保局印发《优化经济环境推行行政责任制各项制度》，包括首问责任制度、限时办结制度、一次性告知制度、服务承诺制度、社会公示制度、工作报告和备案制度、行政效能告诫制度、重大决策事项专家咨询制度、行政处罚告知制度、行政处罚听证制度、行政复议案件办案制度、建设项目环保审批管理制度、建设项目竣工环境保护验收管理制度、排污费征收管理制度和行政过错责任追究暂行办法。

6月18日 市环保局发出《关于切实做好强降雨天气和汛期污染防治工作的通知》，要求加强污染防治设施的运行管理和污染源监控，严禁汛期和强降雨过程中停运污染治理设施和借机偷排污染物，做好有毒有害物品的贮存管理以及汛期安全转移工作，加强水环境监测和安全预警工作。

6月23日 市政府办通报2008年全市污染减排工作考核情况，2008年，全市削减化学需氧量10033.8吨，削减率3.82%，比全省平均水平高出2.48个百分点，居全省第三位，但未完成省政府规定的削减任务；削减二氧化硫6905吨，削减率10.14%，比全省平均水平高出3.08个百分点，成为全省提前完成“十一五”存量削减任务的三个市之一。同时，还通报表彰了2个污染减排优秀奖单位、5个污染减排达标奖单位、6个污染减排先进企业、35名污染减排先进个人。

同日 《常德日报内参》刊登“六大污染源威胁柳叶湖”一文。市委书记卿渐伟和市委常委、副市长宋冬春分别于6月25日、7月2日做出批示，要求尽快确定处置方案。

6月29日 接市物价局文件通知，从2009年7月1日起，市江北城区污水处理费标准由0.4元/立方米调整到0.8元/立方米，德山开发区污水处理费标准由0.2元调整到0.6元/立方米；对城镇居民中由民政部门发给最低生活费的特困户，每户每月免收4立方米污水处理费。

7月2日 全市污染减排总结表彰工作会议在石门县国际大酒店召开。

7月8日 市人大常委会常人干〔2009〕4号文任命：洪振海同志为市环境保护局局长。

7月11日 常德市创建中国人居环境奖领导小组办公室向市环保局下达创建工作目标任务书。市环保局所承担的创建任务共11项：1.城市污水处理再生利用率≥30%；2.编制完成城市空气污染的控制性规划；3.建立城市空气质量日报制度；4.城市空气质量达到国家二级标准；5.采取切实可行的减少大气污染的措施；6.采取有效的降噪措施，治理城市噪声污染；7.有效控制城市工业废水的排放量，实行达标排放；8.全面整治改造规划区内的河、湖、渠，水体环境质量达到相关标准；9.城市环境管理的法规、制度健全；10.“国家环保模范城市”创建成功；11.完成中国人居环境奖申报工作的各项汇报、衔接等工作。

7月17日 市环保局制订创文明城市污染整治工作督导方案，重点督导烟控区内锅炉除尘设施是否正常运行，城区范围内所有污染防治设施是否正常运转，城市污水处理厂、垃圾处理厂是否正常运行，城区内的环境污染纠纷与投诉是否得到及时处理。

7月22日 市政协研究室针对在取水点周围长期存在摆渡、挖沙做业、甚至有工业废水排入江中等情况，提出《关于对城区饮用水水源保护区实行有效治理的建议》。7月29日副市长宋冬春批示："请市环保局牵头，以几家单位联合发文的名义制定并公布一个办法。还应加强日常监督，必要时由市环保局牵头组织联合执法。"

7月29日 市环保局发出《关于进一步加强建设项目环境保护管理的通知》，要求严格执行环境影响评价审批制度，严格规范环境影响评价工作，依照建设项目环境保护分级管理权限开展环境影响评价审批，切实加强建设项目中后期管理，督促"三同时"落实。

7月30日 市环保局启动抗生素药渣等危险废物产生及处置专项检查，重点检查2009年1—6月，抗生素药渣、废氯化汞触媒、砷碱渣等危险废物或工业固体废物的产生及后续贮存、利用、处置全过程的污染防治情况。专项检查于年底结束。

7月至10月 常德市开展饮用水源保护区、城镇污水处理厂、垃圾填埋场的集中整治，涉砷、涉铅、涉镉等行业以及钢铁行业专项检查，巩固造纸企业污染整治成果等专项整治行动，累计出动1204人次，检查企业567家，其中停产整治5家，限期治理9家，立案查处6家，关闭取缔炼钒厂8家，小电镀厂1家。

8月10—31日 为迎接中华人民共和国成立60周年，全市开展为期20余天的环境安全隐患大排查。此次排查，市县两级环保部门共出动200余人，排查重点企业86家。省厅督导组抽查了常德市23家涉砷、涉镉、涉铅、涉铬重点企业及重点信访企业。通过排查，确定需要整治的问题企业15家，取缔未经审批的炼钒企业9家，小电镀厂1家。

图24 涉砷、涉镉、涉铅、涉铬企业环境安全隐患大排查

8月28日 常德市制订《创建全国绿化模范城市工作实施方案》。创建范围由城市建成区和城市郊区两部分组成。城市建成区包括武陵区和鼎城区，城市郊区包括德山开发区和柳叶湖旅游度假区。

9月3日 市科协、市教育局、市科技局、市环保局、团市委联合发出通知，决定2010年1月举办第八届常德市青少年科技创新大赛。大赛包括竞赛活动和展示活动两部分，竞赛活动分为青少年科技创新成果竞赛和优秀科技教师评选，展示活动包括青少年优秀科技实践活动展览和少儿科学幻想绘画展览。

9月8日 市环保局成立环境保护专项资金项目管理领导小组，负责对专项资金项目申报、实施、验收、建档进行管理。领导小组由洪振海任组长，陈建国、佘洪涛任副组长。

9月10日 市环保局启动2009年持久性有机污染物更新调查及扩大杀虫剂类持久性有机污染物调查，主要调查2008年1月1日—12月31日17个二恶英排放重点行业中各企业污染源状况及其生产工艺和污染控制，以及特定工艺下的产品产量或处理量。调查于2010年3月结束。

9月11日 全市重点污染源现场端自动监控系统建设工作会议在芷园宾馆召开，区县（市）环保局分管局长、负责自动监控人员、31家相关企业负责人参会。会议要求常德市纺织机械有限公司等32家企业在2009年11月30日前完成自动监控设备安装。

9月23日 市环保局发出《关于加强经济开发区（工业园区）环境管理的通知》，对工业园区规划环评、项目监管、基础设施建设、环境应急管理、园区环境普查等做出明确规定。

9月25—27日 2009年度常德市辐射安全与防护培训班在桃花源宾馆举行，辖区内从事辐射安全与防护的监管人员和从事辐射工作的职业人员参训。

9月28日 市环保局发出《关于做好2009年秋季秸秆（稻草）禁烧工作的通知》，要求以城市周边、机场附近、重点湖区湿地和高速公路、重要交通要道两边为重点，在近期集中力量开展秸秆（稻草）禁烧工作的专项整治行动。

9月30日 市环保局印发《工程建设领域突出问题专项治理工作实施方案》并正式启动。治理重点是规范工程建设项目决策行为，规范建设项目竣工环境保护设施验收行为，规范城乡规划管理工作，查处违法违规案件。治理共分动员部署、深入排查、进行整改、巩固成果、检查验收五个阶段，于2011年8月结束。

10月20日 市环保局发出《关于进一步加强炼钒企业污染整治工作的通知》，要求各区县（市）在10月30前完成自查，确保非法炼钒企业断电、断水、拆除设备，切实关闭到位。对关闭后的原辅材料、浸泡池渣液等进行安全处置，防止对周边环境造成污染危害。

10月23日 全市固体废物管理工作会议在临澧县金帝国际大酒店召开。会议内容：贯彻全省固体废物管理工作会议精神，落实常德市固体废物污染环境防治相关工作。

11月15日 汉寿县污水处理厂一期工程顺利竣工并投入运行。该工程投资近4000万元，占地2.2公顷，一期处理规模2万吨/日，近期服务人口10万人，服务面积约10平方千米。此为常德市首个县级生活污水处理工程。

11月16日 市政府办印发《常德市环境安全隐患整治工作实施方案》，重点对19家涉砷、涉镉、涉铅、涉铬、涉氟、涉氯、涉氰企业污染物超标排放或直排等严重环境安全隐患进行整治，决定5家企业停产整治，5家企业立即关闭，9家企业限期治理。整治工作分三阶段，于2010年年初结束。

11月18日 市环保局发出《关于加强全市环境保护宣传教育工作的通知》，要求做好《中国环境报》《湖南环境信息》和《环境保护》杂志在常德的宣传推广工作，发挥政府环保网站和《常德环保》彩报的舆论宣传和引导做用，加强和当地报纸、电台、电视台、网络等媒体的合做与联系，形成全社会广泛宣传环保、关心环保和共同参与环保的良好氛围。

11月24日 市环保局制订《常德市炼钒企业污染整治督查工作方案》。此次督查按区域分4个督查小组，对18个炼钒企业逐一督查，看是否断电断水、拆除设备；对未落实整改要求违法生产企业调查取证，立案查处。督查工作于12月1日结束。

11月25日—12月25日 市环保局分三批向178家医疗射线装置使用单位发放"辐射安全许可证"正、副本，并要求上述单位于每年1月30日前依法报送《放射性同位素与射线装置安全和防护状况年度评估报告》。

11月27日 市委办、市政府办联合印发《常德市创建中国人居环境奖工作方案》，提出着力改善城市交通状况、加大水环境综合治理力度、抓好空气污染治理、实行城市生活垃圾无害化处理、加强生态保护和公共绿化建设、进一步改善居民住房状况等13个工作重点，并要求在2010年创建成功。

12月3日 市环保局发出《关于加强全市污染源企业现场端自动监控系统运营相关工作的通知》，要求已安装污染源自动监控设备的排污企业，于2009年12月31前交由统一招标的社会化运营单位常德龙舞新技术有限公司维护管理，社会化运营公司必须严格按照文件要求和服务承诺开展污染源现场端自动监控的建设、运营，排污企业要为社会化运营公司提供必要的水、电、通讯等条件，为环境监察、监测部门及运营维护人员提供方便。

12月12—14日 市环保局组织环境监测业务培训考核，操做演示、标样测试在常德市环境监测站进行，理论考试在常德市工业学校进行。14日下午，召开了环境监测工作总结会议，各区县(市)环保局分管局长、环境监测站长、参加环境监测业务培训考核人员与会。28日，市环保局发出通报，对参加环境监测业务培训的优秀单位、优秀学员、优秀老师进行表彰。

12月14日 市环保局制订《人居环境奖、节水型城市创建活动实施方案》。实施方案明确了创建活动领导小组，并将创建任务及责任分解到市局各科、室、站、队。

12月16日 市环保局发出通知，要求14家新型工业化年度重点考核企业，认真做好2009年环保考核工作，在2010年1月10日前，准确提供新型工业化环保考核的年度总结报告以及所在辖区的工业企业减排项目和措施清单。

12月18日 常德中联环保电力有限公司投资新建的常德市生活垃圾焚烧发电项目正式在常德经济技术开发区檀树坪村开工，项目总投资2.8亿，占地5.34公顷，本期建设两台400吨/天循环流化床垃圾焚烧炉，配2×12兆瓦凝气式汽轮发电机组，年发电量1亿度。项目于2011年8月20日进入设备调试及试运行。

12月21日 市环保局制订《全面落实绿色信贷政策进一步完善信息共享工作实施方案》，加强环保部门与金融机构的合做，进一步提高环境管理水平，建立绿色信贷共享机制，防范信贷风险。实施方案将企业环保信息的收集、传送、汇总、上报任务分解到法制科、项目科、自然科、监察支队。

12月22日 全市环境监察、法制和信访工作会议在津市市兰苑宾馆召开。区县(市)环保局局长，分管环境监察、法制、信访工作的副局长，监察大队长、法制股长、信访工作负责人；西湖管理区、西洞庭管理区环保局局长；武陵区、德山开发区、柳叶湖旅游度假区三个环保分局的局长及市局相关部门负责人参加会议。

12月 在湖南省环境监测中心站组织的全省第三届监测技术大比武活动中，常德市环境监测站荣获团体一等奖，曹小红和龚晖分别夺得个人一等奖和二等奖。这次比武有来自全省14个市州环境监测站近200名选手参加角逐，内容涵盖水、气、声等方面的理论考试、现场操做以及报告编写。

2010年

1月13日—14日 环保部华南督查中心副主任岳健华率环保部2009年度污染减排现场核查组一行6人，到常德市进行了为期2天的主要污染物减排核查。

1月19日 省环保厅自然处喻碧云调研员、方建武高级工程师对常德市的土壤样品库、土壤数据库、土壤原始分析及土壤总结情况进行现场验收。此次土壤状况调查历时3年，动用人员50人，对全市土壤环境质量点、环境背景点和九大类型重点区域的耕地、林地、山地进行调查和评价。

1月23日 省环保厅环境宣教中心主任张东风一行7人到常德，现场指导绿色学校创建工作。

1月 历时2个月的常德市固体废物申报登记工作全面完成。列入此次调查范围的固体废物申报单位共96家，其中35家医疗单位临床医疗废物均由常德市安邦医疗废物处置中心进行无害化处置。常德市共有产生工业危险废物的企业179家，主要涉及的危险种类11种，产生量最大的废物为含砷废渣，主要集中在石门的雄磺矿业、雄磺化工、玉叶化肥。列入申报登记的19家产生危险废物的企业，2009年累计堆存危险废物77126.35吨。

1月 常德市完成地表水饮用水水源环境状况评估工作，这是常德市做为全国113

个环境保护重点城市，首次开展地表水饮用水水源环境状况评估工作，标志着常德市饮用水水源环境监管实现了由阶段调查到常态管理的转变。

2月4日 市环保局发布《2010年常德市自然生态保护工作要点》，突出抓好村环境保护工作、环境优美乡镇和生态村的创建、县域经济环保指标考核、"两区一园"环境综合整治、珍珠养殖和畜禽养殖环保工作，并分解下达了41个环境优美乡镇创建任务。

2月5日 市环保局制订《开展百日城乡环境保护法律集中普教活动实施方案》，向全市城镇居民、农村村民集中普及宣传《中华人民共和国环境保护法》《中华人民共和国水污染防治法》《中华人民共和国大气污染防治法》《中华人民共和国环境噪声污染防治法》《中华人民共和国固体废物污染环境防治法》《中华人民共和国放射性污染防治法》《中华人民共和国环境影响评价法》《中华人民共和国清洁生产促讲法》等环保法律。活动于2010年4月20日结束。

2月26日 市环保局发出《关于表彰2009年度先进单位先进集体和个人的通报》，授予市环境监测站、监察支队、柳叶湖分局为先进单位，局办公室、项目科、环境投诉中心为先进集体，邓洁、李捷记三等功，陈建国等18名同志授予嘉奖。

3月2日 市环保局向中国人民银行常德分行启动企业环境信息申报工作，企业环保信息首次纳入企业信用信息基础数据库，直接影响企业的银行信贷。这标志着绿色信贷在常德市正式启动。

3月5—8日 为打造"生态常德、宜居之城"形象，市环保局负责生态建设工作的相关人员一行29人，赴经济生态高效、环境生态优美、社会生态文明、自然生态与人类文明和谐统一的现代化生态型山水城市广西桂林市进行生态建设考察学习。

3月16日 《常德市珍珠养殖管理办法》正式颁布实行，规定海拔28米以上水域和海拔28米以下的饮用水水源保护区、城中(郊)湖、风景区、大中型湖泊、居民集中居住区域禁止养殖珍珠。在禁养区域外水域养殖珍珠的，要向渔业行政主管部门申请依法取得养殖证后才能养殖，且珍珠蚌吊养密度控制在600只/亩以内，并要求禁养区内原有的珍珠养殖设施，必须在2013年12月前全部拆除。

3月23日 常德市召开环保工作暨环保世纪行动员大会。市环保局局长洪振海做报告，副市长石谋军和市委常委、宣传部部长覃清香分别发表重要讲话，市人大常委会副主任张元英、市政协副主席韦绍斌出席会议。

3月29日 市环保局发出《关于2009年度全市环境监察工作考核奖励的通报》，津市市环保局、汉寿县环保局、临澧县环保局获一等奖，澧县环保局、石门县环保局、桃源县环保局、西洞庭管理区环保局和武陵区环保分局、德山开发区环保分局、柳叶湖旅游度假区环保分局区获二等奖，鼎城区环保局、安乡县环保局、西湖管理区环保局获三等奖。

4月6日 市环保局、市住房和城乡建设局联合发出《县市区城镇污水处理厂运行管理专项检查情况的通报》。检查发现，部分污水处理厂建设规模改小，中控系统和在线监测系统没有同步建设、投运，清污分流不到位，城镇污水处理厂进水化学需氧量浓度达不到设计要求，管网建设配套滞后、进水总量达不到规定要求，验收、档案材料和日常运行台账管理有待进一步完善等问题，并提出相应的整改要求。

4月8日 市环保局发出通知，正式启动常德市环境保护"十二五"规划编制工作。编制工作分为基本思路调研、规划框架研究起草、规划起草完善三个阶段。

同日 市环保局发出《关于全面开展生态环境保护行动的通知》，决定在全市开展六大行动：国家环保模范城市创建行动、建设项目环保审批管理年行动、农村环境综合整治行动、整治违法排污企业保障群众健康环保专项行动、环境安全隐患排查整治行动、污水处理管理年行动。

4月15日 常德市召开2010年创建国家环境保护模范城市工作部署会。会上，根据创建的26项考核标准，对涉及的20多个市直部门进行工作部署。副市长石谋军到会讲话，要求各部门进一步提高创建国家环境保护模范城市认识，加大工作力度，严肃工作纪律，加强舆论宣传，营造良好氛围，确保创建的工作的顺利推进。

4月17日 省环保厅副厅长李继军、省环境监察总队总队长周洪浮一行4人到常德市督查环境安全隐患整治落实情况。19日，督查组与副市长石谋军、市环保局局长洪振海等领导交换了督查意见。

图25 省环保厅副厅长李继军(中)来常督查环境安全隐患整治落实情况

4月21日 市环保局在德华宾馆举办法制培训班。培训内容为修订后的《环境行政处罚办法》和新制定的《湖南省规范行政裁量权办法》。市局领导及市局机关、各直属单位的执法人员，各区县(市)环保局的相关负责人约130人参加培训。

4月22日 市环境监察支队主办全市重点行业环境风险及化学品检查工作培训班，学习环保部《关于重点行业环境风险及化学品检查工作的通知》及方案，对重点行业环境风险及化学品检查表的填报方法及指标给予解释，并对数据网上填报软件的使用、检查档案的管理等一一做出解答。

4月26日 市环保局发布《常德市环境保护行政处罚自由裁量权基准(试行)及其说明与制度汇编》,全文包括22项制度与办法。

4月30日 省环保厅副厅长谢立一行到常德市调研环保“创模”及污染减排工作。

5月1日 市环保局向社会就提升行政效能创建满意环保做出公开承诺,内容包括实行首问负责制、行政许可和审批实行一次性告知并在法定时限内办结以及行政许可审批项目办结时限等。

5月6日 市环保局制定《“十二五”期间处置重特大环境事件应急体系建设规划》,对监测预警、信息与指挥、应急队伍、培训演练、现场处置恢复五个方面提出建设方向和主要任务。

5月7日 市委常委欧运祟,市委常委、副市长宋冬春召集相关部门负责人专题研究无障碍设施建设城市、节水型城市、中国人居环境奖创建工作。

5月10日 市环保局发出《关于表彰2009年度环境监测工作先进单位和先进个人的通报》,授予临澧县环境监测站等2单位为先进单位一等奖,石门县环境监测站等3单位为先进单位二等奖;黄雪华等3名同志为常德市2009年度国控重点污染源监督监测工作先进个人,刘芳等6名同志为常德市2007—2009年度应急监测工作先进个人。

5月10日 市政府召开常德市创建全国水土保持生态环境建设示范城市调度会议,要求市环保局把水土保持生态环境示范城市创建工作纳入生态环境保护行动和环保创模工作中加以落实,对于涉及水土保持的建设项目严格审批把关,要求建设单位上报审批环评文件的同时,报送经水行政主管部门批准的水土保持方案。

5月11日 副市长石谋军率市政府副秘书长李长春、市环保局局长洪振海,前往桃源、临澧、石门、澧县等地,实地调研污水处理厂运行情况。

5月13—20日 市环境监察支队对全市81家重点企业进行专项执法检查。此次检查的重点对象是存在突出环境安全隐患、节能减排重点企业、创模涉及的重点企业以及被环保部通报的超标排污企业。

5月20日 根据省县域经济考核办要求,市环保局发出通知,将县域经济环境保护考核指标调整为城市污水处理率、建设项目环保“三同时”执行合格率和清洁家园工程入户率,并制定了三项考核新指标各自的计算方法、统计要求。

5月24日—6月5日 第39个世界环境日系列宣传活动在常德市全面展开,全市9大媒体组成的记者团对全市水环境保护、污水处理厂、农村饮用水源保护、低碳生产生活等情况进行实地采访和集中报道;6月5日,由大中学生组织的“节能减排 绿色生活”大型文艺演出和“环保宣传一条街”活动在步行街同时铺开;《柳叶湖环保传播手册》正式出版,并向市民和游客免费赠送。

5 月至 9 月 市环保局在全市开展重点行业企业环境风险及化学品检查工作。被检查的企业有 137 家，其中化学原料及化学制品制造业 116 家，石油加工企业 8 家、炼焦企业 1 家、医药制造业 12 家。

6 月 9 日 市政协研究室编印的第 57 期《社情民意》反映沅江污染死灰复燃。副市长宋冬春批示："请住建局、诗墙公园管理处牵头，联合市交通局、市环保局、市水利局迅速开展专项治理。"

图 26 企业环境风险及化学品专项检查

6 月 12—13 日 环保部环监局副局长曹立平以及重庆、贵州和湖南省环保厅领导和专家一行 9 人莅临常德，对常德市全国生态环境监察试点工作进行验收。验收顺利通过。市人大常委会副主任张元英、市政府副秘书长李长春以及市环保局洪振海、陈建国、卜忠华、陈华全程陪同。

6 月 13 日 省环保厅发布《常德市重点企业第一轮清洁生产审核实施方案》，要求在 2010 年 8 月 31 日前实施清洁生产审核的重点企业共 32 家，在 2010 年 12 月 31 日前实施清洁生产审核的重点企业 45 家，在 2011 年 12 月 31 日前实施清洁生产审核的重点企业 79 家。

6 月 14—18 日 市环保局派出三个执法检查小组，对全市范围内国控重点监控污染源企业在线监控系统进行现场检查，主要检查企业生产状况、在线监控系统的安装运行联网情况、排污口状况、各种数据资料记录情况，发现有 3 家企业没安装相应在线监控设施，2 家企业未与市监控平台联网，8 家企业不能上传监测数据。

6 月 17 日 市环保局接到省厅转发环境保护部《关于 2009 年重点环境违法案件后督察情况的通报》，通报披露逐鹿苎麻纺织有限公司、湖南汉氮化工有限责任公司未按要求完成整改任务，存在污染治理设施临时启用、排污口不规范等问题，市环保局立即对两家企业进行整改督办。企业针对检查出的问题制订了整改方案并按时间要求完成了整改。

6 月 24 日 市节能减排办下达《常德市 2010 年主要污染物总量减排计划分解方案》。全市计划 2010 年化学需氧量排放总量由 2005 年的 8.7 万吨下降到 7.2 万吨，削减 17.24%；二氧化硫由 2005 年的 7.15 万吨下降到 6.43 万吨，并将此任务分解到 9 个城镇污水处理厂和 24 个相关企业。

6月29日 市环保局向市水利一局发出《关于落实工程建设领域环境保护违法违规问题整改工作的函》，要求对省环保厅查出的常德市17个水利设施建设项目的违法违规现象，按相关要求进行整改。

6月 环境保护部授予常德市环保局环境投诉处理中心“全国环境信访工作优秀集体”奖杯。市环保局环境投诉处理中心自2002年成立以来，始终把维护人民群众的合法环境权益放在第一位。特别是2005—2009年5年里，环境投诉处理中心共接到各类环境投诉、群众信访5552件(次)，调查处理并回复5546起，2004年至2008年连续5年被常德市政府评为信访先进单位，环境投诉处理中心主任谢俐被评为常德市首届“十大环保卫士”。

6月 省环保厅、省教育厅联合发文，通报2009年全省绿色学校评选结果，常德市申报的石门县第一中学、汉寿县株木山中心中学、汉寿县三和中心中学全部通过评审。至此，全市已建成市级绿色学校191所、省级绿色学校29所。

7月1日 市政府发出《关于2009年全市污染减排工作考核情况通报》：全市主要污染物指标化学需氧量排放总量从2005年的8.7万吨下降到8.07万吨，下降7.24%，完成“十一五”任务的42%；二氧化硫排放总量从2005年的7.15万吨下降到6.41万吨，下降10.35%，完成了“十一五”任务；省政府确定的另外两项污染减排约束性指标砷、镉均提前完成“十一五”削减任务。《通报》还表彰了污染减排先进区县(市)、达标区县(市)、先进市直单位、先进企业、先进个人。

同日 市环保局制订《畜禽养殖业专项环境执法检查工作方案》，主要检查辖区内畜禽养殖基本情况、选址合理性和“三同时”制度执行情况、污染治理设施或无害化处理设施情况、排污口规范化建设和污染物达标排放情况以及排污申报、排污许可、排污收费等制度执行情况。要求在2010年年底前，基本摸清底数，基本完成禁养区内畜禽养殖场(小区)的清理；2011年年底前，畜禽养殖场(小区)基本纳入日常环境监管。

7月6日 环保部向媒体公布2010年第一批挂牌督办案件，西洞庭管理区的湖南中冶美隆纸业有限公司名列其中，为湖南省唯一一家被环保部挂牌督办的单位。7月7日，市环保局向该公司下达停产处理决定。7月8日，副市长刘进能在市政府副秘书长李长春的陪同下，带领市环保部门有关人员赶往西洞庭管理区，对该企业的停产整顿情况进行现场督办。

同日 全市重点企业第一轮清洁生产审核工作会议在德华宾馆召开。区县(市)及管理区环保局(分局)分管局长、管理股长、监测站站长及相关企业主要负责人参加会议。

7月9日 市环保局制定《常德市“十二五”主要污染物总量控制规划编制工作方案》。规划编制工作共分准备阶段、调研阶段、规划编制阶段、规划项目核实阶段、评审上报阶段、评比表彰阶段,于2011年4月前结束。

同日 全市节能减排工作会议在芷园召开。会上,市经信委等6单位汇报了节能减排工作情况。各区县(市)向市委、市政府递交了节能减排责任状。市长陈文浩发表讲话,要求全市各级各部门增强节能减排紧迫感和责任感,确保全面完成"十一五"节能减排目标任务。会议由副市长徐超文主持,市委常委、副市长宋冬春,副市长万成贞、刘进能,市政府秘书长周代惠出席会议。

7月12日 市环保局发出《关于表彰建设项目环境管理工作先进单位的通报》,石门县环保局、桃源县环保局、津市市环保局、市环保局德山分局、汉寿县环保局5个单位被评为全市建设项目环境管理先进单位。

同日 市环保局、市人力资源和社会保障局、市总工会联合发出《关于组织参加第一届全国环境监测技能竞赛省级选拔活动的通知》,各区县(市)以环境监测站为单位组成代表队进行初赛,根据初赛结果确定参加全省比赛的选手。对获得全省竞赛个人第一名和全国大比武前10名选手由上级部门奖励;获得全省竞赛个人一等奖或者全国大比武总分11—15名选手,由市总工会授予"常德市五一先锋"光荣称号;获得省级个人二、三等奖的参赛选手,由市环境保护局、市人力资源和社会保障局、市总工会授予"常德市环境监测技术标兵"称号。

7月21—22日 《中国环境报》《湖南日报》联合省环保厅法制处和宣教中心,在市环保局副局长卜中华的陪同下,对常德市造纸行业环境整治巩固工作进行现场采访。

7月27日 污染源现场监察知识培训班在德华宾馆举办,环保部华南督查中心专家授课。

7月29日 市环保局发出《关于开展环境污染责任保险试点工作的通知》,列入省环保厅湘环函〔2010〕230号通知的14家企业,全市所有生产、使用化学危险品的化工企业和涉砷、涉镉、涉铅企业,各区县(市)排查出的其他高环境风险企业和近年发生过环境污染事故的企业参加试点。省列14家企业在2010年10底以前完成投保,其他企业在2010年12月31日以前完成投保。

8月1日 市环保局印发《重金属污染整治工作方案》。整治工作以省政府明确的常德市12家涉重金属企业为重点,并针对这些企业分别提出了明确具体的整治要求。

8月2日 市环保局发出《关于进一步加强重点企业环境监管工作的通知》,对环保部及省环保厅督办的企业、国控重点污染源、市节能减排重点企业、落后产能等,进行重点监管,进一步加大环保稽查力度。

8月10日—9月20日 市环保局对辖区内所有畜禽养殖场(小区)进行环境专项执法检查,共检查畜禽养殖场505个,其中养牛场16个,养猪场368个,养鸡、鸭、鹌鹑场121

个。检查发现未办理环评审批手续的377个,污染防治设施未配套的388个。

8月13日 湖南省城镇生活垃圾无害化处理设施建设工作调度会在常德市召开。常德市共有9个项目纳入省城镇生活垃圾无害化处理设施建设计划,即市本级的生活垃圾无害化处理项目、桃树岗生活垃圾填埋场三期工程项目、7个县市的生活垃圾填埋场建设项目。

8月16—18日 省政府重金属污染督查组一行6人,在省监察厅副厅级监察专员吴淑华的率领下,到常德市督导涉重金属企业的整治情况。全市12家涉重金属企业,已有4家按要求整治到位,3家继续停产状态,5家已关闭取缔。

8月17—19日 经过两天深入调查走访和问卷调查,常德市创建国家环保模范城市工作通过省环保厅评估组的技术评估,评估组建议省环保厅向国家环保部推荐,申请国家核查。评估组由省环保厅副厅长谢立带队,市领导张启祥、刘进能,市政府秘书长周代惠出席验收会议。

8月19日 市环保局发出通知,开展强农惠农环保资金专项清理和检查工作。专项清查的范围包括各级财政安排和使用的强农惠农环保资金,特别是2007—2009年中央、省级农村环保专项资金安排使用情况,看管理制度是否完善,多头申报、虚报冒领、套取资金、资金滞留、资金使用效率低以及其他违反制度规定的其他问题是否存在。检查于10月中旬结束。

8月23—31日 市环保局开展对环境监管重点企业的检查,检查涉及30家重点企业,内容包括企业生产情况、在线监控设备运行情况、污染物处理及设施运行情况、污染物排放情况、各种数据记录情况、企业环境安全隐患。

8月26—28日 全市污染减排工作座谈会在桃源县藤琼茶庄召开。会议议题:表彰2009年度全市污染减排工作先进个人,通报上半年全市减排核查情况,总结部署减排工作,传达省"十二五"减排规划会审会议精神,讨论区县(市)污染减排规划。

9月6日 常德市创建全国水土保持生态环境建设示范城市工作领导小组发出《关于进一步加强市城区水土保持工作的通知》,要求加强市城区水土保持工作,加强对开发建设项目水土保持方案的编制、审批管理并监督实施,严格落实水土保持"三同时"制度,对城市开发建设造成的水土流失和生态景观进行防治与管理,确保2011年创建全国水土保持生态环境建设示范城市成功"夺牌"。

9月7日 张运广同志在第一届全省环境监测技能竞赛暨全国大比武选拔活动中取得个人三等奖,市环保局、市人力资源和社会保障局、市总工会联合做出《关于对张运广同志的表彰决定》,授予张运广同志"常德市环境监测技术标兵"称号。

9月10日 市环保局向省环保局上报调整后的常德市2010年国家重点监控企业名

单。调整后全市废水国控重点企业 58 家，安装废水在线监控系统 59 台(套)；废气国控重点企业 14 家，安装废气在线监控系统 19 台(套)。

9 月 14 日　省环保厅副厅长李继军一行 3 人，对常德市环保系统文明建设情况进行现场调研。市环保局局长洪振海向省厅领导汇报了本系统文明建设情况。

9 月 26 日　全省环境监察工作会议在常德市桃源县召开。常德市荣获省排污申报和排污费征收“双第一”。省环境监察总队调研员周洪、副总队长赵立平及全省 14 个市州环保监察支队负责人共 80 余人参加会议。

9 月　经过省林业厅、省教育厅、共青团湖南省委联合评审，壶瓶山国家级自然保护区获第二届“湖南省生态文明教育基地”称号。

10 月 11 日　开始对各区县(市)主要污染物总量控制规划编制完成情况开展检查，重点检查核实数据的真实性、准确性及减排项目的落实情况，并对农业源及重点行业企业现场核实。

10 月 20 日　常德市城市总体规划(2009—2030)环境影响报告书通过省环保厅组织的专家审查。

10 月 27 日　常德市老科学技术工作者协会市直环保分会在德华宾馆宣告成立。成立大会由市环保局党组副书记、副局长陈建国主持，市环保局党组成员、副局长杨家珍介绍了市老科协环保分会筹备情况，市老科协会长杨正钧致辞并授牌，环保分会会长马盛武就分会工作做了发言，市环保局党组书记、局长洪振海向广大环保老科学技术工作者表达了崇高的敬意，并对环保分会工作开展和发展壮大提出了意见。市老科协副会长苏以明、市老干部局副局长张萼芬出席成立大会。

11 月 9—24 日　市环保局对 18 家列入“十一五”主要污染物总量削减的省市减排重点企业的减排目标完成情况进行全面检查、考核。省减排重点企业大唐石门发电有限公司“十一五”污染减排工作全面完成，考核得分为 100 分，考核等次为优；市减排重点企业已彻底关闭 1 家，其余 16 家企业污染处理设施均已建成，基本完成了责任书规定的减排任务。

11 月 11 日　常德市第一届环境监测专业技术比武活动落幕，津市市环境监测站夺得团体一等奖，临澧、鼎城分获团体二、三等奖。在优秀个人评选中，康曼丽获一等奖，曾敏获二等奖，路杰获三等奖。

图 27　常德市第一届环境监测专业技术比武理论考场

11 月 15 日　市环保局发出通

知，决定在全市范围内开展一次农村环境综合整治执行情况调研活动，重点了解农村环境污染状况，把握农村环境综合整治方面的成功经验和突出问题，结合国家农村环保政策及常德工作实际，提出进一步抓好农村环境综合整治工作的政策、措施。调查活动于12月上旬结束。

11月18日 湖南省政府办公厅副秘书长谈敬纯一行，在副市长刘进能陪同下，到常德市西洞庭管理区现场督办湖南中冶美隆纸业有限公司污染治理。该公司累计投入450万元建设的污染治理工程基本完工，废水治理主体工程全部建成并进入调试阶段。

11月19日 市政协研究室编印的《社情民意》106期反映，位于鼎城区石板滩镇太阳山下的大溪水库，由于周边印山石煤矿、新堰湾煤矿两大矿的采矿废水和弃渣长期无序排入大溪水库，致使水库水体受到严重污染，铁超标76倍，锰超标46倍，影响周边5个村、1000多户、4000多人生产和生活用水。12月1日，副市长刘进能批示："请市环保局高度重视，切实加强大溪水库水质监测，提出治理方案。请鼎城区人民政府按属地管理的原则切实加大治污力度，确保群众饮水安全。"

11月23日 副市长刘进能率市、县两级政府和相关部门负责人，对石门涉砷的两家雄磺企业关闭工作进行现场督办，要求一定在2010年12月31日前彻底关闭，并按属地管理原则由石门县负责落实到位。

11月 在第五届全省环保系统文明建设表彰大会上，常德市环保局被评为"湖南省环保系统文明建设标兵单位"，市环境监测站、津市市环保局分别获得"第五届全省环保系统文明建设先进单位"称号，杨家珍、彭子斌被评为先进个人。

12月14日 由德国汉诺威水协设计的常德市江北区域内环水系水环境治理工程初步方案出台，方案包括穿紫河东、新河南、护城河三部分区域水系治理。市委常委、副市长宋冬春出席方案汇报会并讲话，市政协副主席韦绍斌出席汇报会。

12月30日 市城区企事业单位排污申报登记工作会议在芷园宾馆召开，68个企事业单位参会。

12月 2010年"斯巴鲁生态保护奖"评选工作结束，湖南省有4人获此奖项，常德市占据两席，分别是桃源县林业局董立军和壶瓶山国家级自然保护区康祖杰。

2011年

1月17日凌晨 湖南海利常德农药化工有限公司因管理不善，导致一甲胺泄漏，对周边环境产生污染，造成附近38名农民中毒住院。市环保局立即启动环境应急预案，局长和分管环境应急和环境监测的副局长均在第一时间率员赶赴现场参与处置。次日，市环保局发出《关于对企业加强监管严防突发性环境污染事故的紧急通知》。

1月18日 市环保局发出表彰通报，决定授予市环境监测站、市环境监察支队、市环境投诉处理中心为先进单位，办公室、项目开发监督科、污染管理科、自然保护科为先进集体；并报请市政府同意，为牟志勇等5名同志记三等功，给予陈建国等16名同志嘉奖。

1月19日 市环保局发出《关于开展常德市废矿物油处置专项整治的通知》，要求产生废矿物油单位在2011年2月28日前向所在辖区的县级以上环保部门进行申报登记，将产生的废矿物油集中存放在设有制式危险废物标识的回收容器内，由有危险废物经营许可证和收集许可证的单位统一收集、运输和处置，并对违规者予以重罚。

1月24日 省环保厅发布《关于常德市城市总体规划（2009—2030）环境影响报告书的审查意见》，认为报告书采用的基础资料、数据真实可信，评价方法符合《规划环境影响评价技术导则》要求，对环境影响程度、影响范围等的分析和预测较合理，提出的预防和减轻不良环境影响的对策和措施基本可行，公众调查无反对意见，环境影响评价结论总体可信，报告书和审查小组审查意见可做为规划审批机关审批常德市城市总体规划的依据。

2月18日 市环保局发出表彰通报，在2010年度全市清洁生产审核先进单位和先进个人评选中，汉寿县环保局、临澧县环保局、安乡县环保局、西洞庭管理区环保局、西湖管理区环保局和常德经济技术开发区环保分局获一等奖，津市市环保局、鼎城区环保局、桃源县环保局和武陵区环保分局获二等奖，胡胜飞等10名同志获先进个人称号；在环境污染责任保险先进单位和先进个人评选中，临澧县环保局、鼎城区环保局、桃源县环保局、汉寿县环保局和武陵区环保分局、常德经济技术开发区环保分局获先进单位称号，王淑元等6人获先进个人称号。2010年，共有45家企业通过清洁生产审核，13家企业参加环境污染责任保险。

2月25日 市环保局为太阳山森林公园基础设施建设项目制定环境保护标准。

3月7日 市环保局发出《关于2010年度环境保护工作目标责任考核奖励通报》，临

图28 太阳山森林公园

澧县环保局、桃源县环保局获一等奖，石门县环保局、汉寿县环保局、澧县环保局、津市市环保局和柳叶湖环保分局获二等奖，安乡县环保局、鼎城区环保局、西湖管理区环保局、西洞庭管理区环保局和武陵区环保分局、常德经济技术开发区环保分局获三等奖。

同日 市环保局发布《2011年常德市自然生态保护工作要点》，工作要点包括抓好生态创建宣传、农村环境保护、生态乡镇和生态村规划编制、"两区一园"环境管理、畜禽养殖污染防治等。

3月8日 市环保局在芷园宾馆召开全市污染防治工作会议，总结"十一五"及2010年度全市污染防治工作情况、部署"十二五"及2011年污染防治工作、表彰2010年度全市环境污染责任保险先进单位、先进个人等。

3月14日 市环保局制订《危险废物环境污染专项整治行动方案》。这次整治的重点为涉及铅、镉、铬、铜、镍、砷、锌的有色、黑色、化工行业等，包括所有产生、收集、利用和处置涉重金属危险废物的单位和废矿物油收集、处置利用单位。整治行动从3月开始，2012年11月结束。

同日 市环保局发出《关于表彰2010年度全市环境监察工作先进单位的通报》，澧县环保局、石门县环保局、汉寿县环保局、临澧县环保局获一等奖，桃源县环保局、津市市环保局、安乡县环保局和武陵区环保分局获二等奖，鼎城区环保局、西湖管理区环保局、西洞庭管理区环保局和常德经济技术开发区环保分局、柳叶湖旅游度假区环保分局获三等奖。

3月18日 市委书记卿渐伟在市政协《社情民意》第2期刊登的《柳叶湖污染综合治理亟待加强》做出批示："保护柳叶湖不被污染，大家要共同负起责任"。

3月21日 根据环保部要求，市环保局制定《关于城市集中式饮用水水源环境状况评估工作实施方案》。此次评估主要包括饮用水水源地水质评估和环境管理状况评估，分别由市环保局污管科和市环境监测站负责。评估工作于4月25日前完成。

3月25日 市环保局为总投资36455.2万元的万金障移堤筑岛工程制定环境保护标准。

3月28日 市环保局在市环境监测站召开2011年环境监测工作会议，传达省环境监测工作会议精神，总结和部署常德市环境监测工作。

3月29日 市环保局制定《常德市环境保护局涉企检查制度》，全文共11条，自2011年4月1日起施行。

3月30日 市环保局在托斯卡纳大酒店召开全市废矿物油整治工作会议，部署废矿物油收集、处置专项整治工作。各区县（市）环保局（分局）分管负责人和污管（管理）股长、废矿物油产生单位负责人参加会议。

4月11日 市环保局为总投资2.4亿元的沾天湖南岸堤防整治及环湖景观大道工程，总投资1.3亿元的船码头机埠改造、白马湖连通、白马湖桥至长胜桥景观绿化工程，总投资 4.99 亿元的江北区内环水系综合治理工程—穿紫河东水系综合整治工程制定了环境保护标准。

4 月 13 日　省节能减排办向市政府下达“十二五”期间主要污染物排放总量控制指标：到 2015 年，常德市主要污染物化学需氧量、氨氮、二氧化硫、氮氧化物排放总量分别比 2010 年减少 8.4％（其中农业源减少 8.0％）、10.5％（其中农业源减少 10.0％）、9.1％、24.8％（其中机动车减少 9.0％）。

4 月 14 日　市环保局制订《2011 年常德市环境保护局基层站所（窗口）政风行风民主评议工作方案》，评议对象为与行政相对人发生直接工作关系或与企业和群众的生产、生活密切相关的部门和单位。评议内容包括信息公开、依法办事、廉洁自律、服务质量、制度建设五个方面。

4 月 26 日　市环保局发出《关于开展排污费征收稽查和环境监察稽查工作的通知》，对区县（市）环保局（分局），国家、省级重点监控企业，存在突出环境问题、收费异常的区县（市）及异常企业开展稽查。这次稽查工作从 4 月份开始，12 月底结束。

5 月 5 日　市环保局正式聘请丁爱国等 20 位同志为常德市环境保护局政风行风监督员，聘期为 2011 年 5 月至 2012 年 4 月底。

5 月 12 日　市环保局制定《〈常德市环境监测质量管理三年行动计划〉2011 年实施细则》，力求通过环境监测质量管理三年行动计划的实施，使常德市监测机构在用环境监测实验室主要分析仪器设备合格率、监测人员持证上岗率、计量认证通过率、资质审查通过率均达 100％，进一步完善环境监测质量管理制度，夯实环境监测质量管理基础。

5 月 12—13 日　市环保局在市委党校组织环保信息暨公文应用集中培训，各区县（市）环保局（分局）办公室主任及文秘人员，局属各单位负责文字工作的人员接受培训。

5 月 15 日　市环保局制定《常德市“十二五”土壤环境保护规划编制工作方案》。规划编制工作分准备阶段、调研阶段、规划编制阶段、规划审核阶段、论证评审上报阶段、评比表彰阶段，2011 年 5 月开始，2012 年 4 月结束。

5 月 17 日　市环保局制定《常德市 2011 年重点企业清洁生产审核工作方案》。审核对象为 2011 年 8 月 31 日前必须完成清洁生产审核的 8 家企业，2011 年 12 月 31 日前必须完成清洁生产审核的 37 家企业，另有个别应于 2010 年完成清洁生产审核而至今仍未开展的企业。

5 月 18 日　市环保局在德华宾馆举办土壤环境保护规划编制专题学习辅导班，邀请省土壤环境保护规划专家组专家进行土壤环境保护规划编制现场辅导。区县（市）分管土壤环保规划编制工作的副局长、自然生态股股长、土壤环保规划编制专干参加培训。

5 月 20 日　常德市环保世纪行组委会发布《2011 年世界环境日宣传活动方案》。

2011年6月5日为第40个世界环境日,其主题为"森林:大自然为您效劳"。世界环境日中国主题为"共建生态文明,共享绿色未来"。常德市的宣传活动包括:请市政府领导发表电视讲话,请市人大发布2010年度环境质量状况公报,组织开展街头宣传、社区宣传和环保志愿者活动,举办环保知识专题讲座等。

5月24日 市环保局、市发改委、市经信委、市监察局、市司法局、市住房和城乡建设局、市工商局、市安监局、市电业局联合制定《常德市2011年整治违法排污企业保障群众健康环保专项行动工作方案》。这次专项行动,主要整治重金属排放企业环境污染问题,加强污水处理厂运行监管,加大对电力企业和造纸、苎麻脱胶、纺织印染等污染减排重点企业的监管力度。

5月25日 市环保局制订《常德市2011年环境污染责任保险工作方案》,将所有生产、使用化学危险品的化工企业、涉重金属的高环境污染风险企业、各区县(市)排查出的其他高环境污染风险企业和近年发生过环境污染事故的企业纳入环境污染责任保险范围。全市共51家。

5月26日 市环保局在芷园宾馆召开2011年全市重点企业清洁生产审核工作会议,45家相关企业负责人参会。下午,召开2011年全市环境污染责任保险工作会议,51家相关企业参会。

6月1日 市爱卫会制定《常德市2011年城乡环境卫生整洁行动实施方案》,要求集中整治城乡环境卫生"脏乱差"现象,完善城乡环境卫生基础设施,加强农村饮用水水源地保护,加强集贸市场环境卫生整治,加强公厕和户厕的建设和改造,开展病媒生物防制工作,开展卫生检查评比活动。

同日 市环保局制定并印发《整治违法排污企业保障群众健康环保专项行动实施方案》。

6月9日 市环保局发出通知,6月上旬至7月上旬,开展常德市重金属染污整治后督察。市局督察重点为省政府明确的石门雄磺化工、雄磺矿业、石门玉叶化肥、澧县嘉业达电子、华南光电等5家涉重金属企业以及市政府明确的桃源漆河铅酸蓄电池、汉寿永和电镀、汉寿新兴电镀、鼎城辰州锑品等4家企业,其他涉氟、涉氯、涉氰等重点环境风险企业由各区县(市)负责整治督察。

同日 市环保局制定《常德市市级生态村创建标准(试行)》,生态村基本条件为有环境保护和生态村建设内容的村庄建设规划,村民能自觉遵守环保法律法规且近三年内没有发生环境污染事故和生态破坏事件,经济发展符合国家产业政策和环保政策,有村规民约和特色环保宣传设施等。考核指标分环境卫生、污染控制、资源保护与利用、可持续发展、公众参与5个方面15项。

6月11日 澧县中武煤业博尔玻璃制品分公司在拆除危房过程中,未经批准,用挖掘机把废弃待处置的中子源挖出、将包裹源体的石蜡屏蔽防护层损坏，源体摔出。接到报告后，省、市、县三级环保部门立即启动突发环境事件应急预案，迅速赶赴现场紧急处理。6月12至16日，核安全专家对中子源重新进行屏蔽包装，基本达到运输、贮存控制标准，并于6月16日送省放射性废物库安全收贮。此案发生后，6月30日，市环保局发出《关于加强放射源安全监管的通知》，要求各有关部门高度重视核与辐射源的安全监管。

6月21日 市环保局在汉寿清水湖国际会议中心召开全市建设项目环境管理工作会议，总结和部署建设项目环境管理工作。

7月20日 市环保局发出《关于开展医药制造企业专项环境执法检查的通知》。此次检查历时两个月，于9月底结束，共出动执法检查人员55人，检查市县两级企业12家，摸清了企业底数，查清了企业的污染治理设施和台账运行等情况。

7月25日 市环保局启动武陵区丹洲乡利辉砂石市场整治包保工作。通过调查摸底、政策宣传、核查证件与资产等阶段，砂石已全部清场，设备全部拆除，于12月12日通过市砂管办验收。

8月3日 市环保局制订《常德市国家重点监控企业污染源自动监测数据有效性审核工作实施方案》。实施方案依据相关法律法规，本着科学监督、标本兼治的考核原则，采取比对监测、现场核查、小组考核的综合考核方式，确保监控企业污染源自动监测数据的有效性，推进国控、省控、市控污染源自动监测数据在总量考核、监管执法、排污申报核定、排污收费等工作中的实际应用。

8月10日 市环保局发出通知，对全市自然保护区、风景名胜区、森林公园、湿地公园内建设项目进行基本情况调查和环保执法检查，涉及"两区一园"17处。调查和执法检查于9月底结束。

8月15日 市长陈文浩召集市发改委、市财政局、市规划局、市环保局等单位负责人，专题研究市环境监测监察中心建设有关问题，要求根据省里的定位，迅速启动常德市环境监测监察中心建设，将其建设成为湘西北监测中心和环境应急中心。项目选址，原则同意市规划局提出的在市城区紫缘路以东、洞庭大道以北区域。资金方面，要积极争取省环保厅的大力支持，市财政给予补助。

8月22日 市环保局、市财政局联合发出《关于加强全市农村环境连片综合整治项目监督管理的通知》。《通知》要求，加强全市农村环境连片综合整治项目申报、实施、验收等环节的监督管理，确保中央、省农村环保专项资金专款专用，发挥效益。与此同时，市环保局、市财政局还联合发出《关于加快全市中央、省农村环保专项补助资金项目验收工作的通知》，要求全市尚未申请验收的28个中央、省农村环保专项补助资金（点村整治或畜禽养殖污染治理）项目，在9月底前完成验收。

8月23日 市环保局发出通知，对全市电镀行业开展环境状况调查。

8月24日 市环保局召集市经信委、市无委办、湖南移动通信常德分公司、湖南联通通信常德分公司、湖南电信常德分公司、鼎城区环保局、市环保局武陵分局、市环保局常德经开区分局、市环保局柳叶湖分局等单位负责人，专题研究市移动通信基站电磁辐射环境管理有关问题，要求建移动通信基站一律实行先环评、审批后再建设。

8月至11月 市县两级环保部门开展秋季秸秆焚烧督察工作，对辖区内的国道、省道及农田种植区进行检查，对当地居民及农务人员进行了法律法规宣传。

9月1日—10月21日 市环保局组织开展全市医疗机构环境执法检查，检查范围包括各级各类医院、社区医疗服务中心、乡镇卫生院及个体诊所、医疗美容等医疗机构，医疗废物收集、运输、处置单位和其他产生医疗废物的相关单位。这次检查，掌控了医疗机构废水处理、医疗废物处置和辐射安全管理情况，查处了废水超标排放、医疗废物处置不当及辐射安全防护不合要求等环境违法行为，并对建立医疗机构环境管理长效机制和全过程跟踪管理进行了探索。

9月5日 为了掌握环境保护产业的发展现状、技术装备水平、市场供求现状和发展趋势，市环保局启动2010年全市环境保护产业基本情况调查，调查范围为2010年12月31日前在常德市境内正式登记注册的专业或兼业从事环保洁净产品生产经营、环境保护服务、资源综合利用，具有一定规模、独立核算的法人企业或事业单位。调查于9月15日结束。

9月中旬 市环保局对4家铅酸蓄电池企业开展联合执法检查，3家企业进行了整改，一正电源厂因未进行环评手续，且位于居民区内，无法达到整治要求，被取缔关闭。

9月24日 市环保局决定在全市范围内实施持久性有机污染物统计报表制度，统计报表制度主要针对两类污染物：二恶英和多氯联苯(PCBS)。

9月—12月 市环保局开展化学品环境管理专项执法检查，检查重点是：江河湖泊沿岸地区、饮用水水源地等环境敏感区域内的危险化学品生产企业；工业园区及化工企业集中区内的危险化学品生产企业、持有危险化学品生产许可证的危险化学品生产企业；近五年来曾发生过事故的企业或固有危险等级较高、易发生泄漏、中毒等事故的企业；拟关闭(搬迁、转产)或正在实施搬迁以及未关闭到位的企业。

10月21日 市环保局向3家制浆造纸企业和32家商品浆纸、废纸造纸企业发出通知，要求严格按《制浆造纸工业水污染物排放标准》(GB3544—2008)，限期达标排放，削减污染物排放总量，提高造纸企业污染防治水平。

11月14—30日 市环保局开展危险废物和医疗机构环境执法检查，检查涉及26家产生、收集、利用和处置危险废物的单位，所有医疗机构和医疗废物收集、运输、处置单位。

11 月 23—30 日 市环保局组织各区县(市)环保局对辖区内所有县级以上城市集中式饮用水水源保护区开展专项检查,全市有县级以上饮用水水源保护区 12 个,其中建立集中供水设施(自来水厂)的 7 个,均为河流型饮用水水源;汉寿县为地下水型饮用水水源;另有 4 个为水库型饮用水水源,暂未建立集中式供水设施。这次检查重点了解饮用水水源保护区建设管理情况和《全国城市饮用水水源地环境保护规划》实施情况。

12 月 28 日 市委常委、副市长卢武福主持召开政府专题会议,研究德山污水处理厂有关问题,要求由常德经济技术开发区管委会全面接管德山污水处理厂建设,2012 年 3 月底前全面完成管网配套,春节前后一组污水处理设施(5 万吨处理规模)通过验收,2012 年 5 月 1 日前全部建成。

2012 年

1 月 4 日 市环保局制订《常德市水上餐饮专项整治工作实施方案》,重点整治存在安全隐患、污染水体的水上餐饮场所,严厉打击无证经营、违法排污等违法行为,依法取缔位于饮用水源保护区等环境敏感区域的水上餐饮,依法查处无污水、废油和垃圾收集设施,违法排放等严重违法行为。整治工作于 4 月 10 日结束,共取缔沅江、澧水水上餐饮船 56 艘,柳叶湖水上餐饮船 4 艘。

1 月 30 日 《人民日报》发表《湖南常德农村实地调查发现,垃圾随意丢弃,养殖污水直排 —农村垃圾流向何处?》一文,中央电视台随后做了跟进报道。市环保局根据市委领导的意见,对报道反映的汉寿县沿洞庭湖周边工业企业污染、鼎城区石板滩镇拾柴坡村煤矿污染、桃源县澧县等县市养殖业污染问题进行专项督察与整治,并针对全市农村环境保护问题,出台《常德市农村环境综合整治方案》。

2 月 3 日 经乡镇人民政府申请,区县(市)环境保护行政主管部门核查,市环保局授予石门县双新村等 104 个村市级生态村称号。

2 月 10 日 市环保局成立法治常德建设环保工作领导小组。局长洪振海任组长,陈建国、卜忠华、丁指南、谢剑平、陈华、张明军、魏利权、吴岱镳任副组长。

2 月 14 日 市环保局发出《关于表彰 2011 年度先进单位先进集体和个人的通报》,授予市环境监测站、市环境监察支队、市污染减排办公室为先进单位,办公室、人事科、规划财务科、环境影响评价科、污染防治科为先进集体;牟志勇等 18 名同志给予嘉奖。报请市政府同意,杨希刚、许平同志记三等功,陈建国同志给予嘉奖。

2 月 23 日 市环保局发出《关于 2011 年度全市环境污染责任保险情况的通报》。2011 年,全市有 35 家企业投保,完成省环境保护厅布置的年度任务的 68.6%,缴纳保费

85.145 万元，实现保额 2042 万元，位居全省前列。在工作推进中，澧县环保局等 5 个单位获先进单位一等奖，常德经济技术开发区环保分局等 5 个单位获先进单位二等奖，武陵区环保分局、汉寿县环保局 2 个单位获先进单位三等奖，李承平等 12 名同志获先进个人称号。2 月 25 日，市环保局在慈利县芙蓉大酒店召开了 2011 年全市环境污染责任保险工作总结表彰大会。

3 月 2 日 市委办、市政府办发出《关于成立常德市洞庭湖生态经济区规划编制工作领导小组的通知》，市委书记卿渐伟，市委副书记、市人民政府市长陈文浩任顾问，市委副书记宋冬春任组长。

3 月 3 日 市商务局、市畜牧水产局、市环保局联合制定《常德市生猪定点屠宰厂(场)设置规划实施方案》，要求生猪定点屠宰厂(场)市城区不超过 2 家，县(市)人民政府所在地不超过 1 家，西洞庭管理区做为市食品工业园可设置 2 家，乡(镇)生猪定点屠宰场点根据实际情况适当设置。菜牛定点屠宰场的设置，市城区、县(市)人民政府所在地不超过 1 家，维吾尔(回)族少数民族乡镇可根据实际需要设置 1 家。

3 月 5—16 日 市环保局开展全市污泥处置情况调查，主要了解各污水处理厂(站)处理规模、主要污染物浓度、污泥种类、数量以及主要成分、污泥处置方式、污泥处置存在的问题和对策建议等。

3 月 6 日 市委办、市政府办制定、印发《2012 年常德环保世纪行活动方案》。这次活动的主题：统筹城乡生态环保，打造宜居幸福家园。

3 月 7 日 市环保局发出《关于 2011 年度环境保护工作目标责任考核奖励的通报》，武陵区环保分局和临澧县环保局、澧县环保局、汉寿县环保局获一等奖，石门县环保局、桃源县环保局和柳叶湖旅游度假区环保分局、常德经开区环保分局获二等奖，安乡县环保局、津市市环保局、鼎城区环保局、西洞庭管理区环保局、西湖管理区环保局和桃花源旅游管理区环保工作组获三等奖。同时，市环保局发出《关于表彰 2011 年度工业园区建设项目环境管理 8 项工作先进单位的通报》和《关于表彰 2011 年度全市环保系统信息宣传工作先进集体和先进工作者的通报》。

3 月 8 日 全市环保工作、创建国家环保模范城市工作暨环保世纪行动员大会在常德芷园宾馆召开。市环保局局长洪振海做工作报告，市委常委、市政府副市长卢武福到会讲话，澧县人民政府在会上做了典型发言。会上，市委办、市政府办还联合印发了《2012 年常德环保世纪行活动方案》。

3 月 9 日 市环保局发布《2011 年度常德市集中式饮用水水源环境状况评估自查报告》。监测数据表明，常德市城区生活饮用水源水质状况基本是好的，但达标率未达到 100%，主要是上游跨界污染产生。

图 29　常德市农村环境保护综合整治推进会会场

3 月 13 日　市环保局发布《常德市 2012 年农村环境保护和自然生态保护工作要点》：加强农村环境连片综合整治示范区建设，加大生态乡镇、生态村创建力度，加大畜禽养殖业污染控制与防治力度，加强生态环境监督管理，做好生态补偿试点、土壤修复试点、矿山生态恢复试点、生态旅游示范区试点等工作。同时 还下发了《“十二五”减排规划的畜禽养殖场（小区）名单》《“十二五”国家级、省级生态乡镇创建任务分解表》《“十二五”国家级、省级生态村创建任务分解表》。

3 月 15 日　市环保局制定《常德市城市工业灾害防治工作实施方案》，要求到 2012 年底，基本建立全覆盖的城市工业灾害防治责任体系，全市城区违法和违规违章行为得到有效遏制，城市工业重大危险源得到有效监控，突出安全隐患得到初步治理，城市工业灾害事故明显减少；到 2015 年，建立比较完善的城市工业灾害人防物防技防体系，杜绝恶性城市工业灾害事故。

3 月 26 日　市环保局召开全市环境监察与应急管理工作会议。会上，印发了《2012 年常德市环境监察与应急管理工作要点》，共 17 点。除市县两级环保部门负责人出席会议，另有 23 家重点监察企业主要负责人参会。

3 月 27 日　市政府办下达 2012 年主要污染物总量减排项目限期治理任务。其中，涉及废水治理工程 14 个，规模化畜禽养殖场及养殖小区污染治理工程 49 个，水泥行业氮氧化物治理工程 2 个，其他行业二氧化硫治理工程 8 个。

4 月 4 日　中央电视台《东方时空》栏目报道常德市澧县方石坪牡丹煤矿、星子山猪场污染问题后，市环保局于 4 月 9 日发出《关于开展全市矿山和养殖业污染隐患大排查的紧急通知》，重点排查矿山开发企业外排废水是否达标排放，污染处理设施是否正常运行，被破坏生态是否有效恢复，群众反映的环境投诉问题是否妥善解决，潜在的环境污染隐患是否存在；畜禽养殖企业重点排查位于禁养区、环境敏感区的养殖企业和环境投诉热点的养殖企业。

4 月 6 日　市环保局成立洞庭湖生态经济圈专题研究工作领导小组，局长洪振海任组长，副局长陈建国、陈华任副组长。

4 月 13 日　为加强常德市水环境治理和水资源保护，改善和提升水环境质量，建立水资源安全协做机制，市水利局、市环保局、市水文局建立常德市水利与环保水文联席会议制度。联席会议原则上每年召开1次，如遇特殊情况，可根据工作需要临时召开全体会议或部分成员会议。

4月18日 市环保局召开在线监控设施不正常运行整改工作现场办公会议，由省环保厅采取逐家约谈的方式现场办公，逐家落实整改方案。全市36家企业参会并约谈。

4月23日 市环保局发出《关于开展全市湖库型集中式饮用水源地专项执法检查的通知》，先后出动专项检查执法人员153人（次），对全市84个湖库型集中式饮用水源地进行全面检查。从检查情况来看，市城区饮用水源地保护区内均无排放污染物的建设项目，全市饮用水源保护区及其上游20千米范围内无制药、化工、造纸、冶炼、畜禽养殖等行业和危险品运输，各地饮用水源地保护区均设立保护区标志。检查于5月10日结束。

同日 市环保局发出《关于进一步下放环保审批权限加强建设项目环境管理的通知》，这次下放和委托县级环保部门审批的项目包括：不涉及自然保护区、饮用水水源保护等环境敏感区的社会服务类项目，城镇规划区内市政道路及三级以下公路（县乡村公路）项目，农林水类（不含畜禽养殖业）按管理名录要求做报告表、登记表的项目，投资额在2000万以下的产业政策非限制与淘汰类工业项目。常德经开区、西洞庭食品工业园按市委、市政府的相关精神要求下放权限。

4月26日 市政府办印发《常德市"十二五"主要污染物总量减排工作目标责任制考核办法》。考核内容：市政府与各区县（市）人民政府（管委会）签订的"十二五"主要污染物总量削减目标责任书目标任务和《常德市"十二五"主要污染物总量减排计划》及年度主要污染物总量减排计划的执行情况；市节能减排工作领导小组有关成员单位履行污染减排职责的情况。考核实行100分制，每年一次，次年第一季度考核上年的污染减排工作。

同日 市委常委、副市长卢武福主持召开政府专题会议，研究城市生活污水处理厂污泥无害化处理处置有关问题，要求分两期进行：近期对江北、江南、德山污水处理厂污泥采用火电燃煤掺烧方法处理，由湖南创元发电公司焚烧，时间从2012年5月10日开始；远期处理处置要覆盖全市的污水处理厂和部分工业企业产生的污泥，由市环保局会同市住建局、市公用事业局制定具体方案，提交市政府常务会议审议。

5月2日 市环保局参加市城市办组织的江北城区污水管网调查，所负责的常德大道以南、沅安路以北、紫缘路以东、双拥路以西区域的污水管网状况全部查清。从调查区域管网接入情况来看，庭院管网雨污分流48家（占29.8%），合流97家（占60.2%）；市政管网雨污分流46家（占28.6%），合流112家（占71.4%）。

5月14日 经市人民政府同意，市环保局、市发改委、市经信委、市监察局、市司法局、市住房和城乡建设局、市工商局、市安监局、常德电业局联合制订《常德市2012年整治违法排污企业保障群众健康环保专项行动工作方案》。

5 月 22 日 省环保厅厅长蒋益民致信市长陈文浩，要求加快国家发改委列项的常德市基层环保监测执法业务用房建设进度，确保 2012 年 9 月底前开工，力争 2013 年年底完成项目建设。

同日 市环保局发布《2012 年污染防治和辐射及固废管理工作要点》：加强污染防治，加强固体废物污染管理，加强危险化学品环境监管，加强排污许可证发放与监管，加强饮用水源保护区管理，开展城市环境综合整治和定量考核，推进清洁生产审核工作，推进环境污染责任保险，加强重金属污染防治监管，强化核与辐射安全监管，组织开展环保核查，加强污染防治档案工作。

同日 市环保局发布《2011 年常德市环境状况公报》。2011 年，全市水环境质量总体稳定，沅水、澧水干流常德段水质基本符合地表水 II—III 类水质标准。市城区环境空气符合环境空气质量二级标准，年均降尘量和酸雨频率大幅下降。声环境质量达标且有所改善。工业固体废物、生活垃圾、医疗废物均得到安全处置，核与辐射安全得到保障。

5 月 25 日—9 月 30 日 市环保局在全市范围内开展排污费征收专项稽查。稽查对象为各区县(市)环保局，重点稽查辖区内所有国控重点污染源、重点行业和工业园区的企业，存在突出问题的、收费异常的企业。

6 月 1 日 市环保局、市经信委、市交警支队、市质监局、市工商局联合发布《关于执行第三阶段国家机动车大气污染物排放标准有关工作的通告》。该通告于 2012 年 6 月 10 日起施行。

6 月 5 日 第 41 个世界环境日，世界主题为“绿色经济，你参与了吗”，中国主题为“绿色消费，你行动了吗”。在世界环境日前后，常德市环保世纪行组委会除组织一般性宣传活动外，还发放了《365 环境保护公民读本》《市民创模手册》，开展了以“创生态环保，建幸福家园”为题的文艺演出和以“热爱家乡，保护绿色”为主题的校园宣传活动，举办了“常德市十二五主要污染物问题减排形势分析”专题讲座。

6 月 6 日 全市环境监测工作会议在鼎城区花岩溪旺湖轩酒店召开。会议内容：传达贯彻全省环境监测工作现场会议精神，研究部署 2012 年全市环境监测工作。

6 月 8 日 市政府召开区县(市)污染减排工作任务交办督办会，市委副书记、市长陈文浩，市委常委、副市长卢武福分别发表讲话，要求各地抓住市污水管网建设和污染减排两个重点，强化责任，做到宣传措施、责任分解、技术服务、整改督办、关停处罚、长效管理“六个到位”。

同日 市环保局召开环境安全百日大检查活动专题会议。这次检查共出动执法人员 230 余人(次)，主要检查了 2009 年以来发生的较大以上突发环境事件、2010 年以来专项行动所涉及的环境风险单位、减排重点企业、国控企业、创模需检查的企业、饮用水水源保护区、环境信访投诉热点企业。重点检查了部、省拟定的41家环境风险单位。

6月10日—8月31日 市环保局开展“百名专家百日服务企业行动”，抽调市县两级百余名环保业务骨干组成专家服务队伍，分澧水片、沅水片两个片区，采取逐县逐企业上门服务的方式，对交办督办的2006—2010年省市审批待验收的建设项目、监察执法问题企业、在线监测问题企业和污染减排项目进行重点服务，累计服务企业148家，提出服务指导意见370余条，发放《365环境保护公民读本》300余本。

6月13日 市环保局制订《常德市环境安全百日大检查活动实施方案》，并成立环境监察专项稽查工作领导小组，副局长卜忠华任组长。百日大检查主要对市县两级环保部门2011年以来实施的工业污染源现场环境监察工作和环境行政处罚案件现场调查取证工作开展专项稽查并及时督办整改。

6月29日 市环保局制订《常德市2012年重点企业清洁生产审核工作方案》；7月3日，2012年全市重点企业清洁生产审核工作会议在德华宾馆召开，65家清洁生产重点企业参会。

7月19—20日 全市农村环保和自然生态保护工作座谈会在临澧县太平山庄召开。会议交流了2012年上半年农村环保和自然生态保护工作情况，通报市政府拟出台的《全市畜禽养殖业污染专项整治三年行动工作方案》主要内容和省环保厅下半年农村环保和自然生态保护工作安排，部署下半年全市农村环保和自然生态保护工作。会上，印发了《常德市2012年“十佳畜禽养殖达标排放企业”评选工作方案》。市县两级环保部门和临澧县政府有关负责人共计40余人参会。

7月20日 常德市环境保护产业协会成立，并召开了第一届第一次会员大会，通过了《常德市环境保护产业协会章程》。章程共八章、四十八条。万道林任协会秘书长。

图30 常德市环境保护产业协会成立大会会场

7月23日 市政府制订《常德市推广可再生能源建筑应用城市示范工作实施方案》，要求到2013年底，市城区完成可再生能源建筑应用面积271万平方米。其中，太阳能光热项目应用面积22万平方米，地源热泵项目应用面积249万平方米。

7月24日 市环保局发出通知，开展以“喜迎党的十八大，展常德环保成就”为主题的征文摄影比赛活动。比赛活动设一、二、三等奖和优秀奖，于10月1日结束。

7月 省环保厅发布关于命名第四批省级生态乡镇和生态村的决定，常德市有35个乡镇荣获省级生态乡镇、75个村荣获省级生态村称号。至此，全市共有95个乡镇、203个村创建为省级生态乡镇和省级生态村，其中8个省级生态乡镇已升格为国家级生态乡镇，4个省级生态村已升格为国家级生态村。

8月6日 市环保局制订《常德市2012年环境污染责任保险工作方案》，全市所有涉重金属的高环境污染风险企业，生产、使用化学危险品的化工企业，各区县(市)排查出的其他高环境污染风险企业和近年发生过环境污染事故的企业均纳入环境污染责任保险范围。纳入保险范围的企业，在2011年51家的基础上，新增33家。

8月8日 2012年全市环境污染责任保险工作会议在德华宾馆召开。

8月24日 全市环境信访工作会议在德华宾馆召开，区县(市)环保局分管信访工作的副局长、信访主任、信访专干和局属各单位负责人参加。会议由副局长卜忠华主持。

8月30日 市环保局发出《关于加强污染源自动在线监测设施建设及运营的通知》，要求抓好现场端建设及验收，特别是新增主要污染物自动监控现场端建设及验收，认真开展自动监控系统运行及数据有效性审核，加强业务培训。

9月20日 为进一步加强环境监管.规范企业环境行为，做好企业环境行为信用评价工作，市环保局在德华宾馆召开全市企业环境行为信用评价工作布置暨培训会议。

9月24日 市环保局成立企业环境行为信用评价工作领导小组，局长洪振海任组长，陈建国、卜忠华、丁指南、谢剑平、陈华、张明军、魏利权、吴岱镳、杨希刚、许平同志为领导小组成员。

10月29日 市环保局发出《关于加强党的十八大期间环境安全管理工作的通知》，要求把确保党的十八大期间环境安全做为一项首要政治任务和环境安全头等大事来抓，做好隐患排查和环境信访工作，加强涉危废等重点企业的环境监管，做好应对突发环境事件的准备。

10月31日 市环保局发出通知，要求做好2012年度辐射安全工作年度评估工作，评估内容包括辐射安全工作和防护制度落实情况，辐射工作人员的个人剂量监测和健康检查情况，放射性废物的处理、闲置情况，废弃放射源的贮存、处置情况，安全隐患检查和整改情况。评估工作于2013年1月31日结束。

11月23日 全市环保行政执法案卷公开评议会议在德华宾馆召开。

11月26日 市环保局制定《常德市生产化学品环境情况调查实施方案》。调查内容包括化学品生产企业的基本情况，生产的化学品情况，原辅料情况，污染物排放情况。调查于2013年9月30日结束。

12月6日 在省环保厅举办、省环境监测站承办的全省环境监测系统“大贯标”知识竞赛活动中,市环境监测站获得团体一等奖,许小莉、张运广分获个人三等奖和优胜奖。全省14个市州的56名选手参加比赛。

12月14—15日 省环保厅监测处领导及省监测站专家对常德市县级环境监测站标准化建设情况进行达标验收,验收内容包括机构人员、监测经费、仪器设备、监测用房、业务能力、质量管理。

12月28日 根据《常德市市级生态村考核验收标准》,经乡镇人民政府的申请,区县(市)环境保护行政主管部门审核、推荐,市环保局做出《关于命名临澧县安福镇农丰村等146个行政村为2012年市级生态村的决定》。

第一章 自然环境

常德市位于湖南省北部，地处长江中游洞庭湖水系沅江下游和澧水中下游以及武陵山脉、雪峰山脉东北端。东南连益阳市，西邻张家界市、怀化市和湘西自治州，北与湖北省恩施、宜昌、荆州等地交界。辖域总面积1.82万平方千米，占全省土地总面积的8.6%。

第一节 气候

一、气候特征

气候温暖、四季分明：常德市属典型的气候温暖区。全市最热月平均气温在20℃以上，最冷月平均温度在4.0℃～4.9℃之间。按候平均温度低于10℃做为冬季开始，高于22℃做为夏季开始，候平均气温在10℃～22℃之间做为春秋季标准，则全市冬夏长，春秋短，四季分明。平丘区春季一般57～76天，夏季101～123天，秋季66～69天，冬季105～125天。海拔1500米以上的地区无夏季，冬季长达200天以上。

热量丰富、生长季长：常德市日平均气温稳定通过10℃的初日至20℃终日在180天以上；≥5℃（做物生长期）的初终日间隔数在287～296天；无霜期在264～282天；≥10℃的活动积温达5198度以上；冬季霜期和降雪期在30天以上，雪日在13天以内。常德市气候能满足水稻、棉花等多种喜温做物的正常生长，平湖区和低丘区能一年三熟。

雨量丰沛、多涝易旱：常德市属全国多雨区，多年平均降雨量在1200～1900毫米之间。西部山地年降雨量比东部湖区多500～700毫米。年际变化大，多雨年比少雨年多一倍以上，且季节分配很不均匀，夏半年降雨量约占全年降雨量的68%～79%，冬半年降雨量只占全年降雨量的21%～32%，形成了多涝易旱、涝灾重于旱灾的地区气候特色。

1949 年以来，洪涝出现概率为 32%，旱灾出现概率为 48 %。

冬季严寒、夏季酷热：冬季，由于冷空气经常侵入，常带来雨雪低温天气。低于零摄氏度的极端气温平均在 18～31 天，个别年份达 44 天以上(1960 年冬)，候平均气温≤5℃的寒冬期长达 25～45 天。夏季，由于盆地地形影响，受热增温快，热量不易散发，形成盆地高温地带，沅水两岸的夏热期(候平均气温≥28℃)为 45 天左右，全市日平均气温≥35C的酷热天气多达 18～23 天。

春温多变、秋雨秋寒：春季是冷暖天气相互交替进退频繁季节，晴雨变化无常。冷空气侵袭时，风雨交加，阴雨连绵，最大降温幅度达到 19. 3℃，月平均降雨日 16～18 天。一般在 9 月下旬，常德进入秋季，冷空气开始活动，秋雨显著增多，日平均气温下降至 20℃以下。10 月下旬至 11 月上旬出现连续阴雨天气，雨日 8～9 天，雨量增至 70～80 毫米，平均气温下降至 15℃以下，进入深秋季节。

二、气候要素

气温：全市海拔 100 米以下的地区，年平均气温在 16. 4℃～16. 8℃，地域差异不大。海拔 1500 米左右的东山峰，年平均气温只 9.2℃，是全市的低温地域；石门县河谷盆地温度稍高，是全市的高温地域。以 4、7、10、1 月为春夏秋冬四季的分界点，4 月平均气温在 16.1℃～16.4℃，7 月平均气温在 28.4～28.8℃，10 月平均气温降在 18℃以下，1 月为全年最冷月，平均气温在 4℃～4.9℃。

常德市各地逐月平均气温

表 1-1-1　　单位：℃

地点＼月	1	2	3	4	5	6	7	8	9	10	11	12	年平均
安乡县	4.4	5.8	10.5	16.5	21.4	25.2	28.4	27.9	22.9	17.7	11.9	6.4	16.6
汉寿县	4.5	5.9	10.6	16.4	21.4	25.2	28.8	28.1	23.1	17.8	12.0	6.7	16.7
鼎城区	4.4	5.9	10.5	16.4	21.3	25.5	28.8	28.0	23.3	17.8	12.0	6.7	16.7
桃源县	4.5	5.9	10.4	16.2	21.1	25.0	28.5	27.9	22.9	17.6	11.8	6.6	16.5
石门县	4.9	6.3	10.8	16.4	21.2	25.1	28.5	27.9	23.1	18.0	12.1	6.9	16.8
澧　县	4.2	5.7	10.5	16.2	21.1	25.4	28.7	27.8	22.9	17.7	11.7	6.4	16.5
临澧县	4.0	5.5	10.2	16.1	21.2	25.1	28.4	27.9	22.8	17.5	11.5	6.1	16.4
东山峰	—2.4	—0.2	3.8	10.0	12.9	16.9	19.7	19.3	15.3	10.0	4.4	0.4	9.2

降雨：东部湖区为少雨区，年平均降雨量在1200毫米以下；西部山区直抵安化为多雨区，年平均降雨量在1900毫米以上。在地域分布上，多雨区集中在以桃源县王家湾为中心的雪峰山北端，年雨量为2253.3毫米；少雨区集中在安乡至澧县东南部及临澧太浮山、七姑山和鼎城的太阳山一带，年雨量在1200毫米左右。降雨多集中于春夏两季，夏季雨量约占全年雨量的36%～42%，春季雨量约占全年雨量的32%～37%，秋季雨量约占全年雨量的16%～24%，冬季雨量约占全年雨量的8%～12%。4～9月雨量占全年雨量的69%～76%，为常德主汛期。

日照：常德市位于云贵川和湘北日照少区的东侧，日照东多西少，东西差异大。东部滨湖平原，年日照在1700小时以上；西北部山区及桃源箕状地貌区，年日照为1500小时左右。东西向山间盆地，年日照时数比平丘区少8%，南坡比北坡多16%。月日照时数2月最少，7月最多，高山地区8月最多。

常德市各地平均日照时数

表1-1-2　　单位：小时

月＼地点	安乡县	汉寿县	鼎城区	桃源县	石门县	澧县	临澧县	东山峰
1	109.2	102.5	95.7	88.2	100.4	104.9	95.1	74.5
2	93.8	81.5	81.7	72.1	81.1	88.1	81.1	68.3
3	110.0	98.3	95.1	87.6	93.3	105.6	92.3	86.8
4	135.5	117.7	121.3	109.9	115.6	125.4	114.5	127.0
5	152.8	141.9	139.8	130.6	138.9	146.1	136.7	104.6
6	176.5	162.1	168.5	147.3	169.5	173.6	158.2	140.2
7	257.3	244.8	247.3	225.6	236.6	254.0	231.2	190.8
8	248.7	230.9	230.0	215.9	230.6	242.4	223.4	204.6
9	174.9	153.5	169.8	138.4	154.8	162.6	150.6	149.8
10	162.2	141.1	146.4	128.0	144.3	149.7	140.5	144.9
11	132.6	112.4	121.6	99.7	112.1	114.1	109.3	112.3
12	115.1	101.9	102.8	86.4	100.8	104.2	93.3	106.1
全年	1868.6	1688.6	1720	1529.7	1678.0	1770.7	1626.2	1509.9

降霜：常德市地貌类型多样，降霜初日及霜期长短，各地差异较大。初霜平均日期11月27日～12月4日，高寒山区初霜提前一个月左右，一般出现在10月底至11月5日。

终霜日全市大部分地方为2月27日～3月5日，高寒山区终霜日一般向后推半月至1月。

常德市各地初终霜出现时间及无霜期(天)

表1-1-3

地　点	始（日/月）	终（日/月）	最早始日（日/月）	最晚终日（日/月）	霜　期	无霜期
安乡县	30/11	28/2	29/10	4/5	92.0	273.3
汉寿县	29/11	27/2	29/10	2/4	90.6	273.7
鼎城区	30/11	2/3	29/10	15/3	93.0	272.0
桃源县	4/12	23/2	17/11	9/3	82.5	283.0
石门县	5/11	27/2	18/11	21/3	84.8	281.0
澧　县	27/11	5/3	28/10	4/4	98.9	264.2
临澧县	27/11	3/3	29/10	5/4	96.8	268.2
东山峰	5/11	26/3	28/10	12/4	142/3	221.5

降雪与积雪：常德市一般在12月中旬的强冷空气影响之下开始降雪，平均初雪日为11月30日～12月14日，平均终雪日为3月5日～3月12日，平均雪期3个月左右，平均雪日9～13天，个别年份多达23天，最大积雪深度一般在20厘米以上。

常德市各地降雪与积雪情况

表1-1-4

项目 地点	降雪					积雪			
	天	始 日/月	终 日/月	最早见雪	最晚新雪	天	始 日/月	终 日/月	最大雪深(cm)
安乡县	9.3	14/12	9/3	13/11	7/4	5.6	12/1	11/2	23(1972.8.2)
汉寿县	9.5	8/12	11/3	10/11	7/4	9.2	1/1	15/2	29(1972.7.2)
鼎城区	12.7	10/12	5/3	10/11	7/4	8.5	2/1	15/2	21(1972.7.2)
桃源县	11.2	2/12	12/3	9/11	4/4	9.4	25/12	19/2	26(1972.8.2)
石门县	10.4	30/11	12/3	10/11	7/4	6.3	2/1	10/2	23(1972.7.2)
澧　县	10.5	6/12	10/3	10/11	7/4	6.3	7/1	9/2	20(1972.7.2)
临澧县	8.9	5/12	8/3	10/11	7/4	6.1	31/12	7/2	18(1972.7.2)
东山峰	42.2	3/11	9/4	15/10	21/4	53.0	20/11	26/2	36(1974.2.2)

风向与风速:冬季,全市处在蒙古冷高压的东南方,气流自北倾注,各地以偏北风居多,石门以偏东风居多。春季,偏北风仍占主要地位,但由于冷空气不断南下,偏南风开始增多。夏季,全市处在大陆热带低压和副热带高压控制之下,除石门以西北风为主,其他各地盛行偏南风。秋季,风向特点与冬季基本一致。风速,平湖区大于丘陵区、丘陵区大于盆地区,年平均风速 2.1～2.6 米/秒,最大年均风速 3.2 米/秒(石门县东山峰)。

第二节 地质地貌

一、地质

地层:共分 14 个群系:(1) 中元古界冷家溪群,主要分布在兴隆街、桃源、汉寿县太子庙一线以南。(2)上元古界板溪群,主要出露于桃源县理公港—三望坡、鼎城区黄土店、汉寿县军山铺一带和桃源县太平铺、茶庵铺、寺坪、凌津滩等乡镇。(3)震旦系,主要出露在石门县东山峰,桃源县理公港、三望坡、三元潭与茶庵铺,汉寿县金牛山至军山铺,鼎城区太阳山与临澧县烽火山等地。(4)寒武系,北区主要分布在石门东山峰、磺厂、大同山林场、澧县太青山等地。南区主要分布在桃源县九溪、牛车河,临澧县烽火山,鼎城区太阳山等地。(5)奥陶系,主要出露于石门东山峰、雁池坪、澧县太青山、桃源九溪和陬市等地。(6)志留系,出露于武陵区—临澧—澧县大堰垱以西与桃源瓦儿岗、九溪和鼎城蔡家岗一线以北地区。(7)泥盆系,仅在桃源九溪—鼎城太阳山以北一线有分布。(8)石灰系,出露范围小,发育不全,零星分布于石门县太青山、庚子山、澧县羊耳山及桃源三元潭一带。(9)二叠系,出露在石门蒙泉及临澧一线的西北区。(10)三叠系,分布于石门新关、江坪、青山夹、子良坪一带。(11)侏罗系,散见于石门县袁公渡、阳泉、新关,临澧官亭、鸡山,澧县大堰垱等地。(12)白垩系,以常、桃盆地为主体,还广泛分布于石门、澧县盆地,呈北北东向展布。(13)第三系,零星出露于临澧县歇架山,澧县金罗、王家厂水库、盐井、大堰垱及桃源县蒴家溪、八字路等地。(14)第四系,主要分布于沅、澧水流域及东洞庭湖区。

褶皱:主要有两大褶皱:一是燕山期褶皱,自北往南排布有东山峰复背斜、太青山向斜、大同山背斜、袁公渡向斜、磺厂背斜、东岳观向斜、龙阳湾倒转向斜、铜山背斜、澧阳山背斜、太浮山向斜、郝坪向斜、米家育背斜、钟家铺向斜、田坪界背斜、曾家河向斜、两汉港背斜、七里冲倒转向斜、金霞山向斜、庙冲背斜、石洞向斜、牯牛山背斜等;二是喜山期褶皱,自北而南依次有泥市、毛家山、羊牯庄、杨柳湾及歇架山等山间盆地,鼎城、桃源盆地内有双溪口背斜和燕家坪—丛桂山向斜,洞庭断陷盆地有临澧—澧县凹陷、太阳山隆起、安乡凹陷、冲天湖鞍部及鼎城、桃源凹陷等。

断层：主要有8大断层：(1)雪峰期断层—澧南大断裂，位于太阳山与烽火山之间，长120千米。(2)加里东晚期—印支早期断层，位于石门—津市澧水沿线，长70千米。(3)燕山期断层，发育最好，性质多样，规模大小不一。(4)北东东向断层，自北向南依次有清官渡—泥市断层、上坪断层、袁公渡断层、磺厂—仙风山断层、苗市断层、青山庙断层、羊角山断层、七姑山断层、黄土埡断层、广东山断层、包公滩断层、杜家坪断层、老祖岩断层、钟家铺断层、冉家溶断层、双路滩断层、蒴家界断层、芦花潭断层、土地坡断层和押东铺断层等。(5)北北东向断层，自北向南依次有杨柳铺断层、九间铺断层、何家溶断层、张家山断层、浔阳坪断层及河袱断层等。(6)北北西向断层，断层规模小，长2～6千米，切割北东东向褶皱与断层。(7)北西西向断层，不甚发育，规模较大的有花果断层，出露约5公里。(8)喜山期断层，正断层以观音山之南上五通一带发育明显，逆断层见于临澧县杉板乡歇架山盆地北缘冷水街及白洋桥两处。

断裂带：属于地震地质的有6条：南起武陵区，北抵津市并与澧水断裂相交，长约70千米的太阳山断裂；南起武陵区河袱，经鼎城区蔡家岗，北抵临澧县东，长约50千米的澧南断裂；西起石门，东抵津市，长约90千米的澧水断裂；桃源县附近，沿沅江河谷发育，隐伏于水面和第四系地层之下，长约30千米的桃源断裂；自德山向南，经刘家冲、陡山延至黄土店一带，长约30千米的德山断层；位于河洑与陬市之间，呈北东东走向的河洑断裂。

二、地貌

1.特征。常德市地貌主要受武陵、雪峰两大山系影响，由西北、西南山地向东部平原递变，呈南北高、中间低、两山夹一凹状。沅水以北属武陵山系，分三级阶梯：石门县太平街、水南渡、九伏坪乡为第一阶梯，山峰标高多在1000米左右；第一阶梯线以东至澧县洞市、码头铺—石门瓜子峪、新关—桃源热市一线以西为第二阶梯，以中低山为主，海拔一般在400～800米之间；第二阶梯线以东至澧县双龙、中武、津市白衣—临澧官亭、杉板—鼎城瓦屋垱、肖伍铺—桃源畲田一线以西为第三阶梯，以红色岗地、丘陵为主，海拔多在100～300米之间。沅水以南属雪峰山系，分二级阶梯：桃

图31　壶瓶山

源县兴隆街、杨溪桥—鼎城林场一线以西为第一级阶梯，以低山、丘陵为主，海拔一般在300～800米之间；该线以东至桃源—鼎城丁家港、赵家桥—汉寿朱家铺、龙潭桥一线的西南为第二阶梯，以岗地、丘陵为主，海拔多在80～250米之间。东部为广阔的滨湖平原，地势低平，地面高程多在海拔28～50米之间，众水环绕，地下水位高，洪涝灾害频繁。

2.类型。(1)山地、山原地貌。常德市西部为山地、山原地貌，主要分布在东山峰、三含口、望阳山、牯牛山等地，为武陵山和雪峰山余脉，台面山原地貌特征颇为显著。全市有海拔800米以上的山峰515座(澧县1座、石门县469座、桃源县45座)，其中海拔1000米以上的山峰43座。石门壶瓶山标高2098.7米，为全省群峰之首。(2)丘陵、岗地地貌。主要分布于沅、澧水的干流谷地中，主要由红色砂岩和沙砾岩、变质岩、花岗岩组成，相对高度一般小于200米，坡度大多在25度以下。由于喜马拉雅造山运动的影响，下切侵蚀做用加强，桃源兴隆街、牛车河及石门张家山等地原来的山间盆地遭受冲刷失去平坦地形，形成“丹霞地貌”。(3)平原地貌。主要分布在沅、澧水下游及洞庭湖滨地带，地势低平，海拔绝大部分在50米以下。湖泊沼泽星罗棋布，河道水渠交织成网。因洞庭湖一直下沉，安乡—汉寿之间陆续成为该湖沉积中心。(4)河谷地貌。沅水下游，河谷迂回曲折，河流堆积物最为发育，沅水主谷普遍出现五至六级阶地。澧水下游河段，其特点是山间谷盆发育，谷地平坦开阔，阶地冲积层发育。现代河床的心滩、边滩，洪水季节常被水淹没，枯水时期则高出河床4～5米。澧水主谷主要呈三阶地，局部河段可见五级阶地。(5)岩溶地貌。市域内广布石芽溶沟，较多地出现在风化壳不甚发育的西部山坡、丘顶、洼地边缘等处。溶洞暗河主要分布在石门县皂市、桃源县瓦儿岗等地，出露标高由400～1400米不等，洞内多有岩溶堆积物。溶丘常见于桃源县瓦儿岗至慈利县二坊坪一带，多为低岗、短轴或半月状小山丘，相对高度一般10～80米，部分地区溶区密度可达每平方千米5～10个。峰丛分布于市内西北部碳酸盐岩发育区；峰林散见于壶瓶山，是峰丛进一步发展的结果；峰脊主要分布在中山、中低山的东山峰周侧，往往与峡谷相伴，具有典型的岩溶侵蚀形态。

第三节　土壤植被

一、土壤

常德市土壤共分92个土类，21个亚类，9个土属，321个土种，64个变种。土类总面积122.21万公顷。

1.潮土。潮土发育于近代河流冲积物及潮积物，分布于滨湖平原，面积57829公顷，占总土地面积的4.73%。澧县、汉寿、鼎城、安乡四县面积最大，是棉、油、麻等各类旱土做物的重要生产基地。其特点：形成时间短，发育度弱，沙黏相间，层次明显，土层深厚，肥力较高，因地下水丰富，干旱时有夜潮现象。

2.红壤。红壤是常德市主要的地带性土壤，分布9个区、县(市)，面积58.39万公顷，占土地总面积的47.48%。石门、桃源面积最大，鼎城、澧县、汉寿、临澧次之，安乡及武陵区、津市面积较小。红壤基本特征是颜色泛红，酸性反应，肥力较低，有机质含量大部分在2%以下。

3.山地黄壤。山地黄壤是常德市山地垂直气候带上的主要土壤类型。分布于石门、桃源、澧县海拔750～1300米的中低山地。面积7.15万公顷，占总面积的5.85%。土壤呈现出黄色至蜡黄色，pH值均为5.5，一般自然肥力较高。

4.黄棕壤。主要分布在1300～2000米的中山及山原地带，如壶瓶山、顶平山、东山峰，面积8944.5公顷。土壤形成特点是脱硅富铝化做用较弱，表层有机质累积明显，pH值5.0左右，心土层颜色为黄棕至灰棕色。

5.山地草甸土。主要分布在海拔2000米左右的山原或山顶，面积600公顷，植被为高山矮林或灌草丛，集中在石门县壶瓶山与顶平山。主要特征是土层不厚，50～80厘米，pH值5.0～7.0，腐殖质层明显，厚度10厘米左右，呈黑色或暗棕至暗黄棕色。

6.黑色石灰土。常见于石灰山顶的岩系或谷地低洼处，面积8004公顷，主要分布在石门县。其母质为残坡积物，土层较浅，一般厚度不超过40厘米，pH值8.0左右，碳酸钙和全量钾含量较高。

7.红色石灰土。发育于石灰岩、泥质灰岩、白云岩等风化物上，分布在石灰岩山区坡脚岩溶区，面积54113.7公顷，占土地总面积的4.43%，以石门面积最大，桃源、临澧和澧县次之。其土层厚薄不一，呈棕色至淡黄色，质地重壤至轻粘，有机质含量2%～5%，钾素含量高。

8.紫色土。紫色土是由紫色砂页岩风化发育的土壤，颜色紫红色，全市面积8657.7公顷，占土地总面积的7.1%，主要分布在桃源、次为澧县、鼎城、临澧和汉寿。紫色土的母岩性质松脆，极易崩解成碎屑，碎屑物能在短时间内风化变细成土。根据土壤中钙质淋溶程度不同，可分为酸性紫色土、中性紫色土和石灰性紫色土。

图32　土壤

9.水稻土。水稻土是在长期水耕熟化条件下的土壤。海拔28～1100米的山、丘、平原均有分布，面积35.04万公顷，占土地总面积的28.67%。水稻土分布以鼎城区、桃源、澧县、汉寿、临澧和安乡县面积较大，石门、武陵区、津市面积较小。土体有耕做层、犁底层、淀积层、潴育层、漂洗层、母质层，分淹育型、潴育型、漂洗型、潜育型四个水稻土亚类。

二、植被

常德植被区划属中亚热带北部常绿阔叶林地带。从东西水平地带性分布来看，东部平湖区及环湖丘岗属“两湖平原栽培植被、水生植被区”，西部山地植被区属华中区“三峡、武陵山地栲类、润楠林区”。从山地垂直地带性分布来看，可划分为两个植被带：从几十米到800米是典型的中亚热带常绿阔叶林；1000～2000米属于北亚热带山地植被类型，大多是常绿阔叶树、落叶阔叶树、喜暖针叶树的大混交林。西部武陵、雪峰两大山系，因地理条件的差异，植被分布垂直带谱略有不同。因山地天然植被受到很大破坏，皆为次生植被，除局部地区及自然保护区外，一般山地植被垂直分布往往缺乏连续性与完整性。

图33　植被

1988年1月，全市林业用地面积99.7万公顷(其中有林地72.7万公顷)，占国土面积的45.5%；活立木蓄积量990万立方米，森林覆盖率31.3%。1988年12月，因慈利县行政区划调整到大庸(现张家界)市，全市林业用地面积减少至79.6万公顷，其中有林地减少至64.8万公顷，活立木蓄积量减少至760.8万立方米，森林覆盖率一度滑落至30%以下。经过长期的森林保护和造林绿化，到2010年，全市林业用地面积上升到83.8万公顷(其中有林地72.8万公顷)，占国土面积的46.09%；湿地面积58.8万公顷，占国土面积的32.34%；活立木蓄积量为2431万立方米，立竹总量1.11亿株，森林覆盖率46.02%。

常德植被种类共分五类：一是针叶林，包括广泛分布于低山、中低山、丘陵和岗地，约占全市用材林面积42%的马尾松林；分布在海拔1000米以下的山地，约占全市用材林面积30%的杉木林；分布在石灰岩山地，即石门北部、桃源西北低山地带的柏木林；散布在石门罗坪枞林山、狮子山一带，海拔1000米左右山脊的华山松林。二是阔叶林，包括分布在南部雪峰山区、西北武陵山区和部分河谷地带的常绿阔叶林;分布在西部中低山及南部山地的常绿落叶阔叶混交林;分布在西部中山地带,海拔1200～1600米山地的落叶阔叶林。三是竹林,主要分布在桃源、鼎城、汉寿县南部山地丘陵地带和平湖区的村落旁。全市竹林面积40067公顷,楠竹林占90%左右。四是灌丛草丛。山顶灌丛一般由低矮的灌木组成,山地草丛在山区、山脊及当风坡地成片分布,以白茅、芒、野古草为主。五是沼泽草甸和水生植被。沼泽草甸分布在湖区洲滩,其湿生植物多成群落状态,主要是荻群落和芦苇群落。水生植被有(维管束类)70多种,隶属2纲、28科、44属,随水域深度变化,分挺水植被、浮水植被、沉水植被三种存在方式,呈群落状态。

第四节　水环境

一、地表水

1.湖泊

西洞庭湖：西洞庭湖早期系赤沙湖一部分,现位于赤山以西,有澧水流经西北,沅水流经西南,松滋、虎渡及藕池西支河系诸水自北注入,河湖面积约520平方千米,环湖的汉寿县、安乡县、鼎城区、澧县、津市市、桃源县、临澧县、武陵区称为西洞庭湖区,有吴淞高程51米以下平原河湖面积6285平方千米。经长期泥沙淤积和中华人民共和国成立后围湖造田,西部洞庭被洲地和堤垸分割成分散湖群,大多不能与东南洞庭联成广阔湖面,仅剩目平湖、七里湖与南洞庭湖相连相通。目平湖东临赤山,南抵汉寿、沅江,北联澧水尾闾和松滋、虎渡河洪道尾闾,西达西湖垸大堤,总面积350平方千米,调蓄容积21亿立方米。七里湖位于津市小渡口至石龟山,南抵嘉山,北临松澧大院,承纳澧水及松滋河西支来水,总面积94平方千米,由于泥沙含量较大,湖床淤积迅速,调蓄容积由早期10亿立方米减至不足3亿立方米。

2.河流

图34　沅水

沅水:发源于贵州省东南部,分南北两源,汇合于凯里市汉河口清水江,江水东流至芷江县金紫进入湖南,经黔城镇江合舞水后始称沅水。沅水至麻伊洑入常德市境,经桃源、鼎城、市城区、至德山入洞庭湖。沅水全长1003千米,流域面积89163平方公里。其中流经常德境内104千米，流域面积5610平方千米。常德境内注入沅水的一级支流40条，以左岸为最多，白洋河流域面积最大。一级支流中，桃源大洑溪长96.5千米，流域面积747.9平方千米；桃源小洑溪长42.5千米，流域面积218平方千米；桃源夷望溪长70.2千米，流域面积734平方千米；桃源仙人溪长20.6千米，流域面积80平方千米；桃源杨溪河长33.5千米，流域面积229平方千米；桃源澄溪（又名麦家河）长42千米，流域面积300平方千米；桃源水溪长41千米，流域面积288平方千米；桃源延溪河长44.9千米，流域面积456平方千米；桃源白洋河长105千米，流域面积1705平方千米；桃源陬溪长45千米，流域面积284平方千米；鼎城渐水长44千米，流域面积284平方千米；鼎城枉水长57千米，流域面积484平方千米。

澧水：发源于桑植县南岔以上，有北、中、南三源。三源在龙江口汇合，流经永顺、慈利进入常德市境，再经石门、临澧，在临澧县杉板乡青山分为二支，南支名干河、北支名新安河，两支在洞坪乡电灌站以下汇合，过澧县至津市小渡口注入七里湖，全长388千米，流域面积18496平方千米。其中流经常德180千米，流域面积8146平方千米。常德市境内注入澧水的一级支流有30条。一级支流中，溇水长165千米，流域面积3125.5平方千米；道水长101千米，流域面积1364平方千米；澹水源分南北两支，北支流程11千米，南支流程10千米，南北两支均注入官亭水库，集雨面积109.5平方千米；涔水分南北二源，两源合流后成为涔水干流，全河段长115千米，流域面积1188平方千米。

图35　澧水

松滋河：河口位于湖北省枝城下游约17千米的南岸，经洪水冲刷形成东、西二支河道。松滋河西支在杨家垱入澧县，东支主流在甘家厂入安乡县。东西二支进入常德后，又分东、西、中三支河道。

西支官垸河，从安乡县青龙窖入澧县，河长27千米；中支自治局河，自青龙窖、三岔垴、夹夹，在张九台与五里河相会，经小望角与东支合流，河长38千米；东支大湖口河，经俞家岗、王守寺、潭子口、大湖口至小望角与中支汇合，河长80千米。

虎渡河：河口位于荆江南岸江陵与公安交界处弥陀寺，经中河口至黄山头主峰东麓入安乡县境，沿大杨树、董家蛸、陆家渡，至小河口汇人松虎洪道。常德市境内流程45.5千米。南闸以下河道平均淤高 3 米左右，每年有 3 个月左右时间断流。

藕池河：河口位于湖北省公安、石首两县交界的天心洲附近。河水主要流经湖南境入洞庭湖，分东、中、西三支。西支入常德境称安乡河，从康家岗分流，由彭邱岭入安乡，至新刬口出境，与中支汇合，至茅草街西侧注入西洞庭湖，长 86.6 千米。

3.水库

常德境内共有各种规模的水库 1207 座，其中小(一)型水库 206 座，小(二)型水库 961 座，中型水库 33 座，大型水库(电站)7 座，此外，还有众多集水塘坝。大型水库中，位于桃源县白洋河上游黄石镇的黄石水库，控制集雨面积 552 平方千米，总库容 6.12 亿立方米，有效库容 4.58 亿立方米；位于沅水支流桃源夷望溪中游兴隆乡竹园村的竹园水库，控制流域面积 701.5 平方千米，库区正常水位 102.5 米，库容 1.01 亿立方米；位于沅水干流最下游的凌津滩水电站，距桃源县城 40 千米，总库容 6.34 亿立方米，有效库容 0.46 亿立方米；位于澧县涔水下游宝塔湾的王家厂水库，控制集雨面积 462 平方千米，总库容 3.05 亿立方米，正常库容 2 亿立方米；位于澧水中下游石门县城西 3 千米的三江口水电站，控制流域面积 15260 平方千米，占澧水总流域面积的 86%，最大库容 2.2 亿立方米；位于澧水支流渫水下游距石门县皂市镇的皂市水库，控制集雨面积 3000 平方千米，总库容 14.4 亿立方米，正常库容 7.83 亿立方米。

常德大、中型水库(电站)情况统计

表 1-4-1

县名	水库名	类型	兴建年代	县名	水库名	类型	兴建年代
澧县	王家厂水库	大	1958	鼎城	金陵水库	中	1959
	赵家峪水库	中	1958	石门	首桥水库	中	1958
	山门水库	中	1975		寺垭水库	中	1959
	滟洲电站	中	1976		双红水库	中	1959
	太青水库	中	1977		东泉水库	中	1971
	盐井水库	中	1977		南溪水库	中	1974
	同欢水库	中	1957		蒙泉水库	中	1974
临澧	官亭水库	中	1958		里山河水库	中	1975
	群英水库	中	1958		三江口水库	大	1976
	高桥水库	中	1958		皂石水库	大	1999
	跃进水库	中	1958	西湖	柘溪水库	大	1962
鼎城	红旗水库	中	1958	汉寿	清水坝水库	中	1958
	沧山水库	中	1958		江东市水库	中	1959
	五里溪水库	中	1959				

图 36　常德市部分大、中型水库

二、地下水

图 37　桃源县热水坑温泉

常德境内地下水共分四个类型：一是松散堆积层孔隙水。主要分布在沅、澧水中、下游两岸，以河湖相、冲积相为主，面积 6995 平方千米。二是基岩裂隙水。主要分布在各县山区，面积 7000 多平方千米。其中元古板岩、志留系砂页岩、泥盆系砂岩组成面积 2000 多平方千米，裂隙发育，水量中等，泉流量大于 1 升/秒。三是碳酸盐岩裂隙岩溶水。分布面积 2000 多平方千米，其中裸露型岩溶水 主要分布在石门、桃源、澧县，形态为溶沟、溶槽、溶蚀裂隙和局部溶洞，以地下暗河及岩溶泉为主要排泄方式。全市有地下河 73 条，出口流量 197.1 万吨/日。覆盖型岩溶水主要分布在鼎城区灌溪、石板滩、蔡家岗，临澧县杨板、鸡子山，澧县邓家铺及津市一带，面积 486 平方千米。四是地热水，已发现 10 多处，其中泉流量较大的有澧县火连坡，石门水田、大兴，桃源县热水坑等 7 处。总流量约 49.5 升/秒，温度在 21℃～55. 5℃，多数属于中温热热水。

地下河出口水量统计

表 1-4-2

县　名	地下河条数	出口流量(升/秒)	水量(万吨/日)
石门县	52	21215	183.30
桃源县	13	1007	8.7
澧　县	8	587	5.07
合　计	73	22809	197.1

常德市地下热水特征

表 1-4-3

位置及名称	出露层次	涌水量(升/秒)	水温(度)	化学类型及矿水名称	矿化度	总度硬	pH 值	附注
石门雁池乡锅子岩温泉	Q2+3	6.29	23	HCO3－Cg－Mg 型	0.308	13.902	7.5	
石门大兴热水溪温泉	01	大热水溪 7.67－12.21，小热水溪 2.325	52.5—55.5	SO4 － Ca 型氟、镭、锶水	1.63—1.908	65.58—67.36	7.3	温泉 2 处含氟 3.25 克/升，镭 1.23×10－11，锶 65 毫克/升
石门水田大河洲温泉	01d	8.8	43	SO4 － Ca 型氟、锶水	1.2—1.48	51.39—53.64	7—7.3	含氟 3.5 毫克/升
澧县金山三泉村暖水井	02q	9.95	29.5	HCO3－CaMg	0.474	22.106	7.5	—
桃源热水坑温泉	01	1.82(1 号)1.23(2)号 0.87(3 号)	44	HCO3－Ca 型	0.235—0.257	10.83—12.76	7.05—7.1	—
石门雁池乡四郎庙温泉		6.39	23	HCO3 － CaMg 型	0.308	13.902	7.5	—
石门磨岗隘温泉		0.5—2.99	21	—	—	—	—	—

常德境内地下水水质以重碳酸钙、重碳酸钙镁、硫酸钙、重碳酸钾钠型为主，矿化度在 0.1～2 克/升，总硬度一般 0.5～6.3 德国度，只有第三系的孔隙水在 39. 6～71. 5 德国度，所占比例很小。pH 值 5.5～7.5，多属于中性水或弱酸性水。从物理、化学性质看，市内地下水除个别地方外，属安全、无害良好水，基本符合生产、生活用水要求。

第二章 环境质量

第一节 大气环境质量

1988—2000 年大气污染物的常规大气监测项目为：二氧化硫（SO_2）、氮氧化物（NOx）、总悬浮颗粒物（TSP）和降尘，2001—2012 年大气污染物的常规监测项目为：二氧化硫（SO_2）、二氧化氮（NO_2）、可吸入颗粒物（PM_{10}）和降尘。

常德市的大气污染物的监测布点、采样时间、频次及分析方法均按《环境监测技术规范》（大气部分）执行。1996 年年底，常德市站组织力量开展城区范围的大气监测优化布点工作，并实现了 24 小时大气连续自动采样。评价标准为国家《环境空气质量标准》（GB3095—1996）中的二级标准。

一、二氧化硫（SO_2）

1988—1990 年，常德城区二氧化硫监测值为 1269 个，其中超标 99 个，超标率为 7.9%，最大值为 0.745 毫克/立方米，超过标准 0.15 毫克/立方米，最大值出现在 1988 年的春季，超标点为市环境监测站测点。

1991—1995 年，城区二氧化硫年均值为 0.093 毫克/立方米，超标率为 18.8%，最高值出现在 1991 年，最大值为 0.361 毫克/立方米。

1996—2000 年（“九五”时期），城区二氧化硫平均值为 0.08 毫克/立方米，超标 0.3 倍，比“八五”期间的 0.093 毫克/立方米下降了 16.2%，五年中，前四年的年均值都超标，第五年（2000 年）达标。2000 年的年均值为 0.050 毫克/立方米，比 1995 年的 0.097 毫克/立方米下降 48.4%，比 1996 年的 0.109 毫克/立方米下降 54.1%。“九五”期间，常德市城区空气中二氧化硫含有量年均值总体上呈逐年下降趋势。

2001—2005年(“十五”时期),城区二氧化硫含有量平均值为0.059毫克/立方米,比“九五”期间的0.08毫克/立方米下降了26.2%,2002年、2003年的年均值超标,2001年、2004年、2005年的年均值达标。2005年的年均值为0.060毫克/立方米,比2000年的0.050毫克/立方米上升20%,比2001年的0.056毫克/立方米上升7.1%。从常德市“十五”期间各年度的平均值看,“十五”期间各年平均值浓度上下波动。

2006—2010(“十一五”时期),城区二氧化硫平均值为0.061毫克/立方米,比“十五”期间的0.059毫克/立方米上升了3.4%,2006、2007、2008年的年均值超标,2009、2010年的年均值达标。2010年的年均值为0.058毫克/立方米,比2005年的0.060毫克/立方米下降3.3%,比2006年的0.062毫克/立方米下降6.5%。从常德市“十一五”期间各年度的平均值看,“十一五”期间各年平均值浓度上下波动。

2011年,常德城区二氧化硫日均值在0.001~0.208毫克/立方米范围内,最高值出现在常德市二中测点(12月),超标0.39倍。超标率为1.99%,比2010年(1.6%)上升了0.39个百分点。城区年平均值为0.059毫克/立方米,比2010年年均值上升0.001毫克/立方米,未超过国家二级标准(0.06毫克/立方米)。

2012年,常德城区二氧化硫日均值在0.001~0.236毫克/立方米范围内,年平均值为0.049毫克/立方米,超标率为0.91%。年均值较2011年下降0.010毫克/立方米,超标率较2011年(1.99%)下降了1.08个百分点。

图38 环境监测人员进行废气采样

常德市二氧化硫监测结果统计（1996—2012）

表2-1-1

单位：毫米/立方米

区域	1996年				1997年				1998年				1999年				2000年				区域平均
	日均值		年均值		日均值		年均值		日均值		年均值		日均值		年均值		日均值		年均值		
	范围	超标率（%）	浓度	超标倍数	范围	超标率（%）	浓度	超标倍数	范围	超标率（%）	浓度	超标倍数	范围	超标率（%）	浓度	超标倍数	范围	超标率（%）	浓度	超标倍数	
常德市	0.004–0.318	30.0	0.109	0.8	0.001–0.285	10.2	0.084	0.4	0.001–0.364	17.4	0.085	0.4	0.003–0.405	8.8	0.071	0.2	0.006–0.189	0.8	0.050	0	0.08

区域	2001				2002				2003				2004				2005				区域平均
	日均值		年均值		日均值		年均值		日均值		年均值		日均值		年均值		日均值		年均值		
	范围	超标率（%）	浓度	超标倍数	范围	超标率（%）	浓度	超标倍数	范围	超标率（%）	浓度	超标倍数	范围	超标率（%）	浓度	超标倍数	范围	超标率（%）	浓度	超标倍数	
常德市	0.001–0.299	5.60	0.056	0	0.001–0.380	10.9	0.063	0.05	0.002–0.289	3.89	0.064	0.07	0.002–0.163	0.2	0.054	0	0.003–0.184	1.60	0.060	0	0.059

区域	2006				2007				2008				2009				2010				区域平均
	日均值		年均值		日均值		年均值		日均值		年均值		日均值		年均值		日均值		年均值		
	范围	超标率（%）	浓度	超标倍数	范围	超标率（%）	浓度	超标倍数	范围	超标率（%）	浓度	超标倍数	范围	超标率（%）	浓度	超标倍数	范围	超标率（%）	浓度	超标倍数	
常德市	0.002–0.204	1.2	0.062	0.03	0.004–0.196	1.9	0.062	0.03	0.006–0.200	1.8	0.064	0.07	0.002–0.210	1.9	0.060	0	0.004–0.256	2.6	0.058	0	0.061

区域	2011				2012			
	日均值		年均值		日均值		年均值	
	范围	超标率（%）	浓度	超标倍数	范围	超标率（%）	浓度	超标倍数
常德市	0.001–0.208	1.99	0.059	0	0.001–0.236	0.91	0.049	0

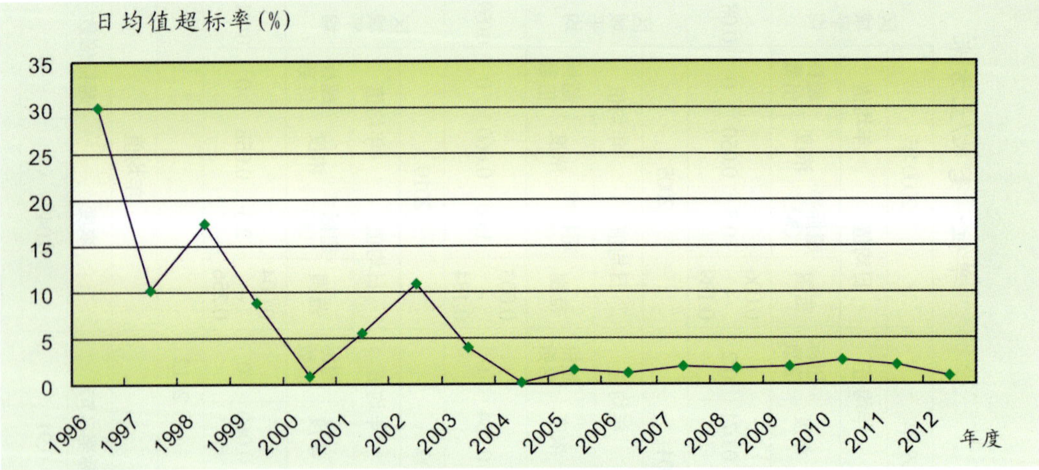

1996—2012 年常德市二氧化硫监测结果统计图

从图中可以看出：常德市 1996—2012 年期间，二氧化硫日均值超标率最高点出现在“九五”初期，“十五”后期开始呈下降趋势，在历年平均值浓度上下波动。

二、氮氧化物(NO_X)、二氧化氮(NO_2)

1988—1990 年，常德城区氮氧化物监测值为 1260 个，最大值为 0.110 毫克/立方米，出现在 1989 年的春季，超标点为市北站测点。

1991—1995 年，氮氧化物城区五年均值为 0.026 毫克/立方米，超标率为 0.3%，最高值出现在 1992 年。

1996—2000 年(“九五”时期)，常德市的氮氧化物平均值为 0.024 毫克/立方米，比“八五”期间的 0.026 毫克/立方米下降了 7.7%，“九五”期间各年平均值浓度上下波动。2000 年的年均值为 0.023 毫克/立方米，与 1995 年的 0.022 毫克/立方米基本持平，比 1996 年的 0.027 毫克/立方米降低 18.5%。

2001—2005 年(“十五”时期)，常德市的氮氧化物平均值为 0.027 毫克/立方米，比“九五”期间的 0.02 毫克/立方米上升了 12.5%，“十五”期间各年平均值浓度上下波动。2005 年的年均值为 0.020 毫克/立方米，比 2000 年的 0.023 毫克/立方米降低 13.0%，比 2001 年的 0.027 毫克/立方米降低 25.9%。

2006—2010 年(“十一五”时期)，常德市氮氧化物平均值为 0.025 毫克/立方米，比“十五”期间的 0.027 毫克/立方米下降了 7.4%，“十一五”期间各年平均值浓度上下波动。2010 年的年均值为 0.027 毫克/立方米，比 2005 年的 0.020 毫克/立方米上升 35%，比

2006 年的 0.026 毫克/立方米上升 3.8%。

2011 年，常德市城区二氧化氮的日均值在 0.001～0.123 毫克/立方米范围内，最高值出现在市技术监督局测点(1 月)。城区年平均值为 0.030 毫克/立方米，比 2010 年年均值(0.027 毫克/立方米)上升 0.003 毫克/立方米，在国家二级标准(0.08 毫克/立方米)之内。

2012 年，常德市城区二氧化氮的日均值在 0.001～0.110 毫克/立方米范围内，城区年平均值为 0.029 毫克/立方米，比 2011 年年均值下降 0.001 毫克/立方米，在国家二级标准(0.08 毫克/立方米)之内。

图 39 环境监测站工作人员废气采样

常德市氮氧化物、(二氧化氮)监测结果统计（1996—2012）

表2-1-2.　　单位：毫克/立方米

<table>
<tr><td rowspan="3">区域</td><td colspan="4">1996</td><td colspan="4">1997</td><td colspan="4">1998</td><td colspan="4">1999</td><td colspan="4">2000</td><td rowspan="3">区域平均</td></tr>
<tr><td colspan="2">日均值</td><td colspan="2">年均值</td><td colspan="2">日均值</td><td colspan="2">年均值</td><td colspan="2">日均值</td><td colspan="2">年均值</td><td colspan="2">日均值</td><td colspan="2">年均值</td><td colspan="2">日均值</td><td colspan="2">年均值</td></tr>
<tr><td>范围</td><td>超标率（%）</td><td>浓度</td><td>超标倍数</td><td>范围</td><td>超标率（%）</td><td>浓度</td><td>超标倍数</td><td>范围</td><td>超标率（%）</td><td>浓度</td><td>超标倍数</td><td>范围</td><td>超标率（%）</td><td>浓度</td><td>超标倍数</td><td>范围</td><td>超标率（%）</td><td>浓度</td><td>超标倍数</td></tr>
<tr><td>常德市</td><td>0.002–0.067</td><td>0</td><td>0.027</td><td>0</td><td>0.002–0.065</td><td>0</td><td>0.022</td><td>0</td><td>0.002–0.109</td><td>0.23</td><td>0.026</td><td>0</td><td>0.003–0.141</td><td>0.16</td><td>0.024</td><td>0</td><td>0.004–0.072</td><td>0</td><td>0.023</td><td>0</td><td>0.024</td></tr>
<tr><td rowspan="3">区域</td><td colspan="4">2001</td><td colspan="4">2002</td><td colspan="4">2003</td><td colspan="4">2004</td><td colspan="4">2005</td><td rowspan="3">区域平均</td></tr>
<tr><td colspan="2">日均值</td><td colspan="2">年均值</td><td colspan="2">日均值</td><td colspan="2">年均值</td><td colspan="2">日均值</td><td colspan="2">年均值</td><td colspan="2">日均值</td><td colspan="2">年均值</td><td colspan="2">日均值</td><td colspan="2">年均值</td></tr>
<tr><td>范围</td><td>超标率（%）</td><td>浓度</td><td>超标倍数</td><td>范围</td><td>超标率（%）</td><td>浓度</td><td>超标倍数</td><td>范围</td><td>超标率（%）</td><td>浓度</td><td>超标倍数</td><td>范围</td><td>超标率（%）</td><td>浓度</td><td>超标倍数</td><td>范围</td><td>超标率（%）</td><td>浓度</td><td>超标倍数</td></tr>
<tr><td>常德市</td><td>0.001–0.124</td><td>0.02</td><td>0.027</td><td>0</td><td>0.001–0.116</td><td>0</td><td>0.033</td><td>0</td><td>0.002–0.167</td><td>0.39</td><td>0.033</td><td>0</td><td>0.001–0.085</td><td>0.16</td><td>0.023</td><td>0</td><td>0.002–0.107</td><td>0</td><td>0.020</td><td>0</td><td>0.027</td></tr>
<tr><td rowspan="3">区域</td><td colspan="4">2006</td><td colspan="4">2007</td><td colspan="4">2008</td><td colspan="4">2009</td><td colspan="4">2010</td><td rowspan="3">区域平均</td></tr>
<tr><td colspan="2">日均值</td><td colspan="2">年均值</td><td colspan="2">日均值</td><td colspan="2">年均值</td><td colspan="2">日均值</td><td colspan="2">年均值</td><td colspan="2">日均值</td><td colspan="2">年均值</td><td colspan="2">日均值</td><td colspan="2">年均值</td></tr>
<tr><td>范围</td><td>超标率（%）</td><td>浓度</td><td>超标倍数</td><td>范围</td><td>超标率（%）</td><td>浓度</td><td>超标倍数</td><td>范围</td><td>超标率（%）</td><td>浓度</td><td>超标倍数</td><td>范围</td><td>超标率（%）</td><td>浓度</td><td>超标倍数</td><td>范围</td><td>超标率（%）</td><td>浓度</td><td>超标倍数</td></tr>
<tr><td>常德市</td><td>0.003–0.080</td><td>0</td><td>0.026</td><td>0</td><td>0.001–0.090</td><td>0</td><td>0.024</td><td>0</td><td>0.003–0.079</td><td>0</td><td>0.028</td><td>0</td><td>0.002–0.087</td><td>0</td><td>0.025</td><td>0</td><td>0.002–0.103</td><td>0</td><td>0.027</td><td>0</td><td>0.026</td></tr>
<tr><td rowspan="4"></td><td colspan="10">2011</td><td colspan="11">2012</td></tr>
<tr><td colspan="5">日均值</td><td colspan="5">年均值</td><td colspan="6">日均值</td><td colspan="5">年均值</td></tr>
<tr><td colspan="3">范围</td><td colspan="2">超标率（%）</td><td colspan="3">浓度</td><td colspan="2">超标倍数</td><td colspan="3">范围</td><td colspan="3">超标率（%）</td><td colspan="3">浓度</td><td colspan="2">超标倍数</td></tr>
<tr><td colspan="3">0.001–0.123</td><td colspan="2">0</td><td colspan="3">0.030</td><td colspan="2">0</td><td colspan="3">0.001–0.110</td><td colspan="3">0</td><td colspan="3">0.029</td><td colspan="2">0</td></tr>
</table>

备注：1996–2000年监测项目为氮氧化物，2001–2012年监测项目为二氧化氮。

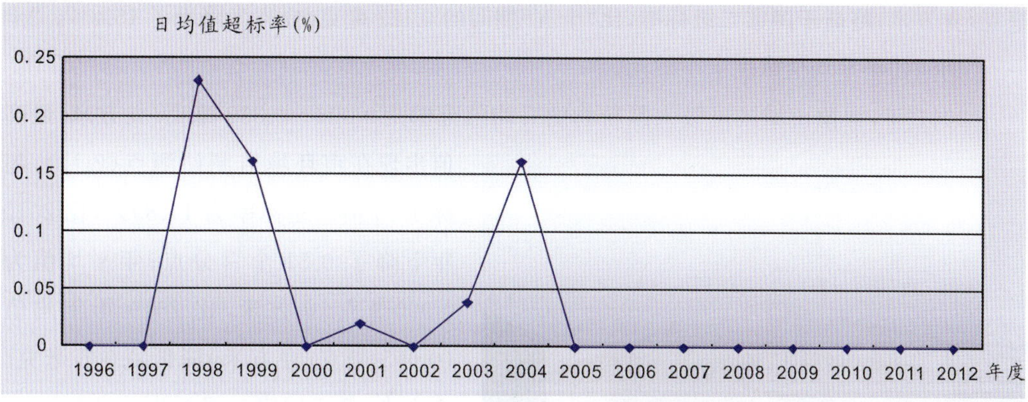

1996—2012 年常德市氮氧化物(二氧化氮)监测结果统计图

从图中可以看出:常德市 1996—2000 年期间,氮氧化物日均值超标率最高点,出现在“九五”中期的 1998 年、1999 年;2001—2012 年二氧化氮日均值超标率最高点,出现在“十五”后期的 2004 年,从 2005 年开始呈下降趋势,至 2012 年均无超标情况。

三、总悬浮颗粒物(TSP)、可吸入颗粒物(PM_{10})

1988—2000 年,常德城区监测点位监测的项目为总悬浮颗粒物。

1988—1990 年,总悬浮颗粒监测日均值 339 个,超标 92 个,超标率为 27.1%,日均浓度最大值为 2.383 毫克/立方米,超过标准限值的 6.94 倍,出现在 1988 年春季,测点为常德汽车北站。五年中每年的最大值都出现在常德汽车北站,其主要原因为该测点位于汽车北站下风向,又是东西大街(人民西路)与朝阳路 T 型街口,为城区主导风向北东的下风口。

1991—1995 年,城区总悬浮颗粒物五年均值为 0.181 毫克/立方米,超标率为 13.2%。

1996—2000 年(“九五”时期),五年的平均值是 0.194 毫克/立方米,略高于国家二级标准,比“八五”期间的 0.181 毫克/立方米增加 7.2%。“九五”期间各年平均值浓度上下波动。

2001—2012 年常德城区监测点位开始监测的项目是可吸入颗粒物(PM_{10})。

2001—2005(“十五”时期),常德城区可吸入颗粒物(PM_{10})五年的平均值是 0.123 毫克/立方米,略高于国家二级标准,比“九五”期间的 0.146 毫克/立方米降低了 15.8%。“十五”期间各年平均值浓度上下波动。

2006—2010 年(“十一五”时期),常德城区可吸入颗粒物(PM_{10})五年的平均值是 0.104

毫克/立方米，略高于国家二级标准，比“十五”期间的0.123毫克/立方米降低了15.4%。“十一五”期间各年平均值浓度上下波动。

2011年，常德市城区可吸入颗粒物的日均值范围是0.006～0.339毫克/立方米，最高值出现在市环境监测站测点（2月），超标1.26倍。超标率为11.89%，比2010年下降了0.51个百分点；年平均值为0.090毫克/立方米，比2010年年均值（0.095毫克/立方米）降低0.005毫克/立方米，低于国家二级标准（0.10毫克/立方米）。

图40　白鹤山空气自动监测站

2012年常德市城区可吸入颗粒物的日均值范围是0.006～0.232毫克/立方米，最大超标倍数为0.55倍，超标率为4.42%，比2011年下降了6.8个百分点；年平均值为0.082毫克/立方米，低于国家二级标准（0.10毫克/立方米），较2011年年均值（0.089毫克/立方米）降低0.007毫克/立方米。

图41　湖南省环保厅副厅长潘碧灵（中）视察自动站

将1996—2000年常德城区总悬浮颗粒物结果加以统计，从而绘制常德市总悬浮颗粒物日均值超标率变化趋势图。

将2001—2012年常德城区可吸入颗粒物结果加以统计，从而绘制常德市可吸入颗粒物日均值超标率变化趋势图。

1997—2000年常德市总悬浮颗粒物(TSP)监测结果统计

表2-1-3　　单位:毫克/立方米

1997	日均值	范围	0.020—0.557	1998	日均值	范围	0.024—0.655
		超标率(%)	15.3			超标率(%)	14.8
	年均值	浓度	0.187		年均值	浓度	0.22
		超标倍数	0			超标倍数	0.1
1999	日均值	范围	0.009—0.639	2000	日均值	范围	0.035—1.444
		超标率(%)	17.5			超标率(%)	15.9
	年均值	浓度	0.204		年均值	浓度	0.203
		超标倍数	0.02			超标倍数	0.02
区域		常德市		区域平均		0.194	

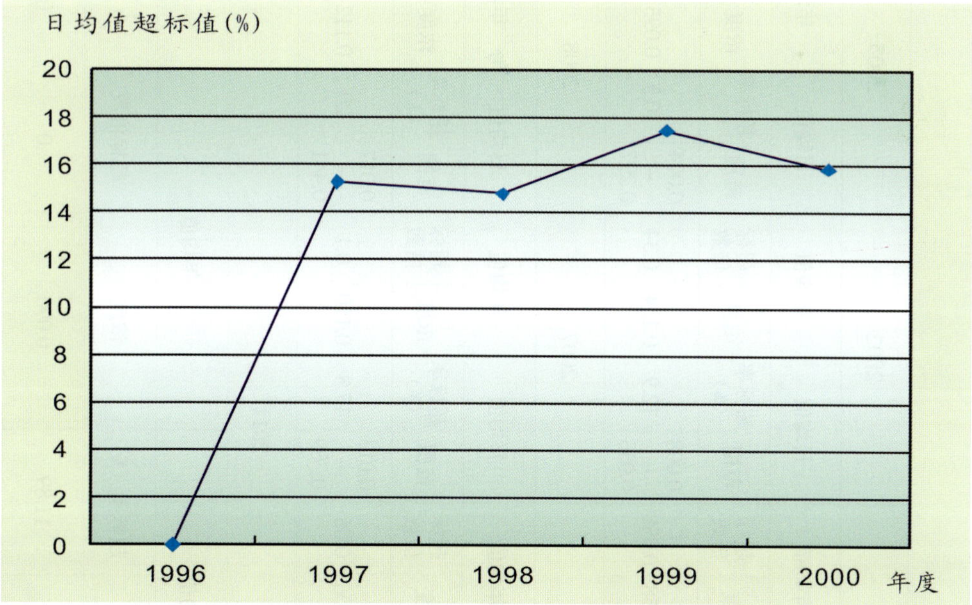

1996—2000年常德市总悬浮颗粒物监测结果统计图

从图中可以看出:常德市总悬浮物颗粒物呈上升趋势,日均值超标率最高点出现在1999年。

2001—2012年常德市可吸入颗粒物（PM_{10}）监测结果统计

表2-1-4　　单位：毫克/立方米

区域	2001				2002				2003				2004				2005				区域平均
	日均值		年均值		日均值		年均值		日均值		年均值		日均值		年均值		日均值		年均值		
	范围	超标率（%）	浓度	超标倍数	范围	超标率（%）	浓度	超标倍数	范围	超标率（%）	浓度	超标倍数	范围	超标率（%）	浓度	超标倍数	范围	超标率（%）	浓度	超标倍数	
常德市	0.020–0.671	18.2	0.158	0.058	0.008–0.056	12.9	0.134	0.34	0.004–0.297	10.5	0.095	0	0.012–0.446	15.2	0.118	0.18	0.016–0.383	18.4	0.112	0.12	0.123
区域	2006				2007				2008				2009				2010				区域平均
	日均值		年均值		日均值		年均值		日均值		年均值		日均值		年均值		日均值		年均值		
	范围	超标率（%）	浓度	超标倍数	范围	超标率（%）	浓度	超标倍数	范围	超标率（%）	浓度	超标倍数	范围	超标率（%）	浓度	超标倍数	范围	超标率（%）	浓度	超标倍数	
常德市	0.016–0.442	13.0	0.106	0.06	0.013–0.389	17.8	0.110	0.1	0.017–0.441	20	0.112	0.02	0.008–0.441	13.8	0.096	0	0.004–0.714	12.4	0.095	0	0.104

区域	2011				2012			
	日均值		年均值		日均值		年均值	
	范围	超标率（%）	浓度	超标倍数	范围	超标率（%）	浓度	超标倍数
常德市	0.006–0.339	11.89	0.090	0	0.006–0.232	4.42	0.082	0

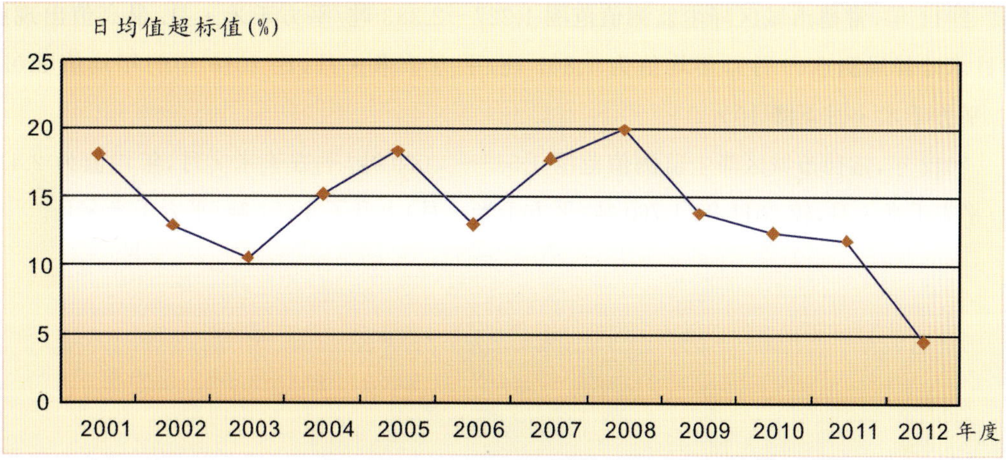

2001—2012 年常德市可吸入颗粒物(PM_{10})监测结果统计图

从图中可以看出:常德市可吸入颗粒物(PM_{10}),"十五"时期(2001—2005 年)和"十一五"时期(2006—2010 年)呈波动状态,日均值超标率在 10.5%～20%之间波动,从"十一五"后期的 2009 年开始呈下降趋势。

四、降尘

1988—1990 年,监测降尘数据 66 个,超标 22 个,超标率 33.3%,最大值为 24.8 吨/平方千米·月,超过标准 2.1 倍(出现在 1988 年的春季),测点为常德汽车北站。

1991—1995 年("八五"期间),城区降尘年均值为 5.04 吨/平方千米·月,超标率为 10.1%,最高值出现在 1994 年。

1996—2000 年("九五"期间),常德市城区五年的平均值为 6.427 吨/平方千米·月,较"八五"时期上涨 27.5%,"九五"期间各年平均值浓度呈上下波动但都未超标。

2001—2005 年("十五"期间),5 年的平均值为 5.511 吨/平方千米·月,较"九五"期间下降 14.2%,从全市各年度的平均值看,后 4 年逐年上升,但"十五"期间年均值都未超标。2005 年的年均值为 6.418 吨/平方千米·月,比 2001 年的 6.161 吨/平方千米·月上升 4.17%,比 2004 年的 5.940 吨/平方千米·月上升 8.05%。

2006—2010 年("十一五"期间),常德城区 5 年降尘的平均值为 4.238 吨/平方千米·月,较"十五"期间下降 23.1%,"十一五"期间各年平均值浓度呈上下波动但都未超标。2010 年的年均值为 2.034 吨/平方千米·月,比 2005 年的 6.418 吨/平方千米·月下降 68.3%,比 2009 年的 5.068 吨/平方千米·月下降 59.9%。

2011 年，常德市城区降尘监测值范围 1.227～2.383 吨/平方千米・月，最高值出现在市技术监督局测点(9 月)，年均值为 1.807 吨/平方千米・月，比 2010 年的年均值 2.034 吨/平方千米・月下降 10%。

2012 年，常德市城区降尘监测值范围 1.543～4.029 吨/平方千米・月，年均值为 2.411 吨/平方千米・月，较 2011 年(1.760 吨/平方千米・月)上升了 0.651 吨/平方千米・月。

图 42　喷水降尘

1996—2012年常德市降尘监测结果统计

表2-1-5 单位：吨/平方千米•月

区域	1996				1997				1998				1999				2000				区域平均
	月均值		年均值		月均值		年均值		月均值		年均值		月均值		年均值		月均值		年均值		
	范围	超标率（%）	浓度	超标倍数	范围	超标率（%）	浓度	超标倍数	范围	超标率（%）	浓度	超标倍数	范围	超标率（%）	浓度	超标倍数	范围	超标率（%）	浓度	超标倍数	
常德市	3.460—16.230	16	6.871	0	0.537—27.610	26.9	8.010	0	0.793—13.600	22.5	5.704	0	0.208—20.292	25	5.661	0	0.140—21.686	14.6	5.887	0	6.427

区域	2001				2002				2003				2004				2005				区域平均
	月均值		年均值		月均值		年均值		月均值		年均值		月均值		年均值		月均值		年均值		
	范围	超标率（%）	浓度	超标倍数	范围	超标率（%）	浓度	超标倍数	范围	超标率（%）	浓度	超标倍数	范围	超标率（%）	浓度	超标倍数	范围	超标率（%）	浓度	超标倍数	
常德市	1.210—12.668	18.3	6.161	0	0.804—12.196	3.3	3.887	0	0.767—10.700	10.53	5.150	0	0.889—15.900	22.9	5.940	0	0.677—9.743	25	6.418	0	5.511

区域	2006				2007				2008				2009				2010				区域平均
	月均值		年均值		月均值		年均值		月均值		年均值		月均值		年均值		月均值		年均值		
	范围	超标率（%）	浓度	超标倍数	范围	超标率（%）	浓度	超标倍数	范围	超标率（%）	浓度	超标倍数	范围	超标率（%）	浓度	超标倍数	范围	超标率（%）	浓度	超标倍数	
常德市	1.118—10.510	8.3	4.580	0	0.625—12.482	6.2	3.958	0	0.947—13.809	25	5.551	0	0.171—12.006	25	5.068	0	0.884—6.165	0	2.034	0	4.238

区域	2011				2012			
	日均值		年均值		日均值		年均值	
	范围	超标率（%）	浓度	超标倍数	范围	超标率（%）	浓度	超标倍数
常德市	1.227—2.383	0	1.807	0	1.543—4.029	0	2.411	0

1996—2012年常德市降尘监测结果统计图

从图中可以看出：常德市降尘在“九五”时期（1996—2000年）和“十一五”时期（2006—2010年）波动较大，最高点出现在1997年，最低点出现在2002年，2010—2012年无明显变化。

五、降水

1988—1990年，对常德市城区酸雨进行了监测。在城区中心老体育场附近设有一个监测采样点，同时在城郊东南方向4千米处武陵区社会福利院设一采样对照点。1988～1990年城区与郊区的降水年均值低于酸雨标准5.60，且城区的pH值低于郊区。

1991—1995年，城区酸雨频率后三年逐年上升，1995年酸雨频率最高达到92.1%，酸雨频率五年均值为70.0%。1991—1995年，酸雨pH值均值为4.37，比前五年下降0.21。五年降水pH值均值为4.60，比前五年下降0.57，酸雨污染比前五年有所加重。

1996—2000年（“九五”时期），对常德城区酸雨采样点做了调整，共设置采样点3个，即市环境监测站楼顶、鼎城区武陵镇临江路鼎城区环保局楼顶、柳叶湖管委会（2004年改设于白鹤山乡赵公桥村），后者为对照点。1996—2000年的降水pH年均值范围是4.22～5.32，最低值在1997年，最高值在2000年。2000年，常德市城区的降水样品总数为164个，其中酸雨样42个，酸雨频率25.6%，降水pH均值5.32。与1995年相比，采集降水样品总数增加3.3倍，而酸雨频率下降66.5个百分点，降水pH年均值增加1.00（pH）；与1996年相比，采集降水样品总数增加1.8倍，而酸雨频率下降64个百分点，降水pH年均值也增加了0.90（pH）。常德市城区2000年的酸雨污染程度与1995年和“九五”初期相比有所减轻。

2001—2005年("十五"时期),降水pH年均值范围是4.16—5.13,最低值在2004年,最高值在2001年。2005年常德市城区的降水样品总数为152个,其中酸雨样98个,酸雨频率64.5%,降水pH均值4.57。与2000年相比,采集降水样品总数减少7%,酸雨频率上升38.9个百分点,降水pH年均值下降0.75;与2001年相比,采集降水样品总数增加13%,而酸雨频率上升21.2个百分点,降水pH年均值下降了0.56。常德市城区2005年的酸雨污染程度与2000年和"十五"初期相比也有不同程度的加重。

2006~2010年("十一五"时期),常德城区酸雨采样点做了调整,设监测点2个,分别设在常德市环境监测站及市郊白鹤山(对照点)。"十一五"期间单次降水pH值范围为3.07~6.87,最低值出现在2008年,最高值出现在2010年。2010年常德市城区的降水样品总数为77个,其中酸雨样67个,酸雨频率87.0%,降水pH均值4.39。与2005年相比,采集降水样品总数减少49%,酸雨频率上升22.5个百分点,降水pH年均值下降0.18。常德市城区2010年的酸雨污染程度与2005年相比有所加重。

2011年,常德市城区的降水样品总数为50个,其中酸雨样37个,酸雨频率74.0%,降水pH均值4.78。酸雨频率与2010年(87.0%)相比,酸雨频率下降了13%,降水pH年均值与2010年(4.39)上升了0.39。

2012年,常德市城区的降水样品总数为97个,其中酸雨样45个,酸雨频率46.4%,降水pH均值4.83。酸雨频率与2011年(74.0%)相比,酸雨频率下降了27.6%,降水pH年均值与2011年(4.78)上升了0.05。将1991～2012年常德市城区的pH年均值和酸雨频率加以统计,从而绘制常德市城区降水结果年际变化图。

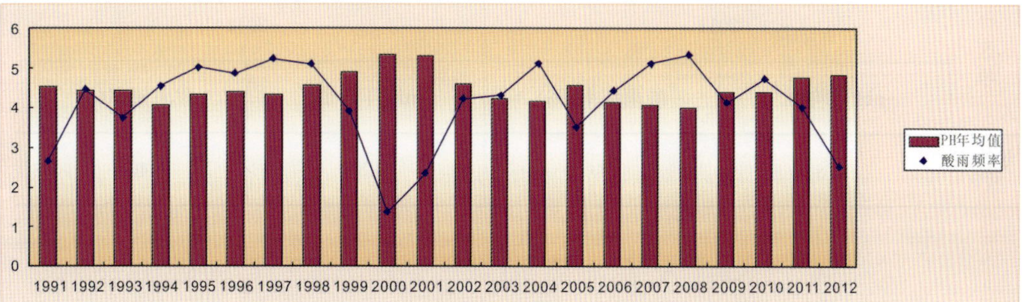

1991—2012年常德市城区降水结果年际变化图

从图中可以看出:1991—2012年常德市城区酸雨pH年均值,最高点出现在2000年,最低点出现在2008年;酸雨频率最高点出现在2008年,最低点出现在2000年。

常德市 1991—2012 年降水监测结果统计

表 2-1-6

区域	1991		1992		1993		1994		1995	
	pH 年均值	酸雨频率(%)	pH 年均值	酸雨频率(%)	pH 年均值	酸雨频率(%)	pH 年均值	酸雨频率(%)	pH 年均值	酸雨频率(%)
常德市	4.52	48.7	4.45	81.8	4.44	68.9	4.08	83.3	4.78	92.1
区域	1996		1997		1998		1999		2000	
	pH 年均值	酸雨频率(%)	pH 年均值	酸雨频率(%)	pH 年均值	酸雨频率(%)	pH 年均值	酸雨频率(%)	pH 年均值	酸雨频率(%)
常德市	4.42	89.6	4.32	96.2	4.55	93.6	4.92	71.7	5.32	25.6
区域	2001		2002		2003		2004		2005	
	pH 年均值	酸雨频率(%)	pH 年均值	酸雨频率(%)	pH 年均值	酸雨频率(%)	pH 年均值	酸雨频率(%)	pH 年均值	酸雨频率(%)
常德市城区	5.13	43.28	4.61	77.94	4.26	79.5	4.16	94.4	4.57	64.5
区域	2006		2007		2008		2009		2010	
	pH 年均值	酸雨频率(%)	pH 年均值	酸雨频率(%)	pH 年均值	酸雨频率(%)	pH 年均值	酸雨频率(%)	pH 年均值	酸雨频率(%)
常德市城区	4.15	81.7	4.07	94.3	3.99	98.3	4.38	76.0	4.39	87.0

区域	2011		2012	
	pH 年均值	酸雨频率(%)	pH 年均值	酸雨频率(%)
常德市城区	4.78	74.0	4.83	46.4

第二节　水环境质量

一、地表水质量

常规水质监测主要是指按照国家环保总局、湖南省环保局对各地环保部门所管辖区的主要江河分段面、按季度进行的一种例行监测。1988—1999年，常德段沅水、澧水均符合《地表水环境质量标准》(GB3838—83)中三级水质标准。

图43　清澈的西洞庭湖

1996—2000年（“九五”时期），常德市段沅澧水水质监测共布设省级和市级监控断面18个，采样点41个，分析项目有26项，监测频次为每年一月、五月、九月三个水期，各采样3次。监控断面中，沅水布设10个断面，采样点23个；澧水布设8个断面，采样点18个，每年共完成水质监测数据25067个。

“九五”期间，常德市沅水水系水质状况中，年平均值大肠菌群（或粪大肠菌群）项目超过《地表水环境质量标准》(GB3838—83)中三级水质标准，氨氮、非离子氨、石油类、总硬度项目也有不同程度超标，其他监测项目均优于三级水质标准；“九五”期间，澧水水系水质状况中，年平均值有石油类、粪大肠菌群项目超过《地表水环境质量标准》(GB3838—83)中三级水质标准，氨氮、非离子氨、砷、酚、总磷、汞等项目有不同程度超标，其他监测项目优于三级水质标准。

2001—2005年（“十五”时期），常德市沅澧两水干流断面因为实际情况，进行了调整，而且监测项目发生了变化。其中，从2003年起，澧水石门三江口断面由省级、市级调整为国控断面，沅水武陵区夹街断面调整为国控断面，国、省控断面采样频次由一年三次调整为一月一次。水质监测结果的评价标准为《地表水环境质量标准》(GB3838—83)。“十五”期间，沅澧两水均符合Ⅱ—Ⅲ类水质标准。

2006—2010年（“十一五”时期），常德市地表水监测国控断面武陵区夹街断面改为沅水武陵区陈家河、澧水石门县三江口，省控断面为沅水桃源县凌津滩、汉寿县坡头，澧水津市窑坡渡、安乡县沙河口，洞庭湖水系藕池西支安乡县官垱。“十一五”期间，沅澧两水均符合Ⅱ—Ⅲ类水质标准。洞庭湖水系藕池西支安乡县官垱断面2006年水质监测结果劣于Ⅴ类水质标准，水质状况为重度污染；2007—2009年符合Ⅳ类水质标准，水质状况为轻度污染，2010年，水质监测结果符合Ⅲ类水质标准，水质状况为良好。

2011年，常德市地表水省控以上7个断面，2011年7月，省控官垱断面取消，市控马坡湖断面调整为省控。根据地表水监测技术规范要求，常德市水质监测站地表水开展监测项目24项，水质评价标准采用《地表水环境质量标准》(GB3838—2002)Ⅲ类水质标准(不评价水温、总氮、粪大肠菌群)。沅水流域3个断面，分别为武陵区陈家河、汉寿坡头、桃源凌津滩，水质类别为Ⅱ类；澧水流域3个断面，分别为石门三江口、津市窑坡渡、安乡沙河口，水质类别为Ⅱ类；洞庭湖水系1个断面，松滋河东支安乡马坡湖，水质类别为Ⅲ类，100%监测断面达到功能区水质标准，全市水环境质量优。

图44　环境监测站工作人员废水采样

2012年，常德市地表水省控以上7个断面，常德市沅水省控以上共监测3个断面，水质类别评价结果表明，沅江水系水质优，符合Ⅱ类水质的断面3个，100%的监测断面达到功能区水质标准；常德市澧水省控以上共监测3个断面，水质类别评价结果表明，澧水水系水质优，符合Ⅱ类水质的断面3个，100%的监测断面达到功能区水质标准；安乡县松滋河东支马坡湖断面水质符合Ⅲ类标准。

二、饮用水质量

常德市城区有3家自来水厂，都设有取水口：一水厂取水口：设在老城区沅水上游的大西门，二水厂取水口设在德山枉水出口上游约100米处的江心，三水厂取水口设置在一水厂取水口上游2公里处的落路口。3家水厂日供水能力共为17.3万立方米，其中一、三水厂日供水能力共为12.3万立方米，二水厂日供水能力为5万立方米。1989年以前，由各自来水厂每月进行一次全面检测。1989年以后，由市环境监测站在每年的枯、平、丰水期每期进行两次监测，每年共进行6次、14个项目的监测分析。城区自来水水源地水质除粪大肠菌群和化学需氧量外，其余均符合《生活饮用水卫生标准》(GB5749—85)。

1988—1990 年，市城区自来水水质良好。

1991—1995 年，常德城区自来水水质虽然其取水源头河段粪大肠菌群和非离子氨等个别项目时有超标，但总体水质良好。

1996—2000 年，饮用水监测点位为常德市第一、第二、第三水厂，常德市饮用水源水质达标率为 94.6%、96.11%、95%、99.3%。超标项目为大肠菌群，非离子氨和挥发酚。

2001—2005 年，监测水厂为常德市第一、二、三水厂，2004 年第一水厂停产，第四水厂投入使用，2005 年第一、第二水厂均停产，饮用水源水质监测为第三、第四水厂。由于评价标准进行了调整，所有评价一律采用《地表水环境质量标准》(GB3838—83) Ⅲ级标准。从 2002 年起，监测频次为 12 次/年。2001—2005 年，常德市饮用水源水质达标率分别为 93.2%、94.9%、96.0%、96.2%、99.4%，超标项目主要有非离子氨、粪大肠菌群、总氮、总磷等。

2006 —2010 年，常德市城区的集中式饮用水源地三水厂、四水厂所监测指标均符合地表水Ⅲ类标准，五年水质达标率均为 100%。此间，市城区饮用水水源地状况良好。水质评价标准采用《地表水环境质量标准》(GB3838—2002)表 1 中Ⅲ类标准限值(不含化学需氧量、总氮、粪大肠菌群)以及表 2、表 3 中的标准值。

2011 年，常德市第三自来水厂取水点饮用水源水质达标率为 91.9%，未达标项目为总磷；常德市第四自来水厂取水点饮用水源水质达标率为 92.1%，未达标项目为总磷。全市合计中，饮用水源水质达标率为 92%，与 2010 年相比达标率有所下降。总磷的超标原因是受上游贵州入境水体水质的影响。

图 45 常德市自来水公司四水厂滤池

2012 年，常德市第三自来水厂取水点饮用水源水质达标率为 100%；常德市第四自来水厂取水点饮用水源水质达标率为 100%。全市合计，饮用水源水质达标率为 100%，与 2011 年相比达标率有所上升。

三、地下水质量

常德市对地下水没有开展常规监测。为了解常德市地下水环境总体状况及地下水的污染状况，常德市环境监测站在省站技术组的指导下，于 2008 年在全市六区六县一市范围开展地下水污染现状调查工作，主要是对常德地区地下水污染现状进行调查与评价，通过对常德市水文地质条件、地下水水源地分布与水质状况、污染源的分布及特性等现状信息资源的收集、分析及评价，为地下水污染防治规划和地下水源地保护方案的编制提供必要的基础信息。

此次调查对该辖区范围内的77口地下水井进行了监测，其中感官指标、常规组分、重金属、生物学指标由常德市环境监测站承担，有机组分由湖南师大实验室承担。由于大部分金属因子和有机污染因子指标均缺乏相应的评价标准，因此，本报告仅以《地下水环境质量标准》(GB/T14848—1993)为依据，结合常德市实际，选取pH值、总硬度、溶解性总固体、硫酸盐、氯化物、铁、锰、铜、锌、挥发酚、高锰酸盐指数、硝酸盐氮、氨氮、氟化物、氰化物、硒、砷、汞、镉、六价铬、铅、镍等22项指标做相应的评价。

根据常德市地下水调查监测方案，此次调查布设地下水污染监控点位43个，加上地下水质量普查点位34个，参与地下水环境质量评价的点位共77个(其中平原33个、丘岗38个、山区6个)。从全市监测结果看，10.4%为酸性水质，地下水中无机污染物超标率为31.8%，有机污染物无超标且大部分未检出。

第三节　土壤环境质量

常德市对土壤没有开展常规监测。为了解常德市土壤环境总体状况及土壤的污染状况，市环境监测站于2006年12月在常德市开展了土壤污染现状调查工作。

此次常德区域土壤质量状况调查以武陵区、鼎城区、安乡县、汉寿县、澧县、临澧县、桃源县、石门县、津市市九个地域为基础调查单位。

根据常德市地理位置状况，全市共采集土壤环境质量调查点位样品171个，加上土壤背景调查点位样品42个，共213个点位的土壤样品，依据这些样品的分析结果对常德市的土壤环境质量进行评价。

根据2006年调查情况，常德市区域土壤总体质量尚好，但所测项目无机元素总量存在超标的有镉、汞、铜、铬、锌、镍、锰、硒、钒共九项，超标率分别为16.9%、4.2%、1.4%、0.5%、0.9%、14.6%、1.4%、0.9%、1.4%；有机氯中超标的有六六六和滴滴涕，超标率均为6.1%；多环芳烃类中超标的有苯并[a]和二苯并[a,h]蒽，超标率分别为0.5%和2.3%。

213个质量调查点中，无机超标项目镉和镍的超标率分别为16.9%和14.6%。镉有0.9%的重度污染、0.5%的中度污染、2.3%的轻度污染和13.1%的轻微污染；镍有1.4%轻度污染和

13.1%的轻微污染;有机超标项目六六六有 4.2%的轻微污染,0.5%的轻度污染,0.5%的中度污染,0.9%的重度污染;滴滴涕有 3.8%的轻微污染,0.5%的轻度污染,1.4%的中度污染,0.5%的重度污染;多环芳烃类二苯并[a,h]蒽有 2.3%的轻微污染。

第四节 声环境质量

一、交通噪声

常德市于 1988 年、1989 年和 1990 年对城区的道路交通噪声各测试一次。1988 年—1990 年,城区道路交通噪声路长加权均值 73.6 dB(A),超过国家标准 3.6 dB(A),超标路段长度均值为 20.2 千米,占总监测路段长度的 82.2%;在 24.58 千米的平均监测路段长度中,暴露在 66—70、71—75、76—80 和 80 dB(A)以上的路段长度的均值分别为4.6、13.1、6.6 和 0.5 千米,占平均监测路长的 18.7%、53.3%、26.7%和 2.2%。1988 年—1990 年,城区道路交通噪声等效声级的路长加权均值呈逐年上升趋势。超标路段长度也逐年增加,超标路段占干线总长的百分比从 1988 年的 65.7%增加到 1989 年的76.2%,1990 年再增至 98.8%。

图 46 武陵大道车流

1991—1995 年("八五"时期),按常规监测规范,市环境监测站在城区主要交通干线上布设监测点 30 个,在每年的春节或秋季监测一次。此间,城区道路交通噪声五年平均值为 71.5 dB(A),超过国家标准 1.5 dB(A),比 1988—1990 年三年平均值[73.6 dB(A)]降低 2.1 dB(A);五年中超标路段长度均值为 19.0 千米,占交通干线总长的65.7%,比 1988—1990 年降低 16.5 个百分点;五年期间平均车流量 450 辆/时,比 1988—1990 年增加 131 辆/时,1995 年比 1990 年增加 327 辆/时。

1996—2000年（“九五”时期），常德市城区道路交通噪声的监测路段长度及测点数逐年增加，由1996年的23条路段（38630米）40个测点，增加到2000年的33条路段（61240米）73个测点。监测统计方法按《“九五”城市环境综合整治定量考核指标实施细则》及《环境监测技术规范》（噪声部分）执行。五年平均等效声级69.6 dB(A)，比“八五”期间五年平均等效声级71.5 dB(A)下降了1.9 dB(A)；五年期间平均车流量805辆/时，比“八五”期间平均车流量450辆/时增加355辆/时。此间，常德市交通噪声监测路段61.24千米中，暴露在66～70、71～75 dB(A)的路段比例分别为48.9%、39.2%，超过70 dB(A)的路段平均比例为44.1%，较“八五”期间的65.7%下降了21.6个百分点。“九五”期间，常德市车流量变化不大，相对而言交通噪声变化波动也不大，基本上持平。

2001—2005年（十五时期），随着城市的不断发展，道路交通的不断延伸扩展，常德市城区道路交通噪声的监测路段长度及测点数由“九五”期间的33条路段（61240米）73个测点，增加到40条路段（89930米）100个测点。监测统计方法按《“十五”城市环境综合整治定量考核指标实施细则》及《环境监测技术规范》（噪声部分）执行。“十五”期间五年平均等效声级67.69 dB(A)，比“九五”期间五年平均等效声级69.6dB(A)下降了1.91 dB(A)。“十五”期间，常德市交通噪声监测路段总长为89.93千米，其中暴露在66～70、71～75 、76～80dB(A)的路段比例分别为56.9%、22.3%、1.5%，超过70 dB(A)的路段平均比例为23.9%，较“九五”期间的44.1%下降了20.2个百分点。“十五”期间，常德市车流量持续上升，但市政府采取的一系列降噪措施使交通噪声变化波动不大。

2006—2008年，常德市城区道路交通噪声上半年与下半年各测一次，监测范围包括江北城区、鼎城区武陵镇和德山开发区，共计主次干道40段，布设点位100个。

2006年上半年，常德市道路交通噪声监测平均等效声级为68.33分贝，标准偏差3.04分贝；累计百分声级L10、L50、L90分别为70.84、64.35、58.32分贝，测量路段总长89.93千米，超过70分贝的路段长度为29千米，占总路段长度的32.25%；下半年全市平均等效声级68.25分贝，标准偏差3.93分贝，累计百分声级L10、L50、L90分别为70.86、64.30、58.59分贝，测量路段总长度为89.93千米，超过70分贝的路段长度为31.15千米，占总路段长度的34.64%。上半年和下半年车流量加权均值分别为956辆/时和1058辆/时。较2005年而言，上半年平均等效声级上升了0.78分贝，超过70分贝的路段长度增加了2.88千米；下半年平均等效声级下降了0.11分贝，超过70分贝的路段长度增加了11.24千米。2006年，常德城区全年道路交通噪声监测平均等效声级为68.3分贝，较2005年平均等效声级67.96分贝上升了0.38分贝，车流量（1008辆/时）比2005年（车流量1037辆/时）有所下降。

2007年上半年，常德市道路交通噪声监测全市平均等效声级为68.0分贝，标准偏差

3.7 分贝；累计百分声级 L10、L50、L90 分别为 70.8、64.1、58. 2 分贝，测量路段总长 89.93 千米，超过 70 分贝的路段长度为 25.98 千米，占总路段长度的 28.89%；下半年全市平均等效声级 69.0 分贝，标准偏差 3.2 分贝，累计百分声级 L10、L50、L90 分别为 71.6、65.2、59.5 分贝，测量路段总长度为 89.93 千米，超过 70 分贝的路段长度为 39.45 千米，占总路段长度的 43.9%。上半年和下半年车流量加权均值分别为 1027 辆/时和 1148 辆/时。较 2006 年而言，上半年平均等效声级下降了 0.33 分贝，超过 70 分贝的路段长度减少了 3.02 千米；下半年平均等效声级增加了 0.75 分贝，超过 70 分贝的路段长度增加了 8.3 千米。2007 年，常德城区全年道路交通噪声监测平均等效声级为 68.5 分贝，较 2006 年平均等效声级 68.3 分贝无明显变化，车流量（1087 辆/时）较 2006 年车流量（1008 辆/时）变化不大。

2008 年上半年，常德市道路交通噪声监测，全市平均等效声级为 67.1 分贝，标准偏差 3.7 分贝；累计百分声级 L10、L50、L90 分别为 69.8、64.3、58. 3 分贝，测量路段总长 89.93 千米，超过 70 分贝的路段长度为 22.29 千米，占总路段长度的 24.78%；下半年全市平均等效声级 68.5 分贝，标准偏差 4.4，累计百分声级 L10、L50、L90 分别为 71.6、65.3、59.8 分贝，测量路段总长度为 89.93 千米，超过 70 分贝的路段长度为 33.35 千米，占总路段长度的 37.08%。上半年和下半年车流量加权均值分别为 956 辆/时和 984 辆/时。较 2007 年而言，上半年平均等效声级下降了 0.9 分贝，超过 70 分贝的路段长度减少了 3.69 千米；下半年平均等效声级下降了 0.5 分贝，超过 70 分贝的路段长度减少了 6.1 千米。2008 年，常德城区全年道路交通噪声监测平均等效声级为 67.8 分贝，较 2007 年平均等效声级 68.5 分贝而言无明显变化，车流量（971 辆/时）较 2006 年（车流量 1087 辆/时）有所下降。

从 2009 年开始，常德市交通噪声监测为每年一次，监测范围包括江北城区、武陵镇和德山开发区，共计主次干道 40 段，布设点位 100 个。是年，常德市道路交通噪声监测全市平均等效声级为 67.9 分贝，标准偏差 4.2 分贝；累计百分声级 L10、L50、L90 分别为 70.6、64.8、58.8 分贝，测量路段总长 89.93 千米，超过 70 分贝的路段长度为 18.42 千米，占总路段长度的 20.48%。平均车流量为 1158 辆/时。较 2008 年而言，平均等效声级上升了 0.1 分贝，超过 70 分贝的路段长度减少了 1.01 千米。

2010 — 2012 年，常德市城区交通噪声监测区域范围与 2009 年一致。2010 年，常德市道路交通噪声监测全市平均等效声级为 67.9 分贝，标准偏差 3.9 分贝；累计百分声级 L10、L50、L90 分别为 70.7、65.1、61.1 分贝，测量路段总长 89.93 千米，超过 70 分贝的路段长度为 19.87 千米，占总路段长度的 22.1%，平均车流量为 1017 辆/时。较 2009 年平均等效声级没有变化。

常德市道路交通噪声监测 2011 年平均等效声级为 67.9dB(A)；累计百分声级 L10、

L50、L90 分别为 71.0、65.0、60.1dB(A)，测量路段总长 89.93 千米，超过 70dB(A)的路段长度为 39.18 千米，占总路段长度的 43.57%，超过 70dB(A)的路段长度上升了 17.09 千米，平均车流量为 1049 辆/时。较 2010 年而言，平均等效声级没有变化。

常德市道路交通噪声监测 2012 年平均等效声级为 67.3dB(A)；累计百分声级 L10、L50、L90 分别为 69.8、64.4、59.7dB(A)，测量路段总长 89.93 千米，超过 70dB(A)的路段长度为 17.42 千米，占总路段长度的 19.37%，超过 70dB(A)的路段长度下降了 21.76 千米。平均车流量为 1050 辆/时。较之 2011 年，平均等效声级下降了 0.6 dB(A)。

将 1988—2012 年常德市城区道路交通噪声加以统计，从而绘制常德市城区道路交通噪声污染分布图。

1988—2012 年常德市城区道路交通噪声统计

表 2-4-1

年份	路段条数	测点数	路长（米）	路宽（米）	车流量（辆/小时）	等效声级 dB(A)	累积百分声级 dB(A)		
							L_{10}	L_{50}	L_{90}
1988	—	—	17500	14.5	268	72.3	77.4	67.6	61.1
1989	—	—	28120	12.8	385	73.1	76.9	67.7	61.1
1990	—	—	28120	12.8	284	75.0	78.8	69.0	62.0
1991	—	—	26320	13.5	312	71.7	75.4	68.1	63.2
1992	—	—	28420	12.6	354	71.2	75.1	67.5	62.0
1993	—	—	28420	12.6	451	70.2	74.1	67.4	61.2
1994	—	—	29420	16.8	520	72.8	76.8	67.0	64.2
1995	—	—	29220	17.3	611	71.6	74.8	70.2	65.2
1996	23	40	38360	18.8	650	69.6	73.3	66.0	61.5
1997	27	48	40620	19.8	799	71.2	73.2	64.1	57.5
1998	28	52	45640	19.5	864	68.4	70.8	64.5	58.5
1999	33	72	60240	19.8	854	69.3	72.0	64.2	59.3
2000	33	73	61240	18.8	858	69.3	72.0	65.7	60.1
2001	40	200	179860	26.1	663	66.86	69.38	61.53	56.06
2002	40	200	179860	26.1	720	68.35	71.02	63.8	57.95

续上表

年份	路段条数	测点数	路长（米）	路宽（米）	车流量（辆/小时）	等效声级dB(A)	累积百分声级 dB(A)		
							L_{10}	L_{50}	L_{90}
2003	40	199	179860	26.1	804	68.45	71	63.59	58.05
2004	40	198	179860	26.1	930	66.81	69.56	63.26	57.96
2005	40	200	179860	26.1	1037	67.96	63.89	63.89	64.73
2006	40	100	89930	25.92	1008	68.3	—	—	—
2007	40	100	89930	25.92	1087	68.5	—	—	—
2008	40	100	89930	25.92	971	67.8	—	—	—
2009	40	100	89930	25.92	1158	70.6	70.6	64.8	58.8
2010	40	100	89930	25.92	1017	67.9	70.7	65.1	61.1
2011	40	100	89930	25.92	1049	67.9	71.0	65.0	60.1
2012	40	100	89930	25.92	1050	67.3	69.8	64.4	59.7

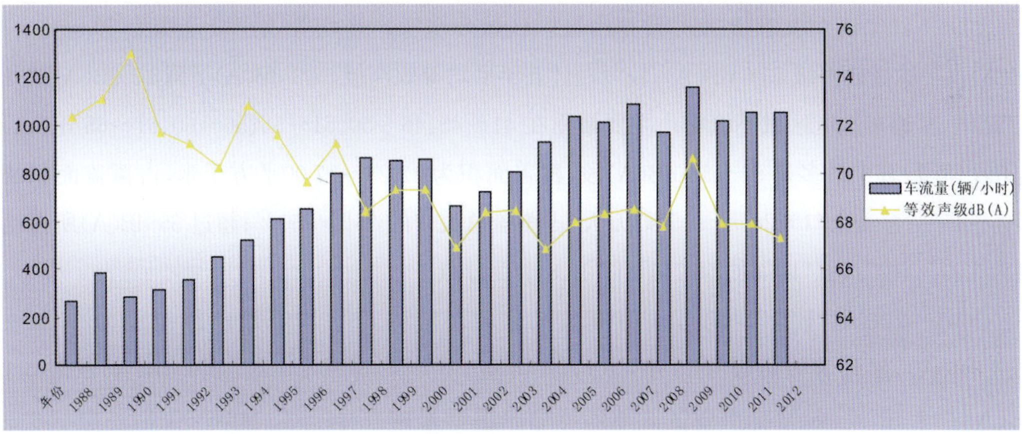

1988－2012年度常德市城区道路交通噪声污染分布图

从图中可以看出：常德市城区道路交通噪声年平均等效声级呈下降趋势，最高点出现在1990年，平均等效声级75.0dB(A)；车流量呈上升趋势，最高点在2009年，1158辆/时。

二、区域噪声

1989—1990年，常德市城区的环境噪声均值为56.5 dB(A)。声级范围51～55

dB(A)覆盖的面积最大,两年平均为6.12平方千米,占总网格面积的24%;覆盖的人口平均为6.08万人,占总网格人口的24%。声级范围81～85 dB(A)覆盖的面积最少,平均为0.12平方千米,占总网格面积的0.5%,覆盖的人口也最少,平均为0.02万人,占网格总人口的1%。城区有18.5平方千米的面积和16.63万人口在50 dB(A)以上的噪声环境中,分别占总数的72.5%和66.8%。1989年和1990年的区域环境噪声等效声级均值分别为56.4 dB(A)和56.6 dB(A),比1984年分别增加2.4 dB(A)和2.6 dB(A)。

1991—1995年("八五"时期),常德市城区区域环境噪声平均等效声级为57.3dB(A)。1991—1993年区域环境噪声平均等级逐年增加,1993年最高达到59.8 dB(A),1994—1995年逐渐下降,分别为56.8和56.4 dB(A)。其声源构成:生活43.1%,交通30.8%,工业12.7%,建筑施工3.9%,其他9.5%。其中生活、交通和工业三项之和为86.6%,是主要污染源,等效声级依次为:交通65.4 dB(A)、工业58.6 dB(A)、生活54.0 dB(A),交通噪声对区域环境影响最大。

常德市城区区域环境噪声自1996年以来,共布设156个监测网格,网格尺寸为500米×500米,按《城市区域环境噪声标准》(GB3096—93)中标准功能区划分:Ⅰ、Ⅱ、Ⅲ类分别有50、80、26个网格,O、Ⅳ类无网格。

1996—2000年("九五"时期),常德市城区区域环境噪声平均等效声级范围为50.5～55.2 dB(A)。平均等效声级53.6 dB(A),较"八五"五年平均等效声级57.3 dB(A)下降3.7 dB(A);"九五"期间,常德市城区区域环境噪声主要暴露在41～45、46～50、51～55、56～60、61～65 dB(A)这几个阶段,其中最多是51～55 dB(A)段,覆盖面积为12.25～17.00平方千米,占覆盖面积的30%～45%;覆盖人口8.24万～15.80万人,占覆盖总人口的25%～50%;超过55 dB(A)所占比例为37.9%,较"八五"期间的56.7%下降18.8个百分点。

2001—2005("十五"时期),常德市城区区域环境噪声平均等效声级范围为50.8～55.5 dB(A),平均等效声级53.5 dB(A),较"九五"五年平均等效声级53.6 dB(A)下降0.1 dB(A);"十五"期间,常德市城区区域环境噪声主要暴露在41～45、46～50、51～55、56～60、61～65 、66～70dB(A)这几个区段,其中最多是51～55dB(A)段,覆盖面积为15.75～37.5平方千米,占覆盖总面积的31%～53.8%;覆盖人口13.66～42.08万人,占覆盖总人口的31.03%～65.80%;超过55 dB(A)所占比例为36.0%,较"九五"期间的37.9%下降1.9个百分点。

2006年,常德市城区区域环境噪声平均等效声级为51.7分贝,标准偏差3.6分贝,累计百分声级L10、L50、L90分别为53.8、47.5和43.1分贝。2006年,常德市城区区域噪声较2005年52.9分贝下降1.2分贝。

2007年,常德市城区区域环境噪声平均等效声级为51.8分贝,标准偏差3.6分贝,累计百分声级 L10、L50、L90 分别为 53.6、48.0 和 44.1 分贝。2007 年，常德市城区区域环境噪声较 2006 年 51.7 分贝上升 0.1 分贝。

2008 年，常德市城区区域环境噪声平均等效声级为 51.3 分贝，标准偏差 3.0 分贝，累计百分声级 L10、L50、L90 分别为 53.4、49.0 和 46.4 分贝。2008 年市城区区域环境噪声较 2007 年 51.8 分贝下降 0.5 分贝。

2009 年，常德市城区区域环境噪声平均等效声级为 53.1 分贝，标准偏差 3.7 分贝，累计百分声级 L10、L50、L90 分别为 55.6、50.2 和 46.4 分贝。2009 年市城区区域环境噪声较 2008 年 51.3 分贝上升 1.8 分贝。

2010 年，常德市城区区域环境噪声平均等效声级为 53.3 分贝，累计百分声级 L10、L50、L90 分别为 55.7、51.0 和 47.0 分贝。2010 年，市城区区域环境噪声较 2008 年 53.1 分贝上升 0.2 分贝。

2011 年，常德市城区区域环境噪声平均等效声级为 52.5dB(A)，较 2010 年[53.3dB(A)]下降了 0.8dB(A)。累计百分声级 L10、L50、L90 分别为 55.0、50.9 和 47.8dB(A)，超过 55dB(A)所占比例为 25.1%，较 2010 年(31.9%)有所下降。

2012 年，常德市城区区域环境噪声平均等效声级为 52.9dB(A)，较 2011 年[52.5dB(A)]上升了 0.4dB(A)。累计百分声级 L10、L50、L90 分别为 55.9、50.9 和 47.7dB(A)，超过 55dB(A)所占比例为 15.4%，较 2011 年(25.1%)有所下降。

1996—2012 年常德市城区区域噪声统计

表 2-4-2

年份	等效声级 dB(A)	超标所占百分比(%)	累积百分声级 dB(A)		
			L_{10}	L_{50}	L_{90}
1996	51.9	23.7	53.7	49.4	46.6
1997	55.2	53.1	56.9	50.3	46.0
1998	50.5	14.1	52.3	46.4	42.9
1999	55.0	45.5	57.0	51.5	47.8
2000	55.2	53.2	57.2	51.4	47.5
2001	54.8	48.7	56.7	50.2	45.5
2002	53.6	35.5	55.4	49.7	45.9
2003	55.5	57.6	57.9	51.6	47.7
2004	50.8	20.2	52.7	47.3	43.9

续上表

年份	等效声级 dB(A)	超标所占百分比(%)	累积百分声级 dB(A)		
			L_{10}	L_{50}	L_{90}
2005	52.9	27.6	54.8	49.2	45.4
2006	51.7	19.0	53.8	47.5	43.1
2007	51.8	17.92	53.6	48.0	44.1
2008	51.3	15.41	53.4	49.0	46.4
2009	53.1	34.05	55.6	50.2	46.4
2010	53.3	31.90	55.7	51.0	47.0
2011	52.5	25.1	55.0	50.9	47.8
2012	52.9	15.4	55.9	50.9	47.7

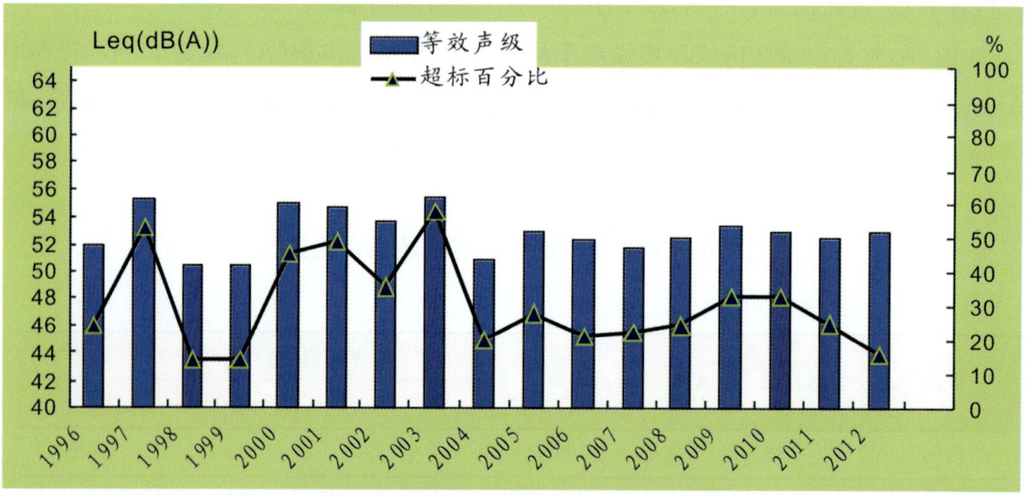

1996—2012 年常德区域噪声示意图

从图中可以看出:常德市区域噪声年平均等效声级总体状况较好,“九五”(1996—2000 年)期间和“十五”(2001—2005 年)中期等效声级波动较明显,最高点出现在 2003 年,平均等效声级 55.5 dB(A),从“十五”(2001—2005 年)后期的 2004 年开始呈下降趋势,波动不明显。

第三章 环境污染防治

第一节 大气污染防治

随着城市化进程的加快和工业的发展，常德城区大气环境质量出现恶化的趋势，主要表现是空气中二氧化硫、二氧化氮、可吸入颗粒物年均值超过国家《环境空气质量》标准。为了解决大气污染问题，常德市从整治单位生产生活锅炉、帮助居民解决生活用气、改善汽车燃料结构、清理整顿小水泥厂小砖瓦厂和加大绿化投入等方面着手，减少大气污染，提高空气质量。

一、生产、生活烟尘污染治理

1998 年以前，煤炭是常德市工厂生产锅炉和居民生活用的主要燃料，机关事业单位生活用燃料除了燃煤外，有个别单位用稻谷壳做燃料。煤炭、稻谷壳燃烧后产生的烟尘严重污染了城市空气。从 1998 年开始，常德市投入资金，对生产生活产生的烟尘污染进行治理。

1998 年，常德市投入治污资金 391.5 万元，对市区 35 台小锅炉进行治理；1999 年，关停老式锅炉 13 台，为 20 多台锅炉装置除尘脱硫设施，对城区机关单位烧煤的锅炉实行限期治理。4 月，市环保局对城区使用锅炉的 30 家机关单位限期治理烟尘污染的情况进行检查，检查结果，30 家使用锅炉的机关单位中，除常德军分区外，其余 29 家均限期治理。通过治理，常德城区锅炉烟尘排放量降低到国家规定标准以下，城区空气污染得到有效治理。

在城区锅炉烟尘治理取得成效后，常德市把城区空气污染治理的重点转到对城区饮食摊担上。1999 年 11 月，市城市管理委员会、市卫生局、市工商行政管理局发出通告，禁止任何单位和个人在城区街道、空坪、绿地、桥梁、车站、码头、广场、公共场所摆摊设点，经营烧烤(油炸)。12月，市环保局、市城管局等多家执法单位联合出动50多名执法人员、10多台汽车开展联合执法行动，取缔城区露天经营烧烤的饮食摊担。联合行动中，执法人员在皂果巷、芙蓉路、光荣路、市五中等地收缴露天经营烧烤(油炸)的摊担、炉灶数十件。这以后，城区主次干道街畔的露天烧烤饮食摊担明显减少。针对居民烧饭大量使用燃煤污染空气的问题，是年，常德市投资6000多万元敷设液化气管道，8000多户居民用上了管道液化气，减少了因居民使用燃煤而对大气产生的环境污染。

2001年3月，针对常德市城区新增包子坊锅炉污染严重、安全隐患多的问题，市环保局与市技术监督局联合行动，查封城区8家包子坊。5月，市政府市长办公会议研究决定，对市委机关、市人大机关、市政府机关的生活锅炉进行改造，对上述三机关的生活锅炉配置压力型燃油锅炉。8月，市政府对城区范围内污染严重的0.5蒸吨/时(含0.5蒸吨/时)以下的燃煤小锅炉、茶水炉及其他污染严重的锅炉实行限期关停。是年，被市政府列入首批关停的96家单位的98台锅炉全部关停。

2002年，常德市江北管道石油液化气一期工程建成投入使用，二期工程完成混气站、储气中心及调度中心等主体工程，市城区使用管道液化气用户达22850户，常德市固硫型煤工程投入163万元，建成一条年产5万吨的试生产线。

为了巩固燃煤锅炉治理成果，2002年，市政府对豆腐做坊进行专项整治，对豆腐做坊实行兼并重组，市城区87家豆腐做坊减少至27家。2004年4月，常德市玉洁食品有限公司投资800万元，建成机械化豆腐生产线，分散于城区各处的27家豆腐做坊集中到一处，统一生产，统一经营，城区原有的87台生产豆腐的小锅炉被淘汰。8月，市政府发出通告，划定禁止使用高污染燃料区的范围：江北城区为沅江以北，铁路以西及以南，新河以东；鼎城区武陵镇为金霞大道至西站路以东、西站路以北，玉霞大道桥南商贸城到枉水桥路段西侧400米以东至沅江；德山开发区为沅江以南，枉水以东，兴德路以北，东风河以西。凡使用高污染燃料的锅炉、炉灶必须关停，关停后的锅炉、炉灶改用管道燃气、液化石油气、电或其他清洁能源。至年底，常德市烟控区面积增加到47.63平方千米。

从2002年开始，饮食业油烟污染管理工作纳入城市大气污染防治强制管理范围。对新、扩、改建的饮食业单位，由环保部门和工商部门联合把关，禁止在居民楼下新、扩、改建餐饮门面，新建饮食单位都要安装油烟净化装置。2003年10月，市人民政府下发《市城区餐饮业油烟污染限期治理实施方案》，市环保局组成专门的工作机构，专项开展油烟整治工作，对市城区53家中型以上餐饮单位下达限期治理通知。2004年5月，投入资金52万元，对16家餐饮店进行治理。

21世纪初，常德市实行大规模的旧城改造，大量建筑垃圾都是采用没有密闭的汽车运送，飞扬的尘土，严重污染了城区空气，市民意见很大。为了解决这个问题，2003 年，市城区引资 2000 万元，组建了 6 家渣土运输专营公司，180 台全密闭渣土运输专车取代了过去不规范的渣土运输车。

2005 年 11 月，市环保局在全市排污单位分期分批开展重点污染源连续自动监控系统建设工作。根据国家《污染源自动监控管理办法》，结合常德市环保创模规划要求，对常德卷烟厂废气在线监控等 12 个污染源在线监控建设项目正式启动。

为了保护大气层，市环保局与市经贸委就加快淘汰消耗臭氧层物质联合发出通知，从 2006 年 12 月 31 日起，常德市全面禁止使用含氟利昂的制冷剂及其他物质，基本建成无氟城市。

2009 年，市环保局和武陵区、鼎城区、德山开发区对市城区燃煤锅炉情况进行调查，根据调查情况，对江北城区燃煤锅炉清洁能源改造提出整改意见，对污染严重的中国银行、新华宾馆的燃煤锅炉加强监管，督促落实整改措施。2010 年，中国银行、新华宾馆停止使用燃煤锅炉。

2011 年，市政府在城区开展“煤改气”“油改气”工作。常德卷烟厂、洞庭药业等单位的 35 台燃煤锅炉改为天然气锅炉，常德烟机等单位的燃煤锅炉改为电锅炉，城市清洁能源使用率达 54%。为了使更多的单位和个人使用新能源、可再生能源和清洁能源，市政府设立节能专项资金，用于支持能源的合理利用以及新能源、可再生能源和清洁能源的开发、示范和推广。至 2011 年，常德市利用丰富的水资源实施水电能源开发，建成中小水电站 140 多座。至 2012 年，投资 2.74 亿元建成天然气入常工程。

图 47　常德市城区“煤改气”工程

在城市发展天然气的同时，市政府在农村大力推行沼气及其综合利用技术，截至 2012 年，全市发展沼气 25 万口，沼气入户率达 20%，全市清洁能源使用率达 71.4%。

二、城市环境绿化

为了改善城区空气质量，减少可吸入颗粒物（PM_{10}）和细颗粒物（$PM_{2.5}$），从 20 世纪 80年代开始，常德市各级政府在植树节期间，都投入大量的人力、物力，开展植树造林活

图 48 杰新印染厂三电场高压静电除尘器

动，在城区及周边的河洑山、德山、太阳山植树造林。进入 20 世纪 90 年代，市委、市政府要求各驻市单位加大对环境绿化的投入。1999 年，常德市城区 4 万人（次）参加植树，共投义务工 10 万个，植树 2.4 万株。30 多家驻常单位投资 200 多万元，新建、改建庭院绿地 5 万多平方米。通过改造，全市有 10 家单位达到市级“园林式”单位标准，67 家单位达到城区市级“园林式”单位标准，省级“园林式”单位达到 27 家。2000 年 5 月，市人民政府颁发《常德市城市绿化管理办法》，对城市中各类绿地单项指标做出了明确规定。这以后，驻市单位注重加强园林建设，至 2012 年，常德市市级以上园林单位增加到 324 家，单位环境绿化的改善，使城区空气环境质量得到明显改变。

三、建设城区大气环境保护圈

从 1989 年开始，常德市城区开始创建烟尘控制区，其控制面积逐年扩大，到 1996 年，城区烟尘控制区面积达 80 %。1997 年 6 月，正式划定常德城区大气环境保护圈的范围，其范围包括城区、河洑镇、南坪乡、丹洲乡、护城乡、东江乡、东郊乡、芦山乡、武陵镇、柳叶湖度假区、德山开发区，其面积共 300 平方千米。

图 49 临澧县华润热电有限公司除尘设施

1996 年，市委、市政府开始大力治理大气污染。江南的武陵镇建成烟尘控制区，江北城区的西片、柳叶湖片定为烟控区，全城烟控区扩大 16.43 平方千米。1997 年，治理机动车辆的尾气污染，2000 多辆汽车强制安装空气净化器。1998 年，投入治污资金 391.5 万元，对 35 台小锅炉进行治理，一系列的举措，使工业废气排放量比上年下降 7.34%。1999 年，关停老式锅炉 13 台，装置除尘脱硫设施 20 多台，关闭砖瓦厂 16 家，投资 6000 多万元敷设液化气管道，8000 多户居民用上了管道液化气，同时禁止在大气保护圈内新建、改建、扩建对大气造成污染的小水泥厂、小冶炼厂、小化工厂。常德市的大气环境通过治理，大气污染得到较好控制，1999 年，城区大气中二氧化硫含量为 0.078 毫克/立方米，比 1996 年下降了 23 %；氮氧化物浓度为

0.027毫克/立方米，比1994年下降了21%；酸雨频率由1996年的100%下降到1998的89.3%。2000年，市人民政府颁发《常德市城区大气环境保护圈建设管理暂行办法》，常德市城区大气环境保护圈建设纳入法治建设轨道。

2000年，为遏制二氧化硫和酸雨污染加重的趋势，市人民政府颁发《常德市城市环境保护规划(1999—2020)》和《常德市城区大气环境保护圈建设管理暂行办法》，提出了以常德城区为中心，在四周最高山脊300平方千米环状范围内建立大气环境保护圈的规划。大气环境保护圈是指德山、河洑山、花山、白鹤山最高山脊环状内中心城区及武陵区的河洑乡、护城乡、南坪乡、东江乡、丹洲乡、东郊乡、芦荻山乡，鼎城区的武陵镇、白鹤山乡以及武陵监狱、柳叶湖旅游度假区、德山开发区。《办法》制订了一系列严格的大气环境保护政策和规定，在保护圈内安装、更新、改造生产、生活锅炉，必须先向环保部门申报，严格选型，建成后经环保部门验收合格方能投入使用；禁止在城区大气保护圈内新建、改建、扩建对大气造成污染的小水泥厂、小冶炼厂、小化工厂，严禁在保护圈内新建砖瓦厂等严重污染大气环境的工业企业，对已建砖瓦厂，在2～3年内予以全部关闭转产。

四、机动车排气污染防治管理

从2001年下半年起，市政府对大气污染的治理放在对机动车尾气排放的治理上，9月，市政府发布《常德市机动车排气污染防治管理办法》。《办法》要求交通部门通过初检、年检、路检、抽检等监督管理手段，强化对在用汽车的尾气管理，严格按照国家标准报废汽车；同时对187种化油器类汽车禁止销售、上牌，尾气不达标的车辆，不准上户、过户和入城行驶。为了减少汽车尾气的污染，对4000多台车辆安装了尾气净化装置。与此同时，根据国务院《关于限期停止生产销售、使用车用含铅汽油的通知》和国家环保总局等4部门《关于限期停止生产销售化油器类轿车及5座客车的通知》精神，在全市范围内开展了汽油无铅化及禁止销售化油器类轿车及5座客车专项行动。专项行动由市环保局牵头，会同市经贸委、市公安局、市工商局、市质监局组成联合执法检查组，对全市所有加油站进行检查，所有加油站停止销售使用含铅汽油，29家汽车销售企业，停止销售化油器类轿车及5座以下客车，同时取缔了运营摩的和机动三轮车。2011年，城市10条公共交通线路的近200台公交车、近1000台出租车使用天然气，并在公交总站、柳叶湖、德山、武陵镇建起了4座加气站。

2012年，常德市开始对机动车尾气排放进行集中治理，市环保局、市经信委、市交警支队、市质监局、市工商局联合发布《关于执行第三阶段国家机动车大气污染物排放标准有关工作的通告》。自2012年5月1日起，在常德市行政区域内登记的轻型汽车、重型车用汽油发动机与汽车、气体燃料点燃式汽车发动机与汽车的大气污染物排放必须达到第三阶段国家机动车污染物排放标准，对不符合第三阶段国家机动车污染物排放标准的，市公安机关交通管理部门不予办理登记手续。

五、秸秆禁烧

每年秋收季节，农民们有焚烧自家稻田稻草的习惯，焚烧稻草产生的烟雾严重地污染了空气。为了解决这个问题，2001 年，各区县(市)划定秸秆禁烧的范围，全市禁烧区面积达 7577.5 平方千米，占全市国土面积的 42%。

2009 年 9 月，市环保局发出通知，严禁在城市周边、机场附近、重点湖区湿地和高速公路、重要交通要道两边焚烧稻草。

图 50　桃源县枫树乡庄家桥秸秆沼气站

六、水泥厂、砖瓦厂专项整治

1999 年，常德市有水泥企业 57 家，年产水泥能力 463 万吨。有砖瓦企业 210 家，年生产红砖 414 亿块。2001 年，全市水泥行业完成治理或淘汰关停企业 30 家；大气保护圈内 46 家砖瓦厂，关停 42 家，年削减废气 27176 万标立方米、二氧化硫 824 吨、烟尘 569 吨。

2003 年，市环保局组织力量，对城区大气环境保护圈燃烧装置和城郊砖瓦厂进行摸底调查，澄清了圈内应关而未关的燃烧装置数量，并对市郊 9 家砖瓦厂下达了关停通知。

2008 年 7 月，市政府办下发《常德市苎麻水泥行业污染整治工作实施方案》，对 65 家水泥企业进行专项污染整治，关闭了24家8.8万吨以下的小水泥企业，对其他41家水泥企业实行停产整治，全市共淘汰落后水泥产能70万吨。

通过一系列整治，常德市大气污染得到有效治理。至2012年，城区环境空气质量良好，全年空气质量优良天数为350天，占全年天数的95.6%，较上年上升了6.8个百分点。2012年，城区空气中二氧化硫年均值为0.049毫克/立方米，比2011年下降1.7%，符合国家《环境空气质量标准》(GB3095—96)(下同)的二级标准；二氧化氮年均值为0.029毫克/立方米，比2011年下降3.3%；可吸入颗粒物年均值为0.082毫克/立方米，比2011年下降7.9%，在全省处于中游水平。2012年，市城区降水的酸雨频率为46.4%，比2011年下降了27.6个百分点，城区降水pH年均值为4.83，pH年均值较上年上升0.05，酸雨程度有所缓解。

第二节　水环境污染整治

常德市的污水治理主要集中在对企事业单位污水的处理，对护城河、穿紫河的清淤治理，对沅水、柳叶湖餐饮业整治，对湖、库禁投，保护农村饮水水源等方面。

一、企事业单位污水处理

1999年6月，市政府发出《关于重点抓好湖南雄磺矿、常德锦纶厂等60家企业污染治理的通知》。根据通知精神，各区县(市)人民政府本着“谁污染，谁治理”的原则，对超标排放企业，分期限期治理，到时按标准进行验收。

图51　冠一颜料有限公司的污水处理设施

2000年5月，中南电工厂塑料再生桶生产污染严重，市环保局派人对生产车间进行查封。7月，市环保局对市直16家企事业单位污水处理设施运行情况进行执法检查，对污水处理没有达标的市二医院、市五医院、市一医院、桃源纺织印染厂、常德纺织机械厂进行通报批评。接着，市环保局对辖区内20家企事业单位建设项目报批、“三同时”执行、环保设施验收情况进行执法检查，下达环保行政处罚预通知11份，监察意见书12份。环保行政处罚预通知和监察意见书下达后，相关单位进行了整改，至 9 月底，有 14 家单位到市环保局补办了建设项目报批、验收手续。

2001 年 7—8 月，市环保局对市区范围内 13 家医院的废水处理设施开展执法检查，对 6 家未建废水处理设施和闲置废水处理设施的医院，依法从严进行处罚。针对造纸企业废水污染严重的情况，8 月，副市长刘剑英主持召开现场办公会，专题研究西洞庭造纸厂废水污染十美堂镇和纸厂排污达标问题。会后，为西洞庭纸厂拨款 30 万元，用于西洞庭纸厂排污达标工程建设，并要求该厂完成污水江心排放工程，启动碱回收系统。是年，武陵区开展米粉行业污染整治工作，关闭米粉厂（点）10 家，治理 6 家。全年全市完成区域治理项目 12 项，对 7 家治理不能达标的项目予以停产整顿，32 家单位完成区域治理项目。2001—2009 年，常德市先后两次对垃圾渗滤液处理工艺进行改进和提高，使出水水质稳定达标排放，常德市城区生活垃圾无害化处理率达到 100%。

2002 年 3 月，常德市环保局申请市中级人民法院对德山酒业和津市造纸厂未按期完成限期治理任务的行政处罚决定进行强制执行，德山酒业、津市造纸厂分别被罚款 5 万元，加处罚款 3.3 万元和 1.5 万元。为了打击水域环境的违法行为，4 月，常德市成立水域环境违法行为“严打”整治专项行动领导小组，开展对水域环境的“严打”整治专项行动，重点查处了汉寿县人民医院污染设施闲置、临澧科瑞乳业有限责任公司不办环保审批手续和桃源陬市环卫所、桃源县棉麻蚕茧总公司下属轧花厂在沅水河滩乱弃垃圾等一批环保违法案件。是年全市共立案查处环境违法案件 345 起，罚款 67.73 万元，其中市本级立案查处 22 起，罚款 28 万元。

为了提高全民的环保意识，增强人们对水资源珍惜的意识，2003 年 3 月，市城区开征污水处理费用，从是年 4 月 1 日起（5 月 1 日抄表水量起），对市江北城区各用水户按自来水实际用量和自备水实际用量的 100%开征污水处理费。7 月，市、县两级环保部门联合公安、法院、质监等职能部门对辖区内不法排污企业开展调查和执法检查，被检查的单位有 300 多家，对其中 40 多家不法排污企业下达了停产通知，对一些社会影响大的典型案件排除干扰一查到底。金健米业米粉车间新建项目未配套环保污染防治设施擅自开工生产，市环保局对其做出限期配套建设环保设施和罚款 4 万元的处罚。2003 年，全市共查处环境违法案件 377 起，处罚金 27.31 万元，其中市本级立案查处 35 起。9 月，市环保局发出《关于加强城区餐饮、食品加工行业废油综合治理的通知》，所有从事餐饮、食品加工行业的单位或个体业主必须自觉进行废水治理，确保达标排放；市环保局对废油脂收集、运输、贮存和加工处理实行统一监督管理；所有从事废油脂回收的单位或个人，在进行废油脂回收时必须出示经市环保局审查批准的废油脂回收许可证，收集的废油脂必须使用密封器具运送，运送途中不得撒漏。

2003 年 9 月，市环保局要求全面停止对津市西湖投肥。市环保局组织相关技术人员对津市西湖水质进行现场调查和监测分析。其水质分析结果显示:西湖水质部分指标超过国家《地表水环境质量标准》Ⅲ级水质标准。随后,全面停止对西湖投肥,防止对西湖的进一步污染;在西湖水质未达标期间,妥善解决周围群众的生活用水问题。

2004 年,全市环保系统出动执法人员 1874 人(次),对 590 家企业实施监察,其中立案查处企业 46 家,重点挂牌督办企业 12 家,关闭企业 6 家。2005 年 7 月,省环保局公布第一批污染物超标排放企业名单,常德市天宏纸业、众鑫纸厂、桂华纸业被实施强制性清洁生产审核。

2005 年,全市出动环保执法人员 1383 人(次),对 524 家企业实施监察,其中立案查处企业 54 家,挂牌督办环境问题项目 23 个,对常德纸业等 27 家排污单位重点污染项目限期治理,关停并转违法排污企业 27 家。

2006 年 7 月,市环保局等 8 个部门联合发出《关于开展整治排污企业保障群众健康环保专项行动的通知》,集中整治威胁饮用水源安全的污染和隐患、工业园区环境违法、建设项目环境违法和造纸行业环境违法问题。专项行动分动员部署、摸底排查、集中整治、总结四个阶段。9 月,市环保局发出《关于加强畜禽养殖业环境监管严防病死畜禽污染环境的通知》,对畜禽养殖业企业进行全面检查,督促畜禽养殖单位(农户)落实相关污染预防措施,严格按照无害化处置要求,妥善处置好病死畜禽尸体,严禁随地乱丢,确保饮用水源安全和环境质量。10 月,市环保局、市监察局发出《关于对存在突出环境问题的企业实施挂牌督办的通知》,对武陵区南坪油膏厂、鼎城区南亚染整厂、汉寿百禄桥麻纺原料厂等 19 家企业污染治理问题实行挂牌督办。12 月,市政府办印发《常德市造纸企业污染整治实施方案》,对 57 家化学制浆、废纸造纸企业实行限期停产,其中限期在 2006 年 12 月 31 日前关停的有 17 家,限期在 2007 年 3 月 31 日前关停的有 40 家,全市原则上不新上 10 万吨/年以下的草(苇)浆造纸项目。2006 年,市人大常委会副主任张启祥带队对安乡日银等 4 家纸厂、津市雪丽纸厂等重点污染源企业进行突击检查,对安乡仙桃纸业、津市雪丽纸厂污染处理设施闲置、偷排大量超标废水、造成严重污染的行为,提出批评,做出处罚。

2006 年,洞庭水殖在兼并津市西湖后又投肥精养,导致西湖水质恶化,影响沿湖 5 个乡镇近 5 万人的饮用水,常德市环保局和津市环保局向市政府提出,在企业改制、重组过程中要加强环境管理的建议。建议被采纳,市政府责令企业停止投肥养殖。

2007 年 4 月,针对个别关停企业无视国家法规,擅自恢复生产的情况,市环保局发出《关于加强对已停产造纸企业环境监管的紧急通知》,对鼎城洞庭纸业有限公司关停后擅自恢复生产的不法行为进行通报。市环保局、常德电业联合发出紧急通知,加强造纸企业污染整治监管,对污染整治不到位的造纸企业采取断电措施。对断电不彻底、包庇纵容关停企业私自恢复生产或监管失察的基层电管站(所)以及当地电业部门的负责人和相关责任人追究行政责任。6月,常德市各排污单位按国家规定在排放口设立永久性明显标牌,配备在线监测仪用房,对需要进行监控的项目安装在线监测仪,在线监测网络与省、市、县三级环保行政主管部门监测网站联网。11月,市环保局、市监察局联合对环保专项行动挂牌督办的环境问题进行督查,督查对象涉及2006年挂牌督办的19家企业和2007年挂牌督办的10家企业。经督查,29家挂牌督办的企业中,未按要求整改的仍有6家企业。

图52 常德烟草机械有限公司污染处理系统

2008年,对全市范围内13个饮用水源地开展饮用水源保护专项执法检查。检查中发现常德湘联实业有限责任公司偷排含铬废水污染饮用水源,市委市政府责令该企业立即停止排污,清除排放途径中的镉泥,将镉泥集中安全存放,并对企业处以50万元的罚款,追究相关人员责任。津市雪丽造纸公司按国家规定将排污口下移1000米,对饮用水源有污染隐患的车站坪码头和湘澧盐矿排污口下移200米。桃源先后出动800余人(次)对西安镇无序选钨进行专项整治,斗姆湖5家铝粉厂因影响饮用水源被依法关停,汉寿5家企业违法排污影响水源问题被挂牌督办、限期整改,澧县山门水库解除与承包户的长期养殖合同,水质全面恢复,达到Ⅲ类水质标准。对重点污染企业执行定期巡查制度,对企业污染治理情况定期进行检查。在关停纸厂后,通过十余次的明察暗访和群众举报,对鼎城区钱家坪纸厂、沧浪坪纸厂未经许可擅自开机生产,桃源县架桥镇倪家溶村再生纸厂违法生产行为进行查处,环保部门会同有关部门依法拆除非法生产企业的生产设备,追究相关责任人的责任。石门县王家堰煤矿因矿井井下废水长期未经处理直接排放南溪河,给下游饮用水和灌溉水造成影响,群众投诉不断。县环保局依法责令停止生产,配套建设污染治理设施,并处罚款5万元。是年,重点挂牌督办10个项目,汉寿德乐纺织原料厂、安乡兴源亚麻有限公司等违反环境法律法规的单位被实行限期整改,斗姆湖5家铝粉厂因影响饮用水源被依法关停。与此同时,在全市开展了集中式饮用水源保护区、工业园区、大湖大库环保专项检查,对一批违法违规单位责令整改,2008年,市本级立案查处违法案件31件。

2008 年 6 月，环保部、质监总局发布《制浆造纸工业水污染物排放标准》。2009 年 5 月，市环保局向 30 家再生纸造纸企业下发环境污染限期治理的通知，所有再生纸造纸企业根据通知要求，采取措施，更新设施，在 2009 年年底前按照新的《制浆造纸工业水污染物排放标准》实现达标排放。

2009 年 7—10 月，常德市对饮用水源保护区、城镇污水处理厂、垃圾填埋场开展集中整治，对涉砷、涉铅、涉镉等企业和钢铁企业进行专项检查，为巩固造纸企业污染整治成果进行专项整治，在上述行动中累计出动 1204 人次，检查企业 567 家，其中停产整治 5 家，限期治理 9 家，立案查处 6 家，关闭取缔炼钒厂 8 家，小电镀厂 1 家。同时，市环保局对重点污染源企业排污口进行规范整治。按照《常德市苎麻水泥行业污染整治工作实施方案》的要求，共检查企业 170 多家(次)，对 67 家国控重点污染源企业进行不定期暗访、排查，查处违法企业 20 余家，对排污口不够规范的企业现场下达整改意见书，责令企业限期整改。市县联动整治苎麻行业污染，将 13 家苎麻脱胶企业列入整治范畴，对年产精干麻 5000 吨以下的 4 家苎麻脱胶企业实施彻底关闭。对年生产能力在 5000 吨以上达不到环保要求的 9 家苎麻企业实施停产整治，其中 3 家因达不到整治要求彻底退出。在造纸企业污染整治中，集中关停造纸企业 70 家，整治后全市 28 家造纸企业实现达标排放；13 家苎麻脱胶企业整治后，6 家实现达标排放。

2010 年 1 月，常德市被列为全国环境保护重点城市(全国共 113 个)，根据国家统一安排，常德市在全市范围内开展地表水饮用水水源环境状况评估工作。地表水饮用水水源环境状况评估工作的开展，标志着常德市饮用水水源环境监管实现了由阶段调查到常态管理的转变。为了保护饮用水水源，3 月，市政府颁布《常德市珍珠养殖管理办法》，规定海拔 28 米以上水域和海拔 28 米以下的饮用水水源保护区、城中(郊)湖、风景区、大中型湖泊、居民集中居住区域禁止养殖珍珠。在禁养区域外水域养殖珍珠的，要向渔业行政主管部门申请依法取得养殖证后才能养殖，且珍珠蚌吊养密度控制在 600 只/亩以内，禁养区内原有的珍珠养殖设施，在 2013 年 12 月前全部拆除。

图 53　洞庭湖区造纸企业污染整治工作新闻发布会

2010 年 6 月，省环保厅发布《常德市重点企业第一轮清洁生产审核实施方案》，至 2012 年底，105 家企业完成强制清洁生产审核。7

月，西洞庭管理区的湖南中冶美隆纸业有限公司被环保部列为挂牌督办案件。为贯彻落实环保部的指示，市环保局向该公司下达停产处理决定。公司接到停产处理决定后，投资近500万元新建了污水治理设施，12月，中冶美隆纸业污水治理通过省环保厅验收。8月，湖南省城镇生活垃圾无害化处理设施建设工作调度会在常德市召开。常德市的生活垃圾无害化处理项目、桃树岗生活垃圾填埋场三期工程项目、7个县（市）的生活垃圾填埋场建设项目纳入省城镇生活垃圾无害化处理设施建设计划。

2010年，全市有12家涉重金属企业因存在环境问题被列入湖南省整治范围。市县两级环保部门出动100余人（次），对5家严重污染企业予以取缔，4家涉重金属污染企业予以限期治理、3家企业予以停产整治。全年出动执法人员2352人（次），监察企业1133家（其中市本级出动执法人员890人次，检查企业399家），立案查处企业21家。

2011年6月，常德市从中科院引进具有自主知识产权的生活垃圾焚烧技术，在德山工业园建成湖南省首个生活垃圾焚烧发电厂。垃圾焚烧产生的炉渣用于生产地砖，飞灰用做生产水泥的原材料，垃圾处理实现了无害化、资源化。6月，市政府办、市环保局组成督查组，出动124余人（次），对列入全省整治范围的12家涉重金属污染企业进行全面督查，取缔关闭2家，限令停止生产4家。9月，市环保局对4家铅酸蓄电池企业开展联合执法检查，根据执法检查情况，3家企业进行了整改，一正电源厂因未进行环评手续，且位于居民区内，无法达到整治要求，予以取缔。

2012年1月，市环保局制订《常德市水上餐饮专项整治工作实施方案》，重点整治存在安全隐患、污染水体的水上餐饮场所，打击无证经营、违法排污等违法行为，依法取缔位于饮用水源保护区等环境敏感区域的水上餐饮，依法查处无污水、废油和垃圾收集设施、违法排放等严重违法行为。整治工作于4月结束，取缔沅江、澧水水上餐饮船56艘，柳叶湖水上餐饮船4艘。4月，市环保局先后出动专项检查执法人员153人（次），对全市84个湖库型集中式饮用水源地进行全面检查。检查结果，市城区饮用水源地保护区内均无排放污染物的建设项目，全市饮用水源保护区及其上游20千米范围内无制药、化工、造纸、冶炼、畜禽养殖等企业和危险品运输业，全市各饮用水源地保护区均设立了保护区标志。

2012年，市环保局开展环境安全百日大检查和整治污水处理厂活动，落实对造纸行业提标整治、污水治理和垃圾处理设施运行监管，重点整治了鼎城区和津市市2家污水处理厂，关停了6家影响污水处理厂运行的重污染企业。是年，市环保局查处环境违法行为15起，立案处罚9家，到位罚款66.5万元。通过治理，常德市主要水体环境质量基本稳定。根据《地表水环境质量标准》，按功能区类别以24项监测指标评价，沅水、澧水干流水质均符合地面水环境质量Ⅱ类标准。沅水支流枉水、渐河，澧水支流溇水、道水水质均符合地表水环境质量Ⅲ类标准。柳叶湖水质符合地表水环境质量Ⅳ类标准。穿紫河水质符合地表水环境质量劣Ⅴ类标准。市城区集中式饮用水源地陈家河断面 63 项指标，均符合地表水Ⅱ类水质标准。

二、护城河、穿紫河治理

1998 年 9 月，市政府在常德市五中召开城区护城河沿线 57 家单位负责人会议，落实护城河综合治理方案，解决护城河渠淤塞问题。会上成立了“护城河清淤工程指挥部”，同时投资 200 万元，对 5370 米的护城河渠全线清淤，确保护城河渠排水畅通。1999 年 5 月，市江北城区污水净化处理站建成开机排污，经过净化后的污水流入姻缘河，2001 年 9 月，常德市污水净化中心投入试运行，工程设计规模为日处理城市污水 15 万吨，一期 10 万吨，污水治理等级为二级生化，达到《城镇污水池污染物排放标准》中的Ⅰ级 B 类标准。2003 年 9 月，常德市启动穿紫河环境综合整治，完成底泥清淤 105 万立方米，河面扩卡工程 40.5 万立方米，河床底部全部疏控到 29 米高程，新建和改建 5 个截污泵站，城区生产生活污水输送至江北城区污水处理厂处理，城区污水直排穿紫河的状况得到改变。从 2005 年 12 月开始，自来水厂每天向穿紫河送水 13.56 万立方米。清淤、截污、活水三管齐下，穿紫河水质基本达到地表水Ⅳ类标准。

图 54　治理前的穿紫河南碈河段　　治理后的穿紫河南碈河段

三、水域整治

2003 年 4 月，市环保局制订《常德市水环境功能区划方案》。在 20 条河流、12 个湖库上划分了 56 个水环境分类管理功能区，其中自然保护区 2 个，饮用水源保护区 13 个，渔业用水区 33 个，农业用水区 3 个，工业用水区 3 个，景观娱乐用水区 2 个，覆盖河流总长度1296千米，湖库面积495平方千米。该方案先后通过了省环保局和国家环保总局的验收。这以后，市环保局根据《方案》，加强对水环境的分类管理。

（一）诗墙公园外滩水域管理　2005—2006年，根据沅江水污染严重的情况，开展整治沅江常德诗墙外滩水上餐饮的专项行动，取缔水上餐饮点12个，沅江治污取得初步成效。

2008年3月6日，市交通局、市水利局、市环保局、市卫生局、市工商局、市公安局联合下文，对诗墙外滩水域进行联合整治。在诗墙公园外滩沅江水体保护区内，不得新建排污口，或者私设暗管以其他形式向保护区水体排放污染物；在保护区附近新建排污口，应当保证保护区水体不受污染。对在本通告实施前已有的排污口（城市防洪排涝设施除外），予以搬迁。在保护区水体通行或者临时停泊的船舶，必须遵守海事管理机构的有关规定，不得在保护区内从事污染水环境的餐饮经营服务和其他活动。禁止向保护区水体倾倒生活垃圾和其他船舶垃圾。3月25日，市地方海事局发布通告，对沅水常德港区诗墙外滩水域实行交通管制。2008年，诗墙外滩13条餐饮船彻底停业。

图55　诗墙外滩餐饮船整治

（二）柳叶湖及其周边生态环境保护　2006年3月，市环保局把水环境治理的重点转到柳叶湖，对柳叶湖及其周边生态环境保护进行综合治理，关闭太阳山及周边地区采矿、采石、粉煤加工企业和砖瓦厂；取缔柳叶湖水上和岛上餐饮，岸上餐饮业限制其规模；取缔燃油旅游船，禁止渔场投肥养鱼，关停环湖不符合国家产业政策或污染严重的企业，在柳叶湖及周边区域建设地下排水管网，确保污水不排入柳叶湖。2007年，取缔柳叶湖4艘水上餐饮船，关闭了柳叶湖流域内白石村5家煤矿、东江村1家镀锌厂、11家粉煤场、6家砖厂和1家钢材加工厂，取缔珍珠养殖101.77公顷。2008年7月，市环保局启动取缔柳叶湖周边珍珠养殖专项行动。专项行动分调查核实珍珠养殖情况、协助业主调整珍珠养殖产业、全面取缔柳叶湖周边养殖珍珠、检查总结验收四个阶段。9月，市政府印发《常德市柳叶湖区域环境保护管理办法》。12月，专项治理行动结束，珍珠养殖企业基本撤离柳叶湖及其周边地区。2009年，柳叶湖餐饮废水进入了城市污水管网。

（三）农村饮用水水源保护　随着农村养殖业的发展，畜禽粪便的处置、大湖大库投肥精养、农药化肥大量施用，加剧了面源污染，加上工业“三废”的排放影响，全市农村30%的地表水严重富营养化，天然饮用水体大面积减少。

为了有效地保护农村饮用水水源，2008年3月和7月，市政府先后出台《常德市农村生活饮用水源保护管理办法》和《常德市农村饮水安全集中供水工程运行管理办法》，将农村安全饮水纳入市政府“十件实事”工程。根据办法，市环境保护行政主管部门负责对农村饮用水水源环境保护实施监督管理；查处投放化学物品、肥料养殖鱼类、珍珠和未按规定排放工业废水等污染农村饮用水水源的违法行为和事故；根据农村饮用水水源建设规划，会同有关部门划分农村饮用水水源保护区。2008 年 4 月，市政府在澧县王家厂水库组织大中型水库禁止投肥养鱼启动仪式。启动仪式上，市政府宣布，从 4 月 1 日起，全市所有大中型水库禁止投肥养鱼，农村饮用水重点保护水源和一、二级保护区内，不得新签投肥养鱼承包合同。通过对污染源实施综合整治，逐步使黄石水库、王家厂水库、五里溪水库达到二类水质标准，其他水库达到三类水质标准。县里侧重抓好小型水库和骨干塘坝水源保护。至 2009 年 11 月底，全市 256 座小(Ⅰ)以上水库禁止投肥养殖合同全部解除，所有水库都设立了农村饮用水水源保护“四禁”警示牌、聘请水源保护监督员。经过一年多的努力，全市水库的水质得到明显改善，全市大中型水库Ⅲ类水质的水库由 9 座上升到 33 座。劣Ⅴ类水质的水库由 12 座下降到 1 座，219 座小(1)型水库水质有了明显好转。

图 56　常德市农村水源保护工作总结会

为了保护好农村饮用水水源，2008 年 5—7 月，常德市开展了为期 3 个月的珍珠养殖专项整治。整治期间，有 1889 户养殖户被取缔或转产，缩减珍珠养殖面积 1514 公顷、珍珠蚌 3000 万余只。整治后，全市珍珠养殖面积为 2.43 万公顷，养殖户 7991 户，吊养珍珠 3.4 亿只。2009 年，全市压减珍珠养殖面积 4488 公顷，对 37 座大中型水库和 219 座小Ⅰ型水库全面禁止投肥养殖。2010 年 2 月 8 日，常德市人民政府办公室发布《常德市珍珠养殖管理办法》，要求各区县(市)人民政府根据相关法律法规和实际情况，制定水产养殖规划，划定珍珠禁养区域。明确海拔 28 米以上全部水域和海拔 28 米以下的饮用水水源保护区、城中(郊)湖、风景区、中型湖泊、

图 57　桃源九龙水库引水工程平流过滤清水池

居民集中居住区域为禁养区。禁养区内原有的珍珠养殖，在2013年12月31日前全部拆除养殖设施。

常德市小(1)型以上水库禁投前与禁投后水质变化比较

表3—2—1 2009.12.1

水 库	水质类别	禁投前(座)	占评价水库的%	禁投后(座)	占评价水库的%
小(1)型以上水库	Ⅲ	42	16.41	137	53.73
	Ⅳ	99	38.67	42	16.47
	Ⅴ	60	23.44	43	16.86
	劣Ⅴ	55	21.48	33	12.94
	小计	256	100	255	100
大中型水库	Ⅲ	9	24.32	33	89.19
	Ⅳ	13	35.14	0	0.00
	Ⅴ	3	8.11	3	8.11
	劣Ⅴ	12	32.43	1	2.70
	小计	37	100	37	100
小(1)型水库	Ⅲ	33	15.07	104	47.71
	Ⅳ	86	39.27	42	19.27
	Ⅴ	57	26.03	40	18.35
	劣Ⅴ	43	19.63	32	14.68
	小计	219	100	218	100

说明：1.大中型水库禁投前取样时间2008年2月24日至30日，禁投取样时间2009年10月11日至11月3日，已禁止投肥养殖近2年。

2.小(1)型水库禁投前取样时间2009年3月5日至4月13日，禁投后取样时间2009年9月16日至11月3日。

3.临澧王家峪水库因库干未取样，禁止投肥养殖半年左右

四、城市污水处理设施建设

常德市城区继2001年建成日处理能力15万吨的二级污水处理厂之后，2010—2012年又建成德山经济技术开发区污水处理厂和江南污水处理厂，市城区污水集中处理率达

80%以上。

2008年起，常德市全面实施城市污水处理设施建设3年行动计划，先后投入10多亿元，建成9座城市污水处理厂，配套建设污水管网439千米，生活污水处理设施覆盖所有县城，全市城镇污水集中处理能力达44.5万吨/日。

图58　处理工业废水的紫外线消毒设备

标准化的市污水净化中心化验室

第三节　噪声污染防治

随着城市汽车拥有量的增加，汽车噪声成了城市噪声主要污染源，为了控制城区噪声污染，从1998年起，常德城区在主要街道禁止机动车辆鸣号，并在人民中路兴建一条长1000米的步行街，环境噪声达标区覆盖率达17.7%。

1999年6月，为了给参加高考的学生一个安静的环境，市环保局在《常德日报》上发布《关于在高考期间加强环境噪声污染监督管理的通告》，通告决定，1999年6月25日至7月10日，中午和夜间10时以后，城区禁止从事产生一切噪声的建筑施工作业和各项其他做业；高考期间(7月7—9日)，禁止在高考考场100米范围内进行产生一切噪声的建筑施工和其他生产经营活动；设立噪声

图59　高考期间环境噪声监督管理

举报电话，对群众举报的违法违规行为及时查处，并在24小时内将处理结果告知举报人；市环保局会同市公安局、市文化局，对机动车辆和营业性娱乐场所进行现场监督检查，对违法违规行为坚决制止并严肃处理，对群众反应强烈、影响较大、危害严重的噪声污染事件，通过新闻媒体曝光。

1999年9月，常德市公安局发布在江北城区禁止汽车鸣喇叭的通告，从9月10日8时起，禁止江北城区行驶的机动车鸣叫喇叭。为此，市政府成立了"禁鸣指挥部"，从公安、城管、环保等部门临时抽调2000多名干部，上街宣传禁鸣喇叭通告，稽查禁鸣情况。

2001年8月，市政府发布《关于控制城区噪声污染的通告》，依法划定城区"环境噪声控制区"的范围，明确各部门职责和具体的噪声管理措施，并向社会公布噪声污染举报电话。9月，市环保局牵头组成城区噪声专项整治小组，先后两次对社会生活噪声、建筑施工噪声和学校周边噪声进行综合整治，共关闭噪声源35处，其中按照市委、市政府整顿学校周边环境的要求，关停影响教学的噪声源5处。

2002年3月，常德市环境保护局下达《关于加强常德市城区范围内建筑噪声排污申报登记工作的通知》，规定在常德市城区范围内(含德山开发区)，建筑施工过程中使用机械设备、可能产生环境噪声污染的，施工单位必须在开工15日以前向环保部门申报。城区范围禁止夜间进行产生环境噪声污染的建筑施工作业。特殊需要必须昼夜连续做业的，须经环保部门批准方可施工，并公告附近居民。8月，市环保局制订《集中整治学校周边环境行动方案》，从2002年8月20日起到12月底，对学校周围污染环境行为进行集中整治。整治重点为污染学校教学环境的工业企业、歌舞厅、铁艺加工、木器加工、喷漆、餐饮等。这次整治行动涉及52所大专院校、中小学校，先后对15个污染源单位下达整改通知。通过一系列的整治，市城区噪声污染呈明显下降趋势。

2005年，常德市加强机动车行驶管理，进一步扩大喇叭禁鸣区范围。整个江北城区、德山、武陵镇禁鸣喇叭，禁止拖拉机及尾气超标车辆入城行驶。加强旧机动车报废管理，坚决淘汰一批技术性能不合格的营运车辆，对于经维修后技术状况仍达不到二级标准、使用年限已达7年的客车和10年以上的货车，一律予以淘汰。实行交通分流，限制过境车辆入城。

2006年1月，市环境监测站对常德市城区区域环境噪声监测点位重新进行网格布点和编号，按500米×500米网格尺寸，在原有203个城区区域环境噪声监测网格点位的基础上，在新城区增加点位76个，监测点位总数达279个。

2006年7月，先玉网具噪声扰民，附近的居民直接向国家卫生城市检查团投诉。市委副书记周用金一行深入先玉网具的生产车间了解生产工艺流程及噪音、废水废气的处理情况，环保监测技术人员现场测试了噪音，确认居民的投诉基本属实。省市环保专家提出了解决噪音污染的方案，近期先由先玉网具请噪音治理专家现场监测、施工，建设噪音隔音墙，减少噪音污染，并由先玉网具与附近的居民沟通，取得居民的谅解；再由鼎城区政府制定优惠政策，做好企业选址重建工作。

2007 年，常德棉纺厂扩建噪声扰民，经协调，该企业拆除了临近居民区的织布车间。

2010 年，常德市搬迁了丹阳路客运车站，有效解决了紫桥小区空气和噪声扰民问题。2011 年，常德市城区取缔重点扰民噪声源 22 个。

常德大力机械厂在生产过程中产生的废气、噪声扰民严重，群众反复投诉，市政府领导多次现场办公，协调解决搬迁改造问题，最终在 2012 年将该厂整体搬迁至武陵工业园，彻底解决了长期扰民的污染问题。同时因城市建成区的不断扩大，原比较偏远的工厂又与新的居民区相连，增加了新的投诉，市环保局依法依规要求企业做好噪声污染防治，先后有金鹏印务、常德烟厂等 10 多家单位投资 600 多万元对噪声源进行了整改，群众满意度得到了提高。

常德市音乐王量贩 KTV 属政府引进外资项目，2005 年开业。该场所营业时产生的噪声严重影响楼上小区居民的生活环境，引发群众多次集体上访。经监测，其边界噪声均超过国家规定的环境功能区噪声排放标准，市环保局依法对其下达了整改通知。该场所接整改通知后采取了一系列整改措施，但效果仍旧不佳。2012 年年底，各部门联合执法关停音乐王 KTV。该公司租用新址另建，彻底解决了长期扰民的污染问题。

2012 年，常德市财政投入 6250 万元治理噪声污染，其中殡仪馆改造搬迁项目 3000 万元，危桥改造、公路应急 1950 万元，道路路口绿化工程 1300 万元。2012 年，常德市实施以中心城区道路基础设施改扩建为重点的硬件建设，对主要交通要道加宽，规范了行车线路，缓解了车流量的压力，在很大程度上降低了道路交通噪声。同时，开展了出摊占道整治，强化了对机动车、非机动车的管理，有效减少了道路交通噪声污染。4 月，市政府召开第 58 次常务会议，审议通过《关于加强市城区环境噪声污染防治管理的通告》，明确规定在医院、学校、机关、科研单位、住宅等需要保持安静的建筑物

图 60　市政府第 58 次常务会议研究城区环境噪声防治问题

集中区域内，造成严重环境噪声污染的行为，市政府依法授权环保部门责令其限期治理，被限期治理的单位必须按期完成，否则将接受行政处罚。

至2012年年底，常德市城市建成区面积达83平方千米，人口70万。噪声达标区面积68.75平方千米，覆盖67万人。按500米×500米进行网格布点，设区域环境噪声监测点位279个；在城市3个路段的主次干道设交通噪声监测点位100个；2012年，城市区域环境噪声平均值为52.9dB(A)，符合区域环境噪声标准，比上年上升0.4分贝。声源构成：生活噪声源占97.8%，较上年上升2.8个百分点；交通噪声源占0.4%，较上年下降3.2个百分点；工业噪声源占0.7%，较上年下降0.4个百分点；施工噪声源占1.1%，较上年上升0.7个百分点。道路交通噪声平均值67.3dB(A)，符合交通干线两侧功能区噪声标准，比上年下降0.6分贝。达标路段长度占监测干道总长度的80.63%，比上年上升24.2个百分点。36条主要干道中，未达标的主要集中在德山路、鼎城路、朗州路、莲池路、柳叶路、南坪路、人民西路、武陵大道南段、武陵大道北段、沅安路。

2012年，常德市共接到环境投诉727件，其中环境噪声投诉316件，投诉率占到43%。

第四节　固体废物污染防治

固体废物主要包括工业固体废物和城区生活垃圾、粪便等。常德市固体废物产生量随着经济发展和城市扩张，呈现出逐年增长的趋势。“九五”期间(1996—2000年)，全市固体废物产生量为566万吨，年均113.2万吨；“十五”期间(2001—2005年)，固体废物产生量为1117.01万吨，年均223.4万吨；“十一五”期间(2006—2010年)，固体废物产生量为1353.17万吨，年均270.634万吨。固体废物的增长主因为工业固体废物的大幅增长，“十一五”同“十五”相比，工业固体废物产生量净增487.07万吨，在固体废物产生量的占比由55.82%激升到82.07%，这从另一方面反映了常德市第二产业强劲的发展势头。

1996—2010年常德市固体废物产生量

表 3-4-1　　　　单位：万吨

年份	工业固体废物		生活垃圾		粪便		总量
	产生量	占比%	产生量	占比%	产生量	占比%	
1996	63.91	76.86	14.94	17.97	4.30	5.17	83.15
1997	140.88	87.78	15.41	9.60	4.20	2.61	160.49
1998	90.11	80.11	18.25	16.22	4.13	3.67	112.49
1999	86.47	80.20	17.23	15.98	4.12	3.82	107.82
2000	77.49	75.93	20.44	20.03	4.12	4.04	102.05
“九五”	458.86	81.07	86.27	15.24	20.87	3.69	566.00
2001	98.3	57.04	58.20	33.79	15.80	9.17	172.3
2002	113.2	58.56	62.70	32.44	17.40	9.00	193.3
2003	97.25	52.50	69.9	37.73	18.10	9.77	185.25
2004	153.55	55.38	98.2	35.42	25.5	9.20	277.25
2005	161.21	55.78	101.5	35.12	26.3	9.10	289.01
“十五”	623.51	55.82	390.5	34.96	103	9.22	1117.01
2006	153.59	77.42	18.3	9.22	26.5	13.36	198.39
2007	221.35	82.54	20.13	7.50	26.7	9.96	268.18
2008	203.38	80.83	21.04	8.36	27.2	10.81	251.62
2009	206.44	80.45	21.86	8.52	28.3	11.03	256.6
2010	325.82	86.11	24.06	6.36	28.5	7.53	378.38
“十一五”	1110.58	82.07	105.39	7.79	137.2	10.14	1353.17

一、工业固体废物产生及处置

(一)工业固体废物产生量

1996年至2010年，工业固体废物产生量为2192.95万吨，占固体废物产生总量的72.23%。从工业固体废物种类分布来看，主要为粉煤灰、炉渣，其占比最高年份为2003年，达到81.89%；脱硫石膏、煤矸石、冶炼废渣、尾矿等其他废物也占一定比例。从工业固体废物地域分布来看，据2001年至2005年区县(市)工业固体废物产生量统计，石门县产生量为最大，5年产生工业固体废物326.78万吨，占全市工业固体废物产生量的52.41%；其他区县(市)占比排名依次为津市市、鼎城区、临澧县、澧县、汉寿县、武陵区、安乡县、桃源县。从工业固体废物行业分布来看，据2001年至2005年工业固体废物分行业统计，排名首位的是电力、煤气及水的生产和供应业，5年产生工业固体废物199.7万吨，占32.03%；其他行业占比排名依次为食品烟草及食品饮料业、采掘业、化工原料及化学制品业、非金属矿物制造业、造纸及纸制品业、纺织业、机械电子设备制造业、医药制造业、黑色金属冶炼及延压工业、橡胶制品业。从企业工业固体废物产生量来看，据2013年统计，居于前3位的企业为湖南华电石门发电公司、桃源创元发电有限公司、大唐石门发电有限公司，这三家企业当年工业固体废物产生量共计163.77万吨，占全市当年工业废物产生总量的59.86%，主要为粉煤灰、炉渣、脱硫石膏。

常德市部分年份工业固体废物分类产生量

表3-4-2　　单位：万吨

年份	年度产生量	粉煤灰		炉渣		煤矸石		其他废物	
		产生量	占比%	产生量	占比%	产生量	占比%	产生量	占比%
1996	63.91	30.71	48.05	18.30	28.64	3.60	5.63	11.30	17.68
1997	140.88	37.59	26.68	28.90	20.51	62.72	44.52	11.67	8.29
1998	90.11	23.80	26.41	39.75	44.11	15.93	17.68	10.57	11.73
1999	86.47	8.60	9.95	52.18	60.34	15.93	18.42	9.76	11.29
2000	77.49	31.74	40.96	31.13	40.17	5.64	7.28	9.28	11.96
2001	98.3	41.3	42.01	35.8	36.42	6.10	6.21	15.10	15.36
2002	113.2	46.02	40.65	37.32	32.97	6.26	5.53	23.60	20.85
2003	97.25	40.96	42.12	38.68	39.77	12.13	12.47	5.48	5.64
2004	153.55	75.21	48.98	47.53	30.95	10.24	6.67	20.57	13.40
2005	161.21	76.96	47.74	47.66	29.56	12.19	7.56	24.40	15.14
2012	306.24	96.85	31.62	145.12	47.39	9.98	3.26	54.29	17.73
2013	273.61	134.95	49.32	69.15	25.27	8.37	3.06	61.14	22.35

(二)工业固体废物处置与利用

20 世纪 60 年代,工业固体废物统称为“三废”中的“废渣”。这一时期,废渣主要用来铺修道路和充填宅基。1970 年,常德市玻璃总厂、湘西金矿率先利用废渣制砖,桃源县氮肥厂、石门电厂、桃源县机砖厂、石门磷肥厂、湘澧盐矿、汉寿县氮肥厂等也相继建成废渣制砖厂。至 1988 年,全区拥有废渣制砖能力 4.2 万吨,此为常德市工业固体废物综合利用的真正起点。据统计,1980—1988 年,常德地区共投资 649.62 万元,完成工业废渣治理工程 72 项,处理、处置、综合利用工业废渣 420.7 51 万吨,占工业废渣产生量的 51.55%。

进入 20 世纪 90 年代中期,工业固体废物处置逐步由自发处理、政府倡导迈向法制管理的轨道。1995 年 10 月 30 日,中华人民共和国颁布首部固体废物污染环境防治法,对工业固体废物污染环境的防治做了特别强调,要求县级以上人民政府有关部门制定工业固体废物污染环境防治工作规划,产生工业固体废物的单位建立、健全污染环境防治责任制度,并向县级以上地方人民政府环境保护行政主管部门提供工业固体废物的产生量、流向、贮存、处置等有关资料。1990 年以后特别是《中华人民共和国固体废物污染环境防治法》颁布以后,工业固体废物处置除了传统的灰渣制砖,出现了更多的利用门类,1993 年湖南新湘糖业有限公司的糖渣制板,1999 年,洞庭水殖股份有限公司的鱼废物利用,2000 年,湖南华耀浆纸有限公司的碱回收,2002 年,广积米业有限公司用废稻壳制成的固型燃料,2004 年,汉寿正阳化工有限公司的烟草浸膏利用,常德市天耀纸业有限公司、常德市鼎城文福纸业有限公司、常德市鼎城洞庭纸业有限公司、常德市拓新包装材料厂的废纸利用等,在消化工业固体废物方面起到重要做用。

2004 年 12 月 29 日,全国人大对《固体废物污染环境防治法》再次进行修订,进一步强调了政府、企业、个人在处理工业固体废物污染防治方面的法律责任。常德环保部门坚持依法依规管理,按照“减量化、资源化、无害化”的要求开展工作,采取煤渣制砖、冶炼废渣回收利用、建立符合标准的贮存场等方式,使工业固体废物污染得到有效控制,并最大限度变废为宝,产生经济效益和社会效益。随着新的《固体废物污染环境防治法》颁布,常德市工业固体废物综合利用产业出现井喷式发展。2005 年,石门登峰环保建材有限公司的灰渣砖厂,湖南雪丽造纸有限公司的碱回收厂;2007 年,常德市科辉墙材有限责任公司的灰渣砖厂;2008 年,石门县利发纸业有限公司、常德市拓新包装材料厂的废纸利用及湖南理昂再生能源电力有限公司的生物发电厂;2010 年,常德市瑞丰新型建材有限公司的灰渣砖厂,常德市科辉墙材有限责任公司有机肥厂,都是这一时期工业固体废物综合利用的突出代表。

常德市部分年份工业固体废物利用、处置、贮存统计

表 3-4-3 单位：万吨

年份	产生量	利用情况		处置情况		贮存情况		综合处置利用率%
		利用量	占比%	处置量	占比%	贮存量	占比%	
1996	63.91	28.72	44.94	1.95	3.05	33.24	52.01	47.99
1997	140.88	37.58	26.68	11.23	7.97	92.07	65.35	34.65
1998	90.11	37.19	41.27	11.00	12.21	41.92	46.52	53.48
1999	86.47	59.28	68.56	10.30	11.91	16.89	19.53	80.47
2000	77.49	41.30	53.30	0.82	1.06	35.37	35.64	54.36
2001	98.30	57.18	58.17	3.94	4.01	37.18	37.82	62.18
2002	113.20	61.90	54.68	4.15	3.67	47.15	41.65	58.35
2003	97.25	56.24	57.83	1.55	1.59	39.46	40.58	59.42
2004	153.55	78.16	50.90	0.91	0.59	74.48	48.51	51.49
2005	161.21	80.27	49.79	1.33	0.83	79.61	49.38	50.62
2012	306.24	295.50	96.49	2.06	0.67	8.68	2.84	97.16
2013	273.61	267.48	97.76	1.43	0.52	4.70	1.72	98.28

二、危险废物及医疗废物的产生及处置

(一)工业危险废物的产生及处置

随着常德市工业的发展和门类的增多，工业危险废物的种类、数量也相应增加。据2005年6月和2010年1月两次危险废物和医疗废物普查，常德市工业危险废物主要产生于化工、冶炼、纺织机械、化学品制造、电镀行业等，共11种，分别为含砷废物、含铅废物、含镉废物、含铬废物、表面处理废物、含镍废物、废酸、废碱、含锑废物、含锌废物、石棉废物。其中石门雄磺矿地区的含砷废物产生量最大，该地石门玉叶化肥有限公司和已经关闭的石门雄磺化工有限公司、石门雄磺矿业公司遗留的含砷废物，占到同时期全市工业危险废物产生总量的90%以上。2010年以后，石门雄磺矿及其附属产品生产彻底关闭，工

业危险废物产生大户出现变化，2013 年居于前两位的分别为澧县华峰锌业有限公司的含锌废物(13200 吨)、湖南创元铝业有限公司的含氟废物(6906.74 吨)，这两家企业产生的工业危险废物占当年全市工业危险废物产生总量的 94.06%。

图 61　常德电镀产业园(总投资 5.8 亿元)

创元铝业危险废物填埋场

2006—2010 年常德市工业危险废物统计

表 3-4-4　　　　单位：吨

年 份	武陵区	鼎城区	安乡县	汉寿县	澧 县	临澧县	桃源县	石门县	津市市
2006	41	0	0	0	0	0	1	37000	41
2007	20.5	0	0	0	0	0	0	21450	20
2008	21	0	0	0	0	0	64	33758	21.2
2009	35.5	57.4	0	15	5100	0	0	10827	1.2
2010	43.31	58.2	0	15	7200	0	10	2954	1.2

2010 年常德市工业危险废物种类统计

表 3-4-5　　　　单位：吨

项目＼种类	含铅废物	含镉废物	含砷废渣	电镀污泥	含锑溶渣
产生量(吨)	6000	1200	2954	28.31	58.2
所占比例%	58.34	11.67	28.73	0.28	0.57

常德市工业危险废物的处置始于 1978 年。是年 10 月 20 日，国务院副总理谷牧对石门县望洋公社合山大队群众"反映湖南雄磺矿井下含砷废水污染严重"的信件进行批示。根据国务院环境保护领导小组、湖南省人民政府、常德地区行政公署的意见，常德地区化

工局和地区环境保护领导小组对湖南雄磺矿的“三废”污染问题组织联合调查，写出专题调查报告。11月，国务院环境保护领导小组以〔1978〕22号文件通知湖南雄磺矿停产治理污染。翌年，湖南雄磺矿井下含砷废水治理试验小组成立。该小组查阅大量技术资料，借鉴外单位成功经验，结合本矿实际，经过130多次实验，获得了1500多个可靠数据。在此基础上，确定用硫酸亚铁和石灰二级处理工艺方案处理井下含砷废水。1981年，该矿投资50万元，建成一座处理能力为每小时60吨的井下含砷废水处理站。该站投产后，湖南雄磺矿外排井下废水含砷浓度由治理前的每升250～500毫克下降到每升0.01～0.5毫克，达到国家允许排放标准。

1986年至1988年，常德地区将工业危险废物治理的重点转向主城区，通过关、停、并、转、迁，先后关闭了市农药厂的六六六粉剂车间、聚氯乙烯厂和一批小造漆厂、小镀锌厂、小化工厂、小造纸厂。合并了分散在城区内的三十多家小电镀厂，组建了以电影机械厂、常德纺织机械厂、常德七一机械厂为依托的三大市级电镀中心，在省内首先推广无氰镀铬工艺消除剧毒氰化物的污染，并采用“逆流漂洗”后处理工艺减少六价铬的排放。

撤区建市以后，常德市对工业危险废物的管理更为重视，主要从抓好危险废物的申报登记、提高危险废物综合利用水平、加强危险废物的安全处置、开展危险废物环境污染专项整治、加强危险废物经营单位监管五个方面进行管控。

2003年，按照国家环保总局和省环保局的统一部署，常德市组织了危险化学品及放射性废物的调查，审查了湘陵塑料厂进口废物的申请报告和风险评估报告，对3家单位废弃的危险化学品按照无害化处理达到100%的要求，实施全程监控。同时开展了“毒鼠强”专项整治，收缴固体“毒鼠强”948千克，水剂11.2千克，全部送到指定地点韶峰水泥集团集中焚烧。

2004年，常德市相继开展了清查违法排污企业、清查放射源、清查危险化学品和矿山生态环保执法检查四大专项行动。工业危险废物的清查是专项行动的重中之重。这次行动由环保、监察、工商、司法等部门共同联手，出动执法人员1800人次，检查企业厂矿161个，查出涉源单位235家，对41个单位给予关停、限期整改等不同程度的处理，同时，对省环保局挂牌督办的12个污染源重点调度，停产2家，关闭3家，搬迁1家，动工治理5家，限期整改1家。沅水、澧水流域一批小造纸、小化工等“十八小”“新五小”企业被责令关停。

2005年4月，常德市开展了危险废物和医疗废物处置设施普查。普查历时2个多月，共调查了105个单位。6月10日，市环保局发布《常德市危险废物和医疗废物处置设施普查技术总结报告》，确定危险废物和医疗废物产生量为8.67万吨，其中利用量（包括转移量）5.3万吨，排放量3.14万吨，处置量0.23万吨，贮存量12.85吨。

2006年11月14日，常德市工业危险废物申报登记及重点行业危险废物产生源专项调查工作领导小组正式成立，市环保局党组书记余洪涛任组长，市环保局副局长马慧任副组长。

2007年4月，经省环保局审批同意，常德润东环保有限责任公司正式成立。该公司系常德市唯一具有工业危险废物经营许可证和危险废物收集许可证的单位，长期回收处理工业废弃物、含铜含镍危险废物、固体废弃物及有色金属贸易，接受环保部门的行政监管。该公司成立后，开辟了规范、安全的危险废物暂存场所，建立了翔实的危险废物管理档案，严格执行危险废物转移报批制度和危险废物转移联单制度，成为常德市依法安全收集、暂存、处置危险废物的集中场所。

2007年6月，常德首个以窑渣、粉煤灰、硫酸渣、钢渣等工业固体废物(危险废物)为生产用料混合材的水泥生产项目在石门县新关镇正式动工。该项目由海螺水泥股份有限公司投资，包括两条日产5000吨新型干法水泥熟料生产线、320万吨水泥粉磨系统、1.8万千瓦低温余热发电系统及10万吨石膏中转站。两条水泥生产线于2008年9月建成投产，水泥粉磨和余热发电系统亦同步投产。

2007年8月，常德润东环保有限责任公司启动湖南特力液压有限公司含铬废渣的处理。湖南特力液压有限公司是由中联重科控股的国内大型液压产品生产企业。由于该公司的含铬电镀废水处理站不能做到稳定达标，污染了环境，影响了企业可持续发展。在市环保部门的督导下，该公司新建了电镀车间，含铬电镀废水经管道收集排入含铬废水调节池，通过含铬废水处理机处理达标排放，产生的含铬废渣暂存于铬渣池，再定期送常德润东环保有限公司进行综合利用处理。

2007年12月，市环保部门和当地政府促成湖南石门特种水泥有限公司与石门玉叶化肥有限公司、湖南雄磺化工股份有限公司的三方联姻，由湖南石门特种水泥有限公司投资9610万元，动工新建日产2500吨干法水泥熟料生产线。该生产线于2008年10月正式点火投产。石门玉叶化肥有限公司、湖南雄磺化工股份有限公司每年产生的5万吨硫酸渣，从此成为该生产线的生产用料混合材，实现了危险废物资源化、无害化处理，为常德市危险废物产生量最大的两家企业找到了出路，消除了环保部门的心头大患。

2009年2月17日，市长陈文浩主持召开专题会议，专题研究炼钒企业污染整治问题，成立由常务副市长挂帅的炼钒企业污染整治工作领导小组，明确相关区县(市)政府为辖区内炼钒企业污染整治工作责任主体，环保部门负责对辖区内炼钒企业调查摸底和污染整治，依法从严查处环境违法行为，工商、国土、电力、公安、监察部门全力配合，务必在3月31日前，关闭本辖区内未经省发改委和省环保局批准的炼钒企业，实行断电、断水、拆除生产设施，并在规范整治的基础上，在全市范围内重点支持1～2个有条件的炼钒企业在完善环保措施的基础上规范生产。

2010年1月，常德市开展固体废物特别是危险废物申报登记工作。这项工作历时2个月，列入此次调查范围的固体废物申报单位共96家，其中产生工业危险废物的企业19家，涉及危险种类11种。产生量最大的危险废物为含砷废渣，主要集中在石门的雄磺矿业、雄磺化工、玉叶化肥，2009年累计堆存危险废物77126.35吨。这次申报登记，基本摸清了常德市危险废物的产生、贮存、处置、综合利用等情况。市环保局根据掌握的信息，将一批工业危险废物产生单位特别是产生量大、环境危害大、安全隐患大的企业，做为监管重点，进行了“一源一档”管理；对违规生产、已经或可能形成环境影响而又达不到整改要求的高危企业坚决关停，先后取缔关闭了桃源县冷家溪金矿、北竹湾金矿、管水金矿和石门县的雄磺化工、雄磺矿业5家企业。

“十二五”期间，市县两级环保部门对工业危险废物的监管力度进一步加大。2011年1月19日，市环保局发出《关于开展常德市废矿物油处置专项整治的通知》，要求产生废矿物油单位在2011年2月28日前向所在辖区的县级以上环保部门进行申报登记，将产生的废矿物油集中存放在设有制式危险废物标识的回收容器内，由有危险废物经营许可证和收集许可证的单位统一收集、运输和处置，并对违规者予以重罚。

2011年3月14日，市环保局制订《危险废物环境污染专项整治行动方案》，重点整治涉及铅、镉、铬、铜、镍、砷、锌的有色、黑色、化工行业等，包括所有产生、收集、利用和处置金属危险废物的单位和废矿物油收集、处置利用单位。3月30日，市环保局在托斯卡纳大酒店召开全市废矿物油整治工作会议，部署废矿物油收集、处置专项整治工作。整个整治行动从2011年3月开始，2012年11月结束。

2009—2013年常德市工业危险废物产生及处置情况统计

表3-4-6　　单位：吨

年份	产生量	处置利用量	贮存量	综合处置率
2009	16306	16036	0	100%
2010	10281	10281	0	100%
2011	58264	58264	0	100%
2012	11020	10970	50	99.54%
2013	21376	21376	0	100%

(二)医疗废物的产生与处置

常德市城区(含县城关镇)共有77家正规医院,还有遍布全市的社区医院和各类诊所,每天产生大量的医疗废物。2006—2013年,全市共计产生各类医疗废弃物9102吨,年均产生量1137吨,且呈现出逐年增多的趋势。2013年,医疗废物产量为2590吨,是2006年的7倍。

2003年国家《医疗废物管理条例》颁布前,城区医疗废物处置大体处于自我处置状态,随意丢弃、处置医疗废物的现象普遍存在。2004年,常德市政府开始思考医疗废物集中处置问题。9月28日,常务副市长陈文浩主持召开专题会议,研究医疗废物集中处置问题。会议同意常德亿利达医疗废物处置有限公司在常德依法经营医疗废物,经营期为50年,其工程建设和生产经营,有关方面要给予支持。不久,常德亿利达医疗废物处置有限公司将常德市医疗废物集中处置业务,移交给常德市安邦医疗废物处置有限公司。

为抓好医疗废物的集中处置,2005年4月,市环保局开展了医疗废物处置设施普查。此次普查历时2个多月,涉及全市各类医疗单位,于6月10日结束。通过普查,澄清了全市医疗废物产生量以及处置情况的底子,为医疗废物的集中处置打下了基础。

2006年4月15日,常德市安邦医疗废物处置有限公司投资兴建的医疗废物处置中心建成并投入运行。该中心投资1800万元,占地1公顷,日处理医疗废物能力8吨,采用较先进的回转窑二次燃烧高温焚烧杀菌技术,废气采用急冷、活性炭吸附、布袋除尘等措施,是湖南省首家建成并投入运行的医疗废物处置中心,担负着武陵区、鼎城区、德山开发区、西湖管理区、西洞庭管理区、津市市、石门县、澧县、临澧县、桃源县、安乡县、汉寿县的77家医院、240家乡镇卫生院、3886家个体诊所的医疗废物处置任务。

为将医疗废物集中处置纳入法制轨道,2007年10月26日,市人民政府正式颁布《常德市医疗废物集中处置暂行办法》(常政办〔2007〕14号),要求本市辖区内各级医疗卫生机构(包括村级卫生室及个体诊所)产生的医疗废物,全部集中到常德市安邦医疗废物处置有限公司统一进行无害化处置,并要求各地建立健全医疗废物管理责任制,制定和完善医疗废物分类收集、运送、暂时贮存等各项规章制度及工作流程,做好医疗废物的分类收集、暂时贮存、运

图62 市医疗废物无害化处理中心一角

送、登记、安全防护等工作。

2007年11月27日，湖南省物价局正式批准《常德市医疗废物处置收费试行标准》，核定常德市医疗废物处置费最高限额：有固定病床的医疗机构按出院者实际占用床位数按月计收，收费标准为每床日2.00元；无固定病床的医疗机构和其他产生医疗废物的单位，根据产生量按月分档定额收取，月收费标准为100～1000元不等；乡镇卫生院按每月80元包干收取。收费标准的制订，为常德市医疗废物处置中心的正常运行提供了可靠保证。

2009年11月，浙江省临海市供销社对常德市安邦医疗废物处置有限公司进行整体收购。收购后，收购方又投入400万元，对原有设备进行彻底改造，重新装置了一套双烟道热解连续焚烧TH－XP－8T型四转窑焚烧炉，经二个月的试运行，各项指标均符合环保要求，顺利通过市环保局、市环保局柳叶湖分局、市环境监测站检查验收，顺利投入营运。

2011年9月1日至10月21日，市环保局组织开展全市医疗机构环境执法检查，医疗废物处置是这次检查的重点之一。检查范围包括各级各类医院、社区医疗服务中心、乡镇卫生院及个体诊所、医疗美容等医疗机构，医疗废物收集、运输、处置单位和其他产生医疗废物的相关单位。市环保部门对医疗废物处置不当等环境违法行为进行了严肃查处，并对建立医疗机构环境管理长效机制和全过程跟踪管理进行了探索。

2006—2013年常德市医疗废物产生处置情况统计

表3-4-7　　　　单位：吨

年份	产生量	处置量	处置率(%)
2006	368	368	100
2007	641	641	100
2008	422	422	100
2009	580	580	100
2010	1023	1023	100
2011	1068	1068	100
2012	2401	2401	100
2013	2590	2590	100
合计	9102	9102	100

三、城市垃圾与粪便的产生及处置

(一)产生量与处置情况

城市垃圾与粪便的产生，与城市建设、社会经济发展状况及城市居民群体的扩大密切相关。根据环卫部门提供的资料，1991 年城区生活垃圾产生量仅为 7.9 万吨，到 2005 年增至 101.5 万吨，增长了 11.85 倍；与城市垃圾、粪便的大幅增长相同步，其无害化处理能力也大幅提升。常德市城区垃圾中转站从无到有，到 2005 年已达 50 个，中转站面积 9600 平方米。同时扩建了二个垃圾处置场，总面积达 90000 平方米，常德市城市垃圾和粪便无害化处置率均达 100%目标。其产生量与处置情况详见下表：

2001—2005 年常德市垃圾产生量及处置情况统计

表 3-4-8

年份	产生量（万吨）	收运方式	垃圾转运站情况			垃圾处置情况		垃圾处置场情况	
			面积（㎡）	个数	堆存方式	处置量（万吨）	处置率（%）	面积（㎡）	处置方式
2001	58.2	转运站中转	7200	36	密封	58.2	100	64800	填埋
2002	62.7	转运站中转	7200	36	密封	62.7	100	64800	填埋
2003	69.9	转运站中转	7600	38	密封	69.9	100	68400	填埋
2004	98.2	转运站中转	8400	42	密封	98.2	100	75600	填埋
2005	101.5	转运站中转	9600	48	密封	101.5	100	86400	填埋

2001—2005 年常德市城区粪便产生量及处置情况统计

表 3-4-9

年份	公厕（个）	产生量（万吨）	收运方式及设施	粪便库存情况			粪便处置情况	
				库场（㎡）	库容（立方）	方法及设施	数量（万吨）	处置率（%）
2001	132	15.7	水冲入下水道	7580	1599	密封贮存	15.7	100
2002	140	17.4	水冲入下水道	8600	1620	密封贮存	17.4	100
2003	148	18.1	水冲入下水道	8600	1649	密封贮存	18.1	100
2004	152	25.5	水冲入下水道	8860	1649	密封贮存	25.5	100
2005	160	26.3	水冲入下水道	9248	1663	密封贮存	26.3	100

常德市桃树岗生活垃圾填埋场

1990年，常德市在距城区15千米的白鹤山乡建起了桃树岗生活垃圾填埋场。随着城市规模的扩大和人口的急剧增加，常德市城区生活垃圾的日均产生量在1990代末期达到了500多吨，桃树岗垃圾填埋场已不堪重负。

为了满足城市生活垃圾处理的需要，2001年，桃树岗城市生活垃圾无害化处理场扩建工程正式动工。垃圾场扩建工程分三期进行。2001年，投资300万元，完成了12公顷场地的土建施工和铺膜工程，并投资200万元配置了填埋做业必需的推土机、装载机、挖掘机等机械设备。2005年，投入400万元完成了第二期16.5公顷场地的土建施工和铺膜工程，投入800万元，建成了高标准的污水处理系统，该系统采用SBR工艺，设计日处理渗滤液200吨，先进成熟的处理工艺和处理能力，保证了处理效果达到环评要求；投入30万元建成了中心化验室，并取得了省技术监督局计量认证，中心化验室可独立开展各项化验工作。2009年，第三期工程开工，扩建后的填埋场占地550公顷，使用年限为14年，设计日处理垃圾500吨，每天消纳常德市城区生活垃圾约450吨，全城生活垃圾无害化处理率达100%。为保证地下水不受污染，防止垃圾降解产生的渗滤液渗进地下水，整个垃圾填埋场底层铺设HDPE防渗膜。

(二)城市垃圾与粪便管理

常德城区垃圾与粪便管理水平是伴随城市发展步步提升的。1949年8月，原常德县警察局清洁卫生队23人由新建的常德市公安局接管，继续担负城市街道清扫，垃圾倾倒在城郊远离住户的坑洼地，做农田渣肥处理。1950年7月14日，市人民政府颁布《清除污物暂行规定》，并由常德市爱国卫生运动委员会与卫生局在城郊先后确定23个垃圾倾倒站。

图63　市城区新建的公厕

粪便的统一管理始于20世纪60年代。1961年10月26日，市人委颁布《关于进一步加强粪便统一管理的通知》。1962年常德市人民委员会和常德县人民委员会，联合颁布《关于重申城市人畜粪尿实行统一管理的布告》。粪便管理机构为常德市肥料公司。1963年10月，常德市肥料公司改名为“常德市环境卫生管理处”，属全民事业单位。1971年1月15日，常德市革命委员会和常德县革命委员会联合颁布《关于加强城市粪肥统一管理，维护公共卫生和社会治安的联合通告》，在加强粪便统一管理的同时，调处了常德市、县两地争夺城市粪肥的矛盾。

从1979年开始，城市垃圾管理逐步走向正规化、科学化。1979年7月2日，常德市公安局、常德市环境保护领导小组、常德市城市建设局、常德市卫生局四家联合，发出《关于加强全市垃圾管理的通知》，并在全市设立7个垃圾倾倒点。1982年4月，市政府行文禁止任意使用水塘倾倒垃圾，并在市区东郊皇木关征用水塘2.18公顷，建成第一个垃圾填埋处理场。1986年，常德市在德山建成区内第一座垃圾焚烧炉，可一次性焚烧垃圾0.5吨。1987年，常德市人民政府拨款10万元，在市区武陵路建成区内第一座垃圾中转站。尔后，在全城分地域设置容量达3吨的垃圾斗，用多功能垃圾车逐日将中转站垃圾运往垃圾处理场填埋。

撤区建市以后，市委、市政府对城市环境卫生更为重视，1990年，为创建国家卫生城市，市政府从市建委、公安、工商、卫生、交警等单位抽调120名干部，开展城市管理和创建文明卫生城市联合执法行动，对城市“脏、乱、差”展开全面治理，并出台了《城市容貌标准》《常德市城市管理暂行规定》及其实施细则、《“门前三包”实行办法》、《市直有关委、办、局及区、街两级城市管理工作职责》等规范性文件。是年，常德通用机械厂、常德烟机厂、澧沅机械厂、常德第二纺织机械厂、常德七一机械厂捐赠果皮箱数百个。

1991年9月，市委、市政府决定9月份为“创建文明卫生城市活动月”，先后颁发《关于对创建文明卫生城市工作实行领导人包片、部门包段工作责任制的通知》，抽调130多名干部上街上路执法执勤，推广城南办事处落实“门前三包”责任制的经验，改建水冲厕所30座，增加垃圾桶和集装箱40个、痰盂和果皮箱280个，组织了5次卫生大清扫，上街人数3万多人。经过多年的努力，1995年，常德市城区100多座公共厕所全部由旱厕改为水冲厕。1996年年底，常德城区“垃圾无害化处理率”首达100％。

1997年3月1日，市委宣传部、市城管办、市建委、市爱卫办、市总工会、团市委和市妇联7家单位联合发布《常德市市容卫生公约》及实施办法，提出了市民卫生行为规范“十不准”、市容卫生监督管理和教育处罚办法。3月5日，副市长杨万柱在市体育运动中心主持《常德市市容卫生公约》万人签名活动。

1999年5月10—12日，市委、市政府组织第二次迎接创建文明卫生城市“国检”的模拟检查，重点对郊区农户“改水改厕”工作进行检查。检查结果表明，城郊农村自来水普及率已达80％，城郊农民改厕2万多个，基本结束了“旱厕”历史。

2006年，常德市投资1120万元新建和改建公厕30多座。

2007年7月9日，市政府正式出台《常德市城市垃圾管理暂行办法》，对城市垃圾的产生、倾倒、收集、运输、处理分别做出具体规定。该办法要求推广袋装收集，做到分类收

图 64 道路清扫车

集、运输和处理，逐步实现无害化、资源化、减量化，并对城市垃圾清扫、收集、运输、处理实行收费制度。单位的生活垃圾由本单位负责清扫、清运；公共活动场所的生活垃圾，由管理单位设专人清扫、清运；临街经营门面与各种摊点（担）产生的生活垃圾，由经营者自备容器随时收集，及时倒入公共垃圾站或垃圾容器内。并要求生活垃圾日产日清，由收集、运输单位按照密闭化要求运往环境卫生行政主管部门指定的垃圾转运站、处理场，不得任意倾倒。

2010 年 8 月 13 日，湖南省城镇生活垃圾无害化处理设施建设工作调度会在常德市召开。常德市共有 9 个项目纳入省城镇生活垃圾无害化处理设施建设计划，即市本级的生活垃圾无害化处理项目、桃树岗生活垃圾填埋场三期工程项目、7 个县市的生活垃圾填埋场建设项目。

2012 年 8 月 25 日，为加强建筑垃圾管理，市政府制定《常德市城市建筑垃圾管理办法》，就新建、改建、扩建工程项目和拆除建筑物、构筑物以及装饰装修过程中所产生的弃土、弃料及相关废弃物的倾倒、运输、中转、回填、消纳、利用等处置活动进行规范。办法要求：建设单位在编制建设工程概算、预算时，必须专门列支建筑垃圾处置所产生的相关费用；对建筑垃圾处置实行许可制度，必须经市市容环境卫生行政管理部门核准，并按照核准的内容和要求进行处置；对施工现场垃圾控制与管理、建筑垃圾运输部门及车辆管理等，提出了具体要求和详细的操做细则；对违反城市建筑垃圾管理办法的各种行为，追究相应的法律责任，情节严重的，个人最高可处 3000 元罚款，单位最高可处 10 万元罚款。

第五节 辐射污染防治

一、核与辐射管理机构

2004 年，国务院明确核与辐射方面的相关职能划归环保部门。市环保局按照国家环保总局和省环保局的统一部署的要求，开始接手全部放射性污染防治与管理的各项工作。

2009年7月,常德市辐射管理站成立,为常德市环境保护局内设机构。常德市辐射环境管理由常德市辐射管理站(以下简称辐射站)具体实施,由常德市环境保护局统一监管。2011年3月3日,中共常德市委机构编制委员会正式批复(常编办〔2011〕38号),设立常德市辐射管理站,核定辐射站全额拨款事业编制3名,人员编制结构为站长(副站长)1名,其他工作人员2名。辐射站系正科级事业单位,隶属于常德市环境保护局。

根据国家法律法规,按照国家环境保护部、湖南省环保厅和常德市人民政府的要求,辐射站的主要职责是按照常德市环境保护局的统一部署,对常德市辐射环境安全实施行政监督管理;组织贯彻实施国家、省和地方辐射环境安全监督管理的相应法律、法规、政策和标准;对放射源、电磁辐射和伴有放射性矿产资源开发利用中的辐射污染防治、防护和安全实行监督管理;负责辐射防护工作;负责对从事辐射安全关键岗位工作的专业技术人员进行从业资格管理;负责放射性废物处理、处置的安全和辐射环境保护工作的监督管理;负责放射性同位素和射线装置的生产、销售、使用预审批;负责高压输变电线路(站)、广播电视雷达信号台、移动通信基站、高频电磁感应加热炉、医疗诊断和治疗X射线机等电磁辐射装置和电磁辐射环境的监督管理;负责辐射应急响应和调查处理;负责参与指导全市辐射环境监测工作。

辐射站现有行政和业务用房面积60平方米,实验监测用房面积140平方米,设在常德市环境监测站。常德市环境环保局先后投入近40万元购置监测仪器和装备,提高辐射环境监管能力。经过多年的建设,辐射站已拥有辐射监管车、便携式αβγχ射线检测仪、αβ表面沾污测量仪、便携式γ—χ剂量率仪、γχ射线个人报警仪、佳能数码照相机等高端设备。

二、核与辐射分布

常德市核与辐射主要包括两个方面:电离辐射和电磁辐射。电离辐射主要涉及水泥建材、造纸、烟草、放射治疗、科研教学等行业,电磁辐射主要涉及电力、通信、工业、医疗等行业,电磁辐射源包括广播电视发射台、雷达及导航站、移动通信基站、高压输电线路、高压变电站、工科医高频电磁设备、微波中继站等。

(一)电离辐射

常德市电离辐射来自核技术利用,主要包括使用放射源和射线装置两个方面。

放射源:2013年,常德市有放射源使用单位22家,在用放射源100枚。其中Ⅰ类源3枚,Ⅲ类源2枚,均用于放射治疗;其他为Ⅳ、Ⅴ类源,用于水泥、建材、造纸、烟草行业和科研教学,如核子秤、料位仪、水分定量分析仪、钴治疗机、超级伽马刀、后装机等含源机械设备。主要核素有Cs—137、Co—60、Am—241、Pm—147、Cf—252、Ir—192、Kr—85等,其中中子源 2 个，其他为 γ 源。全市丙级开放性放射工作场所 3 个，分别为常德市第一人民医院、常德市第六人民医院、临澧新安卫生院核医学科，使用放射性同位素为 I—131、I—125，年使用量约为 24×1010Bq，用于甲亢诊断和治疗。

射线装置：2013 年，常德市有射线装置使用单位 270 家，均为 X 射线装置，主要应用于工业探伤、医疗诊断、机场车站行包检测等领域，共使用 X 射线装置 300 多台（套）。其中：2 类射线装置 13 台（套），其中，工业探伤装置 10 套、医疗直线加速器 3 台，其余绝大部分为 CT 机、200mA～500mA 医疗诊断用Ⅲ类 X 射线装置。不同年份辐射安全具体情况见下表：

2009—2013 年常德市核与辐射安全情况统计

表 3-4-10

年 份	涉辐射安全企业数	辐射安全许可证持证企业		依法送贮废旧放射源
		个 数	持证率	
2009	240	177	73.7%	65
2010	239	239	100%	20
2011	239	239	100%	10
2012	295	295	100%	0
2013	292	292	100%	0

（二）电磁辐射

据 2013 年年末统计，常德市共有医疗电磁设备 60 台（套）；广播电视系统各类发射机 33 台（套）；电力行业高压交流输变电线路 85 条，总长度 2068.3 千米，110～500 千伏主变压器 78 台（套）；另有飞机导航发射塔和多普勒气象雷达各一座。中国移动常德分公司、中国联通常德分公司、中国电信常德分公司共有各类通信基站 4128 座，各类发射机 11300 多台，总标称输出功率 247880 瓦。随着信息化技术的不断升级，常德三大移动通信公司正大力筹建 3G、4G 网络。

常德市移动通信公司通信基站分布情况（2013年）

表 3-4-11

移动通信公司名称	通信基站个数	发射机		标称输出功率	输出功率所占份额
		台数	型号		
中国移动	2105	6000	GSM900M / 1800 M / TD	126500W	51.03%
中国联通	1185	3000	GSM900M	71100W	28.68%
中国电信	838	2300	CDMA800M	50280W	20.29%

常德市通信基站地域分布情况统计(2013年)

表 3-4-12

所属区县市	基站类型	基站数量	通信公司名称
武陵区	GSM900/1800M/TD	271	中国移动(常德)
	GSM900M	150	中国联通(常德)
	CDMA800M	106	中国电信(常德)
鼎城区	GSM900/1800M/TD	402	中国移动(常德)
	GSM900M	166	中国联通(常德)
	CDMA800M	108	中国电信(常德)
西洞庭管理区	GSM900/1800M/TD	25	中国移动(常德)
	GSM900M	15	中国联通(常德)
	CDMA800M	7	中国电信(常德)
德山开发区	GSM900/1800M/TD	25	中国移动(常德)
	GSM900M	25	中国联通(常德)
	CDMA800M	30	中国电信(常德)
安乡县	GSM900/1800M/TD	164	中国移动(常德)
	GSM900M	98	中国联通(常德)
	CDMA800M	59	中国电信(常德)
汉寿县	GSM900/1800M/TD	168	中国移动(常德)
	GSM900M	122	中国联通(常德)
	CDMA800M	87	中国电信(常德)

续上表

所属区县市	基站类型	基站数量	通信公司名称
西湖管理区	GSM900/1800M/TD	25	中国移动(常德)
	GSM900M	16	中国联通(常德)
	CDMA800M	7	中国电信(常德)
津市市	GSM900/1800M/TD	99	中国移动(常德)
	GSM900M	87	中国联通(常德)
	CDMA800M	37	中国电信(常德)
临澧县	GSM900/1800M/TD	118	中国移动(常德)
	GSM900M	106	中国联通(常德)
	CDMA800M	64	中国电信(常德)
澧 县	GSM900/1800M/TD	256	中国移动(常德)
	GSM900M	130	中国联通(常德)
	CDMA800M	107	中国电信(常德)
石门县	GSM900/1800M/TD	290	中国移动(常德)
	GSM900M	125	中国联通(常德)
	CDMA800M	112	中国电信(常德)
桃源县	GSM900/1800M/TD	312	中国移动(常德)
	GSM900M	145	中国联通(常德)
	CDMA800M	114	中国电信(常德)
合 计	GSM900/1800M/TD	2105	中国移动(常德)
	GSM900M	1185	中国联通(常德)
	CDMA800M	838	中国电信(常德)

三、核与辐射环境质量

国家对核与辐射管理实行两级(部、省)审批、四级(部、省、市、县)监管体制。常德市县两级没有法定的监测资格和资质,且不具备核与辐射环境监测能力,主要履行行政监督管理职责。

电离辐射水平:常德市由于核技术利用行业不发达,境内没有核电厂(站),没有用于实验、研究的核反应堆，没有开发、研究、生产放射性同位素和射线装置的企事业单位和个人，核技术应用形式和类别相对简单，主要是使用放射性同位素和X射线装置，所以电离辐射污染相对较小，监测任务相对较轻，监测能力相对滞后。但是，常德市对电离辐射的行政监管没有因此而放松，全市所有的密封放射源、放射性同位素、X射线装置的使用都局限于固定的工作场所、针对特定的人群、用于特殊的工况；所有使用场所均按国家《电离辐射防护与辐射源安全基本标准》(GB18871—2002)采取了有效的防护措施和手段，按照完善的安全管理制度严格监控；新旧核技术项目均经过特殊项目环评审批、“三同时”验收等程序严格把关。验收监测及监督性监测数据显示，常德市的电离辐射源对全市辐射环境的影响很小，没有造成辐射污染，电离辐射水平值基本稳定保持在本底天然辐射水平。2007—2013年，常德市城区地表环境γ辐射剂量率监测结果在85～105.2 nGY / h之间，平均值为71.1 nGY / h，与“十五”期间常德市地表环境γ辐射剂量率比较，无显著变化。常德市城区电离辐射环境质量状况良好。2007—2013年常德市辐射环境γ剂量率情况见表：

2007—2013年常德市辐射环境γ辐射剂量率监测结果

表3-4-13

年份	环境地表γ辐射剂量率(nGy/h)			γ辐射累积剂量按小时平均测量结果(nGy/h)		
	测值范围	平均值	标准差	测值范围	平均值	标准差
2007	82—88	85	4.2			
2008	91.7—95.2	93.5	2.5	122.7—198.3	135.5	22.6
2009	97.3—113	105.2	11.3	92.9—99.7	96.3	4.8
2010	86.9—100.9	93.9	9.9	75.8—78.5	77.2	1.91
2011						
2012	86.9—100.9	93.9	9.9	75.8—78.5	77.2	1.91
2013	64.1—67.9	66	2.5	54.8—94.8	74.8	28.3

常德市地表环境γ辐射剂量率的监测，按照国家《环境地表γ辐射剂量率测定规范》，采取连续测量法，通过布设在固定监测点位上的热释光剂量计，测出一定时间间隔内环境辐射场的累积剂量值，反应空气吸收剂量率的连续变化值。按照地表环境γ辐射剂量率全部被人体吸收、居民24小时暴露在室外环境的极端情况下，估算公众受到的年有效剂量值、射线的品质因子和人体组织的权重因子，2007—2012年间，常德市社会公众所受到

的环境 γ 辐射照射年有效剂量平均值在 0.521～0.645mSv 之间变化，低于国家控制标准 1mSv。2013 年，常德市社会公众所受到的环境 γ 辐射照射年有效剂量平均值约为 0.4mSv，不仅远低于国家控制标准 1mSv，而且还低于 2007—2012 的平均值。

2013 年，在湖南省环保厅辐射站的支持下，常德市开展了地表水和饮用水总 α、总 β 比活度监督性采样监测。按照 2001 年卫生部颁发的《生活饮用水水质卫生规范》，规定生活饮用水水质的总 α 放射性参考水平为 0.5Bq/L，总 β 放射性参考水平为 1Bq/L。2013 年监测结果表明，常德市地表水和饮用水放射性水平指标总 α、总 β 比活度，均满足国家饮用水安全要求。

2013 年常德市地表水和饮用水总 α、总 β 比活度监测结果

表 3-4-14

水源地	河流名称	断面名称	采样时间	监测结果		
				总 α(Bq/l)	总 β(Bq/l)	U(Bq/l)
常德	沅江	四水厂	2013.9.24	<0.01	0.02	0.33
常德		地表饮用水	2013.9.24	0.29	0.35	0.86

电磁辐射水平：常德市电磁辐射主要来自广播电视发射塔、各类通信基站、雷达站、高压输变电线路、高压输变电站(所)等暴露在环境中的电磁辐射设备和设施。就电磁辐射对环境的影响而言，移动通信基站摆在首位，其次是高压超高压输变电线路和变电站(所)。在通信和电力事业的发展过程中，由于省环保厅严格环保审批和验收，常德市县两级环保部门参与管理，定期按一定百分比抽样监测，常德市所有被监测和监管的电磁辐射水平均达到国家有关控制标准要求。2006—2010 年 5 年间，常德市已经建成经过环保验收正式投入运行的通信基站综合电场强度测定值为0.1～2 V / m，平均值约为1.25 V / m，功率密度在 0.01～0.5μW / cm²之间变化，平均值为 0.36 μW / cm²，各年间无显著变化，且均在国家标准内。2013 年，常德市通信基站的电场强度在 0.1～2V / m之间变化，功率密度在 0.01～0.5μW / cm²之间变化，远低于电场强度12V / m、功率密度 40μW / cm² 的国家控制标准，无线电干扰值也在国家标准范围内；110Kv、220Kv、800Kv 等高压超高压输变电线路和变电站(所)的工频电场强度在 1～900V / m之间变化，工频磁场强度在 1～1000nT 之间变化，无线电干扰值在 30～45dB 之间波动，均远低于工频电场强度 12Kv / m、工频磁场强度在 0.1mT、无线电干扰值46、53dB的国家控制标准。

常德市部分年份通信基站周围电磁辐射水平

表 3-4-15

年份	源类型	被测源个 数	监测点位	监测项目	测值范围	公众照射导出限值(μW / cm^2)
2006	通信基站（100—3000MHz）	10	发射天线周围 100m 范围内环境敏感点	功率密度（μW / cm^2）	0.01—0.5	40
2007	通信基站（100—3000MHz）	12	发射天线周围 100m 范围内环境敏感点	功率密度（μW / cm^2）	0.01—0.5	40
2008	通信基站（100—3000MHz）	15	发射天线周围 100m 范围内环境敏感点	功率密度（μW / cm^2）	0.01—0.5	40
2009	通信基站（100—3000MHz）	18	发射天线周围 100m 范围内环境敏感点	功率密度（μW / cm^2）	0.01—0.5	40
2010	通信基站（100—3000MHz）	16	发射天线周围 100m 范围内环境敏感点	功率密度（μW / cm^2）	0.01—0.5	40
2012	通信基站（100—3000MHz）	18	发射天线周围 100m 范围内环境敏感点	功率密度（μW / cm^2）	0.01—0.5	40
2013	通信基站（100—3000MHz）	18	发射天线周围 100m 范围内环境敏感点	功率密度（μW / cm^2）	0.01—0.5	40

常德市部分年份高压输变电工程周围环境电磁辐射水平

表 3-4-16

年份	源类型	被测源个数	监测点位	监测项目	测值范围	公众照射导出限值（μW / cm^2）
2007	220Kv 输电线路	2	每条线路 20m 内环境敏感点	工频电场工频磁场无线电干扰强度	34.5—57813.1—876nT49.9	工频电场 4Kv / m 工频磁场 0.1mT 无线电干扰强度 53dB
2009	110Kv 变电站所	2	每条线路 20m 内环境敏感点	工频电场工频磁场无线电干扰强度	27.8—48325.2—647nT35.8	工频电场 4Kv / m 工频磁场 0.1mT 无线电干扰强度 46dB
2010	110 Kv 输电线路	2	每条线路 20m 内环境敏感点	工频电场工频磁场无线电干扰强度	24.5—38663.8—223nT44.3	工频电场 4Kv / m 工频磁场 0.1mT 无线电干扰强度 46dB
2012	220Kv 输电线路	2	每条线路 20m 内环境敏感点	工频电场工频磁场无线电干扰强度	34.5—57813.1—876nT49.9	工频电场 4Kv / m 工频磁场 0.1mT 无线电干扰强度 53dB
	110Kv 变电站所	2	每条线路 20m 内环境敏感点	每条线路 20m 内环境敏感点	27.8—48325.2—647nT35.8	工频电场 4Kv / m 工频磁场 0.1mT 无线电干扰强度 46dB
	110 Kv 输电线路	2	每条线路 20m 内环境敏感点	工频电场工频磁场无线电干扰强度	24.5—38663.8—223nT44.3	工频电场 4Kv / m 工频磁场 0.1mT 无线电干扰强度 46dB

续上表

年份	源类型	被测源个数	监测点位	监测项目	测值范围	公众照射导出限值 $(\mu W / cm^2)$
2013	220Kv 输电线路	2	每条线路 20m 内环境敏感点	工频电场工频磁场无线电干扰强度	34.5－57813.1－876nT49.9	工频电场 4Kv / m 工频磁场 0.1mT 无线电干扰强度 53dB
	110Kv 变电站所	2	每条线路 20m 内环境敏感点	工频电场工频磁场无线电干扰强度	27.8－48325.2－647nT35.8	工频电场 4Kv / m 工频磁场 0.1mT 无线电干扰强度 46dB
	110 Kv 输电线路	2	每条线路 20m 内环境敏感点	工频电场工频磁场无线电干扰强度	24.5－38663.8－223nT44.3	工频电场 4Kv / m 工频磁场 0.1mT 无线电干扰强度 46dB

四、核与辐射监督管理

2003 年 6 月 28 日，十届全国人大三次会议审议通过《中华人民共和国放射性污染防治法》，明确划分了国家、省、市环保部门核与辐射方面的职责、职能。从此，常德市环保局在国家环保总局和省环保局的统一领导和部署下，着手全方位推进放射性污染防治与管理的各项工作。

2004 年，为加强辐射环境的监督管理，查清常德市放射源生产和使用情况家底，常德市环保局组织开展“清查放射源，让百姓放心”专项行动。专项行动从 3 月开始，9 月结束，共分三个阶段：第一阶段为宣传发动阶段，由市环保局、市公安局、市卫生局三部门联合开会发文，成立专项行动领导小组，部署专项行动；第二阶段为普查登记阶段，对全部放射源及射线装置使用情况进行全面普查和申报登记；第三阶段为检查整改阶段，由市环保局组成联合检查组，对使用同位素密封放射源重点单位进行现场检查和限期整改。这次专项行动，先后涉及区域内 500 余家单位，特别是对 238 家使用同位素放射源和射线装置单位进行了彻底清查，对 637 枚（台套）同位素放射源和射线装置逐一进行登记备案，对在用同位素密封放射源 1 类实行一级一长一号的“身份证”式管理。

图 65　常德市无线通信直放站清理核查暨基站建设座谈会

2005年9月14日，国务院总理温家宝签署国务院令，发布《放射性同位素与射线装置安全和防护条例》。常德市环保部门以此为契机，对放射性同位素与射线装置使用、生产重点地域、重点行业和重点单位进行重点监管。常德市锁定的重点地域为市城区和石门县境内；重点行业为烟草、水泥、医疗行业；重点使用单位为常德卷烟厂（烟支重量检测仪上的同位素锶—90，共90枚）、湖南石门县特种水泥厂（料位计上使用的同位素铯—137，共54枚）；重点生产单位为常德世翔电子公司、常德市宏达核电仪器厂（主要生产烟支重量检测仪，使用同位素锶—90）。

2009年3月15日，常德市环保局制订《2009年常德市核与辐射安全管理工作计划》，要求加强辐射工作单位日常监督管理，推进辐射安全许可证的核发工作，开展核与辐射安全运行年度评估，强化放射性废物监管。同日，市环保局发出通报，对在辐射环境安全管理方面做出突出成绩的桃源县环保局等5个单位和张志勇等8名同志予以表彰。

2009年5月10日，市环保局、市卫生局联合发出《关于加强全市医疗系统射线装置使用单位辐射安全监督管理的通知》，要求射线装置使用活动统一由环保部门监督管理；职业病防治、放射源诊疗技术和医用辐射机构的准入管理、放射性污染事故医疗应急救治等工作由卫生行政主管部门负责；医疗射线装置使用单位必须取得由环保行政主管部门统一核发的“辐射安全许可证”，由卫生行政主管部门核发的“放射工作诊疗许可证”。9月25—27日，2009年度常德市辐射安全与防护培训班在桃花源宾馆举行，辖区内从事辐射安全与防护的监管人员和从事辐射工作的职业人员参训。11月25日至12月25日，市环保局分三批向178家医疗射线装置使用单位发放“辐射安全许可证”正、副本，并要求上述单位于每年1月30日前依法报送《放射性同位素与射线装置安全和防护状况年度评估报告》。

2012年10月31日，市环保局发出通知，要求做好2012年度辐射安全工作年度评估工作，评估内容包括辐射安全工作和防护制度落实情况，辐射工作人员的个人剂量监测和健康检查情况，放射性废物的处理、闲置情况，废弃放射源的贮存、处置情况，安全隐患检查和整改情况。评估工作于2013年1月31日结束。

在对核与辐射安全管理方面，常德市环保部门将放射性废物（源）收贮工作列为重中之重。2006—2010年，常德市成功安全收贮废弃、闲置的密封放射源197枚，其中送湖南省放射性废物库153枚，返回原生产厂家44枚。由于对在用放射源及放射性废物（源）监管到位，常德市撤区建市以来仅发生2例安全事故，且由于处置及时，均未造成生命财产损失。

事故之一：2009年9月，临澧新厦建材有限公司临澧县水泥厂生产线上暂时停用的含密封放射源的料位仪被盗。事故发生后，省市县三级环保部门立即启动辐射事故应急预案，赶赴现场查找丢失的放射源。在当地公安部门的紧密配合下，很快查明系当班工人偷盗后当作废铁卖给了废旧物品收购点，不到24小时便成功找回了丢失的放射源，并依法对涉嫌企业和人员进行了处理，安全收贮了放射源。

事故之二：2011年6月11日，澧县中武煤业博尔玻璃制品分公司在拆除危房过程中，未经批准用挖掘机把废弃待处置的中子源挖出，将包裹源体的石蜡屏蔽防护层损坏，源体摔出。接到报告后，省市县三级环保部门迅速赶赴现场紧急处理。6月12日至16日，核安全专家对中子源重新进行屏蔽包装，基本达到运输、贮存控制标准，并于6月16日送省放射性废物库安全收贮。此案发生后，6月30日，市环保局发出《关于加强放射源安全监管的通知》，要求各有关部门高度重视核与辐射源的安全监管。

常德市2006—2010年放射性废物(源)收贮统计

表3-4-17

年份	放射性废物类别	数量	收贮方式
2006	废放射源	27枚	4枚送省废物库，23枚返回原厂
2007	废放射源	19枚	全部送省废物库
2008	废放射源	78枚	57枚送省废物库，21枚返回原厂
2009	废放射源	62枚	全部送省废物库
2010	废放射源	11枚	送省废物库

第四章 生态环境保护

第一节 自然保护区建设

常德市自然保护区分森林和湿地两大类型，保护区面积23.7万公顷，占市域国土面积的13%。自然保护区的建立，对保护和抢救濒危珍稀野生动植物、保持生物多样性起到积极做用。

一、森林生态类自然保护区

森林生态类：有国家级、省级自然保护区4个，森林生态类型自然保护小区16个，国有林场19个，其中11个林场先后建立了河洑、桃花源、夹山、黄山头、花岩溪、嘉山6个国家级森林公园，太阳山、洛浦、天供山3个省级森林公园，白云山、德山2个市级森林公园。

图66 壶瓶山

(一)森林自然保护区

1.壶瓶山国家级自然保护区

1979年，当地政府和各级林业主管部门开始对壶瓶山生物资源进行科学考察。1982年,湖南省人民政府批准建立壶瓶山自然保护区。1994年4月,国务院批准建立湖南壶瓶山国家级自然保护区。1995年12月,常德市人民政府批准成立壶瓶山国家级自然保护区管理处,后于2004年7月更名为壶瓶山国家级自然保护区管理局。

壶瓶山自然保护区位于石门县境内,属武陵山脉北支的太清山系,总面积6.7万公顷,其中林地6.0万公顷,森林覆盖率86.5%。域内有海拔1000米的山峰266座,主峰海拔2098.7米,被称为“湖南屋脊”。保护区内有不少古老、孑遗、稀有和特有物种。有记录维管束植物3080种,其中国家一级保护植物7种(珙桐、光叶珙桐、银杏、红豆杉、南方红豆杉、钟萼木、水杉),国家二级保护植物26种,列入CITES附录的野生植物69种;有记录陆生脊椎动物320种,其中国家一级保护动物8种(华南虎、金钱豹、云豹、金雕、林麝、黑鹳、东方白鹳、中华秋沙鸭),二级保护动物50种,列入CITES附录的野生动物55种;另有记录鱼类41种、昆虫4770余种、大型真菌230多种。壶瓶山自然保护区被国内外专家学者誉为“植物王国”“天然动物园”“地质环境演变的教科书”。

保护区先后进行了Ⅰ期、Ⅱ期、Ⅲ期基础设施工程建设,渐为世界瞩目。1992年,原林业部与世界自然基金会(WWF)联合召开的“中国自然保护优先领域研讨会”,将壶瓶山自然保护区确定为全国40个具有国际意义(A级)的自然保护区之一。1998年,《中国生物多样性国情研究报告》,将壶瓶山所在的武陵山区列为中国具有全球意义的17个生物多样性关键地区之一。2001年,世界自然基金会、国际自然保护联盟及世界银行将壶瓶山列为全球200个重点生态区之一。

2.湖南乌云界国家级自然保护区

乌云界自然保护区(原黑山自然保护区)位于桃源县西南部、雪峰山脉与武陵山脉交汇处。保护区雨量充沛,年降雨量最高可达2500毫米,因而植被茂密,保存着中亚热带较完整的大面积低海拔常绿阔叶原始次生林。保护区总面积33818公顷,其中森林面积27610公顷,森林植被覆盖率达92.5%,是湘西北重要的水源涵养区和生态屏障。保护区

图67 乌云界

内有两座中型水库、四条沅水支流、700 多公顷原始次生林、1400 多公顷芭茅山地，构成了融林、灌、草、溪于一体的多种微域小环境，是野生动植物生存和繁衍生息的良好场所。1998 年，桃源县成立黑山县级自然保护区，采取禁采、禁伐、禁猎、取缔采金业等措施实施保护。2000 年 10 月，晋升为省级自然保护区并更名为乌云界自然保护区。2003 年 7 月，成立桃源乌云界自然保护区管理处。2006 年 2 月，经国务院批准，桃源乌云界自然保护区升格为国家级自然保护区。

保护区内共有维管束植物 203 科 847 属 2076 种。其中木本 1011 种，占整个区系的 48.7%；草本 1065 种，占整个区系的 51.3%。保护区有国家一级保护植物 5 种（银杏、金钱松、红豆杉、南方红豆杉、伯乐树），国家二级保护植物 22 种。保护区被称为雪峰山脊椎动物基因库，有脊椎动物 71 科 201 种。其中，鱼类 32 种，占全省鱼类总数的 15.9%；两栖类 17 种，占全省两栖动物总数的 28.3%；爬行类 24 种，占全省爬行动物总数的 27.6%；鸟类 91 种，占全省鸟类物种总数的 23.2%；哺乳类 37 种，占全省哺乳动物总数的 40.4%。在保护区内，有国家一级保护动物 4 种（虎、豹、云豹、白颈长尾雉）、国家二级保护动物 23 种、省级保护动物 80 种、濒危动物 39 种。

3.花岩溪省级自然保护区

图 68　花岩溪

花岩溪省级自然保护区在常德市鼎城区境内，距常德城区 50 千米，与闻名遐迩的桃花源一山相连，总面积 4032 公顷。花岩溪省级自然保护区的前身为常德县林场，始建于 1970 年 8 月。1981 年 9 月，正式更名为常德县花岩溪林场。1988 年，随着常德撤区建市的完成，常德县花岩溪林场再次更名为鼎城区花岩溪林场。1995 年，鼎城区人民政府决定在鼎城区花岩溪林场兴办森林旅游，同年常德市人民政府同意建立常德市花岩溪风景旅游度假区。1996 年，花岩溪林场被批准为湖南省级旅游度假区；1997 年 11 月，林业部批准建立花岩溪国家森林公园；2000 年 11 月由常德市环保局申请，湖南省人民政府批准建立花岩溪省级自然保护区。2002 年，花岩溪省级自然保护区被国家旅游局授予全国首批 AAA 级景区。

花岩溪由中心区、五溪湖、龙凤湖、栖凤山和仙池山五大景区组成。主要景观有鹭舞花溪、鹭台日出、农家夕照、五溪湖飞舟、龙凤湖行船、龚家洞山泉、银盘山庄、尼克松林、观峰舟原始次生林、仙池古寺、吉祥寺、鸟语林、乾隆石碑、古风民宅、千年古樟、情圣苦槠、白龙石壁与核桃沟等十八景。花岩溪省级自然保护区内野生植物繁多，有记录野生植物1089种，其中属省级重点保护树种17种，本地珍稀树种25种，如：南方红豆杉、香果树、水杉、钟萼木、银杏、金钱松、皂夹、鹅掌楸、厚朴等；本地乡土树种有湖南石株、大叶柯、桂花、猴欢喜、紫玉兰、白玉兰、杨梅、檫木、木荷等。有记录珍稀野生动物89种，常见兽类有原猫、大灵猫、小灵猫、水獭、九江狸（五爪虎）、南狐（岗狗）、豺、獐子、毛冠鹿（麂子）、狗獾、果子狸、野猪、华南兔等，史料记载20世纪七八十年代有华南虎、金钱豹出没；爬行类有大头平胸龟（鹰嘴龟）、穿山甲、蝮蛇、眼镜蛇、两头蛇（马鞭蛇）、五步蛇、竹叶青等；鸟类有鸬鹚、猫头鹰、红腹锦鸡、红嘴相思鸟、寿袋鸟、啄木鸟、布谷鸟、鸳鸯绿头鸭等，特别是区内近十万只白鹭，已成为江南一大奇观，花岩溪因此而被冠以“中国白鹭之乡”。

4.湖南望阳山省级自然保护区

湖南望阳山自然保护区位于桃源县西部，地处雪峰山脉、武陵山脉交汇隆起带的东北端，五强溪北岸，总面积2570公顷，是中亚热带保存完整的低海拔次生阔叶林之一，蕴含着巨大的物种资源，是不可多得的珍稀动植物避难所和天然生物基因库，是保护和研究湖南及中国生物多样性的重要基地之一。保护区内生态环境保持完好，植被茂盛，野生动植物资源丰富，有珙铜、银杏、穿山甲、小灵猫等60余种国家保护野生动植物。2014年3月，经湖南省人民政府批准，湖南望阳山自然保护区正式成立。

（二）国家森林公园

1.黄山头国家森林公园

图69 黄山头

黄山头国家森林公园位于安乡县黄山头镇，坐落于武陵山余脉延伸的黄山，北枕长江，南抚洞庭，地处湖北省荆州市南部，为鄂南湘北边界结合部。公园始建于20世纪50年代，1991年被湖南省林业厅批准为湖南省省级森林公园，1992年被林业部批准为国家级森林公园，2006年成立副处级国家森林公园管理局。

黄山头国家森林公园中心景区约50平方千米，大小山峰32座，主峰海拔286米，有“银湖、翠野、金山”的美称。园内共有二级保护动物三种：猫头鹰28只，野鸡100多只，画眉830只；一级保护植物一种：银杏1200株；二级保护植物两种：香樟10万株，马褂木2株。园区年接待旅游人口10万人。

2.桃花源国家森林公园

图70 桃花源

桃花源国家森林公园位于桃源县城区西南部15千米处，地处沅水下游。地理位置为北纬28°47′～28°49′，东经110°25′～110°27′。桃花源始建于清光绪十八年(1892年)，1914年桃花观重修后设立“禁碑”，并派住持守护。1959年6月24日，湖南省人民政府公布桃花源为省级重点文物保护单位。1963年，建立国营桃花源林场，负责桃花源林业资源的管理和保护。1964年，成立桃花源文物管理所，具体负责桃花源的文物管理与保护。1990年，桃花源文物管理所和桃花源国营林场合并，成立桃花源风景名胜区管理处，统一负责桃花源的管理、保护和开发工作。1992年，桃花源经林业部批准为国家森林公园。2002年被评为“湖南省文明森林公园”。

桃花源是中国古代道教圣地之一，又因东晋大诗人陶渊明的《桃花源记》得名，至今1600多年的历史。公园具山水田园之美，奇观亭阁之盛，诗文碑刻之丰，历史传说之奇，孟浩然、王昌龄、李白、王维、杜牧、韩愈、陆游、苏轼等，都在桃花源留下了许多珍贵的墨迹和诗文，是透视中国古代传统文化的一个窗口。桃花源国家森林公园森林覆盖率95%，动植物栖息环境优越，物种资源丰富，共有木本植物446种，草本植物740余种。公园总面积约157.55平方千米，其中“世外桃源”主体景区15.8平方千米，“武陵人捕鱼为业”的沅水风光带水域44.85平方千米，外围保护区96.9平方千米。主体景区包括桃花山、桃源山、秦人村、桃仙岭和灵境湖五个景区。

3.夹山国家森林公园

夹山国家森林公园位于石门县城东南8千米处，因境内东西双峰对峙、南北一道中通而得名“夹山”。1993年，原夹山国有林场被林业部批准为国家森林公园；1994年，夹山国家森林公园被林业部确定为全国20家森林公园示范园之一；2001年被评为“湖南省文明森林公园”；2006 年 8 月 31 日，成为首批获得中国国家森林公园专用标志使用授权的国家级森林公园之一；2008 年，被评为“中国 AAAA 级旅游景区”。

图 71　夹山

夹山国家森林公园的森林覆盖率达 90%以上，园内群峦叠翠，万木争荣，古树参天，其中有 18 株珍稀树种被列入重点保护名录。公园人文历史悠久，著名景点夹山寺始建于晋代，经唐懿宗、宋神宗、元世祖“三朝御修”，1959 年、1983 年两次被湖南省人民政府公布为湖南省省级文物保护单位，后因李自成归隐之说引起争议而闻名于世，1999 年被批准为湖南省重点宗教活动场所；另一著名景点闯王陵，于 1996 年被湖南省人民政府公布为湖南省省级文物保护单位。

4.河洑国家森林公园

图 72　河洑国家森林公园

河洑国家森林公园距常德市城区西郊约 7 千米，位于北纬 29°5′50″，东经 111°37′43″。该森林公园是在常德市河洑国有林场基础上建立起来的。1992 年，经湖南省林业厅批准，成立河洑省级森林公园；1994 年，经林业部批准，河洑国家森林公园晋升为国家级森林公园。

河洑国家森林公园东临渐河，南濒沅水，西倚桃源，大小山头 56 个，幽谷 42 条，总占地面积 1222 公顷。公园的森林资源极为丰富，有植物种类 115 科 600 多种，其中 580 多种为树木，森林覆盖率达 92%。公园内层峦叠嶂，古树参天，冬暖夏凉，春秋温和，人文景观优美，名胜古迹繁多，设有生态观光、植物观赏、人文景观和拓展训练四大景区。园内太和观为道家白云子张虚白始建，创自唐，兴于明，为楚南一带的道家名胜之一，孟浩然、刘禹锡、赵孟頫、杨嗣昌等寓居于此。此地曾是抗日战场，留下众多地堡和战壕，近年还修建了纪念抗日烈士的虎贲堂，被定为常德市爱国主义教育基地。

5.花岩溪国家森林公园（见花岩溪省级自然保护区）

6、嘉山国家森林公园

嘉山国家森林公园位于津市市城区西南角，新洲镇北部，由关山、嘉山和药山三个景区组成。1992 年，经湖南省林业厅批准，设立嘉山省级森林公园；2014 年年初，经国家林业局批准，设立湖南嘉山国家森林公园。公园总规划面积 2225.8 公顷，森林覆盖率达 95.5%。公园内现有野生动物 150 多种，属国家二级保护的野生动物有虎纹蛙、小灵猫、穿山甲等 12 种；有野生植物 811 种，属国家保护的一级植物有 3 种，即银杏、水杉和南方红豆杉。

图 73 嘉山国家森林公园

二、湿地生态类自然保护区

（一）西洞庭湖国家级自然保护区（西洞庭湖国家城市湿地公园）

西洞庭湖自然保护区位于汉寿县境内，地理位置为北纬 28°49′50″～29°08′50″，东经 111°48′50″～112°16′40″，总面积 35680 公顷，其中，湿地面积 26960 公顷。其核心区在西洞庭湖的大连障、目平湖、中尾洲一带，面积约 7000 公顷。1998 年 1 月，经湖南省人民政府批准，西洞庭湖省级自然保护区成立，2002 年 1 月，西洞庭湖

图 74 西洞庭湖湿地

省级自然保护区被国际湿地恢复组织纳入《国际重要湿地名录》，成为中国当时仅有的27块国际重要湿地之一，2005年经建设部批准，被命名为“西洞庭湖国家城市湿地公园”，位置与西洞庭湖自然保护区重合。2006年12月，西洞庭湖省级保护区与汉寿县湖洲管理局合并，组建为新的汉寿西洞庭湖省级自然保护区管理局。2013年1月，经环境保护部批准，同意建立西洞庭湖国家级自然保护区。

西洞庭湖国家级自然保护区（国家城市湿地公园）拥有河流、溪流、湖泊、苔草、芦苇、泥炭、沙滩、水稻田、山塘、鱼池、防浪林等多种湿地生态类型，是洞庭湖湿地不可分割的部分，是世界自然基金会（WWF）确认的全球200个重要生态区之一。他既是长江中下游地区重要的水鸟越冬地，也是东亚候鸟迁徙路线上的重要栖息地；既是淡水鱼类和水生生物重要的繁衍地，也是长江中下游地区洄游性鱼类繁衍的重要场所。区内永久性淡水湖面积21710公顷，占湿地面积的81%；永久性的河流面积1784公顷，占湿地面积的6%；区内散布140个人际罕至的湖洲和湖岛，土地肥沃，气候温暖湿润，雨量充沛，日照充足，生长着湿地植物865种、鸟类207种、鱼类114种。其中国家一级保护动物有中华鲟、白鹤、白头鹤、中华秋沙鸭等10多种，是世界上最大的苇荻群落之一。这里湖面宽广，水草繁茂，盛产鲤、鲢、鳜、鲭、鳊、鲫、银鱼、草鱼和龟、鳖等各种淡水鱼，为天然特种水产基地，湖洲上野生的绿色食品野芹菜、野藜蒿、芦笋和蓼米被誉为“洞庭四珍”。

（二）毛里湖湿地自然保护小区（毛里湖国家湿地公园）

毛里湖湿地自然保护小区（毛里湖国家湿地公园）地处洞庭湖平原西北缘的津市市中部，中心位于北纬29°24′14″、东经111°57′20″。毛里湖是浅水湖泊，以澧水河道、毛里湖、西毛里湖的水域为主体，包括岸边堤坝外的防护林带、芦苇地，正常水位湖面面积约40平方千米，最高水位时可达54平方千米，东至澧水，西至白衣镇、李家铺乡，南至李家铺乡，北至白衣镇、棠华乡、渡口镇，是湖南省最大的溪水湖和面积仅次于洞庭湖的天然优质淡水湖，是澧水流域中生态系统保存较好且水质优良的淡水湖泊。2011年3月，经国家林业局批准，毛里湖计划在五年内投入资金2.13亿元，开展国家湿地公园试点建设。2013年9月13日，湖南省发改委批准津市毛里湖国家湿地公园湿

图75　毛里湖湿地

地保护与恢复工程建设项目。2014 年 6 月 25 日，湖南毛里湖国家湿地公园管理处正式挂牌成立。

毛里湖湿地自然保护小区草本植物资源丰富，主要有水蓼、空心莲子草、辣蓼、苔草、芦苇、草芦等 40 多种，野生动物与洞庭湖湖区极为相似，有红脚隼、红隼、普通鵟、鸢等国家重点保护野生鸟类，两栖、爬行、兽类的种类数量不是很多。鱼类资源 10 目 22 科 80 多种，甲壳类资源丰富。公园分为 5 个功能区：湿地生态保育区，建有 51.2 公顷野生鲢鱼保护小区和 46.5 公顷野生龟鳖保护小区；限制利用区，通过恢复和重建良好的生态系统，营造良好的湿地景观，建立湿地缓冲带，建立 2 个鸟类自然保护小区，总面积 274 公顷；湿地宣教展示区，建有湿地宣教中心、湿地植物园、环保体验园、观鸟屋等，向公众展示湿地的生态功能、经济功能和文化功能，以增强公众湿地保护意识；休闲体验区，设有湿地人家、农耕文化博物馆、木质和石质休闲走廊、水上观景台等；管理服务区，为游客提供优质高效的服务。

（三）珊珀湖、明塘湖湿地自然保护小区

图 76　珊珀湖湿地

该湿地自然保护小区含珊珀湖、明塘湖。珊珀湖湿地位于安乡县西部，西北面隔澧水，与澧县、津市相邻，东南面与安裕乡交界。地理位置坐标为北纬 29°23′15″～29°28′13″、东经 111°58′28″～112°4′7″。明塘湖湿地位于黄山头镇的西北角，东南面与黄山头镇交界，西隔松滋河东支与焦圻镇相邻，北与湖北省接壤，地理位置坐标为北纬 29°38′50″～29°39′59″、东经 112°5′55″～112°7′16″。自然保护小区总面积 7021.1 公顷，其中珊珀湖项目区面积为 6677.7 公顷、明塘湖项目区面积为343.4公顷。2001 年 6 月，湿地自然保护小区管理处成立，并建有简易的野生动物疫源疫病监测站。

据 2007—2008 年考察，保护小区内有维管束植物 88 科 228 属 319 种，其中蕨类植物 7 种、种子植物 312 种。野生植物中，野菱属国家Ⅱ级保护植物；芡实、香蒲属湖南省地方保护植物。野生脊椎动物共 231 种，包括水生脊椎动物 53 种、陆生脊椎动物 178 种（两栖类 6 种、爬行类 18 种、鸟类 137 种、兽类 17 种）。其中东方白鹳、白鹤、中华秋沙鸭、大鸨为国家Ⅰ级重点保护动物，虎纹蛙、普通鵟、草鸮、红隼、水獭等 24 种为国家Ⅱ级重点保护动物。

(四)北民湖湿地自然保护小区

图 77　北民湖湿地

北民湖湿地自然保护小区位于澧县东北部，地理坐标为北纬 29°39′36″～29°46′39″、东经 111°46′29″～111°58′49″。东与澧县如东乡接壤，南靠涔澹农场，西接澧东乡，北至梦溪镇。保护小区包括北民湖、宋鲁湖、杨家湖和涔水尾闾等，总面积 11310 公顷，由涔水尾闾及涔水尾闾内陆湖群组成，属洞庭湖平原地区，坡度小于 3 度，海拔在 28～37 米之间。保护区内湖泊众多，水资源丰富，为动植物栖息繁衍创造了有利条件。

2005 年 2 月 15 日，建立北民湖湿地自然保护区，成立澧县北民湖湿地自然保护区管理处。2008 年 4 月，委托湖南省农林工业勘察设计研究总院，编制完成《湖南洞庭湖区北民湖湿地保护与恢复建设项目可行性研究报告》，并获国家林业局批准。2010 年 2 月 2 日，湖南省发展和改革委员会下达工程建设计划，项目总投资 703 万元，其中保护工程 327.6 万元，湿地恢复工程 130 万元，能力建设工程 152 万元，其他费用 93.4 万元。北民湖湿地保护和恢复工程于计划下达当年完成。

(五)湖南安乡书院洲国家湿地公园

图 78　书院洲湿地

湖南书院洲国家湿地公园地处安乡县境内，主要包括安乡县境内的松滋河、虎渡河及其周边一定范围的区域，由北向南呈狭长形廊道走向，最南端至杨家河洲，北端至松滋河东支望槐处、松滋河中支黄沙湾处和虎渡河黄狮嘴处。地理坐标为北纬 29°16′19″～29°29′59″、东经 112°4′9″～112°13′34″。涉及安乡县的安凝乡、安障乡、大鲸港镇、安丰乡、安裕乡、深柳镇、安康乡、安宏乡、安昌乡9个乡镇。2012年12月12日，获国家林业部批准，为国家湿地公园(试点)，2013年9月项目获省发改委批准动工，项目总投资1.68亿元。

湿地公园规划总面积4225公顷，南北长约为22千米。公园内湿地总面积3919公顷，其中，河流湿地2148公顷，沼泽湿地面积为1745公顷，人工湿地面积为26公顷。分为4个功能区：湿地保护保育区，面积为3403公顷，分为水源保护保育小区、洲滩湿地保护保育小区、虎渡河保护保育小区；湿地恢复重建区，包括湿地生态系统恢复与重建项目和湿地科研监测项目；科普宣教展示区，包括松虎沿河滨水宣教长廊小区、长江—洞庭湖—四水江湖河实体物理模型展示小区、虎渡河废弃段宣教休闲小区；综合管理服务区，包括湿地公园管理局和3个湿地保护管理站。

(六)湖南桃源沅水国家湿地公园

湖南桃源沅水国家湿地公园位于桃源县城东南方向，距离县城约15千米，面积752公顷，其中湿地面积702公顷。湿地类型分为永久性河流湿地和洪泛湿地。2011年，桃源沅水国家湿地公园开始申报。12月，国家林业局正式批准桃源沅水国家湿地公园开展试点工作。2013年9月，省发改委正式批准桃源沅水国家湿地公园建设项目。2013年湖南沅水国家湿地公园管理处揭牌。

图79　沅水湿地

桃源沅水国家湿地公园有野生维管束植物154种，软体动物30种，鱼类99种，鸟类54种，其中有国家Ⅰ级重点保护鸟类中华秋沙鸭，国家Ⅱ级重点保护鸟类鸳鸯、黑耳鸢、雀鹰、普通鵟斑和斑头鸺鹠。公园分为4个功能区：湿地保育区，面积530.6公顷，主要保护沅江水质，开展必要的湿地科研监测和宣教项目；恢复重建区，面积131.4公顷，主要是利用洲滩的优越地理位置，恢复和重建良好的天然湿地生态系统，营造良好的湿地自然景观，提高区域生物多样性和湿地景观多样性；管理宣教区，面积14.8公顷，主要包括湿地公园的管理服务机构设施和科普宣教馆等；合理利用区，面积75.0公顷，主要包括湿地休闲走廊、森林小木屋、菜园迷宫、湿地垂钓台、观鸟屋等工程建设。

(七)澧县涔槐国家湿地公园

澧县涔槐国家湿地公园位于澧县西北部，范围包括王家厂水库、山门水库、涔水北支部河道及洲滩、连接山门水库与涔水北支的河道，以及周边部分山地，总面积2778公顷。公园生物多样性丰富，湿地类型多样，湿地景观秀丽。湿地公园的建设对当地具有极大的生态价值和历史文化价值，已查明有种子植物151科743种，其中国家重点保护野生植物11种；有野生脊椎动物77科234种，其中列入国家二级保护动物的有11种，列入湖南省地方重点保护的有101种。

图80　涔槐湿地

(八)鼎城区鸟儿洲国家湿地公园

鸟儿洲国家湿地公园位于鼎城区东北部十美堂镇，以沙潮湖、澧水古洪道和牛耳湖为主，连接澧水和沅水，总面积1641公顷，其中湿地面积1634.5公顷，湿地率99.6%。境内野生动植物资源丰富，公园规划范围内发现野生脊椎动物共28目70科171种，种子植物111科、324属、455种。

图81　鸟儿洲湿地

自2009年开始，鼎城区鸟儿洲湿地公园开始系统规划和建设。通过政府投入、整合涉农项目和组织社会资本投入等途径，大力开展鸟儿洲湿地公园建设。2014年，经国家林业局批准，成立鼎城区鸟儿洲湿地公园。公园内有鸟语花香的鸟儿洲、风景秀丽的澧水古洪道、鸟类观赏区；公园中心有文化休闲广场、健身走道、文化长廊、农家乐一条街、新旧农产品一条街、垂钓基地等，公园旁的紫流洲有供观赏的万亩油菜，鸟儿洲湿地公园是一座集湿地保护、文化传播、休闲健身、野生动植物保护于一体的综合性公园。

(九)石门县仙阳湖国家湿地公园

石门县仙阳湖国家湿地公园位于洞庭湖水系澧水支流渫水下游，距石门县城 19 千米。湖区水面 54 平方千米，蓄水量 14.4 亿立方米，常年水位海拔 130 米，是湘西北最大的人工湖泊之一，湖区碧波万顷，四周青山掩映，融山、水、林、谷、岛于一体，集溪、河、瀑、洞、泉于一身，周边群山环抱，森林茂密，动植物资源十分丰富，其中有国家重点保护野生植物 26 种、野生动物 42 种。公园内有古代巴人千年悬棺和船棺遗址，有 50000 年前的燕耳洞“石门人”遗址、皂市商代遗址、维新战国古城遗址、阳泉汉代凤凰城遗址等历史人文古迹。仙阳湖兼有河流和湖泊湿地生态系统的特点，是湘西北水资源重地、水产品宝库、生物多样性王国、防洪蓄洪枢纽和未来的旅游胜地。

图 82　仙阳湖湿地

第二节　珍稀动植物存量与保护

常德市地貌类型多样，山地、丘陵、平原湖区兼备，土壤肥沃，气候温和，森林茂密，适宜动物、植物及微生物生长繁衍。全市有种子植物 3053 种(含变种)，蕨类植物 367 种，大型真菌 152 种。在种子植物中，木本植物 564 种，主要乡土树种有杉木、马尾松、楠竹、油茶、油桐、樟树、水杉、柑橘、茶等；主要引进树种有杨树、湿地松、火炬松、池杉、桉树等。全市有野生动物 1667 种，其中有哺乳类野生动物 70 种，爬行类野生动物 53 种，两栖类野生动物 30 种，鸟类 312 种，鱼类 140 种，昆虫 1062 种。

常德市原生珍贵稀有植物种类丰富，多分布在西部山区，大部分集中在石门壶瓶山自然保护区。按国家一、二级和省重点保护植物分类，常德市列入国家一级保护的野生植物

8 种，列入国家二级保护的野生植物 27 种，列入省重点野生植物保护名录的 55 种，共有重点保护的珍稀野生植物 90 种。同时，常德市有 87 种植物列入国际公约濒危植物。

常德市珍稀树种群落主要集中在石门县及其境内的壶瓶山自然保护区，规模较大、比较著名的有五大群落：一是石门县壶瓶山自然保护区天然珙桐林：有成片天然珙桐林 6 公顷。林中珙桐树干通直，材质坚硬，每年 4 月开花，花色雪白，花絮奇特美丽，形如白鸽，因此得名“中国鸽子树”。二是石门县壶瓶山自然保护区天然散生钟萼木和连香树群落，共 66.7 公顷。三是石门县壶瓶山镇毛竹河有长果秤锤树群落，450 平方米，40 余株，世界独有，分类学上属孤寡类群，有“天外来客”之称。四是石门县大缘河野生蜡梅群落，生长于 6 千米狭长河谷两岸悬崖峭壁上，树高 3～5 米，每年 12 月枝梢生花蕾，次年 1～3 月开黄花，芳香。五是石门县太平乡白皮松群落，位于该乡双河村三峰寨山上，属温带树种。

图 83　常德市分布的部分国家重点野生植物

常德市古树名木资源种类、数量较多，资源分布广泛，且多为零星分布。少量以片状或群落形式分布，主要分布在海拔 100～800 米地段。低海拔古树以乡土树种樟树为代表，较高海拔以珙桐、马褂木为代表，其中大部分生长良好。据 2008 年古树名木普查统计，全市保存大树古树 54652 株，主要分布在石门、桃源、澧县、津市、鼎城等地。其中：30 年～99 年生的大树 46451 株，分属于 44 科 62 属 69 种。100 年生以上（含 100 年）古树名木 8201 株，分属于 46 科 84 属 130 种。现有古树名木中，树龄最长的是澧县张公庙镇青山寺的一株罗汉松，距今约 1700 年，相传唐朝李广曾挂剑在此树上，日本佛教协会曾于 1985、1989 年两次来此朝拜；树冠最大的是石门县磨市镇清漏溪村汤家组的一株苦槠，树冠为 48 米×50 米；树干最高的数石门县壶瓶山镇南坪河村四组的一株铁坚杉，树高达 44

米；树身最粗的是石门县太平镇梅子堰村十二组的一株枫杨，围径 7.4 米，胸径为 2.4 米；最具经济价值的是石门县太平镇白果树村一株银杏，每年产白果 1000 千克以上，可获收入 2 万多元。

常德市珍稀野生动物种类繁多，属于国家重点保护动物共 75 种，其中列入国家一级保护动物有 10 种，国家二级保护动物有 65 种；属于世界濒危野生动物物种 78 种；属于湖南省地方保护野生动物 230 种。

常德市野生动物主要聚集在石门壶瓶山自然保护区和洞庭湖区。壶瓶山依托大量原始次森林，有陆栖脊椎动物 171 种，鸟类 78 种，爬行类 23 种，两栖类 14 种；另有各类昆虫 4145 种，占全省森林昆虫总数的 77.45%。西洞庭湖区野生动物有淡水回游性、江湖半回游性、湖泊定居性、溪河定居性四大鱼类 155 种，名贵鱼类有中华鲟、银鱼、鲥鱼、鳗鲡等；水禽 80 多种，主要有鹤类、鹭类、鸭类、雁类、猛禽类等水鸟。西洞庭湖区鸟类聚居点各具特色：澧县七里湖以鹤、鹭类为主，安乡珊珀湖以野鸭类为主，汉寿目平湖水禽种类和数量最多，有多种留鸟和候鸟。

图 84 常德市部分国家重点保护野生动物

一、保护机构

常德市野生动植物保护管理站。原称森林资源管理保护站，1988 年 10 月 19 日由常编发〔1998〕]91 号文批准成立，正科级。2001 年，更名为常德市野生动植物保护管理站，并加挂常德市森林病虫害防治检疫站牌子。2006 年 10 月，加挂市野生动物疫源疫病监测管理站牌子。该站负责组织、监督、指导陆生野生动植物资源保护与合理开发利用；在国家自然保护区的区划、规划原则指导下，组织、指导森林和陆生野生动物类型自然保护区的建设和管理；组织、协调全市湿地保护和有关国际公约的履约工作；负责辖区内的病虫鼠害的预测预报，组织指导发生区域的防治工作，定期开展检疫对象普查和病虫鼠害的调查或普查工作。至2010年年底，常德市野生动植物保护管理站全额拨款事业编制7名，实有工作人员7人。另有县级野生动植物保护管理站9个，乡镇及国有农林场野生动植物保护管理站210个，工作人员233人。

常德市森林资源监测中心。1988年10月19日，根据常编发〔1988〕91号文件批准成立常德市林业调查设计队。2003年11月7日，经常编办〔2003〕97号文件批准更名为常德市森林资源监测中心，为市林业局管理的正科级事业单位。其主要工作职责是负责森林资源监测，林业区划、专业调查，造林规划，设计、验收，林木采伐做业设计，园林规划设计，森林经营方案的编制、资源管理、规划设计。2010年底，有全额拨款的事业编制11名，设有主任1名，副主任2名。

常德市森林公安局。1986年3月15日，湖南省公安厅、湖南省林业厅下达《关于设立〈常德地区行政公署公安处林业公安科的批复〉》(湘林公〔1986〕08号)，批准设立常德地区行政公署公安处林业公安科，实行公安、林业双重领导。1986年12月18日，湖南省公安厅、湖南省林业厅《关于临澧等县设立林业公安机构的批复》(湘林公〔1986〕47号)下达后，常德各县(市)陆续在林业局组建公安股(林业派出所)，为县(市)林业局独立二级机构。1991年7月15日，常德市编制委员会办公室下达《关于常德市林业局内部设立林业公安科的批复》(常编办直〔1991〕52号)，批准设立常德市林业局公安科，核定林业公检法专项事业编制5名，实行林业、公安双重领导，人员经费渠道源于护林经费。同年，常德市林业局公安科和常德市森林防火指挥部办公室合署办公，编制合并为林业公安专项事业编9名。

2001年，中共常德市委机构编制委员会办公室、常德市林业局、常德市公安局下达《关于全市林业公安机构更名的通知》(常编办〔2001〕41号)，撤销常德市林业局公安科，设置常德市林业局森林公安分局，亦称常德市公安局森林分局、森林防火指挥部办公室，机构规格为正科级；原各区县(市)公安局林业局派出所，更名为公安局森林派出所。2004年12月，市委批复同意市森林公安局局长、政委高配为副处级。2009年，常德市编制委员会办公室、市林业局、市公安局、市人事局下达《关于全市森林公安有关机构编制事项的通知》(常编办〔2009〕11号)及常德市编制委员会办公室《关于市森林公安局增设内设机构的批复》(常编办〔2009〕21号)，将全市森林公安专项事业编制置换为森林公安政法专项编制，核定编制117名，纳入政法专项编制总额。同时，常德市林业局森林公安分局更名为常德市森林公安局，机构规格为正科级，下设指挥中心、刑侦治安大队、法制大队、消防大队四个机构；撤销原市林业局森林公安分局下属的大龙站、河洑公园、武陵区森林派出所，设立常德市森林公安局直属大队，机构规格为副科级；其余区县（市）原林业局森林公安分局、林业派出所统一更名为县森林公安局，机构规格定为正股级。到2010年底，全市共有市级森林公安局1个，县级森林公安局8个，局属大队、派出所7个，人员经费来源渠道全部纳入财政预算。

二、保护行动

1.森林保护

(1)人工造林

森林是野生动植物赖以生存的家园。1988年，市委、市政府做出“五年消灭荒山，十年绿化常德”的决定，常德市从此进入人工造林最活跃时期。各地利用国家和地方财政投入、各类社会资本，先后实施多项工程造林项目。

1990年，长江防护林工程体系建设第一期工程启动，石门县被列入工程县，并于1991年定为林业部、湖南省的“长防林建设示范县”。1998年，第一期工程竣工，共完成营造林6.2万公顷；第二期工程于1999年在石门县启动，其余区县（市）陆续被纳入建设项目，至2010年共完成工程营造林3.3万公顷。

1991年，世界银行贷款造林项目正式启动。项目涵盖鼎城区、汉寿县、桃源县、澧县、津市市五个区县（市），分两期建设：第一期工程至1995年竣工验收，共完成造林投资3477.8万元，营造速生丰产林1.9万公顷；第二期工程1999年开始，先在桃源县、石门县实施后，陆续将鼎城区、临澧县、安乡县列入项目县，至2006年累计营造速生丰产林8180公顷。

图85　世界银行贷款国家造林项目

1992年，兴林抑螺工程项目正式启动。该项目为林业部在湘、鄂、苏、皖、赣血吸虫流行区实施带有科研性质的生态工程。澧县做为首批试点县之一，营造“兴林灭螺”实验林133.3公顷。之后，安乡县、汉寿县、鼎城区、津市市陆续列入项目建设单位。至1999年，全市累计完成投资278万元，营造以杨树为主要树种的速生林4153公顷。

1999年，中德合做的湖南省洞庭湖生态造林项目开始实施，安乡县、津市市、澧县列入项目实施范围。工程于2003年结束，共吸纳投资1870.3万元，完成营造林1.5万公顷。

2006年，常德市林业血防工程抑螺防病林项目开始实施，项目涵盖鼎城区、汉寿县、澧县、安乡县、津市市5个区县(市)。至2010年，累计吸纳国家投资5595万元，营造人工抑螺防病林2.1万公顷。

与此同时，常德市按照1988年制定的"五年消灭荒山，十年绿化常德"的目标，大力推动社会造林：运用政策杠杆，鼓励自留山造林，所有农户的自留山完成造林绿化；支持庭院造林，1994年人平百株、户平2亩的庭院林业户即达14.7万户；扶助大户造林，通过租赁、合股、买断林地经营权等方式，培植以"公司＋农户"为重要形式的承包造林大户；招商引资造林，从2001年起，先后引进泰格林纸集团、上海新高潮集团、印尼金光集团、湖南山川公司、洞庭白杨林纸公司等境内外企业在常德投资1.5亿元，建杨树工业原料林基地2.7万公顷。义务植树运动卓有成效，1988—2010年，全市累计6500万人次参加义务植树劳动，植树1.8亿株，面积2600公顷。通过多年人工造林，到2010年，常德市形成了8.5万公顷杉木基地、11万公顷杨树基地、5.8万公顷楠竹(毛竹)基地、11.7万公顷油茶基地、12.4万公顷马尾松基地。森林面积的扩大，为珍稀动植物的生存、繁衍提供了更为优良的条件。

(2)封山育林

常德市20世纪80年代开始实行有计划的封山育林。1987年达到22.7万公顷(含慈利县)。20世纪90年代稳定在25万公顷左右。1997年以来，在实施长江中上游防护林体系建设项目和国家退耕还林项目过程中，新增封山育林面积10.1万公顷。至2013年，封山育林总面积达到35万公顷左右。据测算，全市项目封禁区，每年水土流失量减少95%以上，水流涵养能力提高30个百分点。结合封山育林，长期坚持限额砍伐，加大木材检查力度。1996年1月11日，设立了桃源县水溪木材检查站、澧县雷公塔木材检查站、火连坡木材检查站、石门县纸绷垭木材检查站、曾家垭木材检

图86　古木林

查站、子良坪木材检查站；1998年8月12日，设立了桃源县尧河水上木材检查站、安乡县城关水上木材检查站；2001年5月14日，设立了常德市铁路木材检查站。到2010年年底，全市设立木材检查站（点）22个，其中公路站（点）19个、铁路站1个、水上站2个，木材检查员200多人；每年检查过境木材流量约18万立方米，检查过境运输木材车辆、船只近10万车（船）。2011年，桃源县、石门县、临澧县，汉寿县、鼎城区、津市市还组建了木材检查巡查大队。

（3）森林防疫

1988年以来，常德市记载有本土危险性常发有害生物种类54种，分别为有害昆虫40种、病害8种、有害植物6种，分布面积4.7万公顷。从邻近外省入侵的危险性有害生物有松材线虫病、柑橘大实蝇、柑橘溃疡病、水葫芦4种，分布在5个区县，属轻度危害。常德市依法设定植物检疫机构10个，检疫检查站9个，检疫员79名。每年坚持开展产地苗木检疫和储存、加工场所及市场木材竹材检疫，检疫率100％。2007—2009年，连续开展“红剑”行动和《湖南省林业有害生物防治检疫条例》宣传年活动，取得良好效果。较为重大的防疫行动有：

图87　常德市“保卫绿色，关注森林”情况汇报会

1999年马尾松毛虫飞机防治。1999年，常德市松林面积12.6万公顷，其中2万公顷发生马尾松毛虫，危害到7个区县（市）的55个乡镇216个村，成灾面积0.3万公顷。常德市人民政府立即成立马尾松毛虫飞机防治指挥部，出动两架运五飞机，开展飞机防治工作。从4月30日开始，至8月24日结束，历时117天，先后飞行89架次，喷洒农药8吨，防治面积1.1万公顷，化学防治有效率95％，生物防治有效率在40％～80％之间。

2004年汉寿县松材线虫病防治。由于国防光缆线修建时所带疫木和邻近地区传入，2003年12月，汉寿县军山铺镇、百禄桥乡、蒋家嘴镇线发现松材线虫病，累计发生面积63.9公顷。2004年12月10日至2005年年底，对百禄桥乡、蒋家嘴镇的43.3公顷松树全面砍伐;2006年12月10日至2007年春季,对军山铺镇的20.6公顷松树全面砍伐;2007年秋季以后,采取设立诱木、挂放诱捕器、药物防治松褐天牛、加强检疫监管等措施进行防控。此后连续三年疫区普查,极少发现枯死松木,松材线虫病得到有效控制。

2006年马尾松毛虫飞机防治。是年,桃源县盘塘、马宗岭、九溪、热市、郝坪5个乡镇和石门县蒙泉、夹山两个乡镇发生第一代马尾松毛虫。加上市域零星疫区,全市马尾松毛虫发生面积共4666.7公顷。疫情发生后,2006年5月,市政府发出了《关于切实抓好当前马尾松毛虫防治工作的紧急通知》,制订了《常德市2006年马尾松毛虫飞机防治工作方案》,并向主疫区桃源、石门两县下达"限期除治通知书",提出由市林业局统一组织协调、桃源县林业局牵头、石门县林业局协调配合,实施飞机防治马尾松毛虫。6月26日至6月29日,租用农用飞机进行52架次超低容量喷雾生物农药无公害飞防做业,做业面积5200公顷,使飞防做业区虫口减退率达90%以上。

常益两地竹蝗联合防治。常德益阳两市边界共有山林18.2万公顷,楠竹边界长500千米,面积达1.3万公顷。两市林业有害生物联防,最早始于1962年。1988年以后,两地以轮流做东方式,每年召开一次边界联防会议。到2010年,两市共召开30次联防会议。联防内容最初是竹类害虫特别是黄脊竹蝗的联防联治,后来逐步扩大到联合护林,制止乱砍滥伐和偷砍盗伐森林等内容。

(4)森林防火

1987年8月,常德地区及所辖县(市)成立护林防火指挥部。1988年撤区建市后,更名为森林防火指挥部,与森林公安局合署办公。至2010年,全市有县级以上森林防火指挥部10个,乡镇森林防火指挥所179个,村级森林防火组织1607个,以民兵为主体的义务森林消防队231个,以民兵应急分队为主体的专业、半专业森林扑火消防队25支,村级护林员8000多人,初步形成市、县、乡、村四级森林防火体系。

1988年起,常德市从两个层面上认真落实森林防火责任。一个层面是明确界定与落实市级森林防火指挥部、市森林防火指挥部办公室及市森林防火指挥部18个成员单位的职责;另一个层面是由市人民政府与各区县(市)人民政府签订《森林防火责任书》,落实森林防火责任。1988年,市县两级森林防火指挥部从森林防火宣传教育入手,将每年的3月和9月确定为森林防火宣传月,利用多种形式宣传《中华人民共和国森林法》《森林防火条例》和森林防火警示资料。1989年,对林区野外火源严格执行"申请、检查、审批、监烧"的制度,推出"六不烧""五不准"的林区野外用火规定,并每年开展两次以上森林消防隐患排查、整改工作。1997年,市森林防火指挥部办公室制定或修订了《火灾处置制度》《值班调度制度》《火灾报告制度》《森林资源分布图》《火险区划图》等。1998年,市森林防火指挥部修订发布了《森林火灾扑救预案》。2007年,市政府办公室印发《常德市森林火灾应急预案》，确立"火患早排除，火险早预测，火情早发现，火灾早处置"的森林火灾应急处置指导思想。1988—2010年，常德市共发森林火灾1545起火场。火场总面积7903.8公顷，受害森林面积4866.2公顷，森林火灾受害率年平均仅0.26‰。

2.湿地保护

常德市有近50%的面积属西洞庭湖区域，沅水、澧水流经境内达296千米，松藕水系207千米，水网湖泊众多，湿地资源丰富。全国第二次湿地调查结果显示，常德共有湿地19.9万多公顷，其中河流8.0万公顷，永久性湖泊5.7万公顷，水库1.4万公顷，洪泛平原湿地4400公顷。常德市湿地分为四个类型：一是河流湿地，589个小班，8.0万公顷；二是湖泊湿地，626个小班，5.8万公顷；三是沼泽湿地，113个小班，1.2万公顷；四是人工湿地，683个小班，4.9万公顷。湿地植被总面积为3.4万公顷，占湿地总面积的17.08%。

常德市对境内湿地主要采取建立保护区方式进行保护。常德市建有一个国家级湿地生态类型自然保护区（西洞庭湖湿地自然保护区）和9个湿地自然保护小区。

1998年，位于西洞庭湖的汉寿西目平湖湿地自然保护区成立。1999年11月28日，世界自然基金会长江湿地项目办公室与常德市签订目平湖湿地自然保护区青山垸退田还湖湿地恢复示范项目合做协议，该项目于2000年完成。2002年1月，西洞庭湖列入国际重要湿地名录。2006年，原保护区与汉寿县湖洲管理局合并，成立湖南省汉寿西洞庭湖省级自然保护区管理局、湖南省汉寿青山湖国家城市湿地公园管理局。为加强湿地保护，汉寿县人民政府先后发布了《关于加强西洞庭湖湿地自然保护区管理的通告》《西洞庭湖湿地管理暂行办法》和《关于加强河湖洲滩专项整治工作的通告》。

2001年，常德境内湿地保护区建设进入高潮，先后建立起6个湿地生态类型自然保护小区：面积58760公顷的鼎城蒿子港小区、面积3225公顷的石门蒙泉湖小区、面积433公顷的安乡黄山头小区、面积355公顷的安乡珊珀湖小区、面积49.31公顷的澧县山门水库小区和面积13.8公顷的澧县滟洲小区。

图88　常德"湿地使者"在行动

2003年9月，桃源黄石水库湿地自然保护小区成立，湿地保护面积4778公顷。紧接着，2005年3月，津市毛里湖湿地自然保护小区成立，湿地保护面积

11323.8 公顷；澧县北明湖湿地自然保护小区成立，湿地保护面积 7109 公顷。值此，全市生态类型湿地自然保护小区共达 9 个，小区湿地保护面积 86047.8 公顷。依托上述生态类型湿地，常德市先后建立了湖南毛里湖国家湿地公园、湖南书院洲国家湿地公园、湖南桃源沅水国家湿地公园、湖南鸟儿洲国家湿地公园。

常德市湿地保护始终坚持“保护优先、保护和恢复并重、可持续发展”的管理原则。在湿地保护区内，普遍设有以严格保护既有生态基质为目标的湿地生态保育区，以人工促进为主的方式恢复重建原有湿地生态系统的湿地恢复重建区，以开展相应的科研监测、提高大众湿地保护意识和生态文明建设水平的科普宣教展示区。各保护区管理处大多建有简易的野生动植物疫源疫病监测站，对湿地野生动植物疫情及时发现、及时救治。通过上述保护行动，为湿地野生动植物特别是珍稀野生动植物栖息繁衍创造了有利的条件。

3.教育管理

图 89 “爱鸟周”活动启动仪式

（1）宣传教育。1988—2013 年，常德市在每年 4 月 1—7 日开展“湿地日”“爱鸟周”和野生动物保护月的宣传活动，采取发放《爱鸟倡议书》、街头咨询、征文竞赛、建设生态文明教育示范基地等形式，加大对野生动植物资源保护的宣传力度，增强社会生态意识，维护生物多样性。仅津市市就累计出动宣传车 560 余台次，制做宣传印刷品 5.8 万余份、横幅标语 2700 多条。1996 年 6 月 6 日，鼎城区委、区政府在花岩溪旅游度假区举办首届“白鹭节”活动，邀请国内外专家学者和各级领导参加研讨，唤起市民对世界Ⅲ级濒危野生动物白鹭的保护意识。此后，常德市每年 6 月 6 日坚持举办“白鹭节”活动。1998 年，武陵区出动 30 多人次，在人口集中的大街、车站、集贸市场等地张贴市政府《保护野生动植物通告》及宣传画，并出动宣传车在各乡镇宣传讲解《野生动物保护法》等法律法规。2010 年 4 月 5—7 日，武陵区开展“爱鸟、护鸟”和野生动物“放生”活动，在北站玉园市场、青阳阁市场等地进行野生动物保护宣传，并放生各种鸟类 100 余只、各种蛇类 25 千克、蛙 50 千克。

（2）基础管理。为规范野生植物保护管理，市政府出台了一系列管理办法：2002 年出台了《常德市人民政府关于加强活立木移植管理的通告》，2006 年发布了《关于对移栽和培植采挖树木清理的通知》和《关于进一步规范活立木移植采挖行为的通知》。2008 年 9

月，湖南省绿化委员会、湖南省林业厅下发《关于开展古树名木普查建档工作的通知》，常德市拉开了摸清古树名木家底、实行古树名木普查建档工作的大幕。到 2010 年年底，全市古树名木共建卡 4040 张，拍摄照片 16006 张，挂牌 2935 块，落实管护单位 569 个、个人 2862 人。在此基础上，2011 年，市政府发布《关于进一步加强活立木移植管理的通知》，并部署开展活立木移植专项清理。此外，还强化了人工培植国家或省重点保护植物单位和个人的管理，2012 年年底，常德市登记的国家和省重点保护野生植物苗圃 93 家，登记人工培植国家或省重点保护植物单位和个人 220 家，重点培植樟树、银杏、红豆杉、罗汉松等树种，另有经营野生植物企业 126 家。

为规范野生动物保护管理，1986 年 3 月，常德地区林业局和环保局联合发出《关于进一步贯彻国务院〈关于严格保护珍贵稀有野生动物的通令〉的通知》。1988 年撤区建市以后，市政府及市林业局、市环保局多次对上述规定进行重申。1997 年，市政府发出《关于进一步加强野生动物保护的通知》，要求各地运用各种行之有效的办法，切实抓好保护珍稀野生动物的宣传教育，对乱捕滥猎、乱收购者，一经发现，从重从严处理；坚决取缔专门经营珍稀野生动物食品的“野味餐馆”，对有权经营野生动物的餐馆实行了定级挂牌制度，对未缴纳野生动物保护费的餐馆予以查处；对城区农贸市场经营野生动物人员逐个登记发证，确保野生动物通过合法渠道流入市场。1997 年 1 月 22 日，常德市注册成立了野生动物保护协会。协会成立后，与拯救华南虎国际基金组织的有关专家开展了大型猫科动物的野外监测，收集照片 210 张，撰写调查报告 2 份，并在相关国际会议上进行学术交流，引起了国内外专家的广泛关注；与长沙理工大学合做，开展了大鲵生活习性研究，为恢复大鲵栖息环境提供部分科学依据。2000 年 6 月，常德市完成第一次野生动物资源调查，整个普查工作历时 1 年半。2005 年 4 月，常德市启动野生动物疫源疫病监测工作，各区县（市）监测站及三个省级监测站按照野生动物疫源疫病监测工作方案，实行日报制度，加强对重点部位、重点地区流域监测点迁徙候鸟的监测、分析和巡护，掌握野生鸟类过境的种群、迁徙习性及路径，严密防控禽流感，确保迁徙候鸟安全。2007 年，花岩

图 90　西洞庭湿地宣教馆

溪国家森林公园投资100万元，建立“白鹭救护站”，站内设抢救室、观察室、越冬室、水池、看台，当年救护白鹭100多只。2007年7月27日，市政府出台《常德市重大动物疫情应急预案》，对应对重大动物疫情的工作原则、组织指挥体系及职责、预警和预防机制、应急响应、后期处置、应急保障、责任追究等做出了明确规定。常德市还对野生动物进行开发性保护，经审查批准，到2010年年底，全市有野生动物驯养繁殖单位72家，野生动物经营单位7家，经营野生动物的酒店餐馆16家。

4.执法打击

1986—2010年，全市森林公安机关相继开展了“蓝剑行动”“百日会战”“夏季严打”“候鸟行动”“天保行动”“猎鹰行动”“春雷行动”“绿剑行动”“林地清理整治专项行动”等打击破坏森林和野生动物资源违法犯罪行为的专项斗争，全市森林公安机关侦办涉林刑事案件1437起，查处涉林治安、林业行政案件17798起，打击处理违法犯罪人员19542人次，收缴木材约2.5万立方米，收缴野生动物约5.7万头(只)，为国家挽回经济损失近2000万元。市县两级环保、林业、渔政、工商等行政部门也不断开展清查整治行动，使滥砍滥伐、乱捕滥猎行为得到有效控制。

1993年5月，常德市组织公安、检察、法院、林业、环保等部门联合开展“打击乱砍滥伐、乱捕滥猎专项行动”，对全市集贸市场和餐馆集中进行清理整顿，仅临澧一县便收缴死青蛙250千克，活体青蛙80千克，死体华南兔75千克，此外还有果子狸、野鸡、刺猬、白鹭、斑鸠、活蛇等禁捕禁猎动物，并对当事人进行公开曝光处理。

1993年8月，市人大、市政府联合发出《关于开展环境保护执法检查的通知》，《野生动物保护法》的实施执行情况被列为检查重点。这次执法检查，共检查企事业单位43个、集市16个、宾馆和饭店71家，严肃处理违反环保法规的单位18个，关停严重违法企业3家，收缴非法经营的蛙、蛇等野生动物500千克。

1999年，常德市加大对盗伐林木、滥伐林木、违法占用林地、无证经营(加工)木材、无证运输木材等林业行政违法案件打击力度，严肃查处了临澧县文家乡张家村、枫树村集体滥伐林木近200立方米重大案件，两村村支部书记被移交司法机关处理。

2001年7月，常德市开展“猎狐行动”，在怀化开往无锡的1605次列车上，查获从麻阳非法运往长沙的省级保护野生动物青蛙21袋(活体)，共250千克、1.5万余只，全部放归大自然。《常德日报》《人民日报》《湖南经济报》先后对此进行了宣传报道。

2003年5月“非典”期间，常德市对城区内酒店、市场进行野生动物大检查，没收蛇50千克，青蛙300千克，并放生河洑山。后陆续对城区青阳阁、小西门、北站、龙港巷等农贸市场和宾馆、酒店等进行多次大规模的执法检查，查获经营的蛇类900多千克，青蛙1000千克，虎纹蛙90多只，野兔5只，刺猬5只，全部放生于河洑山。

2003年，常德市森林公安局查处一起非法收购、运输、销售国家重点保护野生动物案。该案犯罪嫌疑人周某，从广东收购国家二级重点保护动物虎纹蛙3000只，运往武陵区销售，途中被市森林公安局查获。当时，湖南省尚无对养殖的国家重点保护野生动物定罪问刑的先例，市森林公安局民警经过积极侦查和缜密分析，锁定有力犯罪证据，最终将该案移送起诉，最终犯罪嫌疑人周某被依法判处有期徒刑14年。

2005年5月，常德市对农贸市场、酒店、宾馆进行野生动物经营清理整顿，为30家酒店、单位、个人商户发放了经营国家和省“三有”(有益、有重要经济价值、有科学研究价值)野生动物限额许可证，取缔了3家非法经营野生动物酒店。在实行限额许可证制度的同时，加大对非法运输、贩卖野生动物的打击力度，当年6月，成功查处桃源县方某非法运输蛇类、岩蛙、鼠鼬獾至广州销售案件；7月，成功侦破吉首市龙某非法运输蛇140千克至长沙销售案件。

2011年3月29日，常德市森林公安局接群众举报，在车辆行李箱内发现近百件塑料筐装着的野生动物活体，其中不乏国家三级和二级保护动物，包括中华蟾蜍约700千克，另有飞鼠、豹猫、猪狸、白面狸、果子狸、黄鼠狼等野生动物31头。查获的中华蟾蜍于3月30日进行野外放生，生病受伤的野生动物经诊治后放归大自然，相关责任人受到法律制裁。

2012年9月26日，经过湘鄂两省森林公安的协同做战，常德森林公安在石门境内成功破获一起横跨湘鄂两省的特大非法猎捕、杀害、收购珍贵、濒危野生动物案与重大非法狩猎案。查获国家一级保护动物林麝毛皮2张，国家二级保护动物黑熊熊掌17只、熊胆5枚，国家二级保护动物斑羚死体3个和大量国家二级保护动物红腹角雉羽毛等。抓获王某等11名犯罪嫌疑人，另有5人被警方网上通缉。经法院审理，被告人王某平、程某民、董某成、陈某平、汪某初、龚某林，构成非法猎捕、杀害珍贵、濒危野生动物罪，被判处有期徒刑六年至一年十个月不等。被告人唐某兵、滕某党、李某初构成非法收购、出售珍贵、濒危野生动物罪，被判处有期徒刑十年至一年六个月不等。

2013年7月5日，常德市对市城区水生野生动物(国家保护1、2类)经营场所开展执法检查暨宣传行动。此次检查主要集中在大型饭店、野生动物产品经销店等经营场所，重点检查大鲵(娃娃鱼)、鳄科类等国家保护水生野生动物产品。同时，检查饭店是否存在以水生野生动物及产品为菜名招揽顾客的行为，并对饭店的仓库、操做间、冰箱、冰柜等进行了检查；对经销者是否办理了水生野生动物经营许可证、水生野生动物经营许可证是否过期、是否超范围经营等进行排查。此次检查未发现非法销售国家保护水生野生动物产品的行为。

第三节　农业生态环境保护

一、退耕还林还草

常德市退耕还林工程于2002年启动。全市把生态建设与产业开发、区域经济发展结合起来，采用合理的造林模式来发展区域后续产业。在水土流失最严重的山区，选择马尾松、杉木、马褂木等适合本地的速生乡土树种培育生态林，选择板栗、核桃等兼用树种发展壮大干果产业；在丘陵区选择柑橘、湿地松、桤木等树种培育复合型水土保持林和经济林；在平湖区大力发展杨树，培育造纸原料，构筑林纸一体化经济模式。到2010年底，全市累计完成工程建设任务8.2万公顷，其中退耕还林（草）2.6万公顷，宜林地荒山荒地造林4.9万公顷，封山育林0.7万公顷，覆盖石门县、桃源县、鼎城区、澧县、汉寿县、临澧县、津市市、安乡县8个区县（市）。通过项目的实施，使常德市森林覆盖率提高了4.2个百分点，生态脆弱的坡耕地得到有效治理，水土保持功能明显增强，生态恶化趋势得到遏制，生态环境明显改善。同时，工程的实施，还降低了农民对贫瘠坡耕地的低效投入，间接提高了劳动生产率，调整了农村产业结构，加快了农村劳动力的转移。退耕还林农户家庭收入结构也发生了一定变化，除种植收入和养殖收入略有减少外，人均每年得到国家直接补助252.6元，因退耕而解放出来的富余劳动力创造的劳务收入大幅提高。

图91　退耕还林

二、退田还湖还河

1998年，长江流域发生全流域特大洪水，国务院总理朱镕基对灾后重建做出“平垸行洪”“移民建镇”指示。常德市是全省“平垸行洪，退田还湖、移民建镇”工作重点。常德市灾后重建领导小组办公室决定，废弃一批影响行洪的堤垸农田，还湖还河；对沅、澧水洪道中的江心洲和非主要洪道中的小垸，实行高水行洪，低水种养，退人不退田；对围堤湖、西官、澧南3个蓄洪垸，实行移民建镇，空垸待蓄。全市有40个堤垸、江心洲纳入平垸行洪、退田还湖、移民建镇范围，第一期涉及25817户、90270人。至1999年年底，有36个堤垸、江心洲完成移民搬迁安置，共20337户、69256人。如位于西洞庭湖南岸的青山垸，1975年围垦，面积约11平方千米。1998年汛期，青山垸大堤4处决口，全垸被淹。常德市顺势启动“退田还湖”工程，迁移垸内全部居民，并利用现有决口与一堤之隔的目平湖相通。1999年11月28日，世界自然基金会长江湿地项目办公室与常德市正式签订目平湖湿地自然保护区青山垸退田还湖湿地恢复示范项目合做协议。该项目于2000年12月完成。据2002年《常德市志》统计，常德市（除汉寿县、石门县）实施平垸行洪、退田还湖工程共安置移民37700户、190597人。常德市境内的西洞庭湖国家城市湿地公园、毛里湖国家湿地公园、书院洲国家湿地公园、珊珀湖明塘湖湿地自然保护小区、北民湖湿地自然保护小区的建立，均受益于退田还湖工程。

图92 退田还湖后的柳叶湖

2008年，常德市自筹资金，启动万金障退田还湖工程。该工程退田还湖总面积297.33公顷，还湖水面193.33公顷，工程总投资1.3亿元，于2010年竣工。凭借万金障退田还湖工程，2010年12月29日，投资20亿元、占地86.67公顷，集旅游、休闲、度假于一体的柳叶湖低碳生态旅游城正式奠基。该项目于2010年9月29日在第四届湘商大会签约，由中国上水投资集团有限公司投资建设，由设计阿联酋迪拜旅游项目的世界顶尖级的英国阿特金斯公司进行策划设计。柳叶湖低碳生态旅游城从设计到施工，贯穿“人与自然和谐相处”的理念，运用最先进的低碳环保和高科技手段，分别演绎梦入桃花源、梦幻桃花源、梦幻星空、梦幻花园、梦幻人生、梦幻大同等板块，着力打造一个梦幻般的“世外桃源”。

三、发展生态农业

常德市耕地面积50万公顷，是国家重要的农副产品生产基地，粮食、棉花、油料等主要农产品产量均居湖南省之首。为保护好农业生态环境，常德从20世纪80年代中期开始，便启动了生态农业户、生态农业村试点建设工作。1988年6月，常德市环保局组织各区县(市)环保局到江苏、浙江、安徽等地进行生态农业实地考察；1991年，常德市生态农业户、生态农业村试点建设工作取得重大突破，全市培养生态农业户达万余个，开展生态建设的村、组、场达100多个。

2001年5月17日，常德市正式成立"绿色食品办公室"和"常德农业环境保护监测站"，启动绿色食品认证和农产品"三品一标"("三品"即无公害农产品、绿色农产品、有机农产品，"一标"即农产品地理标志)示范建设工程，并确定石门、桃源、临澧、澧县为全市第一批绿色食品基地建设示范县。截至2013年年底，有9153.3公顷农田进入全国绿色食品原料标准化生产基地，258个农产品获得绿色食品认证。

2002年4月，常德市人民政府发布第11号政府令，颁布《常德市无公害蔬菜管理办法》；5月，常德市无公害农产品开发领导小组正式成立，市委、市政府决定开启207、319国道为"绿色通道"，临澧县被定为全省无公害农产品生产示范基地县。至2004年，全市已确立了2个国家级(临澧县、鼎城区)和2个省级(桃源县、石门县)无公害农产品生产示范基地县。截至2013年年底，全市共有318个农产品获得无公害农产品认证。

图93　无公害农产品内检员培训班

2003年，中国绿色食品发展中心在湖南省设立有机食品认证分中心，常德市有机食品认证开始启动。截至2013年年底，全市共有212个农产品获得有机食品认证，认证面积为870公顷。

2003年6月9日，市环保局发出《关于加强农产品基地环境保护工作的通知》。《通知》要求，提高对农产品基地环境保护重要性的认识，加强对农产品基地周边工业企业环境管理；深化生态示范区建设与管理，抓好石门、桃源两县国家级生态示范区(县)验收命名和其他各区县(市)生态示范点工作;支持和指导有条件的地方发展有机食品,大力推广农业生物防治技术,减少农药化肥施用量,从源头杜绝污染。

2004 年 4 月 15 日,常德农业环境保护监测站从土肥站分离,并根据《湖南农业环境保护条例》的规定,负责全市无公害农产品生产基地建设、产地认定及标志监督管理。8 月 2 日,市农产品质量安全检验检测中心加挂市农产品质量安全中心牌子。市农产品质量安全中心主要从事无公害农产品产地认定以及授权范围内的无公害农产品认证、绿色食品认证的有关工作,在授权范围内协助做好企业产品认证的条件初审和申报工作。

2007 年 7 月,湖南省农业厅下发《关于开展农产品地理标志登记工作的通知》,启动全省农产品地理标志登记工作。2008 年 9 月,湖南省农业厅下发《关于印发〈湖南省农产品地理标志登记管理工作实施方案〉的通知》(湘农业发〔2008〕199 号)。根据湖南省总体部署,常德市农产品地理标志登记保护工作从 2008 年开始。截至 2013 年年底,全市共有 3 个农产品获得农产品地理标志保护,面积 11326.67 公顷。

2007 年,经农业部批准,常德市被列入全国循环农业示范市。按照减量化、再利用、资源化的原则,围绕农业生产低消耗、低排放、高效率的目标,推广农业清洁生产、农业废弃物循环利用技术,推进循环农业发展。2008 年 9 月 26 日,农业部在桃源县大里坪村举办"节能减排农村行"活动启动仪式;2008 年 12 月 15—17 日,在常德市共和大酒店召开全国循环农业建设现场经验交流会;2009 年,津市市中南村成为农业部"节能减排、循环农业"试点;2012 年 9 月 18—19 日,常德市在安乡县长鹰国际酒店举办《循环农业和清洁生产培训班》。

2008 年,常德市完整提出生态农业发展思路:山区重点发展以名果、药材、高山蔬菜等为主的生态种植业,丘陵区重点发展以立体种植和农牧渔相结合的生态种养业,平湖区重点发展以粮、畜、渔为基础的生态产业。至 2013 年,全市先后推广了性诱剂诱虫、频振灯诱杀、黄板诱虫、翻耕灭蛹、以螨治螨、释放赤眼蜂等生态灭虫工艺,推广使用生物农药 640 万亩次和高效低毒农药 132.4 万亩次,实施专业化统防统治面积 10 万公顷。

四、整治村居环境

常德市村居环境整治是与社会主义新农村建设同步进行的。2006 年 3 月 9 日,常德市推进社会主义新农村建设工作会议召开。这次会议不仅起到宣传发动、营造氛围的做用,还决定启动"115"工程:即建设 10 个左右明星村、100 个左右示范村、500 个左右帮扶村。4 月 13 日,市委、市政府出台《关于推进社会主义新农村建设的意见》,制定了新农村建设五年目标,决定在 118 个行政村办点示范。

为使新农村建设有章可循、有规可依，市委、市政府出台了一系列规范性文件，2006年5月，出台了《社会主义新农村建设指导标准》《关于建好新农村示范村的意见》；9月，出台了《关于加强村庄规划工作的意见》《关于加强农村饮水安全建设的意见》《关于加强农村公路建设的意见》《关于加强新农村建设项目质量管理的通知》；11月，正式发布《常德市“十一五”时期社会主义新农村建设规划纲要》。是年，市环保局发出《关于做好新农村建设示范村环保工作的通知》，要求示范村建设环保工作，重点抓好饮用水源保护区的建设、畜禽养殖业污染防治、工业企业的污染治理和农药化肥农膜等面源污染。

图94　武陵区芦荻山乡芦山村村居

2007年至2010年，常德市社会主义新农村建设进入连片示范、镇村同治阶段。2007年1月，市委召开经济工作会议，要求以村庄整治为突破口，逐步扩大新农村建设示范点和示范区范围，按照连线成片的思路，示范村扩大到200个左右，形成10个市级镇村同治示范片，并建立示范村进入和退出机制。2008年4月，市委、市政府发布《关于推进镇村同治的实施意见》，要求继续加强以交通、水利为重点的基础设施建设，推进以垃圾清运、生态绿化、水源保护为重点的环境整治，全面启动禁止投肥养鱼、规范珍珠养殖工作。

为降低畜禽养殖业对村居环境的污染，2010年7月1日，市环保局制订《畜禽养殖业专项环境执法检查工作方案》，主要检查畜禽养殖选址合理性和“三同时”制度执行情况、污染治理设施或无害化处理设施情况、排污口规范化建设和污染物达标排放情况以及排污申报、排污许可、排污收费等制度执行情况。8月10日—9月20日，市环保局对辖区内505个畜禽养殖场(小区)进行环境专项执法检查，共发现未办理环评审批手续的377处，污染防治设施未配套的388处，并基本完成禁养区内畜禽养殖场(小区)的清理，畜禽养殖场(小区)从此纳入日常环境监管。

2011年6月9日，市环保局将村居环境整治上升到生态村创建层面，制定了《常德市市级生态村创建标准(试行)》，基本条件为有环境保护和生态村建设内容的村庄建设规划，村民能自觉遵守环保法律法规且近三年内没有发生环境污染事故和生态破坏事件，经济发展符合国家产业政策和环保政策，有村规民约和特色环保宣传设施等。考核指标分环境卫生、污染控制、资源保护与利用、可持续发展、公众参与5个方面15项。

2012年1月30日，《人民日报》发表《农村垃圾流向何处?》一文，披露常德农村垃圾随意丢弃、养殖污水直排现象，中央电视台随后做了跟进报道。市环保局根据市委领导的意见，对报道反映的汉寿县沿洞庭湖周边工业企业污染、鼎城区石板滩镇拾柴坡村煤矿污染、桃源县澧县等县市养殖业污染问题进行专项督查与整治，并针对全市农村环境保护问题，出台《常德市农村环境综合整治方案》。

2012年3月13日，市环保局发布《常德市2012年农村环境保护和自然生态保护工作要点》：加强农村环境连片综合整治示范区建设，加大生态乡镇、生态村创建力度，加大畜禽养殖业污染控制与防治力度，加强生态环境监督管理，做好生态补偿试点、土壤修复试点、矿山生态恢复试点、生态旅游示范区试点等工作。同时下发了《"十二五"减排规划的畜禽养殖场(小区)名单》《"十二五"国家级、省级生态乡镇创建任务分解表》《"十二五"国家级、省级生态村创建任务分解表》。

2012年6月4日，市委办、市政府办根据《人民日报》披露，结合市环保局意见，印发《常德市农村环境卫生三年集中整治行动方案》。行动方案决定从2012年起，市财政连续3年每年拿出1000万元"以奖代投"专项资金，用于农村环境连片整治工作的奖补。至2013年，财政拿出"以奖代投"专项资金2000万元，引导各地投入农村环境卫生整治资金6亿元。

2006年至2012年，全市共投入新农村建设和农村环境整治资金23亿多元，完成村庄整建规划编制1140个；硬化通村公路6218千米，通水泥路的行政村达到2726个；完成改水工程5300多处，新解决53万多人的饮水安全问题；对37座大中型水库和910座小II型水库实行禁投限养；新建户用沼气池7万口，总量达到26.5万口，同时完成了57个大型沼气池建设。2012年至2013年，全市还新建垃圾池2万余个、垃圾压缩转运站31个、污水处理场16个，配备封闭垃圾转运车86台，投入使用大型标准垃圾填埋场4个，农村垃圾无害化处理能力提高30%以上。2013年，全市农村基本实现家园清洁、水源清洁、田园清洁的目标。

第四节　矿产资源开发环境保护

常德市境内矿产资源丰富，现已发现矿藏近90种，主要以非金属矿产资源为主，素有"非金属之乡"的美称。石膏、石煤、磷矿、石英砂、膨润土、水泥灰岩、芒硝、海泡石等非金属矿产储量丰富，在全省乃至全国都占有极其重要的地位，此外还有黄金、高岭岩、硅白土、铁、金刚石、重晶石、硫铁矿等。其中已经开发利用的矿产资源近 40 种，探明储量的 20 多种，其潜在价值达 4400 多亿元，主要分布在石门、桃源、临澧、澧县、鼎城等区县。常德市现有持证矿山企业 443 家，从业人员 24000 多人，年产矿石 3000 多万吨，以石膏、芒硝、煤、食盐、磷等矿藏为支撑的建材、化工产业已成为常德市的支柱产业。

随着经济的发展，常德市采矿与矿石加工活动激增，所排放的各种有害污染物对生态环境造成的破坏加剧：包括采矿所造成的水土流失与野生动植物生存环境的改变，选矿活动所造成的地表水、地下水污染，水中开采（淘金）做业所造成的河道和矿床结构改变，尾矿排放堆积所造成的河湾、池塘及行洪平原的泥沙淤积，露天开采所造成的大面积土地占用、破坏及污染侵蚀，开采工作面钻孔、爆破以及矿石破碎及运输过程中所产生的粉尘及有害气体等。

一、矿山开发环境保护行动

为遏止矿山资源开发环境日益恶化的势头，国务院于 2005 年发出《关于全面整顿和规范矿产资源开发秩序的通知》（国发〔2005〕28 号）。通知发出后，常德市人民政府立即采取行动，于当年 10 月 25 日出台了《常德市全面整顿和规范矿产资源开发秩序工作方案》，要求全面清理和严厉打击无证勘查、无证开采、越界开采、非法转让及破坏性开采特别是群体性破坏性开采行为，全面开展煤炭资源回采率专项检查，取缔关闭破坏环境、污染严重、不具备安全生产条件的矿山企业，全面清理和追缴矿产资源规费，全面清理和纠正矿产资源开发管理和矿业权市场管理中的违法违规行为。

图 95　2014 年 4 月 17 日省环监局
“隐患大排查专项行动”石门青峰煤矿水污染核查

2005 年 10 月，由副市长徐超文任组长的常德市全面整顿和规范矿产资源开发秩序领导小组正式成立，并同时启动了矿产资源开发秩序整顿和规范工作。这次整顿和规范工作历时 2 年多，从 2005 年 10 月下旬开始，至 2007 年年底结束，共分三个阶段：第一阶段为宣传部署和全面整顿阶段，本阶段重点是治乱；第二阶段为全面规范阶段，本阶段重点是治散、治软和治本；第三阶段为验收总结阶段，本阶段重点为巩固扩大整顿规范工作成果。

2006年，矿产资源开发秩序整顿和规范工作进入攻坚阶段，在全面调查摸底和认真考评的基础上，石门、澧县、临澧、桃源、鼎城分别对省、市政府确定的9个重点矿区编制了资源整合实施方案，引导矿山企业以大并小、以优并劣，采取收购、参股、兼并等方式进行资源整合，并在依法保护矿业权人利益和平等自愿的基础上，让整合矿山与被整合矿山签订整合（资产处置）协议。与此同时，严厉打击矿产资源开发中各类违法行为，对鼎城区花山石煤矿区、桃源西安镇小钨矿、澧县新澧化工芒硝矿等一批重点矿区进行专项整治，彻底消除无证开采、滥采乱挖和超层越界开采等非法采矿现象。特别是2006年7月19日，市政府全部关停牯牛山金矿区22个做业面，在当时产生巨大震动。通过整顿和资源整合，常德市矿山企业总量按要求减少了10%以上，9个重点整合矿区矿山企业从原来的59家减少到40家，资源利用水平、矿山环境和安全生产条件明显改善。

2008年11月17日，市环保局向市政府提交非法炼钒污染环境情况报告，对汉寿蒋家嘴镇大七冲村、津市涔澹农场、鼎城区沧山镇、澧县金鹏陶瓷有限公司、澧县赤峰昌家村、澧县闸口乡羊耳山村、澧县闸口乡关冲村、澧县垱市镇涔南村、澧县火连坡镇、桃源县新科矿业有限公司非法炼钒情况进行如实反映，并提出对现有非法炼钒企业立即关闭、断电断水、拆除生产设施的建议。市政府采纳市环保局建议，启动对炼钒企业的集中整治。

2009年10月20日，市环保局发出《关于进一步加强炼钒企业污染整治工作的通知》，要求各区县（市）在10月30前完成自查，确保非法炼钒企业断电、断水、拆除设备，切实关闭到位。对关闭后的原辅材料、浸泡池渣液等进行安全处置，防止对周边环境造成污染危害。为确保整治工作落实到位，从11月24日开始，市环保局对炼钒企业污染整治开展了全面督查。此次督查按区域分4个督查小组，对18个炼钒企业逐一上门，检查关停措施是否到位，对未落实整改要求的违法生产企业调查取证，立案查处。督查工作于12月1日结束。

2011年7月22日，为进一步规范河道采砂和砂石市场管理秩序，常德市人民政府发布《关于开展河道采砂和砂石市场整顿治理的通告》。通告共10条，要求在通航河道内从事采挖砂石经营活动，必须经水利、海事、航道、国土资源等部门批准，取得相应的生产做业许可证；从事砂石经营活动应依法办理工商、税务登记，依法取得“占河位置界线许可证”“港口经营许可证”“岸线使用许可证”；沅江、澧水及其一级支流河道管理范围内无证照或证照不齐全的非法采砂、吸沙船舶立即停止做业，自行驶离整治区域或停泊在指定区域内；对无证照、证照不齐全或在河道管理范围内的砂石经营场所，应在2011年9月30

日前自行关闭，拆除违法经营相关设施、设备，并转移堆放的砂石。市、县两级人民政府依法对沅江、澧水及其一级支流河道河段砂石采矿权、砂石堆放经营场地进行公开拍卖。通过整顿，沅水桃源段78个砂石场压减为15个；119条采砂船缩减为28条，所有采金船全部取缔。

2011年7月27日，常德市人民政府再次制订《深入整顿和规范矿产资源开发秩序工作方案》。这次整顿和规范工作，包括严厉打击非法违法开采行为、加强矿山地质环境保护、规范矿产资源勘查行为、加强矿山安全生产、规范和发展矿业权市场、提高矿产资源开发利用水平、提高矿产资源开发管理水平七个方面。这次专项行动共分为部署清查、整改处理、检查验收三个阶段，于2012年4月20号完成。

2013年7月，湖南全面启动"矿山复绿"行动，对全省413家矿山进行复绿，复绿面积3760.49公顷，使得复绿区内矿山地质灾害治理率达70%以上。在需要复绿的矿山中，常德市有44座矿山纳入复绿名单，占全省复绿矿山总数的10.65%。经过一段时间的努力，常德市境内重要自然保护区、重要景观区、重要居民集中生活区、重要交通干线、重要河流湖泊可视范围内突出的矿山地质环境问题得到基本整治，矿山生态环境得到初步改善。

二、重点矿山开发环境整治与规范

（一）石门雄磺矿

湖南石门雄磺矿位于石门县白云乡，是世界上最大的单砷矿，已有1500多年雄磺矿开采史。特别是1956年至1978年的砒霜生产，导致这里的土地、水、空气遭受重度污染，对矿区周边30多平方千米（核心区9平方千米）居民的生产生活造成了严重影响。20世纪90年代，北京医科大学公共卫生学院曾在矿区附近的鹤山村做过"砷暴露研究"，研究结果表明：土壤砷含量为84.17～296.19mg/kg，最高值超过国家一级土壤环境质量标准19倍；矿区附近河水含砷量达到0.5～14.5mg/L，超出世卫组织以及中国《生活饮用水卫生标准》上千倍。据石门县政府披露，当地3000多居民中，有1200余人检测出砷中毒。据当地磺厂医院统计，从1971年到2013年1月，雄磺矿患砷中毒的职工中有600多人已经去世，其中400余人死于癌症。

从2010年开始，常德市和石门县环保局多次向省、国家环保部门报告当地砷污染状况，2011年初关停石门雄磺矿。2011年2月，国务院批复《国家重金属污染综合防治"十二五"规划》，石门雄磺矿区做为一个单独项目区实施综合整治。2012年10月，《石门雄磺矿区重金属污染"十二五"综合防治实施方案》开始实施，项目包括历史遗留砒渣及周边污染土壤治理，核心区近534公顷污染农田修复、生活饮用水安全、生态安全等工程。工程分为四期，工期五年，工程预计总投资约13.5亿元。一、二期为源头控制，是对原炼砒遗留下来的近20万吨砒渣及周边污染土壤进行安全处理，目的是从源头上控制砒渣的浸出液进入周边水体和土壤，最大限度地减少砷污染环境风险。第三期工程，是对黄水溪进行综合整治，全面改善黄厂集镇居住环境。第四期是对污染核心区近534公顷污染土壤进行修复，旨在改善当地土壤质量，保障农产品安全。项目实施后，效果已经初显，当地生态环境有所改善，老百姓和农做物受砷污染危害程度降低，溇水下游和皂市水库水质环境安全风险正在消除，几十万人民群众的饮水安全得到保障。

图96　石门雄磺矿环境整治前后对比照

（二）石门磷矿

石门磷矿储量为14.24亿吨，属全国十大磷矿基地之一。1958年，在黄虎港河源头清官渡建立了石门磷矿，开始了对磷矿的开采利用。1966年，于县城新街口兴建石门磷肥厂。几十年间，磷矿开采一直处于无序状态，不仅全部是露天开采，而且哪里矿石品质高就在哪里采，哪里采掘方便就在哪里采，使矿区生态植被遭到不同程度的破坏。矿石利用则主要依靠卖原矿或依托本地小化肥企业生产普通过磷酸钙。普通过磷酸钙肥料以含磷矿石为原料，用氟磷灰石和硫酸反应制成，生产过程中产生的氟化氢、四氟化硅、含氟灰尘、磷酸雾、氨和二氧化硫等，对环境污染物危害较大。

在矿产资源越来越珍贵、生态环境越来越被人们重视，靠原矿变现的生产方式必然被淘汰，靠低端化肥产品支撑的原矿企业同样无生存空间。1995年，始建于1966年的常德石门磷肥厂关闭并被收购，1996年组建为湖南石门玉叶化肥股份有限公司。玉叶化肥股份有限公司成立后，开始走治理污染、提高磷肥生产科技含量、发展循环经济之路。2009年，市县两级加大了玉叶化肥股份有限公司等沿河企业污染源治理力度，实行达标排放，保证受纳水体环境质量符合湖南省新水系地表水环境功能区划要求。磷矿精选采用了“双反浮选联合流程”工艺，不添加任何化学剂，不产生外流废水，不对大气、水土等造成污染。选矿后留下的尾渣倾倒后依然可以恢复植被。2012年完成了石门玉叶化肥硫酸系统酸改工程，每年可削减六项重金属因子230多千克。2013年，玉叶化肥股份有限公司依托宜昌磷矿重介质选矿联合流程试验研究工业化实验厂，计划 投资2.6亿元，建成“100万吨高镁磷矿石精选项目”，并彻底摈弃传统的露天开采，采用“峒采”方式，使植被得到原貌保护。同时，利用磷矿尾矿生产渣砖的技术已进入攻坚阶段。

（三）青峰煤矿

常德青峰煤矿地处石门县夹山镇，1967年建矿，主要煤炭产品为烟煤，品种有优质块煤、优质混煤、普通混煤三种，年生产能力18万吨，是常德市煤炭行业的骨干企业。由于青峰煤矿的长期乱采乱挖乱排，大量含硫含氟含重金属的矿井污水，未经任何处理，直接排入澧水支流道水河中，致使河里鱼虾全部绝迹，人畜饮水安全受到严重威胁，不少村民因此身患癌症和各种疾病。并且，连续40多年采煤，地下被大面积采空，导致地表出现了多处沦陷，地表水、地下水急剧下降，给当地村民的生产生活以及生命财产造成极大危害。

常德青峰煤矿污染环境事件多次在公共媒体曝光，也引起了市县两级政府及其环保部门的重视。2008年，该矿启动了矿山环境治理第一期工程，工程重点为充填平整塌陷、修建挡土渣墙、复垦恢复植被等。2009年，常德市青峰煤矿通过公开招标，开始了矿山地质环境二期治理。这次治理工程包括矿区排水沟整修工程、团结水库防渗工程和大新堰整修工程等。青峰煤矿环境治理虽然花了钱、使了劲，但效果并不明显，环境治理的速度远远赶不上环境破坏的速度。2014年3月13日，市、县两级政府从保护人民生命财产安全和自然生态环境出发，彻底关闭了这座拥有47年历史的常德骨干煤矿。2014年3月26日，发布常德市青峰煤矿“矿山复绿”示范工程招标公告。该示范工程包括：煤矿1、2号井片区矿渣堆削坡，回填土方后种植橘树，新建排水沟等，群众反映强烈的青峰煤矿环境污染问题将从根本上得到解决。

第五章　环境监测

第一节　监测网络

一、监测机构

1975年6月11日，常德地区革命委员会环境保护领导小组成立，下设办公室；同时，成立常德地区环境保护监测站，核定事业编制3人，与地区卫生防疫站合署办公，负责全区环境保护的监测工作，由地区卫生局领导，业务上接受地区环境保护领导小组办公室的指导。1976年3月，常德市环境监测站成立，核定事业编制10人，归口市计委系统。1988年地改市后，原常德地区环境保护监测站和原常德市环境保护监测站合并，成立新的常德市环境监测站，为常德市环保局二级机构，业务上接受中国环境监测总站、湖南省环境监测中心站的指导，在全国环境监测网络体系中属二级站。

20世纪80年代，常德市环境监测站以重点科研项目的研究为契机，监测能力得到逐渐提升。

1992年12月，常德市监测站通过了湖南省计量管理局的首次计量认证，认证项目为水、气、声等十一大类92项，为市监测站的工作走向市场，更好地服务全市环保工作打下了基础。通过计量认证，建立和健全了质量管理体系和各项规章制度，确立了市站的环境监测权威地位和监测数据、报告的法律效力。

2006年以后，市监测站结合环境管理的实际需要和承担的专项任务，有针对性地提升相应的监测能力，加强对重金属项目的拓展，钒、钴、钡等重金属分析项目得到扩项，开展悬浮物和底泥中的重金属监测、降尘中的重金属监测。2009年，有机实验室建成，加大对气相色谱、液相色谱等有机分析仪器的开发力度，地表水特定项目1～35项有机分析方法得到拓展，2011年，市监测站成为全省地州市中继长、株、潭后，最早形成地表水109项全分析能力的监测站。

2011 年，常德市环境监测站已形成水、气、声、土壤、生态等六大类 214 项的监测能力。

随着监测能力的提升和监测水平的提高，常德市环境监测站在全省各类技术比武中获得了优异的成绩。2007 年，获湖南省环境监测系统第一届（综合技术）比武团体二等奖，刘芳、朱光辉获得个人三等奖；2008 年，获湖南省环境监测系统第二届（常规与应急快速分析）技术比武团体二等奖，刘勇军获得化学需氧量分析个人亚军，张运广获得挥发酚分析个人季军；2009 年，获湖南省环境监测系统第三届技术比武团体一等奖（第一名），曹小红获得个人一等奖、龚晖军获得个人二等奖；2012 年，获全省“大贯标”比武活动团体一等奖（总分第一名），许小莉获得个人三等奖、张运广获得个人优胜奖。

市环境监测站历任党政领导名录

表 5-1-1

年　度	站长	党支部书记	副　站　长
1986—1987	赵声溢		郑瑞林、唐纯洲
1988—1991	赵声溢	郑昌恩	郑瑞林、唐纯洲、肖英福、王银珍、罗银菊（主任工程师）
1992—1994	赵声溢	郑昌恩	唐纯洲、王银珍、罗银菊（主任工程师）
1995	魏利权	郑昌恩	黄成林、唐纯洲、周应旺、杨立新、王银珍（主任工程师）
1996—2000	魏利权	郑昌恩	唐纯洲、周应旺、杨立新、肖爱萍、王银珍（主任工程师）
2001	周应旺	谭梅初	唐纯洲、肖爱萍、胡玉、于小凤（主任工程师）
2002—2003	周应旺	谭梅初	胡玉、肖爱萍、于小凤（主任工程师）
2004—2005	周应旺	周应旺（兼）	胡玉、岳健、朱清运、李民峰（主任工程师）
2006	吴岱镳	吴岱镳（兼）	胡玉、岳健、朱清运、李民峰（主任工程师）
2007—2009	吴岱镳	吴岱镳（兼）	胡玉、朱清运、彭晖、李朝晖、李民峰（主任工程师）
2010	胡　玉	胡玉（兼）	朱清运、彭晖、李朝晖、李民峰（主任工程师）
2011	许　平	许平（兼）	朱清运、彭晖、李朝晖、李民峰（主任工程师）
2012	许　平	许平（兼）	朱清运、李民峰、彭晖、李朝晖、李捷（主任工程师）

市环境监测站机构设置

表 5-1-2

年度	编制人数	内设机构	职　能　部　门
1986—1987	16	2	技术综合室、中心监测室
1988—1994	52	6	办公室、环境监测室、大气室、监察队、技术开发室、综合技术室(质控室)
1995	48	6	办公室、环境监测室、大气室、监察队、技术开发室、综合技术室(质控室)
1996	52	6	办公室、环境监测室、大气室、监察队、技术开发室、综合技术室(质控室)
1997	56	6	办公室、中心化验室、综合技术室(质量控制室)、污染源监督室、尾气检测室、技术开发室
1998—2000	57	6	办公室、中心化验室、综合技术室(质量控制室)、污染源监测室、尾气检测室、技术开发室
2001—2005	52	6	办公室、质量监测室、综合室、污染源监测室、业务室、技术开发室
2006—2011	54	6	办公室、质量分析室、业务室、污染源监测室、质量控制室、综合室
2012	68	9	办公室、质量分析室、委托业务科、污染源监测科、应急监测科、自动监测科、机动车尾气监测科、质量控制科、综合技术科

市环境监测站部分年份人员配备情况

表 5-1-3

年份	总人数	技术人员		工程师		高工	
		人数	比例	人数	比例	人数	比例
1992	52	45	86.5%	16	30.8%	2	3.8%
1997	54	42	77.8%	15	27.8%	5	9.3%
2002	46	43	93.5%	15	32.6%	5	10.9%
2007	48	48	100%	24	50%	2	4.2%
2011	64	40	62.5%	20	31.2%	4	6.2%

二、监测点位

(一)地表水

常德市有沅水、澧水、松滋河、虎渡河及藕池西支河系流经境内,注入西洞庭湖,水利资源极为丰富。

1976年以前,常德市的水环境质量监测工作由卫生部门和水文部门负责。1976年常德市环境监测站建立后,常德市的水环境质量监测逐步归口到环境监测部门负责。

图97 地表水采样

1988—1992年,沅水设立有桃源新河、武陵区南碈、枉水、汉寿坡头四个常规水质监测断面,武陵区夹街寺、南碈、枉水、苏家渡、汉寿新兴嘴五个城市环境综合整治定量考核水质断面;澧水设有石门县三江口、石门县第一中学、津市窑坡渡(津市站监测)、安乡县沙河口、石门三江口渫水五个常规水质监测断面。监测项目为pH、水温、悬浮物、电导率、溶解氧、化学耗氧量、挥发酚、砷、总汞、镉、铅11项。

1991年,澧水常德段省控断面取消了石门县第一中学。

1993年,根据湘环监字〔1992〕149号《关于调整我省地表水省控水质监测断面的通知》精神,沅水常德段的监测断面进行了调整,共设桃源尧河、武陵区夹街寺、鼎城新兴嘴和汉寿坡头四个省控断面。

1995年,澧水常德段省控断面石门县三江口移至七松,渫水断面移至新关上游。

2001年至2005年,根据实际需要对常德沅澧两水干流断面进行了调整,而且监测项目发生了变化。其中,从2003年起,澧水石门三江口断面由省级、市级调整为国控断面,沅水武陵区夹街寺断面调整为国控断面。

2006—2010年,常德市地表水监测国控断面为沅水武陵区陈家河、澧水石门三江口,省控断面为沅水桃源凌津滩、汉寿县坡头,澧水津市窑坡渡、安乡县沙河口,藕池西支安乡县官垱,另设18个市控断面。2011年7月,省控官垱断面取消,市控马坡湖断面调整为省控。

地表水监测频次最初为每季度监测一次,连续三天,到1993年调整为每年枯水期(1

月）、丰水期（5 月）、平水期（9 月）各监测 1 次，连续三天。从 2003 年起，国、省控断面采样频次由一年三次调整为每月一次。

2010 年，常德市两个国家水质自动站点开始建设，分别为澧水入洞庭湖沙河口水质自动监测站、沅水入洞庭湖坡头水质自动站，2011 年 4 月通过国家验收，6 月正式向国家总站每天上传监测数据。监测项目为水温、pH 值、溶解氧、电导率、浊度、高锰酸盐指数、氨氮、总磷和总氮共 9 项。

省级水质自动站。2012 年，在沅澧两水的入境处筹建省级水质自动站，选址在桃源燕家坪、石门城关镇。

1989 年以后，常德市饮用水源地监测点位为一水厂、二水厂、三水厂。2004 年，一水厂停产，四水厂投入使用，2005 年，第一、第二水厂均停产，饮用水源地水质监测为第三、第四水厂。监测项目由刚开始的 14 个项目逐步增加到《地表水环境质量标准》（GB3838—2002）的 27 项，2011 年陈家河（第四水厂）还增加了《地表水环境质量标准》（GB3838—2002）表 3 的前 35 项，每年进行一次 109 项全分析，2002 年监测频次由开始的 6 次/年调整为每月 1 次。2010 年，常德各区县（市）开展了饮用水源地水质监测。

（二）环境空气

常德市区环境空气监测始于 1980 年年初，是时，只在青年北路三间桥南右侧河堤上设有一个大气采样点，监测内容仅为二氧化硫和氮氧化物，且为实验性监测，1980 年下半年，增加降尘项目监测。后逐步在老城区采取玫瑰图形布置采样点，全面开展环境空气监测。

图 98　市环境监测站空气自动站　　鼎城区环保局空气自动站　　德山二中空气自动站

1988 年，常德市环境空气监测共设 5 个点位，分别为汽车北站（交通稠密区）、下南门（商业区）、市委（居民区）、德山乡镇政府（工业区）、浮桥小学（清洁对照区）。是时，监测项目为二氧化硫、氮氧化物、总悬浮颗粒物及降尘四项，其中二氧化硫、氮氧化物、总悬浮颗粒物监测时间为每季度 1 次，每次连续监测 5 天，每天 4 次；降尘每季度监测 1 次，每次连续 1 个月。

1989 年 3 月，对环境空气监测点位进行调整，设有市环境监测站、市滨湖公园、鼎城区招待所、常德师专医院、常德棉纺厂、市无线电三厂(对照点)6 个采样点。

1990 年，对原有大气监测点位进一步优化。1991—1995 年，环境空气监测点位调整为市环境监测站、北站、市滨湖公园、德山二水厂、师专医院、社会福利院(对照点)6 个。

1996 年，环境空气监测点位进一步调整，将德山二水厂变更为德山锦纶厂，对照点由社会福利院调整为柳叶湖。此时全市区 6 个点位为市环境监测站、市技术监督局、市滨湖公园、师专医院、德山锦纶厂、柳叶湖(对照点)。是年底，常德市站组织力量开展城区范围的大气监测优化布点工作，去掉了市滨湖公园和师专医院 2 个点位，增设了鼎城环保局。1997 年，环境空气监测点位调整为市环境监测站、市技术监督局、鼎城环保局、德山锦纶厂(2004 年 9 月调整为德山二中)、柳叶湖(对照点，2006 年调整为白鹤山)。

从 1997 年开始，大气监测由开始的每季度监测 1 次，连续监测 5 天，调整为每月监测 1 次，连续监测 5 天。1998 年，环境空气监测实行了 24 小时连续监测，每月保证有效监测天数不少于 12 天。从 2002 年 1 月 1 日起，逐渐开始空气日报监测，市环境监测站为最早实现空气日报监测的点位，空气监测手段也由手工监测发展为自动监测。

2001 年，监测项目为二氧化硫、二氧化氮、总悬浮颗粒物及降尘。2003 年，根据国家监测总站通知，停止原空气中总悬浮颗粒物的测定，改测可吸入颗粒物。2012 年，常德市环境监测站按照国家环保部的要求，环境空气监测增加了颗粒物(粒径小于等于 2.5 微米)、一氧化碳、臭氧的试监测。2014 年 1 月 1 日，正式对公众发布六参数数据，为全面评价环境质量提供了有力的数据支撑。

从 1988 年开始，各县级监测站也先后对辖区内环境空气质量进行了监测。

(三)酸雨

1988 年，常德市设立两个酸雨监测点位：在城区中心老体育场附近设有一个监测采样点，在城郊东南方向 4 千米处武陵区社会福利院设一采样对照点。从 1989 年起，各县级站先后开展了酸雨监测。1996—2012 年，全市共设 10 个点位，其中 7 个县(市)各设 1 个，常德市区有 3 个。常德市区点位分别是市监测站点、鼎城环保局点和柳叶湖管委会点(2004 年改设白鹤山乡赵公桥村)，降雨量、pH、电导率为逢雨必测，每月做一次降水全分析，包括降雨量、pH、电导率、硫酸根离子、硝酸根离子、氟、氯、钙、镁、钠、钾离子共 11 项指标。

(四)噪声

交通噪声监测　1988年年初，市环境监测站在人民路、建设路、朝阳路、青年路、武陵路等交通干线上的16个(地区百纺仓库、常德师范学校、常德县影剧院、常德县副食品公司、常德军分区、常德市城南办事处、常德市城东办事处、大桥山商店、滨湖影剧院、工艺制品厂、常德行署、常德市公安局、常德市体育馆、市工人文化宫、市纺织配件厂、常德地委)进行交通噪声监测。1991年,按照环境监测技术规范,城区主要交通干线上布设的监测点增加到30个。“九五”期间(1996—2000年),城市市政建设迅猛发展,交通噪声监测点布点路段长度和测点个数逐年增加,由1996年的23条路段40个测点,增加到2000年的33条路段73个测点。随着城市的不断发展,道路的不断延伸扩展,“十五”期间(2001—2005年),交通噪声监测路段增加到江北城区、武陵镇和德山开发区的40条路段,交通噪声监测点增加到100个。2012年,交通噪声监测范围包括江北城区、武陵镇和德山开发区,交通噪声监测点设在36条主次干道上,布设点位100个。

图99 噪声监测

区域噪声监测 1989年,常德城区区域噪声有监测点位102个。1996年,布设有156个区域噪声监测网格,2001年区域噪声监测网格增加到197个,2002年增至203个,随着城市建成区面积扩大,2004年,监测网格增至279个。

第二节 监测项目

1992年,市环境监测站对环境监测的项目有地表水(含地下水)、废水、大气降水、废气(含烟道气)、空气、土壤(含底质)、生物、植物、废渣、噪声、机动车排气十一大类92项。12月,常德市监测站通过了湖南省计量管理局的首次计量认证。

1997年,监测项目为水质类(地面水、地下水)、废水、环境空气(含降水)、废气、土壤底质固体废弃物、噪声、生物、放射性八大类169项。

2003年,监测项目为地表水地下水大气降水和废水、环境空气(含室内空气)和废气、土壤底质植物煤质生物体残留及固体废弃物、噪声振动电磁辐射、放射性污染、机动车尾气六大类171项。

2006年，监测项目为水(含大气降水)和废水、环境空气和废气、土壤底质植物生物残留物固体废弃物煤质、噪声振动、电磁辐射、放射性污染、室内空气、生物八大类168项。同时还有机动车排放污染物3项。

2008年，监测项目为水(含大气降水)和废水检测参数、环境空气和废气检测参数、土壤底质植物生物残留物固体废弃物煤质检测参数、生物检测参数、噪声振动检测参数、室内空气检测参数六大类187项。

2010年，新增机动车尾气检测3项。

2011年，监测项目为水(含大气降水)和废水参数、环境空气和废气参数、土壤底质植物生物残留物固体废弃物煤质参数、生物参数、噪声振动参数、室内空气参数六大类214项。环境空气监测项目由SO_2、NO_x、TSP逐渐调整为SO_2、NO_2、PM_{10}，2014年调整为SO_2、NO_2、PM_{10}、$PM_{2.5}$、CO、臭氧。

地表水监测项目1988年为pH、水温、悬浮物、电导率、溶解氧、化学耗氧量、挥发酚、砷、总汞、镉、铅11项。1992年改为pH、水温、悬浮物、电导率、溶解氧、高锰酸盐指数、挥发酚、砷、总汞、镉、铅、铜、六价铬、氰化物、五日生化需氧量、油、氟化物、总磷、总氮、大肠菌群20项。从2003年起，国控、省控断面监测频率为每月1次，监测项目为《地表水环境质量标准》(GB3838—2002)表1监测项目中23项(未监测总氮)，2011年起为24项。

2010年，饮用水源地三水厂、四水厂及县饮用水源地均开展了每月1次的27项目的监测。2011年，陈家河(常德市四水厂)做为总站备案的水源地，每年7月份对《地表水环境质量标准GB3838—2002》中所涉109项指标进行1次全分析。

水(含大气降水)和废水监测能力

表 5-2-1

参数序号	检测项目	检测标准(方法)名称及编号(含年号)
1	水温	水质 水温的测定 温度计或颠倒温度计测定 GB/T13195—1991
2	流量	水质 采样方案设计技术规定 HJ 495—2009
3	外观	水质《水和废水监测分析方法》(第四版)国家环保局(2002 年)
4	pH 值	水质 pH 值的测定 玻璃电极法 GB/T 6920—1986
		大气降水 pH 值的测定 电极法 GB/T13580.4—1992
5	色度	水质 色度的测定 铂钴比色法、稀释倍数法 GB/T11903—1989
6	浊度	水质 浊度的测定 分光光度法、目视比浊法 GB/T13200—1991
7	酸度	水质 酸度的测定 酸碱指示剂滴定法《水和废水监测分析方法》(第四版) 国家环保总局 2002 年
8	碱度	水质 碱度的测定 酸碱指示剂滴定法《水和废水监测分析方法》(第四版) 国家环保总局 2002 年
9	透明度	水质 采样方案设计技术规定 HJ 494—2009
10	总残渣	水质 总残渣的测定 重量法《水和废水监测分析方法》(第四版)国家环保总局 2002 年
11	矿化度	水质 矿化度的测定 重量法《水和废水监测分析方法》(第四版)国家环保总局 2002 年
12	总硬度	水质 钙和镁总量的测定 EDTA 滴定法 GB/T 7477—1987
13	悬浮物	水质 悬浮物的测定 重量法 GB/T11901—1989
14	硫化物	水质 硫化物的测定 亚甲基蓝分光光度法 GB/T16489—1996
		水质 硫化物的测定 碘量法《水和废水监测分析方法》(第四版)国家环保总 2002 年
15	电导率	水质 电导率的测定 电导率仪法《水和废水监测分析方法》(第四版)国家环保总 2002 年
		大气降水 电导率的测定方法 GB/T 13580.3—1992
16	全盐量	水质 全盐量的测定 重量法 HJ/T 51—1999
17	五日生化需氧量	水质 五日生化需氧量(BOD5)的测定 稀释与接种法 HJ 505—2009
18	高锰酸盐指数	水质 高锰酸盐指数的测定 GB/T 11892—1989
19	挥发酚	水质 挥发酚的测定蒸馏后 4—氨基安替比林分光光度法 HJ 503—2009

续上表

参数序号	检测项目	检测标准(方法)名称及编号(含年号)
20	砷	水质 总砷的测定 二乙基二硫代氨基甲酸银分光光度法 GB/T 7485—1987
		水质 总砷的测定 原子荧光法《水和废水监测分析方法》(第四版) 国家环保总局 2002 年
21	硒	水质 硒的测定 石墨炉原子吸收分光光度法 GB/T 15505—1995
		水质 硒的测定 原子荧光法《水和废水监测分析方法》(第四版) 国家环保总局 2002 年
22	总 汞	水质 总汞的测定 冷原子吸收分光光度法 GB/T 7468—1987
		水质 汞的测定 冷原子荧光法《水和废水监测分析方法》(第四版) 国家环保总局 2002 年
23	铜	水质 铜、锌、铅、镉的测定 原子吸收分光光度法 GB/T 7475—1987
		水质 镉、铜、铅的测定 石墨炉原子吸收法《水和废水监测分析方法》(第四版) 国家环保总局 2002 年
24	铅	水质 铜、锌、铅、镉的测定 原子吸收分光光度法 GB/T 7475—1987
		水质 镉、铜、铅的测定 石墨炉原子吸收法《水和废水监测分析方法》(第四版) 国家环保总局 2002 年
25	镉	水质 铜、锌、铅、镉的测定 原子吸收分光光度法 GB/T 7475—1987
		水质 镉、铜、铅的测定 石墨炉原子吸收法《水和废水监测分析方法》(第四版) 国家环保总局 2002 年
26	锌	水质 铜、锌、铅、镉的测定 原子吸收分光光度法 GB/T 7475—1987
27	银	水质 银的测定 火焰原子吸收分光光度法 GB/T 11907—1989
28	铝	水质 铝的测定 间接火焰原子吸收法《水和废水监测分析方法》(第四版) 国家环保总局 2002 年
29	钡	水质 钡的测定 石墨炉原子吸收分光光度法 HJ 602—2011
		水质 钡的测定 火焰原子吸收分光光度法 HJ 603—2011
30	六价铬	水质 六价铬的测定 二苯碳酰二肼分光光度法 GB/T 7467—1987
31	总 铬	水质 总铬的测定 GB/T 7466—1987
		水质 总铬的测定 火焰原子吸收法《水和废水监测分析方法》(第四版) 国家环保总局 2002 年
32	镍	水质 镍的测定 火焰原子吸收分光光度法 GB/T 11912—1989
33	铁	水质 铁、锰的测定 火焰原子吸收分光光度法 GB/T 11911—1989
34	锰	水质 铁、锰的测定 火焰原子吸收分光光度法 GB/T 11911—1989

续上表

参数序号	检测项目	检测标准(方法)名称及编号(含年号)
35	钾	大气降水中钠、钾的测定 原子吸收分光光度法 GB/T 13580.12—1992
		大气降水中钠、钾的测定 离子色谱法 GB/T 13580.5—1992
		水质 钾和钠的测定 离子色谱法离子色谱法《水和废水监测分析方法》(第四版) 国家环保总局 2002 年
		水质 钾和钠的测定 火焰原子吸收分光光度法 GB/T 11904—1989
36	钠	大气降水中钠、钾的测定 原子吸收分光光度法 GB/T 13580.12—1992
		大气降水中钠、钾的测定 离子色谱法 GB/T 13580.5—1992
		水质 钾和钠的测定 离子色谱法离子色谱法《水和废水监测分析方法》(第四版) 国家环保总局 2002 年
		水质 钾和钠的测定 火焰原子吸收分光光度法 GB/T 11904—1989
37	钙	大气降水中钙、镁的测定 原子吸收分光光度法 GB/T 13580.13—1992
		大气降水中钙、镁的测定 离子色谱法 GB/T 13580.5—1992
		水质 钙和镁的测定 离子色谱法离子色谱法《水和废水监测分析方法》(第四版) 国家环保总局 2002 年
		水质 钙和镁的测定 原子吸收分光光度法 GB/T 11905—1989
38	镁	大气降水中钙、镁的测定 原子吸收分光光度法 GB/T 13580.13—1992
		大气降水中钙、镁的测定 离子色谱法 GB/T 13580.5—1992
		水质 钙和镁的测定 离子色谱法离子色谱法《水和废水监测分析方法》(第四版) 国家环保总局 2002 年
		水质 钙和镁的测定 原子吸收分光光度法 GB/T 11905—1989
39	溶解氧	水质 溶解氧的测定 碘量法 GB/T 7489—1987
40	氨氮（铵盐）	水质 铵的测定 纳氏试剂比色法 HJ 535—2009
		大气降水中铵盐的测定 GB/T 13580.11—1992
41	亚硝酸盐(氮)	水质 亚硝酸盐氮的测定 分光光度法 GB/T 7493—1987
		水质 氟、氯、亚硝酸盐、硝酸盐、硫酸盐的测定离子色谱法 HJ/T84—2001
		大气降水中氟、氯、亚硝酸盐、硝酸盐、硫酸盐的测定离子色谱法 HJ/T84—2001
42	氟化物	水质 氟化物的测定 离子选择电极法 GB/T 7484—1987
		水质 氟、氯、亚硝酸盐、硝酸盐、硫酸盐的测定离子色谱法 HJ/T84—2001
		大气降水中氟、氯、亚硝酸盐、硝酸盐、硫酸盐的测定离子色谱法 HJ/T84—2001

续上表

参数序号	检测项目	检测标准(方法)名称及编号(含年号)
43	硝酸盐(氮)、硝酸根	水质 硝酸盐(氮)的测定 紫外分光光度法《水和废水监测分析方法》(第四版) 国家环保总局 2002 年
		大气降水中硝酸盐的测定 离子色谱法 HJ/T84—2001
		水质 硝酸盐的测定 酚二磺酸分光光度法 GB/T7480—1987
		水质 氟、氯、亚硝酸盐、硝酸盐、硫酸盐的测定离子色谱法 HJ/T84—2001
44	硫酸盐	大气降水中氟、氯、亚硝酸盐、硝酸盐、硫酸盐的测定 离子色谱法 HJ/T84—2001
		水质 氟、氯、亚硝酸盐、硝酸盐、硫酸盐的测定离子色谱法 HJ/T84—2001
45	总 氮	水质 总氮的测定 碱性过硫酸钾消解—紫外分光光度法 GB/T 11894—1989
46	总 磷	水质 总磷的测定 钼锑抗分光光度法《水和废水监测分析方法》(第四版) 国家环保总局 2002 年
47	溶解性正磷酸盐	水质 溶解性正磷酸盐的测定 钼锑抗分光光度法《水和废水监测分析方法》(第四版) 国家环保总局 2002 年
48	总氰化物	水质 氰化物的测定容量法和分光光度法 HJ484—2009
49	氯化物	水质 氯化物的测定 硝酸银滴定法 GB/T 11896—1989
		大气降水中氟、氯、亚硝酸盐、硝酸盐、硫酸盐的测定 离子色谱法 HJ/T84—2001
		大气降水中氯化物的测定 硫氰酸汞高铁光度法 GB/T13580.9—1992
		水质 氟、氯、亚硝酸盐、硝酸盐、硫酸盐的测定离子色谱法 HJ/T84—2001
50	化学需氧量	水质 化学需氧量的测定 重铬酸盐法 GB/T 11914—1989
51	石油类	水质石油类和动植物油的测定 红外光度法 GB/T16488—1996
52	动、植物油	水质 石油类和动植物油的测定红外光度法 GB/T16488—1996
		水质 石油类和动植物油的测定重量法《水和废水监测分析方法》(第四版) 国家环保总局 2002 年
53	阴离子表面活性剂	水质 阴离子表面活性剂的测定 亚甲蓝分光光度法 GB/T7494—1987
54	氯苯	水质 氯苯的测定 气相色谱法 HJ/T74—2001
55	1，2—二氯苯	水质 1,2—二氯苯的测定 气相色谱法《水和废水监测分析方法》(第四版) 国家环保总局 2002
56	1，4—二氯苯	水质 1,2—二氯苯的测定 气相色谱法《水和废水监测分析方法》(第四版) 国家环保总局 2002
57	三氯苯	水质 三氯苯的测定 气相色谱法《水和废水监测分析方法》(第四版) 国家环保总局 2002
58	四氯苯	水质 四氯苯的测定 气相色谱法《水和废水监测分析方法》(第四版) 国家环保总局 2002

续上表

参数序号	检测项目	检测标准(方法)名称及编号(含年号)
59	六氯苯	水质 六氯苯的测定 气相色谱法《水和废水监测分析方法》(第四版) 国家环保总局 2002
60	苯胺	水质 苯胺的测定 气相色谱质谱法《生活饮用水卫生规范》中华人民共和国卫生部 2006
61	联苯胺	水质 联苯胺的测定水和废水标准检验法(第 15 版)
62	丙烯酰胺	水质 丙烯酰胺的测定 液相色谱法《水和废水监测分析方法》(第四版) 国家环保总局 2002
		生活饮用水标准检验方法 气相色谱法 GB/T 5750.8—2006
63	硝基苯	水质 硝基苯的测定 气相色谱法 HJ592—2010
64	二硝基苯	水质 二硝基苯的测定 气相色谱法 HJ592—2010
65	2，4—二硝基甲苯	水质 2,4—二硝基苯的测定 气相色谱法 HJ592—2010
66	2，4—二氯苯酚	2,4—二氯苯酚 气相色谱法水和废水监测分析方法》(第四版) 国家环保总局 2002
67	2，4，6—三硝基甲苯	水质 2,4,6—三硝基苯的测定 气相色谱法 HJ592—2010
68	硝基氯苯	水质 硝基氯苯的测定 气相色谱法水和废水监测分析方法》(第四版) 国家环保总局 2002
69	2，4—二硝基氯苯	水质 2,4—二硝基氯苯的测定 气相色谱法水和废水监测分析方法》(第四版) 国家环保总局 2002
70	甲 醛	水质 甲醛的测定 乙酰丙酮分光光度法 HJ601—2011
71	余 氯	水质 游离氯和总氯的测定 N,N—二乙基—1,4—苯二胺滴定法 HJ 585—2010
		水质 游离氯和总氯的测定 N,N—二乙基—1,4—苯二胺分光光度法 HJ 586—2010
72	碘化物	水质 碘化物的测定 催化比色法《水和废水监测分析方法》(第四版) 国家环保总局 2002 年
73	滴滴涕	水质 滴滴涕的测定 气相色谱法 GB/T 7492—87、生活饮用水标准检验方法 气相色谱法 GB/T 5750.8—2006
74	林丹	水质 林丹的测定 气相色谱法 GB/T 7492—87、生活饮用水标准检验方法 气相色谱法 GB/T 5750.8—2006
75	环氧七氯	水质 环氧七氯的测定 气相色谱法 GB/T 7492—87、生活饮用水标准检验方法 气相色谱法 GB/T 5750.8—2006
76	乙 醛	水源水中乙醛、丙烯醛卫生 检验标准方法 GB/T11934—1989
77	丙烯醛	水源水中乙醛、丙烯醛卫生检验标准方法 GB/T11934—1989
78	苯	水质 苯的测定 顶空气相色谱法《水和废水监测分析方法》(第四版) 国家环保总局 2002
79	甲苯	水质 甲苯的测定 顶空气相色谱法《水和废水监测分析方法》(第四版) 国家环保总局 2002

续上表

参数序号	检测项目	检测标准(方法)名称及编号(含年号)
80	乙苯	水质 乙苯的测定 顶空气相色谱法《水和废水监测分析方法》(第四版) 国家环保总局 2002
81	二甲苯	水质 二甲苯的测定 顶空气相色谱法《水和废水监测分析方法》(第四版) 国家环保总局 2002
82	苯乙烯	水质 苯乙烯的测定 顶空气相色谱法《水和废水监测分析方法》(第四版) 国家环保总局 2002
83	异丙苯	水质 异丙苯的测定 顶空气相色谱法《水和废水监测分析方法》(第四版) 国家环保总局 2002
84	氯丁二烯	水质 氯丁二烯的测定 顶空气相色谱法《水和废水监测分析方法》(第四版) 国家环保总局 2002
85	1，1—二氯乙烯	顶空气相色谱法 GB/T17130—1997
		生活饮用水标准检验方法 气相色谱法 GB/T 5750.8—2006
86	二氯甲烷	顶空气相色谱法 GB/T17130
87	1，2—二氯乙烯	顶空气相色谱法 GB/T17130
88	1，2—二氯乙烯	生活饮用水标准检验方法 气相色谱法 GB/T 5750.8—2006
89	三氯甲烷	顶空气相色谱法 GB/T17130
90	1，2—二氯乙烷	顶空气相色谱法 GB/T17130
		生活饮用水标准检验方法 气相色谱法 GB/T 5750.8—2006
91	四氯化碳	顶空气相色谱法 GB/T17130—1998
		生活饮用水标准检验方法 气相色谱法 GB/T 5750.8—2006
92	三氯乙烯	顶空气相色谱法 GB/T17130
		生活饮用水标准检验方法 气相色谱法 GB/T 5750.8—2006
93	四氯乙烯	顶空气相色谱法 GB/T17130
		生活饮用水标准检验方法 气相色谱法 GB/T 5750.8—2006
94	三溴甲烷	顶空气相色谱法 GB/T17130
95	三氯乙醛	顶空气相色谱法 GB/T17130
96	六氯丁二烯	气相色谱法气相色谱法 GB/T 5750.8—2006

续上表

参数序号	检测项目	检测标准(方法)名称及编号(含年号)
97	氯乙烯	吹脱捕集气相色谱法《水和废水监测分析方法》(第四版) 国家环保总局 2003
		生活饮用水标准检验方法 气相色谱法 GB/T 5750.8—2006
98	环氧氯丙烷	吹脱捕集气相色谱法《水和废水监测分析方法》(第四版) 国家环保总局 2003
99	2，4，6—三氯苯酚	气相色谱法《水和废水监测分析方法》(第四版) 国家环保总局 2002
100	五氯酚	气相色谱法 HJ591—2010
101	丙烯腈	气相色谱法 HJ/T73—2001
102	邻苯二甲酸二丁酯	气相色谱质谱法《水和废水监测分析方法》(第四版) 国家环保总局 2002
103	邻苯二甲酸二(2—乙基己基)酯	气相色谱质谱法 GB/T5750.8—2006(12.1)《生活饮用水标准检验方法》
		生活饮用水标准检验方法 气相色谱法 GB/T 5750.8—2006
104	水合肼	生活饮用水标准检验方法 气相色谱法 GB/T 5750.8—2006
105	四乙基铅	石墨炉原子吸收光谱法 GB/T 5750.8—2006
106	吡啶	顶空气相色谱法 GB/T 14672—93
107	松节油	生活饮用水标准检验方法 气相色谱法 GB/T 5750.8—2006
108	苦味酸	生活饮用水标准检验方法 气相色谱法 GB/T 5750.8—2006
109	丁基黄原酸	生活饮用水标准检验方法 气相色谱法 GB/T 5750.8—2006
110	活性氯	水质 游离氯和总氯的测定 N,N—二乙基—1,4—苯二胺滴定法 HJ 585—2010
		水质 游离氯和总氯的测定 N,N—二乙基—1,4—苯二胺分光光度法 HJ 586—2010
111	对硫磷	气相色谱法 GB/T 13192—91、《水和废水监测分析方法》(第四版) 国家环保总局 2002
112	甲基对硫磷	气相色谱法 GB/T 13192—91、《水和废水监测分析方法》(第四版) 国家环保总局 2002
113	马拉硫磷	气相色谱法 GB/T 13192—91、《水和废水监测分析方法》(第四版) 国家环保总局 2002
114	乐果	气相色谱法 GB/T 13192—91、《水和废水监测分析方法》(第四版) 国家环保总局 2002
115	敌敌畏	气相色谱法 GB/T 13192—91、《水和废水监测分析方法》(第四版) 国家环保总局 2002
116	敌百虫	气相色谱法 GB/T 13192—91、《水和废水监测分析方法》(第四版) 国家环保总局 2002

续上表

参数序号	检测项目	检测标准(方法)名称及编号(含年号)
117	内吸磷	气相色谱法《生活饮用水卫生规范》,中华人民共和国卫生部,2006
118	百菌清	气相色谱法《生活饮用水卫生规范》,中华人民共和国卫生部,2006
119	甲萘威	高效液相色谱法《生活饮用水卫生规范》,中华人民共和国卫生部,2006
120	溴氰菊酯	高效液相色谱法、气相色谱法《生活饮用水卫生规范》,中华人民共和国卫生部,2006
121	阿特拉津	高效液相色谱法 HJ587—2010
122	苯并(a)芘	高效液相色谱法 GB 13198—91
		生活饮用水标准检验方法 气相色谱法 GB/T 5750.8—2006
123	甲基汞	气相色谱法 GB/T17132—1997
124	多氯联苯	气相色谱法《水和废水标准检验法(第15版)》,中国建筑工业出版社,1985年
125	微囊藻毒素—LR	高效液相色谱法《生活饮用水卫生规范》,中华人民共和国卫生部,2006
		生活饮用水标准检验方法 气相色谱法 GB/T 5750.8—2006
126	黄磷	钼锑抗分光光度法《水和废水监测分析方法》(第四版) 国家环保总局 2002年
127	钼	无火焰原子吸收分光光度法《生活饮用水卫生规范》,中华人民共和国卫生部,2006
128	钴	无火焰原子吸收分光光度法《生活饮用水卫生规范》,中华人民共和国卫生部,2006
129	铍	石墨炉原子吸收分光光度法 HJ/T 59—2000
130	硼	姜黄素分光光度法 HJ/T49—1999
131	锑	氢化原子吸收分光光度法《生活饮用水卫生规范》,中华人民共和国卫生部,2006
132	钒	石墨炉原子吸收分光光度法 GB/T14673—93
133	钛	水杨基荧光光度法《生活饮用水卫生规范》,中华人民共和国卫生部,2006
134	铊	无火焰原子吸收分光光度法《生活饮用水卫生规范》,中华人民共和国卫生部,2006
135	非离子氨	纳氏试剂比色法 HJ 535—2009
136	烷基汞	气相色谱法 GB/T14204—93

环境空气和废气监测能力

表 5-2-2

参数序号	检测项目	检测标准(方法)名称及编号(含年号)
1	二氧化氮	环境空气 二氧化氮的测定 Saltzman 法 GB/T 15435—1995
		环境空气 氮氧化物的测定盐酸萘乙二胺分光光度法 HJ479—2009
		空气质量 二氧化氮的测定 定电位电解法《空气和废气监测分析方法》(第四版)国家环保总局 2003 年
2	氮氧化物	环境空气 氮氧化物的测定 盐酸萘乙二胺分光光度法 HJ479—2009
		环境空气 氮氧化物的测定 Saltzman 法 GB/T15436—1995
		气态污染物中氮氧化物的测定 定电位电解法《空气和废气监测分析方法》(第四版)国家环保总局 2003 年
3	二氧化硫	环境空气 二氧化硫的测定 甲醛吸收—副玫瑰苯胺分光光度法 HJ482—2009
		固定污染源排气中二氧化硫的测定 定电位电解法 HJ/T 57—2000
		环境空气质量自动监测技术规范 HJ/T193—2005
4	二硫化碳	空气质量 二硫化碳的测定 二乙胺分光光度法 GB/T 14680—1993
5	一氧化碳	空气质量 一氧化碳的测定 非分散红外法 GB/T 9801—1988
		空气质量 一氧化碳的测定 定电位电解法《空气和废气监测分析方法》(第四版)国家环保总局 2003 年
		气态污染物中一氧化碳的测定 定电位电解法《空气和废气监测分析方法》(第四版)国家环保总局 2003 年
6	氟化物	环境空气 氟化物质量浓度的测定 滤膜采样氟离子选择电极法 HJ480—2009
		气态污染源中氟化物的测定离子选择电极法《空气和废气监测分析方法》(第四版)国家环保总局 2003 年
7	氨	空气质量 氨的测定 纳氏试剂分光光度法 HJ533—2009
		空气质量 氨的测定 次氯酸钠—水杨酸分光光度法 HJ534—2009
8	氯化氢	空气质量 氯化氢的测定 硫氰酸汞分光光度法《空气和废气监测分析方法》(第四版)国家环保总局 2003 年
		固定污染源排气中氯化氢的测定硫氰酸汞分光光度法 HJ/T27—1999
		空气质量 氯化氢的测定 离子色谱法《空气和废气监测分析方法》(第四版) 国家环保总局 2003 年
9	氯气	空气质量 氯气的测定 甲基橙分光光度法《空气和废气监测分析方法》(第四版) 国家环保总局 2003 年
		固定污染源排气中氯气的测定 甲基橙分光光度法 HJ/T30—1999
10	总悬浮颗粒物	环境空气 总悬浮颗粒物的测定 重量法 GB/T 15432—1995

续上表

参数序号	检测项目	检测标准(方法)名称及编号(含年号)
11	可吸入颗粒物(PM10)	大气飘尘浓度测定方法 GB/T 6921—1986
12	降尘	环境空气 降尘的测定 重量法 GB/T 15265—1994
13	铅	环境空气 铅的测定 火焰原子吸收分光光度法 GB/T 15264—1994
		污染源排气中铅及其化合物的测定火焰原子吸收分光光度法《空气和废气监测分析方法》(第四版) 国家环保总局 2003 年
14	汞	空气质量 汞的测定 巯基棉富集—冷原子荧光分光光度法《空气和废气监测分析方法》(第四版)国家环保总局 2003 年
		污染源排气中汞及其化合物的测定 冷原子吸收分光光度《空气和废气监测分析方法》(第四版) 国家环保总局 2003 年
		空气质量 汞的测定 金膜富集—冷原子吸收分光光度法《空气和废气监测分析方法》(第四版)国家环保总局 2003 年
		污染源排气中汞及其化合物的测定 原子荧光光度法《空气和废气监测分析方法》(第四版)国家环保总局 2003 年
15	铜	空气质量 铜的测定 原子吸收分光光度法《空气和废气监测分析方法》(第四版)国家环保总局 2003 年
16	锌	空气质量 锌的测定 原子吸收分光光度法《空气和废气监测分析方法》(第四版)国家环保总局 2003 年
17	镍	空气质量 镍的测定 原子吸收分光光度法《空气和废气监测分析方法》(第四版)国家环保总局 2003 年
		污染源排气中镍及其化合物的测定 火焰原子吸收分光光度法《空气和废气监测分析方法》(第四版)国家环保总局 2003 年
		污染源排气中镍及其化合物的测定 石墨炉原子吸收分光光度法《空气和废气监测分析方法》(第四版)国家环保总局 2003 年
18	锰	空气质量 锰的测定 原子吸收分光光度法《空气和废气监测分析方法》(第四版)国家环保总局 2003 年
19	镉	空气质量 镉的测定 原子吸收分光光度法《空气和废气监测分析方法》(第四版)国家环保总局 2003 年
		污染源排气中镉及其化合物的测定 火焰原子吸收分光光度法《空气和废气监测分析方法》(第四版)国家环保总局 2003 年
		污染源排气中镉及其化合物的测定 石墨炉原子吸收分光光度法《空气和废气监测分析方法》(第四版)国家环保总局 2003 年
20	铬	空气质量 铬的测定 原子吸收分光光度法《空气和废气监测分析方法》(第四版)国家环保总局 2003 年
21	六价铬	空气质量 六价铬的测定 二苯碳酰二肼分光光度法《空气和废气监测分析方法》(第四版)国家环保总局 2003 年
22	铁	空气质量 铁的测定 原子吸收分光光度法《空气和废气监测分析方法》(第四版) 国家环保总局 2003 年
23	砷	空气质量 砷的测定 原子荧光法《空气和废气监测分析方法》(第四版)国家环保总局 2003 年
		空气质量 砷的测定 二乙基二硫代氨基甲酸银分光光度法《空气和废气监测分析方法》(第四版) 国家环保总局 2003 年
24	硒	空气质量 硒的测定 原子荧光法《空气和废气监测分析方法》(第四版)国家环保总局 2003 年

续上表

参数序号	检测项目	检测标准(方法)名称及编号(含年号)
25	硫酸雾	污染源排气中硫酸雾的测定 离子色谱法《空气和废气监测分析方法》(第四版)国家环保总局 2003 年
26	氰化氢	空气质量 氰化氢的测定 异烟酸—吡唑啉酮分光光度法《空气和废气监测分析方法》(第四版)国家环保总局 2003 年
		固定污染源排气中氰化氢的测定 异烟酸—吡唑啉酮分光光度法 HJ/T28—1999
27	硫化氢	空气质量 硫化氢的测定 亚甲基蓝分光光度法《空气和废气监测分析方法》(第四版)国家环保总局 2003 年
		污染源排气中硫化氢的测定 亚甲基蓝分光光度法《空气和废气监测分析方法》(第四版)国家环保总局 2003 年
		空气质量 硫化氢、甲硫醇、甲硫醚、二甲二硫的测定 GB/T14678—1993
28	铬酸雾	固定污染源排气中铬酸雾的测定 二苯基碳酰二肼分光光度法 HJ/T 29—1999
29	甲苯	空气质量 甲苯、二甲苯、苯乙烯的测定 CS2 解吸气相色谱法 GB/T 18883—2002
		污染源排气中甲苯的测定 活性炭吸附二硫化碳解析气相色谱法《空气和废气监测分析方法》(第四版) 国家环保总局 2003 年
30	二甲苯	空气质量 二甲苯的测定 CS2 解吸气相色谱法 GB/T 18883—2002
		污染源排气中二甲苯的测定 活性炭吸附二硫化碳解析气相色谱法《空气和废气监测分析方法》(第四版) 国家环保总局 2003 年
31	苯乙烯	空气质量 苯乙烯的测定 CS2 解吸气相色谱法 GB/T 18883—2002
		污染源排气中苯乙烯的测定 活性炭吸附二硫化碳解析气相色谱法《空气和废气监测分析方法》(第四版) 国家环保总局 2003 年
32	甲 醛	环境空气 甲醛的测定 乙酰丙酮分光光度法《空气和废气监测分析方法》(第四版) 国家环保总局 2003 年
33	苯	空气质量 苯、乙苯的测定 CS2 解吸气相色谱法 GB/T 18883—2002
34	乙苯	空气质量 苯、乙苯的测定 CS2 解吸气相色谱法 GB/T 18883—2002
35	烟气黑度	污染源排气中烟气黑度的测定 测烟望远镜法《空气和废气监测分析方法》(第四版) 国家环保总局 2003 年
36	烟(粉)尘、烟气参数	固定污染源排气中颗粒物测定与气态污染物采样方法 GB/T 16157—1996
		锅炉烟尘测试方法 GB/T 5468—1991
37	饮食业油烟	饮食业油烟排放标准（试行）GB 18483—2001
38	风 向	单翼风向传感器和风杯风速传感器法《地面气象观测规范》中国气象局 2003 年
39	风 速	单翼风向传感器和风杯风速传感器法《地面气象观测规范》中国气象局 2003 年
40	温 度	铂电阻温度传感器法、湿敏电容湿度传感器法《地面气象观测规范》中国气象局 2003 年
41	湿 度	铂电阻温度传感器法、湿敏电容湿度传感器法《地面气象观测规范》中国气象局 2003 年
42	气 压	电测气压传感器法《地面气象观测规范》中国气象局 2003 年
43	沥青烟	重量法 HJ/T 45—1999

土壤、底质、植物、生物残留物、固体废物、煤质监测能力

表 5—2—3

参数序号	检测项目	检测标准(方法)名称及编号(含年号)
1	砷	土壤、植物中砷的测定 二乙基二硫代氨基甲酸银比色法《环境监测分析方法》城乡建设环境保护部环境保护局 1983 年
		底质 砷的测定 二乙基二硫代氨基甲酸银比色法《水和废水监测分析方法》(第三版) 国家环保局 1998 年
		土壤质量 总砷的测定原子荧光法 GB/T 22105.2—2008
		固体废物 砷的测定二乙基二硫代氨基甲酸银分光光度法 GB/T15555.3—1995
2	硒	土壤中硒的测定 原子荧光法《土壤元素的近代分析方法》中国环境监测总站 1992 年
3	汞	土壤质量 总汞的测定冷原子吸收分光光度法 GB/T 17136—1997
		土壤质量 总汞 总砷 总铅的测定 原子荧光法 第一部分:土壤中总汞的测定 GB/T 22105.1—2008
		土壤、植物中汞的测定 冷原子吸收分光光度法《环境监测分析方法》城乡建设环境保护部环境保护局 1983 年
		底质 汞的测定 原子荧光光度法《水和废水监测分析方法》(第三版)国家环保总局 1998 年
		固体废物 总汞的测定冷原子吸收分光光度法 GB/T15555.1—1995
4	总铬	土壤质量 总铬的测定火焰原子吸收分光光度法 HJ491—2009
		底质 总铬的测定 原子吸收分光光度法《水和废水监测分析方法》(第三版)国家环保总局 1998 年
		固体废物 总铬的测定直接吸入火焰原子吸收分光光度法 GB/T15555.6—1995
		固体废物 总铬的测定硫酸亚铁铵滴定法 GB/T15555.8—1995
		固体废物 总铬的测定二苯碳酰二肼分光光度法 GB/T15555.5—1995
5	pH 值(腐蚀性)	土壤 pH 值测定 玻璃电极法《土壤元素近代分析方法》中国环境监测总站 1992 年
		固体废物 腐蚀性测定 玻璃电极法 GB/T15555.12—1995
6	铜	土壤质量 铜、锌的测定火焰原子吸收分光光度法 GB/T 17138—1997
		底质 铜、锌、镍的测定 原子吸收分光光度法《水和废水监测分析方法》(第三版)国家环保总局 1998 年
		固体废物 铜、锌、铅、镉的测定原子吸收分光光度法 GB/T15555.2—1995
		植物中铜、锌的测定 原子吸收法《全国土壤污染调查农产品样品采集与分析测试》国家环保总局 2007 年

续上表

参数序号	检测项目	检测标准(方法)名称及编号(含年号)
7	锌	土壤质量 铜、锌的测定火焰原子吸收分光光度法 GB/T 17138—1997
		底质 铜、锌、镍的测定 原子吸收分光光度法《水和废水监测分析方法》(第三版)国家环保总局 1998 年
		固体废物 铜、锌、铅、镉的测定原子吸收分光光度法 GB/T15555.2—1995
		植物中铜、锌的测定 原子吸收法《全国土壤污染调查农产品样品采集与分析测试》国家环保总局 2007 年
8	镉	土壤质量 铅、镉的测定石墨炉原子吸收分光光度法 GB/T 17141—1997
		底质 铅和镉的测定 原子吸收分光光度法《水和废水监测分析方法》(第三版) 国家环保局 1998 年
		土壤质量 铅、镉的测定 火焰原子吸收法《土壤元素的近代分析方法》中国环境监测总站 1992 年
		土壤、植物中镉、铅的测定 原子吸收分光光度法《环境监测分析方法》城乡建设环境保护部环境保护局 1983 年
		固体废物 铜、锌、铅、镉的测定原子吸收分光光度法 GB/T15555.2—1995
9	铅	土壤质量 铅、镉的测定石墨炉原子吸收分光光度法 GB/T 17141—1997
		底质 铅和镉的测定 原子吸收分光光度法《水和废水监测分析方法》(第三版) 国家环保局 1998 年
		土壤质量 铅、镉的测定 火焰原子吸收法《土壤元素的近代分析方法》中国环境监测总站 1992 年
		土壤、植物中镉、铅的测定 原子吸收分光光度法《环境监测分析方法》城乡建设环境保护部环境保护局 1983 年
10	铁	土壤中锰、铁的测定 原子吸收分光光度法《土壤元素的近代分析方法》中国环境监测总站 1992 年
11	镍	土壤质量 镍的测定火焰原子吸收分光光度法 GB/T 17139—1997
		底质 铜、锌、镍的测定 原子吸收分光光度法《水和废水监测分析方法》(第三版)国家环保总局 1998 年
		固体废物 镍的测定直接吸入火焰原子吸收分光光度法 GB/T15555.9—1995
		固体废物 镍的测定 丁二肟分光光度法 GB/T15555.10—1995
		植物中镍的测定 石墨炉原子吸收法《全国土壤污染调查农产品样品采集与分析测试》国家环保总局 2007 年
12	锰	土壤中锰、铁的测定 原子吸收分光光度法《土壤元素的近代分析方法》中国环境监测总站 1992 年
		植物中锰的测定 原子吸收分光光度法《全国土壤污染调查农产品样品采集与分析测试》国家环保总局 2007 年
13	煤中全硫	煤中全硫的测定方法 GB/T 214—2007
14	氟	固体废物 氟的测定 离子选择电极法 GB/T15555.11—1995
		土壤、植物中氟化物的测定 离子选择电极法《环境监测分析方法》城乡建设环境保护部环境保护局 1983 年

生物监测能力

表 5-2-4

参数序号	检测项目	检测标准(方法)名称及编号(含年号)
1	细菌总数	水中细菌总数的测定《水和废水监测分析方法》(第四版)国家环保总局 2002 年
2	总大肠菌群	水中总大肠菌群的测定《水和废水监测分析方法》(第四版)国家环保总局 2002 年
3	粪大肠菌群	水中粪大肠菌群的测定《水和废水监测分析方法》(第四版)国家环保总局 2002 年
4	叶绿素 a	分光光度法《环境监测技术规范》(第四册 国家环保局 1986)

噪声、振动监测能力

表 5-2-5

参数序号	检测项目	检测标准(方法)名称及编号(含年号)
1	城市区域环境噪声	声环境质量标准 GB/T3096—2008
2	工业企业厂界噪声	工业企业厂界噪声测量方法 GB/T12348—2008
3	建筑施工场界噪声	建筑施工场界噪声限值及其测量方法 GB/T12524—1990
4	铁路边界噪声	铁路边界噪声限值及其测量方法 GB/T12525—1990
5	机场噪声	机场周围飞机噪声测量方法 GB/T9661—1988
6	道路交通噪声	声学 环境噪声的描述、测量与评价 GB/T3222.1—2006
		声学 环境噪声的描述、测量与评价第 2 部分:环境噪声级测定 GB/T3222.2—2009
7	环境振动	城市区域环境振动测量方法 GB10071—1988
8	社会生活环境噪声	社会生活环境噪声排放标准 GB 22337—2008

室内空气监测能力

表 5-2-6

参数序号	检测项目	检测标准(方法)名称及编号(含年号)
1	二氧化硫	环境空气 二氧化硫的测定 甲醛缓冲溶液吸收—盐酸副玫瑰苯胺分光光度法 HJ 482—2009
		居住区大气中二氧化硫卫生检验标准方法甲醛缓冲溶液吸收—盐酸副玫瑰苯胺分光光度法 GB/T16128—1995
2	二氧化氮	居住区大气中二氧化氮检验标准方法 改进的 Saltzman 法 GB/T12372—1990
		环境空气 二氧化氮的测定 Saltzman 法 GB/T15435—1995
3	甲 醛	居住区大气中甲醛卫生检验标准方法分光光度法 GB/T16129—1995
		室内质量甲醛测定标准 GB/T 18883—2002
		民用建筑工程室内环境污染控制规范 GB 50325—2001 (2006 年版)有效期至 2011.6.11 GB50325—2010(2011.6.11 生效)
4	苯	居住区大气中苯、甲苯和二甲苯卫生检验标准方法 GB/T11737—1989
		室内空气质量标准毛细管气相色谱法 GB/T 18883—2002 附录 B
5	氨	空气质量 氨的测定 离子选择电极法 GB/T14669—1993
		空气质量 氨的测定 纳氏试剂分光光度法 HJ533—2009
		公共场所空气中氨检验方法 GB/T18204.25—2000
		空气质量 氨的测定次氯酸钠—水杨酸分光光度法 HJ534—2009
6	氡 气	室内环境空气质量监测技术规范 附录 N
		室内空气中氡的测定方法 HJ/T167—2004
		空气中氡浓度的闪烁瓶质量方法 GB/T16147—1995
		环境空气中氡的标准测量方法 GB/T14582—1993
		民用建筑工程室内环境污染控制规范 附录 D B 50325—2001(2006 年版)G
7	甲苯、二甲苯	空气质量 甲苯、二甲苯、苯乙烯的测定 气相色谱法 GB/T14677—1993
		居住区大气中苯、甲苯和二甲苯卫生检验标准方法气相色谱法 GB/T11737—1989
8	可吸入颗粒物(PM_{10})	室内空气中可吸入颗粒物卫生标准 GB/T17095—1997
9	温 度	公共场所室内温度测定方法 GB/T18204.13—2000
10	相对湿度	公共场所室内相对湿度测定方法 GB/T18204.14—2000

机动车尾气排放监测能力

表 5-2-7

参数序号	检测项目	检测标准(方法)名称及编号(含年号)
1	一氧化碳	点燃式发动机汽车排气污染物排放限值及测量方法 GB18285—2005
2	碳氢化合物	点燃式发动机汽车排气污染物排放限值及测量方法 GB18285—2005
3	烟度值	压燃式发动机汽车排气烟度排放限值及测量方法 GB3847—2005

第三节 监测技术

一、监测设备

在建站初期,市环境监测站仅有分光光度计、分析天平、声级计、大气采样器等一些必要的环境监测仪器设备。1992 年,市环境监测站有仪器设备 45 台(套),这些仪器设备仅能满足常规监测项目的开展。

20 世纪 90 年代末,为了适应不断发展的环保新形式,市环境监测站陆续添置了烟气烟尘测试仪、离子色谱仪、污染源气体采样器、测汞仪、总悬浮微粒采样器等仪器设备,到 1997 年,市环境监测站有仪器设备 73 台套。

"十五"期间(2001—2005 年),利用日元贷款及自身投入,常德市环境监测站陆续添置了原子吸收仪、测汞仪、红外分光测油仪、自动烟尘(气)测试仪、库伦测硫仪、离子色谱、原子吸收分光光度计、高效液相色谱仪和便携式离子色谱仪、便携式原子吸收分光光度计、便携式高效液相色谱仪、便携式气相色谱仪等仪器设备。2002 年,市监测站有仪器设备 60 台(套),到 2007 年,增加到了 83 台(套)。

"十一五"初期(2006—2010),随着国家对环境保护工作重视程度的日益提高,国家和地方财政加大了对环境监测部门能力建设的投入,每年中央主要污染物减排专项都安排一定资金用于购买仪器设备。2009 年,市环境监测站抓住筹建有机实验室的机会,添置了安捷伦气相色谱仪、高效液相色谱仪等一批现代化的分析仪器。此间,市环境监测站加大对应急仪器设备的投入,先后购置了应急监测车、便携式多参数水质分析仪、便携式重金属快速测定仪、手持式光离子探测仪(PID 检测仪)等仪器设备。至 2011 年,市环境监测站仪器设备达172台(套),2012年,全站仪器设备固定资产达1032万元。

主要仪器设备配备明细表(实验室分析仪器)

表5-3-1

序号	仪器(设备)名称	规格型号	生产厂家	数量(台)	购置年份
1	测汞仪	F732—S	上海化光仪器厂	1	2002
2	高效液相色谱仪	LC—2010A/2010C	岛津	1	2006
3	原子吸收分光光度计	SS240FS	日 本	1	2000
4	原子吸收分光光度计	Z—5000	日 本	1	2000
5	原子吸收分光光度计	AA7003	北京市东西电子技术研究所	1	2006
6	原子吸收分光光度计	AA240FS/GTA120	安捷伦公司	1	2010
7	便携式分光光度计	HACHPB/2400	哈希公司	1	2003
8	分光光度计	DR2400	哈希公司	1	2004
9	双道原子荧光 光度计	AFS—810	北京吉天仪器公司	1	2004
10	双道原子荧光光度计	AFS—830	北京吉天仪器公司	1	2011
11	气相色谱仪	GC—4011A	北京三雄仪器公司	1	2005
12	离子色谱仪	CIE—100	青岛盛瀚色谱技术有限公司	1	2006
13	离子色谱仪	ZCS—90	戴安力同有限公司	1	2009
14	红外分光测油仪	JDS—10X	吉林北光分析仪器厂	1	2003
15	红外分光测油仪	JDS—105U	吉林北光分析仪器厂	1	2011
16	紫外分光光度计	TU—1000	北京通用仪器公司	1	2000
17	紫外分光光度计	T6S	北京普析通用	1	2006
8	可见分光光度计	VIS—723G	北京瑞利分析仪器公司	2	2006
19	可见分光光度计	VIS—723G	北京瑞利分析仪器公司	2	2011
20	分析天(单盘)	DT100	北京光学仪器厂	1	1990
21	分析天平(单盘)	DT100	北京光学仪器厂	1	1995

续上表

序号	仪器(设备)名称	规格型号	生产厂家	数量(台)	购置年份
22	分析天平(双盘)	TG328—A	湖南湘仪	1	1978
23	电子天平	BS224S	法国赛多利斯公司	1	2006
24	电子天平	BS224S	法国赛多利斯公司	2	2011
25	库仑测硫仪	CLS—1	江苏电分析仪器厂	1	2003
26	定硫仪	SDSM—IV	长沙三德实业有限公司	1	2011
27	酸度计	PHS—3C	上海雷磁仪器厂	1	2004
28	酸度计	PHS—3C	上海雷磁仪器厂	1	1996
29	电导仪	DDB—6200	上海理达仪器厂	1	2004
30	电导仪	DDS—12A	上海理达仪器厂	1	2006
31	电导仪	DDS—12DW	上海理达仪器厂	1	2008
32	电导仪	DDSJ—308A	上海仪电科学仪器股份有限公司	1	2009
33	精密酸度计	PHS—3C	上海理达仪器厂	1	2010
34	便携式酸度计	PHS—4	上海理达仪器厂	1	2010
35	酸度计	HS—3C	雷磁仪器厂	2	2011
36	电导仪	DDS—307A	雷磁仪器厂	1	2011
37	离子计	PXS—270	上海精密科学仪器有限公司	1	2008
38	便携式浊度计	QZ201L	苏州青安	1	2007
39	微电导 BOD 测定仪	ET99274A	北京芳诺威商贸公司	2	2009
40	实验室氨氮自动分析仪	SK—100AR	北京商河科兴	1	2009
41	安捷伦气相色谱仪	7890A	安捷伦公司	1	2009
42	气相色谱质谱仪	Clarus680	perkin elmwr	1	2011
43	安捷伦气相色谱仪(配顶空进样器)	7890A	安捷伦公司	1	2009
44	液相色谱	LC—2010AHT	岛津	1	2009

续上表

序号	仪器(设备)名称	规格型号	生产厂家	数量(台)	购置年份
45	硫化物—酸气吹气仪	TTL—HS	北京同泰联科技发展有限公司	1	2009
46	伽马辐射仪	HD—2000	261 厂	1	2011
47	标准 COD 消解器	HAC—100	江苏华晨	4	2008
48	电热板	SG—404	沪南实验	1	2007
49	电热消解器	JRY	湖南金蓉园仪器设备有限公司	1	2005
50	生化培养箱	GZ—250—s	韶关广智	1	1998
51	生化培养箱	LRH—250A	韶关鑫腾	5	2000
52	隔水式电热恒温培养箱	PYX—DHS—40X50	上海跃进	2	1998
53	立式压力蒸汽灭菌器	LS—30	上海博讯	1	2010
54	菌落计数器	XK97—A	姜堰新康	1	1995
55	生物显微镜	XSZ—4G	重庆麦克	1	1995
56	电动离心机	80—2	苏州威尔实验用品有限公司	1	2007
57	电热鼓风干燥箱	101—2EBS	北京永光明	1	2008
58	数控超声波清洗器	KQ—300DE	昆山超声仪器	1	2000
59	艾柯纯水机	KL—UP—IV—10	成都康宁实验专用纯水制备厂	1	2006
60	艾利浦纯水机	AUP—75G—1	立德高端水处理设备研发有限公司	1	2000
61	搅拌器	JB—CA	上海精科	1	2007
62	全自动翻转式振荡器	Z—12	湖南金蓉园仪器设备有限公司	1	2010
63	多功能振荡器	HY—3	金坛科星	2	2008
64	电热恒温锅 4 孔	DK—98—01	天津泰斯	1	2000
65	电热恒温锅 6 孔	DK98—02	天津泰斯	1	2000
66	箱式电阻炉	SX—12—10	北京科伟永兴仪器有限公司	1	2008
67	除湿机	TH—35C	杭州仟亿	1	2009
68	固体样品粉碎机	JW—1	姜堰分析	1	2007

常德市环境监测站主要仪器设备统计(现场监测仪器)

表 5-3-2

序号	仪器(设备)名称	规格型号	生产厂家	数量(台)	购置年份
1	空气采样仪	应用 2020	青岛崂山应用仪器厂	2	2005
2	噪声分析仪	HS6288E	四三八O厂嘉兴分厂	2	2011
3	专业化氡连续监测仪	1027	北京宝云兴业有限公司	1	2004
4	恒温恒流大气连续采样器	BX2400	青岛崂山应用仪器厂	3	2004
5	智能恒温大气采样器	TH—3000BIV	武汉天虹仪器厂	2	2005
6	智能中流量大气采样仪	TH—150C	武汉天虹仪器厂	8	1996
7	微电脑大气污染月平均浓度采样器	BC—50	武汉天虹仪器厂	2	2006
8	智能大容量空气总悬浮微粒采样器	TH—1000	武汉天虹仪器厂	4	1996
9	微电脑大流量校准器	THM—1200	武汉天虹仪器厂	1	1996
10	智能电子皂膜流量计	TH—ZM8	武汉天虹仪器厂	1	1996
11	流量校准器	ZCJ—10	青岛崂山应用仪器厂	1	1992
12	便携式 x—γ 量率仪	BH310A	北京核仪器厂	1	2001
13	噪声分析仪	HS6288E	四三八O厂嘉兴分厂	1	1995
14	噪声分析仪	HS6288E	四三八O厂嘉兴分厂	1	2005
15	噪声分析仪	HS6288E	四三八O厂嘉兴分厂	1	2011
16	AWA 5680 型多功能声级计	AWA 5680 型	杭州爱华仪器有限公司	4	2009
17	自动烟尘(气)测试仪	3012H	青岛崂山应用仪器厂	1	2002
18	自动烟尘(气)测试仪	3012H	青岛崂山应用仪器厂	1	2005
19	自动烟尘(气)测试仪	3012H	青岛崂山应用仪器厂	2	2006
20	自动烟尘(气)测试仪	3012H	青岛崂山应用仪器厂	2	2008
21	智能气体采样仪	3070	青岛崂山应用仪器厂	1	2005
22	智能烟气采样器	应用 3071 型	青岛崂山应用仪器厂	1	2006
23	智能烟气分析仪	TH—990	武汉天虹仪器厂	1	2006

续上表

序号	仪器(设备)名称	规格型号	生产厂家	数量(台)	购置年份
24	烟气分析仪	YQ3000—B 型	青岛明华	1	2011
25	自动烟尘(气)测试仪\烟气预处理器	3012	青岛崂山应用仪器厂	1	2011
26	环境振动分析仪	HS5933A	四三八O厂嘉兴分厂	1	1999
27	便携式水质采样器	MH1010 型	青岛明华	1	2011
28	便携多功能水质采样器	SBC	青岛环科	1	2011
29	便携式数字温度计	XM2000	天津中环仪表公司	1	2005
30	空盒气压表	ZBY215—84	长春气象仪器厂	1	2006
31	声级计校准器	HS6020	四三八O厂嘉兴分厂	1	2004
32	智能综合采样器	应用 2050	青岛崂山应用仪器厂	6	2006
33	空气/智能 TSP 综合采样器	崂应 2050	青岛崂山应用仪器厂	19	2009
34	空气/智能 TSP 综合采样器	崂应 2050	青岛崂山应用仪器厂	3	2011
35	24 小时恒温连续采样器	崂应 2021	青岛崂山应用仪器厂	4	2009
36	24 小时恒温连续采样器	崂应 2021	青岛崂山应用仪器厂	2	20011
37	24 小时恒温自动连续采样器	应用 2021 型	青岛崂山应用仪器厂	3	2006
38	参数电脑大气自动采样器	TH3000A	武汉天虹仪器厂	6	1999
39	汽车排气分析仪	FLA—501	广州福立分析仪器厂	2	2006
40	便携式气象测试仪	FYTH—1	上海风云气象仪器有限公司	1	2009
41	透射式烟度计	FLB—100	广州福立分析仪器厂	2	2006
42	微电脑烟尘平行采样仪	TH—880III	武汉天虹仪器厂	1	2006
43	噪声统计分析仪	AW6218B	杭州爱华仪器有限公司	3	2006
44	大气采样仪	QC—1	北京市劳动保护科学研究院	1	2006
45	手动采样器	SC—100	北京市劳动保护科学研究院	1	2006
46	便携式流量计	SWC	青岛环科测控仪器有限公司	1	2006

续上表

序号	仪器(设备)名称	规格型号	生产厂家	数量(台)	购置年份
47	便携式流量计	SWC	青岛环科测控仪器有限公司	1	2008
48	便携式流量计	SWC	青岛环科测控仪器有限公司	2	2009
49	GPS 全球定位系统	GPS76	台湾国际航电股份有限公司	1	2006
50	智能直流电源	7010C	青岛崂应	1	2008
51	固定污染源沥青烟采样器	3081 型	青岛崂应	1	2007
52	加长烟尘采样枪	1085A	青岛青岛崂应	1	2000
53	降水降尘自动采样器	APS—2A	长沙湘蓝科学仪器有限公司	2	2007
54	降水降尘自动采样器	APS—2A	长沙湘蓝科学仪器有限公司	2	2012
55	空气自动监测仪	大西比 4000 系列	北京中晟泰科环境科技发展有限	1	2008
56	空气自动监测仪	大西比 4000 系列	北京中晟泰科环境科技发展有限	3	2010
57	空气自动监测仪	大西比 4000 系列	北京中晟泰科环境科技发展有限	1	2011
58	PM 臭氧分析仪	大西比 4000 系列	北京中晟泰科环境科技发展有限	1	2011
59	PM2.5 分析仪	大西比 4000 系列	北京中晟泰科环境科技发展有限	1	2011

图 100　环境监测站工作人员进行实验室分析

常德市环境监测站主要仪器设备统计(应急监测仪器)

表 5-3-3

序号	仪器(设备)名称	规格型号	生产厂家	数量(台)	购置年份
1	多参数水质测定仪	DR2800	美国	1	2006
2	便携式气相色谱仪	SRI－8610C 型	美国	1	2006
3	便携式气体检测仪	ATJ－C16 型	美国	1	2006
4	便携式溶解氧分析仪	JPBJ－608	上海精密科学仪器有限公司	1	2006
5	便携式溶解氧分析仪	3－Star	赛默飞世尔	1	2011
6	便携式多普勒超声波流速&流量计	Powolflow－VA	中国.光谷.武汉车湖新技术开发区管理委员会	1	2011
7	化学需氧量速测仪	CTL－12	承德市华通环保仪器有限公司	1	2011
8	余氯总氮测量仪	ET7000	北京艾诺威商贸有限公司	1	2009
9	手持式光离子探测仪(PIC监测仪)	phoeheck＋5000EX	英国离子科学公司(中国服务中心)	1	2009
10	便携式重金属快速测试仪	HM100	北京华夏科技有限公司	1	2009
11	TK－3207G 型对讲机	TK－3207G	日本建伍	3	2009
12	水质理化检测箱	88 型	中国上海	1	2006
13	防化服	/	德国	2	2006

二、监测手段

(一)空气、水环境质量

空气质量。大气监测最初为人工手动监测,所使用的仪器是 KB－120D 型大气采样器,该仪器不仅体积大,而且笨重,必须由监测人员守在监测点,采样结束后再将样品送化验室分析。1997 年,环境空气大气采样在固定的站房中进行,实行连续自动采样,采样人员只需事先将仪器设定好,到时间后去收样,再将样品送化验室分析。2002 年,空气监测实行了全自动监测。2013 年,市环境监测站投入 402 万元对 5 个空气自动站站房、仪器设备进行升级改造，至 2014 年 1 月 1 日，系统监测人员可通过数据传输系统随时调阅任一时段的监测数据，随时掌握空气质量变化情况。

地表水质量。地表水质量监测最初是每季度监测 1 次，2003 年调整为每月监测 1 次，由采样人员在规定的时间段到固定的水质断面取样，回实验室分析，再向省站上报数据。为了加强对重点断面的监控，2010 年常德市开始建设两个国家水质自动站点，分别为澧水入洞庭湖沙河口水质自动监测站，沅水入洞庭湖坡头水质自动站，监测项目为水温、pH 值、溶解氧、电导率、浊度、高锰酸盐指数、氨氮、总磷和总氮共 9 项，2011 年 4 月通过国家验收，6 月正式向国家总站每天上传监测数据。监测人员足不出户，就可以掌握水质情况。2012 年，在沅水入境处的桃源堰家坪和澧水入境处的石门城关镇筹建省级水质自动站。

（二）污染源监测

2007 年以前，监测人员要了解企业的排污状况，必须到企业排污口采样、分析才能掌握。2007 年，国家开展污染物减排工作后，国控、省控重点污染源企业都建立了废水、废气在线监测系统，监测数据通过数据传输系统直达市环保局信息中心的监控平台。

三、分析方法

建站初期，分析方法统一按国家环保局环办〔1980〕77 号文颁发的《环境监测标准分析方法（试行）》进行。1983 年 8 月—1988 年，水质监测按城乡建设环境保护部环保局与环境分析方法编写组合编出版的《环境监测分析方法》的要求进行。1989 年后，按中国环境科学出版社出版的《水和废水监测分析方法》《空气和废气监测分析方法》进行监测分析。

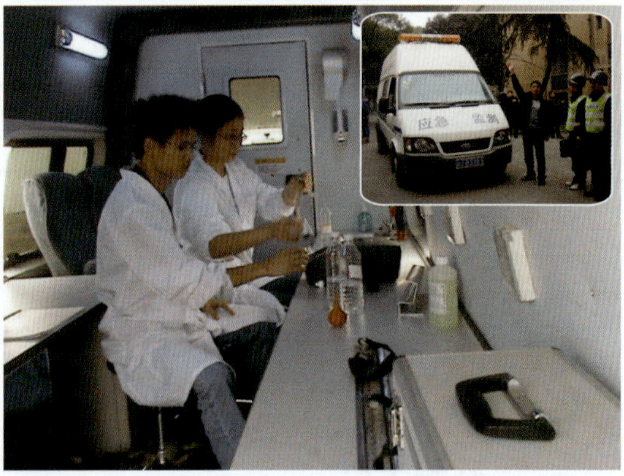

图 101　应急现场分析

随着社会的发展，环境监测的分析方法也在不断地更新。初期，分析方法大部分是以化学法为主，后来部分项目逐渐被仪器分析所取代，如重金属项目随着原子吸收、原子荧光等的使用，操做更为简便，分析的精密度也有很大的提高，而且可以用于大批量的分析，大大节省了分析时间；环境空气自动站、环境水质自动站监测由开始的实验室分析发展到现在 24 小时实时监测数据通过在线传输，公众可随时凭借网络了解实时环境质量状况。

第四节 监测报告

一、报告制度及内容

1991 年，国家环保局出台《全国环境监测报告制度（暂行）》，对监测报告的编制进行了规范。1996 年，在此基础上进行修改，新的《环境监测报告制度》从 1996 年 11 月 27 日起开始实施。

常德市环境站监测报告分两大类，一类为数据性监测报告，一类为综合性监测报告。

（一）数据性监测报告

常德市环境监测站数据性监测报告主要有环境质量例行监测报告、监督性监测报告、环评监测报告、验收监测报告、委托监测报告、应急监测报告等。

（二）综合性监测报告

1.环境质量月报

常德市环境监测站从建站初期起就开始编制环境质量月报，到 2012 年 12 月，共编制月报 303 期。1990 年，湖南省环境监测中心站对月报的编制进行了统一规定。

市环境监测站编制的环境质量月报主要内容包括水环境质量、空气环境质量以及降水。每月 10 日前将上月月报报送省站，同时将其报给市委、市政府、市人大、市政协及有关部门的领导和各县区（市）主要领导。

常德市地表水水质监测范围包括沅、澧两水以及洞庭湖等国控、省控、市控在内的断面，除此以外，还有饮用水源地断面及湖泊水库的水质情况。

空气环境质量的监测主要内容为该月的监测天数、各空气质量级别所占的天数、达标率（空气质量级别达到良好即为达标）、空气污染指数的范围、平均指数值等，并绘制污染指数日变化图，统计算出二氧化硫、二氧化氮 、可吸入颗粒物、降尘的月均浓度值。

降水质量监测包括采集样品的数量，酸雨出现的频率以及各地区降水 pH 的月均值及其最小值出现的地区。

2.环境质量报告书

环境质量报告书属文字型报告。环境质量报告书按内容和管理的需要，分年度环境质量报告书和五年环境质量报告书两种。

写年度环境质量报告书一般分为三个章节：第一章为环境空气及大气降水，第二章为环境噪声，第三章为水环境。

1991 年，市环境监测站开始编制五年环境质量报告书。环境质量报告书从环境整体出发，以系统论为指导，对五年环境质量的变化进行系统分析，剖析环境质量变化的大趋势、大规律，发现环境质量的长期变化态势，尤其是对那些难以预料的突变因素，如自然生态破坏对环境的影响、环境质量变化对人体健康的影响、重大环境工程对环境质量的影响等，进行深入剖析，从而为制定环境保护规划及环境监测工作规划提供可靠依据。按全国环境监测报告制度规定，其基础内容为环境概况（含自然环境概况、社会经济概况及环境监测工作概况等）、环境质量状况及变化趋势、主要环境问题的基本对策等。

市环境监测站自 1991 年以来，共编写了五本《五年环境质量报告书》：1986—1990 年版、1991—1995 年版、1996—2000 年版、2001—2005 年版、2006—2010 年版。

二、报告方式及载体

市环境监测站所有的监测报告在实行严格的三级审核后，由站长签发，并加盖市环境监测站公章和计量认证公章。监测报告以环境月报或公报的形式向当地政府、上级环保部门以及社会公众报告和发布。

三、报告反馈及处置

完成的监测报告，由任务承担科室通知客户前来领取，当客户要求用邮寄、电话、传真或电子邮件传送监测结果时，必须采取保密措施。

当客户对监测报告有异议时，须于收到监测报告之日起十五日内向监测站提出书面异议申请。监测站技术负责人组织相关技术人员进行调查分析，内容包括：原始记录、仪器设备、监测方法、操做过程、数据处理等。必要时可对样品进行复测。调查结果及时形成书面报告，由调查人员共同签字负责。

被检单位不能对异议监测取得一致性意见时，可在征得备检单位同意后，由本站报请上级监测站仲裁。

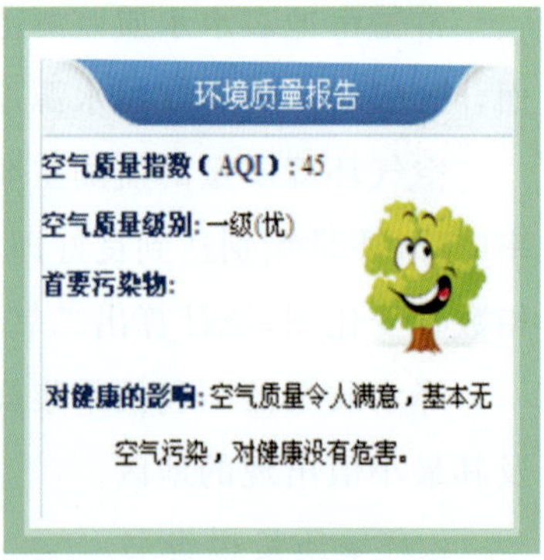

图 102　常德市环境质量发布系统

调查分析结果确证系本站工作失误，经复检后对监测单位发出《对 XXX 结果报告的更正报告》，并免受一切复查和复测费。同时，监测站对有严重责任人员追究行政经济责任并给予相应处罚。

第六章　环保科技

第一节　科研机构

一、常德市环境监测站(见第五章第一节第一目监测机构)

二、常德市双赢环境咨询服务有限公司

1994 年 10 月,常德市环境监测站科技人员向光明、游子荣、朱建林、周应旺、罗志伟 5 人共同筹资组建了常德市环境科学研究所(以下简称“环科所”)。10 月 18 日,环科所在市工商局注册登记,为集体所有制企业,主要负责人向光明。工商登记经营范围为环境影响评价、污染治理环境技术服务、环保产品购销。根据国家环保总局关于环境科学研究与技术开发的重点要放在环境保护上,研究不同行业、不同类型的污染治理技术并在实际运行中推广应用的总体要求,市环科所以市环境监测站仪器、设备为依托,重点开展环境保护科技研发及环境保护实用技术的推广应用。

2001 年 4 月,市环科所取得了国家环境保护总局颁发的建设项目环境影响评价资质证书。评价范围为一般项目环境影响报告表。向光明、游子荣等人取得了国家环保总局颁发的环境影响评价上岗证。2003 年,《中华人民共和国环境影响评价法》出台,环境影响评价(简称环评)成为环保审批的前置,环评在环保中占据重要地位,环科所工作重点也转向了环境影响评价和污染治理技术推广应用。

2007 年 11 月,根据国家有关政企分开的文件精神,市环科所改制为有限责任公司,并更名为常德市双赢环境咨询服务有限公司,为股份制中介服务机构,注册资金 60 万元,经营范围为:环境影响评价、污染治理环境技术服务、环保产品购销。法人代表向光明,总经理游子荣。企业改制后,公司人员全部采用招聘制,人才能进能出,工资按劳按能分配,大大提高了员工的积极性。2008年3月,公司取得了国家环保总局颁发的环评乙级做书资质,其评价范围为:化工、石化医药类,轻工、纺织化纤类和社会区域类环境影响报告书;一般项目环境影响报告表。是年,公司承接环评项目245个,其中环境影响报告书15个;2009年,环评项目322个,其中环境影响报告书23个;2010年,环评项目353个,其中环境影响报告书28个;2011年,环评项目370个,其中环境影响报告书30个。

2012年,公司进一步拓展业务,相继成立了双赢清洁生产审核中心和双赢环境监理公司。4月,在广东东莞成立了东莞分公司。5月,公司获湖南省环境保护厅颁发的清洁生产审核机构资质证书。此后,常德市的再生造纸厂、煤矿、复合肥厂等企业的清洁生产审核报告编制均由公司完成。

2013年3月,在湖南岳阳成立岳阳分公司,同时,公司被湖南省环境保护厅列为湖南省环境监理业务试点单位。4月,公司承接《湖南石门雄磺矿区含砷废渣处理与处置工程》项目环境监理业务。6月,通过招投标,公司竞得《中烟工业集团常德卷烟厂"十二五"易地技改项目》的环境监理业务。9月,公司与岳阳县环保局签订《岳阳县遗留重金属废渣污染控制工程》项目环境监理合同,2014年3月,该监理任务顺利完成。

至2013年年底,公司有职工30人,其中环境影响评价专业技术人员20人(注册环境影响评价工程师12人,上岗证持8人)。公司先后协助并指导近70家企业完成了清洁生产审核。

第二节　科研成果

一、科研课题研究及专利申请

1987年4月,由中国科学院水生生物研究所、湖南省环境保护局和湖南省常德市环境保护局共同承担的"常德市城市污水净化与资源化生态工程系统研究"纳入国家"七五"重大科技攻关项目。1990年,"常德市城市污水净化与资源化生态工程系统研究"举行成果鉴定会,鉴定委员会认为,该项研究在总体上达到国际先进水平,在运用热力学理论建立的高效污水净化与资源化生态工程系统模式和以基塘系统和垄沟系统做为核心工程的复合系统,以及提出的新的需氧方程等方面,居国际领先地位。该项研究成果在设计、建设常德市城市污水净化处理中心时得到广泛应用。

1989年，由罗银菊、万道林、黄兴文、马盛武、刘建军承担的《常德地区工业污染源调查》课题获湖南省环保系统科技进步二等奖。1990年，由陈建国、李桂林、马盛武、刘建军、赵声溢承担的《沅水流域水环境调查、预测与规划研究》课题获湖南省科技进步三等奖、常德市科技进步二等奖；由朱建林、郭世云、马盛武、刘建军、陈建国承担的《常德市乡镇企业污染源调查》课题获湖南省环保系统科技进步一等奖。上述课题与《常德市环境空气质量功能区划》等科研成果为常德市的环境管理、环保规划、环保决策提供了科学依据。

1993年，常德卷烟厂与湖南大学联合开发新型实用脱硫技术，即在燃煤添加Zn888燃煤固硫剂，该项技术通过省烟草公司主持的技术鉴定，鉴定脱硫效率可达50.8%。新型实用脱硫技术在烟厂锅炉烟气脱硫中得到应用，燃煤中掺烧10%的固硫剂，脱硫效率可达39.6%，且不影响锅炉炉温和热力，具有明显的节煤效果和环境效益。

1995年10月，为解决湖南省石门县雄磺矿厂硫铁矿渣污染问题，市科研所组织技术力量进行科技攻关，向光明、游子荣等技术人员到西安、洛阳、上海等地进行考察，考察回来后，支持并帮助企业建成了一条年产2万平方米彩色路面砖生产线，产品上市，供不应求。彩色路面砖对硫铁矿渣实行综合回收，变废为宝，既消除了污染，又提高了企业的经济效益。1996—2000年，该厂共生产路面砖6万平方米，盈利300万元。

为解决桃源纺织印染厂粉煤灰污染问题，1996年5月，环科所向光明、游子荣、朱建林等人通过对粉煤灰成分及特性的分析，帮助桃源纺织印染厂建成了一条年产3000万块免烧免蒸粉煤砖生产线，当年投产当年受益，不仅解决了印染厂粉煤灰的污染问题，而且创造了一定的经济效益。

1997年，由万道林、吴怡、邓楼成、马盛武、吴泽灼承担的《常德市环境空气质量功能区划》课题获湖南省环保系统科技进步四等奖。

1998年5月，市粮食局下属企业金海大酒店柴油发电机房噪声引发环境污染纠纷，经监测，其噪声源达105 dB(A)，厂界噪声超标达12dB(A)以上，严重影响了与之一墙之隔的市卫生局职工正常的工作休息。由于问题长期未得到解决，激化了市卫生局和市粮食局的矛盾。科研所经现场踏勘后，组织技术力量进行论证，对机房进行改造。改造中，环科所科技人员克服发电机房面积狭小、工程施工难度大的困难，对该柴油发电机房进行了隔声、吸音、减振等综合治理措施，工程完工后实现了厂界噪声达标，消除了污染，成功化解了市卫生局和市粮食局之间的矛盾，取得了良好的环境效益和社会效益。之后，该成果得到广泛推广，常德芙蓉大酒店、鼎城区金宇宙大酒店等柴油发电机房噪声扰民问题都是采用该套方案治理，均取得了理想的效果。

1999年5月，环科所对华南光电仪器厂10t/h燃煤锅炉进行脱硫改造，采用碱液喷淋法脱硫取得良好效果，经改造后其SO_2排放浓度大幅度降低，达到了国家排放标准。

针对临澧县再生造纸厂多、废水排放超标、严重污染周边环境的问题，2007 年 9 月，环科所技术人员游子荣、侯延满、田爱辉与临澧县环保局技术人员苏基带、杨必华联合，对不同品种的再生浆造纸工艺及给排水流程进行分析，采用锅炉烟气处理脱墨黑液，漂白废水用于废水脱色；采用絮凝沉淀、过滤等物化处理＋生化处理相结合的方法处理综合污水，实现了废水多级回用，少量废水达标排放。同时题为《再生造纸废水低成本治理工艺研究及应用》的科研成果，获得市科技局科学技术进步三等奖，并获得发明专利。

湖南广源麻业有限公司承担的“苎麻生物酶脱胶技术及产业化”科研课题获 2010 年度常德市科技进步一等奖。该课题成果在湖南广源麻业有限公司实现工业化，并应用在苎麻废水的治理设计和施工过程中，减少了废水及废水中化学需氧量的产生量，节省治理投资和运行费用。

图 103　磷化氢尾气净化装置

2012 年，常德鑫芙蓉环保有限公司华伟、倪正富研制的磷化氢气体净化处理装置获国家实用新型专利。是年，湖南万家工贸实业有限公司毛先武等研制的“万家牌”生物质炉具获常德市科技进步三等奖。常德市鑫盛建材有限公司雷关政、张烁利用建筑垃圾制造的路面砖、净化空气的路面砖及其制备方法、水工砖、植草水工砖获国家专利。这些专利均形成了工业产业化，产生了规模经济效益。

二、科研著做及论文

1991 年，由马盛武、张良法、诸明清、粟爱国合编的《常德地区志・环境保护志》获中国地方志编纂委员会“中国地方志编纂成果二等奖”。是年，刘汉初撰写的《容量法测定水样中硫酸根》论文在《岩矿测试》上发表，1992 年，该论文《分析化学文摘》予以摘登，年末，英国《皇家化学学会分析文摘》也做了摘录。1992 年，该论文在常德市科协论文评选中获一等奖。《三乙醇胺吸收对品红分光光度法测定大气中二氧化硫》一文被中科院光普能普研究所选中，1992 年 7 月，做者应邀赴新疆乌鲁木齐市，在全国学术会议上做专题介绍。同年，万道林撰写的《我国造纸行业污染现状及防治对策》论文在《中国环境管理》第五期上发表。

1992 年，黄道兵在中国科学院环境科学委员会主办的《环境科学》第 13 卷第 1 期发表《植物激素“802”对凤眼莲耐寒及去污能力的影响》一文。同年，黄道兵在中冶建筑研究总院有限公司、中国环境科学学会环境工程分会主办的《环境工程》第4期发表《三种混凝剂对两种重金属污水的混凝试验研究》一文。

2001年，张鸽撰写的《催化光度法测定天然水中微量碘化物》一文在《理化检验》上发表。

2004年6月，市环科所陈鹏撰写的论文《农村生态环境保护》，在总结农村普遍存在的环境污染问题的基础上，提出了切合农村实际、针对性强的生态治理措施和建议。该论文在《湖南科技论坛》上发表并获得省科技论文一等奖。

2004年，王吉亚撰写的《论县域经济发展的生态抉择》获国家环保总局环保调研论文三等奖、《关于树立和践行科学发展观的思考》获湖南省环保调研论文一等奖，并被收入人民日报社编辑的《学习与实践》一书。他撰写的《欠发达地区循环经济发展模式探讨》一文获湖南省环保战略研讨会一等奖、《环境现状与可持续发展研究》一文被选入光明日报社出版的《走进家园》一书，《突破工作盘局实现“四个提升”》《欠发达地区循环经济发展模式探讨》等文章在《中国环境报》“局长论坛”刊发。

2005年2月，环科所技术人员向光明、游子荣、侯延满、田爱辉针对柴油发电机房噪声扰民问题，结合之前在常德市城区采用综合隔声、吸音减振措施治理的成功案例，撰写了题为《柴油发电机房噪声控制应用技术研究与推广》的论文，该文获市科技局颁发的市科学技术进步奖三等奖，并入选《中国当代思想宝库》，荣获中国管理科学研究院学术委员会优秀论文一等奖。

2009年，唐嶷撰写的《解析房地产项目的竣工验收监测》论文在《山西建筑》上发表。2010年，唐嶷与戈蕾、高铁军撰写的《澧水常德段水环境质量现状分析与评价》一文在《广西农业科学》上发表。

2010年，张鸽《浅论环境规划体系的构建》一文在《科技促进发展》杂志上发表，2011年，张鸽的论文《关于常德市空气环境状况成因分析及其防治措施的探讨》在《城市建设》上发表；2012年，张鸽的论文《测定地表水中微量亚硝酸盐的灵敏度法》在《环境工程》上发表。

三、技术推广

1992年，常德市城市污水处理净化中心在全市率先使用改良型氧化沟工艺，取得很好的社会效益和经济效益。2009年以后，此项技术在德山、汉寿、鼎城、市江北城区、安乡、津市、澧县、石门、临澧9个生活污水处理厂得到推广应用，年处理生活污水41.5万吨。

2006年，“石灰—石膏”法烟气脱硫技术在大唐石门发电有限责任公司、湖南华电石门发电有限公司、湖南创元发电有限公司等三大电厂的烟气脱硫治理上得到推广应用。

2009年，人工快渗技术在桃源生活污水处理厂得到推广应用，年处理生活污水3万吨。

2011年，常德市永春堂生物科技有限公司生产的环境微生物系列产品在全市畜禽养殖行业推广应用，该产品对畜禽养殖行业的污染防治有很好的效果。该公司的环境微生物系列产品年生产规模5000吨。

2012年，HB、R—PXJ型高效脱硫除尘技术在临澧县华润热电有限公司75T/h锅炉、湖南省湘澧盐化有限责任公司80T/h锅炉烟气治理上得到推广应用。是年，低氮燃烧SNCR烟气脱硝技术在大唐石门发电有限责任公司、湖南华电石门发电有限公司、湖南省创元发电有限公司得到广泛运用，规模为300MW；低氮燃烧SNCR烟气脱硝技术在中材水泥常德分公司、石门海螺水泥有限责任公司、湖南特种水泥有限责任公司、临澧县冀东水泥有限公司和湖南南方水泥有限公司得到推广应用。这些水泥生产企业采用低氮燃烧SNCR烟气脱硝技术后，生产规模得以提升，同时减少了对大气的污染。

第三节　环保企业

一、环保产品制造企业

湖南万家工贸实业有限公司　公司创建于1987年3月，是国内规模最大的民用节煤炉灶生产经营企业，也是中国农村能源行业协会炉具专委会常任理事单位企业，主要从事民用节能炉具研发、生产、经营。2000年以来，“万家”注册商标连续获得湖南省著名商标称号，产品连续获得湖南省名牌产品称号，并获得行业“产品质量，售后服务”双承诺活动认定产品。企业2000年通过ISO 9001:2000标准质量体系认证，公司形成了集科研、生产、经营于一体的发展体系。公司产品有节煤炉灶、生物质直烧炉和生物质炊事炉，并获国家专利18项。节煤炉年生产能力达300万台以上，生物质炊事炉设计生产能力达100万台以上。产品销往全国26个省(直辖市)的300多个县(市)，国外远销印度尼西亚、南非、尼日利亚、乌克兰等国家。2010年12月26日，公司研制的生物质炊事炉通过国家级科技成果技术鉴定。2012年12月31日，湖南万家工贸实业有限公司“万家牌”商标获“中国驰名商标”称号，公司成为国内第一家获得“中国驰名商标”的炉具企业。2013年1月，总公司办公地址从津市迁入澧县澧东新厂区。新厂区占地7万平方米、建筑面积6万平方米，历时3年建设，共投资3800万元，新建了一条现代化的搪瓷工艺生产线和一条现代化的喷塑工艺生产线。2013年，公司有员工580人，工程技术人员50多人，自有资产9000多万元。生产区占地面积4.8

万平方米，建筑面积 3.8 万平方米。公司下设燃具公司、炉具公司、炉业公司、销售公司和研发中心。公司下辖的田坪分公司，专门生产生物质成型燃料（颗粒、压块等），公司大量收购生产生物质成型燃料的原料，这些原料包括树枝、棉秆、竹屑、锯木等，同时向外销售生物质成型燃料，生物质成型燃料年产量可达 8 万吨。

图 104　湖南万家工贸实业有限公司

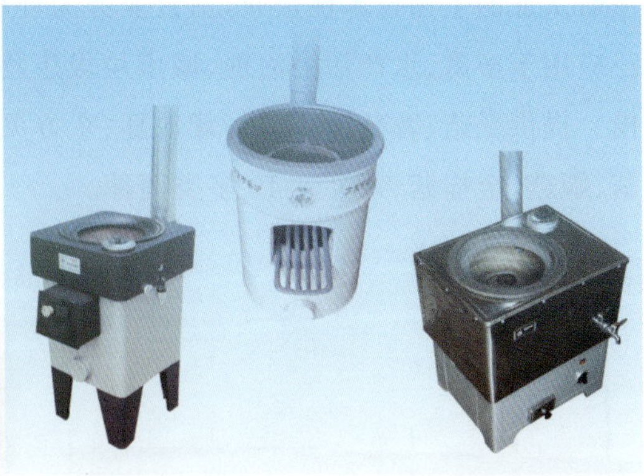

公司研制的节能炉

常德鑫芙蓉环保有限公司　公司成立于 2005 年，注册资金 300 万元，是一家集科研开发、工程施工、设备制造等综合环境保护和治理于一体的环保科技企业，主要从事环境污染治理工程设计、工程总承包、环保设施运营与维护、环保新技术产品的开发生产和经营、环保设备制造。拥有一流的科研、开发、制造、施工、运营管理与维护服务的专业环保队伍。公司获得“环境工程专业承包三级”“污废水运营乙级”“工业废气运营乙级”等资质，连续多年被评为“守合同重信用单位”。公司通过了 ISO 9001 质量管理体系认证，ISO 14001 环境管理体系认证，GB/T28001 职业健康安全管理体系认证。公司拥有一批高素质技术人才和专业施工队伍，5 人具有高级职称，10 人具有中级职称，4 人具有博士学位，有 9 人获得环保部污废水处理专业资质证书，16 人获工业废气处理专业资质证书，其他环保专业技术人员 45 人，与湘潭大学环境工程系建立科研、技术开发合做关系。研发具有自主知识产权的磷化氢尾气净化处理装置，该产品获湖南省环保厅的环境资格认证和湖南省质量技术监督局的质量认证，为湖南中烟常德卷烟厂提供工业废气磷

图 105　常德鑫芙蓉环保有限公司研发的尾气净化装置

化氢环保运营管理服务，各类环保设备总资产达2000万元。

常德市永春堂生物科技有限公司 公司位于常德市武陵区芦荻山乡张家堰，成立于2009年，是在常德市永春药用真菌研究所的基础上组建的一家集食用菌酵素菌、微生物菌种的科研、繁育、销售、推广于一体的综合性菌种企业，是经常德市科技局和国家工商局注册认证的生物技术性企业，主营业务为环境微生物系列产品。环境微生物系列产品广泛应用于畜禽、水产污染治理、城市垃圾生物发酵等。公司具生产5000吨生物除臭剂规模。提供平菇、香菇、黑木耳、紫木耳、东方灵芝、冬虫夏草、杏孢菇、白灵菇、金针菇、绣珍菇、姬菇、金福菇、紫灵芝10多类菌种。

图106 常德市永春堂生物科技有限公司及其生物产品

二、资源综合利用企业

常德中联环保电力有限公司 公司是中马常德(香港)投资有限公司注册的外国法人独资企业，注册资本金为8378万人民币，主要新建并营运常德市生活垃圾焚烧发电项目。该项目是由常德市人民政府引进、湖南省环保总局批准、湖南省发改委核准批复的BOT项目，为湖南省商务厅批复的外商独资企业。项目厂址位于常德市德山开发区檀树坪村，于2009年12月18日正式开工建设，该项目总投资2.79亿元；占地约5.34公顷，两台400吨/日循环流化床垃圾焚烧炉，日处理生活垃

图107 常德中联环保电力有限公司办公楼

圾 900 吨；配置 2×12MW（兆瓦）凝汽式汽轮发电机组，年发电量 1 亿度，2010 年 12 月第一台机组并网发电并接受垃圾处理。公司有环保产业人员 45 人。

常德金鹏印务有限公司　公司成立于 1995 年，主营业务为纸制包装品设计、多种印刷、特种后加工处理、PET 覆膜纸改为环保转移纸、使用环保油墨和溶剂。公司是由湖南中烟工业有限责任公司、常德芙蓉投资有限公司、香港贵联发展有限公司、深圳鹤韵投资有限公司于 1995 年合资兴办的大型包装彩印企业。2011 年，公司注册资本 16305.2 万元，固定资产 6.3 亿元，占地面积 49000 多平方米，有员工 718 人，年销售收入突破 20 亿元。公司紧紧抓住中国烟草高速发展的历史机遇，成功实现了从单一凹印企业向集产品设计、制版、打样、多种印刷工艺和特种后加工于一体的大型现代化印刷企业转变。截至 2012 年年底，累计实现销售收入 135.21 亿元，实现利润 33.49 亿元，上缴税收 14.34 亿元，创造就业岗位 1000 多个，获“中国包装龙头企业”“中国包装产品定点生产企业”“国家高新技术企业”“中国印刷行业效益十佳企业”“湖南省纳税 50 强”“湖南省推进新型工业化先进单位”等省部级荣誉 80 多项，为中国印刷行业前 15 强，中国烟标印刷前 3 强。

图 108　常德金鹏印务有限公司

常德市天耀纸业有限公司　公司成立于 2004 年，位于湖南省汉寿县洋淘湖镇，占地 38000 平方米，员工 250 人，属中外合资企业，隶属 TPG 集团。公司主营业务是利用废纸生产经营各种常规及特殊规格的色花纹纸及特殊功能纸系列产品，年生产能力 3 万吨。公司有三条色卡纸、色花纹包装纸生产线，可根据客户要求生产 60～400 克/平方米范围内各种常规及特殊规格的色花纹纸及特殊功能纸，另外有配套完善的成品后加工生产工序。公司十分重视产品的质量及品种的开发，投入巨资设立“千彩研发中心”及品质检测中心，负责产品质量的定检监控及品种的科研开发。公司十分重视环境保护工作，先后投入两百多万元资金用于废气、废水处理工作，建立了高效废水处理系统，废水、废气已达标排放，并于 2005 年底通过了市、县两级环保局验收。

湖南省科辉墙材有限公司　公司成立于 2006 年，是一家以固体废弃物（粉煤灰，煤矸石）综合回收利用，生产再生环保性墙体材料的新型高科技、环保型龙头企业。公司拥有总资产 1.76 亿元，年生产新型环保墙体材料 100 万平方米、粉煤灰砖 10000 万块。主要产品有粉煤灰加气砌块以及综合利用粉煤灰、煤矸石等固体废弃物生产的多孔砖、空心砖、复合保温砌块。公司自 2006 年成立以来，先后获得湖南省工商行政管理局颁发的“湖南省重合同守信用单位”“常德市先进企业”“常德市十佳优秀企业”和第二届、第三届“常德市优秀中国特色社会主义事业建设者”等称号，获 ISO 9001 国际质量管理体系认证，“隧道窑安全节能自动化系统应用与推行”经专家鉴定为省级科技成果，居国内领先。2008 —2010 年被湖南省发改委、省经信委、省科技厅、省信息产业厅评为利用技术改造提升传统产业试点单位，2012 年被评为高新技术企业。

图 109　湖南省科辉墙材有限公司　　科辉墙材利用灰渣生产的各类墙材

常德市泽云建材有限公司　公司位于湖南省常德市武陵区河洑镇白合村，成立于 2006 年。主要利用粉煤灰、粗粉煤灰等生产经营新型环保墙体材料。年生产新型环保墙体材料 20 万平方米、粉煤灰砖 3000 万块。

湖南省石门登峰环保建材有限公司　公司成立于 2007 年，为大唐石门发电有限责任公司的多种经营企业。主营业务是利用粉煤灰、粗粉煤灰、石灰、水泥等生产经营新型环保墙体材料。公司年生产规模新型环保墙体材料 10 万平方米、粉煤灰砖 5000 万块。公司主要通过对电厂排放的废弃物——粉煤灰进行综合利用，将其浇注、蒸压成墙体建筑材料，是湘西北地区最大规模的循环经济项目。该项目占地面积 3.6 万平方米，总投资 5500 万元，设计年产 20 万立方米加气砼砌块和 1 亿块粉煤灰标准砖，可实现营业额 4000 万元。项目分两期建设，其中一期工程于 2006 年 10 月建成投产，工程投资 3500 万元，生产规模为年产 10 万立方米加气砌块和 5000 万块粉煤灰蒸压砖。两期工程全部建成后，每年粉煤灰消耗量为 30 万吨，加上直接销售的 15 万吨，石门电厂粉煤灰综合利用量达 45 万吨，基本实现了零存放。公司的建成投产，使石门电厂人见人恼的“灰山”，变成了可持续开发利用的“金山”。

常德市鑫盛建材有限公司　公司成立于 2010 年，位于常德市沅安路城西落路口，占地面积近20000平方米，拥有固定资产1000多万元，主营业务为利用工业废渣生产研发和销售混凝土路面砖、多孔砖、空心砖、植草砖、盲道砖、水工砖等。年生产规模 50 万平方米、粉煤灰砖 1 亿块。公司从德国海斯引进世界上最先进的主机设备，年产量达 20 万平方米，填补了湘西北地区高档混凝土砌块、高强度砖的生产空白。

图 110　鑫盛建材有限公司利用工业废渣研发的混凝土路面砖

常德红花园肥业科技有限公司　公司成立于 2008 年，注册资金 1180 万元，总投资 11500 万元。公司位于常德经济技术开发区，紧邻常德火车货运站和长张高速公路。

图 111　红花园公司生产的有机肥料

公司占地 3.34 公顷，建筑面积 32571 平方米，其中生产区建筑面积 18676 平方米，生活区建筑面积 13895 平方米。公司建有 1 条有机肥料生产线和 3 条有机—无机复混肥生产线，年产量达 20 万吨；在桃源县陬市镇、鼎城区许家桥乡、汉寿县聂家桥乡、临澧县安福镇等畜禽养殖业发达地区建有生物菌有机肥发酵基地 6 处，占地面积 15.3 公顷，年无害化处理畜禽粪便 80 多万吨。

公司拥有生物、化工、农技、化验、电气机械等专业技术人才 26 名、营销人才 23 名。公司建有设备完善的化验室，检验检测设备精良。公司与中国农科院、湖南文理学院、安吉丰收宝植物营养胶有限公司等农业科技前沿机构联合研发生产的肥料有有机肥料、有机—无机复混肥、营养胶有机肥、营养胶有机—无机复混肥、复混肥料 5 大系列 20 多个品种。

三、其他环保企业

常德市安邦医疗废物处置有限公司　公司成立于 2006 年，是常德市唯一一家医疗废物处置单位，担负着武陵区、鼎城区、德山开发区、西湖管理区、西洞庭管理区、津市市、石门县、澧县、临澧县、桃源县、安乡县、汉寿县的 77 家医院、240 家乡镇卫生院、3886 家个体诊所的医疗废物处置任务。2009 年 11 月，浙江省临海市供销社对其进行整体收购。接收后，临海市供销社对原有设备进行彻底改造，重新装置了一套双烟道热解连续焚烧 TH—XP—8T 型四转窑焚烧炉，经二个月的试运行，各项指标均符合环保要求，顺利通过常德市环保局、常德市环保局柳叶湖分局、常德市环境监测站检查验收，进入正常运行。投资改造后，整个公司运行状况良好，经济效益和社会效益可观。2012 年，公司有环保产业人员 45 名。

常德润东环保有限责任公司 公司成立于 2007 年，主营业务是对含铜含镍的危险废物进行处置和加工利用。拥有环保产业人员 8 人。

再生纸加工企业 2008 年，石门、临澧、安乡、澧县等县和鼎城区乡镇出现了一批用废纸进行再生产加工的再生纸加工企业。

常德市再生纸加工企业

表 6-3-1

厂名	所属区县	主要产品	年生产能力(万吨)	厂名	所属区县	主要产品	年生产能力(万吨)
利发纸业	石门县	花炮纸	1	伟临纸制品有限责任公司	临澧县	花炮纸	2
金渲纸业有限公司	临澧县	花炮纸	1	合口造纸厂	临澧县	花炮纸	1
合口镇春楠造纸厂	临澧县	花炮纸	1	合口华涛造纸厂	临澧县	花炮纸	1
九里泉再生纸厂	临澧县	花炮纸	1	荣昌纸业有限公司	临澧县	花炮纸	1
洪梅造纸厂	临澧县	花炮纸	1	新安纸业有限公司	临澧县	花炮纸	1
合口镇黄陵造纸厂	临澧县	花炮纸	1	恒力纸业有限公司	澧县	花炮纸	1
永益纸业有限公司	鼎城区	花炮纸	1	万和纸品加工厂	安乡县	花炮纸	1
茂林纸业有限公司	安乡县	文化纸	3	弘升纸厂	安乡县	花炮纸	1
恒鑫纸业有限责任公司	安乡县	文化纸	2	恒利纸业有限公司	西洞庭	花炮纸	1
洞庭纸业有限公司	鼎城区	文化纸	2	文福纸业有限公司	鼎城区	花炮纸	1
展宏纸厂	鼎城区	花炮纸	1	桂华纸业有限公司	安乡县	文化纸	2

第七章 环境管理

第一节 环保规划

一、综合性规划

(一)环境保护“七五”(1986—1990)规划

1.目标

常德市、津市市两市的环境得到保护和改善,大气烟尘污染有所减轻,饮用水源得到严格保护。全区主要行业的厂矿企业污染基本得到控制。乡镇企业的发展符合环境保护的规定,努力办好常德市城市污水资源化示范和桃源县农村环境综合整治试点工作。积极推广无污染或少污染以及节约能源、资源的新产品、新技术,健全环境保护机构,培养扩大环境专业队伍,为后十年全面开展环境建设打好基础。

2.任务

(1)防治工业污染

“七五”期间,全区工业污水年排放量的增长率,不超过上年排放量的5%,到1990年,污水排放量不超过2亿吨,达标率增长50%,污水中有害物质总排量不超过1984年水平,烟尘排放量不超过29644吨,二氧化硫不超过201万吨,全区印染行业80%的废水进行处理,氮肥行业70%的废水经处理后回用,造纸行业废水处理有突破性措施。冶金、化工、煤炭、制革、制糖、食品、水泥等行业的排放物基本达到排放标准。工业废渣综合利用率达到50%以上。

(2)保护水域、水质

沅水、澧水干流的水质要控制在国家地面水二级标准范围。柳叶湖、冲天湖等大中型湖泊以及水库的水质要控制废水流入量,控制氮磷等物质的排放,防止湖泊水质富营养化。

(3)抓好城市环境综合整治

城镇环境保护的目标:文教区、居民区、商业混合区争取达到二级标准,工业区达到三级标准。市区城镇内公园等游艺场所的地面水水质达到三级标准。主要街道交通噪声不超过65分贝(A),居民区噪声不超过50分贝(A),绿化面积人均达到5～15平方米。

常德、津市两市的大气环境质量要基本达到二级大气标准,饮用水源达到地面水二级标准。常德市要做好以城市污水资源化为主要内容的城市环境综合整治工作。

各县城镇的建设必须服从总体规划,合理布局。

(4)抓好农村环境综合整治

桃源县是全省农村环境综合整治试点县之一。桃源县要在"七五"期间基本建成布局合理、结构配套、符合生态规律、基本上达到良性循环的农业生态县,其余各县也要相应地做出规划,区域性地开展环境综合整治。

大力推广生态农业,实行病虫害综合防治,合理施用农药、化肥,扩大生物的防治面积,改善农村饮用水质。

切实加强农村自然生态的保护,加强对索溪峪、桃花源、壶瓶山等自然保护区的保护工作。

3.主要措施

(1)加强环境宣传,普及环境教育,提高广大人民群众,特别是领导干部的环境意识,真正把环境保护提高到"基本国策"的位置。

(2)严格执行国家和省颁布的各项关于环境保护的法规、条例,做到有法必依,违法必究,同时,根据国家制定的标准和原则,制定一些适合本地区的环境法规。

(3)加强科研监测工作,努力提高环境管理的水平。加强全区监测网络的建设,"七五"期间争取恢复地区环保科研所,在常德地区的各类专业学校、职业学校中设立环境保护的专科或专业,举办各级各类的干部环境保护学习班,培养一支善于做环境保护工作的队伍。

(4)建立各级环境保护机构,地、县(市)要设立专门的行政管理机构,各大中型厂矿和有严重污染的企业要有专门的环境保护科室和监测手段,乡镇要配备专职人员搞环保工作,强化环境管理体系建设。

(二)常德市城市环境保护长远发展规划(1989—2030)

1990年6月,市环保局组织编制《常德市环境保护长远发展规划》。该规划的范围为武陵区,鼎城区的河洑乡、南坪乡、武陵镇、石门桥镇和丹洲乡、斗姆湖乡、芦山乡、康家吉乡四乡的一部分，总面积280平方千米，城市建成区面积28.04平方千米，建成区非农业人口22.8万人。

1.环境保护目标

(1)“八五”目标

努力做到增产少增污，控制环境污染的发展，污染物总量保持在“七五”末期水平。重点控制工业污染的发展趋势，力争部分城区的环境质量有所改善，大气环境质量力争达到三级环境质量标准。沅水城区段保持在地表水二类环境质量标准，城区部分污染严重的内湖水环境质量有较大改善，总的环境质量指标基本控制在1985年的水平。努力遏止城市生态环境恶化，综合整治江北城区，建立城市污水资源化生态示范工程，并投入运行，建成烟尘控制区和噪声控制区；植树造林，提高城市绿化覆盖率25%以上，重点建设城市绿化带和集中居民区绿化工程。

污染物排放总量控制目标

水：推行节水战略，努力减少单位产品用水量和万元产值用水量，力争达到全国平均水平，有效地做好水源保护区的工作。工业废水年排放总量控制在4485万吨，处理率达35%，排放达标率达55%，城市生活污水排放量控制在200万吨，饮用水源水质达到国家规定标准。

大气：推行节能战略，调整煤的供应格局，改造燃烧方式，大力应用脱硫技术，控制烟尘和二氧化硫污染，改善城区大气环境质量。工业废气中二氧化硫排放量控制在1.1万吨，烟尘排放量控制在3455吨，大气中总悬浮微粒浓度达到国家二级标准。

固体废弃物：妥善处理、处置固体废弃物，搞好废物综合利用，工业固体废弃物综合利用率达35%，城市生活垃圾基本得到集中处理，无害化处理率达20%以上。

城市综合整治目标　建成28平方千米烟尘控制区和噪声控制区，完成一批污染治理项目，重点抓好省和市下达的限期治理工程，结合城市基础设施建设，完成江北城区城市污水净化资源化生态工程，建成德山电镀中心，建设江北城区和德山两个垃圾无害化处理工程，完成二个汽车进城冲洗工程和汽车尾气净化处理工程。

水域综合治理目标　重点保护好沅水城区段，严格按水域功能区划布局工业，管理水环境，努力实现沅水及城区重点水域的污水总量控制，选择最佳实用技术，实行软(管理和政策)硬(技术和工程)结合，做好水环境综合治理。沅水城区段达到国家二类标准，下游达到国家三类标准，城区内河(湖)达到国家渔业用水标准。

工业布局调整目标　严格按功能分区布置工业，对江北城区的一批污染严重单位逐步实行关、停、迁。

环保产业发展目标　建立适应地方经济发展水平和技术水平的实用化环保设备生产

管理体系，加强质量监督，搞好标准化工作。

环保自身建设 “八五”期间环保自身建设投资300万元，其中自筹160万元，申请省环保局补助30万元，市计委补助20万元，科技“三项费用”（国家为支持科技事业发展而设立的新产品试制费、中间试验费和重大科研项目补助费）向国家环保局申请20万元、省环保局申请20万元、市科委申请10万元、环保科技发展基金40万元。建立科学化、程序化和规范化的环境管理决策体系，提高环境决策水平，加强环境科研，提高环保科技水平，完成排污费的收、管、用制度，逐步增加收费项目和扩大收费范围，强化经济管理，促进污染治理，建立微机数据库，完善监测网体系，建设环境自动监测系统。

（2）20世纪末总目标

20世纪末，常德市城市工业污染基本得到控制，主要工业集中区的环境质量有所提高，自然生态恶化趋势得到有效控制并有明显好转，使环境与经济、社会的发展相协调，为实现常德市生态良性循环，城乡清洁、优美、安静的环保目标打下基础。

（3）2030年年末总目标

到2030年年末，全面控制常德市城市工业污染，环境质量得到根本改善，有效控制生态环境的恶化，以实现良性循环为奋斗目标，使城乡生产生活环境清洁、优美、安静，环境状况能够同国民经济的发展和人民物质生活的提高相适应。

2.环境功能分区规划

常德市城市总体规划确定的发展方向，主要是德山以南，形成一城（中心城区）三点（灌溪、河洑、斗姆湖）式的城市结构格局。规划提出大气污染严重的企业布置在德山工业发展区田家冲、猫儿冲一带，有严重水污染的企业布置在苏家渡以下地带；江北城区不安排大中型工业建设项目和三类工业用地，对小西门纺织印染工业点控制发展，对污染严重的工业进行治理改造，改变生产方向或迁地，在江北城区西南面和火车站附近，辟一块二类工业用地，做为污染不大的工业迁建和发展用地；武陵镇东侧安排食品工业和无大气污染的工业，该片为新建城镇，又处于市区上游，要坚决控制三类工业布点。人口稠密区、风景文化区、城市水源保护区内及附近不宜建有污染的工业企业，已建成的污染严重企业逐年调整或搬迁；工艺相同的企业、能以废治废的企业，可配套综合利用的企业尽早安排集约化生产。控制市中心区，建设新的综合区，保护风景文化区，治理城市内河，整治小西门纺织印染工业区。

城区环境功能分区：江北城区根据市区自然、地理、水文、地质条件，城市用地主要向西、北方向发展，控制往东延伸。江北城区是全市政治、经济、文化、科研、信息和金融中心，工业在不影响环境保护的原则下，以对现有企业进行技术改造和配套为主，发展高科技产业。武陵镇是城区重要组成部分，重点发展商业、食品、服装、高科技及小型加工工业。德山仍为工业重点发展地区，主要发展纺织、印染、制革、食品、化工和机械加工制造业。

水环境功能分区规划：到1995年，沅水夹街段面以上、夹街寺至南碚达到国家地表水环境质量二类标准，南碚以下段面达到国家地面水环境质量三类标准，到2000年要继续保持。到2030年，沅水夹街寺段面以上、夹街寺至南碚达到国家地面水环境质量一类标准，南碚以下段面达到国地面水环境质量二类标准。

3.环境质量控制规划

(1)城市大气环境质量

到1995年，风景名胜旅游区达国家大气环境质量二级标准，城市居民区、文教区、混合区力争达国家大气环境质量三级标准，建成28平方千米烟尘控制区。

到2000年，风景名胜旅游区继续维持国家大气环境质量二级标准，城市居民区、文教区、混合区达国家大气环境质量三级标准，工业集中区力争达国家大气环境质量三级标准。到2010年，风景名胜旅游区达国家大气环境质量一级标准，城市居民区、文教区、混合区达国家大气环境质量二级标准，工业集中区达国家大气环境质量三级标准。到2030年，除工业集中区达国家大气环境质量二级标准外，其余均达国家大气环境质量一级标准。

(2)水域环境质量

到1995年，城市集中饮用水源区夹街寺至南碚及城区上游达国家地面水环境质量二类标准，城区下游达国家地面水环境质量三类标准，枉水城区段达国家地面水环境质量二类标准。力争城区内河(湖)水质达国家渔业用水标准。到2010年，城市集中饮用水源区夹街寺至南碚及城区上游达国家地面水环境质量一类标准，城区下游达国家地面水环境质量二类标准，枉水城区段达国家地面水环境质量一类标准，城区内河(湖)水质达国家地面水环境质量四类标准。

(3)噪声环境质量

到1995年，城区环境噪声按功能区基本达国家城市区域环境噪声标准；主要交通干线噪声达标率达到50%左右，建成28平方千米噪声控制区。到2000年，城市环境噪声功能区达国家城市区域环境噪声标准，主要交通干线两侧昼间不超过70分贝(A)，夜间不超过55分贝(A)。

(4)村镇环境质量

到1995年，大气环境质量力争达国家二级标准，村镇饮用水源力争达国家地面水环境质量三级标准。到2000年，大气环境质量达国家二级标准，村镇饮用水源力争达国家地面水环境质量二类标准。

4."三废"排放控制规划

推行节水战略和节能战略，减少单位产品和万元产值用水量和用煤量，力争达到全国平均水平，有效控制"三废"排放，改善质量。

(1)用煤量、用水量控制规划指标

用煤量：1985 年用煤量为 17.37 万吨，控制规划指标 1995 年为 18.99 万吨，2000 年为 19.97 万吨，2010 年为 22.04 万吨，2030 年 24.67 万吨。1985 年万元工业产值用煤量为 1.55吨，控制规划指标 1995 年 0.91 吨，2000 年 0.78 吨，2010 年 0.62 吨，2030 年0.45 吨。

用水量：1985 年用水量为 4386 万吨，控制规划指标 1995 年为 5256 万吨。2000 年为 5719 万吨，2010 年 6755 万吨，2030 年 7382 万吨。

工业用水量：1985 年为 4166 万吨，控制规划指标 1995 年 5026 万吨，2000 年 5469 万吨，2010 年 6425 万吨，2030 年 6932 万吨。

工业用水重复利用率：1985 年为 4.16％，控制规划指标 1995 年为 40％，2000 年为 50％，2010 年达 55％，2030 年达 60％。

生活用水量：1985 年为 220 万吨，控制规划指标 1995 年为 230 万吨，2000 年为 250 万吨，2010 年 330 万吨，2030 年 450 万吨。

万元工业产值用水量：1985 年为 392 吨，控制规划指标 1995 年 253 吨，2000 年 223 吨，2010 年 190 吨，2030 年 134 吨。

(2)废水排放控制规划指标

1985 年废水排放量为 4113 万吨，控制规划指标 1995 年 4685 万吨，2000 年 5042 万吨，2010 年 5888 万吨，2030 年 6458 万吨。

工业废水排放量：1985 年为 3923 万吨，控制规划指标 1995 年 4485 万吨，2000 年 4832 万吨，2010 年 5608 万吨，2030 年 6078 万吨。

废水达标率：1985 年为 18.5％，控制规划指标 1995 年 30％，2000 年 50％，2010 年 60％，2030 年 75％。

废水达标总量：1985 年为 761 万吨，控制规划指标 1995 年 1406 万吨，2000 年 2521 万吨，2010 年 3533 万吨，2030 年 4844 万吨。

生活污水排放量：1985 年为 190 万吨，控制规划指标 1995 年 200 万吨，2000 年 210 万吨，2010 年 280 万吨，2030 年 380 万吨。

万元工业废水排放量 1985 年为 367 吨，控制规划指标 1995 年 225 吨，2000 年 196 吨，2010 年 166 吨，2030 年 117 吨。

(3)废气排放控制规划指标

废气排放量：1985 年为 16.71 亿标立方米，控制规划指标 1995 年 18.27 亿标立方米，

2000 年 19.21 亿标立方米，2010 年 21.22 亿标立方米，2030 年 23.72 亿标立方米。

废气处理率：1985 年为 72.41%，控制规划指标 1995 年 75%，2000 年 80%，2010 年 82%，2030 年 85%。

废气处理总量：1985 年为 12.1 亿标立方米，控制规划指标 1995 年 13.7 亿标立方米，2000 年 15.37 亿标立方米，2010 年 17.4 亿标立方米，2030 年 20.17 亿标立方米。

万元工业产值废气排放量：1985 年为 1.49 万标立方米，控制规划指标 1995 年 0.88 万标立方米，2000 年 0.75 万标立方米，2010 年 0.6 万标立方米，2030 年 0.43 万标立方米。

烟尘排放量：1985 年为 3782 吨，控制规划指标 1995 年 3455 吨，2000 年 3286 吨，2010 年 2971 吨，2030 年 2430 吨。

二氧化硫排放量：1985 年 12190 吨，控制规划指标 1995 年 11035 吨，2000 年 10440 吨，2010 年 8078 吨，2030 年 6224 吨。

(4)固体废弃物排放利用控制规划指标

固体废弃物排放量：1985 年为 3 万吨，控制规划指标 1995 年 3.5 万吨，2000 年 3.8 万吨，2010 年 4.5 万吨，2030 年 5.3 万吨。

固体废弃物综合利用率：1985 年 17.68%，控制规划指标 1995 年 30%，2000 年 50%，2010 年 60%，2030 年 70%。

万元工业产值固体废弃物排放量：1985 年 0.27 吨，控制规划指标 1995 年 0.17 吨，2000 年 0.15 吨，2010 年 0.13 吨，2030 年 0.1 吨。

5.污染治理控制规划

(1)环境综合整治规划

结合常德市城市建设和改造，根据排水区域、受纳水体和环境功能分区等特点，配套完善城市环境综合整治工程，到 2010 年，完成 13 个重点工程，估计投资 2 亿元，其中“八五”期间完成 6 个重点工程，估计投资 2700 万元；“八五”至“九五”期间完成 3 个重点工程，估计投资 2800 万元。“十五”期间完成一个重点工程，估计投资 7000 万元。这一批重点工程的实现，将有效地改善常德市城市的环境质量。

(2)重点污染源治理规划

“八五”期间完成 38 个单位的重点污染源治理，工程项目共 68 项，总投资估计 1334 万元，其中废气处理工程 30 顶，废水处理工程 32 项，废渣处理工程 6 项。

2010 年前限令搬迁单位 58 个：市轴承厂锻造车间、鼎城区化工厂、市针织厂、市建民织布厂、市染织厂、市内衣厂、市毛巾厂、常德粮油锅炉厂、市橡胶厂、战备桥米粉厂、殡仪馆、酿酒四厂、市糕点厂、市皮毛加工厂、市皮件四厂、环球粉厂、市经编厂、红光化工厂、织布厂、汽车北站、北站汽车修理厂、青阳阁豆制品厂、西门豆制品厂、建兴涂料厂、市汽酒厂、鸡鹅巷煤店、东门煤店、新源印刷厂、武陵区酒厂、骡马店停车场、德山大曲酒厂、市一纺机、建筑机械厂、市粉末冶金厂、红光玛钢厂、武陵电焊机厂、市电池厂、市文具厂、市汽车修配厂、金属制品厂、市木器厂、工程公司预制件厂、食杂食品厂、东门豆制品厂、市豆制品一厂、市豆制品三厂、市制酱厂、市废旧物资商店、市乳品厂、市饮料厂、武陵区汽车修理厂、弹簧厂、武陵镇麻球厂、乳酸厂、汽车南站、向中清粉厂、常德机动车检测站、武陵酒厂(老址)

6.环境科技与环境管理规划

(1)环境科技发展规划

环境科技发展的目标:研究开发适合国力市情的技术系统,合理利用资源,有效控制污染,保护城乡生态,同时,要促进环境决策的科学化和环境管理的现代化。加强污染物防治技术的研究开发,1995年前在燃煤大气污染综合防治技术,水污染防治及城市污水资源化技术、固体废物资源化与无害化技术,重金属、有毒有害及难降废弃物处理技术等方面有重大突破,并完成相应的示范工程。

加强资源综合利用技术的研究,开发适合乡镇企业的低耗、高效、少污染的技术;研究各种节水技术,开发无水或少水工艺,开发城市污水和工业废水综合利用技术;开发无废、少废或闭路循环工艺,建立示范工程;研究推广各种节能和少能技术;开发城市和工业固体废弃物利用技术。

加强环境监测技术研究,完善网络体系,力争2000年建成环境自动监测系统。

开展环境污染物排放与迁移转化规律研究、污染的生态影响研究、城乡生态规律及高效生态系统研究、生物监测及生物技术研究等。加强环境管理方法学和预测学等软科学研究,为经济与环境的科学决策和管理奠定基础。开展环境污染、生态破坏与改善的经济损益分析研究,治理方案优化研究,发展战略研究;加强地方环境保护法规建设,应用电子计算机为环境决策和管理服务,1995年前建立各种数据库。加强环境保护的宏观科学管理和工矿企业的微观定量管理;搞好环境保护教育工作,加强人才培养,抓好在职人员的环境教育,提高环保队伍科技水平。

(2)环境管理规划

环境管理目标:通过法规、标准的实施,提高市民的环境意识,控制污染,防止自然生态恶化,促进经济与环境的协调发展。

按照环境管理和环境建设的职责范围,坚持"归口管理、分工负责"的原则。

健全地方环境法规体系,1995年前制定配套的地方环境法规和实施细则,并根据科技进步水平,及时修改、补充、完善,使环境管理真正走上法治轨道。

提高环境监测水平,扩大监测范围,除监测污染外,逐步开展自然生态环境监测,并在

1995 年进行城市环境质量状况快报，2000 年前进行城市环境质量状况预报。

建立地方排污收费制度，逐步增加收费项目和适当扩大收费范围，强化经济管理促进污染治理。

搞好环境保护宣传工作，提高市民的环境意识，特别是提高各级领导者的环境警觉性，提高管理水平。

强化环境监督管理，实施环境保护行政首长负责制度，在 1995 年前，建立健全工矿企业环保机构体系和市、区、乡（街道）三级环境管理网络系统。

（三）环境保护“八五”（1991—1995）规划

1990 年 12 月，市环保局组织编制“八五”常德市环境保护计划和常德市十年环境保护规划。

1.战略目标和战略重点

（1）目标　“八五”期间，全市国民生产总值计划增长 5%，工业总产值增长 7%，努力做到增产少增污，排入环境的主要污染物总量力争保持在“七五”末期水平。重点控制工业污染的发展趋势，力争武陵区、津市市，主要城镇和部分工业区的大气环境质量有所改善，城市城镇所在江段水环境质量保持在地表水二至三类环境质量标准，各地按水域功能区划分做好饮用水水源保护区的工作，沅水、澧水部分严重污染的支流水环境污染有较大程度的减轻，桃花源等风景旅游区的水和大气环境质量达一、二类标准，景观生态得到保护，努力遏止生态环境恶化，植树造林，保护植被，控制水土流失，全市总的环境质量指标控制在 1985 年的水平。

（2）重点　从老城区和工业区入手对城市和重点区域进行环境综合整治，重点治理印染、化工、造纸、电镀、饮料等重点排污行业，建成武陵区江北污水资源化生态工程等一批环境综合整治工程，城市城镇建粉尘控制区和噪声控制区。

2.总任务

到 1995 年，全市工业废水排放量控制在 2 亿吨左右，生活污水排放量控制在 0.3 亿吨左右，万元工业产值废水排放量控制在 580 吨左右，二氧化硫排放量控制在 4 万吨左右，烟尘排放量不超过 1 万吨，力争武陵区、津市市大气环境质量达到二级标准，沅水、澧水城区段水质达二类标准；固体废弃物的综合利用率达 40%，处置率达 48%；完成一批综合整治项目；森林覆盖率达 34%以上，控制水土流失。

在全面治理生态环境破坏的同时，重点抓好桃花源、壶瓶山等自然保护区的保护工作，以及德山、石门等重点经济开发区的战略防治措施，遵循生态环境规律，从战略上确定合理的社会经济结构。

搞好科技攻关和开发，提高各级领导干部的环境意识，建立科学的高层次决策体系；加强环境科技工作，重视生态环境的基础普查及治理技术的开发应用，把污染治理效益突出的科技项目做为近期发展重点；加强环保自身建设，注意从总体上不断提高管理和技术水平；主要大中型企业建立健全环境管理体系。

3.污染物排放总量计划指标

规划对废水、废气污染和工业固体废弃物在“八五”期间的排放量列出了计划指标。

废水排放计划指标

表 7-1-1

指标名称		单位	1985 年实际	1989 年实际	1992 年预计	1995 年计划	2000 年规划
新水用量	总 量	亿吨	1.71	2.25	2.29	2.4	2.48
	工业用量		1.56	2.04	2.09	2.15	2.26
工业重复用水利用率		%	29.89	30.63	40	45	50
废水排放	总 量	吨	1.66	2.0	2.2	2.3	2.4
	工业废水排放量		1.52	1.84	1.88	2.0	2.04
工业废水处理率		%	23.66	46.7	50	55	75
工业废水排放达标率		%	24.81	13.02	45	50	70
万元产值工业废水排放量		吨 / 万元	690	752	670	581	422
万元产值工业新鲜用水量		吨 / 万元	706	834	743	625	460
Hg 排放量		吨	0.017	0	0.009	0.01	0.005
Cd 排放量		吨	0.036	0.018	0.012		0.005
Cr 排放量		吨	2.742	4.202	3.5	3	2.5

续上表

指标名称	单位	1985 年实际	1989 年实际	1992 年预计	1995 年计划	2000 年规划
Pb 排放量	吨	2.528	1.249	1	0.8	0.5
As 排放量	吨	8.42	10.03	8.5	11	6.5
酚排放量	吨	18.05	15.09	13	18	8
CN 排放量	吨	48.404	23.54	20	16	16
石油类排放量	吨	21.756	21.78	18	3.5	14
COD 排放量	万吨	5.4	4.3	3.8	5.7	3.5
SS 排放量	万吨	5.4	6.5	5.8		5.5

废气污染排放计划指标

表 7-1-2

指标名称	单位	1985 年实际	1989 年实际	1992 年目标	1995 年计划	2000 年规划
耗煤量	万吨	89	116.5	124	135	156
耗油（燃烧）量	万吨	1.08	2.5	2.7	3.1	3.7
废气排放总量	亿标立方米	196	104	110	120	150
万元产值废气排放量	万标立方米／万元	8.92	4.25	3.8	3.5	3.1
烟尘排放量	万吨	3.2	1.4	1.2	1.0	0.8
SO 排放量	万吨	7.4	5.1	4.8	4	3.5
工业粉尘排放量	万吨	5.2	1.6	1.3	1.1	0.9

工业固体废弃物计划指标

表 7-1-3

指标名称	单位	1985 年实际	1989 年实际	1992 年目标	1995 年计划	2000 年规划
产生量	万吨	204.9	70.3	80.1	88.9	97.1
万元产值产生量	吨 / 万元	9.3	2.87	2.85	2.6	2.01
综合利用率	%	28.35	36.1	40	43	45
处置率	%	32.28	49.5	52	54	55
堆存总量	万吨	928	318	280	250	220

4.水域环境质量计划指标及功能区划

(1)水域环境质量计划指标

沅水:桃源段、武陵区城区段达到国家地面水环境质量Ⅱ—Ⅲ类标准;汉寿段达Ⅲ类标准;枉水支流达Ⅱ类标准。

澧水:津市段、石门段达Ⅱ—Ⅲ类标准;临澧段、澧县段达Ⅲ类标准;渫水、道水、涔水等支流达Ⅲ类标准。

王家厂水库、黄石水库、白芷湖等达地面水环境质量Ⅲ类标准;武陵区、津市市城区内河等达渔业用水标准。

城市饮用水源区水质达地面水环境质量Ⅱ类标准,达标率 100%。

(2)水域功能区划

沅水流经常德市干流长 198 千米,流域面积 5663.4 平方千米,年径流总量 662.5 亿立方米,多年平均流量 2199 立方米/秒,最大流量 29000 立方米/秒,最枯流量 183 立方米/秒,沅水取水口和排污口相互交错,干流上共划分水域功能区 7 个,其中生活饮用水功能区 2 个,其余为工业和农业用水区。

澧水流经常德市干流长 185 千米,流域面积 12020 平方千米,年径流总量 141.1 亿立方米,多年平均流量 42 立方米/秒,最大流量 18908 立方米/秒,最枯流量 16.9 立方米/秒,沿岸工厂林立,取水口和排污相互交错,干流上共划分水域功能区 11 个,其中生活饮用水功能区 3 个,其余为工业、农业和渔业用水区。

沅、澧水干流水域功能区划

表 7-1-4

河流名称	水域范围	水域长度（千米）	功能区划	水质标准(类)
沅水	桃花源镇以上	50.7	农业、渔业用水	Ⅲ
	桃花源—桃纺取水口	16.0	饮用水源区	Ⅱ
	新河口—郭家铺乡	37.0	工业、农业用水	Ⅲ
	郭家铺—市客运码头	8.0	饮用水源区	Ⅱ
	市客运码头—德山老码头	6.8	工业用水	Ⅲ
	老码头—康家吉(Yue)乡	9.2	工业用水	Ⅲ(左) Ⅱ(右)
	康家吉(Yue)—汉寿坡头	39	渔业用水	Ⅲ
澧水	石门界溪—杨岭岗水厂	13.2	饮用水源区	Ⅱ
	杨岭岗—二都乡	9.1	工业、农业用水	Ⅲ
	二都—新安水厂	11.1	饮用水源区(左)渔业用水(右)	Ⅱ(左) Ⅲ(右)
	新安—临澧氮肥厂	7.3	工业用水	Ⅲ
	临澧氮肥厂—合口水厂	6.9	工业用水	Ⅲ
	合口—大溪	2	农业用水	Ⅲ
	大溪—澧县石化公司	14.1	工业用水	Ⅲ
	澧县石化公司—小渡口	13.1	饮用水源区(左)渔业用水(右)	Ⅱ(左)(右)
	小渡口—金鱼岭水厂	4.7	饮用水源区	Ⅱ
	金鱼岭水厂—新洲	4.7	工业用水	Ⅲ
	新洲—入湖口	20.5	农业、渔业用水	Ⅲ

5.城市大气和噪声环境质量计划指标

城市市区大气环境质量达二级标准，工业区达三级标准。

城市大气环境质量计划指标

表 7-1-5

地域名称	指标名称	单位	1985 年实际	1989 年实际	1992 年目标	1995 年计划	2000 年规划
武陵区	TSP(年日均值)	毫克/立方米	—	0.246	0.195	0.18	0.15
	SO_2(年日均值)	毫克/立方米	0.17	0.112	0.1	0.06	0.06
	NOX(年日均值)	毫克/立方米	0.027	0.02	0.02	0.02	0.02
	降尘(年日均值)	吨/月平方千米	7.2	5.57	4.5	4	3.8
	酸雨频率	%	32.8	79.5	50	40	25
津市市	TSP(年日均值)	毫克/立方米	0.65	0.359	0.3	0.25	0.2
	SO_2(年日均值)	毫克/立方米	0.069	0.085	0.075	0.06	0.06
	NOX(年日均值)	毫克/立方米	0.025	0.013	0.015	0.015	0.015
	酸雨频率	%	11.6	13.6	20	15	15

城市噪声环境质量计划指标

表 7—1—6

地域名称	指标名称	单位	1985 年实际	1989 年实际	1992 年目标	1995 年计划	2000 年规划
武陵区	区域环境噪声平均值	等效声级 dB(A)	—	56.4	55	50	50
	区域环境噪声达标率	%	—	72	80	85	90
	交通干线噪声平均值	LegdB(A)	74.6	71.7	70	70	70
	交通干线噪声达标率	%	60	48	70	75	85
津市市	区域环境噪声平均值	等效声级 dB(A)	—	55.47	53	50	50
	区域环境噪声达标率	%	—	95	95	95	95
	交通干线噪声平均值	LegdB(A)	—	68.4	70	70	70
	交通干线噪声达标率	%	—	66.7	80	85	90

6.乡镇工业污染控制计划和自然生态保护目标

(1)乡镇工业污染控制计划

乡镇工业污染控制计划主要是对乡镇工业的废水排放量、废水治理率、废水达标率、废气排放量、废气治理率、固体废弃物、固体废弃物处置利用率等几项指标进行控制。

乡镇工业污染控制计划指标

表 7-1-7

指标名称	单位	1988 年实际	1992 年目标	1995 年计划	2000 年规划
废水排放量	万吨	2459	2500	2800	3000
废水治理率	%	16	30	50	70
废水达标率	%	12	25	40	65
废气排放量	亿标立方米	129	135	140	150
废气治理率	%	11	30	50	70
固体废弃物	万吨	182	190	200	220
固体废弃物处置利用率	%	35.6	40	55	75

(2)自然生态保护目标

森林:森林覆盖率 1985 年为 29%,1989 年 31%,计划 1992 年 33%、1995 年 35%,2000 年达到 40%。

水土流失控制:1989 年 21 平方千米,“八五”期间治理水土流失面积 10 平方千米,到 1995 年将水土流失控制在 15 平方千米以下。

大力推广生态农业,到 1995 年,各区县(市)都要有生态村以上的生态农业示范区,“八五”期间,全市的生态农业示范区要发展到 15 个,2000 年时达到 20 个。

防治农药污染,安全使用农药,到 1995 年,农产品的农药超标率低于 1%。

控制绿肥面积下降趋势,合理使用化肥,改善土壤质量,扩大无公害做物生产面积。

加强自然保护区建设,“八五”期间重点建设 2 个自然保护区(其中省级 1 个,地方级 1 个),自然保护区占国土面积比由 1989 年的 2.3%提高到 3%以上,力争 2000 年达到 5%;

加强野生生物保护，维护物种的多样化，重点保护16种野生动物和31种植物，使国家一、二级野生动植物种群有所增加。

保护国家所有的矿产资源，合理规划矿产资源的综合开发和利用，防止因矿产开发造成自然生态的破坏和环境的污染。

7.环保产业发展计划

建立适应地方经济发展水平和技术水平的实用化环保设备生产管理体系，加强质量监督，搞好标准化工作。

大气污染防治装置。重点抓好消烟除尘装置和无烟燃烧技术的引进、开发和利用，根据常德市燃煤含硫量高的特点，研究、开发、引进和应用排烟脱硫装置；推广应用汽车尾气净化设备，同时抓好低浓度、大风量有机废气净化装置的研制开发和引进应用工作。

水污染防治装置。重点加强对回收污水中有用物质的装置和污泥处理装置的开发与应用，推广高效率、低能耗、造价低、体积小、重量轻的新产品；从单项装置配套着手，逐步研制和推广应用成套设备。

固体废物危险废物焚烧装置。对各种焚烧装置的引进开发和应用，要认真考虑二次污染对环境的影响，以及节能、热回收与废物预处理的综合利用。

噪声控制设备。研制和引进技术性能和质量基本达到国外20世纪80年代中期或末期水平，推广组装式隔声装置，应用新型吸声材料。

8.科技进步与环境管理发展计划

(1)环境科技发展计划

“八五”期间，常德市环保科技的重要任务是通过对资源和生态环境状况的研究，为经济社会发展的宏观决策提供科学依据。

“八五”期间，主要开展环境污染治理技术和“三废”综合利用技术、区域环境污染综合防治技术及环境管理技术的研究；开展环境和生态破坏状况及环境管理措施的研究；开展提高环境监测系统准确、及时进行信息处理能力的研究；开展环保产品的技术保障系统、质量监督标准体系的研究；进行环境保护产业政策和环保资金投入与效益分析研究；开展水域环境综合整治及废水治理技术和资源化研究；进行多功能、高效率除尘和脱硫设备及汽车尾气净化研究；搞好固体废物处理、处置和综合利用技术的研究。

(2)环境管理发展计划

通过环境法规、标准的实施，提高全市人民环境意识，控制污染，防止自然生态恶化，促进经济与环境的协调发展。

按照环境管理和环境建设的职责范围，坚持“归口管理，分工负责”的原则，健全地方环境法规体系，制定配套地方环境法规和实施细则，同时根据科技进步水平，对其进行修改、补充和完善，使环境管理真正走上法治轨道。提高环境监测水平，扩大监测范围，除监测污染外，逐步开展自然生态动态监测，对城市环境质量状况及时公告，为2000年前进行城市环境质量状况快报、预报建立基础。建立地方排污收费制度，逐步增加收费项目和扩大收费范围，强化经济管理，促进污染治理。搞好环保宣传工作，提高全市人民的环境意识，特别是提高各级领导者的环境警觉性，提高管理水平。强化环境监督管理，通过治理整顿，深化改革，积极推进排污收费、环境质量评价、建设项目“三同时”、环境保护目标责任制、城市环境综合整治定量考核、排污许可证、污染源限期整治、污染集中控制以及企业上等级等环境管理制度和措施，建立健全工矿企业环保机构体系和市、区（县、市）、乡镇（街道）三级环保管理网络体系。

环境管理计划指标

表7-1-8

指标名称	单位	1989年实际	1992年目标	1995年计划	2000年规划
大、中型企业“三同时”执行率	%	100	100	100	100
小型企业“三同时”执行率	%	100	100	100	100
乡镇企业“三同时”执行率	%	85	95	95	100
大、中型企业环境影响评价制度执行率	%	100	100	100	100
小型企业环境影响评价制度执行率	%	30	50	90	100
乡镇企业环境影响评价制度执行率	%	10	50	90	100
排污收费	万元	665.34	750	850	900
排污费征收面	%	90	95	100	100
执行目标责任制区县（市）数	个	9	9	9	9
实行排污许可证区县（市）数	个	—	9	9	9
实行环境综合整治定量考核城市数	个	2	2	2	2

“八五”期间9个区县（市）全部执行目标责任制，并从1991年开始全面实行排污许可证制度和征收排污水收费制度，武陵区、津市市继续实施环境综合整治定量考核，并逐步向区（县）城镇进行推广。

9.区域环境综合整治与重点污染源治理计划

(1)区域环境综合整治计划

常德市江北城区污水资源化生态工程　在国家“七五”攻关课题——“常德市江北城区污水净化——资源化生态系统的可行性研究”的基础上，建立日处理城市污水10万吨的资源化生态示范工程。“八五”期间，预计总投资为0.3亿元。1992年建成投产后，预计年创经济效益70.5万元，解决常德市污水的处理和利用，变废为宝，为南方中、小城市污水的处理和利用开创一条资源化的新路子。

城市煤气工程　常德市煤气工程已纳入了城市总体规划，投产后预计供气能力10万立方米/日，年削减二氧化硫0.4万吨，烟尘0.4万吨，对改善城市大气环境质量有明显的效益。预算总投资为1.2亿元，“八五”期间需投资0.65亿元。

集中制浆工程　在常德市造纸厂、汉寿蒋家咀纸厂扩建年产分别为2万～3万吨和2万吨的纸浆生产能力，使常德市造纸行业逐步走上集中制浆、分散造纸的道路，解决小造纸厂造成的污染问题。总投资1亿元，“八五”期间投资0.7亿元。

热电工程　热电联产，由常德电厂扩建，解决德山工业区和居民集中供热和供电问题。预计投产后可节煤8万吨，减少二氧化硫和烟尘各约0.4万吨，有效地解决大气环境质量问题。

武陵区城市垃圾处置工程　该项目已纳入城市总体规划。规划为日处理垃圾200吨，建成投产后，年创收入11.4万元，堆肥对农做物增产达10%～30%，基本上解决城区垃圾无害化问题。“八五”期间需投资300万元。

白芷湖综合整治　白芷湖水面为734公顷，1992年前实现空湖换水，西洞庭造纸厂的生产废水不再排入，恢复养殖用水功能，预计年产鲜鱼15万千克，可灌溉近5336公顷农田。“八五”期间需投资350万元。

生态农业示范工程　汉寿县大南湖乡将建成10万公顷稻、鱼、林立体开发区。“八五”期间需投资50万元。

(2)重点污染源治理项目计划

“八五”期间，常德市环境管理的一个重要内容是在推行污染综合整治的同时，对严重污染环境的重点污染源实行限期治理，或者纳入行政首长环境保护目标责任制内容。“八五”期间，计划安排重点污染源治理项目62项，预计总投资5870万元。重点污染源治理后，可削减化学需氧量2万吨/年，SS 3万吨/年，二氧化硫1.5万吨/年，废渣20万吨，分别占1989年排放(产生)量的46.5%、46.1%、29.4%、28.6%，并获得一定的经济效益(直接经济效益近1000万元/年)。“八五”期间，各级人民政府仍将下达一批限期治理项目，估计投资2000万元。

重点污染源治理项目

表 7-1-9

单位	“八五”计划投资（万元）				措施与内容	预期效益
	总投资	环保补助资金	自筹	其他		
常德市洞庭制药厂	200	70	100	30	制药废水综合利用后二级处理	COD 削减 900 吨 / 年 经济效益 10 万元 / 年
常德市化工厂	100	40	50	10	废水二级处理	COD 削减 1000 吨 / 年 有机磷削减 3 吨 / 年
常德市制革厂	50	20	30	—	废水二级处理	S2 削减 50 吨 / 年
常德市酒精厂	80	30	30	20	酒糟加工饲料蛋白	COD 削减 2000 吨 / 年
	30	—	30	—	锅炉改造	达标排放提高热效率 15%
常德市明胶厂	50	20	20	10	骨明胶废水二级处理	COD 削减 450 吨 / 年 SS 削减 900 吨 / 年 S^2 削减 2 吨 / 年
常德市毛巾厂	40	15	20	5	染色废水处理	COD 削减 300 吨 / 年 SS 削减 500 吨 / 年
常德烟厂	50	10	40	—	锅炉改造除尘废水循环利用	达标排放提高热效率 15%
常德轴承厂	240	40	100	100	锻造车间搬迁	达标排放提高热效率 15%
常德市啤酒厂	50	10	40	—	啤酒废水二级处理	COD 去除 90%SS 去除 60%
湘澧盐矿	180	80	80	20	电站锅炉改造	提高热效率 10%
	30	10	20	—	电站污水处理	循环利用
桃源纺织印染厂	250	90	130	30	印染水除尘脱硫吸附	COD 去除 90% SO_2 去除 50% 节水 200 吨 / 年
汉寿 3 家脱胶厂	80	40	30	10	脱胶蒸煮废水处理	COD 去除 80%
汉寿造纸厂	1300	100	800	400	碱回收	COD 削减 80% 碱回收率 60%
西湖造纸厂	1300	100	500	700	碱回收	COD 削减 80% 碱回收率 60%

续上表

单位	“八五”计划投资(万元)				措施与内容	预期效益
	总投资	环保补助资金	自筹	其他		
安乡造纸厂	50	10	40	—	白水回收	COD 削减 50%　SS 削减 80%
澧县酒厂	50	30	20	—	废水生化处理	COD 削减 80%　SS 削减 70%
石门电厂	60	10	30	20	锅炉改造	达标排放提高热效率 15%
西洞庭糖厂	30	15	10	5	锅炉改造	达标排放提高热效率 15%
20 家水泥厂	500	250	200	50	70%扬尘点,除尘、收尘	回收粉尘 50 万吨/年　回收率 80%
7 家氮肥厂	700	300	300	100	除尘、造气废水处理	SS 去除 80%循环利用
6 家氮肥厂	350	50	200	100	“三气”回收	经济效益 210 万元/年
7 家氮肥厂	100	20	70	10	煤渣综合利用	经济效益 250 万元/年

10.环保系统自身建设计划

(1)机构设置与人员编制计划

力争在 1992 年建立市环保科研所,成立环保投资公司、环保司法机构和监测科研管理机构,设置各级环保委员会,把环保机构纳入各级政府组阁局序列。到 1992 年,全市环保工作人员达到 350 人,重点增加科研人员、污染治理工程技术人员、农业技术人员、计划人员等专业技术人员。抓好在职人员的业务培训,提高业务水平。

(2)监测网络与仪器更新计划

“八五”期间要努力提高监测水平,及时准确地报告环境质量状况,加强监督监测,提高数据综合分析能力,使其适应环境管理工作的需要。“八五”期间更新添置 100 万元的监测仪器。

(3)基本建设项目与投资计划

“八五”期间重点建设市环保科研所科研大楼、武陵环保分局,建立和完善五个县级环境监测站和新建 7000 平方米住宅,估计总投资 600 万元,1992 年完成投资 300 万元。

(四)常德市环境保护规划(1999—2020 年)

1999 年,市环保局组织编制了常德市环境 20 年远景规划。

1.战略目标

2005年的近期目标是:努力实现2000年的“一控双达标”,初步建立起适应社会主义市场经济体制的环境保护管理体系,使城市环境污染有所减轻,生态破坏的趋势有所减缓,努力保持全市环境状况的基本稳定。城市的环境质量得到改善,饮用水源水质达标。主要工业污染源实现稳定达标排放,维护城市城郊自然生态环境,为全市环境质量明显改善的远景目标打好基础,以适应人民生活由小康向富裕起步的要求。

到2010年的中期目标是在强化环境管理、增加环保投入,依靠科技进步的基础上,区域内所有污染源都要达标排放,主要污染物排放总量控制在国家和省规定的总量指标内,重点区域和重点行业的污染得到全面控制;城区沅水干流、支流及内湖内河污染负荷减轻,水质改善,饮用水资源水质稳定达标;区域内经济建设、城乡建设和环境建设更趋协调,产业结构和城市功能布局合理,符合环境功能区划要求,城市基础设施建设适应经济持续发展和社会全面进步的需要,城市环境质量有明显改善;在绿化、控制水土流失、保护水资源方面取得新的进展,抗御自然灾害能力显著提高,使常德市城区成为全市经济与环境协调发展的龙头和可持续发展的典范。

到2020年的远期目标是建立起一个经济稳定发展、社会健康进步、环境清洁优美、同市场经济发展相适应、利用市场机制保护环境、生态良性循环的现代化城市,环境建设和环境管理达到中等发达城市水平,实现社会—经济—环境可持续发展模式。

2.规划期限和规划范围

(1)规划期限 基准年:1998年;近期:2005年;中期:2010年;远期:2020年。

(2)规划范围 本次规划确定的规划范围为武陵区的城区、护城乡、东郊乡、东江乡、河洑镇、丹洲乡、芦荻山乡,鼎城区的武陵镇、斗姆湖镇、灌溪镇、石门桥镇、白鹤山乡、太阳山林场,德山开发区、柳叶湖旅游度假区。总面积约638平方千米。

3.环境综合整治规划

(1)环境目标 在环境现状调查评价及环境污染预测的基础上,根据城市环境保护要求,结合常德市社会经济发展的实际情况,制定出常德市环境综合整治目标。

常德市2000—2020年环境目标

表7-1-10

要素	指标		年份			
	名称	单位	2000	2005	2010	2020
大气	TSP年日平均值	毫克/立方米	0.192	0.202	0.200	0.200
	SO_2 年日平均值	毫克/立方米	0.101	0.110	0.060	0.060
	NOX年日平均值	毫克/立方米	0.025	0.026	0.027	0.027
	降尘	吨/平方千米·月	6.5	7.0	7.2	7.0
	废气处理率	%	88	92	95	100
	烟尘控制区覆盖率	%	98	100	100	100
	城市气化率	%	90	95	100	100
	民用型煤普及率	%	100	100	100	100
水	饮用水源水质达标率	%	99	100	100	100
	万元产值工业废水排放量	吨/万元	80	75	70	60
	工业废水处理率	%	40	50	70	80
	工业废水达标率	%	80	85	90	95
	城市生活污水处理率	%	50	70	80	95
固体废物	工业固体废物综合利用率	%	70	75	78	81
	工业固体废物处理处置率	%	25	23	21	18
	城市生活垃圾清运率	%	100	100	100	100
	城市生活垃圾无害化处理率	%	100	100	100	100
噪声	区域环境噪声平均值	dB(A)	50	50	48	48
	城市交通干线噪声平均值	dB(A)	68	65	65	65
	噪声控制区覆盖率	%	72	75	80	90
生态	人口密度	人/平方千米	10000	13000	12000	10000
	经济密度	GDP亿元/平方千米	1	2.5	3.1	5.3
	过度开发率	%	30	28	25	20
	适宜布局率	%	60	70	75	85
	人均公共绿地	平方米/人	6	12.55	15.00	18.83
	绿化覆盖率	%	37	39.36	41.5	45.26

(2)主要污染物允许排放量及削减量

常德市 2000—2020 年主要污染物允许排放量

表 7-1-11

污染物名称	允许排放量(万吨 / 年)			
	2000 年	2005 年	2010 年	2020 年
烟尘	0.7	0.6	0.55	0.6
二氧化硫	1.5	1.3	1.2	1.2
氮氧化物	0.45	0.48	0.45	0.45
化学耗氧量	1.80	1.50	1.0	1.0

常德市 2000—2020 年主要污染物允许削减量

表 7-1-12

污染物名称	削减量(万吨 / 年)			
	2000 年	2005 年	2010 年	2020 年
烟尘	0.03	0.42	0.75	1.3
二氧化硫	0.24	0.97	1.61	2.68
氮氧化物	0.02	0.10	0.24	0.47
化学耗氧量	0.33	1.00	1.87	2.61

(3)城市环境综合整治规划

①大气污染综合整治规划

集中供热,热电联产　以纺织、造纸、化工、制药、机械等大中型骨干企业组成的德山工业区,2000 年有各种类型锅炉 40 余台,总蒸发量达 200 蒸吨/时以上,年耗煤约 20 万吨。这些锅炉容量小、效率低、煤耗大、环境污染严重。为了节约能源,改善环境空气质量,规划在 2005 年前在德山建一座装机容量为 2.4 万千瓦的热电厂,总投资约 1.5 亿元。工程建成投产后,将比分散锅炉降低煤耗 40%左右,每年可节约标煤 8 万吨,年减少二氧化硫 3400 吨,烟尘 2000 吨。

改变能源消费结构,提高城市气化率　居民生活用煤所造成的大气污染渐趋严重,虽然所排放的二氧化硫占总量的比重较小,但排放高度低,热效率低,加之人口密度大,对区域空气的污染负荷竟高达 40%以上。到 2005 年前,在城区建设江北、江南 2 个管道石油液化气工程，供气总规模 7 万户，年供气量 1477 万标准立方米，总投资 1.76 亿元，工程建成全面运行后，城市气化率 90%，其中管道用户气化率 49%，可削减二氧化硫 5720 吨，烟尘 2470 吨；2020 年，供气总规模 25.79 万户，年供天然气 11782 万标准立方米，总投资 57393 万元，工程全面运行后，城市总气化率 100%，其中管道用户气化率 95%，年可削减二氧化硫 5720 吨、烟尘 2520 吨。

发展洁净型煤工程　2010 年前，在德山工业区建设 50 万吨/年生产能力的工业固硫型煤生产线，工程投资 5000 万元。工程投产后，每年可节煤 1 万吨，年削减二氧化硫 6000 吨、烟尘 2800 吨。

严格控制工业用煤的含硫量　逐步控制城区用煤的含硫量，至 2010 年，城区用煤硫含量不高于 1%，为此，在产煤地区或其他适当位置建立相应的洗煤或配煤厂。限制用煤含硫量后，城区每年因此可削减二氧化硫 6320 吨、烟尘 3700 吨。

推行清洁生产，关停污染严重企业，淘汰高能耗、重污染的生产工艺和设施　大力推行清洁生产，将污染消除在生产过程之中，减少大气污染物的产生和排放；淘汰高能耗、重污染的生产工艺和设施，建立城市大气保护圈，对大气保护圈内的砖瓦厂实施关停。这项工作实施完成后，每年可减少排放二氧化硫 960 吨、烟尘 380 吨。

锅炉烟气处理　对城区 1 蒸吨 / 时（含 1 蒸吨/时）以上锅炉实施脱硫除尘，除尘效率平均提高到 80%，脱硫效率平均提高到 30%；对于 1 蒸吨/时以下的燃煤锅炉，限期迁出规划区，不再批准 1 蒸吨/时以下的新的燃煤锅炉进入城市。大力推广应用固硫型煤、低硫煤，鼓励应用燃油、石油液化气（或燃气）。这些措施规划在 2010 年前完成，总投资约 4500 万元，每年可削减二氧化硫 3200 吨，烟尘 1200 吨。

加强汽车尾气净化工作　大力推广应用无铅汽油，加强汽车尾气净化，加快汽车的更新换代，超期服役的汽车禁止在城市通行。这些措施每年可减少氮氧化物排放 1150 吨。规划在 2010 年前完成，总投资 2000 万元。

建立酸雨及空气环境质量监测系统 2010 年前，分期分批建成城区酸雨和空气环境监测网及重点污染源废气自动监测系统。规划投资 500 万元。

规划在 2005 年建立城区酸雨定点监测网络和空气环境监测网络；配备煤、油硫份测试仪，建立煤、油质监测系统；实行酸雨自动采样，并完成成分全分析；实现数据传递自动化，建立空气质量监测数据库；建立定点空气环境质量自动监测系统；筹建城区酸雨自动监测系统；选择 1～2 个企业，建立重点污染源监测系统示范工程。

规划在 2010 年建成城区酸雨、空气环境自动监测系统；建立并完善空气环境数据库，实现数据传递自动化；进入全省重点环境监测站网；建立城区重点污染源监测系统；筹建城市空气环境质量及重点污染源网络信息管理系统。

规划在2020年建立并完善城市酸雨、空气环境自动监测系统;进入全国重点环境监测站网;建成城市空气污染源监测系统;建立城市汽车尾气自动监测系统;建立城市空气环境质量及重点污染源网络信息管理系统。

常德市城区大气污染综合防治规划

表 7-1-13

项目名称	主要内容及规格	投资估算(万元)	实施时间	二氧化硫削减量(吨/每年)				烟尘削减量(吨/每年)				氮氧化物(吨/每年)			
				2000	2005	2010	2020	2000	2005	2010	2020	2000	2005	2010	2020
常德热电厂	装机 2.4 千瓦	15000	2005—2005	—	1000	2150	3400	—	630	1150	2000	—	90	240	450
常德市江北管道石油液化气(天然气)工程	江北片 16.29 万户,其中近期供气 6 万户	36253	2006—2020	—	1200	1950	3480	490	790	1540	—	100	300	630	—
常德市江南管道石油液化气(天然气)工程	江南片德山片供气 9.5 万户其中近期供气 1 万户	21140 3370	2006—2020	750	1250	2240	—	320	490	980	—	70	200	400	—
常德市工业固硫型煤工程	50 万吨/年	5000	2000—2010	—	1800	3350	6000	—	830	1610	2800	—	60	130	350
优化城区燃料结构	限制城区用煤硫含量小于 1%	—	2000—2010	1240	2020	3490	6320	—	1100	2080	3700	—	180	480	1080
常德市城区锅炉烟气脱硫除尘工程	1 吨/时以上锅炉实施	4500	2000—2010	—	1170	1750	3200	—	410	680	1230	—	50	150	320
关停砖瓦厂	大气保护圈内砖瓦厂全部关停	600	1998—2000	960	960	960	960	300	300	300	300	200	200	200	200
常德卷烟厂脱硫除尘工程	全厂锅炉实施固、脱硫、除尘	500	2000—2005	200	800	1200	1200	—	120	400	400	—	20	120	120
汽车尾气净化	更换汽车、净化汽车尾气	2000	2000—2020	—	—	—	—	—	—	—	—	—	200	580	1150
酸雨及空气环境监测系统	建立酸雨、空气质量、重点源及汽车尾气自动监测系统	500	2000—2020	—	—	—	—	—	—	—	—	—	—	—	—
城市绿地及防护林	—	10000	2000—2020	—	—	—	—	—	—	—	—	—	—	—	—
合计	—	98863	—	3150	10200	17090	24560	1110	4670	8740	10430	370	1300	2930	3670

②水污染综合治理规划

改造完善城市排水管网,城市污水不再直接排入护城河、姻缘河、穿紫河、三闾河及柳叶湖等内河内湖,改善并保护内河内湖水质。

2010年前完成全部排水管网改造工程,工程投资2000万元。

规划提出对城市污水进行集中处理,在2020年前建成江北城区污水处理工程、江南城区污水理工程、德山污水处理工程。

2005年前完成并配套市江北城区污水净化工程，工程日处理废水能力15万吨，总投资1.27亿元，工程投入运行后年削减化学需氧量6570吨；2010—2020年建设江北城区污水净化二期工程，日处理废水25万吨，工程总投资2.5亿元，工程投入运行后，可年削减化学需氧量10950吨。

2010年前建成江南城区污水处理工程，工程规模日处理污水10万吨，总投资1.26亿元，年削减化学耗氧量3650吨。

在2020年建成德山城市污水处理工程，工程规模日处理污水15万吨，总投资1.8亿元；2010年前完成一期工程，处理能力10万吨/日，投资1.2亿元；工程全面投入运行后，每年削减化学耗氧量5475吨。

配套改造纺织污水处理站，该系统原日处理纺织印染废水3000吨，由于工厂停产，无污水进入系统，该系统已闲置。规划拟对该系统进行配套改造，处理护城河上游污水，工程投资500万元。

规划提出对重点点源污染进行综合防治，重点污染源废水必须先经过厂内预处理，达到国家相应标准后再排入城市排水系统。这些点源主要在造纸、化工、酿造、制革等行业，点源治理工程在规划期内分期分批完成。

常德纸业股份有限公司废水处理　规划中取消常德纸业公司的制浆系统，直接用商品纸浆生产。其废水经物化—生化工艺处理，日处理废水5000吨，化学耗氧量去除率达80%，年去除化学耗氧量1500吨，总投资1200万元，工程在2010年完成。

常德洞庭药业股份有限公司废水处理　推行清洁生产工艺，加强综合利用，减少污染物向外排放；对生产废水进行物化—生化工业处理，日处理废水1000吨，年去除化学耗氧量100吨，投资250万元。

常德海达化工有限公司废水处理　实现清洁生产，加强废物综合利用，减少污染物向外排放；对生产废水采用物化—生化工艺处理，日处理废水1000吨，年去除化学耗氧量90吨，投资300万元。

常德武陵酒业有限公司废水处理　提高水的重复利用率，减少废水排放量，采用厌氧—好氧工艺，日处理废水1000吨，年去除化学耗氧量180吨，投资250万元。

常德德山酒业有限公司废水处理　采用物理—物化工艺处理，日处理废水800吨，年去除化学耗氧量60吨，投资100万元。

常德市制革厂废水处理　采用物化—生化工艺处理，对现有工艺系统进行改造、配套，日处理废水1000吨，年去除化学耗氧量150吨，投资500万元。

常德市啤酒厂废水处理　工厂现有一套污水处理系统，采用生物转盘工艺，但一直未投入运行。规划对该系统进行改造、配套、完善，日处理能力1000吨，年去除化学耗氧量

50吨，投资300万元。

常德市明胶厂污水处理　改造、配套市明胶厂污水处理系统，工程日处理废水能力800吨，年削减化学耗氧量100吨，工程投资100万元。

常德市肉联厂污水处理工程　采用二级生化工程，日处理废水1000吨，年可削减化学耗氧量150吨，工程投资200万元。

常德市酒精厂污水处理　提高水的重复利用率，加强酒精糟液的综合利用，采用厌氧一好氧工艺，日处理废水5000吨，年削减化学耗氧量500吨，工程投资500万元。

常德市毛巾厂污水处理　采用气浮工艺处理，配套完善现有处理工艺，日处理废水500吨，年去除化学耗氧量50吨，投资50万元。

常德巨星光源有限公司污水处理　日处理水煤气生产废水800吨，投资100万元，该工程在2005年前完成。

城市医院含菌废水处理　对于城区内各医院的含菌废水，按规划要求进行处理，使排放废水符合国家相应标准。这类废水处理工程包括现有设施的改造配套完善，在2005年前完成，这些项目全面投入运行后，年可削减化学耗氧量100吨，总投资200万元。

建立常德市电镀中心　为便于管理，有利于集中治理，减少污染物排放，规划在德山工业区建立常德市电镀中心，同时关闭市区内其余电镀厂点，这项工作规划在2010年完成，总投资500万元。

保护沾柳水体，改善内河水质　加强柳叶湖、沾天湖水体水质保护，搞好沿湖污染源治理，控制周边超标废水进入湖体，至2010年禁止污水进入柳叶湖，使湖体水质达到地表水Ⅲ类标准；努力改善姻缘河、穿紫河、三闾河等内河水质，至2010年城市生活污水不再直接进入内河，力争使内河水质达到地表水Ⅴ类水质要求。

城市排污口规划　至2020年，沅江常德市城区段共控制设立南硚(江北城区)、马家吉、天井硚(江南城区)、永安电排(江南城区)、东风河(德山)5个排污口。江北城区污水处理厂出水主要经马家吉进入沅江；江南城区污水经处理后走天井硚入枉水，再排入沅江；永安电排排污口主要用于江南城区排涝排渍及农田灌溉；德山城区污水经污水厂处理后排入东风河，再进入沅江。

控制沅江岸边污染带　为保护饮用水源水质，重点要控制沅江岸边污染带，确保一、二、三、四水厂、武陵镇水厂水质(当四水厂全面投入运行后，一、二水厂退出运行，不在此列)，建立饮用水源保护区、准保护区。

规划投资300万元建立城区水环境监测体系。

常德市城区水污染综合防治规划表

表 7-1-14

项目名称		主要内容及规模	投资估算（万元）	实施时间	化学耗氧量（吨／年）			
					2000	2005	2010	2020
改造完善城市排水管网		2000	2000—2010	—	—	—	—	—
常德市江北城区污水处理一期工程		15 万吨／天	12600	1996—2002	1500	6570	6570	6570
常德市江北城区污水处理二期工程		25 万吨／天	25000	2010—2020	—	—	—	10950
常德市德山城市污水处理工程		15 万吨／天	18000	2000—2020	—	—	5280	5475
常德市江南城区污水处理工程		10 万吨／天	12600	2000—2010	—	—	3470	3650
常德市纺织污水处理站改造		改造污水处理系统日处理城市污水 0.5 万吨	500	2000—2005	—	250	250	250
重点污染源废水治理	总规模	1.89 万吨／天	3850	2000—2010	1500	3030	3030	3030
	常德纸业公司废水治理	5000 吨／天	1200	2000—2010	500	1500	1500	1500
	常德洞庭药业有限公司废水治理	1000 吨／天	250	2000—2005	250	250	250	250
	常德海达化工农药有限公司废水治理	1000 吨／天	300	2000—2010	30	90	90	90
	常德武陵酒业有限公司废水治理	1000 吨／天	250	2000—2005	180	180	180	180
	常德德山酒业有限公司废水治理	800 吨／天	100	2000—2005	60	60	60	60
	常德市制革厂废水治理	1000 吨／天	500	2000—2010	—	150	150	150
	常德市啤酒厂废水治理	1000 吨／天	300	2000—2005	105	105	105	105
	常德市明胶厂废水治理	800 吨／天	100	2000—2010	45	100	100	100
	常德市肉联厂废水治理	1000 吨／天	200	2000—2010	50	150	150	150
	常德市酒精厂废水治理	5000 吨／天	500	2000—2010	200	500	500	500
	常德市毛巾厂废水治理	500 吨／天	50	2000—2005	50	50	50	50
	常德巨星光源公司废水治理	800 吨／天	100	2000—2005	—	—	—	—
医院含菌废水处理		总规模 0.1 万吨／天	200	2000—2005	30	100	100	100
常德市电镀中心		—	500	2000—2010	—	—	—	—
水环境监测系统		—	300	2000—2020	—	—	—	—
合计		67.49 万吨	75550	—	3300	10000	18700	30025

③固体废物综合防治规划

工业固体废物综合防治措施：提高工业固体废物的综合利用率、处置处理率。至2005年，将综合利用率由1998年的69.3%提高到75%以上，使排放率由1998年的1.09%降至1%以下。建设常德市煤渣砖生产线。以常德新型建材总厂为依托，建设常德煤渣砖生产线，工程建成后，年处理粉煤灰3万吨，总投资300万元，2005年建成投产。建立废旧塑料加工利用中心，2005年建成，年处理废旧塑料5000吨，工程投资1000万元。

城市生活垃圾处理措施：实现城市生活垃圾减量化、无害化、资源化，加强垃圾分类管理，配套完善现有垃圾填埋建设，至2010年，建设日处理能力500吨的城市垃圾综合处理工程，投资1.5亿元；建设2个垃圾处理场，采用卫生填埋，日处理垃圾各300吨，工程总投资6000万元。

④噪声污染综合防治规划

区域环境噪声综合防治：重点是建立噪声控制区，分江北城区、武陵镇、德山工业区三片建立噪声控制区，加强区内噪声源的治理与管理。2005年，将噪声控制区覆盖率由1998年的72%提高到75%，至2010年达80%，2020年为90%。

交通噪声综合防治：在加强管理、禁鸣喇叭、改造路面、实行交通分流与限流的同时，有计划地更换旧车，逐步淘汰噪声大的旧车，要在2005年更换30%的旧车，2010年更换60%的旧车，2020年更换100%的旧车，车辆的增长速度为6%，要求新车比旧车噪声低5～10分贝。

常德市城区固体废物及噪声污染综合防治规划方案

表7-1-15

项目名称	主要内容及规模	投资估算（万元）	实施时间	备注
常德市煤渣砖厂	年处理粉煤灰3万吨	300	2000—2005	—
常德市废旧塑料加工利用中心	处理废旧塑料加工利用中心	100	2000—2005	—
常德市城市生活垃圾综合处理场	日处理垃圾500吨	15000	2000—2010	—
常德市德山垃圾处理场	日处理垃圾300吨	3000	2005—2010	—
常德市江南垃圾处理场	日处理垃圾300吨	3000	2005—2010	—
常德市噪声控制区建设	江北、江南、德山噪声控制区建设，覆盖率90%	200	2000—2020	—
常德市交通噪声综合防治	改造路面、交通分流限流、车辆更新	2000	2000—2020	与汽车尾气净化相同
合计	—	23600	—	—

⑤城市生态规划

调整工业结构：针对常德市产业结构特点，充分利用城市生态建设有利条件，进一步加大第三产业发展，适度发展轻污染型加工工业，尤其要设计合理的“工业链”，发展经济密度大、能耗密度小、污染负荷小的工业，促进生态系统的良性循环，从物资投入主导型向科技投入主导型转变。

改善工业布局：改变环境功能区混杂状况，根据产业政策及工业布局要求，对不能满足功能区要求的17家污染严重企业进行调整，分期分批搬迁，归属所处功能区。

2020年内限令搬迁单位名单：常德市毛巾厂、常德市粮油锅炉厂、常德市橡胶厂、常德市殡仪馆、常德市糕点厂、常德汽车北站、常德新源印刷厂、常德市建筑机械厂、常德武陵电焊机厂、常德市电池厂、常德工程公司预制件厂、常德市制酱厂、常德市弹簧厂、常德市一中校办工厂电镀车间、常德市有线电厂电镀车间、常德市无线电元件三厂电镀车间、常德乳酸厂

加强城市绿化系统建设：根据城市总体发展目标和战略，规划期内将常德市建成环境优美的具有滨湖水乡特色的山水园林城市。城市公共绿地面积由2000年的171.6公顷增加到1788.41公顷，人均公共绿地面积由5.28平方米增加到18.83平方米；城市绿地面积由1199.4公顷增加到3978.06公顷，城市绿地率达42.23%；城市绿化覆盖面积由1412.2公顷增加到4263.89公顷，城市绿化覆盖率达45.26%。

近期规划(2005)：公共绿地面积由171.6公顷增加到727.6公顷，人均公共绿地面积由5.28平方米增加到12.55平方米；城市绿地面积由1199.4公顷增加到2205.96公顷，绿地率达38.03%；城市绿化覆盖面积达2282.87公顷，绿化覆盖率达39.36%

中长期规划(2020)：公共绿地面积由727.6公顷增加到1788.41公顷，人均公共绿地面积由12.55平方米增加到18.83平方米；城市绿地面积由2205.96公顷增加到3978.06公顷，绿地率达42.23%，城市绿化覆盖面积达4263.89公顷，绿化覆盖率为45.26%。

加强城市旅游资源的开发与保护：积极开发城市旅游资源。常德市是一座有着2000多年文明史的历史古城。在城市发展总体格局下，加强柳叶湖、太阳山、河洑国家森林公园、孤峰塔以及笔架城、花岩溪等自然与人文景观的开发利用与保护。在规划期内，明确城市旅游保护对象、范围和要求；对区域内环境质量定期考核；严格控制区域污染物排放，改善区域环境质量；切实加强城市旅游资源开发和管理。

坚持可持续发展战略：从今后城市的发展进程来看，为了能够为可持续发展奠定较坚实的基础，需要在经济改革、社会变革和城市化进程中构筑起可持续发展的战略体系和新型机制。同环境保护和民主法制建设的发展相适应，构筑可持续发展的法律法规体系，把可持续发展战略纳入城市发展进程和社会—经济—发展之中，建立与国际公约相配套的

社会—经济—环境可持续发展模式，贯彻执行 ISO 14000 标准体系。

同市场经济发展相适应，有效利用市场机制保护环境。加快经济的改革，减少和取消对资源消耗大、经济效益低的国有企业的补贴，建立以市场供求为基础的自立资源价格体制；推行环境税。

同经济增长相适应，将公共投资重点向环境保护领域倾斜，引导企业向环境保护投资，在清洁能源、水资源保护和水污染治理、城市公共交通、生态工程建设的投资方面发挥主导做用，并利用合理收费和企业化经营的方式，引导其他方面的资金进入环保领域。

同新的宏观调控机制的发展相配套，建立环境与经济综合决策机制，转变传统增长模式。

开发同环境友善的技术，实现清洁生产，发展同自然相容的产业体系。

变革社会观念，发展适度消费的新大众消费模式，提高全社会环境意识，建立可持续发展的新文明。

（五）环境保护“十一五”（2006—2010）规划

1.目标

建立健全政府主导、市场推进、法制规范、公众参与的环境保护机制和管理体系，环境污染状况逐年有所减轻，生态保护和建设取得明显进展，总体环境质量稳中有进，中心城区环境质量要进一步得到改善。污染物排放总量得到有效控制，生态安全得到保障，循环经济得到较大发展。

总量控制目标。到 2010 年，国家考核的六种主要污染物排放总量比 2005 年减少 10%左右，有毒有害重金属、工业固体废物排放量及尾矿、煤矸石和粉煤灰的无组织排放得到有效控制，医疗危险废物得到安全处置。

环境质量。沅澧两水常德市段各监控断面优于地表水三类标准，水环境、环境空气按功能区划达标。

生态环境保护。国家和省级自然保护区生态环境基本得到治理和恢复，人为破坏矿山生态环境的违法行为得到遏制，规模化畜禽养殖污染基本得到控制，全面推进生态市建设，基本解决农村脏、乱、差现象。

2.主要规划指标

⑴主要污染物总量控制指标

二氧化硫排放量控制在 5.82 万吨，其中火电 2.12 万吨，烟尘排放量控制在 3.58 万吨，工业粉尘排放量控制在 4.56 万吨，化学需氧量控制在 7.73 万吨，氨氮排放量控制在 0.76万吨，工业固体废物无组织排放 0，汞、镉、铅等重金属排放量控制在 0.02 吨。

⑵污染控制与循环经济指标

工业废水排放达标率大于95%，机动车尾气达标率大于85%，工业固体废物处置利用率大于80%，工业废水重复利用率大于60%，单位GDP化学耗氧量排放量小于9.0千克，单位GDP二氧化硫排放量小于10.0千克，工业企业实行清洁生产的比例达到80%。

⑶城市环境综合整治指标

①环境质量指标：环境空气质量优良率大于90%；集中式饮用水源水质达标率大于98%；水环境功能区水质达标率100%；区域环境噪声和交通干线噪声平均值分别小于55分贝和70分贝。

②环境建设指标：建成区绿化覆盖率大于40%；城市生活污水处理率大于75%；城市气化率大于95%；生活垃圾无害化处理率100%。

③环境管理指标：烟尘控制区覆盖率大于95%；噪声达标区覆盖率大于75%。

④生态及农村环境保护指标：国家级自然保护区达到规范化建设要求；农村沼气普及率大于40%；规模化畜禽养殖场污水排放达标率大于80%；规模化畜禽养殖场粪便综合利用率大于80%；秸秆禁烧区的秸秆禁烧率达到大于95%。

⑷环保监管能力建设

市、县级环境监察、监测机构和信息能力建设达到规范化标准；占80%污染负荷的污染源实现在线监控。

3.环境保护的重点领域和重点区域

(1)工业污染防治的重点领域是造纸、能源、建材。结合产业结构的调整、规模优化和技术改造，大力推行清洁生产和循环经济，提高资源、能源的利用率，降低单位产品和单位产值的资源消耗和排污系数，严格控制新污染源的产生，加快重点污染源的治理。

(2)水环境保护的重点是沅澧二水沿岸城市、城镇河段和集中式饮用水源保护区。关键是抓好流经城市、城镇河段的排污总量控制，削减岸边污染带，切实保护好饮用水源。

(3)城市环境保护的重点是武陵区、鼎城区和德山开发区，主要是落实好城区大气环境保护圈和高污染燃料禁燃区建设的各项措施，巩固创建国家环境保护模范城市工作成果。

(4)生态环境保护的重点是抓好农村环境基础设施建设，实施农村小康环保行动，解决农村脏、乱、差。

4.环境保护主要任务

“十一五”时期，常德市的环境保护的主要任务是搞好工业污染防治、加强城市环境和生态环境保护，抓好农村小康环保行动和环境科技发展工作。

在工业污染防治方面，要把削减工业污染物的排放总量做为工业污染防治的主线，实施工业污染物排放全面达标工程，严防污染反弹，促进产业结构调整与升级。

严格控制新污染。基本建设和技术改造项目必须严格执行国家产业政策和环境保护法律法规，符合产业结构调整方向，采用清洁生产工艺和设备，合理利用自然资源，并通过“以新带老”，做到增产不增污或增产减污。

巩固和提高工业污染源主要污染物达标排放成果。以污染负荷占全市工业污染的80%的企业为重点，推行污染物排放全面达标，全面实施排污申报登记动态管理，实行企业环境行为公开化管理制度，推进创建环境友好企业活动。

淘汰污染严重的落后生产能力。综合运用法律、经济和行政手段，结合总量控制目标，关闭产品质量低劣、浪费资源、污染严重、危害人民健康的企业，继续开展打击不法排污企业，保障人民群众健康专项行动，防止“十八小”关停企业死灰复燃和污染反弹。

大力推行清洁生产与循环经济。在大力推进工业化进程中，要提倡循环经济发展模式，鼓励发展资源节约型和废物循环利用产业，规范资源回收与再利用的市场运行机制。采用高新适用技术改造传统产业，支持企业通过技术改造、节能降耗、综合利用，实行污染全过程控制。全面推行清洁生产审核，在德山高新技术园区启动 ISO 14000 认证工作。重点建设德山和津市窑坡渡生态工业园区。

“十一五”期间，要加大对造纸、建材、能源重点行业的污染防治。

造纸行业。新建 1 至 2 个 10 万吨以上的集中制浆企业，推广林纸一体化；4 万吨以上制浆企业，2008 年前必须配套碱回收装置或其他污染治理设施，4 万吨规模以下的小造纸厂一律关闭自备的制浆系统，实现原料外购。污染严重、技术落后，不符合经济规模的小造纸厂一律关闭；从严控制再生纸企业发展，确保废水排放达标。

建材行业。逐步淘汰乡镇机立窑，禁止新建、扩建立窑生产线，鼓励发展新型干法窑外分解大型水泥项目，使新型干法水泥产量达到 50%以上。推广电除尘技术。限制黏土实心砖的使用，关闭大气环境保护圈内的砖瓦生产企业。

能源行业。煤炭行业以改善煤炭结构为导向，禁止开采含硫量大于 3%的原煤，着力提高优质煤的比重，鼓励发展煤炭洗选，降低灰分和硫分，关闭在禁采区内和其他不宜开矿的区域内无序发展的小煤窑，抓好劣质煤和煤矸石、粉煤灰的综合利用。火电行业以削减二氧化硫排放量为重点，加快脱硫步伐。新建燃煤电厂要采用低氮燃烧技术，并同步配套建设脱硫设施，控制在城市市区和近郊区新建燃煤电厂。重点扶植石门电厂开展粉煤灰综合利用，配套烟气脱硫装置和烟气在线监测装置，保留的其他小型燃煤电厂要采用资源综合利用技术，禁止直接燃用原煤，并获得国家和省主管部门的认证。

城市环境保护。要以提高人民生活质量为目标，以创造良好的人居环境为中心，在推进城市化的进程中，强化城市环境综合整治，重点解决大气污染、水污染和垃圾、噪声污染问题，使城市环境质量有明显改善。

加强饮用水源保护区建设。严格按照《湖南省主要水系地表水环境功能区划》的要求，在饮用水源一级保护区内禁止设立排污口，已有的排污口必须全部关闭，禁止在饮用水源地倾倒垃圾及其他废弃物，限制水产养殖、水上游览等对水质产生影响的经济活动。建立环保、水利、卫生、供水等部门的联动机制和安全预警机制，水利部门在枯水期要保障上游水库的基本下泻流量，卫生部门要加强对自来水的卫生监督，供水部门要加强制水管理，环保部门要加强水源监测和污染源监管，确保饮用水安全。

因地制宜，加快城镇污水处理厂、垃圾处理场、管道燃气等环境基础设施建设。到2010年，各县城和津市都要建设污水集中处理厂、生活垃圾无害化填埋场，推进垃圾的减量化、资源化、无害化。进一步发展管道燃气，燃气普及率达到80%。重点镇和试点镇也要建设污水二级生化处理厂和垃圾卫生填埋场。

加大城市环境综合整治力度，提高城市管理水平。常德市城区是全市环境保护工作的重点，要进一步加大综合整治力度。抓好大气环境保护圈和高污染燃料禁燃区的工作，改善城市能源结构，限制直接燃用原煤，关闭1蒸吨以下的燃煤小锅炉、各种茶水炉、各种燃煤大灶，关闭城郊砖瓦生产企业，禁止在江北城区发展污染严重的工业。加大环境基础设施建设，到2010年，市城区要新建德山污水处理厂、江南生活垃圾无害化填埋场，基本普及天然气。高标准完成穿紫河环境综合整治，努力恢复其水清鱼跃的本来面目，建设两岸绿化风光带，使之成为常德城区亮丽的风景线。把建筑施工场地、渣土垃圾清运的管理，破损路面的恢复、裸露土地的覆盖，做为城市管理的突出问题来抓，切实遏制扬尘污染和建筑施工噪声扰民。以城市创建为契机，保持和巩固创建国家环保模范城市工作成果，全面提升城市品位。控制汽车尾气污染，限制尾气超标车辆入城行驶。

生态环境保护。以《全国生态环境保护纲要》为指导，以退耕还林、退田还湖、强化监管为主要措施，努力减少人为破坏，使生态恶化的趋势得到遏制。

实施对重要生态功能区的抢救性保护。着力抓好洞庭湖综合整治，平垸引洪，退田还湖和退耕还林、封山育林，以及沅澧二水流域内的水土流失治理，加强目平湖湿地自然保护区建设。

实施资源开发的强制性保护，以矿山开采区和基础设施建设区为重点，进一步加大执法力度，强化监督，对资源开发导致的土地损毁，“三废”污染以及地质灾害等问题加强预防、监测和土地复垦，对因公路、铁路等基础设施建设带来的水土流失、生态破坏，抓紧治理和绿化，建设沿线绿化带，搞好土地利用总体规划的编制和实施，合理调整土地利用结构和布局，保证生态功能区用地需求，优先保证具有重要生态功能的林地、草地和湿地。

实施对生态环境良好区的积极性保护。以壶瓶山和乌云界自然保护区为重点，着重抓好生物多样性和自然生态系统的完整性保护，特别是在旅游开发的同时，防止城镇化和商业化倾向造成的生态环境破坏。抓好国家级生态示范区建设，到2010年，力争建成3

至 4 个国家级生态示范区，全面启动生态县建设。

农村小康环保行动。要抓住农业产业化结构调整和社会主义新农村建设的契机，在大力发展农业和农村经济的同时，全面启动农村小康环保行动，把控制农村面源污染和农村生活污染、改善农村环境质量做为环境保护的重要任务。基本解决农村“脏、乱、差”问题，建设生活富裕、人地和谐、生态文明的社会主义新农村，为全面小康建设提供环境安全保障。

开展村庄环境综合整治。编制村庄规划，建设生活垃圾分类收集处理系统、生活污水处理系统，整治村庄下水道、排污沟，实施清污分流，循环利用。开展村庄绿化、河道整治、道路建设。

保护农村水源。划定村镇集中式饮用水源保护区，制定水源保护规划，加大保护力度，建设缓冲、隔离设施，禁止危害农村饮用水源的开发活动。开展农村改水改厕改圈养，确保农村集中式水源地的水质基本达标。

防止农做物污染，确保农产品安全。建立无公害农产品基地，健全农产品安全检测和监管体系，加强农药和化肥环境安全管理，推广高效低毒和低残留化学农药，禁止在蔬菜、水果、粮食、茶叶生产中使用高毒、高残留农药，防止不合理使用化肥、农药、农膜带来的化学污染和面源污染，保证农产品安全。结合农业产业化进程，大力发展生态农业、有机农业，积极发展有机食品、绿色食品和无公害食品。

控制规模化畜禽养殖业的污染。推广畜禽养殖业粪便综合利用和污水处理技术，鼓励建设养殖业和种植业紧密结合的生态工程，推行畜禽粪便资源化。

开展秸秆禁烧，促进综合利用。全市统一划定秸秆禁烧区，大力推广秸秆还田。大力发展农村沼气。

创建环境优美乡镇和文明生态村。按照国家、省环境优美乡镇考核指标及文明生态村考核指标要求，鼓励具有较好的社会基础，较强经济实力的乡镇率先建设一批国家级、省级环境优美乡镇和省市级文明生态村，实行以奖代补，对获得称号的乡镇、村予以奖励。

抓好环境科技的推广工作，进一步完善环境管理制度，针对已经出现和将要出现的重大环境问题开展科技攻关，推广、引进污染物排放最小化和资源化技术，实施以清洁生产技术和废弃物资源化技术为核心的科技行动，引导和鼓励企业全面提高工业污染防治能力，实现环境污染由末端治理向全过程控制的转变，建立市场化的环境技术开发引进体系和技术咨询体系。

开展环境监测和环境监察标准化建设，完善环境监测技术体系。以实现环境监测现代化为目标，抓好环境空气和水环境自动监测系统建设；以提高计算机网络技术为突破口，加快站内数据管理体系的建设步伐，实现数据资源共享。积极开展重点污染源在线监测和酸雨自动监测，污水日排放量和二氧化硫年排放量大于 1000 吨的排污口和烟囱都要安装在线监测设备。至“十一五”末期，市环境监测中心站达到国家二级站标准，各区县（市）监测站达到三级站标准。深入开展环境监察标准化建设，建立健全污染事故和生态破坏应急监察队伍和污染源自动监控系统，着力提高环境监察执法装备水平，重点提高现场执法能力和应对突发性污染事件的能力。完善环保110热线电话。

加快重点环保实用技术的引进。“十一五”期间，重点引进、推广中小型造纸企业废水治理技术、中小型工业锅炉脱硫除尘技术、机动车尾气污染控制技术、生活垃圾减量化资源化和无害化处理技术等四类最佳环保实用技术。

5.重点环保工程及投资方案

（1）重点工程项目规划

《常德市环境保护“十一五”重点工程》规划实施重点环境保护和生态保护项目73项，需投资67.19亿元，约占“十一五”期间国内生产总值的1.5%，这些项目的实施，可基本保证重点地区、行业环境和生态保护目标实现，综合效益显著。

工业污染防治项目26个，约需投资21.23亿元，预计年削减二氧化硫排放量23300吨，化学需氧量31900吨，烟尘1380吨。

区域环境综合整治工程10项，约需投资22.68亿元，预计年削减二氧化硫排放量4700吨、烟尘3500吨、化学需氧量5000吨，进一步改善城市、城镇环境质量。

城市环境基础设施建设项目17个，约需投资13.36亿元，新增城市污水处理能力48万吨/日，年削减化学需氧量排放量16700吨，生化需氧量9200吨，新增生活垃圾无害化处理量1800吨/日，常德市城区普遍推广天然气，年使用量1.2亿立方米。

生态环境保护工程5项，约需投资4.08亿元，重点建设2个重要生态功能保护区和矿山生态恢复工程，启动生态县建设。

环境管理能力建设项目3项，约需投资0.49亿元，重点增强市、县二级环境监测环境监察和办公自动化建设。

发展循环经济项目4个，建设四个生态工业园区，需投资4.08亿元。

农村小康环保行动打捆项目8项，重点建设农村环境基础设施，约需投资1.27亿元。

（2）投资方案

工业污染防治项目21.23亿元，占资金总额的31.6%，主要来自各企业自筹。区域环境综合整治和环境基础设施建设工程项目36.04亿元，占资金总额的53.6%，主要来自社会投资、招商引资、项目业主自筹和国债资金投入。生态环境保护工程项目4.08亿元，占资金总额的6.1%，主要来自农、林、水、国土等部门投入。环境管理能力建设资金0.49亿元，占资金总额的0.7%，主要来自环保专项资金。发展循环经济项目4.08亿元，占资金总额的6.1%，主要来自企业自筹。农村小康环保行动项目1.27亿元，占资金总额1.9%，主要来自国家和地方财政投入。

(六)环境保护“十二五”规划

1.规划目标

“十二五”环境保护的总体目标是环境保护与生态建设取得新进展,环境质量得到进一步改善,环境安全特别是饮用水源地水质安全得到有效保障,主要污染物减排完成目标任务,建成国家环保模范城市,生态市建设主要指标基本达到考核标准,城乡一体化环境保护格局基本形成,生态宜居城市建设展现崭新面貌。

2.规划指标

总量控制指标

表 7-1-16　　单位:吨

项目名称	指标值		指标属性
	2010 年	2015 年	
二氧化硫排放总量	53123	48350	约束性
氮氧化物排放总量	63220.8	51253	约束性
化学需氧量排放总量	121938	112000	约束性
氨氮排放总量	12862.5	11534	约束性

注:总量控制指标按国家要求依据 2010 污染源普查动态更新结果核定

污染控制指标

表 7-1-17　　单位:%

项目名称	指标值		指标属性
	2010 年	2015 年	
城市生活污水处理率	81	85	预期性
县城生活污水处理率		80	预期性
城市生活垃圾无害化处理率	100	90	预期性
县城生活垃圾无害化处理率		70	预期性
机动车尾气定期检测率	80.1	85	预期性
工业固体废物处置利用率	94	90	预期性
危险废物安全处置率	100	100	预期性
重点工业企业污染物排放稳定达标率	100	100	预期性
应当实行清洁生产审核的企业比例		100	预期性

环境质量指标

表 7-1-18

项目名称	指标值		指标属性
	2010 年	2015 年	
集中式饮用水源地水质达标率(%)	100	100	预期性
全市水环境功能区水质达标率(%)	—	100	预期性
环境空气质量优良率(%)	市区 89	市区≥85 全市≥90	预期性
区域环境噪声平均值(dBA)	53.3	≤55	预期性
环境噪声功能区达标率(%)	—	≥95	预期性
交通干线噪声平均值(dBA)	62.9	≤70	预期性
交通噪声小于 70 的路段比例(%)	—	≥95	预期性

农村生态环境保护指标

表 7-1-19

项目名称	指标值		指标属性
	2010 年	2015 年	
建制镇生活污水处理率(%)	—	60	预期性
建制镇生活垃圾无害化处理率(%)	—	80	预期性
规模化畜禽养殖废弃物综合利用率(%)	—	70	预期性
规模化养殖企业污水排放达标率(%)	—	90	预期性
自然保护区达到规范化建设标准	—	达标 2 个	预期性
生态乡镇占全市乡镇比例(%)	31.6	50	预期性
生态村占全市行政村比例(%)	—	30	预期性
生态县建设	—	1 个以上	预期性

监管能力建设指标

表 7-1-20

指标名称	指标值	指标属性
环境监测、监察、信息、宣教能力标准化建设达标率%	市本级 100% 县（市）级 80%	预期性
重点污染源在线监控设施运行率与联网率%	100	预期性
市本级环境监测、监察中心基本建设	建成	预期性

3.主要任务

(1)以环保工程建设和管理为重点，扎实推进主要污染物减排。

以化学需氧量、二氧化硫、氨氮、氮氧化物等四种主要污染物为主线，严格控制增量，强化结构减排，细化工程减排，实化管理减排，加大投入，落实责任，确保实现五项减排约束性指标，促进经济结构调整和发展方式转变。

强化源头管理，严格控制污染物新增量。严格执行国家产业政策和高耗能、高污染新建项目审批条件，以食品加工等行业为重点，继续加大污染治理力度和技术改造力度，巩固和提高造纸、苎麻行业专项整治工作成果，提高行业污染治理技术水平，根据国家产业政策，进一步加大淘汰小再生纸和小苎麻生产企业力度，适时提高行业准入门槛。

突出重点领域，推进二氧化硫和氮氧化物全面减排。大力推进电力行业烟气脱硫脱硝设施建设，石门大唐和华电两大电力企业及华润等企业自备发电机组取消烟气旁路，配套建设完善脱硫脱硝设施，采用低氮燃烧技术，脱硫效率达到 95%以上，脱硝效率达到 70%以上。新建和现有 20 蒸吨以上燃煤锅炉全部安装脱硫脱硝设施，并安装在线监控设备，提高综合脱硫脱硝效率。

积极推进水泥行业脱硝工程建设。“十二五”期间，重点对海螺水泥、南方水泥、冀东水泥和中材水泥等新型干法水泥产业实施低氮燃烧技术改造和脱硝工程建设。

健全完善减排三大体系，促进管理减排。

(2)以创建国家环境保护模范城市为重点，加强城市管理，解决突出环境问题，持续改善环境质量。

把创建国家环保模范城市复核验收做为“十二五”前期环境保护的中心工作，强化城市环保基础设施建设和监管，突出抓好解决群众反映强烈、影响社会稳定的环境问题，促进环境质量改善。

环保模范城市复核。推动市委、市政府将创模复核列入重要议事日程，建立监督管理工作机制，实施例会、督察和奖惩制度，将创模复核任务量化落实到具体部门和责任人，做到工作班子不散、工作力度不减，认真落实各项迎检准备，力争2011年通过环保部复核。重点做好污水处理厂污泥综合利用、垃圾填埋场渗滤液提标处理、医疗废物处置中心改造、机动车尾气定期检测与管理等环保基础工作。

加强饮用水源地保护，确保群众饮水安全。根据城市发展不断变化的现状，科学划定和调整城镇集中式饮用水源保护区，切实加强饮用水源保护，建设好与城市供水能力相匹配的备用水源，加快启动“引黄入常”市城区备用水源建设。2013年底，依法取缔饮用水源保护区内与保护水源无关的建设项目和直接排污口，各级保护区内必须设置符合规范要求的警示标志，一级保护区周边建设隔离防护设施，严格禁止采砂和砂石场经营。完善与《湖南省主要水系地表水环境功能区划》中水域功能的衔接，对环境风险隐患较大的饮用水源保护区开展综合整治，位于城区的饮用水源取水口可适当上移。加强饮用水源地水质监测预警机制、水质安全应急处理和水厂应急处理的饮用水安全保障体系建设，建设好二级保护区和准保护区内的水源涵养林，严格管理与控制水源汇水区一类污染物的排放，确保饮用水源地水质安全。

城市环境综合整治。严格执行城市大气环境保护圈建设管理规定和高污染燃料禁燃区的有关规定，优化城市能源结构，大力推广使用天然气、电、精洗煤等清洁能源，认真抓好城区“煤改气”“煤改电”及“油改气”工作，淘汰城区2蒸吨以上燃煤锅炉，禁止原煤散烧；严格控制扬尘污染，城市市区内建筑工地应实行围挡做业、洒水抑尘，渣土运输车辆必须按指定线路和时间行驶，出入建筑工地的车辆要定点清洁；开展新河水系环境综合整治，重点实施截污、清淤、扩卡工程，支持建设柳叶湖低碳生态城；控制城市噪声污染，合理调整噪声功能区划，重点加强建筑工地和娱乐行业噪声扰民监管，严格控制建筑工地夜间施工；新建文化娱乐场所，必须进行环境影响评价。

机动车尾气监管。提高机动车尾气排放准入门槛，严格执行老旧机动车淘汰制度，逐步建立完善机动车环保合格标志，促进“黄标车”的加速淘汰和柴油车SCR配套设施的配备；进一步规范机动车尾气监测体系建设，合理布局机动车环保定期检测机构，通过实施第三方委托监测，建立起方便、快捷的尾气监测网络，原则上各区县（市）布局一家检测机构（企业），各检测机构应取得省环保主管部门核发的检测资质和检测人员培训合格证；淘汰“双怠速法”，推行“简易工况法”检测方法；公交车、出租车2015年前有计划地分批改用天然气或混合动力车。

（3）以工业污染防治为重点，实现工业企业污染物稳定达标排放。

把工业污染防治做为污染防治工作的主战场，转变发展观念，大力推进循环经济和清洁生产，加强重点区域和行业污染集中治理，综合运行法律、经济、技术、行政等手段，全方位防治工业污染。

转变以末端治理为主的污染管理观念。根据区域环境资源禀赋，对社会经济发展和产业结构进行合理规划，对城镇、工业园和重点企业进行合理布局，以环评审批为手段推动环境优化发展，坚持环保第一审批权，严格控制“三高一资”（高成本、高污染、高能耗、资源型）型企业发展，从源头上控制环境污染。

大力发展区域循环经济。着力构筑上下链接、相互循环的循环经济产业体系，鼓励企业建立循环经济联合体，强化原料消耗管理，实现企业内部和企业间能源梯级利用和物料循环使用，打造循环经济产业链，鼓励循环经济示范小区建设，重点支持德山高新产业园和创元工业园建设循环经济示范小区。

推进企业清洁生产审核。推进企业清洁生产强制审核，制定重点企业清洁生产审核年度计划，分期分批完成市域内五个重金属污染防治重点行业，七个产能过剩行业和《重点企业清洁生产行业分类管理名录》确定的其他行业重点企业清洁生产审核及评估、验收，到 2015 年，应当执行清洁生产审核企业的比例达到 100%。加强重点区域、行业和重点污染源的治理力度。突出重点区域、重点行业和重点企业，切实抓好现有污染防治设施的运行监管，抓好重点污染源自动在线监控系统建设和运行，坚决查处擅自闲置污染处理设施的行为，坚决打击偷排、漏排违法行为，特别是要抓好排放重金属污染物的工业企业监督管理，对污染物不能稳定达标排放和超过总量控制指标的企业，要按管理权限实施限期治理和关闭。“十二五”期间重点区域和行业有：

汉寿县蒋家嘴地区：制定苎麻产业发展规划和水污染防治规划，鼓励区域生产废水集中治理，关闭达不到产能规模要求，污染物排放超标或总量超标的企业。

石门县新关地区：优化水泥产业结构调整，强化大气污染防治，促进资源循环利用。

桃源县盘塘地区：抓好含氟废气污染治理，开展循环经济示范小区试点。

石门磺厂地区：限期完成雄磺矿遗留土壤污染治理，尽快消除污染隐患。

继续开展造纸、水泥、苎麻行业环境污染专项整治，以产业政策为标准，以污染物达标排放为前提，提高产业发展水平。

科学制定环境功能区划，执行有区别的环境政策。依据不同区域的主体功能，建立差异化的区域环境政策体系，采取分区实施、分类指导的原则，划定重点开发、限制开发和禁止开发区，不同区域实施有区别的环境政策，优化产业布局。在禁止开发区域内，不得进行除景观保护、文化展示等用途以外的项目建设，除兴建与保护需要直接相关的建筑之外，不得兴建其他建筑；在限制开发区域内，应当发展绿色无污染农业，依法保护基本农田，不得兴建除农业综合开发、土地整理和村镇建设等项目以外的一般产业项目，限制一般工业开发项目；在重点开发区域，坚持环境与经济协调发展，科学合理利用环境承载力，加快推进工业化和城镇化,加快环保基础设施建设,严格控制污染物排放总量,做到增产不增污。市域环境功能区划分为重点开发区、限制开发区和禁止开发区三大类。

重点开发区:是指资源环境承载能力较强、经济和人口集聚条件较好的区域。范围包括常德市城区和澧县、津市、安乡县、石门县、临澧县、桃源县和汉寿七县的城区及创元工业园、汉寿经济开发区、西湖管理区城区、西洞庭管理区城区等12个区域。

限制开发区:指限制进行大规模高强度工业化、城镇化开发的区域,范围包括市域内除重点开发区和禁止开发区以外的区域。

禁止开发区:是指依法设立的各类自然保护区、重点风景区、历史文化遗产、森林公园等,主要包括壶瓶山自然保护区、乌云界自然保护区、花岩溪自然保护区、西洞庭湖湿地自然保护区、黄山头自然保护区、河洑森林公园、夹山森林公园、桃花源风景名胜区和桃花源森林公园、城头山古遗址、彭头山古遗址、八十垱古遗址、北民湖湿地自然保护区、七里湖湿地自然保护区、余家牌坊、天供山森林公园、毛里湖湿地自然保护区、嘉山自然风景保护区、古大同森林公园、鹿溪森林公园、汤家岗遗址、划城岗遗址、南禅湾晋墓群、太浮山森林公园、九里楚墓群、青山崖遗址、林伯渠故居等。

(4)以建设生态市为重点,全面推进农村环境保护

大力推进生态建设,加强生态环境监管,认真组织实施村庄及农村集中连片环境综合整治,力争完成15个片区、150个行政村连片综合整治,建设和保护好常德生态优势。

加强农村水环境保护。划分农村排灌水域功能,对进入农村水网的源头,高功能水域和重要措施灌道,制定保护规划。在水源保护地周边一定范围内建立农村饮用水源保护区,建设缓冲、隔离设施,加强农药和化肥使用的环境安全监督管理,防治农村面源污染,有条件的区域积极推进城乡供水一体化。“十二五”期间,在18个重点镇、试点镇建设生活污水二级或一级强化处理设施,其他人口较多的集镇推荐采用氧化溏、湿地等生物处理模式集中处理生活污水;分散农户推广“三格净化”或“四池净化”家庭生活污水处理系统,生态乡镇、生态村生活污水处理率达到80%以上。全面巩固和扩大水库禁投范围,将禁投范围向大江大湖延伸,“十二五”期间大江大湖和水库退出珍珠养殖。

治理“生活垃圾”。农村生活垃圾实行分类管理、定点存放、统一收集、集中处理,城市周边地区推广采用“户分类、村收集、镇集中、县处理”模式,统筹布局城乡生活垃圾一体化处理设施,在交通不便的山区,积极探索生活垃圾生物堆肥等综合利用途径。

加强畜禽养殖污染防治。划定禁养区和限养区,在重点区域、流域、生态敏感区、饮用水源涵养区控制新建规模化养殖场,规模化养殖场逐步从水源保护地、集中居住区撤出,向丘岗山地发展,推广生物发酵床、垫料养殖等较先进的养殖方式,合理确定养殖规模,重点建设100个“零排放”生猪养殖示范基地和100个规模养殖示范小区。加强畜禽养殖废

弃物的综合利用和污染治理，固态粪污宜采用自然发酵堆肥方式，以农田回用为主，污水处理宜采用投资少、运行成本低的自然生物处理方式，注意避免二次污染，到 2015 年，40%以上的适宜户和 90%以上的规模养殖场建设有沼气池。

加强自然保护区和重要生态功能区的建设和保护。加强现有国家级和省级自然区的规范化建设，推动自然保护区向质量管理型方向发展，重点支持壶瓶山自然保护区、乌云界自然保护区和西洞庭湖湿地保护区达标建设，积极争取花岩溪省级自然保护区列入中央、省规划笼子。推进洞庭湖环境综合整治项目的实施，重点完成西洞庭湖区生态环境建设、工业污染治理和农村环境连片综合整治等系列生态安全保障工程，有效防止水体富营养化。

加强资源开发生态环境监管。开展对矿产资源开采，水电和旅游资源开发，公路、铁路、输气管道建设过程中的生态环境监管，落实企业生态保护与恢复的责任机制，强化资源开发监管和执法力度，防止无序开发和过度开发。对矿业开采活动历史遗留的无主废渣堆场、尾矿库、地面变形、滑坡、可能产生泥石流的区域，划定为生态脆弱区，全面限制有损于脆弱区生态环境的产业扩张，促进生态脆弱区的修复进程，维护生态安全。

综合防治土壤污染。在土壤污染调查的基础上，对全市土壤环境功能进行区划，明确土壤分区控制、利用和保护政策。对重点敏感区和浓度高值区进行加密监测、跟踪监测，对土壤污染进行环境风险评价，禁止未经评估和无害化治理的污染场地进行土地流转和二次开发，防治污染场地不当开发造成的污染事件。根据土壤污染等级和危害程度，建立优先修复污染土壤清单，制定分区、分类、分期修复计划。对于污染严重，不适宜种植、养殖的土地，依法调整土地用途的建议，提高农产品安全保障水平。对于土壤污染严重影响人体健康的区域，实施居民搬迁，并防治污染扩散，重点支持石门县黄厂地区开展含砷土壤恢复工程建设。

积极稳妥推进生态村、生态乡镇和生态县建设。坚持以奖促治、以创促治、以减促治、以考促治四轮驱动，在中央、省级农村环保专项资金的引导下，建立政府、企业、社会共同参与的多元化投入机制。重点抓好生态村、生态乡镇创建，到 2015 年全市生态乡镇比例要达到乡镇总数的 50%以上，生态村要达到行政村总数的 30%以上，重点支持石门县、桃源县建成生态县。

(5)以危险废物和核辐射安全为重点，大力提高环境风险防范能力

加强危险废物、化学品、核与辐射的监管，排除环境隐患，建立完善防范环境风险的长效机制。

加强危险废物监管。健全危险废物产生企业与经营单位管理台账，规范危险废物的转移手续和流程，落实危险废物就近处置原则，鼓励和促进产生危险废物的企业开展综合

利用和专业化处置行业产业化和规模化发展。对危险废物的处置过程，开展全过程环境监管，落实危险废物、固体废物综合利用、处理、处置的有关优惠政策。对现有危险废物处置设施进行全面的监督性监测、清理、公布监测结果。

完善放射性同位素与射线装置管理。进一步加强放射性同位素与射线装置生产、使用和销售的安全许可和监督，完成辐射安全许可证的换发。建设对放射源实施全寿期跟踪的放射源管理信息系统。实现废弃放射源的安全收贮。

提高电磁辐射污染防治水平。加强电磁辐射环境影响评价，优化电磁场的空间分布，合理布局场源建设，防止人口稠密区的电磁辐射污染。

加强核与辐射环境监管能力建设。建设一支专业齐全、业务能力强、执法水平高、与事业发展相适应的核与辐射安全监管队伍。市县两级核与辐射监测能力建设达到国家标准化建设要求。

强化危险化学品风险防控。对危险化学品生产行业推行园区化管理；新建涉及危险化学品的项目应进入化工园区集中布置，并符合规划环评要求，明确环境安全防护距离；严格限制在环境敏感地区新增涉及高风险化学品的项目（运输工具、加油站、加气站除外）。危险化学品生产装置和储存数量构成重大危险源的储存设施，与居民区、学校、医院、供水水源等敏感设施保持一定距离，不符合安全防护要求的，限期搬迁。

(6)以加强环保监管能力建设为重点，提升环境保护总体水平

以基础、保障、人才三大工程为重点，大力加强环境监管能力建设，到2015年，基本形成污染源监管与总量减排体系、环境质量监测与评估考核体系、环境预警与应急体系，初步建成环境监管基本公共服务体系。

环保业务用房建设。市本级新建环境监测与监察中心，支持有条件的县级环保机构新建或扩建业务用房，形成市县联网的环保监测、监察信息体系。

应急处理体系建设。市级建成应急处理指挥中心、重点污染源在线监控中心，县级建立应急处理指挥所，应急处理装备能力基本满足快速、机动、有效的应急要求。

监测执法仪器装备能力建设。市、县两级环境监测站常规监测仪器装备全部配齐，市级站扩展监测能力，开展生态监测，县级站“十二五”期间形成水质分析108个项目全分析能力，建成国控水质断面、市区饮用水源监测断面自动监测系统各一处。执法装备能力达到国家相关标准要求。

加强环保队伍建设，提高综合素质。引进技术人才与岗位锻炼相结合，加强教育培训，着力提高服务水平、依法行政水平，规范环保部门进人标准和程序，确保环保部门人才结构科学合理。

(7)以科技支撑为重点，大力发展环保产业

积极开发推广应用资源综合利用新技术，发展循环经济。重点发展水泥、造纸等行业循环经济产业，“十二五”期间，力争建设环保科技产业国家级示范项目1个、省级示范项目3个。

发展环保服务业。积极引进人才、资金和技术，培育发展污染治理、环保设备生产、技术承包等环保服务企业，力争“十二五”期间有一家企业成为省级重点环保产业企业。

大力推动有机食品生产。充分利用常德地域广阔、自然条件优越的生态环境，大力发展有机食品生产，重点是建立有机食品生产服务体系、指导编制有机食品生产技术规范、开展有机食品认证、开拓有机食品销售市场。

4.重点工程

“十二五”期间共规划75个重点项目，计划投资额895117.7万元。约占“十二五”期间地区生产总值的0.8%。其中，主要污染物减排项目49个，计划投资额282628万元；沅水、澧水流域重金属污染综合治理项目2个，计划投资额45770万元；固体废物处理处置项目9个，计划投资额28345.45万元；农村污染防治项目5个，计划投资额91000万元；重要生态功能区保护项目2个，计划投资额41000万元；环洞庭湖生态安全保障项目6个，计划投资额374374.25万元；环境监管能力建设项目2个，计划投资额32000万元。

为了落实“十二五”环保规划，规划制定了以“民本为先，努力推进环境基本公共服务均等化；加强统筹协调，全方位多渠道增加环保投入；完善环境保护管理政策体系，探索环保新道路”的三项保障措施。

二、区域性规划

（一）柳叶湖生态环境保护规划

1997年，上海同济大学编制完成了柳叶湖旅游度假区总体规划。规划年限为16年，即2004—2020年。

柳叶湖旅游度假区包括旅游度假区和外围保护区，旅游度假区规划范围东起肖伍铺，沿东侧环湖路向南经仙人洞、张家冲、岩乌山、白鹤山至新河口；南起新河口，沿南侧环湖路向西经东江、老堤障至戴家岗南堤；西起戴家岗南堤沿铁路经306省道至泉水桥，向北沿西侧环湖路至花山；北起花山山麓经罗湾、月亮山至神路冲，面积54.26平方千米。

外围保护区是在旅游度假区外围根据保护景观资源、维持生态平衡、防止环境污染等方面需要而划定的区域，对旅游度假区可持续发展有着重要的做用。外围保护区规划范围，包括白鹤山乡的罗湾村、月亮山村、太阳山村、沾天湖村、郑家河村、梁山村、肖伍铺村、双寿村、桃树岗村、东山村、万金障村、白鹤山村、马巷子、东江村、驮古堤村、靳家湾村和南坪岗乡的花山村、岩子堰村、万寿村、双桥村、泉水桥村、金家坪村、戴家岗村、渐水村、七里桥村等22个行政村，面积76.04平方千米。旅游度假区和外围保护区规划范围总面积130.3平方千米。

1.生态功能分区与保护

旅游度假区的生态功能区的划分以一定区域内较为完整的土地利用模式为单元，分23个分区。根据不同分区的资源敏感性和适宜性特征，进行设施建设、人类活动和土地利用控制与管理。

旅游度假区环境分为一级保护区、二级保护区、三级保护区和设施建设区。

一级保护区包括太阳山、花山、白鹤山的生态林地，万金障湿地、蚂蟥溶湿地以及沾天湖水面。此区域对人类活动较为敏感，除必要的游赏道路、航线及必需的游览设施外，禁止其他与风景保护无关的建设。保持现状特征，严格禁止开山采石，加强环境绿化，恢复自然生态的原生性，控制活动内容，主要以生态旅游为主。加强管理力度，完善法律法规，严格执行国家的有关规范，对该区域内符合总体规划要求的建设项目严格审批程序，禁止在该区内进行有损生态环境保护和生态景观的活动，杜绝破坏性建设。该区域大气环境质量要达到I级标准；污水全部达标处理后排放，地表水环境质量优于II级标准；声环境质量达到国家0类标准。

二级保护区包括仙人洞、红旗水库、柳叶湖、月亮山丘岗、万寿村农业区、毛家垱水塘区、花山村水塘区。此区域自然环境较好，是开展旅游、休闲、运动的主要区域，对该类用地要合理规划引导，主要以保护自然生态环境为主，对该区域内符合总体规划要求的建设项目要严格审批程序，严格控制建设类型和建设规模。该区域大气环境质量达到II级以上标准；农田、水库、林地系统得到有效保护，整体的生态环境得到进一步的改善；垃圾无害化处理达到100%；污水全部达标处理后排放，地表水环境质量优于II级标准；声环境质量达到国家I类以上标准。

三级保护区包括万金障渔场、梁山村果林区、桃树岗果林区、肖伍铺农业区、东山村农业区、南坪岗农业区、东江农业区。此区域主要为农业区，是旅游度假区生态环境的背景和保障，主要以发展绿色农业为主，严格控制区内的面源污染，加强对化肥、农药使用的管理，防止污染水域，严格控制无序的水产养殖活动，严禁在水体岸边乱倒堆放垃圾。控制区内村镇发展规模，切实保护好旅游度假区内整体生态环境。大气环境质量达到II级标准；农业污染得到有效控制，生产、生活污水实现100%达标排放；地表水环境质量达到II级标准；声环境质量达到国家I类标准。

设施建设区包括戴家岗度假中心区、白鹤山乡建设区。设施建设区在开发中要注意该区域的环境容量，保证该区域的可持续发展。设施建设力求自然，与环境协调。戴家岗的部分地区做为旅游度假区的优先发展区域，在引进各种项目，进行开发的同时，还要加强其内部的景观建设，保证该区域的协调有序、可持续发展。白鹤山乡建设区要合理编制城镇发展建设规划，区内建设要严格按照规划进行建设，人口和产业适度集中以节约土地，合理配置各类资源。建设区的空间布局应充分考虑与旅游度假区的生态隔离。设施建设区大气环境质量达到II级标准，垃圾无害化处理达到100%，生产、生活污水实现100%达标排放，地表水环境质量达到II级标准，声环境质量达到国家I类标准，绿化覆盖率超过50%。

2.生态保护与土地利用的关系

旅游度假区内的土地除了游览用地以外，还有耕地、园地、草地、水域、居民社会用地、交通与工程用地、设施用地等用地类型。通过对各类用地的管理和控制，协调各种用地矛盾，限制不适当开发利用行为，充分保护旅游度假区的生态环境，发挥其土地潜力，突出旅游度假区的用地特征，增强旅游度假区的主导效益。

生态保护与土地利用管理

表 7-1-21

分区名称	活动类型	一级保护区	二级保护区	三级保护区	设施建设区
游赏用地	风景点建设用地	○	○	○	○
	风景保护用地	—	△	—	—
	风景恢复用地	—	△	—	—
	野外游憩用地	○	●	△	—
	其他观光用地	○	○	△	○
旅游设施用地	旅游点建设用地	△	○	○	●
	游娱文体用地	×	×	○	●
	休养保健用地	×	△	△	●
	购物商贸用地	×	×	×	●
	其他旅游设施建设用地	×	△	○	●
居民社会用地	居民点建设用地	×	△	●	●
	管理机构用地	△	△	●	●

续上表

分区名称	活动类型	一级保护区	二级保护区	三级保护区	设施建设区
居民社会用地	科技教育用地	×	×	△	●
	工副业生产用地	×	×	×	●
	其他居民社会用地	×	△	△	●
交通与工程用地	对外交通通讯用地	×	○	●	●
	内部交通通讯用地	●	●	●	●
	供应工程用地	×	△	●	●
	其他工程用地	△	△	●	●
林地	/	○	○	●	—
园地	/	△	○	●	—
耕地	/	△	○	●	—
草地	天然牧草地	○	○	○	—
	人工草地	—	—	○	○
	其他草地	△	○	○	○
水域	/	○	○	○	○

图注：●应该设置；○允许设置；△有条件允许设置；×不允许设置；—不适用

3.专项保护规划

(1)水体保护

提高旅游度假区森林覆盖率，做好湖区周边的水土保持工作，禁止开山采石、放牧砍伐等人工活动，加强植被的恢复；保护珍稀树种，调整林相结构和质量，建立森林防火、森林病虫害防治、森林动态监测系统。

严格控制柳叶湖周边度假设施及乡村的污染物排放，加强对化肥、农药使用的管理，防止污染水域，严格控制无序的水产养殖活动，严禁在水体岸边乱倒堆放垃圾，加强环境污染治理，确保规划区内各种污染物能够控制在国家规定标准之内。

提高城市污水的处理效率，通过改线，使处理后的污水不再向柳叶湖排放；加强垃圾场的管理，杜绝垃圾渗滤液渗入柳叶湖，保持水体的纯净。

柳叶湖的水位保持在32～33米，保持一定水量，这样不仅有利于水体景观的塑造，也提高了水体水质的自我调节能力。

建立柳叶湖水质监测体系，严格管理办法和管理制度，打破部门和区划界线，实行区域水资源的统一规划、统一建设、统一管理，使湖水的水质保持在地表水Ⅱ类标准。

加强湿地、池塘管理，合理引导水生植物种植，杜绝蔓延性水生植物的生长蔓延；严格保护湿地生态，营造水鸟栖息地。

近中期在柳叶湖及其水系航行、停泊、做业的船舶，要按照水利部门的规定，配备油水分离器或者专用容器等防污设备，并持有船舶检验部门签发的合格证和水利行政主管部门规定的防污证书和文书，并按有关规定记录。远期逐步更新为电瓶船，彻底解决燃油污染水体的问题。

禁止有毒有害物资(质)向水系水体排放、倾倒，或者在柳叶湖最高水位线以下的滩地和岸坡堆放、贮存、填埋。有毒有害物资包括含汞、镉、砷、铬、铅、氰化物、黄磷等剧毒物品及其废渣和农药；油类、酸液、碱液和剧毒废液，含高、中放射性物质的废水和放射性固体废弃物，工业废渣、城市生活垃圾和其他废弃物。在柳叶湖最高水位线以上陆域堆放、贮存、填埋上述物资(质)，必须采取防水、防渗漏、防流失措施。

(2)大气及声环境保护

旅游接待设施及农村居民点推广使用清洁燃料，如液化气、煤气、电等，逐步减少农村地区对薪炭等燃料的需求，现有烧煤锅炉要逐步过渡到使用柴油燃料，条件成熟可采用集中供热。对进入旅游度假区的机动车辆，全部实行尾气路检制，尾气超标车辆禁入旅游度假区。旅游度假区环境空气质量要符合二级标准。

加强道路管理，通过与公安、交通等部门合做，完善交通信号标识，采用设置禁鸣区、禁鸣路段、噪声达标区和在主要过境交通线两侧设置绿化噪声隔离带等手段，使度假区的声环境质量符合城市区域环境噪声一类标准。

有害气体的排放，必须符合国家规定的标准；劳动环境的有害气体和粉尘含量，必须符合国家卫生标准的规定；一切排烟装置、工业窑炉、机动车辆、船舶等，都要采取有效的消烟除尘措施；散发有害气体、粉尘的单位，要采取密闭的生产设备和生产工艺并安装通风、吸尘和净化回收设施；大力发展和利用煤气、液化石油气、天然气、沼气、太阳能、地热和其他无污染或少污染的能源；在城镇积极推广区域供热，对超过国家规定排放污染物的，按照排放污染物的数量和质量浓度，收取排污费。

(3)生物多样性保护

严格保护太阳山地区大片的次生林植物群落和特有的珍稀物种。保护和大力种植乡土树种，使太阳山地区的森林覆盖率达到90%以上，并加强对外来引进物种的管理，防止

“生物灾害”。

严格保护在旅游度假区内栖息的各类候鸟及其他野生动物，严禁捕杀、贩卖野生动物，保护鸟类等动物的生活环境。扩大阔叶林和浆果类植物种植面积，为鸟类生息繁衍创造条件。

通过退耕还湖、水网整治逐步恢复柳叶湖及其周边地区的湿地生态系统，形成独特的自然生态景观，并为野生动物提供良好的栖息场所。

禁止滥采乱挖活动，保护野生菌类和自然地被植物。

加强科研投入和科普教育，提高群众的生态意识。

加强农业区的分区工作，对不同的区域实行不同的产业结构，加强对农业区做为生物多样性保护、连通和扩展的做用，加强混农林业的研究、利用和发展。

(4)环卫设施规划

旅游度假区中生活垃圾的收集逐步实行容器化、密闭化。近中期以垃圾箱收集为主，增加垃圾箱数量，并逐步实行袋装化收集；远期，全面实行袋装化收集，并逐步实行分类收集。

收集行人手持零星废物的废物箱一般设置在主要步行游览线两侧，并在旅游度假区内的戴家岗、太阳山、蚂蟥溶、仙人洞、白鹤山等主要游览区设立集中式垃圾收集点，服务半径为 1～2 千米，生活垃圾等收集后统一集中处理，逐步实现生活垃圾无害化处理率 100％。

公共厕所。选择建造公共厕所的地点应因地制宜、合理规划，尽量与旅游服务设施结合。设计应符合公共卫生要求，并达到国家《旅游厕所质量等级的划分与评定》的要求。并对其进行统一管理，建筑形式与周围景观环境相协调，并逐步改造为无水公厕。戴家岗地区随着公共厕所的改造，排水设施的完善，粪便处理逐步纳入城市生活污水收集处理系统，进入城市污水处理厂进行无害化处理。

(二)西洞庭湖区环境污染防治规划

2002 年，市政府根据《国家环境保护“十五”计划》和《湖南省环境保护“十五”计划》，制定了洞庭湖“4350 工程”西洞庭湖区环境污染防治规划。

1.奋斗目标

总体目标：实现工业污染全面达标，农村面源污染得到全面扭转和改善，遏制生态破坏，保持生态平衡，减少自然灾害，促进自然生态系统良性循环，提高人民生活质量，实现西洞庭湖区经济、社会和环境效益协调发展。

近期目标(2005 年)：湖区重要生态环境保护区域生态恶化的趋势得到扭转，重点污染源排放得到控制，重点资源开发区域的生态环境得到治理和恢复，人为破坏环境的违法行为得到遏制，各种良好的自然生态系统及重要物种得到保护，农村环境保护工作得到加强，规模化兽禽养殖得到基本控制。

远期目标(2010 年)：西洞庭湖区环境得到历史性好转，物种丰富区和重点开发区的生态环境得到有效保护，空气和水环境质量稳定，达到功能区划要求，基本实现常德市西洞庭湖区国民经济的可持续发展。

2.主要计划指标

主要计划指标

表 7-1-22

要素	指标	2005 年	2010 年
大气	总悬浮颗粒物年日平均值(毫克/立方米)	0.202	0.200
	二氧化硫年日平均值(毫克/立方米)	0.110	0.060
	氮氧化物年日平均值(毫克/立方米)	0.026	0.027
	降尘(吨/平方千米·月)	7.0	7.2
	废气处理率(%)	92	95
	烟尘控制区覆盖率(%)	100	100
	城市气化率(%)	95	100
	民用型煤普及率(%)	100	100
水	饮用水源水值达标率(%)	100	100
	万元产值工业废水排放量(吨/万元)	75	70
	工业废水处理率(%)	50	70
	工业废水达标率(%)	100	100
	城市生活污水处理率(%)	70	80
固体废物	工业固体废物综合利用率(%)	75	80
	工业固体废物处理率(%)	23	19
	城市生活垃圾清运率(%)	100	100
	城市生活垃圾无害化处理率(%)	100	100

续上表

要素	指　　标	2005年	2010年
生态	人口密度(人/千平方米)	13000	12000
	经济密度(GDP亿元/千平方米)	2.5	3.1
	适宜布局率(%)	70	75
	过度开发率(%)	28	25
	人均公共绿地(平方米/人)	12.55	15.00
	绿化覆盖率(%)	39.36	42.00
	农药化肥施用量减少率(%)	40	60
	兽禽粪排放量减少率(%)	60	80
建设项目	环保审批率(%)	100	100
	“三同时”执行率(%)	100	100

3.主要任务

(1)工业污染防治

把削减工业污染物排放总量做为工业污染防治的主线，实施工业污染物排放全面达标工程，促进产业结构调整和升级。

严格控制新污染。基本建设和技术改造项目必须严格执行国家产业政策和环境保护法规，采用清洁生产工艺和设备，合理利用自然资源，并通过“以新带老”，做到增产不增污或增产减污。

巩固和提高工业污染源主要污染物达标排放成果。以污染负荷占全市工业污染65%的行业为重点，推行污染物排放全面达标，工业污染源排放的各种污染物达到国家或地方排放标准。全面实施排污申报登记动态管理，在重点地区推行排污许可证制度。实施污染物排放总量控制定期考核和公布制度。

淘汰污染严重的落后生产能力。综合运用法律、经济和行政手段，结合国家工业生产总量调控目标，关闭产品质量低劣、浪费资源、污染严重、危害人民健康的厂矿，淘汰落后设备、技术和工艺。开展经常性执法检查，防止关停企业死灰复燃。

大力推行清洁生产。结合产业结构调整，提倡循环经济发展模式，采用高新适用技术改造传统产业，支持企业通过技术改造，节能降耗，综合利用，实行污染全过程控制，减少生产过程中的污染物排放。

抓好重点行业的污染防治。煤炭行业:以改善结构为导向,限制开采高硫煤,着力提高优质煤比重。加大煤炭清洁利用技术研究力度,大力发展煤炭洗选、型煤、动力配煤、水煤浆、煤炭气化和液化,逐步提高煤炭洁净利用水平和利用效率。加强矿区环境综合整治,以土地复垦为重点,建立各种类型的矿区生态建设示范基地,逐步形成与生产同步的生态恢复建设机制。建材行业:逐步淘汰机窑、立波尔窑、中空窑等落后工艺,禁止新建、扩建立窑生产线,鼓励发展新型干法窑外分解大型水泥项目。大力开展废弃物综合利用,发展新型墙体材料。轻工行业:关闭污染严重、技术落后、不符合经济规模的小制浆厂、小制革厂、小酿造厂、小糖厂等,淘汰落后工艺和落后生产能力,加大重污染行业的结构调整和污染治理力度。造纸行业从调整原料结构入手,大力发展木浆,积极利用废纸浆,降低非木浆比重,压缩草浆。积极开发和推广无磷洗涤产品,禁止上生产锌汞电池。停止一次性发泡塑料餐具生产和销售。大力推广环境标志产品认证,推动发展节能、低噪、无毒、无污染的环保型轻工产品。

(2)城市环境保护

以提高城市人民生活质量为目标,以创造良好的人居环境为中心,在推进城镇化的过程中,强化城市环境综合整治,重点解决大气污染、水污染和生活垃圾污染问题。合理规划、完善城市功能、遵循自然生态规律,合理确定城市规模和发展方向,调整产业结构和空间布局,逐步解决城市功能区混杂的问题。常德市要按照环境保护模范城市的指标体系,有计划、分步骤地进行建设。因地制宜,加快城市污水处理厂、垃圾处理场、集中供热供气等环保基础设施建设,提高城市品质。加大城市环境综合整治力度,提高城市管理水平。保护饮用水源,确保城市用水安全;改善城市能源结构,逐步取消直接燃用原煤,禁止在城区新建严重污染大气环境的企业;鼓励开发和使用清洁燃料的汽车,控制汽车尾气污染。限制机动车、火车市区鸣笛,加强建筑施工、工业企业和社会噪声的监管,控制噪声污染。把建筑施工场地渣土垃圾清运的管理、破损路面的恢复、裸露土地的覆盖等,做为城市管理的突出问题来抓,切实遏制扬尘污染。

(3)农村环境保护

以控制农业面源、畜禽养殖业污染和防治乡镇工业污染为重点,改善农村环境质量。结合农业结构调整,大力发展生态农业、有机农业和节水农业,积极发展有机食品、绿色食品和无公害食品,控制因不合理使用农药化肥产生的面源污染;推广畜禽养殖业粪便综合利用和处理技术,推行畜禽粪便资源化;开展农村改水工程,加大保护力度,确保村镇饮用水的卫生安全;加强农做物秸秆的禁烧和综合利用工作,控制污染危害;在加强发展小城镇的进程中,注重科学合理布局与规划,严格环境功能分区,加快乡镇工业结构调整,促进乡镇工业向工业小区集中，配套完善城镇环保基础设施建设，实行污染集中控制。同时，采取有效措施防止消耗高、污染重的落后工业向小城镇转移。

(4)生态环境保护

以《全国生态环境保护纲要》为指导，以西洞庭湖、沅澧两水为重点，以退耕还林、退田还湖、强化监管为主要措施，努力减少人为破坏，使生态恶化的趋势得到遏制。实施对重要生态功能区的抢救性保护。着重抓好西洞庭湖区平垸行洪、退田还湖和沅澧两水源头区退耕还林、封山育林以及流域内的水土流失治理，加强湿地生态系统保护。实施对重点资源开发区的强制性保护。以矿山开采区和基础设施建设区为重点，进一步加大执法力度，强化监管，对资源开发导致的土地损毁、“三废”污染以及地质灾害问题加强预防、监测和恢复治理。对因公路、铁路等基础设施建设带来的水土流失、生态破坏问题要抓紧治理，建设沿线绿化带。实施对生态环境良好区的积极性保护。以西洞庭湖区“两区一园”为重点，着重抓好生物多样性和自然生态系统的完整性保护。

4.重点项目

重点项目包括水污染治理项目、大气污染治理和清洁能源项目、生态环境保护与建设项目、环境管理能力建设项目。

水污染治理项目有常德市城区(包括德山开发区和武陵镇)及7个县(市)城关镇(市区)污水处理工程，西洞庭、目平湖、柳叶湖、穿紫河、临澧道水、桃源大杨溪和澄溪等水域的治理工程，湘澧盐矿、金健米业等企业废水综合治理工程，共23项，总投资24.36亿元。

大气污染治理和清洁能源项目有临澧新厦建材有限公司粉尘治理、放射性元素污染治理、噪声治理、污水处理和环境绿化，常德市工业型煤工程，常德市桃树岗垃圾综合处理工程，常德市城区液化气工程，临澧新安镇粉尘污染治理，共5项，总投资5.36亿元。

生态环境保护与建设项目有七里湖区湿地保护与生态功能恢复示范工程，西湖湿地生态保护工程，南湖调蓄区生态保护试验示范工程，西洞庭湖国际重要湿地自然保护区生态功能保护管理工程，万亩有机天然菱果示范实验基地建设工程，湖洲河滩有机(天然)食品开发建设工程，桃源万亩有机茶(大叶茶)基地建设，澧阳平原10万亩有机食品基地建设，三汊障单退垸生态恢复及旅游观光休闲工程，白杨林纸有限公司平退堤垸和湖河洲滩生态恢复与资源可持续利用工程，澧南大垸生态恢复和建设利用工程，“长江三口”周边地区生态保护工程，南湖南垸平退堤垸替代产业示范基地建设，常德市秸秆综合利用工程，黑山(乌云界)自然保护区建设，大桃花源风景名胜区建设，嘉山风景名胜区生态旅游，青泥湖垸生态恢复与资源利用工程，围堤湖蓄洪垸绿色产业工程，临澧县绿色食品基地建设等20项，总投资40.466亿元。

环境管理能力建设项目:有环境监测能力建设(市级和县级)，环境执法能力建设，环境信息能力建设(市级和县级),共3项,总投资3200万元。

5.投资估算与资金来源

(1)投资估算

根据治理洞庭湖生态环境保护的任务,共编制环境保护项目51项,大约共需投入资金55.458亿元。

水污染治理主要是工业废水和城镇生活污水处理,列入项目23项,约需投资24 .36亿元。项目建成后,可新增污水处理能力32 705万吨/年,减少化学需氧量排放119 275吨/年。

大气污染治理主要是粉尘、二氧化硫治理和清洁能源生产,列入项目5项,约需投资5.36亿元。项目建成后,可减少烟、粉尘排放23 359 000吨,二氧化硫排放55 461 200吨。

生态环境保护和建设,主要是湿地保护、有机食品生产、退田还湖后的湖泊综合整治,列入项目20项,约需投资25.418亿元。项目建成后,可从根本上防治水土流失,减少泥沙入湖量,生态环境恶化的趋势从根本上得到扭转。

环境管理能力建设,主要是增加监测仪器设备、现场执法设备,提高市县两级环保部门监测队伍的监测能力,执法队伍的快速反应能力和现场执法能力,约需投资3200万元。

(2)资金来源

地方各级政府和企业自筹,大约可筹措资金17.54亿元,占总投资的31.6%。

引进外资,计划引进外资6.8亿元,占总投资的12.2%。

银行贷款,准备向银行贷款2.1035亿元,占总投资的3.8%。

国家投资,争取国家生态环境保护和建设投资29.3741亿元,占总投资的52.9%。

6.保障措施

建立综合决策机制,进一步加强环境保护工作;加强法制建设,依法保护环境;政府调控、市场运做,多渠道增加环境保护投入;加强环保科研,发展环保产业;加强环境管理能力建设,提高环境管理现代化水平;加强环境宣传教育,提高公众环境保护意识。

(三)德山开发区东区化工造纸工业园环境保护规划

2009年7月,德山经济技术开发区组织编制《常德市德山经济开发区东区化工造纸工业园控制性详细规划》。

1.污染防治规划

园区开发遵循经济建设、城市建设、环境建设三同步的方针,严格贯彻执行环境保护法律、法规,切实保护建设地域的生态环境,建设环境友好型园区。所有入园项目严格执行环境影响评价法律制度的要求,污染物实行总量控制和达标排放,鼓励入园企业应用先进生产技术和设备，推广清洁工艺，实现清洁生产。污染物治理主要包括废水、废气、废渣和噪声。

(1)水污染防治措施。推行节约用水，实行定额用水制，提高工业用水重复利用率，尽量减少外排污水量。加强对排污单位的管理，企业污物排放浓度不得超过国家规定的排放浓度，实行排污许可制度。厨房含油废水采用二级隔油工艺处理，各建筑物室内生活污水、废水排出后进入室外排水检查井，粪便污水经化粪池处理后进入检查井，然后经污水管排入园区下水道，集中处理。建立污水处理系统，实行雨污分流排水系统。远期，在园区建设一座处理能力为30万吨的污水处理厂，对园区污水进行统一处理，区内企业污水初步处理达到标准后排入园区污水总管，由园区污水处理厂处理，达到标准后排入沅江。

(2)大气污染防治措施。推广燃油和燃气锅炉；燃煤锅炉采用先进的除尘、脱硫设备和污染治理技术，推广除尘、脱硫技术；推行管道燃气，减少煤烟污染。提高绿化覆盖率。

园区内各企业生产过程中产生的废气，由各企业根据废气的性质，按照环保要求处理后达标排放。食堂烹饪安装油烟净化设备。在住宅厨房内设置排烟道，厨房废气高空排放。

(3)声污染防治措施。合理规划交通设施布局，科学组织道路网，有效组织园区对内、对外和过境交通，建立交通噪声禁鸣区，降低交通噪声污染。在噪声源周围设置绿化带，形成隔声带。园区内各企业生产过程中应尽量控制噪声源，选用符合噪场限值要求的低噪声设备，在噪声大的设备上加装消声、隔音装置；在设备管道设计中，采取隔震、防震、防冲击措施以减轻振动噪声，并考虑改善输送流场状况，以减小空气动力噪声；在厂房建筑设计中，尽量使主要工作和休息场所远离声源，并设置必要的值班室，结合车间环境的建筑设置吸音、隔声措施。尤其在临厂界一面密植林木，建立有效的隔声屏障，通过种种措施，使厂界噪声控制在《工业企业厂界噪声标准》(GB122348—90)Ⅱ类标准的范围内。

(4)固体废弃物及生活垃圾污染防治措施。固体废弃物主要通过减量化、资源化和无害化处理，达到环境保护的有关要求。近期，在园区内59地块设置为固体废弃物处理用地。

减量化。通过引进技术含量高的企业，以及通过各种手段鼓励入园企业开展清洁生产，开发和推广先进的生产技术和设备，充分合理利用原材料、能源和其他资源，减少固体废弃物的产生量和排放量，力争最小限度地排放固体废弃物，从源头上直接减少或减轻固体废弃物对环境和人体健康的危害。

资源化。鼓励企业改进管理和工艺措施，从固体废弃物中回收物质和能源，按照循环利用的原则尽可能回收利用，加速物质和能量的循环，延长产业链，创造经济价值。通过引进配套的企业，使一个行业的废弃物变成另一个产业的原材料，最大限度地利用资源。

无害化。对于已经产生又无法或暂时不能综合利用又必须外排的固体废弃物，采用物理、化学或生物方法按照有关环保要求进行安全、无害化处理。

生活垃圾在区内集中后，由城市环卫部门运至城市垃圾填埋场统一处理。

加强工业固体废弃物排放和堆放管理，对有害有毒废弃物采取集中和定点处理，严格按照《危险废物贮存污染控制标准》GB18597—2001 的要求进行管理。

2.环境卫生公共设施规划

(1)公厕规划。公厕设置标准为 3 座/平方千米，规划范围内主要土地使用性质为工业和仓储，外来人流相对较少，设公厕 13 座。公厕建筑面积规划指标为每座 30～50 平方米。

(2)废弃物处置设施规划。废物箱一般设置在城市街道两侧和路口、居住区域人流密集地区。废物箱应美观、卫生、耐用，并防雨、阻燃。交通干道间隔 50～80 米设置废物箱，一般道路间隔 80～100 米设置废物箱。在人流密集地段根据人流密集度合理设置。垃圾中转站按每 700 平方米～1000 平方米 1 座的标准设置，用地面积不大于 100 平方米，与周围建筑物间距不小于 5 米。供居民直接倾倒垃圾的小型垃圾收集转运站，其收集服务半径不大于 200 米，占地面积不小于 40 平方米。

3.环境保护规划

规划区范围内大气环境质量达到 II 级以上标准，垃圾无害化处理达 100%，污水全部达标处理后排放，所有入园的工业企业必须进行环境评价，符合环境保护要求的项目方可入园建设。

4.环境功能区规划

沅江评价江段：社木铺人渡上游为 GB3838—2002 Ⅳ 类水域；社木铺人渡下游为 GB3838—2002 Ⅲ 类水域。

环境空气：达到 GB3095—1996 二级及以上标准。

声环境：GB3096—93 的 3 类标准适应区。

三、专业性规划

(一)“十二五”(2011—2015 年)环境监测规划

1.规划目标

(1)总体目标。初步建成一个全方位、多层次、广覆盖的先进的环境监测预警体系和环境监测公共服务体系，努力实现“基本说清环境质量及污染源排放状况，逐步说清重点区域潜在的环境风险，快速应对各类环境突发事件，积极开展生态遥感和农村环境监测”，为政府决策、环境管理和社会提供公正、规范、高效、优质的服务。

(2)具体目标。全面推进环境监测工作。完善环境各要素的项目能力建设：完善空气质量全分析指标，完成地表水水质分析扩项计量认证，完善土壤污染指标监测能力建设，逐步加强生态监测工作，拓展性开展核辐射监测。

加快提升环境监测能力。在“十二五”期间，实现市环境监站实验用房总面积达3000平方米以上，人均实验用房面积大于15平方米，进一步提高市站监测技术装备和监测人员能力水平，使其监测能力和技术水平达到省内先进水平；不断推进各区县站标准化建设，在“十二五”期间，实现县级站实验用房总面积不小于1000平方米，人均实验用房面积不小于15平方米，监测技术装备达国家三级站建站标准。

加强环境监测人才队伍建设。到“十二五”末，通过引进、招聘等手段，实现市县两级监测站专业人员数量、构成比例分别达到国家二、三级建站标准，每年定期开展专业技术培训，定期开展全市技术比武，建立一支结构合理、做风过硬、技术精良的监测人才队伍。

进一步完善环境监测网络。在现有自动监测站的基础上，拓展监测范围，增加监测点位，进一步完善监测网络：增加空气自动监测站点，开展机动车尾气监测，在沅、澧两水集中式饮用水源地建立水质自动监测站，对城区主干道开展交通噪声自动监测，进一步开展土壤环境监测，完善农村以及生态环境监测系统。到“十二五”末，基本建成先进的环境监测预警体系。

进一步加强环境监测质量管理。建立和完善全市质量管理信息平台。市监测站在完善能力建设和管理体系建设的前提下，申请国家实验室资质认定。

(3)环境质量监测目标。城区空气质量年均浓度值达二级标准以上，环境空气质量优良天数超过310天，优良率大于85%。

水环境质量监测评价指标中，沅、澧两水常德市段各监控断面优于地表水Ⅲ类标准；穿紫河、柳叶湖、目平湖、珊珀湖、黄石水库以及津市西湖等重要水域功能区水质达标率100%；集中式饮用水源地水质达标率100%。

生态环境质量监测评价指标：国家级自然保护区达到规范化建设要求；农村沼气普及率大于80%；80%区县(市)达到生态县验收标准；50%乡镇通过省级或国家级生态乡镇验收。

2.主要任务

(1)加强环境监测管理体系建设。结合环境监测转型，理顺环境监测管理机制体制。市、县两级监测站应结合当地实际，建立和完善与国家政策要求、行政管理要求、专业技术要求相适应的管理机制、工作机制、用人机制、分配机制、创新机制，精准高效地为政府决策、为环境管理与执法、为公众服务。

建立健全环境监测质量管理考核制度与体系。建立监测月报的会商制度，理顺环境监测与环境管理各部门关系，明确监测与管理的职责与分工；建立监测质量季报的会审制度、目标管理考核制度，理顺市级站与各县级站的关系；建立监测月报的座谈制度，理顺环境监测与水利、给水等其他部门的关系，明确各部门不同要求。

(2)深化环境监测业务体系建设。

完善环境质量综合评价指标，说清环境质量状况变化趋势。完善环境各要素项目能力建设，完善空气自动站的 SO_2、NO_2、NO_x、CO、PM_{10}、$PM_{2.5}$、O_3 全分析，完成饮用水源地表水 109 项水质部分项目的扩项计量认证，建立土壤污染物中有机物 DDT、六六六监测和八大重金属(Cd、Hg、As、Cu、Pb、Cr、Zh、Ni)指标分析能力，开展酸沉降、Pb 和 Cd 的重金属沉降分析，逐步建立生态监测和核辐射监测系统。开展十年环境质量变化分析，全面评价环境质量状况变化趋势。开展农村区域和背景站点的环境状况分析，组织编制农村区域和背景站点环境质量状况报告。

加强污染源监测，说清污染源排放状况。建立污染源监测制度，加强污染源监测管理。出台《污染源监测管理办法》，进一步规范污染源监测行为；建立重点污染源信息管理系统，全面掌握污染源动态变化；建立完善的在线比对质量管理体系和制度，保证污染源在线监控系统的运行质量。

加强重点污染源监督性监测，准确、及时地掌握污染源排放状况。以国控重点污染源监督性监测为切入点，加强环境执法、污染事故处理等方面监督性监测，为污染源监督提供基础数据，推动污染源排放稳定达标；加强污染治理减排设施监督性监测，推进主要污染物减排，促进绿色发展，实施主要污染物总量控制；加强对自动监控设施运行的监督管理，逐步推行污染源自动监控，实现对特征污染源的实时监控。

建立环境预警监测体系，说清潜在的环境风险。加强重点区域、沅澧流域的环境应急监测体系建设，健全应急监测管理，形成顺畅的应急监测响应、数据报送、信息通报、协调联动等环保系统内部之间和各部门之间的沟通渠道，定期开展应急监测演练，积极利用社会资源建立应急监测物资储备库，有效应对和控制突发环境事件。

构建先进的环境预警监测体系。根据常德市环境风险源状况建立区域预警方案，整合环境质量与污染源数据，结合气象及其水文等相关信息，开展事故前、事故中和重大环境污染过程预警，说清潜在环境风险，实时提出预测预警报告。

加强生态、农村和土壤环境监测，拓展监测领域。加强生态环境质量监测工作，在典型生态系统和重要生态功能区(白鹤山和西洞庭湿地)建立生态环境质量监测站点，逐步推进生态监测基础建设与生态监测试点工作。

加强农村环境质量监测工作。制订农村监测工作方案，开展农村环境监测工作试点，逐步扩大监测范围。“十二五”期间，争取全市各区县完成 1 个农村监测站点的建设，逐步摸清农村污染源、环境质量状况，初步形成农村环境监测能力。

加强土壤环境质量监测工作。初步形成本市、各区县的土壤监测能力，对重要敏感区和土壤污染高风险区进行加密监测、跟踪监测，完善本市土壤监测的常规布点。

开展核与辐射环境监测工作。配备核辐射监测装备及人员，逐步形成市级站辐射环境监测能力。

(3)完善环境监测技术体系建设。

完善环境质量管理体系，确保数据的准确性。进一步对环境监测的所有环节实施全程序的质量保证与质量控制，特别是要加强现场监测与自动监测的质量控制与质量保证。

全面落实管理体系，保证监测活动按程序有效进行，每一环节应有原始记录，实施监测活动的全程序质控。严格报告的三级审核制度，完善质量季报制度；重点落实异常数据处理、不符合处理程序的运行；重点建立质量管理考核体系，并纳入各部门的目标管理；建立和完善辖区监测系统的培训及考核制度，确保数据的准确性。

加强环境监测科研工作，开展本市辖区内典型与新型环境问题调查研究。“十二五”期间，逐步推行科研项目负责制，建立完善科研课题项目的申报、内审以及资金保障制度，不断提高监测科研能力，形成一批省内知名的的专家群体。同时，还要加强科研成果的转化，使科研成果切实应用于环境管理，应用于监测技术和能力的提高。针对辖区内典型、新型环境问题，与科研院所和大专院校交流合做，开展专项调查与研究，拓展监测领域，提高监测能力，力争为政府部门的决策提供强有力的支撑。

(4)加强环境监测能力体系建设。

环境监测能力体系建设包括环境监测站标准化建设、环境监测人才培养与队伍建设、专项环境监测能力建设、环境监测信息能力建设。

环境监测站标准化建设。“十二五”期间，完成市、区县环境监测大楼建设，分别满足国家二级、三级站建站标准，市级站全面形成109项饮用水源地水质监测能力，各区县站形成28项地表水水质监测能力。

环境监测人才培养与队伍建设。进一步建立培训考核制度，完善多层次的培训考核体系，推动监测技术培训考核的制度化、规范化、标准化建设，为定岗、竞岗和绩效考核提供技术支撑，构建监测队伍人才培养、成长、晋升的技术通道，推动全市监测队伍专业化的建设。搭建全市监测系统学习交流成长平台，增强市县两级的凝聚力，引导一线采样、分析人员向综合型、复合型人才发展，促进全市监测工作网络“一体化”建设。

专项环境监测能力建设。优化环境监测网络，强化环境监测点位的代表性，拓宽环境监测点位的覆盖面。建立与城市发展相适应的监测网络，市级站在原有5个空气自动监测站的基础上，新增4个自动监站点(德山区1个、南城区1个、北城区2个)，各区县均建立1个空气自动监测站。

在沅水、澧水两水的集中式饮用水源地建立水质自动监测网，沅水建立凌津滩、水源亭和陈家河3个水质自动监测站，澧水建立三江口、沈家台水厂、新安水厂和地表水水厂4个水质自动监测站。

基本满足环境管理和政府公共服务的需要，扩展对O_3、CO、NO_x、$PM_{2.5}$污染因子的监测。

在城区主要干道(洞庭大道、柳叶路、武陵大道、芙蓉路、启明路、桥南大道、阳明路、大湖路)开展道路交通噪声在线监测。

在城区主要干道(洞庭大道、柳叶路、武陵大道、芙蓉路、启明路、桥南大道、阳明路、大湖路)设置道路机动车污染源监测点。在白鹤山和西洞庭湿地，建立生态环境质量监测站点。各区县(市)完成1个农村监测站点的建设，逐步摸清农村污染源、环境质量状况，初步形成农村环境监测能力。初步形成市级站及各区县站的土壤监测能力，对重要敏感区土壤污染高风险区进行加密监测、跟踪监测，完善全市土壤监测的常规布点。

环境监测信息能力建设。建立“环境监测基础数据库”“空气自动站数据管理系统”“污染源监测数据系统”，实现监测数据的统一采集、统一存储、统一管理、统一上报和站内的数据共享，保证监测数据上报的一致性、及时性、准确性和完整性，提高环境质量分析的时效性和准确性。通过各类系统的实际应用，切实提高环境监测站各方面业务能力，充分显现信息化技术在环境监测工作中的优势。

3.重点工程

为实现常德市“十二五”环境监测发展的各项目标和任务，要进行四大重点工程建设，总投资约19832万元，经费主要来源于国家、省、市、县各级财政，同时也吸纳社会资金。

(1)环境监测站达标建设工程。新建市和7个区县环境监测大楼，完善市、区县(市)环境监测体系建设，强化与环境管理密切相关的监测能力，配置先进环境监测仪器和智能化的实验室信息系统，引进高素质环境监测人才，建立优质、高效、一流的环境监测体系。

(2)环境监测网建设。环境监测网建设包括空气环境质量监测网建设、水质自动监测网建设、生态环境质量监测网建设、土壤环境质量监测网建设、噪声环境质量监测网建设、机动车污染源监测网建设、农村环境监测网建设、污染源监督性监测网及数据库建设。

(3)环境应急监测能力建设工程。加快环境预警信息网络建设(应用支撑平台、信息传输网络、数据资源整合、环境质量及污染源基础数据库)，提高环境事故进行快速科学分析、评价和处理应对的能力。

市、区县级环境监测站在80%达到国家标准化建设要求的基础上，全面提升环境监测和预警应急综合能力，建立一支专职的常设应急监测快速反应队伍。

(4)环境监测质量管理。开发全市质量管理信息化支持系统，以满足环境管理对监测数据质量及监测人员技术水平考核的需要；建立网络化、在线化的远程测控系统，逐步实现环境质量在线监测质控方法由人工现场离线操做向在线自动化操做的飞跃。

为了保障“十二五”环境监测规划的实施，规划还提出了健全监测机构，加强制度建设、整合相关资源、提高共享程度，依靠科技进步、提升环境监测水平，重视人才、强化队伍建设，加强科研、强化技术支撑，建立以政府为主导、多渠道投入的经费和加强宣传教育、提高群测群防能力等保障措施。

（二）“十二五”环境监察与应急能力建设规划

1.规划目标

“十二五”期间，常德市环境目标是：建设生态城市，实现城乡整体环境持续改善，人居环境进一步优化，基本满足人与自然和谐的小康环境。为实现这一目标，需要进一步加强环境执法机构建设，培育一支以现代化环境监察手段为依托，政治素质过硬，熟练掌握和准确运用环境法律法规，精干、高效、廉洁、文明的环境执法队伍，从而建立起以环境执法、社会监督和企业自律三大部分为内容的完备的环境执法监督体系。

2.环境监察队伍建设指标

到2015年，市环境监察支队人员由2010年的33人增加到50人左右，人员结构趋于合理；环境执法经费能满足环境监理的基本需求，人均执法工作经费每年不少于5万元；环境监察标准化建设全面达到新的国家（中部地区）二级标准；人均现场执法次数达到每年60次，市内工业企业污染物排放稳定达标率达到90％以上；建立常德市环境应急指挥中心，环境应急指挥能力（覆盖面积）达70％。

3.环境监察与应急能力建设

根据职能设置监察机构，打造现代化环境监察队伍，完善机构职能，规范机构设置，加强培训，优化配置人力资源。完善自身建设，配置适应标准化要求的环境监察装备。拓展环境执法领域，开展多项专项行动。拓宽环境执法范围，加大环境执法力度，积极开展专项行动，进一步规范排污收费工作。创新执法监管机制，提高环境公众监督能力。完善环境联合执法制度，建立健全执法监督机制，发动和组织社会公众广泛参与，配套健全移动执法体系。配备现代化装备，建立健全环境应急体系。完善应急处理处置设备，建立应急体系。完善污染控制数据库、环境质量数据库、生态保护数据库、综合管理数据库等环境保护数据库群，将环境应急工作纳入日常工作中，对环境保护工作实行数字化监管、处置。

（三）“十二五”危险废物处置设施建设规划

1.规划目标

（1）危险废物处置设施建设目标。根据常德市2010年危险废物种类和产生量、预计产生种类和产生量以及历年积累的待处置量，规划在“十二五”期间内，建设功能相对齐备的危险废物处置设施，其中包括已有的危险废物处置项目2个(常德润东环保有限责任公司、常德安邦医疗废物处置有限公司)。鉴于常德市已有的医疗废物处置公司的医疗废物处置规模已达到全市医疗废物产生总量，因此，“十二五”期间内，不再增建医疗废物处置公司，只在石门县偏远地区，建立一个收集医疗废物的暂存点。2010年，常德市已经开展废矿物油污染环境专项整治工作，且已为常德润东环保有限责任公司颁发了收集废物油的经营许可证，全市所有企业产生的废矿物油由该公司统一收集暂存，然后交由有废矿物油处置资质的单位最终处置，在条件成熟的情况下，由常德润东环保有限责任公司牵头和独资建设废矿物油处置设施，以确保常德市废矿物油能在辖区内就能得到安全处置利用。

(2)危险废物环境监管能力建设目标。加快建立危险废物环境管理机构，增加人员编制，配备达到管理要求的工作设备，逐步发展建立起能取样、检测和有监测能力的管理队伍，队伍具备全市危险废物环境污染事故的应急处置能力。做好危险废物申报登记，协调、管理全市危险废物转移、贮存、运输和处置活动，承担好危险废物事故应急处理及指挥协调等工作。危险废物集中处置项目必须有自动在线监测装置，能真实反映企业排污状况。

2.危险废物处置企业建设设置规划

2010年，常德市危险废物产生量10281.71吨，处置量为10281.71吨，主要种类为含砷废物、含铅废物、含镉废物、电镀污泥、含锑废物等。常德市危险废物产生量排前五位企业是澧县华峰锌业有限公司、湖南石门玉叶化肥股份有限公司、常德辰州锑品有限责任公司、常德市力元新材料有限公司、汉寿县新兴五金电镀厂，年产生危险废物量10247.2万吨，占全市年危险废物产生总量的99.66%。为统筹安排、合理布局危险废物处置建设，“十二五”期间，常德市拟建立以下危险废物处置利用企业。

(1)建立常德市电镀处理中心。由于常德市工业企业相对发达，这些企业都有不少零部件要经过表面处理，由此产生了十几家家庭做坊式的电镀厂。这些电镀厂大多设备简陋、落后，废水处理简单，有些甚至不处理直接排放，污染严重，且多无证无牌，监管困难。“十一五”期间，全市先后开展过几次打击非法小电镀行业的环境专项行动，收到一定成效。随着经济的发展，在一些经济发展较快的地区和城市，大多建立了电镀工业园区(电镀处理中心)，将分散在各处的电镀厂点搬迁到园区，取得了很好效果。因此，常德市正在常德经济技术开发区筹建湘西北最专业的电镀处理中心，由有能力的电镀企业牵头，其他企业相继进入电镀处理中心。该项目包括电镀专业区、电镀废水处理中心、生活与综合办公区、公用设施等，主要从事电子电镀、塑胶电镀、金属电镀和电镀废水的管理与处置。

(2)建立湖南创元铝业有限公司电解铝废料填埋场。湖南创元铝业有限公司电解铝生产线共有438台电解槽(12台备用)，由于电解槽寿命一般稳定在1800天左右，寿命期满后对电解槽进行大修或更换将产生大量废炭块、废耐火材料及填充料等废渣。该类废物主要是含氟废物，属危险废物，编号 HW32。2010 年，湖南创元铝业公司电解铝废料填埋场经省环保厅环评审批。该项目分为三期工程实施，第一期工程填埋库容为 7006 立方米，可供使用 4 年，服务期为 2008—2011 年；第二期工程填埋库容为 17968 立方米，可供使用 5 年，服务期为 2012—2016 年；第三期工程填埋库容为 26541 立方米，可供使用 8 年，服务期为 2017—2024 年。工程项目总填埋库容为 51515 立方米，可供使用 17 年，服务期为 2008 — 2024 年；封场工程，2025 年建设。主要填埋该公司产生的含氟废物，由创元铝业公司建成的稳定化处理设施进行预处理后再进行安全填埋。由于该填埋场设计规模较大，处置危险废物的能力也较高，因此，也可以处置常德市其他工业危险废物，能很好解决危险废物经营单位处置能力不足的问题。

(3)澧县华峰锌业有限公司铅处理、镉处理设施建设规划。澧县华峰锌业有限公司是一家以生产电解锌为主的化工企业，其产品是锌锭，主要产生的危险废物是铅渣和镉渣两种，铅渣年产生量 6000 吨左右，镉渣年产生量 500 吨左右。为保护环境，减少危险废物的流动，该公司计划在“十二五”期间自行处理循环使用。其中铅处理，配套烧结机、熔铅炉等环保配套设施，生产粗铅，该方案预建产房 600 平方米，投资 800 万元；镉处理，配套浸取反应池、压滤机、熔炼炉、压饼机等配套环保设施，铸造成粗镉锭，该方案预建产房 500 平方米，投资 500 万元。

3.重点企业与重点项目

“十二五”期间，常德市有一批企业拟新建或改(扩)建危险废物处置设施。

危险废物处置设施建设情况

表 7-1-23

企业名称	项目名称	处置能力	总投资	备注
常德市安邦医疗废物处置有限公司	TH—XP—8T 型焚烧炉一套	8 吨/日	520 万元	改建
常德润东环保有限责任公司	处置废矿物油	—	600 万元	新建
常德市电镀处理中心	电镀处理中心	5000 吨电镀锌/年，电子产品 50 吨/年，镀铬件 50 万/年	一期 5000 万元二期一亿元	—
湖南创元铝业有限公司	电解铝废料填埋场	分三期可供使用 17 年，填埋库容 51515 立方米	805 万元	一期已建成
澧县华峰锌业有限公司	铅处理、镉处理设施	铅处理 1 万吨/年镉处理 5000 吨/年	铅处理 800 万元镉处理 500 万元	新建

续上表

企业名称	项目名称	处置能力	总投资	备注
澧县正峰锌业有限公司	回转窑还原挥发设施	1万吨/年	1000万元	扩建
湖南金沃玛投资置业限公司	澧水流域医疗废物处理中心	5—8吨/年	3000万元	新建
汉寿县	废旧电器回收拆解项目	—	5000万元	新建

为了保障规划的实施，危险废物处置企业建设设置规划提出了要加强监督管理，保证危险废物的安全处置、统一收费标准、规范危险废物经营行为、保证处置设施的正常运营、加强对危险废物处置设施的监管、积极推行清洁生产和环境污染责任保险、减少危废物产生量和预防应急事故能力等保障措施。

（四）“十二五”主要污染物减排规划

1.“十二五”主要污染物总量控制总体思路

（1）水污染物总量控制总体思路

推进重点行业结构优化调整，严格控制新增量。工业重点行业的污染物削减仍然是“十二五”总量控制的重点任务，从源头上减少污染物新增量，进一步加大治理力度，避免形成生活污染持续削减但工业污染物排放量不断上升的局面。大幅度加大结构调整力度，优化产业结构，严格行业准入，以技术经济可行为依据，对重点行业的排放标准、清洁生产标准以及落后产能标准进行更新，倒逼造纸、纺织印染、酿造、化工、制革、制糖等重点行业提升产业技术水平，优化发展方式，减少污染物新增量。继续加大工业污染防治力度，提高行业污染治理技术水平，严格执行行业排放标准、清洁生产标准，降低污染物产生强度、排放强度，从根本上促进工业企业全面、稳定达标排放。

加快县城和重点建制镇污水处理设施建设，大力提高治污设施环境绩效。提高现有污水处理厂的负荷率和城镇污水管网覆盖率。采取适宜工艺推进县城和有条件的重点建制镇建设污水处理设施，大力推进环境基本公共服务均等化。对重点区域、流域城市污水处理设施实施提标改造，提升其氮、磷去除效果，重点流域范围内的城市污水处理厂要实现污染物排放标准中规定的基本控制项目全面达标。把城市污水处理厂的污泥处理处置设施建设纳入减排工作的重要内容，未达到相关要求的予以扣减削减量。要继续提高污水回用规模，明确污水回用方式和途径。

把农业污染源纳入总量控制管理体系，着力推进畜禽养殖污染防治工作。“十二五”期间，以规模化养殖场和养殖小区为主要切入点，将农业污染源纳入污染物总量减排体系。以集约化养殖场和养殖小区为重点，加快建设养殖场沼气工程和畜禽养殖粪便资源化利用工程，防治畜禽养殖污染。建设秸秆、粪便、生活垃圾等有机废弃物处理设施，推进人畜粪便、生活垃圾等向肥料、饲料、燃料转化。大力推广节约型农业技术，推广测土配方施肥技术，提倡增施有机肥，科学合理使用高效、低毒、低残留农药。推行农村生活污染源排放控制，探索分散型污水处理技术的推广和应用。落实好“以奖促治”“以奖代补”政策措施，推进农村环境综合整治。

(2)大气污染物总量控制总体思路

推进能源结构持续优化，严格控制新增量。严格执行国家产业政策，全面落实淘汰落后产能要求，在单位面积排放强度大的地区要进一步加严产业结构调整要求，遏制高耗能、高污染产业过快发展，严格控制污染物新增量。新建项目必须按照先进的生产技术和最严格的环保要求进行控制，大幅度降低污染物排放强度，其中电力行业新建燃煤机组全部配套低氮燃烧技术并建设脱硫、脱硝设施，冶金行业新建烧结机全部脱硫，机动车实行国四排放标准，供应配套油品。进一步改善能源消费结构，控制煤炭消费增量，促进经济发展的绿色转型。

巩固电力行业减排成果，推进二氧化硫全面减排。“十二五”期间，二氧化硫减排将步入精细化管理阶段，要在“十一五”电力行业二氧化硫减排取得明显成效的基础上推进全面减排，重点加大冶金、建材、石化、有色等非电力行业以及燃煤锅炉的二氧化硫减排力度，由“十一五”主要依赖工程减排向工程减排、结构减排和管理减排齐头并进方向转变，电力行业强化脱硫设施的升级改造与运行管理，显著提高综合脱硫效率，其他行业加快脱硫设施建设；燃煤锅炉走结构升级技术路线，以集中供热和热电联产替代小型燃煤锅炉，对大吨位燃煤锅炉因地制宜安装脱硫设施。

推进电力行业和机动车氮氧化物排放控制，突出重点行业和重点区域减排。

氮氧化物排放控制以电力行业和机动车为重点，强化重点区域减排。电力行业全面推行低氮燃烧技术，新建机组安装高效烟气脱硝设施，现役机组应因地制宜、因煤制宜、因炉制宜地加快烟气脱硝设施建设，强化已建脱硝设施的运行管理；机动车提高新车准入门槛，加大在用车淘汰力度，重点地区供应国四油品；冶金、水泥行业以及燃煤锅炉推行低氮燃烧技术或烟气脱硝示范工程建设，其他工业行业加快氮氧化物控制技术的研发和产业化进程。

2.可达性分析

通过经济社会发展态势、产业结构变化趋势、减排资金能力投入需求等关键问题的分析，剖析减排任务落实可能存在的问题以及影响减排目标实现的主要因素和环节，本着稳妥可靠的原则，对“十二五”年总量减排目标完成情况进行可达性分析。

(1)化学需氧量

据2010年污调动态更新数据,常德市2010年化学需氧量排放总量12.2万吨。按省里下达的目标削减8.15%,则到2015年常德市化学需氧量排放量应为11.2万吨。而"十二五"期间预计工业化学需氧量新增量0.81万吨,生活新增量0.42万吨,农业新增量0.12万吨,新增总量1.35万吨,要完成目标需削减化学需氧量2.35万吨,"十二五"期间准备结构减排项目6个,工程减排项目24个,垃圾填埋场项目6个,污水处理厂项目23个,农业减排项目304个,可形成削减能力约2.45万吨,能够完成减排任务。

(2)氨氮

常德市2010年氨氮排放总量1.2万吨。按省里下达的目标削减10.33%,则到2015年常德市氨氮排放量为11534吨。而"十二五"期间预计工业氨氮新增量629吨,生活新增量464吨,农业新增量108吨,新增总量1201吨,要完成目标需削减氨氮2530吨,"十二五"期间准备结构减排项目2个,工程减排项目8个,垃圾填埋场项目6个,污水处理厂项目23个,农业减排项目304个,可形成削减能力约2661吨,能够完成减排任务。

(3)二氧化硫

常德市2010年二氧化硫排放总量5.3万吨。按省里下达的目标削减8.99%,则到2015年常德市二氧化硫排放量应为4.84万吨。而"十二五"期间预计二氧化硫新增量1.5万吨,要完成目标需削减二氧化硫1.96万吨,"十二五"期间准备结构减排项目37个,工程减排项目16个,可形成削减能力约2.3万吨,能够完成减排任务。

(4)氮氧化物

常德市2010年氮氧化物排放总量6.3万吨。按省里下达的目标削减18.93%,则到2015年常德市工业生活氮氧化物排放量应为5.13万吨。而"十二五"期间预计氮氧化物新增量1.628万吨,要完成目标需削减氮氧化物2.798万吨,"十二五"期间准备结构减排项目37个,工程减排项目12个,可形成削减能力约2.81万吨,能够完成减排任务。

(五)常德市土壤环境保护规划(2011—2020)

1.基本原则

常德市土壤环境保护坚持保护优先、监管为主,统筹规划、分类突破,量力而为、逐步修复,政府主导、公众参与的原则。

2.规划目标。

近期规划:2011年—2015年,初步建立土壤污染防治监督管理体系,土壤环境保护监管能力明显增强;建立与完善土壤污染事故应急预案,土壤环境监测网络进一步完善,形成较强的土壤污染事故应急处理能力;建立一支稳定的土壤污染防治监测队伍;建立良好宣传平台，公众土壤污染防治意识显著提高；重点进行土壤污染修复与综合治理试点，主要示范项目纳入国家和省里规划，并取得明显成效。

中远期规划：2016—2020年，土壤污染防治全面实施，建立较完善的土壤污染防治监督管理体系，土壤环境保护监管能力与应急处理能力具有较强特色；建立一支水平较高、人员稳定的土壤污染防治监测队伍；土壤污染修复与综合治理成效显著，解决一批群众关注的热点土壤污染问题，局部区域土壤环境质量有明显改善。

3.规划指标

(1)2011—2015年主要完成以下指标：

按照湖南省统一部署，初步建成市—县土壤环境监测应急处理及执法体系；争取建立1个省级重点实验室或修复工程技术中心；重点启动实施1个土壤环境保护项目；重点启动实施2个土壤修复与综合治理示范试点项目。

(2)2016—2020年主要完成以下指标：

实施土壤环境保护项目5个；实施土壤环境监控项目54个；实施土壤修复与综合治理项目10个。

4.重点防控区域、防控行业和防控污染物

(1)重点防控污染物。2007年至2009年，市环保局组织对全市土壤环境质量进行了调查，调查监测项目共46项，其中理化指标3项，无机元素总量14项。有机污染物包括有机氯、多环芳烃类等29项。

按照《全国土壤污染状况评价技术规定》评价结果，常德市区域内土壤环境总体质量尚好，所测项目无机元素总量存在超标的有镉(Cd)、汞(Hg)、铜(Cu)、铬(Cr)、锌(Zn)、镍(Ni)、锰(Mn)、硒(Se)、钒(V)共9项。有机物污染物中有机氯超标的有六六六和滴滴涕，多环芳烃类中超标的有苯并[a]芘和二苯并[a,h]蒽。

综合常德市土壤质量点位超标情况，常德市土壤环境中优先控制的无机染物为镉、汞、铜、铬、锌、镍、锰、硒、钒，有机污染物为六六六、滴滴涕、苯并[a]芘和二苯并[a,h]蒽。

(2)重点防控区域

常德市境内有沅江、澧水、长江三口(藕池河支流、虎渡河支流、松滋河支流)三大流域，属洞庭湖区。根据常德市的土壤调查结果，全市各大流域中，不仅无机项目超标，而且有机项目超标现象也较突出。具体而言，沅江流域的砷、铅、荧蒽均值比澧水、长江三口流域的均要高；澧水流域的萘、菲、芘、苯并菲均值比沅江、长江三口流域高；长江三口流域pH、镉、汞、铜、铬、锌、镍、锰、硒、钒、氟、钾、钴、六六六、DDT、苯并[b]荧蒽、苯并[k]荧蒽、苯并[a]芘、二苯并[a,b]葱、苯并[ghi]芘、茚并[1,2,3—cd]芘均值比沅水、澧水流域的高。特别是铬、六六六、DDT的含量比沅、澧流域的含量高出一倍以上。

常德市土壤耕地面积较大，这些区域土壤中六六六、DDT 超标现象较多，这主要是农业生产过程中多年农药施用残留导致。

常德市土壤砷污染主要分布在石门雄磺矿周边附近区域。常德市土壤中其他超标污染物主要分布在鼎城、安乡、汉寿。

(3)重点防控行业

常德市土壤环境污染以无机污染物为主，综合重金属污染物排放量及其对土壤环境的影响，确定重点防控的行业为有色金属冶炼及压延加工业、有色金属矿采选业、化学原料及化工制品制造业(以硫酸生产为主)、黑色金属冶炼及压延加工业(以电解行业为主)、金属制品业(以电镀行业为主)等 5 个行业。

5.主要任务

(1)优先保护。以基本农田、重要农产品产地特别是“菜篮子”基地为重点，开展农用地土壤环境监测、风险评估与安全性划分。加强影响土壤环境质量的重点污染源监管，严格控制主要粮食产地和蔬菜基地的污水灌溉，强化对农药、化肥及其包装物以及农膜使用的环境管理。对清洁的用地，要加强保护，防止造成污染；对轻微和轻度污染的农用地，要严格监管，确保农产品质量安全；对污染严重的农用地，要加强土壤污染风险评估和风险管理，采取综合调控和治理修复措施整治污染土壤。

(2)风险控制

重点加强搬迁工业企业用地的风险管理，建立污染场地调查、风险评估、治理修复制度，建立污染场地和潜在污染场地档案。对拟开发利用的污染场地应进行妥善治理和修复，确保人居环境安全。进一步完善环境影响评价制度，严格工业企业环境监管。鼓励对污染重、风险高的污染场地土壤(含地下水)进行科学治理与修复，确保土地用途转换后的安全利用。

(3)治理修复。以环境热点地区为重点，加强以地下水水源地的地区、集中式饮用水源保护区等区域的土壤环境保护和治理修复，保障农产品安全和人体健康。

(4)体系建设。积极探索制定切实可行的土壤环境保护和污染场地环境管理地方性法规和实施办法。加强土壤环境科技支撑能力建设，争取 1～2 个国家、省级土壤环境保护重点实验室、污染土壤治理修复工程技术中心落户到常德市。加强土壤污染防治技术试点，污染土壤治理以临澧县基本农田土壤修复工程、石门雄磺矿及周边地区砷污染治理修复工程为重点，探索经验、稳步推进。加强土壤突发环境事件应急能力建设，建立土壤突发环境事件预防预警工作协调机制。建立土壤环境保护宣传教育体系，利用广播电视和网络等新闻媒体，宣传土壤环境保护科学知识和法规政策，引导广大群众积极参与土壤环境保护工作。

(5)管理分区。根据全市土壤环境质量现状和土壤污染空间分布特征，考虑不同土地利用方式下对土壤环境管理的不同要求，按照现行国家土壤环境标准和全国土壤污染状况调查评价方法，将全市土壤环境分为三个区域：土壤环境保护区、土壤环境监控区、土壤环境治理区。

土壤环境保护区。主要是商品粮主产区8个(鼎城区、桃源县、临澧县、石门县、澧县、津市市、安乡县、汉寿县)，商品棉基地县2个(澧县、安乡县)，绿色食品生产基地县1个(临澧县)，综合农产品优质商品基地县1个(石门县)；市级饮用水水源保护区1个，服务人口达80万人。环境管理以保护为主，严格准入，适当补偿，定期监测，保障安全。

土壤环境监控区。主要包括城镇居住区35个，农村居民点19个；国家级风景名胜区1个，省级风景名胜3个；国家级自然保护区2个，省级自然保护区2个；国家级森林公园5个，省级森林公园3个。环境管理以防控为主，严格监管，重点监测，保障人居环境安全。

土壤环境治理区。涉及项目10个，其中受污染的基本农田保护区项目2个，污灌区土壤项目1个，工矿企业污染场地7个。环境管理以修复为主，严格管理，防控风险，保障人体健康与生态安全。

6.重点工程

根据《常德市国民经济和社会发展第十二个五年规划纲要》《常德土地利用总体规划(2009—2030)》和《常德市城市总体规划(2009—2030)》，全市确定土壤环境保护规划项目19个，其中土壤优先保护类项目5个，土壤污染防治类10个，土壤保护能力建设项目4个。规划项目中，常德市粮食主产区土壤环境保护工程做为洞庭湖区基本农田土壤环境保护项目的子项目，临澧县基本农田土壤治理修复工程项目、常德市石门雄磺矿及周边地区砷污染治理修复工程项目和常德市土壤环境保护监管能力建设项目已分别纳入到省土壤环境保护规划，常德市石门雄磺矿及周边地区砷污染治理修复工程项目前期工作于2010启动。

(1)土壤优先保护区域重点项目

为了保护基本农田、蔬菜(瓜果)基地、特色农产品基地以及饮用水源地土壤环境质量，保障农产品质量安全和饮用水安全，规划设置土壤优先保护区域重点项目。土壤优先保护区域重点项目分为粮食主产区土壤环境保护、重要蔬菜(菜篮子)和瓜果生产基地土壤环境保护、集中式饮用水水源保护区土壤环境保护、其他需要保护区域的土壤环境保护四大类。基本农田保护区土壤环境保护项目1项，重要蔬菜(菜篮子)基地土壤环境保护设置1项，集中式饮用水水源保护区土壤环境保护设置项目1项、其他需要保护区域的土壤环境保护设置项目2项。土壤优先保护区域重点项目涉及范围共4174平方千米，需要投入资金估算为20亿元。

(2)土壤污染修复与综合治理重点项目

土壤污染修复与综合治理重点项目包括受污染基本农田土壤治理修复重点项目、污灌区污染土壤治理修复重点项目和工矿企业污染场地治理修复重点项目三类。

受污染基本农田土壤治理修复重点项目。“十二五”期间受污染基本农田土壤治理修复工程2项:常德市六六六污染土壤治理修复工程和常德市DDT污染土壤修复工程。六六六污染土壤治理修复工程涉及澧县、临澧县、桃源县、汉寿县、安乡县和鼎城区,其基本农田的特征污染物主要是六六六;DDT污染土壤修复工程涉及澧县、津市市、桃源县、安乡县和鼎城区,其基本农田的特征污染物主要是DDT,其中临澧县基本农田土壤治理修复工程已纳入到省土壤环境保护规划。示范工程涉及治理的农田面积约1909公顷,需投入资金5亿元(其中临澧县基本农田土壤治理修复工程项目投资3.5亿元)。

污灌区污染土壤治理修复重点项目。“十二五”期间污灌区土壤修复示范工程1项:常德市西洞庭纸厂污灌区土壤治理修复示范工程。该示范工程涉及鼎城区、西湖区和西洞庭区,其污灌区的特征污染物主要是镉、有机物。示范工程开展的污灌区面积约1万公顷,需投入资金2亿元。

工矿企业污染场地治理修复重点项目。“十二五”期间工矿企业污染场地治理修复项目有7项。这7项是:常德市石门雄磺矿及周边污染土壤修复工程、常德市镉污染土壤治理修复工程、常德市污染土壤治理修复工程、常德市氟污染土壤治理修复工程、常德市钒污染土壤治理修复工程、常德市城区重金属污染工业场地治理修复示范工程、常德市重金属及持久性有机物污染工业场地治理修复示范工程。其中,常德市石门雄磺矿及周边污染土壤修复工程已纳入省土壤环境保护规划,做为省工业遗留或遗弃场地治理修复“十二五”规划重点修复工程之一,其特征污染物为砷;常德市镉污染土壤治理修复工程涉及石门县、临澧县、澧县、安乡县、汉寿县、桃源县、武陵区、鼎城区,其特征污染物为镉;常德市镍污染土壤治理修复工程涉及石门县、临澧县、澧县、安乡县、汉寿县、桃源县、武陵区、鼎城区,其特征污染物为镍;常德市氟污染土壤治理修复工程涉及桃源县,其特征污染物为氟;常德市钒污染土壤治理修复工程涉及澧县,其特征污染物为钒;常德市城区重金属污染工业场地治理修复示范工程涉及武陵区、鼎城区、常德经济技术开发区、西湖管理区、西洞庭管理区,其特征污染物为镉、铬、镍;常德市重金属及持久性有机物污染工业场地治理修复示范工程涉及桃源县、汉寿县、澧县、临澧县、石门县、安乡县、津市市,其特征污染物为镉、铬、铅、镍、持久性有机物。工程开展的治理面积约50500公顷,约需投入资金5亿元。

(3)土壤环境监管能力建设

将土壤环境监督管理列入环境保护监管的重要内容,协调国土、农业、林业、水利、卫生等部门，建立合理的土壤污染防治机制。继续完善土壤环境常规监测体系，加强市本级及8个重点区县(市)环境监测站土壤监测能力建设，重点提升市级环境监测站土壤监测能力及土壤监测的技术指导能力，县级监测站负责土壤日常监测，全市形成一支技术过硬的土壤环境监测队伍。制定土壤污染事故应急处理处置预案，大力拓展土壤应急监测能力，按照省里要求形成省—市—县三级应急处理网络，及时反映出土壤污染的变化趋势，快速评估污染土壤潜在的环境风险。土壤环境监管能力建设主要是“常德市土壤环境污染事故应急能力建设”“常德市土壤环境监测能力建设”“常德市土壤环境执法监督能力建设”“常德市土壤环境保护宣传教育能力建设”4个子项目，需要投入资金估算为3700万元。

(4)投资估算

土壤环境监管能力建设项目，预计投资3700万元。土壤污染详细调查与风险评估项目，预计投资3000万元。土壤优先保护区域重点项目，预计投资20亿元。典型污染土壤修复与综合治理试点实施项目，预计投资11亿元。规划实施项目总投资估算为31.67亿元。

项目资金筹措方案。“十二五”期间，全市重点实施的土壤环境保护项目有常德市基本农田土壤环境保护工程、临澧县基本农田土壤治理修复工程、石门县雄磺矿及周边砷污染土壤治理修复工程、常德市土壤环境保护监管能力建设均纳入省土壤环境保护规划，总投资约18亿元，其中申请中央、省财政专项投入12.6亿元，市及县市区财政配套及其他投入5.4亿元。纳入本规划的其他项目约需资金13.67亿元。项目资金按中央、省财政、市县政府和企业投入项目资金各占50%、20%、30%的比例筹措，主要由中央和省财政支持，市和区县(市)财政配套。对于能够认定责任主体的典型污染土壤修复与综合治理试点项目，按照“谁污染、谁治理”和“谁受益、谁补偿”的原则，筹集部分项目资金。

规划还对保障规划实施的组织领导、构建土壤环境保护的长效机制、技术支撑等问题提出了具体要求。

(六)常德市环境保护产业发展规划

1.主要目标

到2015年，环保产业从业人员达3068人，年产值达到225103万元，年均增长率46.87%，其中资源综合利用产值154895万元，年均增长率46.14%；洁净产品产值57008万元，年均增长率49.13%；环保服务产值7200万元，年均增长率32.28%；环保产品产值6000万元，年均增长率97.56%。具体讲，到2015年，重点发展大湖水殖股份有限公司淡水鱼深加工及下脚料鱼废物综合利用、常德市永春堂生物科技有限公司生产的生物除臭剂、利用河湖淤泥生产新型建材的综合利用工程，大力开发洁净产品，努力提高资源综合利用和环保服务水平，培育8个年产值过亿元、4个年产值过5000万元的拳头产品。

2.主要任务

(1)水污染防治。重点发展城市污水处理及再生利用技术，工业废水、农业污水处理及循环利用工艺技术，开发高浓度有机废水处理技术、生活污水除磷脱氮技术。

(2)空气污染防治。推广应用常德市永春堂生物科技有限公司生产的生物除臭剂处理畜禽养殖空气污染、机动车尾气污染防治技术(汽车燃替代产品为主)。

(3)固体废弃物处理。主要发展城市垃圾、污水处理后污泥、河湖淤泥、石煤、废金属、废轮胎、废纸等固体废弃物收运处理和综合利用技术，危险废物安全收集、存贮和区域性集中处理技术，有毒物质高温安全焚烧技术。

(4)噪声控制技术。重点发展建筑用隔声技术、工业设备减振与消声术。

(5)节能和可再生能源技术。重点发展节能变压器、太阳能、生物质能、循环流化床等技术。

(6)节水技术。重点发展火力发电、纺织、氮肥、造纸等高耗水行业的节水工艺技术，主要包括电力行业高浓度输灰工艺，干除灰、干排渣工艺；纺织行业高效印染洗涤、无水和节水技术；氮肥废水闭路循环零排放技术，造纸行业制浆洗涤系统闭路循环工艺、白水(中水)回收利用工艺、碱回收技术等。发展城市污水综合回用技术，积极推广农业节水和农用水回用技术，研究开发喷灌和滴灌施肥等技术。

(7)生态环境保护技术。重点发展水土保持、规模化畜禽养殖污染治理技术，研发受环境污染地区的环境综合治理及生态修复技术，积极发展节水农业、生态农业、植树种草和园林绿化等方面的技术。

(8)大力发展资源综合利用产业。突出抓好工业“三废”综合利用，积极发展废钢铁、废有色金属、废渣、废矿物油等的综合回收利用，稀贵金属的再生利用，报废汽车、电子废物、废旧电池的回收利用，废塑料、废旧轮胎及农业废弃物的回收综合利用等；开展城市生活垃圾无害化、减量化、资源化综合利用以及餐饮垃圾处理和综合利用等，提高资源综合利用水平。

(9)大力发展环境服务业。健全完善环境服务体系，重点发展环保技术、管理和信息服务，环境污染治理工程承包服务，环保设施运营服务，环境影响评价、环境监测、清洁生产审核、环境投资及风险评估等咨询服务；鼓励发展包括融资、设计、施工、设备安装、调试和运营等环境工程总承包服务。积极推进信息服务的市场化进程，建立环境保护应用技术研究、生产技术开发、市场开发和咨询服务等配套齐全的环保产业技术体系。

(10)大力发展洁净产品。重点发展无公害农业、有机农业等中国环境标志认证产品，以及各种低排放、低毒、低公害的环境友好产品。

3.发展举措

(1)建设一批环保产业重点基地。

重点建设大湖水殖股份有限公司淡水鱼深加工及下脚料鱼废物综合利用工程、常德市永春堂生物科技有限公司生物除臭剂工程、利用河湖淤泥生产新型建材的综合利用工程、生物发电工程、湖南新湘糖业有限公司糖渣制人造板工程、灰渣砖工程等重点环保产业基地,逐步打造环保产业园区。提高资源综合利用率,重点建设工业园区的循环经济示范基地。规划新建城市垃圾处理处置资源化工程技术中心、电子电器废弃物处理处置资源化工程中心、报废汽车回收和资源化工程中心等环保产业基地。

(2)扶持一批环保骨干企业

环保产品。常德市永春堂生物科技有限公司生产的生物除臭剂、常德鑫芙蓉环保有限公司生产的磷化氢处理设施,进一步提高技术水平,增强配套能力,加大推广应用力度,使之成为具有常德特色的环保骨干企业。

资源综合利用。依托生物发电,加快发展农村废弃物资源化利用。依托再生纸生产企业,提高废纸综合利用水平;利用河湖淤泥和灰渣生产新型建材,着力研发环保新材料;依托大湖水殖股份有限公司,打造国内一流的淡水鱼深加工及下脚料鱼废物综合利用工程,为人们提供安全、营养、保健的新型食品。

环保服务。依托常德市双赢环境咨询服务有限公司,发展环境科技、规划、咨询和工程设计,提升环境管理和生态环境保护服务水平;依托常德市环境监测站等专业环境监测机构与检测平台,发挥人才、技术、装备优势,扩展为企业、为社会服务领域;依托常德龙舞新技术有限公司,发展污染治理设施、在线监控设施第三方运营服务,扩大覆盖面,提高环保设施营运效益;依托常德市安邦医疗废物处置有限公司、德润东环保有限公司,安全处置危险废物。

洁净产品。依托获得中国环境标志认证产品的企业,大力发展有机农业、生态农业,形成具有常德特色的环境友好品牌产品。

(3)启动一批环保科研项目

抓紧实施一批已经立项的科研项目。这些科研项目主要包括雄磺矿区砷污染迁移转化规律研究及防治技术、“两型”社会建设生态补偿机制研究、富营养化湖泊水体和农业面源污染水体防治修复研究、规模化畜禽养殖场粪便资源综合开发与利用研究、典型乡镇饮用水源地基础环境调查等。

筛选启动一批应用前景广阔、有初步设计的科研项目。重点是小城镇生活污水处理技术及示范、中小城镇生活垃圾综合利用技术研究、余热余能发电研究、造纸废水深度处理技术研究、城镇生活污水人工湿地技术集成与示范、农村猪场废水组合人工湿地技术集成与示范、高氨氮废水处理技术研究、工业固体废物生产保温建材研究等。

积极开展具有战略性、前瞻性的环保基础项目研究。重点是污染土壤修复，尾砂库生态植被、矿山植被恢复技术，污染区、河流、湖泊水域生态修复技术，清洁发展（CDM）与低碳排放技术，畜禽养殖污染治理技术，农业面源污染防治，高浓度有机废水治理，生物质能发电，环保新材料等。

为了使“十二五”环保产业发展规划得到落实，“十二五”环保产业发展规划制定了加强组织领导、建立健全环保产业发展保障体系、调整优化环保产业结构和布局、大力推进环保产业技术进步、加强环保产业人才队伍建设五条保障环境保护产业发展的措施。

第二节　环保审批

1997 年，市委、市政府颁布《关于加强环境保护工作的决定》，赋予环保部门第一审批权。1998 年，全市共审批建设项目 47 个，验收项目 15 个，“三同时”（建设项目中防治污染的措施，必须与主体工程同时设计、同时施工、同时投产使用）执行率 100%。

1998 年 11 月，国务院颁布实施《建设项目环境保护管理条例》，对环境影响评价做了全面、详细、明确的规定。根据《条例》规定，所有对环境有影响的建设项目都要进行环境影响评价，同时，根据建设项目对环境的影响程度，建设项目的环境保护实行分类管理。1999 年 4 月，国家环境保护总局发布《关于公布建设项目环境保护分类管理名录（试行）的通知》，《通知》对管理名录进行了分类，对建设项目按环境影响报告书、报告表、登记表三种环评形式实行分类管理。

《建设项目环境保护管理条例》颁布后，市环保部门加强与发改委、规划、国土等部门的联系，提高这些部门的工作人员对环保工作的认识，争取这些部门对环保工作的支持。1999 年，全市审批建设项目 66 个，审查省级审批项目 5 个；验收项目 15 个，协助省级验收项目 1 个，环保“三同时”执行率 100%。

2000 年，市环保局召开有市发改委、市经委、市外经委、市建委、市国土局、市规划局、市工商局、市冶煤地矿局、市乡镇企业局 9 部门 20 多个项目单位负责人参加的建设项目座谈会，进一步落实环保第一审批权；组织开展“九五”期间建设项目环境管理情况的清理和执法检查。是年，全市审批建设项目 75 个，审查省级审批项目 9 个；验收项目 40 个，环保“三同时”执行率 100%；根据各级政府赋予环保部门的第一审批权，否决了 9 个因选址不合理或污染严重的建设项目。

2001年，全市审批建设项目155个，审查省级审批项目12个；建成投产项目74个，环保“三同时”执行率100%。因选址或项目污染问题，否决了鼎城区石门桥五氧化二钒加工厂（用进口矾渣做原材料）、武陵区东江涂料厂、临澧修梅纸厂等5个建设项目。

2002年10月，第九届全国人民代表大会常务委员会审查通过《中华人民共和国环境影响评价法》，环境影响评价从建设项目环境影响评价扩展到规划环境影响评价。是年，全市审批建设项目263个，审查省级审批项目7个；建成投产项目65个，环保“三同时”执行率100%。督促常德城区供电局图书馆变电项目进行电磁辐射评价，此举开了全市乃至全省电磁辐射项目环评先河。

2003年，全年市县两级共审批346个建设项目，其中编制环境影响报告书项目1项，编制环境影响报告表项目118项；9个项目因不符合产业政策或选址不当被否决；进一步加强“三同时”管理，重点对1996—2003年所有市级审批的工业类项目进行清查，限期对已投入生产和试生产的25个项目进行环保验收。

2004年，市政府组织编制《柳叶湖旅游度假区总体规划》，规划中对柳叶湖旅游度假区综合开发进行了环境影响评价，这在省内尚属首例。是年，全市审批建设项目334个，审查省级审批项目13个；验收项目114个，协助省级验收项目2个，环保“三同时”执行率100%。全市共否决项目24个，其中市级否决4个。

2005年，否决了津市市区中心屠宰场、桃源煤矸石加工、武陵印染加工、鼎城冶炼铅、柳叶湖维一柳岸共和酒店油锅炉改水煤浆锅炉等20个建设项目；取缔了澧县4家污染难治理达标且浪费资源、群众反映强烈的炼铟项目。是年，全市审批建设项目339个，审查省级审批项目9个；验收项目49个，协助省级验收2个，环保“三同时”执行率100%。

2006年，市县两级共审批382个建设项目，其中编制环境影响报告书、表项目184个，填写环境影响登记项目198个；20个项目因选址不当和不符合产业政策被否决；进一步加强“三同时”管理，全市建成项目“三同时”执行率达100%。

2007年，环保审批坚持“四个一律不批”原则，即：对不符合产业政策、选址不符合环保要求、对敏感点产生重大不利影响、群众反映强烈的项目一律不予审批。通过环评，全年否决选址不当项目3个（常德润东环保责任有限公司年处理1万吨蚀刻液、镀镍废料项目，常德垃圾发电厂项目，湖南澳伊化工有限公司年产40万吨超微细有机碳酸钙项目），对这些项目要求另行选址建设；否决项目2个（沅江首玉化工农药公司农药分装项目整体搬迁、武陵区引进的环氧氯丙烷项目）；暂缓审批项目2个（石板滩印山石煤矿、石板滩新堰湾石煤矿）。根据洞庭湖造纸行业综合整治要求，结合常德市实际情况，市环保局协同常德市经委共同制定常德市再生纸造纸行业布局调整规划，对全市造纸行业重新洗牌，确定全市扶持发展的再生纸造纸企业29家，制浆造纸企业4家，关闭了环保整治无望，以及选址敏感的纸浆、再生纸企业70家,29家再生纸企业委托环评单位编制了项目扩改环境影响报告书并通过市环保局审批,4家制浆企业通过省局审批。

按照省里确定的"三同时"保证金的征收范围,对西安溪水电开发、澧县汇德生物糠醛、石门镍合金三个建设项目开征"三同时"保证金17万元。2007年,全市审批建设项目413个,审查省级审批项目25个;协助省级验收7个,环保"三同时"执行率100%。

常德市环保局按照全省实施污水处理工程3年行动计划,2008年,完成城镇污水处理工程环评审批工作,对全市城镇污水处理工程环评文件全部进行了审批。全市9家污水处理厂投入运行后,新增城市(镇)污水处理能力30万吨/天,每年削减化学需氧量2.4万吨。按照洞庭湖造纸企业整治要求,配合省环保局对常德纸业、津市雪丽造纸总段废水处理工程进行验收;对市局批准投入试生产的26家再生纸厂,市环保局项目科、减排办、污管科、监察支队、监测站组织现场验收,通过这一系列行动,全市造纸、再生纸行业2008年共削减化学需氧量22480.139吨,占全市削减量的91%,其中常德纸业5325.5吨,津市纸厂12558.77吨,再生纸行业共削减4569吨。按照保证金征收管理办法,对6个项目征收保证金50万元。否决了津市甜菜碱、桃源再生铁、石门铁矿选矿、汉寿环已酮皂化液处理等10个项目,对汉寿麻纺印染项目实行暂缓建设。全市审批建设项目498个,审查省级审批项目23个;验收项目148个,协助省级验收3个。

2008年,市、县两级环保部门共审批建设项目366个,其中编制环境影响报告书、表的项目162个,填写环境影响登记表的项目204个;有11个项目因选址不当或不符合国家产业政策被否决。继续开展整顿违法排污企业保障群众健康环保专项行动,共出动环保执法人员1734人次,检查排污企业474家,立案查处20家。通过开展严查行动,一批存在严重环境污染的违法排污企业受到了处罚,部分地方存在的违反国家环保法律法规的"土政策"得到纠正,人民群众关注的一批环境热点、难点问题得到了较好的解决。环保"三同时"执行率100%。

2009年8月,国务院颁布《规划环境影响评价条例》,自此,环境保护进入了参与综合决策的新阶段。《条例》把环境项目审批分审批制、核准制和备案制三种,对不同的报批项目实行不同的审批方法。实行审批制的建设项目,在报送可行性研究报告前报批环境影响评价文件;实行核准制的建设项目,在提交项目申请报告前报批环境影响评价文件;实行备案制的建设项目,在办理备案手续后和开工前报批环境影响评价文件。根据《规划环境影响评价条例》,常德市进一步强化工业园区环境管理,出台《关于加强经济开发区(工业园区)环境管理的通知》。《通知》要求严格控制"两高一资"(高耗能、高污染和资源性产品)项目入园,加强园区基础设施建设,明确园区功能分区,积极开展园区规划环评,推进园区规划工作。

按照省环洞庭湖造纸企业污染整治要求和常德市造纸企业污染整治工作实施方案，常德市在 2009 年开展了造纸企业专项整治工作。经过整治，全市造纸企业由 72 家减少为 36 家，其中制浆造纸企业减少为 4 家，再生纸生产企业减少为 30 家，商品纸浆纸厂 2 家。全市造纸企业污染整治投入环保资金 1.8 亿元，整治后化学需氧量削减 22480 吨。4 月，常德市造纸企业污染整治验收工作通过省政府验收组的验收。

继造纸企业污染整治后，常德市在 2008 年和 2009 年还开展了对苎麻企业和炼钒行业的污染整治工作。通过整治，全市苎麻企业由原来的 13 家减少到 2009 年的 6 家，这 6 家企业按要求通过了环评审批，配套了污水处理设施，有 5 家通过了竣工环保验收。苎麻企业污染整治投入资金 6971 万元，占整治总投入的 55.5%，新增废水处理能力 3 万立方米/天，年消减化学需氧量 6361 吨。

根据群众举报，经排查发现汉寿、津市、澧县、鼎城等地有多家小炼钒企业生产，这些企业不符合产业政策、违法建设投产，且规模小、设备简陋、污染严重、群众反映强烈。对此，市环保局先后向省环保厅、市政府专题汇报，提出方案，建议集中整治。2009 年 2 月 17 日，市长陈文浩召开专题会议，研究炼钒企业污染整治工作，并对炼钒整治工作形成专题会议纪要。根据会议纪要，涉钒区县(市)采取断电断水、拆除设备等措施，对炼钒企业进行集中整治。2009 年 11 月 25 日至 12 月 1 日，市环保局组成 4 个督查小组，由局领导带队深入各区县(市)进行整治情况专项督查，未发现死灰复燃的炼钒企业，对督查中新发现的炼钒企业采取断电断水、设备拆除等关停措施，确保整治成果。

2009 年，全市审批建设项目 488 个，审查省级审批项目 36 个；验收项目 186 个 ，协助省级验收 4 个，环保“三同时”执行率 100%。否决 19 个项目。

2010 年 6 月，启动《常德市总体规划(2009—2030)》环境影响评价工作；10 月，《常德市总体规划(2009—2030)》环境影响评价工作通过省环保厅组织的专家审查，是为全省第一个城市总体规划环评。2010 年，全市审批建设项目 534 个，审查省级审批项目 44 个；验收项目 136 个，协助省级验收 7 个，环保“三同时”执行率 100%。

2011 年，市环保局继续推进工业园区和专业规划环评工作，优化产业结构和产业布局。灌溪工业园、临澧经济开发区(工业园区)在修编完善工业园区发展规划后，进一步完成了规划环评工作。澧县和桃源经济开发区也实施了规划环评。

针对石门矽砂矿开采企业环保设施不到位、对周边环境造成影响且引起群众投诉、多年不履行验收的情况，环保部门对新的矽砂开采进行限批。石门县政府对所有矽砂矿开采企业采取停产整改措施，市环保局指导出台恢复试生产标准，各企业投入近 2000 万元加强环保整改。组织开展工程建设领域突出问题专项治理，对政府投资 500 万元以上项目和非政府投资 3000 万元以上项目进行重点排查，落实措施，加强整改。针对在排查中反映的问题，与省环保厅与省水利厅进行了对接，加强了国家投资水利项目的环评工作，常德市域水利建设项目逐步完善环评审批手续。

2011 年，全市审批建设项目 708 个，审查省级审批项目 52 个；验收项目 153 个，协助省级验收 6 个，环保“三同时”执行率 100%。因不符合国家产业政策和选址不当等原因，先后否决了铅酸蓄电池等 10 多个项目。

2012 年，对全市“十一五”以来省市审批项目验收情况进行清理，对“三同时”制度执行与监督管理、建设项目竣工环保验收按季度收集情况，对区县(市)局进行考核。将历年近 70 个项目验收管理存在的重点问题纳入市政府污染减排督办交办事项，组织百名专家开展百日服务活动，上门指导，督促有关单位按整改要求开展“三同时”验收工作。是年，市环保局下发《关于进一步下放审批权限加强建设项目环境管理的通知》，将由市级环保部门审批权限内的部分项目，委托给县级环保部门审批。将常德经开区、西洞庭食品工业园项目审批权限全部下放。对环保审批提出时间上的要求，市环保局审批的项目要求在 3 个工作日以内完成，登记表实行即来即办；对市经建投、市城建投两大集团建设项目的环评手续 2 天内办结。

2012 年，全市审批建设项目 759 个，审查省级审批项目 43 个；验收项目 181 个，协助省级验收 9 个，环保“三同时”执行率 100%。否决废物处置、铅酸蓄电池等项目 8 个。

2013 年 4 月，常德市环保局下发《关于进一步加强建设项目环境管理的通知》，再次重申落实环保第一审批权，强化建设项目环评审批管理，加强环保“三同时”日常监督管理，确保污染物总量控制。为了弄清楚建设项目环境影响评价制度执行情况，市环保局下发《建设项目环境影响评价制度执行情况清查方案》，对全市 2010—2012 年建设项目环境影响评价制度、“三同时”执行情况进行专项清查。从 2013 年起，市环保局审批和验收建设项目不包含区县(市)。是年，市环保局审批建设项目 145 个，审查省级审批项目 29 个；验收项目 19 个，协助省级验收 5 个，环保“三同时”执行率 100%。

第三节　提案建议办理

随着全市经济社会的快速发展，代表委员参与环境保护的积极性不断高涨，提出的建议提案逐年增长。1988—2013 年，市环保局共承办省、市人大代表建议和政协委员提案 295 件，其中人大代表建议 121 件，政协委员提案 174 件，办复率、见面沟通率、满意和基本满意率均达到百分之百，问题解决率达到 95%以上。

一、重大环保建议提案办理

1988年到1997年10年期间，是人大代表、政协委员参政议政环保工作的“复苏期”。在此期间，共受理市人大代表建议、政协委员提案56件，其中人大代表建议36件，政协委员提案20件。1990年，城市噪声污染第一次被市政协一届三次会议以第56号提案的方式反映上来，拉开了市城区噪声污染治理的序幕。同年，在市人大一届三次会议上，沅水污染问题被众多代表以第23号建议的方式提出，《建议》全面公开了沅水水质监测结果，还了广大人民群众的环境知情权。1991年，共收到建议提案10件，其中有4件是集中反映江北城区水污染问题的。代表、委员的建议提案引起了市委、市政府的高度重视，促使江北城区污水净化中心建设项目于当年立项、当年启动建设，解决了市城区的水污染问题。1992年，第一例工业企业污染问题—“西洞庭造纸厂碱回收污染”在市人大一届五次会议上提出后，市环保局督促企业加快治污设施建设，实现了达标排放。1993年，在全市环保工作大会上，针对市人大二届一次会议和市政协二届一次会议提出的有关环保问题的建议提案，市直各有关部门与市政府签订了《1996—1997年环保目标责任书》，对环境保护实行目标责任管理。1995年，市城区噪声污染再次成为市人大代表、市政协委员关注的重点，是年，市政府出台《关于禁止常德市城区燃放烟花爆竹的规定》，市环保局、市城管局、市公安局、市民政局、市文化局、市建委六部门联合下发《关于加强城区婚丧喜庆活动管理的通知》，有效遏制了城区噪声污染。1996年，针对市人大代表、市政协委员反映比较集中、突出的环保问题，市环保局、市交警支队联合下发《关于加强汽车尾气排放监测管理的通知》，启动了机动车尾气监管；市政府下发《关于加强市城区饮食娱乐服务业环境管理的通告》，并成立市环境监察大队，专门负责市城区饮食娱乐服务业的环境监管。1997年，针对在市政协二届五次会议上孙道源等7位委员提出的“常德市空气污染严重，时有酸雨产生，市政府必须采取有力措施以还我蓝天”的第88号提案，市委、市政府决定在市城区划定和建立城市大气环境保护圈，并下发《关于加强环境保护工作的决定》，常德环境保护工作开始迈入制度化、规范化的轨道。

1998年到2002年5年期间，人大代表、政协委员有关环保问题的建议提案呈逐年攀升态势，共受理省、市人大代表建议，市政协委员提案73件，其中市人大代表建议24件，市政协委员提案49件。1999年，省环保厅开始给市环保局转交办理省人大代表建议和省政协委员提案，先后受理省人大九届二次会议代表建议和省政协八届五次会议委员提案各1件。在省、市人大代表的共同建议下，1999年，市政府提请市人大做出了《关于建立常德市城区大气环境保护圈的决议》，将德山、河洑山、花山、白鹤山最高脊环状内的武陵区中心城区及河洑镇、护城乡、南坪乡、东江乡、丹洲乡、东郊乡、芦荻山乡等乡镇和鼎城区武陵镇、白鹤山乡以及武陵监狱、柳叶湖旅游度假区、德山开发区划定为城区大气保护圈的范围。为加快城市大气环境保护圈建设，2000 年，市政府制定印发《常德市城区大气环境保护圈建设管理暂行办法》，出台了八项监管措施，确保城市环境管理有章可循、有规可依。2001 年，邓楼成等委员在市政协三届四次会议上，提出了《关于在市级新闻媒体定期播放环境质量信息的建议》提案，环境信息公开第一次进入公众视野。当年建立了每周在《常德日报》公布市城区空气质量周报、每日在市经济广播电台公布市城区空气质量日报的制度，保障了广大市民的环境知情权，浓厚了全社会参与环保、支持环保的氛围。同年，针对陈竣德等委员提出的《关于为请求有关方面协助改善环境噪音问题》提案，市政府果断决策，出台《关于控制市城区噪声污染的通告》，划定了噪声控制区范围，明确了各部门职责和具体的噪声管理措施，并向社会公布噪声污染举报电话。2002 年，针对省政协委员蒯金蝉在省政协八届五次会议上提出的《保护沅水河，为子孙造福》的第 180 号提案，环保部门进一步严把新建项目环保审批关，“九五”期间(1996—2000)共否决建设项目 20 多个；与此同时，进一步强化《常德市饮用水源保护区污染防治办法》的执行落实力度，常德市中心城区污水处理厂顺利建成投入使用。

2003 年到 2012 年 10 年期间，是人大代表、政协委员参政议政环保工作的“繁荣期”。在此期间，共受理省、市人大代表建议、政协委员提案 131 件，超过了过去 15 年受理的建议提案总和，其中人大代表建议 44 件，政协委员提案 87 件。2004 年，针对代表、委员反映强烈的沅江常德段污染问题，市政府迅速采取行动，实施污染物总量减排，确定了治污重点，2004 年关停了 7 家再生纸厂，督促常德纸业、恒安纸业、海利化工等大型企业建设治污工程、完善治污措施；出台《诗墙公园外滩水域管理办法》，整治沅江白色污染；启动江北城区生活污水处理厂建设，规划建设德山、武陵镇生活污水处理厂，全方位防治沅江水环境污染。2005 年，针对唐汇栋等代表在市人大四届三次会议上提出的《尽快落实国务院排污费征收使用管理条例》建议，市政府决定由各级财政部门保障本级环保部门工作经费，严格实行排污费收支两条线制度，并将排污费纳入财政预算，列入环保专项资金管理，实现了排污费征收、管理和使用的制度化和规范化。2006 年，朱碧文等委员在市政协四届四次会议上提出了《真抓实创环保模范城市，全民参与共建环保家园》的提案，“创模”这一重大环保活动开始深入到全市人民生产生活的方方面面。是年，市政府将与“创模”有关的项目审批及“三同时”管理、污染治理任务完成情况及群众的环保满意度等环保指标，纳入市直各部门和区县(市)的目标管理考核内容，严格考评增强了各级各部门“环保创模”的责任感和主动性。2007 年，九三学社常德市委在市政协四届五次会议上提出了《关于加强常德市水域污染治理的提案》，水环境污染治理工作引起了市委、市政府的高度重视和全社会的广泛关注。是年，市政府印发《常德市水环境功能区划方案》，增加了常德市地表水监测断面和监测频次，每月监测一次常规水质，并定期向社会公布水质监测月报；明确区县(市)水库水质管理目标，在全市范围内开展湖库环保专项整治行动，关停了一批影响饮用水源水质的污染企业。2008年，针对严东平等代表在市人大五届一次会议上提出的《关于将毛里湖列入全市饮用水源保护范围的建议》的提案，市政府启动了西毛里湖划为饮用水源保护区的申报调整工作，并督促津市市政府建立了西毛里湖水域水质长效监督监测机制，逐步削减水产品生产规模，合理利用水体。是年，市政府印发《常德市农村饮用水源保护管理办法》，制定工作方案，明确工作目标，全面启动全市大中型水库禁止投肥养殖专项行动。2009年，刘海宁等委员在市政协五届二次会议上提出了《关于打造生态文明试点城市的建议》的提案，生态市建设得到了全社会的广泛关注。市政府进一步加大生态市创建力度，成立领导小组，建立考核机制，城乡环境综合整治全面铺开，环保基础设施不断完善，循环经济得到快速发展。2010年，针对龙艳等代表在市人大五届三次会议上提出的《关于加大机动车排气污染防治工作力度的建议》，市环保局严格落实《机动车环保检验合格标志管理规定》的有关要求，积极与市交警部门沟通衔接，在交警部门的机动车年检线上恢复了于2008年停止的机动车排气检测项目，有效加强了机动车排气污染防治。2011年，在受理的30件建议提案中，有6件是关于农村环境污染问题的，市政府对此高度重视，进一步强化农村环境综合整治措施，加大项目争取及实施力度，农村环境综合整治示范范围不断扩大，农村环境得到较大改观。针对赵星、黄银花等委员在市政协五届四次会议上提出的《关于尽快启动常德市环境监测中心及环境监察中心项目建设》的提案，市政府同意并全力支持加快项目建设，省环保厅也对项目给予了一定的建设资金支持，完成了项目立项，启动了项目征拆。2012年，以胡云平等代表在市人大五届五次会议上提出的《关于尽快制定规划、强化措施、保护澧水母亲河的建议》为契机，组织开展全市污染源普查行动，启动《环洞庭湖生态经济圈建设环保专项规划》编制工作，并对澧水和沅水流域的环境保护问题进行了科学规划、统筹考虑，纳入全省统一规划体系，力争进入国家层面。

2013年，共受理市人大代表建议、市政协委员提案35件，是历年来受理建议提案数量最多的一年，其中人大代表建议17件，政协委员提案18件。由毛娟等代表在市六届一次会议上提出的《关于变更西毛里湖水域功能区类型，改善西毛里湖水质保护生态环境的议案》、乔光泉等代表提出的《关于加强官亭水库水源保护工作的建议》，再次将饮用水源保护提上了市政府重要议事日程。是年，津市西毛里湖和临澧官亭水库经省人民政府批准成功调整为饮用水水源保护区，自此拉开了全市1000人以上集中饮用水源地的饮用水源功能大调整、大布局的序幕。2013年，市人大代表、市政协委员关注的焦点再次集中在农村环境污染问题上，杨善军等委员提出的第 46 号提案、王小兰等委员提出的第 60 号提案、肖朝进等委员提出的 114 号提案、董新满委员提出的第 138 号提案以及袁雪原等委员提出的第 375 号提案都是聚焦农村环境污染与治理。对此，市环保局进一步加大农村环境综合整治力度，是年，全市共有鼎城区草坪镇、西湖管理区西洲乡、汉寿县太子庙镇等 3 个农村环境综合整治示范项目通过省环保厅验收，澧县张公庙镇、柳叶湖白鹤山乡、石门县皂市镇、汉寿县罐头嘴镇、临澧县新安镇、澧县城头山地区、临澧县修梅镇等 7 个示范项目基本完成，共争取中央、省农村环境综合整治专项资金 2400 万元，农村环境面貌有了更大改观，示范引领效果十分明显。

二、建议提案办理机制

制度机制。1990 年，出台《常德市环境保护局办理人大代表建议和政协委员提案工作制度(试行)》，对建议提案办理工作的交办、承办、催办、答复、反馈等环节进行了明确。1997 年，出台《常德市环境保护局关于办理人大代表建议和政协委员提案工作暂行规定》，进一步规范了办理范围、办理原则、办理程序、办理制度和组织领导；2004 年，又对《暂行规定》进行了进一步的修订和完善，明确从 2004 年起，根据每年建议提案所涉及的新情况、新问题以及工作人员的岗位变化等特点，一年一套班子、一年一个方案办理建议提案。2007 年，为做好换届之年的建议提案办理工作，根据市政府办《关于进一步加强建议提案办理工作的通知》要求，进一步强化市环保局建议提案办理工作的组织领导，改进办理方式，提高了办理时效。

领导机制。成立市环保局建议提案办理工作领导小组，由局长任组长，全体班子成员为领导小组成员，领导小组下设办公室，由分管局领导兼任办公室主任，各科室(单位)负责人为成员，局办公室主任(或副主任)为办理联络员。2001 年以来，先后有余洪涛、王吉亚、洪振海任组长，张明军、魏利权、丁指南、谢剑平、陈华兼任领导小组办公室主任，牟志勇、刘建军、赵军任办理联络员。明确局长负责所有主办件回复的审定签发，并亲自参与至少一件建议提案的办理工作；分管局领导负责分管科室(单位)承办建议提案的审核，并参与其中主办件的办理工作。

责任机制。从 2010 年开始，在每年的全市政府系统建议提案交办会议后，专门组织召开局长办公会和任务交办会，专题研究建议提案办理工作，按领导分工及时调整领导小组，制定专门的工作方案，由“一把手”对每件建议提案进行交办，明确每名班子成员各负责牵头办理一个以上建议或提案，各科室按职责分工具体负责承办，明确到人，要求 100%按时按标准办结。同时，对交办、承办、审核、答复、督办、回访、总结、考核等做出明确规定，并将办理情况纳入科室（单位）及个人的年度考核考评范围，强化办理责任。

程序机制。严格按照工作责任、领导亲办、检查催办、与代表委员联系、信息反馈等建议提案办理制度要求，分三个阶段、八个环节、17个步骤规范办理建议提案。三个阶段，即交办阶段、办理阶段、总结阶段，明确各个阶段的时间节点和工作要求；八个环节，即领办、交办、承办、办理、审核、回复、落实、总结，明确各个环节领导、科室（单位）及具体办理人员的办理责任；17个步骤，即对八个环节的各个环节进行逐一分解，将办理任务落实到人、到月，严格按程序按步骤落实办理任务，确保办理工作取得实效。

创新机制。从2012年开始，市环保局积极对接全市建议提案办理工作信息化平台，正式启用建议提案信息化管理系统，建议提案办理工作实现网上受理、网上答复、网上征求意见，提高了办理效率，增强了办理工作的透明度。2013年，针对建议提案数量多、任务重的特点，为确保办理效果，提出了“五步”办理法：第一步，由承办人结合各自办理责任，深入实地调查研究，了解建议提案涉及的环境问题现状，提出解决办法；第二步，密切与代表、委员的沟通联系，重大的建议提案问题要面对面的交流，广泛听取代表委员的意见和建议；第三步，确定办理途径，落实办理措施，解决建议提案所涉及的具体问题；第四步，形成回复意见，向代表委员说明办理结果及今后的努力方向；第五步，回访代表委员，进一步征求意见，改进工作。

第四节 群众监督

一、环保政务公开

（一）重大事项政务公开

1988年，常德市政府出台《常德市人民政府政务公开制度（试行）》，第一次把政务公开提上议事日程。常德市环境保护局高度重视，大力推进环保政务公开工作。2003年，市环保局开辟政府信息公开专栏，公布信息公开领导小组名单、机构职能、机构设置、政策法规

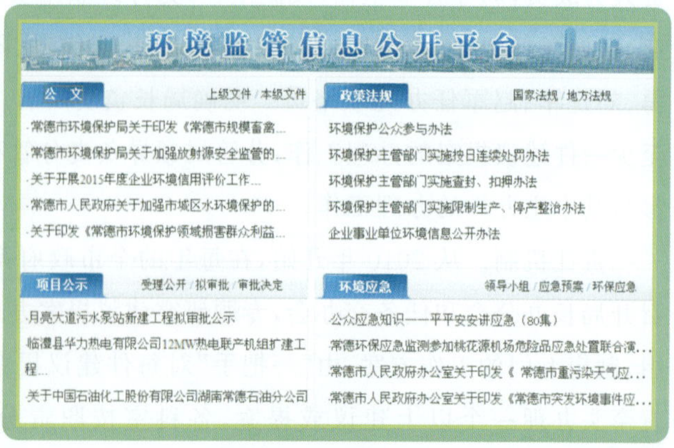

图112 常德市环境监管信息网上平台

4 类政务信息和污染防治、总量减排等业务信息，环保政务信息公开渠道基本建立。

2007 年，发布办事指南，公布执法依据、行政审批流程图等办事服务信息；定期发布城区空气质量和水环境质量，保障公众知情权与参与权。

2008 年，开辟企业服务专栏，公示环境许可、行政审批及工程验收等项目信息，完善了信息公开和总量指标审核申请表，增加建设项目环境影响报告表和登记表等资料下载内容，企业服务“绿色通道”基本建立。

2009 年，实现了财政情况、项目建设、环境应急等信息的全过程公开，实施空气环境质量日报告和水环境质量月报告，确保了各类信息的真实和及时公开。

2010 年，启动实施政务公开信息化年度报告制度，政务公开的规范化和制度化建设进入新的轨道。

2011 年，开辟在线服务链接，建立在线申报、资料下载、状态查询、结果查询的全方位、全过程网络信息化服务体系。全年受理第一起网上依申请公开事项，同意公开 1 件，公开内容为污染减排落实情况及环境执法情况。

2012 年，开展公众互动，进一步发挥局长信箱征集群众意见的做用，增加了咨询投诉、网上调查、民意征集等互动内容，广泛征求公众意见，了解群众诉求。全年受理网上依申请公开事项 3 件，同意公开 3 件，分别是常德中烟集团异地搬迁项目环境影响报告公开，常德垃圾发电厂垃圾焚烧及监测数据公开。

2013 年，充实完善六大公开专栏：环境监察、环境监测、环境管理、规划总结、科技标准及自然生态，及时发布监察方案、监测结果、环境整治、工作要点、环境污染控制标准及农村环境整治和生态创建等各类环境业务信息，推进环境保护监督管理、环境保护信访办理、环境执法人员现场监察工作规范、建设项目竣工环境保护验收管理、污染物排放许可审批管理、效能建设及行政执法过错责任追究六大重点领域的政务信息公开，全面保障广大人民群众的环境知情权。全年受理依申请公开事项 741 件，同意公开 637 件，其中书面申请 123 件、传真申请 26 件、电子邮件申请 6 件、网上申请 28 件、信函申请 137 件、其他形式申请 421 件，内容主要涉及环境保护法律法规与业务知识、排污核定与收费、行政处罚、人大代表建议和政协委员提案、纠纷处理回复、环保技术标准、工作职能、做风建设等。

（二）规范化建设

制度建设。自 2011 年市政府启动全市政务公开规范化建设以来，市环保局先后制定出台了 22 项政务公开工作制度，达到了规范化的建设要求，促进了政务公开工作的健康有序开展。2011 年制定并公布了《常德市环境保护局政务公开工作制度》《常德市环境保护局政务公开监督检查制度》《常德市环境保护局办事公开制度》等8项政务公开制度。

在政务公开工作制度中，明确了政务公开工作目标和责任追究办法，确定了行政审批、排污收费、违法案件查处三大重点领域的公开内容及要求。在政务公开监督检查制度中，将政务公开的内容是否全面、程序是否规范、形式是否恰当、制度是否健全、执行是否到位、效果是否明显等列为监督检查的重点，明确了监督检查的方式方法，并将政务公开群众知晓率和满意度测评纳入科室(单位)年度目标管理考核内容。设立并严格执行环保新闻发言人制度，明确新闻发言人的主要职责，设定新闻发布的内容范围及发布方式，严肃新闻发言人发布纪律，制定新闻应急方案，并及时评估新闻发布效果，确保达到澄清事实、引导舆论、形成共识的新闻发布目标。2012 年制定并公布《常德市环境保护局政务依申请公开制度》《常德市环境保护局党务政务例行公开制度》《常德市环境保护局政务中心集中办理制度》等 11 项政务公开制度。随着依申请公开事项的逐渐增多，建立了政务依申请公开制度，明确了依申请公开的范围和程序以及申请应包含的基本内容，确定公开时限。修订完善环境执法人员现场监察工作规范制度，进一步强化现场监察要求，提高重点污染源、建设项目、“两区一园”的现场监察频次，明确环境执法人员的权力、义务和行为规范。修订完善行政执法过错责任追究办法，规定对行政许可、行政征收、执法检查、行政处罚等四大工作领域的 14 种行为实行责任追究，明确行政过错的责任划分和追究方式。2013 年，制定并公布《常德市环境保护局党政领导干部监督制度》《常德市环境保护局效能建设责任追究办法》及《常德市环境保护局政务公开管理办法》3 项政务公开制度。在修订完善的政务公开管理办法中，要求把单位机构职能、职责分工、联系方式，环保法律法规、环境保护规划、城市环境质量状况、城市环境综合整治定量考核结果，行政许可项目的审批依据、办事条件、办事程序、办理时限，建设项目环境影响评价的审批情况、建设项目竣工环境保护验收情况，排污费征收的项目、依据、标准和程序等 16 项信息全部在局门户网站上公开，全方位确保广大人民群众的环境知情权。

图 113　市环保局局长洪振海(前左二)在政府网与市民对话

阵地建设。2011 年，按照常德市人民政府关于推进全市政务公开规范化建设的通知要求，常德市环境保护局政务公开阵地建设达到了有机构牌子、有公开制度、有专（兼）职人员、有必要的工作经费、有多样的公开形式、有统一的公开内容的“六有”标准。同年，首次在重点企业、“两代表一委员”、行风监督员、市民代表等社会各界进行了政务公开社会评议，反响较好，形成了每年一次的社会评议长效机制。

平台建设。2003 年，常德市环境保护局门户网站建成运行，根据政务公开要求，在网站首页左侧开辟政府信息公开专栏，以及依申请公开的链接，公布了信息公开领导小组、公开指南和年度信息化报告。2013 年，对局门户网站进行了改版升级，根据市环境保护局工作特点设置了行政审批、环境质量、热点专题、满意环保、排污费征收、环境投诉等公开专栏。行政审批栏目及时公布公示信息、环境影响报告书信息和批复信息，热点专题栏目包括重点领域信息公开专栏的引导，环境质量栏目及时公布由市环境监测站提供的每月常德市环境状况报告，排污费行政栏目公开市局行政收费项目的收费依据与标准，满意环保栏目公开了市局打造服务型机关的相关承诺，环境投诉栏目及时发布由市环境投诉处理中心提供的相关投诉处理情况。

长效机制。2001 年，成立常德市环境保护局政务公开工作领导小组，由局长佘洪涛任组长，副局长陈建国任副组长，领导小组下设办公室，陈术明兼任办公室主任。此后几年，领导小组人员经过多次变动，王吉亚、洪振海先后担任组长，陈建国、谢剑平、陈华先后担任副组长，魏利权、牟志勇、赵军先后兼任办公室主任。2013 年，修订发布《常德市环境保护局党务政务公开工作综合实施方案》，对党务公开、政务公开、办事公开进行了总体部署，明确了领导小组、公开内容、责任单位及公开时限，并发布了公开目录，全市环保系统政务公开工作进入更加规范、更加科学的崭新时期。

二、环境投诉处理

2002 年，常德市环境保护局在全省率先成立接受环保投诉的办公室—“环保 110”，2007 年，“环保 110”更名为常德市环境投诉处理中心，并开通“12369”环保热线，负责环境投诉处理、信访工作（两块牌子一套人马）。是时，有在编人员 7 名，配备有环境投诉处理污染纠纷车、监测噪声仪、摄像机、手机、电脑等设备仪器，24 小时受理全市环境污染电话投诉、市区环境污染纠纷和环境违法投诉、举报。环境投诉处理中心负责对因环境污染问题而出现的纠纷深入现场进行调查并做好调解工作；负责接受群众对环境污染问题的来信来访和回复工作；负责省信访系统、市信访局、市长热线、行风热线的回复工作及领导交办的各种环境污染信访件的协调处理；协助市环保局相关科室对污染问题的查处等。

2004—2009 年，市城区旧城改造进入高峰期，旧城改造产生的夜间建筑施工噪声扰民问题较多。6 年间，市本级共接到投诉举报、群众来信来访 6319 起，其中大部分是建筑噪声，其次是工业噪声、大气污染等综合性污染问题的投诉和来信来访。2006年，随着中小造纸企业的发展，造纸行业和再生纸厂的环境污染呈上升态势，对其造成环境污染的投诉也达到高峰。2007年，基础设施建设和城镇化步伐加快，水泥生产企业增多，水泥行业污染成为投诉焦点。2008年，各区县出现苎麻种植热和大办小型冶炼厂的情况，苎麻生产和小型金属冶炼产生的废水、废气（五氧化二钒）、噪声严重污染了周围的环境，造成企业周边群众多次集体信访，群众上访件达到120件。为了解决近郊企业污染严重的问题，市环保局先后协助污染投诉多的广积米业、甘露寺钢瓶气站、湘北涵管厂、大力机械厂等企业进行搬迁。2009年，苎麻、小冶炼、小化工行业产生的环境污染对信访工作造成了很大的压力，上访接待工作直线上升。洪振海担任环保局局长后，组织局党组一班人，坚持每周三接待上访人员制度，推出信访包干负责制，对反复投诉、久拖未决的信访问题制定专门的解决实施方案，先后解决了中国工商银行分行锅炉噪声粉尘污染、常德文理学院养鸡场污染、常德宾馆娱乐噪声污染、西湖农场建筑机械厂工业噪声污染的问题，同时还解决了壹德壹小吃店、茅草屋鸭霸王等单位的油烟污染投诉、桃源米粉厂项目建设投诉等重大信访问题，有效缓解了信访工作的压力。

2011—2012年，随着通信事业的迅速发展，移动基站的建筑增多，群众对移动基站心存疑虑，怀疑移动基站有辐射，投诉移动基站的群众较多，为解决群众热点问题，市环保局成立辐射站，专门负责辐射安全监管工作，对基站建设严把审批关。2011年10月，中国移动常德分公司在没有办理好环评审批手续的情况下，准备在武陵区红庙街楠沙社区楼上建发射功率为15W、信号覆盖范围约300米的通信基站。周边群众对此很有意见，接到市民投诉后，市环保局投诉中心立即展开调查。从现场勘察情况看，该站选址不太恰当，基址紧邻育才小学、社区幼儿园，且周边人口稠密，属极度敏感区。市环保局建议中国移动常德分公司重新选址，并要求在未经环保部门审批前不得动工建设，同时在省环保厅环境影响评价审批过程中，市环保局积极做了汇报，要求省环保厅责令移动公司重新选址建设。由于市环保局工作及时，中国移动常德分公司按照环保要求重新选址建设通信基站。为了使人们对移动通信基站的辐射问题有一个正确的认识，打消人们不必要的顾虑，市环保局就移动基站辐射影响问题，先后在《常德日报》《常德民生报》等媒体进行宣传介绍。2012年11月后，对移动基站辐射影响问题的投诉明显减少，2013年，有关基站辐射问题的投诉咨询只有2起。

2012年，投诉中心编制改为5人，全年市本级共接环境污染投诉727起，比前几年投诉明显下降，但综合性问题仍较突出，这些问题主要集中在畜禽养殖及农药化肥污染、电磁辐射方面，也有一部分是属于厂矿搬迁、居民补偿能否到位的问题。2013年，常德市实行了12345社会求助服务平台资源整合，统一采用12345电话号码，市环保局原环保热线7262110

(12369)整合到了政府服务热线,并根据市政府要求完成了《12345 常德市社会求助热线服务系统》对接工作,确保了工作整体推进,更好地、及时地服务于群众。同时,对投诉类别进行归纳分类,把频次较多的建筑噪声、废气、粉尘以及通信基站辐射等涉及民生领域的环保投诉问题列为重点,并将共性问题重点分析,总结出了一套行之有效的办法。

2007—2013 年常德市环保投诉统计

表 7-4-1 单位:件

年 份	大气污染	噪声污染	水环境污染	其 他
2007	613	86	375	224
2008	536	285	86	221
2009	360	323	56	80
2010	349	190	54	106
2011	524	294	52	127
2012	289	316	34	88
2013	398	463	62	173
合计	3069	1957	719	1019

附:常德摩擦材料厂噪声废气扰民投诉处理情况

常德摩擦材料厂的前身是始建于 1954 年的湖南常德汽车修造厂。2003 年后,随着企业生产经营的发展,生产订单增多,工厂现有生产线难以满足需求,企业所处场地发展空间过于狭小。为谋求企业更大的发展,公司陆续投资 400 多万元新建了卡车片生产车间和仓库,并新上了一条卡车无石棉刹车片生产线、添置了轿车刹车片生产设备。随着企业的扩张,常德摩擦材料厂生产过程中产生的噪声和废气影响附近居民生活的问题也日益显现。特别是 2006 年下半年后,工厂周边新开发的楼盘丽景苑小区居民的入住,造成环境纠纷升级。该厂负责人以工厂先建小区后建为由拒绝整改。市环保局投诉中心工作人员接到投诉后,深入现场,了解情况,向工厂负责人宣传"谁污染谁治理"的环保法规,要求企业对环境污染进行治理,并在工厂进行了为期一个月的噪声监控,勘察生产车间,提出整改意见。2007 年 7 月,市环保局投诉中心工作人员将了解的情况和解决问题的办法写成报告,提交市政府。市委、市政府责成由市创建办牵头,组织市环保局、市规划局、市城管局等单位的同志和控诉方代表 10 余人,到该厂进行现场调查,了解情况,提出建议。该公司负责人对环保整改建议进行认真研究,召开专题会议研究改进方案和解决办法,先后投入环保资金300多万元，解决企业环境污染问题。为解决噪声污染问题，将安装在卡车片车间内的大型设备产品静电喷涂线搬迁到离居民区较远的老车间内，长期困扰居民的噪声问题得以解决；为解决居民反映的空气污染问题，将报废产品处理由原来使用煤炉加热分离改为手工分离回收，从而杜绝了在废品处理过程中所产生的异味；为了解决粉尘污染环境的问题，改进卡车片集尘站出料口，出料口由原抽拉式改为蝶阀式，解决了出料灰尘大的问题；对生产过程中产生的废料全面进行回收利用，大大地降低了废料的排放。这一系列措施的实施，有效地解决了企业在生产过程中对环境的污染，这些举措也得到群众的认可，摩擦材料厂噪声和废气扰民的问题得到很好解决。

图114　市环保局工作人员在市长热线回答市民提出的环保问题

第八章　环境监察

第一节　机　构

1986 年，常德地区排污收费监督管理站成立。管理站负责全地区地直企业超标排污费的征收、管理和使用，同时指导全地区各县(市)排污收费工作。1987 年 8 月，常德市排污监理站成立。1988 年，排污收费监督管理站和排污监理站合并，合并后，机构名称为常德市排污收费监督管理站，是时，全站有编制 10 个，实有工作人员 14 名。

1991 年 5 月，常德市环境监察队成立。市环境监察队负责对全市市属企、事业单位及重点污染源的定期监测，建立污染源动态档案，对全市范围内有污染物排放的单位进行随机监督、监测，对违反环境保护法的企事业单位，按有关规定处以罚款或提出处理意见报市环保局审批，负责应急监测和污染纠纷仲裁监测，负责重点污染源“三同时”项目验收及限期治理项目验收的监测和企业升级评先的监测。市环境监察队设在环境监测保护站内，日常工作由市环境监测保护站负责。是年，在全市范围内推行以环保目标责任制为龙头的环境管理制度，把环保指标考核纳入企业经营承包的内容，对全市 76 家企业(市属以上的企业 31 家)实行环保指标考核。全市形成了市、县、乡各级政府与环保部门紧密联系的多级环保责任制体系。环保执法内部制约机制基本形成，改变了以往在行政处罚、污染纠纷赔偿“一人一竿子抓到底”的做法，执法工作逐步走上程序化、规范化、法制化轨道。从 1991 年 6 月 1 日起，武陵区所属单位的排污费由市排污收费监督管理站征收。

1992 年，市、县环保部门成立环保行政复议、审议委员会(小组)，区县(市)环保局明确一名局领导分管法制工作，安排一名工作人员具体负责环保执法工作。市环保局成立法制科，负责全市环保执法工作。1993 年 4 月，市中级人民法院成立环保法规执行室。

1996 年 2 月，常德市环保局针对城市三产业发展迅速的情况，成立监察收费机构—环境监察大队，负责对城区服务型企业、城区建筑场地进行现场环境监督管理和排污费的征收。1997 年，市政府下文，赋予市环境监察大队对城区饮食娱乐服务业环境执法管理权。

2003年,常德市排污收费监督管理站与环境监察大队合并,并更名为常德市环境监察支队,为正科级事业单位。市环境监察支队负责对辖区内国控企业进行日常监察,对投诉中心移交的投诉信访案件进行处理,对污染防治设施运转、污染排放、建设项目“三同时”执行情况和限期治理项目、贷款项目完成情况进行监督检查并按规定进行处理,对环境违法案件依法进行查处。支队核定全额拨款事业编制24名(支队长1名,政委1名,副支队长2名,纪检员1名,其他管理人员2名,行政执法人员16名,后勤服务人员1名)。

第二节　污染源监察

市环境监察支队污染源监察主要包括水污染源监察、大气污染源监察、固体废物污染源监察和其他污染源监察。

图115　市环境监察支队对临澧县鑫澧化工进行监察

1991年,市环保部门对污染严重的企业进行行政处罚17件(次),对其中13起拒交排污费的处罚案件追缴排污费18.7万元,罚款3.2万元。

1992年下半年,市、县两级环保部门对环保设施运转情况进行大检查,检查了多套环保设施,对多家擅自闲置环保设施的单位依法给予行政制裁。

1993年4月,市中级人民法院环保法规执行室成立后,加大违法案件的审理力度,4—10月半年时间里办理了拒缴排污费等10起违法案件,追缴排污费和滞纳金35万元,收取行政罚款3万多元,改变了过去环保行政案件执行难的局面。8月,全市开展环境保护执法检查,市环保执法检查领导小组派出2个检查组分赴各区、县(市)和市直有关单位进行检查,出动车辆近50台次,检查企事业单位43个、集市16个、宾馆和餐馆71家,对18个不同程度违反环保法的单位进行了严肃处理,对石门矿粉厂等3家严重违法企业予以关停。

1994年,市县两级法院和环保部门受理、查处环保行政案件21件,追缴排污费和滞纳金20.6万元,行政罚款10.8万元,关闭、搬迁严重污染企业5家,补办建设项目环保审批手续 26 个，接待群众来信来访 332 次，对 35 起因污染而产生的纠纷和 1 起污染事故，进行了妥善处理。

1995 年，全市查处环保违法案件 71 起，对 51 起拖欠的排污费予以追缴，对严重违反“三同时”的 12 起案件进行了严肃查处，对 8 起污染严重、整治不力的单位追缴排污费 54.36万元，并处以 5.45 万元的罚款，关停企业 15 个。

1997 年，常德市列入《湖南省跨世纪绿色工程计划》项目 20 个，投资 7.395 亿元；水污染防治项目 11 个，投资 7.408 亿元；大气污染防治项目 2.297 亿元；固体废弃物处置项目 1 个，投资 0.08 亿元；关、停、并、转、迁项目 2 个，投资 0.09 亿元；生态保护项目 1 个，投资 0.55 亿元；环境管理项目 1 个，投资 0.1 亿元。市环保局根据市政府通知，对石门县皂市纸厂等 49 家污染严重的企业予以关停。

1999 年，对城区大气保护圈内 19 家砖瓦厂予以关闭，关停、报废老式锅炉 17 台，通过治理，新增达标锅炉 20 多台，对尾气超标车辆安装尾气净化器 1100 多台。市县环保部门共立案查处各类环保违法案件 145 件，市级立案 30 件，结案 14 件，申请法院执行 10 件，追缴排污费 50.5 万元，处罚款 5.1 万元。环境监察以查处群众反映强烈的第三产业环境纠纷为重点，全年调处污染纠纷事故 1963 件，处理率达 98%

2000 年，全市调处污染纠纷 49 起（市本级 6 起）；处理来信来访 426 件，满意率 100%；查处环保违法案件 305 起，结案 240 起，追缴排污费 140 万元，其中市本级查处违法案件 35 起，结案 25 起，追缴排污费 15 万元。市环保局取缔关停 49 家“十八小”企业。

2002 年，全市立案查处环境违法案件 345 件，追缴排污费 17.73 万元，罚款 67.73 万元，其中市本级立案查处 22 件，追缴排污费 2.5 万元，罚款 28 万元。对全市 176 家重点企业进行排污申报登记，并对其中 41 家市属企业排污费单位实现每月排污申报登记，对 30 多家未申报登记的单位责令补办相关手续。市本级规范重点污染源排污口 10 个，安装监测装置 5 台，加大督促检查力度，有力推动全市造纸行业污染治理达标工作。

2004 年，全市出动环保执法人员 1874 人次，检查企业 590 家（次），对 46 家污染严重的企业进行立案查处，结案 38 家。全年对企业事业单位及个体工商户进行环境监察 300 多次，下达监察意见书 47 份。

2005 年，全市出动执法人员 1383 人次，检查排污企业 524 家，立案查处违法排污企业 54 家，关停并转违法排污企业 27 家。市人大对全市贯彻实施《水污染防治法》情况开展执法检查，深入武陵、鼎城等地，实地查看现场 10 个，对鼎城南亚染整厂废水污染问题提出整改意见，对柳叶湖、目平湖环境保护提出新的要求。

2006—2008 年，加强对重点工业污染源环境的监管，出动执法人员对重点污染源企业进行日常监察。2006—2008 年，常德市国控污染源数目分别为 64 个、55 个、60 个。

2006年,全市出动执法人员3103人次,检查排污企业1022家,立案查处违法排污企业32家。2007年,市监察支队开展日常环境监察900余次,对重点排污企业进行现场监察,督促排污企业正常运转污染治理设施,规范企业排污行为,组织人员对污染治理设施运转情况进行监察,检查企业52家。与此同时,组织力量对各区县(市)重点工业污染源进行稽查。2008年,市本级立案查处违法案件31件,结案26件。

2009年,全市范围开展"整治违法排污企业保证群众健康"环保专项行动,出动2000多人次,检查企业1700多家,其中市本级出动399人次,检查企业184家。行动中,对5家排污企业予以停产整治,对9家排污企业限期治理,对6家违法排污企业立案查处。

2010年,市本级出动执法人员890人次,检查企业399家,其中立案查处企业15家。

2006—2013年常德市环保局执法检查情况

表8-2-1

年度	国控污染源企业家数	涉水企业	涉气企业	涉重金属企业	备注
2006	64	36	34	0	部分企业气水均涉
2007	55	—	—	0	—
2008	60	—	—	0	—
2009	69	—	—	0	—
2010	52	—	—	0	—
2011	52	42	10	0	部分企业气水均涉
2012	51	35	26	0	部分企业气水均涉
2013	57	54	16	1	部分企业气水均涉

第三节 项目监察

1990年,全市县属以上建设项目"三同时"执行率达到100%,验收项目16个,达50%,其中市属以上8个项目全部验收合格。全市乡镇企业建设项目34个,经审批审查的32个,建成投产的"三同时"项目11个,验收9个,占81.82%。在建设项目严格执行"三同时"的同时,加强环境管理基础工作,市局与各区县统一建立了限期治理台账和建设项目管理台账，对所有锅炉、窑炉建立了登记卡。

1991年，市、县两级环保部门认真执行建设项目环境影响评价制度，把好"三同时"的关。当年投入运行的有25个县属以上建设项目、9个乡镇企业建设项目执行"三同时"制度，执行率达81.8%。

1992年，审批城区"三同时"项目12项，总投资365万，其中环保投资32.35万元，建成6项，总投资2710.6万元，其中环保投资34.83万元，"三同时"执行率为100%，汇总工业污染治理资金比上年增加222.88万元。1992年共完成治理项目6个，治理总投资561.9万元。

1993年，建成的建设项目有35项，执行"三同时"的31项，"三同时"执行率88.6%。各区县(市)共完成限期治理项目10项，投资243.8万元。全市完成限期外治理项目7项，投资480.1万元。

1994—1995年，重点放在审批县属以上新扩改建项目上，两年共审批项目160个，完成污染治理项目84个。

1997年，全市审查审批县级以上建设项目54项，否定申报4项，投产的13个建设项目全部执行"三同时"。

1998年，全市审批建设项目47个，项目总投资47513.7万元。市级以上完成限期治理项目50个。

1999年，全市审批建设项目71个(其中市本级29个，审查省管项目5个)，否决不符合国家产业政策、严重污染环境的建设项目40个，环保审批率100%；建成建设项目17个，"三同时"执行率100%。

2000年，全市审批项目75个，总投资53188万元，其中环保投资2703万元，验收建成项目40个(市本级验收建设项目17个)。

2001年，市环保局认真贯彻环保部《关于贯彻实施〈环境行政执法后督察办法〉的通知》，对54家市级审批在建项目进行现场督察，共审批建设项目96项，其中市本级审批19项，重点严查了广东茂名建筑公司、德山酒业公司的一批环保违法案件，市本级共立案10件，申请法院强制执行13起。

2002年，全市环保部门以《建设项目环境保护条例》为武器，以加强对项目中后期管理为重点，先后对267家市级审批的在建项目进行现场督促检查。全市共审查审批建设项目253项，总投资17.65亿元，其中环保投资7991万元，全市建成项目65个。全市区县(市)环保部门实施项目累计投入资金8.78亿元，完成治理项目168个。

2003年，全市共审查审批建设项目365个，项目投资29亿元，其中环保投资9136万元，环评执行率审批率100%，否决了一些不符合国家产业、对环境有较大影响的项目。

建成项目 72 个。

2004 年,桃源沙坪金矿、安乡嘉旺灯饰制品厂、澧县城西造纸厂、常德市斗姆湖建安纸厂、时军纸厂、武陵志远再生纸厂等一批群众反映强烈的不法排污企业被关停。2005 年,全市审查审批建设项目 173 个,否决冶炼、印染等污染型项目 12 个,对建成的 15 个项目按要求开展"三同时"验收,对 3 个项目下达限期改正通知,对 1 个验收不合格的项目要求重新配套环保设施,对群众较敏感的项目尝试推行行政许可听证会制度。

2006 年,市环保局共审批建设项目 103 个,其中编制环境影响报告表 86 份,环境影响登记表 17 份,审批率 100%,"三同时"竣工验收项目 46 个,执行率 100%

2007 年,市环保局和市监察局联合下发《关于对有关企业突出问题挂牌督办的通知》,对存在突出问题的 11 家企业实施挂牌督办,湖南海利常德农药化工有限公司投入近 600 万元完成了污水处理工程,并通过省环保局验收。

2008 年,市本级共审批各类工业建设项目 131 个,否决与国家产业政策和常德市污染减排政策不符合项目 11 个。

2010 年,全市共有 12 家涉重金属污染企业存在环境问题,市县两级政府、环保等部门共出动 100 余人次,对 4 家列入集中整治的涉重金属污染企业进行限期治理,3 家企业进行停产整治,5 家企业提请政府关闭。

第四节　排污收费

一、收费

1990 年,全市排污费征收开征单位 738 个,征收排污费 701 万元,其中省市属单位 360.7 万元,区县(市)属单位 264.6 万元,乡镇属企业 75.7 万元,征收总额比 1989 年增加 43 万元,增长 6.6%,其中乡镇企业比 1989 年增加 15.9 万元,增长 26.6%。

1991 年,全市征收排污费的单位共 823 个,共征收排污费 765.14 万元,占全年工业生产总值的 1.203%,超出年初计划 99.6 万元,增长率为 0.54%。其中征收省属单位排污费 95.09 万元,下降 0.69%;征收市属单位排污费 276.24 万元,下降 1.70%;征收区县(市)直属单位 393.71 万元,增长 2.49%,其中征收乡镇企业排污费 79.82 万元。全市征收的排污费中,冶金行业为 0.15 万元,化工行业为 117.73 万元,轻工业为 330.76 万元,纺织业为 89.18 万元,电力行业 14.96 万元,煤炭行业 12.61 万元。是年,全市共征收超标排污费

561.04万元，其中征收废水超标排污费389.33万元，废气超标排污费147.19万元，废渣超标排污费11.07万元，噪声超标排污费13.45万元。

自1992年1月1日起，执行调整后的《超标污水排污收费标准》和《超标环境噪声排污收费标准》。收费单位向当地物价部门申请领取《行政事业性收费许可证》，统一使用省税务局规定的《湖南省征收排污费收款收据》，实行亮证收费。1992年，全市征收排污费的单位733个，征收排污费830.71万元，占年度工业总产值的1.18%，比年初计划超额完成158.65万元，比1991年增加65.57万元，增长8.58%。其中征收省属单位排污费97.66万元，增长2.7%；征收市属单位排污费300.66万元，增长8.84%；征收区县（市）属单位排污费432.39万元，增长9.82%，其中征收乡镇企业排污费93.12万元，增长16.66%。征收的排污费中，冶金行业为0.065万元，化工行业为117.07万元，轻工业为398.41万元，纺织行业为47.87万元，电力行业为10.85万元，煤炭行业6.14万元。1992年，全市共征收超标排污费588.39万元，增长4.87%，占征收总额的70.83%。其中征收废水超标排污费408.36万元，废气超标排污费125.34万元，废渣超标排污费7.64万元，噪声超标排污费47.06万元。

1993年，全市征收排污费的单位有735个，征收排污费899.87万元，占年度工业总产值的1.54%，超过年初计划270.68万元。其中代收省属单位排污费96.13万元，下降1.56%；征收市属单位排污费359.92万元，增长19.71%；征收区县（市）属单位排污费539.95万元，增长24.87%，其中征收乡镇企业排污费176.05万元，增长89.05%。征收的排污费中，冶金行业为0.14万元，化工行业为133.28万元，轻工业为346.92万元，纺织行业为89.6万元，电力行业为9万元，煤炭行业4.13万元。是年，全市共征收超标排污费612.62万元，其中征收废水超标排污费376.36万元，废气超标排污费196.69万元，废渣超标排污费6.95万元，噪声超标排污费32.62万元。

1994年，新的《湖南省排污费征收管理办法》颁布实施，按照新的办法，全市排污费征收单位增加到1875个，排污收费增加到1126.21万元。

1995年，全市征收排污费1240.34万元，代省征收117.75万元，市本级征收427.27万元，区县（市）征收695.32万元，超过省局下达的965万元的任务。全市查处71件环保违法案件，其中51件违法案件追缴排污费54.36万元。

1997年，全市共征缴排污费1238万元（其中省属企业119万）。

从1998年起，省属企业排污费的征收收归省环保部门。是年，全市共征收排污费1138.47万元，其中超标排污费497.14万元。

1999年，环境监理、监察工作打开新局面，环保监察工作者克服绝大多数企业效益严重滑坡、收费矛盾多、阻力大等困难，加大收费力度，全年向1575家排污费单位征收排污费 1279.59 万元(其中超标排污费 554.35 万元),向县属单位征收排污费 730.05 万元。

2000 年,全市向 1808 个排污费征收单位征缴排污费 1310.75 万元,比 1999 年增加 31.16 万元,增长 2.44%,其中征收超标排污费 569.87 万元,占全年排污费的 43.48%。

2001 年,全市共征收排污费 1454.95 万元,为年计划的 128.18%,比 2000 年增长 11%。2003 年 1 月 2 日,国务院公布《排污费征收使用管理条例》。《条例》规定排污费的征收、使用必须严格实行收支两条线,征收的排污费一律上缴财政,环境保护执法所需经费列入本部门预算,由本级财政予以保障,排污费应当全部专项用于环境污染防治,任何单位和个人不得截留、挤占或者挪做他用。任何单位和个人对截留、挤占或者挪用排污费的行为,都有权检举、控告和投诉。

这以后,排污费的征收呈上升趋势。2005 年,全年征收排污费 2992 万元,超过省局计划 26%。通过采取各项措施,市监察支队对 8 个区县(市)43 家企业进行现场检查,下达稽查意见书 35 份,排污费补缴处理决定书 27 份,追缴县属企业欠缴排污费 118.2 万元。

图 116 环境监察人员对企业排污情况进行调查取证

2006 年,对 2779 家排污单位征收排污费 2769.7 万元。市监察支队加强对区县(市)排污单位的稽查,对 8 个区县(市)52 家企业进行了现场检查,下达稽查意见书 30 份,排污费补缴处理决定书 21 份,追缴县属企业欠缴排污费 110 万元。

2007 年,征收排污费 2474 万元。在排污收费的程序上,严格按照《排污收费征收管理条例》的规定,认真完成了对全市 52 家国控重点企业排污申报审核汇总上报工作和全市排污企业排污申报汇总工作,完成了 55 家市属企业和 140 家城区三产业的排污申报登记和城区 38 个在建工地的排污申报。

2008 年,向 2169 个排污单位征收排污费 2706.6 万元,其中征收污水排污费 1535.5 万元,废气排污费 870.1 万元(二氧化硫排污费 396.8 万元),危险废物排污费 4.5 万元,噪声排污费 205.1 万元。

2009 年,缴纳排污费单位数 1297 个,征收排污费 2753.3 万元,其中征收污水排污费 1686.3 万元,废气排污费 832 万元(二氧化硫排污费 545.5 万元),噪声排污费 239.6 万元。市本级共征收排污费 1304.9 万元。

2010 年,缴纳排污费单位数 966 个,征收排污费 2821.8 万元,其中征收污水排污费 1360.5 万元,废气排污费 1092.3 万元(二氧化硫排污费 572.8 万元),噪声排污费 378.9 万元。

2011—2012 年,全市全年征缴排污费 7431 万元。

常德市 2001—2013 年排污费征收统计

表 8-4-1　　　　单位:万元

年度	全市	市本级	澧县	石门	津市	临澧	桃源	汉寿	鼎城	安乡	西洞庭管理区
2001	1455	787	—	—	—	—	—	—	—	—	—
2002	1560	750	—	—	—	—	—	—	—	—	—
2003	1888	833	—	—	—	—	—	—	—	—	—
2004	2138	877	—	—	—	—	—	—	—	—	—
2005	2992	1165	400	319	187	225	223	160	124	189	—
2006	2770	905	365	210	351	169	274	154	134	208	—
2007	2474	803	397	225	351	150	202	201	78	67	—
2008	2706	988	254	260	451	160	202	201	100	90	—
2009	2753	1305	260	264	382	84	143	200	75	40	—
2010	2822	985	588	262	373	83	165	200	101	65	—
2011	3015	861	300	324	350	132	520	191	207	110	20
2012	4416	881	352	587	552	292	445	187	929	154	37
2013	4528	1539	353	591	337	414	588	184	391	62	69

二、排污费征收稽查

2004 年 12 月 16 日,湖南省环保厅对常德市 2004 年度十几家企业排污费征收情况进行稽查,确认常德恒安纸业有限公司未按有关规定足额缴纳排污费,并依法下达监察通知。

2006 年,市环保局对各区县(市)排污企业的排污情况进行稽核。1～2 季度稽查 15 家企业,查出欠缴排污费总金额 15367627.6 元。3 季度稽查 35 家企业的排污情况,稽核总金额13627808元。

2011年，根据国家环保部、省环保厅有关要求，市县两级分级动员，采取自查、县(市)交叉稽查检查、限期整改以及督查督办等措施，在全市范围内对2009年度、2010年度排污费征收稽查工作进行检查，共查处少征、漏征及截留排污费1500多万元，追缴排污费800多万元。

2012年，市环保局对2个区县的7家企业开展排污费征收稽查，查出少征、漏征排污费230万元，追缴140万元。湖南省环保厅对2个区县的3家企业开展排污费征收稽查工作，查出截留排污费520.3万元，对截留的排污费予以全额上缴，3家企业少征、漏征排污费336.8万元，对少征、漏征的排污费予以全额追缴。

第五节　环保专项行动

一、整治违法排污企业保障群众健康环保专项行动

2003年，常德市首次开展整治不法排污企业、保障群众健康环保专项行动，并成立了由市环保局局长担任组长的整治不法排污企业、保障群众健康环保专项行动工作领导小组。是年，全市环保系统出动执法人员780人次，监察企业140家，开展环境执法集中行动4次，立案查处32起，对7家企业进行停产治理，关停企业1家。

2004年，为了加强对活动的领导，常德市整治不法排污企业、保障群众健康环保专项行动工作领导小组组长改由分管环保工作的副市长担任。是年，全市环保系统出动执法人员1874人(次)，监察企业590家，立案查处企业46家，重点挂牌督办企业12家，关闭企业6家。重点挂牌督办的12家企业，分别为澧县城西造纸厂、汉寿县生猪定点屠宰中心、津市市雪丽造纸有限公司、桃源沙坪金矿、石门九峰实业有限公司、临澧杰新纺织印染厂、安乡县嘉旺灯饰制品厂、武陵志远再生纸厂、南亚纺织印染有限公司、常德斗姆湖建安纸厂、常德斗姆湖时军纸厂、常德张腊生铝铸造厂。挂牌督办的企业中，有6家停产治理，3家关停。各区县(市)结合自身实际，对群众反映强烈的环境问题、建设项目违法问题、“十五小、新五小”企业以及违法国家规定、推行土政策、搞地方保护主义造成环保执法缺位、环境管理失控的问题进行清理整顿。津市市对城区内烟尘污染严重的十几家企业进行了立案查处；石门县开展饮用水源专项执法，关停污染企业10家；鼎城区对沅江大堤边的8家再生小造纸厂进行集中整治，停产治理5家，停产搬迁3家；桃源县联合多家县直

部门开展专项行动，取缔关闭非法或不合格采金矿点 33 个，彻底捣毁氰化池 200 多个，废止了妨碍环境执法的一些“土政策”；汉寿县对 22 家工业企业限期治理，涉及项目 44 个；安乡县取消了一切妨碍环保工作的“土政策”；临澧县取消了“一站式”收费和金属项目收费政府协商两项“土政策”。

2005 年，全市出动环保执法人员 1383 人(次)，监察企业 524 家，立案查处企业 54 家，挂牌督办环境问题项目 23 个。对常德纸业等 27 家排污单位重点污染项目限期治理，关停并转违法排污企业 27 家；全市“12369”环保热线系统建设进入实施阶段，各区县(市)均设立了“环保 110”，环境信访渠道得到进一步畅通，全年解决群众反复投诉、久拖不决的环境污染问题 15 个；对城市噪声扰民、大气污染、饮用水源地污染的问题，对违反国家环保法律法规的地方政策和违反《中华人民共和国环境影响评价法》的违规建设及企业违反排污法律法规的行为，对沅、澧二水沿岸和壶瓶山自然保护区、目平湖湿地保护区、花岩溪自然保护区、柳叶湖风景区等重点区域内的环境污染和生态破坏问题进行了整治。武陵区集中整治了城市环境噪声污染，加大了高、中考禁噪力度，环保、公安、城管、文化、工商等部门联合行动，对社会生活噪声和交通噪声进行了集中整治；澧县搬迁了噪声、烟粉尘扰民的澧县协力纺织公司，津市嘉成汽车部件制造公司投入 50 万元解决噪声扰民问题；依法关闭了澧县雅磬造纸厂、桃源县茶安铺造纸厂、石门县轧钢厂等一批重污染企业。饮用水源保护力度进一步加大，临澧县关停了四新岗新弘制革厂等 7 家水污染企业，常德市城区加大三、四水厂供水量，停用了一、二水厂。“十五小、新五小”企业污染反弹得到遏制，关停了武陵区罗家岗村镀锌厂，取缔了鼎城区天达贵金属公司炼铅项目、东方恒康竹业小电镀项目、临澧县腾飞公司小高炉炼铁项目、石门县子良乡水田铸造厂等一大批“十八小、新五小”项目；桃源县对 100 多家土法炼金项目进行专项整治，全县黄金矿山采矿点从整治前的 168 家减少到 26 家，彻底取缔了氰化选金。严把环保审批关，否决了东山峰炼钒、壶瓶山岩板潭水电项目，依法叫停了临澧县陈二乡八一矿业高炉炼铁项目、安乡县安海铸造项目以及澧县金鑫科技等 4 个炼钒项目。

2006 年，集中整治威胁饮用水源安全的污染隐患及工业园区环境违法、建设项目环境违法、造纸企业环境违法等问题。取缔饮用水源一级保护区内的所有排污口，清除区内违规的码头、垃圾堆放场、畜禽养殖场和水体网箱养殖，强化饮用水源风险与应急防范。查处壶瓶山自然保护区、目平湖湿地保护区、花岩溪自然保护区内与生态功能不符的建设项目及乱采滥挖、无序开采资源的行为，对黄石水库、蒙泉水库、山门水库、王家厂水库、柳叶湖、津市西湖、安乡珊珀湖等湖库投肥养鱼、过度开发、破坏水体功能的行为，进行集中整治；纠正工业园区环境违法问题，重点整治化工、冶炼、印染、造纸、苎麻、制革、酿造和废旧物资加工等企业的排污问题。专项行动中，全市共出动执法人员 3103 人(次)，监察企业 1022 家，立案查处企业 32 家，对 19 个威胁群众健康、群众反映强烈的环境问题实行挂牌督办。对 11 个工业园区内的 120 家企业进行检查，查处违法企业 4 家。为了确保了饮水安全，搬迁了影响安乡县城饮用水源的尖垸排污电排、拾比佰公司修船厂和 2 个砂石码头，下移了影响临澧道水饮用水源的排污口、影响津市城区饮用水源的雪丽造纸企业排污口；启动全市大湖大库禁止投肥养殖，黄石水库、王家厂水库禁止投肥养殖。开展建设项目违法问题整治，石门玉叶化肥股份有限公司、武陵区创益纸业有限公司、塄源新材料有限公司、金鑫科技材料有限公司、华宏金属材料有限公司、鑫泰金属材料有限公司等 6 家企业违规项目被叫停，其中 4 家炼铟项目被彻底关闭。市环保局、市监察局联合挂牌督办的 19 个环境问题，于 2007 年 6 月全部按要求整改到位。2006 年 12 月，全面启动造纸企业污染整治工作，纳入整治企业 57 家（不包括未发现查处的小造纸企业），2006 年 12 月 31 日前，17 家造纸企业停产整治。

2007 年，继续开展整顿不法排污企业保障群众健康环保专项行动，共出动环保执法人员 1701 人（次），检查排污企业 694 家，立案查处企业 67 家，挂牌督办环境问题 11 个。市环保局、市监察局、市发改局、市经委、市工商局、市电力局、市司法局、市安监局八委（局）联合执法，继续深入开展饮用水源保护区专项整治、工业园区环境违法问题整治、影响群众健康和可持续发展的重点行业整治，全面整治涉砷开采、冶炼、加工和回收过程中存在的环境问题、造纸企业污染问题。关停了城区饮用水源上游的 5 家再生纸企业；对影响津市饮用水源的车站坪码头予以搬迁，上移石门县饮用水源取水口，两地水源安全得到保障。推进园区和建设项目环境管理，查处了汉寿县太子化工、湖南嘉利塑料等 10 多个群众反映强烈且未办理环保审批手续的建设项目，叫停了石门中美矽砂矿、石门三环矿业，对金江水泥、海大饲料等 12 家未严格执行环保“三同时”建设项目进行整改，督促德山开发区、津市经济开发区、安乡县工业园区、桃源县工业园区、澧县工业园区开展区域环评。对常德市城区 11 家规模医院污水治理设施运转情况进行突击检查，对 5 家设施运行不正常的医院进行严肃查处。市环保局、市监察局联合挂牌督办的 11 个环境问题按要求整改到位。规范工业污染源排污口，督促重点污染源建设在线监控设施。2007 年，全市企业共投资 336 万元，安装了 24 套污染源自动监控装置。清理各区县（市）排污费征收工作中的“一费制”“限额征收”等违反国家环保法规的地方土政策。在 2006 年对 32 家造纸企业污染进行停产整治的基础上，2007 年 3 月 31 日前再对 40 家造纸企业进行停产整治，并对在第二批关停行动中新暴露出来的 13 家小再生纸厂一并予以关停。对恒安纸业和汉寿天耀纸业实施治理，对临澧县造纸企业污染整治不力及临澧伟临纸业试生产期间闲置污染治理设施废水直排行为，在全市首次启动“区域限批”。造纸企业污染整治后，常德市制浆整治企业由 2006 年整治前的 9 家减少到 4 家，再生纸企业由 61 家减少到29 家。

2008年，全市出动环保执法人员1734人(次)，检查排污企业474家，对20家企业环境违法行为进行立案查处，对13家企业环境问题进行挂牌督办。市环保局、市监察局、市发改局、市经委、市建设局、市城管局、市工商局、市电业局、市司法局、市安监局10委(局)，为巩固往年整治成效、促进污染减排联合执法，开展环保专项行动后督查，集中对城镇污水处理厂、垃圾填埋场等重点行业进行专项检查，对不合要求的生活垃圾填埋场实施专项整治，对重点环境问题实施挂牌督办，强化饮用水源监管、造纸行业整治后督查。为保障饮水安全，全面开展水上餐饮专项整治工作，将水上餐饮专项整治工作纳入市政府年度“为民办实事十大项目之一”，采取深入发动、充分准备、公平处置、有情操做、强化责任、多部门整体联动联合执法、限期解决具体问题等措施，强力整治沅江、澧水流域内的水上餐饮船，先后取缔沅江、澧水水上各类餐饮船56艘，柳叶湖水上餐饮船4艘。对违法炼铟偷排含镉废水污染市城区饮用水源安全的武陵区湘联实业有限公司依法处罚款50万元，关停炼铟项目，并追究相关人员责任。对污染影响较大，投诉较多的王家堰煤矿实施停产治理。省环保局、省监察厅联合挂牌督办桃源县九溪水泥有限公司、桃源县竹园化工厂的环境问题，对桃源县九溪水泥有限公司停产整顿、对桃源县竹园化工厂依法进行治理。市环保局、市监察局联合挂牌督办了13家企业环境问题，其中关停整改了湖南广源麻业有限公司、汉寿德乐纺织原料厂、湖南紫阳纺织有限公司、汉寿县百禄桥苎麻脱胶厂、安乡金成沅纺织有限公司、安乡兴源亚麻有限公司，限期整改了桃源县四喜养殖有限责任公司，关闭了斗姆湖5家铝粉厂。规范排污口整治，全市投入948万元，完成46家企业53套污染源在线监控设施建设。7月，开展苎麻、水泥企业污染专项整治，7月29日，市政府成立专门工作领导小组，市政府办公室出台《常德市苎麻水泥行业污染整治工作实施方案》，采取淘汰、关闭、停产治理、强化监管等措施，对全市苎麻、水泥企业统筹规划、综合治理。在全市范围内停止审批生产能力在5000吨/年以下精干麻、2500吨/日以下的水泥熟料生产线建设项目；关闭汉寿县福金精麻厂等4家企业，关停湖南广源麻业有限公司等9家企业。关闭临澧县双龙山水泥有限责任公司鑫龙水泥厂等10家企业、关停桃源县己酉水泥和石门县新关水泥厂等14家水泥企业。

2009年，集中开展城镇污水处理厂、垃圾填埋场专项整治，持续开展饮用水源保护区后督查，对“两高一资”行业重污染企业环境问题进行专项执法，集中打击涉砷、涉铅、涉镉行业环境违法行为，全面检查清理行业污染，重点整治关闭非法炼钒企业。采取断电、断水、拆除设备等强制措施，关闭了全市境内死灰复燃和新建的18家炼钒企业；督促各区县(市)加快城镇污水处理厂建设进度，提高运行负荷和出水达标率，督促市污水净化中心加快管网配套进度。经督办，市污水净化中心运行负荷达到75%以上；同时对废水排入市政管网严重超标、影响污水处理厂的工业企业进行集中整治。推进市城区垃圾填埋场环保设施建设进度。11 月,全面启动以重金属污染为主的环境安全隐患专项整治,至 12 月 31 日,3 家企业停产整治,2 家企业关闭,6 家企业限期治理。

2010 年,出动执法人员 2352 人(次),监察企业 1133 家(其中市本级出动执法人员 890 人次,检查企业 399 家),立案查处企业 21 家。开展涉重金属企业污染整治、沿江沿河化工石化企业隐患排查、在线监控设施专项检查、畜禽养殖专项执法检查,加强对城镇污水处理厂和垃圾填埋场的环境监管,集中整治饮用水源保护区,对重点违法企业实施挂牌督办。对 10 家涉重金属污染企业进行限期整治,3 家企业进行停产整治,13 家企业予以关闭;在落实省重点整治的基础上,为彻底解决常德市电镀行业存在的“散、乱、小”和环境污染严重的问题,推进电镀行业布局调整和涉重金属污染企业专项治理,对全市 30 余家电镀生产企业(厂点或车间)进行整治,关闭小电镀企业 8 家,治理达标电镀企业 6 家。对被环保部挂牌督办的湖南中冶美隆纸业有限公司和湖南华耀浆纸有限公司两家企业督促其进行污染治理,湖南华耀浆纸有限公司投资 800 万元建设了中段水限期治理工程,湖南中冶美隆纸业有限公司投资近 500 万元新建了污水治理设施。对 505 家畜禽养殖场(养牛场 16 家、养猪场 368 家、养鸡鸭企业 121 家)进行专项执法检查,发现有 377 家未办理环评审批手续,388 家未按要求配套安装污染治理设施;对 10 家存在突出环境问题的规模企业进行限期整改。督促重点监控企业安装在线设施,通过督办,重点监控企业安装联网废水在线监控系统 59 台(套),废气在线监控系统 19 台(套)。

2011 年,开展饮用水源保护区、城镇污水处理厂、涉重金属污染企业、铅蓄电池行业、畜禽养殖企业、医药制造企业和化学品制造企业的专项执法检查,出动执法人员 2352 人(次),监察排污企业 1133 家,立案查处 20 家。对 37 家造纸苎麻生产企业突击检查,查处违法企业 2 家。对被列入湖南省集中整治范围的 12 家涉重金属污染企业和桃源铅蓄电池企业进行全面督查整治,对 4 家涉重金属污染的企业停止生产,2 家予以取缔; 4 家铅蓄电池生产企业,2 家整治到位,2 家关闭。专项检查医药制造和化学品制造企业,督促制定环境应急预案,执行危险废物转移联单制度,全市 13 家医药制造企业,2 家进行停产整治;23 家化学品制造企业均不在饮用水源保护区范围内,均按照要求编制了环境应急预案,按照危废管理制度落实了危废物品的管理。

2012 年,出动执法人员 3735 人(次),监察排污企业 997 家,立案查处 85 家。巩固水上餐饮专项整治成果,对拟新开张的德山“小兵活鱼馆”责令关停。加大对沅江、澧水水上餐饮的巡查、督查力度,防止死灰复燃;组织完成了省政府组织的水上餐饮专项整治工作验收;对全市涉危涉重金属矿采选和冶炼企业、皮革鞣制企业、电镀企业、铅蓄电池行业开展专项整治。规范涉危涉重金属企业环境管理,彻底关停了桃源县三洋劲威、一正电源厂 2 家蓄电池生产企业,对其设备予以拆除;规范后全市有涉危废单位 25 家,其中产废单位

23 家，危废经营单位 2 家。对涉危企业实施强制清洁生产审核和环境污染责任保险，至 2012 年 11 月中旬，20 家企业完成清洁生产审核，21 家参加环境污染责任保险。在环境安全百日大检查中，对全市在线监控设施运行不正常、不到位，环保“三同时”不落实，污染减排项目未启动、未完成，存在重大环境安全隐患未消除等问题的企业分区县（市）进行交办，列出整改时间进度，狠抓整改落实；市环保局组织 4 名环保专家对问题企业实施环保服务，逐个指出企业存在的环境问题，提出整改措施，督促并帮助企业切实解决实际问题，减少环境污染，消除环境安全隐患。环境安全大检查活动中，排查检查重点企业 109 家，对 68 家交办督办重点问题企业进行整改，对部、省认定的 41 家环境风险企业进行严密监控，对经整改后污染治理设施仍运转不正常、超标排污、偷排漏排、恶意排污的 5 家企业，依法从严从重进行查处。

开展湖库型饮用水源地专项执法。强化标识标志，加强风险源管理，定期对饮用水水源保护区开展安全隐患排查，保障饮用水水源地安全。市政府出台《常德市饮用水水源保护区污染防治管理办法》，规定常德市城市饮用水水源保护区及其上游 20 千米范围内禁止建设制药、化工、造纸、冶炼等对饮用水源安全可能造成影响的高风险企业，保护区内禁止建设危险品装卸码头，禁止从事相关运输活动。是年，市政府将黄石水库、五里溪水库及红旗水库做为备用和应急水源，对 4 个列入《全国城市饮用水水源地环境保护规划》的饮用水水源进行保护治理。市环保局组织环保部门对农村生态环境进行监察。督促检查 5 个示范区的农村环境连片综合整治项目、6 处水源地防护设施、2830 处分散式农村生活污水处理设施、4433 处农村生活垃圾设施、1736 处畜禽养殖污染分散处理设施。排查矿山和养殖业污染隐患，检查金矿、煤矿、灰矿、沙矿等矿山企业 94 家，畜禽养殖企业 1000 余家，下发整改通知书 269 份，整治环境安全隐患 44 处。对污水处理厂运行进行专项监管，对影响污水处理厂运行的企业进行专项整治，整治影响鼎城和津市污水处理厂运行的周边企业。鼎城停产整治企业 3 家，整治后的污水处理厂运行基本正常。

2013 年，出动执法人员 4087 人（次），采取突击监察、专项执法、例行检查等方式，加大重点污染源现场检查力度，监察企业 622 家。全年开展的专项行动有 8 个，分别是：环洞庭湖区淘汰落后企业专项执法行动、重点污染源拉网式排查整治专项行动、水泥行业专项执法检查行动、医疗机构与医疗废物集中处置单位专项执法行动、涉锑行业专项整治行动、线路板蚀刻液专项摸底排查行动、生态监察和矿山整治专项行动、涉危涉重污染持续专项整治。行动中查处环境违法行为 130 余起，对 7 家企业停产整治，5 家企业限期治理，整改环境问题 77 个。针对危险废物和重金属污染的严重危害性，开展电镀企业整治整合，在 2011 年关闭 8 家小电镀企业的基础上，2013 年全市再关闭电镀企业 5 家，拟整合建设常德市电镀中心，解决电镀企业企业小、分布散、污染治理难、重金属污染严重的问题。

二、造纸行业企业污染整治专项行动

2006年，全市有造纸企业72家，其中制浆造纸企业9家，均以芦苇为原料，主要集中在西洞庭湖区，大多兴建于20世纪50年代末期至20世纪70年代，年制浆能力27万多吨，拥有纸机52台，蒸球82个，2006年实际造纸17万多吨。再生纸生产厂家61家，主要分布在临澧、鼎城、武陵等地，主要产品为鞭炮纸、包装纸、瓦楞纸、卫生纸和特种炸药纸，2006年实际造纸22万多吨。商品浆造纸厂家2家，2006年实际生产纸6万多吨。全市造纸企业全部为市级及以下企业。2006年，全行业共有从业人员11000多人，上缴各种税费1.4亿元，实现利润1.5亿元。

图117　市环境监察支队对临澧春兰纸厂进行监察

造纸行业是常德市主要污染行业之一。全市9家制浆造纸企业年排放废水2618万吨，排放化学需氧量5.76万吨，悬浮物2.04万吨；烟气排放量14.9亿标立方米，烟尘1228吨，二氧化硫3672吨；其化学需氧量排放量约占全市化学需氧量排放总量的60%，是常德市水污染的主要行业。

造纸行业的污染影响到了行业的生存和发展，备受市委、市政府的重视和关注。2006年，市委书记武吉海和市长陈君文连续2次召开造纸行业发展专题会议，重点研究造纸行业的污染防治和做大做强的问题，会议明确由政府常务副市长和分管工业、农业和环保的副市长分别牵头负责常德纸业、津市雪丽纸业、西洞庭天宏纸业、安乡日银纸业上碱回收工程的工作。2006年，湖南省政府颁布《洞庭湖区造纸企业污染整治工作实施方案》，12月18日，常德市人民政府出台《常德市造纸企业污染整治实施方案》，对全市57家不符合国家产业政策、不符合环保要求、污染物排放不达标的制浆造纸和废纸造纸企业分阶段实行全面停产整治。方案下达不久，市政府即对无环评手续、无污染防治设施、长期超标排污的17家造纸企业予以关停。

2007年3月底前，又将40家不符合环保要求的造纸企业全部关停，并且对原来未纳入整治范围，但在第二批关停行动中新暴露出来的 13 家小再生纸厂，也一并予以关停。全市污染整治行动实际关停造纸企业 70 家（恒安纸业和汉寿天耀纸业因产能和污染物排放达标而未列入）。

常德市第一阶段停产的制浆造纸企业

表 8-5-1

企业名称	停产原因	停产时间	责任单位	备注
安乡众鑫纸业有限责任公司	无有效的污染防治设施，废水严重超标排放	2006.12.31	安乡县人民政府	—
安乡桂华纸业有限公司	无有效的污染防治设施，废水严重超标排放	2006.12.31	安乡县人民政府	—
桃源宇科纸业有限公司	无有效的污染防治设施，废水严重超标排放	2006.12.31	桃源县人民政府	—
桃源县沙坪福利纸厂	无有效的污染防治设施，废水严重超标排放	2006.12.31	桃源县人民政府	石灰水浸泡竹子、打浆、铺张、烘干

常德市第一阶段停产的废纸造纸企业

表 8-5-2

企业名称	停产原因	停产时间	责任单位	备注
汉寿县民族造纸厂	无环评手续无污染防治设施	2006.12.31	汉寿县人民政府	—
汉寿县恒发纸业有限公司	无环评手续无污染防治设施	2006.12.31	汉寿县人民政府	—
常德康利有限公司	无环评手续无污染防治设施	2006.12.31	德山开发区管委会	商品浆
常德拓新材料包装厂	无环评手续无污染防治设施	2006.12.31	德山开发区管委会	—
武陵区德广纸厂	无环评手续无污染防治设施	2006.12.31	武陵区人民政府	—
武陵区丹州泽远纸厂	无环评手续无污染防治设施	2006.12.31	武陵区人民政府	—

续上表

企业名称	停产原因	停产时间	责任单位	备注
武陵区金龙卫生纸厂	无环评手续无污染防治设施	2006.12.31	武陵区人民政府	—
武陵区岩桥纸业综合加工厂	无环评手续无污染防治设施	2006.12.31	武陵区人民政府	—
澧县恒力纸业有限公司	无环评手续无污染防治设施	2006.12.31	澧县人民政府	—
澧县当市光阳稻草纸厂	无环评手续无污染防治设施	2006.12.31	澧县人民政府	—
常德恒利纸业有限公司	无环评手续无污染防治设施	2006.12.31	西洞庭管理区管委会	—
桃源县漆河包装厂	无环评手续无污染防治设施	2006.12.31	桃源县人民政府	—
临澧县合口造纸厂	无环评手续无污染防治设施	2006.12.31	临澧县人民政府	—

常德市第二阶段停产的制浆造纸企业

表 8-5-3

企业名称	停产原因	停产时间	责任单位	备注
湖南白玉纸业有限公司	“三同时”不合格	2007.2.16	西洞庭管理区管委会	—
湖南泰亿德纸业有限公司	“三同时”不合格	2007.2.16	汉寿县人民政府	—
安乡仙桃造纸有限公司	“三同时”不合格	2007.3.31	安乡县人民政府	—
安乡日银纸业有限责任公司	“三同时”不合格	2007.3.31	安乡县人民政府	—
常德天宏纸业有限责任公司	“三同时”不合格	2007.3.31	西洞庭管理区管委会	—
常德纸业股份有限公司	“三同时”不合格	2007.3.31	德山开发区管委会	碱回收必须按期竣工投产，否则停产治理
湖南雪丽造纸有限公司	“三同时”不合格	2007.3.31	津市市人民政府	碱回收必须按期竣工投产，否则停产治理

常德市第二阶段停产的废纸造纸企业

表 8-5-4

企业名称	停产原因	停产时间	责任单位
澧县小山造纸厂	“三同时”不合格	2007.3.31	澧县人民政府
石门霜洁纸厂	“三同时”不合格	2007.3.31	石门县人民政府
金穗纸厂	“三同时”不合格	2007.3.31	西洞庭管理区管委会
西洞庭隆鑫造纸有限公司	“三同时”不合格	2007.3.31	西洞庭管理区管委会
津市卫生纸厂	“三同时”不合格	2007.3.31	津市市人民政府
临澧县合口镇春楠造纸厂	“三同时”不合格	2007.3.31	临澧县人民政府
临澧县新安纸业有限责任公司	“三同时”不合格	2007.3.31	临澧县人民政府
湖南恒杰纸制口有限公司	“三同时”不合格	2007.3.31	临澧县人民政府
新安纸业公司安福车间	“三同时”不合格	2007.3.31	临澧县人民政府
湖南临澧县长青纸业有限公司	“三同时”不合格	2007.3.31	临澧县人民政府
临澧县合口华涛造纸厂	“三同时”不合格	2007.3.31	临澧县人民政府
临澧县新顺造纸厂	“三同时”不合格	2007.3.31	临澧县人民政府
临澧县九里泉水再生纸厂	“三同时”不合格	2007.3.31	临澧县人民政府
临澧县合口楠桥纸厂	“三同时”不合格	2007.3.31	临澧县人民政府
官亭水库造纸厂	“三同时”不合格	2007.3.31	临澧县人民政府
洪梅造纸厂	“三同时”不合格	2007.3.31	临澧县人民政府
临澧县荣昌纸业有限责任公司	“三同时”不合格	2007.3.31	临澧县人民政府
临澧县旦阳造纸厂	“三同时”不合格	2007.3.31	临澧县人民政府
临澧县新安昌盛纸业有限公司	“三同时”不合格	2007.3.31	临澧县人民政府
斗姆湖红利纸厂	“三同时”不合格	2007.3.31	鼎城区人民政府
斗姆湖联运纸厂	“三同时”不合格	2007.3.31	鼎城区人民政府
斗姆湖兴隆纸厂	“三同时”不合格	2007.3.31	鼎城区人民政府

续上表

企业名称	停产原因	停产时间	责任单位
斗姆湖时军纸厂	"三同时"不合格	2007.3.31	鼎城区人民政府
斗姆湖临沅纸厂	"三同时"不合格	2007.3.31	鼎城区人民政府
常德市中港纸厂	"三同时"不合格	2007.3.31	鼎城区人民政府
常德鼎城文福纸厂	"三同时"不合格	2007.3.31	鼎城区人民政府
常德市展鸿纸厂	"三同时"不合格	2007.3.31	鼎城区人民政府
兴建纸厂	"三同时"不合格	2007.3.31	鼎城区人民政府
鸿发纸业有限公司	"三同时"不合格	2007.3.31	鼎城区人民政府
常沅卫生纸厂	"三同时"不合格	2007.3.31	鼎城区人民政府
常德市洞庭纸业公司	"三同时"不合格	2007.3.31	鼎城区人民政府
恒鑫纸业有限公司	"三同时"不合格	2007.3.31	安乡县人民政府
武陵区创意纸厂	"三同时"不合格	2007.3.31	武陵区人民政府

常德市关闭的造纸企业

表 8-5-5

企业名称	原有产能(吨)	关闭时间	COD 排放量(吨)	辖区
德广纸厂	5000	2006.12.31	210	武陵区丹洲乡
泽远纸厂	5000	2006.12.31	210	武陵区丹洲乡
岩桥纸业综合加工厂	1000	2006.12.31	42	武陵区河洑镇
金龙卫生纸厂	2000	2006.12.31	84	武陵区芦山乡
汤永发纸厂	1000	2006.12.31	42	武陵区河洑镇
毛利斌纸厂	1000	2006.12.31	42	武陵区河洑镇
联运纸厂	4000		168	鼎城区
兴隆纸厂	3000		126	鼎城区

续上表

企业名称	原有产能(吨)	关闭时间	COD排放量(吨)	辖区
时军纸厂	3000		126	鼎城区
临沅纸厂	3000		126	鼎城区
新建纸厂	3000		126	鼎城区
鸿发纸厂	5000		210	鼎城区
常源纸厂	4000		168	鼎城区
红利纸厂	3000		126	鼎城区
钱家坪纸厂	500		200	鼎城区
沧浪坪纸厂	500		200	鼎城区
蒿子港造纸厂	2000		84	鼎城区
中港造纸厂	3000		126	鼎城区
蒿子港镇复林纸厂	1000		42	鼎城区
泰亿德纸业	10000	2007.2.16	2000	汉寿县
毛家滩民族纸厂	1000	2006.12.31	42	汉寿县
崔家桥造纸厂	1000	2006.12.31	42	汉寿县
漆河包装厂	1000		42	桃源县
沙坪福利纸厂	500		21	桃源县
新顺造纸厂	3000	2007.3.31	98	临澧县
官厅水库造纸厂	3000	2007.3.31	84	临澧县
新安昌盛纸业公司	2000	2007.3.31	252	临澧县
合口楠桥纸厂	3000	2007.3.31	98	临澧县
新安旦阳造纸厂	3000	2007.3.31	98	临澧县
青山纸厂	500	2007.3.31	停产	临澧县
霜洁纸厂	1000	2007.3.31	停产	石门县
垱市稻草纸厂	1000		170	澧县
大坪团结纸厂	1000		45	澧县

续上表

企业名称	原有产能(吨)	关闭时间	COD排放量(吨)	辖区
小山纸厂	500		停产	澧县
津市卫生纸厂	2000	2006.12.31	停产	津市市
得盈纸厂	2000		停产	安乡县
杜家纸厂	2000		60	安乡县
原生纸厂	2000		停产	安乡县
金穗纸厂	1000		42	西洞庭管理区
白玉纸业	20000	2007.2.16	4000	西湖管理区

三、苎麻(亚麻)行业企业污染整治专项行动

常德市苎麻种植和加工区域主要集中在汉寿县。汉寿县被认定为全国苎麻发展基地县,全县苎麻种植面积达5336公顷,主要分布在汉寿县东南部的蒋家嘴、百禄桥等乡镇,年产苎麻2万吨左右;汉寿县有苎麻脱胶加工企业11家,主要分布在蒋家嘴、百禄桥等乡镇。此外,安乡县也有1家苎麻脱胶企业。全市生产能力达3000吨/年的苎麻脱胶企业有8家,年生产能力约5万吨,2007年实际生产3.7万吨,占全国总产量的1/3。

常德市亚麻的种植区域和加工区域主要分布在安乡县,有生产加工企业2家。2007年种植面积约2000公顷,产原料麻1万吨左右。主要加工企业有金成沅纺织有限公司、兴源亚麻有限公司,总加工能力约2万吨。

常德市苎麻行业产业布局不合理,麻纺织行业整体水平不高,企业抗风险能力脆弱,水污染严重。全市13家纺织规模企业除广源麻业公司较大规模外,其余都是由各乡镇民间资本投资兴建,地域分布散,设施落后,生产规模偏小,生产水平不高,大部分企业停留在纺织原料的初加工水平。投资过千万元的规模企业只有6家。

为切实解决常德市苎麻企业生产规模小、管理粗放,生产水平和效益低、环境污染严重的问题,2008年,常德市开展了苎麻企业污染专项整治工作。7月30日,常德市政府办公室下发《关于印发〈常德市苎麻水泥行业污染整治工作实施方案〉的通知》,列入专项整治的企业13家,全部为苎麻脱胶企业,其中:汉寿县11家,安乡县2家。《实施方案》下达后,对4家年产精干麻5000吨以下的苎麻脱胶企业彻底关闭,停止生产用电供应,注销或变更营业执照,其中,宇龙纺织原料厂、金鑫精麻厂彻底关闭,生产设备完全拆除,福金

精麻厂并入紫阳纺织有限公司，洞庭苎麻纺织有限公司并入逐鹿纺织有限公司。汉寿县百禄桥苎麻脱胶厂转产生产家具。对生产能力在5000吨/年以上达不到环保要求的企业实施停产整治，9月30日，关停企业3家；对兴远亚麻公司的脱胶工段实施停产断电措施。列入实施整治范围的苎麻企业有6家，至2009年4月30日，已全部按环保要求进行整改，项目通过环保审批。整治整合后，常德市的苎麻（含亚麻）脱胶生产企业由原整治前的13家减少到6家，其中汉寿5家，安乡1家。整治后总的生产能力为4.3万吨/年，主要污染物化学需氧量排放量由整治前的每年9000吨左右减少到整治后的每年1100吨左右，大大减少了水污染负荷。

四、重金属污染整治专项行动

2009年，湖南省启动重金属污染专项整治。省环保厅对常德市下达了《关于对环境安全隐患排查有关问题处理建议的函》。常德市积极开展此项工作，启动了以重金属污染整治为主的环境安全隐患整治工作，市政府办公室出台《常德市环境安全隐患整治工作实施方案》。常德市涉重金属的主要行业为采矿、化工、电子、机械加工等，主要污染因子为砷、镉、铅、铬、氟、氯、氰等。按整治方案要求，列入重点整治的企业19家。

图118　环保工作人员检查桃源鼎盛矿业重金属污染情况

环境安全隐患整治关闭企业

表 8-5-6

企业名称	关闭原因	关闭时间	责任单位
石门雄磺化工有限责任公司	废水超标排放	2009.12.31 前	石门县政府
石门雄磺矿业有限公司	废水超标排放	2009.12.31 前	石门县政府
桃源县冷家溪金矿	位于国家自然保护区内,废水未经处理直排,污染严重	2009.12.31 前	桃源县政府
桃源县牯牛山乡管水金矿	位于国家自然保护区内,废水未经处理直排,污染严重	2009.12.31 前	桃源县政府
桃源县北竹湾金矿	位于国家自然保护区内,废水未经处理直排,污染严重	2009.12.31 前	桃源县政府

环境安全隐患整治停产整治企业

表 8-5-7

企业名称	停产整治原因	整治到位时间	责任单位
石门玉叶化肥股份有限公司	废水超标排放	2009.12.31 前	石门县政府
澧县王家厂镇银雪松化工冶炼公司双庆分厂	废水存储设施无防渗漏措施	2009.12.31 前	澧县政府
湖南嘉业达电子有限公司	废水超标排放	2009.12.31 前	澧县政府
临澧县宏澧化工制品有限公司	废水存贮设施无防渗漏措施	2009.12.31 前	临澧县政府
汉寿鑫源纺织印染有限责任公司	废水超标排放	2009.12.31 前	汉寿县政府

环境安全隐患整治限期治理企业

表 8-5-8

企业名称	限期治理原因	限期治理时间	责任单位
石门永兴矿业有限责任公司	废水超标排放	2009.12.31 前	石门县政府
澧县跃进油粘化工有限公司	废水直排	2009.12.31 前	澧县政府
临澧县醴临氯酸盐有限责任公司	废气直排	2009.12.31 前	临澧县政府
湖南安福气门有限公司	废水直排	2009.12.31 前	临澧县政府
湖南华南光电(集团)有限责任公司	废水超标排放	2009.12.31 前	市环保局
湖南特力液压有限公司	转移含铬废污泥未按严格规定填写转移联单	2009.12.31 前	市环保局
常德辰州锑品有限责任公司	未正常使用污染治理设施	2009.12.31 前限期改正	鼎城区政
府桃源县宏达矿业公司	废水直排	2009.12.31 前	桃源县政府
常德纺织机械有限公司	废水超标排放,含铬污泥储存设施无防渗漏措施	2009.12.31 前	市环保局

其中列入湖南省政府集中整治范围的涉重金属污染企业 12 家,包括 3 家停产整治企业、4 家限期整改企业、5 家取缔关闭(淘汰)企业。

(一)停产整治

停产整治的 3 家企业分别是石门玉叶化工、澧县嘉业达电子、临澧宏澧化工。澧县嘉业达电子停产整治到位;石玉叶化工停产整治后开工,经检查,整治没有到位,再度停产整治;临澧宏澧化工停产整治,一直没有恢复生产。

澧县嘉业达电子。企业投资 20 万元对研磨车间含铅废水进行了水处理,工艺设置废水处理达标后循环利用不外排,固废经综合利用后送往垃圾填埋场卫生填埋,投资 15 万元新上了重金属在线监测装置,对厂区生活废水实行了全时监控,经监测,生活废水铅含量已达到国家标准。

石门玉叶化工。2009 年实施停产整治后,进行了部分整改,但 2010 年经检查,整改措施没有完全到位,对该企业再度实施停产整治。

临澧宏澧化工。该厂因 2007 年 4 月发生污染纠纷,后一直停产未开工。

(二)限期整改

限期整改的4家企业分别是澧县跃进油粘、临澧醴临氯酸盐、桃源宏达、华南光电。这4家企业在接到整改通知后,对自身存在的环境问题进行了整改且基本到位。

桃源宏达矿业限期整改期间一直停产,但其污染治理方案已委托相关部门编制到位;后启动了污染治理设施建设,由于经济问题,生产时断时续,运行设施一直未验收。

澧县跃进油粘。该企业属于环境信访重点单位。企业对存在安全隐患的生产废液池雨天可能外溢、锅炉冷却水循环使用、废液桶洗涤废水任意外排等问题进行了重点整改,均采取了相应的措施进行改进,2010年4月基本整改到位,突出的信访问题得到妥善解决。2011年该企业实施搬迁。

临澧醴临氯酸盐。企业投资10万元先后对余氯进行了三级碱回收、锅炉废气进行麻石脱硫除尘、废水排放口进行了规范化整治,固体废物按要求进行了处置,经监测,污染物排放基本达标。

华南光电。企业投资5万元对综合沉淀池进行了加固修缮,确定了综合沉淀池清理周期;镉盐处理池加盖了防雨棚,增加了两个溢流排放口,对氰化物处理池接通了封闭式管道,整改基本到位。

(三)取缔关闭

应取缔关闭的5家企业是石门雄磺化工、石门雄磺矿业和桃源县的冷家溪金矿、管水金矿、北竹湾金矿。2010年6月,这5家企业对各自存在的环境问题进行了整改。桃源县三家金矿位于乌云界自然保护区内。2010年4月,三家金矿已经断电、停产、走人,但存在很多遗留问题,三家金矿没有完全关闭到位,直至6月才完全关闭到位。

为切实解决石门砷污染问题,2010年10月,常德市政府决定关闭石门雄磺化工有限责任公司和石门雄磺矿业有限公司,市政府办公室出台《关于印发石门县重金属污染企业整治关闭工作实施方案的通知》,由石门县人民政府具体实施关闭工作及善后处理工作,2010年12月31日,两企业彻底关闭,职工得到安置。2011年,常德市政府启动了砷污染治理土壤修复工程。

第六节　“一案三制”管理

环境应急管理主要是针对不同污染源所造成的环境污染、生态破坏、放射性污染等特点,实行分类管理,充分发挥部门专业优势,实施应急处置,使采取的措施与突发环境事件造成的危害范围和社会影响相适应,有效防范和妥善处置各类环境突发事件,确保人民生命财产环境安全。

一、环境应急预案管理

(一)应急演练

1.沅水水体污染应急演练

2007—2010 年，市环保局在沅水流域进行了 3 次突发性污染事故应急演练。

2007 年 12 月 29 日，市环保局在沅水流域进行了突发性污染事故的应急演习。此次演习以运输油船油泄漏造成沅水水体污染为演习假设前提，以监测站应急监测预案为演习行动方案。演习对环境应急处置组织建设、能力建设、现场指挥、效率管理和质量控制五个方面的环境应急处置能力进行了全方位检验，提升了现场环境应急处置水平。演习从环境应急事故的发生、现场应急处置组织指挥到监测采样分析、监测结果上报各个环节，都进行了周密安排和部署，有条不紊地完成了突发环境事故应急演习任务。

2009 年 9 月 17 日，市环保局联合桃源县环保局进行了沅江流域常德段凌津滩(入境)、陈家河(饮用水源地)的环境应急演习。此次应急演习体现出上下联动、反应迅速，程序规范、处置果断，监测精准、控制得力等特点，现场应急处置人员忙而不乱、有条不紊。通过演练，进一步提升了应对环境突发事件的应急处置能力。常德电视台的记者对演习全过程进行了跟踪报道。

2010 年 12 月 26 日，市环保局组织开展沅江常德市饮用水保护区常规监测断面及对上游渐河支流展开排查的环境应急演习。应急指挥部启动环境应急预案，现场应急处置人员迅速赶往沅南水厂上游陈家河断面和渐河断面进行布点采样。现场两种分析方法及实验室分析结果基本一致，现场应急处置得力，保障了饮用水保护区环境安全。

2.湖南海利常德农药化工有限公司环境突发事件应急演练

湖南海利常德农药化工有限公司地处沅水常德段下游，是常德市重点环境污染防控单位。为了搞好对湖南海利常德农药化工有限公司的环境污染突发事件的防控，2008 年至 2013 年，常德市突发环境事件应急工作领导小组组织有关单位在该公司进行了数次环境突发事件应急演练。

2008 年 5 月 30 日，由市环保局牵头协调，在湖南海利常德农药化工有限公司举行了一次应急演练现场观摩会，各县市区环保局分管领导、环境监察大队大队长和相关企业负责人全程观摩。演练背景是“湖南海利常德农药化工有限公司乐果车间停电引起火灾，工厂内有硫化氢有毒气体泄漏”。接到求救报告后，市环境监察支队、市环境监测站、市环保投诉中心有关人员在第一时间赶到事故现场，应急演练现场总指挥迅速组织环保、消防、企业等各方负责人协调指挥。首先是指挥消防官兵将大火扑灭，对车间进行清洗；然后由市环境监测站工作人员着防化服在企业防化分队的配合下对紧急泄险池里的物资进行应急监测，然后由环境监测人员指导企业防化分队人员对救援产生的废水进行处理，经处理的废水符合环保要求后外排。整个过程历时 40 分钟。

2010 年 6 月 10 日，结合“六五”世界环境日主题活动，由市政府牵头，市环保局、市安监局、市消防支队、市卫生局、市公安局等单位联合组织在湖南海利常德农药化工有限公司举行应急演练，演练以生产车间甲胺泄漏为背景，各专业应急处置分队在现场指挥员的调度下，有条不紊成功地处置了事故隐患，演练结束后，现场指挥组及专家对演练效果进行演练评估。通过演练，检验和提升了现场应急处置能力和综合协调配合意识。

2011 年 6 月 17 日，湖南海利常德农药化工有限公司联合市环保局、市安监局、市海事局等单位举行液氯泄漏事故应急监测演习和突发性环境污染事故应急演习。演习模拟该公司异酯车间液氯储罐发生泄漏。市环境应急处置组迅速控制环境污染现场，采取措施防止污染扩散，市环境应急监测小组迅速启动环境应急监测预案，对事故发生核心区和扩散区开展快速监测。在演习中，从现场监测到样品分析，各个环节都是有条不紊地进行，依据当时气象条件，在上风向、泄漏点和下风向居民区，布设 8 个空气监测点位，对空气中氯气含量进行分析；对储罐喷淋水和公司污水处理设施出口排水进行水质 pH 和氯化物进行监测分析。经过 20 多分钟的现场监测，监测数据结果显示，罐区周边氯气浓度符合国家规定标准，圆满完成了应急演习任务。

2012 年 6 月 21 日，市环保局联合湖南海利常德农药化工有限公司，针对储罐区甲苯储罐泄漏事故环境进行应急演练。市环境监察支队、环境监测站以及市安监局、市消防支队等单位参加演练，市突发环境事件应急处置专家咨询组专家对演习全过程进行环境应急处置指导。常德市环境监察支队接警后及时赶赴事发现场，控制甲苯泄漏对周边环境污染扩散，市环境监测站根据事故现场实际情况对周边大气和地表水进行现场采样监测，并确定了环境影响类型、污染物种类以及污染程度和范围，为应急处置提供有力的技术支撑。在现场环境应急指挥组的正确领导下，各环境应急处置分队按事故处置程序展开工作，处置事故隐患，圆满地完成参演任务。

2013 年 6 月 19 日，为提高环境应急人员的事故救援能力及素质、检验环境应急预案的使用性和可操做性，市环保局组织指导湖南海利常德农药化工有限公司针对储罐区甲苯储罐泄漏事故进行环境应急演练。市环境监察支队、市环境监测站以及市安监局全程参与演练。市环境监测站根据事故现场实际情况对事发周边大气和地表水进行现场监测，在最短时间内确定环境影响类型、污染物种类以及污染程度和范围，为事故处理提供有力的技术支撑。市环境监察支队接报后及时赶赴事发现场，对演习过程进行了应急处置和指导，有效地控制突发事件对周边环境的污染。

(二)突发环境事件应急预案

2008年5月12日，四川省汶川县发生里氏8.0级强烈地震后，国家环境保护部和省环保局发出启动突发环境事件应急预案的紧急通知，根据通知精神，市环保局决定，按照较大环境事件级别(Ⅲ级)启动突发环境事件应急预案。

市环保局成立防范和应对地震次生环境灾害应急指挥部，指挥协调突发环境事件的应急处置工作，对区县(市)环保局发出通知，区县(市)环保局要切实提高地震灾害可能引发次生环境事件的认识，认真履行环境监管责任，主动联系有关部门，采取积极措施，消除污染隐患，针对本辖区实际，及时启动地震灾害次生环境污染事件应急预案，认真做好人员、物资、车辆、仪器等应急准备工作，一旦辖区内发生突发环境污染事件，立即核实上报，并迅速与相关部门紧密配合，做好应急处置工作，控制和减少次生环境危害。

区县(市)环保局根据市局提出的要求，组织开展地震灾害后可能产生的环境安全隐患排查和整治工作，突出抓好化工厂、危险化学品贮运等高危企业和城市污水处理厂、垃圾填埋场、尾矿渣库、辐射装置等重点污染处理设施的监管，督促、指导企事业单位认真开展隐患整治和事故防范工作，对问题严重的，责令其停产整治。

市县两级环境监测站启动环境监测预警方案，合理调配环境监测力量，加大地表水水质监测频率，增加对饮用水源地监测，严密监控地震灾害后可能产生的水环境污染。发现地震灾害造成水质变化，立即向当地人民政府和市环保局报告，提出消除污染的措施建议。对可能引发跨区域、流域污染事件的，有关区县(市)建立应急联运机制，加强信息沟通，搞好污染联防工作。

二、环境应急体制管理

2007年12月29日，市政府办印发《常德市突发环境事件应急预案》，市政府设立常德市环境事件应急指挥部，由市政府分管副市长任指挥长，市政府副秘书长、市环保局局长、军分区副司令员、武警支队支队长、市公安局分管副局长任副指挥长，市直各有关部门负责人为成员。指挥部下设应急办公室，应急办公室设在市环保局，市环保局局长兼任应急办主任。按照统一领导、综合协调、分类管理、分级负责、属地管理为主的应急管理体制要求，常德市加强了环境应急管理体制的建设，各级环保部门及其内设机构是日常环境应急管理和突发环境事件应对工作中的主要责任单位，负责加强环境应急管理能力的提升和人员力量的调配，解决环境应急管理力量不足等问题，按照《国务院办公厅关于加强基层应急队伍建设的意见》，制定基层环境应急队伍建设的具体措施，加强对基层环境应急队伍建设的指导。

2009年2月，市环保局制定《常德市环境保护局突发环境事件应急预案》，成立突发环境事件应急工作领导小组。组长由局长担任，副组长由副局长担任，各科室负责人和二级机构负责人为小组领导成员；下设应急工作领导小组办公室（应急指挥部），办公室主任由分管监察支队、环保投诉处理中心的局领导担任（Ⅲ级以上由局长担任），市环境监察支队、市环境监测站为其常设机构；应急指挥部下设现场处置组、应急监测组、污染防控组、专家咨询组、信息资料组、后勤保障组，对每个组的职责任务《应急预案》都做了详细说明。市环保局的环境应急管理工作受市人民政府应急管理办公室和省环保厅环境应急中心的双重管理。

2011年6月，市环境监察支队加挂环境应急与事故调查中心牌子，并相应增加突发环境事件应急处置、环境事故调查等职责，至此，以环境监察支队为应急管理主体责任单位的应急管理模式初步建立。

为落实环保部应急管理有关精神，加强和完善全市行政决策和专家决策相结合的环境应急管理决策机制，确保突发环境事件的处置效能，2013年，常德市成立了环境应急管理专家库。8月，市环境保护局印发《常德市环境保护局突发环境事件应急工作办法》，对突发环境事件的应急工作做了具体安排。

三、环境应急机制管理

2007年12月，市政府办印发《常德市突发环境事件应急预案》，对环境应急机制做出部署。

预警机制　根据《常德市突发环境事件应急预案》，市环境应急指挥部成员单位负责对市内外环境信息、突发公共事件信息、自然灾害预警信息、常规环境监测数据、辐射环境监测数据等开展综合分析、风险评估和整理工作。市区县（市）相关部门（单位）负责突发环境事件信息接收、报告、处理、统计分析。市环境应急指挥部及时将较大以上突发环境事件预警信息报告市人民政府、省环保局和省有关部门。

应急响应分级　《常德市突发环境事件应急预案》按照安全生产事故灾难的可控性、严重程度和影响范围，将应急响应分为Ⅰ级响应、Ⅱ级响应、Ⅲ级响应、Ⅳ级响应；对不同级别的环境应急事件，提出不同的应急处置措施。

预防预警行动　按照《常德市突发环境事件应急预案》，市环保局开展污染源、放射源和生物物种资源调查；组织对产生、贮存、运输和销毁的废弃化学品及放射源的普查；掌握全市环境污染源的产生缘由、种类及区域分布情况；负责全市环境应急信息的收集和发布、指挥系统的研究开发与建设。市环境应急指挥部开展突发环境事件的综合分析和风险评估工作、完善各类突发环境事件应急预案。进入预警状态后，事发地区县（市）以上人民政府及其有关部门（单位）要立即启动应急预案，并发布预警信息；疏散、转移并妥善安置可能受到危害人员；指令环境应急救援队伍进入应急状态、环境监测部门立即开展应急监测，及时掌握并报告进展。

预警支持系统　根据《常德市突发环境事件应急预案》，市、区县（市）人民政府建立和完善本级环境事件预警体系，逐步形成全市环境监测、信息收集与传递、预警发布、应急指挥的突发环境事件预警网络。

市环保局负责建立全市重点污染源排污状况实时监控信息系统、突发环境事件预警系统、区域环境安全评价科学预警系统和辐射事件预警信息系统；建立全市环境事件应急处置数据库系统、生态安全数据库系统、突发环境事件专家决策支持系统、环境恢复周期检测反馈评估系统和辐射事件数据库系统；建立市环境事件专业协调指挥中心及通信技术保障系统。

2013 年，市环保局全面开展重点行业企业环境风险及化学品检查。通过检查，系统掌握了全市重点行业企业环境风险及化学品环境管理基本情况，建立了市、县两级重点行业企业环境风险状况和化学品档案及数据库，为推动环境安全管理从粗放式向精细化转变、加快环境应急管理平台建设、构建全市环境安全防控体系奠定了基础。同时，加大对企业污染源的监管力度，严厉整治和打击环境违法行为，在全市范围内开展环境污染问题大排查和专项整治工作。市环境监察支队对 45 家规模企业制做了现场监察记录，下达监察意见书 2 份，制做笔录 2 份，立案调查企业 1 家。

四、环境应急法制管理

2007 年，市环保局根据国家环保总局《环境保护行政主管部门突发环境事件信息报告办法（试行）》，制订常德市环境应急管理办法，明确环保部门、政府相关部门、企业以及社会公众在环境应急过程中的职责定位，理顺综合监管与专业监管、不同层级监管之间的关系，建立环境应急管理的基本制度，制订突发环境事件应急预案管理办法等规章制度，进一步完善相关制度和程序，促进环境应急管理工作走上法制化、规范化的轨道。建立环境污染责任保险制度，建立健全污染损害评估和鉴定机制。

充分利用全市“环保世纪行”以及“6.5”世界环境日主体宣传活动，做好环境应急管理的宣传工作。借助市局创办的《常德环保》期刊以及市级其他媒体，多渠道、全方位地向社会大众宣传环保政策和环境应急管理常识，提高公众的应急意识。

2011 年 9 月，市环保局制定《关于环境事件信息报告办法的通知》，通知对环境事件报告的时间、方式、报告的主要内容都提出了明确的要求。

第七节 重大污染应急处置

一、西洞庭管理区氯化氢泄漏事故应急处置

2008年8月25日，西洞庭管理区祝丰镇亚王化工公司发生一起氯化氢气体泄漏事件。事发接警后，环保部门立即启动环境应急预案，西洞庭管理区环保部门负责人在第一时间赶到事故现场协调处理，公安部门封锁了现场，消防、医院等保障部门也相继到场。由于处置得当，措施得力，经过15分钟的现场应急处置，泄漏事故得到有效控制。事后，市环保局与西洞庭管委会联合召开紧急会议分析查找事故原因，责令该企业立即停产整顿并给予相应行政处罚。为防止当地水体受到污染，市环境监察支队和市环境监测站的工作人员对受纳水体进行了应急监测。在整个事件的处置过程中，各应急分队的应急处置能力得到了很好的检验，积累了应对突发环境事件的实战经验。

二、湖南海利常德农药化工有限公司甲胺泄漏事故应急处置

图119 甲胺泄漏事故情况

环保工作人员现场调查

2011年1月17日凌晨，湖南海利常德农药化工有限公司发生一起储罐区甲胺泄漏涉险事故。市环保局接警后，分管应急工作的副局长卜忠华会同分管应急监测工作的副局长丁指南及时调度市环境监察支队、市环保局应急办、市环境监测站及市环保局经开区分局工作人员，赶赴现场，根据泄漏事故现场状况，采取有效手段控制甲胺向外环境扩散，

加大喷水量降低甲胺浓度，紧急启用备用应急池，及时收集外泄的有害废水，现场指挥组调度槽罐车将泄漏罐剩余液体转移；环境应急监测人员根据当时的风向，分别对源头、敏感点及上风方向等7个点位的氨气进行现场测试，并对现场的氨气进行了跟踪测试，监测结果表明，所测点位的氨气均超过《恶臭污染物排放标准》(GB14554—93)，其中超标最大点位超标倍数为9倍，现场处置指挥部果断采取措施，到7时，周边氨气浓度已下降，10时40分，测试结果除事故源外，其余点位均为0，且事故源处的氨气浓度呈逐步下降趋势，不再对周边环境产生污染。在处理此次环境突发事件过程中，应急事故处置小组按程序及时向社会公布事发地周边的环境质量信息，有效地稳定了事发地周边群众的情绪。

三、长常高速常德境内苯酚槽罐车泄漏事故应急处置

图120　事故处置现场

市环境检查站应急监测工作人员进行现场监测

2013年9月29日凌晨2点15分，在长常高速长沙往常德方向145千米处发生交通事故，导致三车追尾，事故造成一辆车牌号为皖N97381(后挂牌为皖ND170挂)的苯酚运输车辆主出料球阀破损，少量液态苯酚通过阀门泄漏。

市环保局于凌晨4点零1分接报，分管应急工作的副局长卜忠华会同分管应急监测工作的副局长丁指南及时调度市环境监察支队、市环境监测站、市环保局负责固废处置的负责人及环境应急人员进行事故处置。市环境监察支队到达事故现场后立即进行事故调查处置。初步查明：事故车辆拟从江苏开往重庆，槽罐车车辆容积42立方米，装有28.5吨苯酚，全部采用保温材料在50℃左右恒温保存。事故造成出口主阀变形，造成苯酚泄漏，了解事故当事人并经现场目测，泄漏量约150kg～200kg左右。由于主阀变形泄漏口径较小，且苯酚在泄漏过程中遇冷逐渐结晶，泄漏口亦逐渐堵塞。无因液态苯酚泄漏造成伤亡情况。事发地周边不涉及饮用水源，周边居民区分布较稀疏，现场查看仅事发地南面约500米处零星分布有居民居住地。

市局卜忠华副局长在查明情况后提出五步处理方案：一是收纳泄漏的液态苯酚；二是用生石灰处置已经泄漏出来的苯酚，并用生石灰在泄漏源周围筑一道围堰，防止大量泄漏

污染周边水体；三是联络槽罐车辆进行苯酚转移；四是安排环境监测站进行应急监测，对周边大气环境和地表水环境进行现场监测，及时上报数据提供应对技术支撑；五是市固废站协调对事故现场产生的部分已结晶的苯酚、部分被污染的土壤进行收集安全转移、处置，防止二次污染。

现场环境应急人员分工协做，具体落实，市环境监察支队及时联系海利化工、润东环保公司予以协助处置。市环保局、市安监局、高速交警、市消防等单位现场负责人经会商后，决定将事故车辆暂转移至海利化工公司内停放，再协调槽罐车转运出境，事故得到妥善处置。

四、桃源县黄磷危险化学品泄漏事故应急处置

2013 年 12 月 5 日下午，桃源县漳江镇村民在沅水流域尧河段水下做业时，打捞上来一密闭铁桶，大约有几百公斤重，将其移至岸边，并对铁桶进行切割，割穿一条长小口子时发现切口处有白烟冒出，于是向当地公安机关报案。民警接警后赶赴现场查看，怀疑是可燃性物体，立即采取砂石掩埋。桃源县政府立即组织公安、安监、环保、消防等部门赶赴现场，采取沙中深埋、疏导人群、区域隔离、专人值班、防守监控等措施，防止不明物体泄漏带来诸多隐患，同时积极寻求后序处置措施。根据桶内不明物体的特性，初步认定该不明物体类似黄磷。

图 121　　桃源县黄磷处理现场　　黄磷存储罐切割后冒出有毒烟雾

12 月 6 日 23 点左右，接到市应急办的应急处置通知后，市环保局、市安监局立即启动应急预案，火速赶到疑似黄磷的不明物体停放现场（桃源县源创混凝土搅拌站砂场内），查看不明危险源，听取桃源县有关情况介绍，积极研究处置方案。该物体在水中打捞时无泄漏，未对水体和空气造成污染，现场查看该物体用砂石掩埋，无明显异常现象。

12 月 31 日，在市环保局、市安监局、桃源县应急办的协调和桃源县相关部门积极配合参与下，海利化工按处置相关要求进行处置：装载黄磷的专用运输车辆经长沙走岳阳运至湖北省黄石市阳新县晨光化工有限公司处置。该公司取样分析确认为黄磷后做为工业原材料进入生产工艺进行再利用，至此，桃源县黄磷事件得到安全圆满处理。

第九章 环保宣传与信息化建设

第一节 环保宣传

一、环保世纪行宣传活动

图 122 全市环保工作暨环保世纪行动员大会

1999 年，常德环保世纪行的主题是“还我蓝天，还我碧水，还我绿地”。是年，常德市第三届人大常委会第七次会议听取和审议了市人民政府关于《99 常德环保世纪行活动方案》的汇报，常德开始首次环保世纪行活动。根据《方案》，环保世纪行活动由市、区县（市）环保世纪行活动领导小组组织。环保世纪行活动领导小组组长由市、区县（市）委副书记（常委）担任；每年活动都有不同的主题。活动分为两个阶段，第一阶段是环境保护宣传，第二个阶段是环境执法监察。1999 年活动期间，市环保世纪行组委会召开大型新闻发布会，向全社会公布 1999 年活动的主题、主要活动安排、常德环境保护现状。活动期间，市环保执法部门对城区大气环境保护圈内的砖瓦厂关停并转及整改、城区各类锅炉烟尘治理、机动车尾气污染治理和城区贯彻执行《大气污染防治法》《水污染防治法》的落实等情况进行了执法检查。

2001 年，常德环保世纪行的主题是“保护生态环境，还我蓝天碧水绿地”。活动中，重点从促进企业排污达标，推进城区大气保护圈建设，推进农业、林业生态环境保护工作等方面进行督促检查，将各项指标分解到单位。各区县（市）结合实际情况制定相应的活动方案并付诸实施。临澧县按照市组委会要求提前建成334公顷生态林基地。市、县两级环保部门牢牢抓住当年环境保护工作重点，在加强日常环境宣传的同时，利用“世界环境日”“地球日”“水日”，进行环境保护的宣传教育，营造宣传氛围。环保宣传做到电视有影、电台有声、报纸有字。全市全年县以上报刊发表有关环保工作的文章120余篇，县级以上电视台、电台播放环保电视节目和新闻267次。

2002年，常德环保世纪行围绕“保护生态环境，建设绿色家园”活动主题，开展了“绿色学校”“绿色机关”“绿色小区”系列创建行动，43所学校获得市级绿色学校称号。“6·5”世界环境日前后，组委会开展了城区大气环境保护圈、城区中心小学爱绿护绿、保护母亲河、清除白色污染等环保宣传系列活动，市级媒体集中报道活动开展情况。6月5日，市委副书记、市环保世纪行组委会主任莫道宏发表电视讲话，市环保局局长佘洪涛接受常德电视台专题采访。全年共发涉及环保稿件78篇，其中《常德日报》39篇、《常德晚报》27篇。

2003年，常德环保世纪行的主题是“建设生态家园，促进可持续发展”。为了增强各级领导干部的环保意识，市委将环保法律和环保知识讲座列为各级党校党员的必修课。在区县（市）长和分管环保的副区县（市）长中开展环保征文活动。活动结束后，组委会办公室将征文编辑成《绿色构想》一书。为了增强市民的环保意识，市环保世纪行组委会组织机关干部、学校学生、企业员工参加湖南省首届“南天杯”环境与资源法律法规知识竞赛，全市有2400多人参加知识竞赛。同时，市组委会在5月和9月组织了两次环保世纪行新闻采访活动，市级几家媒体记者就大气环境保护圈建设、清除白色污染、整治不法排污企业等环保热点问题进行了采访报道，共刊发稿件50多篇，其中不乏有分量的稿件。常德人民广播电台的《污染企业为何都是当地的利税大户》、常德电视台的《还我一片蓝天》、《常德日报》的《噪音扰民何日休》系列报道、《常德晚报》的《白色污染何日谢幕》等文章播（刊）发后，在社会产生很大的反响。全年，全市共刊播（刊）发环保世纪行新闻稿件763篇。市环保局在执法监察阶段，在全市开展贯彻实施《大气污染防治法》和《固体废物污染防治法》的执法检查，重点对城区大气环境保护圈内砖瓦厂关停并转及整改现状、城区各类锅炉烟尘治理、机动车辆尾气污染治理和7家医院的污染设施运行情况进行了检查，督促全市生态建设。

2004年，常德环保世纪行的主题是“水—人生命健康之源”。年初，市委宣传部组织市广电局、常德日报社制定宣传报道方案。从3月28日起，常德电视台、《常德日报》《常德晚报》《常德广播电视报》等媒体公开刊载城市空气环境质量日报、水环境质量月报。针对饮用水源保护区、小流域综合治理、大湖大库水环境保护、工业企业水污染防治、医疗废物废水污染防治以及排污费征收制度改革等问题，市环保世纪行组委会于5月、6月和9

月组织了三次环保世纪行新闻采访活动。记者们先后深入临澧、澧县、桃源、鼎城、德山、柳叶湖等地，对 50 家企业进行现场采访报道，共刊发稿件 40 篇。《水—我们的生命之源》《水库搞精养，水质在恶化》《临澧恒杰纸业制浆项目仍未关停》等一批报道，坚持用事实说话，全面揭示常德市环境保护存在的一些问题，这些稿件播（刊）发后，在社会上产生较大反响。6 月，市组委会邀请国家环保总局自然生态司司长、中国环境与发展国际合做委员会副秘书长彭近新在市工人文化宫举行“环境保护与科学发展观”学术报告会。9 月中旬，按照省里统一部署，市组委会在全市举办“走进社区—公众参与牵手潇湘 共建绿色家园”环保警示宣传教育图片展，共展示图片 100 幅，通过一幅幅触目惊心的图片，以生态环境现状，警示人们要珍惜环境，保护地球，走可持续发展道路。图片展示活动先后在市城区、桃源、津市、石门举行，活动场面热烈，反响良好。市环保局通过常德电视图文信息频道编制环保信息节目，每天 10 分钟分三个时段滚动播出；全年环保编制节目 20 期，播发环境质量数据近万个，播发有关环保的文章、信息 180 万字。

2005 年，常德环保世纪行的主题是“打造生态常德，共创美好家园”。为了加强对环境保护工作的领导，成立了由市长陈君文为主任的环境与资源协调推进委员会。市政府下发《关于加强生态市建设的意见》，明确提出在 2020 年前，将常德全面建成生态市。为加强市民环境保护的参与意识，在市民中开展“市民话环保”征文活动，在《常德日报》《常德晚报》分别开辟“公众与环保”“市民话环保”专栏，每周四刊发一个专版。常德电视台开辟的“环保天地”图文栏目，24 小时全天候报道常德环境保护动态。常德电视台、常德电台交通频道、《常德日报》《常德晚报》刊载空气质量日报、水环境质量月报。在市城区新建 8 块永久性环保宣传牌，城区所有出租车与公交车张贴环保宣传标语。组织新闻记者分别就水环境保护、大气环境保护、创建国家环境保护模范城市及落实省政府《环保三年行动计划》进展情况进行集中新闻采访报道，全市共刊登、播发环保世纪行新闻稿件 730 篇，专题和系列报道 9 篇，鼎城区环保世纪行组委会制做的《打造生态鼎城，共创美好家园》大型系列报道分 8 期播出，收到了很好的社会效果；市电视台新闻中心采写了《6 家污染企业被

图 123 环保世纪行武陵区文艺宣传活动

关停》《我市落实省三年环保行动计划情况》两个系列报道，市电视台专题部推出了《纸厂污染何时休》《洁净生活，需要呵护》两个专题。

2006年，常德环保世纪行的主题是“构建生态常德”。市环保世纪行组委会策划了三次大型新闻采访活动，分别就贯彻落实《水环境保护法》《大气污染防治法》，创建国家环境保护模范城市及落实省政府《环境保护三年行动计划》进展情况进行新闻采访，市内主要媒体的记者先后深入临澧、桃源、澧县、鼎城、柳叶湖等地，对23家企业进行采访，刊发了40多篇有分量的新闻稿件。《常德日报》的系列报道《“水窝子”为何没水吃》在社会上引起了强烈反响。采访结束后，市电视台、市广播电台、《常德日报》《常德晚报》的记者还就水污染防治、工业企业达标排放、水面养殖的水环境保护、烟控区建设4个专题，向市人大常委会环境保护执法检查办公室提交了4份调查报告。是年，常德市首次启动以“绿色的关怀，平凡的感动”为主题的“芙蓉王杯十大环保卫士”评选活动，郭三元等10人被评为常德市首届十大环保卫士。

2007年，常德环保世纪行的主题是“保护生态、共建和谐”。《常德日报》《常德晚报》、常德电视台等主要媒体的记者分别就水环境保护、大气环境保护和造纸行业污染整治进展情况进行了两次大的新闻采访，全年共刊、播、发环境保护新闻稿件700多篇。《常德晚报》刊发的《保卫碧水蓝天—关注我市造纸业污染整治》一文，在社会上产生强烈反响，有效促进了造纸行业环境污染问题的解决。大力督促节能减排工作也是2007年环保世纪行的主要内容。3月31日，市环保局督促关停了53家造纸企业。对11家群众反映强烈的污染项目挂牌督办，湘联实业、石门中美矽砂矿等违反环境法律法规的单位被限期整改，临澧伟临纸制品公司等企业擅自关闭污水处理设施，违法偷排污水，被处以重罚。

2008年，常德环保世纪行的主题是“推进节能减排，弘扬生态文明”。新闻采访活动围绕生态市、县建设，工业园区环境建设和管理，水泥、造纸、苎麻加工，矿山开采等重点污染行业污染治理，农村环境镇村同治，饮用水源保护及大湖大库水环境保护，农业生态基地建设和农村面源污染防治，工业企业污染物达标排放等情况进行专题采访，共刊(播)发环保世纪行活动新闻稿件800多篇。《常德日报》《常德晚报》、常德政府网站、常德电视台、常德广播电台、鼎城广播电台媒体组织联合采访团，深入各区县(市)进行现场采访。常德电台新闻频道、交通频道和鼎城广播电台的现场连线报道，与群众在线探讨问题，深得群众喜欢。《常德晚报》报道的《花山路沿线粉煤厂取缔前后》在社会上引起强烈反响。新闻采访发挥舆论监督做用，有效地促进了一批环境问题的解决。继续督促重污染企业和重点行业的环境治理。全市13家苎麻生产企业有4家关停，65家水泥企业有9家关停；结合环保专项行动整治一批违法企业，对8家群众反映强烈的污染项目挂牌督办，汉寿德乐纺织原料厂、安乡兴源亚麻有限公司等违反环境法律法规的单位被限期整改，斗姆湖 5 家铝粉厂因影响饮用水源被依法关停。

2009 年，常德环保世纪行的主题是“推进节能减排，建设生态常德”。组织了两次集中新闻采访，《常德日报》《常德晚报》、常德电视台、市政府网站等媒体分别就常德市争创国家生态市(县)、节能减排、污染处理厂建设、水环境保护、农村环境镇村同治等方面的情况开展新闻采访和报道。常德电台新闻频道、交通频道现场连线报道，与群众共同探讨环境问题。《常德晚报》报道的《官亭钓场不“关停”》和《常德日报》内参报道的《六大污染源威胁柳叶湖》两篇文章，引起强烈反响，市委书记、市长高度重视，相继做出批示，敦促有关部门下决心大手笔系统解决污染问题。是年，禁投范围扩大到全市 228 座小Ⅰ型以上水库。市组委会组织开展执法检查和跟踪督导，临澧县太浮镇浮山水库深夜投肥被依法查处，津市白衣乡朱亮桥水库 2009 年签订的 35 年承包期的合同被制止。结合环保专项行动，依法整治重点排污企业。市组委会全年开展 2 次执法检查，深入海利化工、津市雪丽纸业、大唐发电、华能石门电厂等企业，听取企业污染治理汇报，查看排污设施运行和重点污染源整治情况，督促企业加快污染整治步伐。2009 年，全市共出动环境执法人员 1204 人(次)，检查企业 567 家，立案查处企业 5 家。8 月份，开展全市环境安全隐患大排查行动，19 家企业被确定为环境安全风险监管企业。

2010 年，常德环保世纪行的主题是“推动节能减排，倡导低碳经济”。《常德日报》《常德晚报》、常德电视台、市政府网站组成记者团，对全市水环境保护、污水处理厂建设和运行、农村饮用水源、低碳生产生活等情况进行实地采访和集中报道。记者团逆沅江而上，历时 13 天，深入企业，踏访农村，与企业负责人和群众探讨环境问题，重点对群众反映强烈的热点问题进行解剖。《常德晚报》开辟“环保世纪行·溯沅江”专栏，聚焦母亲河沅江，查看沅江污染源，编发了《亟需善待的东风河》《等待澄清的永兴河》《老大难的田河水库》等文章，起到了很好的舆论监督做用。重点督促电力行业、重金属行业和小电镀行业污染整治工作，督促大唐发电、华能石门电厂、创元铝业三大电厂配套烟气脱硫设施安装在线监测系统；对 12 家涉重金属企业进行整治，其中 5 家关闭，7 家限期治理；对城区小电镀企业予以关闭取缔。督促污水处理厂三年行动计划按进度实施。积极推进节能降耗，分解节能指标，搞好节能宣传和节能调度，对全市 22 家小水泥企业实行关停，严控三大火电厂丰水期发电，加大对大型能耗企业的节能技改投入，提升全市节能技术水平。全市出动执法人员 9643 人次，对园区企业进行检查，立案查处违法企业 116 家，对澧县宏澧化工污染问题下达限期整改通知书，对西洞庭天宏纸业违法排污依法予以查处。

2011 年，常德环保世纪行的主题是“推进节能减排、建设生态常德”。全市共刊(播)发环保世纪行新闻稿件 900 多篇，其中中央级媒体(包括网站)发稿 10 余篇，省级媒体(包括网站)发稿 100 多篇，《湖南日报》头版头条 3 篇，市级媒体(包括网站)发稿 500 多篇。

全年发稿中批评性新闻报道50余篇。市组委会先后组织开展三次集中新闻采访，市内10家主要媒体分别就常德市“三山三水”（德山、河洑山、太阳山，沅江、穿紫河、柳叶湖）生态保护和建设、城镇生活污水和生活垃圾处理厂建设、农村水环境保护、农村环境连片整治等专题，开展新闻采访和报道，共刊发新闻稿件150多篇。开办《常德环保》彩报，每月一期，免费向机关事业单位和社区发放。市政府网、尚一网、常德人大网开辟了专栏和子网页，宣传环保知识，报道环保动态。为了扩大环保行动的影响力，《常德日报》与《益阳日报》《岳阳晚报》联合开展“环行洞庭湖，探访洞庭生态之旅”，对洞庭湖水系、渔业资源等问题进行深入采访和探讨，在三市引起强烈反响。市直媒体开辟专栏或专版，集中推介有关环保情况的报道。《常德新闻联播》开辟《常德环保世纪行》专栏，其中的“建设生态常德共创幸福家园”“石门：实现垃圾无害化处理”“临澧：农村环境整治见成效”等报道全面介绍常德市环保工作的新进展和新经验。5月至8月，常德人民广播电台交通频道在《新闻时间》《百姓话题》中以深度报道和热线讨论的形式持续关注安乡县安裕乡投肥养鱼严重污染河水的事件，推出了《低水河投肥养鱼为何屡禁不止》的连续报道，副市长刘进能做出了“迅速解决安乡县低水河投肥养鱼问题并将结果告常德电台交通频道，确保群众饮用水安全”的批示，督促有关单位尽快整改。《常德晚报》对田河水库的污染问题进行跟踪监督，历时18天，发稿10多篇，并推出了专版报道，对解决田河水库问题起到了有力的助推做用。9月，市组委会、市委宣传部组织驻常德省级媒体和市级所有媒体集中对常德市环保志愿者协会会长陈瑛的先进事迹进行了集中采访报道。市组委会不定期开展形式多样的群众性宣教活动，采取社区文艺表演、印发宣传资料、开展主题活动等形式，宣传环保知识，引导群众树立绿色、低碳生活和消费方式，形成了环保宣传教育的良好氛围。市环保志愿者协会利用节假日组织志愿者开展“保护母亲河”“地球熄灯一小时”“无车日”“‘跳蚤’市场”、以物易物等活动，倡导节约资源、保护环境，充分调动群众参与环保的热情。是年，全市共创建国家级生态乡镇5个、省级生态乡镇31个，创建国家级生态村9个、省级生态村67个。至年底，全市有省级以上生态乡镇65个、生态村133个，生态乡镇个数占乡镇总数的31.6%。

2012年，常德环保世纪行的主题是“统筹城乡生态环保，打造宜居幸福家园”。以环保世纪行、生态创建、农村环境综合整治、环保模范城市创建、“6·5世界环境日”等活动为载体，开展形式多样、内容丰富的宣传活动，发放环境保护知识读本3000余册、各类环保宣传资料1万余份，张贴宣传画3000余张，布置流动宣传牌500余块，组织群众文艺会演40余场，接受群众环保咨询300余人次。5月下旬，市组委会办公室牵头，组织《常德日报》《常德电视台》、市政府网等新闻媒体，开展了为期5天的环保新闻集中采访活动。共刊（播）新闻稿件70多篇，其中中央级媒体发稿8篇，省级媒体发稿20多篇。采访中，对环境污染严重的3个问题进行了曝光，其中《畜禽养殖污染，一个沉重的话题》引起了市领导高度关注。是年，全市共计实施节能减排项目10个，累计完成投资32810万元。重点检查整治涉及饮用水源、重金属污染、危险废物的企业，对石门雄磺矿业、雄磺化工2家涉重金属污染的企业予以关闭；成功申报石门县雄磺矿区砷污染治理国家级项目，到位项目资金1400万元；石门玉叶化肥被确定为国控重点污染源；桃源3家金矿停产，全市4家铅蓄电池组装企业2家关闭、2家经整治达标；对三金药业、药圣堂2家医药制造企业进行立案查处，对污染严重的德海制药予以停产整顿；对72处湖库型饮用水源地进行全面调查，巩固禁投成果；对25家涉危险废物单位进行全面清查、整治，规范危废监管。

图124　2013年常德环保世纪行采访活动启动仪式

二、“6·5”世界环境日宣传活动

1988年6月初，为配合世界环境日的宣传，常德地区环保局和常德群艺馆联合举办“环境美”艺术展览，此次展览共展出美术、摄影、书法、篆刻等艺术做品147件，参观者近万人。5日，全区各县市召开“世界环境日”纪念大会，副市长李丰茂赴常德武陵区、津市市、桃源县参加纪念活动，并在三地纪念大会上做环境保护的报告。这以后，常德的“6·5”世界环境日的宣传活动基本上与环保世纪行同步开展。

2001年6月5日，副市长刘剑英接受电视采访，向广大市民宣传环境保护法。市环保世纪行组委会、武陵环保世纪行组委会联合行动，组织300多名学生在市城区烈士公园、西苑小区、武陵阁广场对“白色污染”进行清除。

2002年，在市人大、市政协“两会”召开期间，市环保局向“两会”代表（委员）发出“保护母亲河暨建设武陵绿色工程”的倡议。

2003年“6·5”世界环境日前后，市、区县（市）环保世纪行组委会开展声势浩大的环保宣传周活动，市组委会在市城区步行街开展“禁白”宣传一条街活动。市环保局、市技术监督局、市工商局、市经贸委和国人环材，在步行街设立宣传牌、宣传台，向市民宣传白色污染的危害和整治措施，市领导在步行街接受新闻记者的采访。晚间，市政府副市长刘剑英、市环保局局长王吉亚就常德市环境保护工作发表电视讲话。团市委组织青年志愿者、市教育局组织城区中小学生在城区开展清除白色污染、爱绿护绿活动。

2004年“6·5”世界环境日，市环保世纪行组委会组织举办以“保护环境，保护家园”为主题的环境保护摄影大赛，各区县(市)及市直成员单位积极响应，大赛历时两个多月，征集优选各类优秀做品110幅，经过专家评选，11件做品分获一、二、三等奖。参赛做品于6月4—5日在市工人文化宫展出。是年，市、区县(市)环保世纪行组委会把6月5日所在周定为“环保宣传周”，大力开展环保宣传活动。在“环保宣传周”期间，市组委会在市工人文化宫、柳叶湖组织了宣传一条街活动，设置两个宣传现场，高悬14个宣传气球，出动30名工作人员和100名环保青年志愿者进行环保法律知识宣传与咨询活动，现场散发宣传资料1万余份。

2005年，围绕世界环境日“营造绿色城市，呵护地球家园”这个主题，常德环保世纪行组委会在市城区商业步行街、诗墙公园、柳叶湖旅游度假区、体育东路社区、光荣路社区、三岔路社区等人口集中地组织开展丰富多彩的群众性环境保护宣传活动、开展“保护沅江、保护柳叶湖，从我做起”为主题的万人签名活动，发放了1万余册《市民环保手册》和2000多份环保调查问卷，还举办“环保走进社区、走进企业”全市文艺会演。

2006年，常德市环保局围绕世界环境日中国主题“生态安全与环境友好型社会”策划了一系列覆盖市、县、乡的群众性宣传活动。市委、市政府召开新闻发布会，发布2005年环境状况公报，通报2005年度企业环境行为评比结果。与此同时，以“保护环境、关爱家园”为主题的万人签名活动在湖南文理学院举行，绿韵环保协会130名环保志愿者冒雨骑自行车沿市城区主要街道进行环保宣传，市环保局在市城区步行街、铜锣湾广场悬挂宣传气球，张贴宣传标语，设立环保咨询点，向群众分发《市民环保读物》，现场解答群众疑难问题和接受群众环境投诉。市城区各社区宣传栏均张贴了宣传标语，武陵区育英小学、卫门口小学、芙蓉路小学的学生在步行街举行倡议市民拒绝使用一次性餐具、用品活动。

2007年，世界环境日主题是：污染减排与环境友好型社会。6月5日，市环保局在市城区步行街、临江公园进行街头环保宣传活动，设立环保咨询点，向群众发放《市民环保读物》，现场解答群众疑难问题和接受群众环境投诉。宣传活动形式主要有老年腰鼓队表演、投诉受理、环保法规及政策咨询、污染控制咨询、环保志愿者签名。文理学院环保协会组织100多名环保志愿者在步行街、大型社区散发倡议书，在柳叶湖等地组织“洁我家园”、劝阻不文明行为，在临江公园街头开展音乐演奏活动。晚上，市委、市政府举办

“6·5”世界环境日新闻发布暨“芙蓉王杯十大环保卫士”颁奖晚会，发布2006年环境状况公报，通报2006年企业环境行为评比结果，为十大环保卫士颁发奖品。

2008年，世界环境日主题是：“转变传统观念，推行低碳经济”。6月5日，市委、市政府发布2007年度环境状况公报，市委领导在电视台发表电视讲话，呼吁市民积极行动起来，以一个主人翁的责任感和使命感保护好我们生存的这片热土，为建设资源节约型和环境友好型的新常德做出更大的贡献。市环保世纪行组委会赶制了2万个环保购物袋，免费向市民发放，倡议市民保护环境，重提菜篮子。在城区步行街、大润发超市门前进行以“营造节日气氛，大造环保声势”为主题的环保宣传，在两地街头设立咨询台，向广大市民宣传环保知识，宣讲白色污染的危害，向市民发放宣传资料和拒用“一次性塑料袋”倡议书，倡导市民“重提菜篮子”，组织中小学学生开展“洁我家园”、劝阻不文明行为活动。

2009年，世界环境日主题是：“减少污染—行动起来”。6月1—8日，市人大城环委联合市环保局在步行街电视墙、常德电视台公共频道、市移动公司大楼刊登环保公益广告，利用手机发送环保公益短信，号召全市人民共同关注环保、支持环保。以武陵区环保世纪行组委会为主体，在世界环境日前后一周的时间里，开展以“建设生态常德、推进节能减排”为主题的环保节能宣传周活动。武陵区组委会在步行街展出了40多块由小学生创做的以“节能减排金点子”“小手牵大手环保摄影”为主题的宣传盾牌。各县（市）也充分利用电视广播、报纸、刊物等媒体，开展群众喜闻乐见的宣传活动，呼吁市民承担保护环境、保护生态的责任。6月5日，市领导在电视台发表“6·5”世界环境日电视讲话，发布2008年常德市环境状况公报。市环保局和常德日报社在《常德日报》联合发布2008年度常德市企业环境行为信息考评结果。6月6日，常德市环保志愿者协会组织志愿者在步行街、滨湖公园门口开展志愿者招募活动，发放5000多份宣传资料。湖南文理学院绿韵环保协会开展自行车绕城巡游活动。

2010年，世界环境日主题是：“低碳减排 绿色生活”。6月5日，市环保局在电视台和《常德日报》举行大型宣传活动，副市长石谋军在电视台发表讲话，市环保局局长洪振海通过电视，向全市通报创建国家环保模范城市及“十一五”常德污染减排进展情况；在《常德日报》刊登2009年常德市环境质量状况公报。市环保世纪行组委会在市城区步行街、大润发广场进行街头环保宣传活动，向群众分发《市民环保读物》《节能小技巧》等宣传资料，开展“低碳经济大家谈”问卷调查。在市城区、德山、柳叶湖以及社区、机关、企业、宾馆、酒店、大型娱乐场所进行为期一个月的环保宣传月活动。市环保志愿者在6月5日组织开展可回收利用物品服装秀、诗朗诵等活动。武陵区组织宣传活动一条街，并立足社区，在居民小区张贴宣传画，组织群众表演环保节目。柳叶湖旅游度假区向市民和游客赠送《环保传播手册》和《低碳柳叶湖》等读物。

2011 年，世界环境日中国主题是“共建生态文明，共享绿色未来”。6 月 3 日，在城区步行街开展以“倡导绿色消费、共建幸福家园”为主题的“跳蚤市场”以物易物活动，上百名环保志愿者以自身行动唤起社会公众对环境与发展的清醒认识和自觉行动，市领导覃清香、王孝山、刘进能在市环保局局长洪振海的陪同下，视察了世界环境日宣传活动。当日，副市长刘进能发表了电视讲话，并在《常德日报》发表署名文章，号召社会各界关心、支持、参与环境保护。6 月 8 日开始，《常德日报》《常德晚报》、常德电视台、尚一网、常德电台等 10 多家本土主流新闻媒体组成大型采访团，聚焦常德市“三山三水”生态环保状况，先后发稿 50 多篇，《森林公园旁怎能“愚公移山”》等批评性报道引起较大反响，掀起一个媒体舆论宣传高潮。

图 125　第 40 个世界环境日文艺演出

第 40 个世界环境日宣传展牌

2012 年，世界环境日主题是：“绿色消费 你行动了吗”。常德市以世纪行组委会为主，制定多部门联动的活动方案。6 月 2 日，在步行街金钻广场举办“‘创生态环保 建幸福家园’武陵欢歌”公益演出。演出结束后，环保志愿者现场解答群众有关环保的疑难问题，市环保局工作人员接待群众对环境污染问题的投诉；环保志愿者深入社区、重点企业举办环保知识讲座，利用省宣教中心编印的《365 环保知识公民读本》、环保挂画，向群众宣传世界环境日的意义。6 月 5 日，市委常委、副市长卢武福发表电视讲话，并在《常德日报》刊发署名文章，号召社会各界关心、支持、参与环境保护。市环保局在《常德日报》上刊登《2011 年常德环境质量公报》。各区县(市)环保宣传与常德市形成联动，开展声势浩大的环境保护宣传周活动，充分利用电视广播、报刊等媒体与深入街头巷尾、工厂社区、田间地头的现场宣传有机结合，以演讲、知识抢答、摄影做品展、专业咨询、志愿者服务等多种形式，让群众全方位、多渠道地了解环境保护，全市上下形成了一股强烈的环保宣传热潮。期间，累计发放环境保护知识读本 3000 余册、各类环保宣传资料 1 万余份，张贴宣传画 3000 余张，布置流动宣传牌 500 余块，组织群众文艺会演 40 余场，接受群众环保咨询 300 余人次，有效提高了广大市民群众对生态市建设工作的重视和支持程度。

第二节　信息化建设

一、污染源在线监控系统建设与管理

对企业排污口安装自动监测仪，并与环保部门联网，可以实现对企业排污的远程连续监控，及时、准确地掌握污染源排污信息，掌握本地区、本流域污染源的结构、分布情况，为污染源治理、实施总量控制提供数据支撑。通过污染源自动监控，可以实现排污企业污染源超标排查和数据生成分析，提高环境监察工作效能，使环境管理工作真正做到网络化、自动化和实时化。

2009 年，中央和地方财政投入资金 250 万元（其中中央财政拨款 150 万元，地方配套资金 100 万元）建立常德市污染源自动监控中心。监控中心系统由基础硬件平台、现场端监控设备、数字大屏显示、传输网络及安全系统、数据存储系统、监控中心应用软件等部分组成。监控中心机房硬件平台建设完成后，所用软、硬件设施运行正常，与企业现场端联网的 10M 专线以及和省局信息中心联网的 2M 专线通畅；监控中心安装有重点污染源自动监控系统软件和排污申报登记软件。5 月，污染源自动监控中心平台通过湖南省环保厅专项验收。

2010 年，全市有 53 家国家重点监控企业需安装 66 台（套）现场端监控设备，实际安装 52 台（套），安装率 78.8%。2011 年，全市有 54 家国家重点监控企业需安装 74 台（套）现场端监控设备，实际安装 62 台（套），安装率 83.8%。2012 年，全市有 56 家国家重点监控企业需安装现场端监控设备 77 台（套），实际安装 57 台（套），安装率 74.0%。这些监控企业安装的现场端监控设备都与市环保局环境自动监控中心联网，联网率达 100%。2010—2012 年，累计上传数据 110 余万条。至 2012 年底，常德市共安装在线监控设备 100 台（套），其中废气监控器 25 台（套），废水监控器 75 台（套）。这些设备全部和市环保局环境自动监控中心以及省环保厅信息中心联网，由聚光科技（杭州）股份有限公司、常德市龙舞新科技有限公司和深圳世纪天源科技有限公司日常运营维护，其中由湖南省环保厅直管的 4 台（套）火电厂监控设备的运营和维护由深圳世纪天源科技有限公司负责；聚光科技（杭州）股份有限公司负责全市所有污水处理厂 20 台（套）在线监控设备的日常运营维护；其余 76 台（套）在线监控设备由常德市龙舞新科技有限公司负责日常运营维护。为使区县（市）环保局及相关企业能通过在线监控系统内部专网登录系统查看数据监测及传输情况，市环保局为区县（市）环保局及相关监控企业维护人员配发了 USB—KEY。

市污染源自动监控中心由2名专职技术人员负责污染源在线监控系统相关设备及软件的日常运行、维护和管理。监控平台有两间业务用房，污染源自动监控中心建立了《机房管理制度》《环境监控中心值班制度》《常德市重点污染源在线监控系统运行管理办法》《环境监控中心设备维护管理制度》等较完善的管理制度，能及时、有效地围绕日常环境管理开展相关技术支撑工作。

污染源自动监控中心成立后，监控中心工作人员每周将相关企业污染源监控系统的运行情况和数据异常情况报送给相关领导和各职能科室；市环保局监察支队、监测站、科技科和信心中心等相关科室每个季度对全市国控重点污染源企业的数据进行有效性审核，这些数据为环境执法、现场监察、污染预警、总量减排等提供有效、准确的数据支撑。

2012年度，全市在线监控企业小时数据稳定传输率为77.9%，在省环保厅信息中心对各地州市的年度考核中排第六位。

2013年度，全市在线监控企业小时数据稳定传输率为95.3%，在省环保厅信息中心对各地州市的年度考核中排第一位。

2014年，全市在线监控企业数量为76家，现场端83套，包括废水65套。其中纳入考核的国控企业38家，现场端45套(废水30套，废气15套)。省环保厅2014年10月13日印发考核通报显示：2013年度常德市监控平台综合评分以总分88分名列全省第一，奖励补助经费20万元。2014年，根据国家环保部的要求，对所有国家重点在线监控企业数据采用统一传输有效率的考核指标，全市国控企业在线监控数据在剔除无效考核排污口后传输率为98.32%，有效率为99.08%，传输有效率为97.41%。

二、环境信息与统计能力建设项目

2011年3月，根据省环保厅办公室关于做好国家环境信息与统计能力网络系统建设的要求，常德市环保局召开专题会议，研究网络系统建设。为了保证网络系统建设用房，市环保局在办公用房紧张的情况下，安排一间办公室作为专用机房。机房建设3月开工，4月，机房改造完成并交付使用。

3月，市环保局机房设备陆续到位，有UTM设备H3C SecPath U200—M，核心交换机H3C S5800 Series、防火墙DPtech FW1000—GC—N、上联路由器H3C SR6608、下联路由器H3C MSR50—40、应用服务器浪潮英信服务器NP3060，下发到区县环保局的设备8套(H3C S1650交换机、H3C MSR900路由器等，总价近200万元)。4月，东华软件技术人员对设备进行在线调试，正式投入使用。

设备调试完成后，为了提升局域网络建设层次，满足项目的要求，市环保局积极争取市里的配套资金30万元，购买了H3C路由器RT—MSR3040—AC—H3及相关配件、H3C三层交换机H3C LS—3600—52P—SI及配件、迪普防火墙DPtech FW1000—MA—N及配件、台达UPS7KVA两套、标准机柜3个，这些设备的添置，解决了环境监测站与市局未同址办公的问题，满足了项目配套的需求。

根据环保部《国家环境信息与统计能力建设项目》要求，统一建设的环境保护业务专网(四级网)由中国联通公司承办，在常德市8个区县(市)有点位，即鼎城区环保局、桃源县环保局、石门县环保局、安乡县环保局、汉寿县环保局、澧县环保局、临澧县环保局、津市市环保局。2011年5月，网络全部建设完成并正式运营，至此，联通部—省—市—县四级的环境信息网络格局基本形成。为确保四级网应用到基层，7月，市环保局开通一条2M中国联通专线到市环境监测站，合同期为3年，费用为1.2万元/年。

2013年，环保部加大四级网络应用力度，市环保局根据新的要求，将四级网与国控重点污染源自动监控系统互联，并接入局办公网络，同时，加强专网管理，保障业务应用。2013年，四级网络的应用系统为：百日大检查系统(支队应用)、国控源直报系统(减排办应用)、环境保护信访信息管理系统(环境投诉处理中心应用)。

鉴于常德市环境信息与统计能力项目(简称环保专网)第一批四级网终端设备仅在8个县级(鼎城、汉寿、桃源、临澧、澧县、石门、安乡、津市)环保局投运，尚有包括武陵区在内的6个县级环保局未安装环保专网，不能通过专网办理相应的环保业务，2013年12月23日，常德市环保局向省环保厅专题请示，要求新增武陵区、西洞庭管理区、西湖管理区、柳叶湖旅游度假区、桃花源旅游管理区、常德经济技术开发环保局6个专网点位。

2014年7月，省环保厅会同中国联通湖南省公司、湖南科创公司等技术单位为常德市配套建设6个点位的专网设备。至此，常德市14个环保机构实现环保专网全网覆盖。

三、数字环保建设

(一)常德市环保局办公局域网系统。市环保局办公局域网系统建设始于2001年6月，8月，局域网建设完成。局域网由一台金长城服务器和20台金长城电脑，一台交换机TP—Link TL—SF1024组成，采用星型拓扑结构，主要用途为办公与上网，上互联网采用ADSL拨号形式，2M带宽。

2008年10月，局域网扩容，增加了24台联想启天M4880电脑和一台TP—Link TL—SF1024交换机，上互联网方式改由光纤接入固定IP形式，10M带宽，增加D—LINK DI—602LB路由器一台。

2009年以后，随着办公电脑的增加，局域网不断扩容，形成了以光纤为主干的百兆以太网，配备了三层核心交换设备和10M外网带宽，计算机信息节点70多个。2009年8月，根据计算机信息系统保密工作的要求，投入2万元组建内网，用于内部办公OA自动化。在15个业务科室的电脑上加装物理隔离卡系统，新增一台TP—LINK TL—SF1016交换机。

2011年7月，信息中心成立。为进一步强化局域网网络管理，市环保局下发《常德市环境保护局关于加强局域网计算机管理的通知》，建立市环保局局域网计算机台账，对所有入网计算机的型号、IP地址分配、MAC地址、联网涉密等情况都进行了详细登记，网络监管进一步加强，禁止外来计算机登录网络。

2013年9月，环保四级专网应用接入办公局域网，在办公局域网内可处理四级专网应用填报。

(二)污染源自动监控系统。2009年，建成污染源自动监控系统国家项目。2010年12月，为了配合信息平台的扩展应用，同时让污染源企业及时了解和掌握自身的排污状况，采取有效措施抓好治理整改，在平台的基础上加装了一台对外信息发布的深信服的网关。2011年4月，各企业购买入网证书(USB KEY)；10月，USB KEY下发和调试工作完成，实现了互联网登录平台查看数据。2013年12月，自动监控系统平台升级为3.0版本。

(三)国家环境信息与统计能力建设项目网络建设。2011年3月，开启国家环境信息与统计能力建设项目常德市网络建设，承建方为东华软件与联通公司。4月，为配合该项目第一阶段网络系统建设，市环保局腾出一间办公房做为专用房。针对市局下属单位市环境监测站异地办公的情况，市局申请专项资金为监测站购买通信设备，并与联通公司联系，租赁2M MSTP业务专线。7月，这两项工作基本完成。10月，四级专网建设完成，网络覆盖至鼎城、澧县、临澧、石门、安乡、汉寿、津市、石门8个县级环保部门。2012年10月，通过前置机的方式实现四级专网与国控重点污染源在线监控系统互联。

(四)网站建设。2007年9月，市环保局网站初建，为市政府电子政务平台下的子网站，网址为hbj.changde.gov.cn。采用租赁市政府信息化工作办公室管理的服务器方式，市环保局负责网站栏目的设定和信息的发布上传，市政府信息化工作办公室负责日常维护和管理。2009年10月，网站改版，增加网站栏目数量。在原有栏目的基础上，根据"服务全局中心工作，展示全局工作动态"的宗旨，紧贴污染减排、环境监管、环保创模、农村环境综合整治等工作，增加业务内容。

2010年1月，市政府信息办对市直单位网站进行整合，统一部署了市政府网站群，专业网站设计单位对网站群的下属子网站进行了统一升级和改版，常德市环保局门户网站为挂靠在常德市政府网站上的子网站，启动了网站群下hbj.changde.gov.cn的二级域名。市环保局借此次整合升级的契机，对网站内容进行了更科学地调整，增加了与工作紧密结合的子栏目，改版后的网站功能大大增强，内容丰富，本着技术先进、服务群众、方便管理的原则，增加了与群众对话板块。整个网站包括机构职能、政务公开、网上办事、建设项目管理、污染控制、生态保护宣传教育、环境监察、环境监测、法规标准、规划计划、行风建设、满意环保 12 个主栏目，主栏目下设置 80 余个子栏目。当年利用该网站平台后台系统发信息 700 余条，对公众普遍关注的热点问题实现了网上公开。

2011 年 6 月，就落实政府信息公开内容的要求，设置了 6 个新的重点栏目：环境质量专栏、环境影响评价专栏、排污费征收专栏、污染减排专栏、监督检查专栏、应急管理专栏。环境质量专栏及时公开本地区环境质量状况和环境质量年度公报；环境影响评价专栏公开环境影响评价项目的受理情况、审批结果以及项目竣工环境保护验收结果；排污费征收专栏公开排污费的征收项目、依据、标准和程序等；污染减排专栏公开主要污染物排放总量指标分配及落实情况、排污许可证发放情况、主要污染物减排指标完成情况；监督检查专栏公开对群众反映强烈的环境违法事件和群众在环保举报热线反映的问题的查处情况；应急管理专栏公开突发环境事件可能产生的环境影响、污染应对措施等信息。随着专栏信息更规范更集中的发布，满足了公众的知情权，帮助了环保业务的顺利开展。

2012 年 9 月，市政府电子政务办为规范市政府网站群各子网站的发布内容，对市环保局下达了《常德市环境保护局业务信息资源调研表》，市环保局认真组织填报并对已有栏目进行了梳理，做到应有的栏目必须看，该强化的栏目加大信息收集力度，修订业务办事指南和办事流程图。10 月，常德市政府信息公开平台正式上线。

2013 年 11 月，网站改版，根据环保事业发展的新要求投入万元开发新的门户网站，新改版的市局网站设有政务公开、环保业务、在线服务、公众互动等 4 个主栏目和 36 个子栏目，特色栏目有“环境质量”“满意环保”“环保简报”“环境日宣传”等栏目，网站内容得到进一步的充实，方便了群众办事和查询。增加的网站互动性栏目，提供网上咨询、网上监管服务，发挥了政府网站倾听民声、广纳民意、集中民智的平台做用，构建政府工作与群众需求的良性互动机制。12 月，完成了市环保局顶级域名 www.cdhbj.gov.cn 的网站备案手续，正式从市政府电子政务办接管该域名，做到了名称与管理的统一。

图 126 常德市环境保护局网站界面

2014 年，环境保护做为重点领域（公共监管）信息公开的内容被列入《国务院办公厅 2014 年政务信息公开工作要点》。为此，市环保局加大了信息公开工作力度，用信息公开的手段倒逼企业守法、部门依法行政。5 月 10 日，印发《常德市环境监管信息公开工作实施方案》（常环发〔2014〕26 号），将环境监测结果、企业环境信用评价、环境影响评价、污染事故（或突发环境事件）处理、信访热点问题处理、排污申报和排污收费等 6 大类 27 项具体内容信息作为重点公开范围，界定了公开内容、具体内容、时限要求、责任科室。在局门户网站设立“环境监管信息公开”专栏，及时更新工作信息，年发布环境空气质量日报 365 次、环境质量月报 12 期，上传环境监管类信息 444 条。

（五）智慧环保项目建设

常德市智慧环保一期的主要建设任务为两个门户（内网工作门户、公众服务门户）、两个平台（基础设施平台、应用支撑平台）、三套体系（环境信息标准规范体系、环境信息安全保障体系、系统运维管理体系）、五大应用（环境业务协同管理系统、污染源管理系统、环境质量管理系统、GIS 平台应用和模拟预测、污染源在线监控平台），建成后可实现“能实时展示辖区环境质量，能实时全过程掌握辖区污染源排污状况，能提升环保业务工作效能并有所借鉴”的三大功能。

市环保局于 2012 年着手该项目的筹备。2013 年，经分管副市长卢武福签批后报市电子政务办，同年 11 月 28 日正式立项，报价 2300 万。为响应智慧常德建设，经市政府办、市电子政务办多次协调，确立了智慧环保项目的硬件部分统一整合，由市云计算中心提供保障。2014 年 11 月 25 日，该项目一期建设方案通过了智慧常德建设指挥部主持的技术评审，湖南省政府经济研究信息中心副主任杨志新、省环保信息中心主任钟进等 5 位信息技术领域的专家担任此次评审专家。2015 年 5 月，该项目通过市电子政务办的技术评审，评审额度为 564.97 万元（不含市云中心提供的硬件部分）。6 月 15 日通过市财政评审 480.06 万元（不含市云中心提供的硬件部分）。

第十章　重大环保活动

第一节　生态市建设

一、生态市建设的提出与推动

“环境与发展”是人类社会共同关注的时代主题。20 世纪 80 年代中期，国际上提出了可持续发展的重要思想。在 1992 年召开的联合国环境与发展大会中，这一思想获得世界各国的共识。改革开放以来，中国随着社会经济活动强度的增大，生物多样性减少、资源衰退、水土流失、环境污染、自然灾害频繁等生态问题日益突出，逐渐成为制约经济和社会可持续发展的重要因素。1995 年，国家环境保护局在全国开展生态示范区建设试点工作，浙江省绍兴县、磐安县和临安市被列为首批国家级生态示范区建设试点，从此拉开了全国生态示范区建设的序幕。

2004 年 8 月 27 日，常德市第四届人大常委会第 15 次会议审议通过了《关于进一步加强环境保护建设生态市的决议》，要求市、县两级人民政府把建设生态市（县）做为长远发展目标，制定好建设生态市（县）的长远发展规划、区域环境保护规划以及本行政区域内的三年环境保护滚动计划、年度工作计划，每年将工作计划实施情况向同级人大报告，努力把常德市建设成生产发展、生活富裕、生态良好的生态市。

2005 年 8 月 17 日，市政府根据市人大常委会决议，经过认真调研、论证，提出了《关于加强生态市建设的意见》。《意见》就常德市生态经济、生态环境、生态文化提出了数据化硬指标，强调了自然资源保护和有序利用、全面开展城乡环境综合整治、切实加大人居环境建设力度、大力发展循环经济四大生态市建设工作重点，并要求各地加强组织领导，多渠道加大投入，建立健全工作机制，加大宣传教育力度。《意见》要求，通过 10—15 年的努力，到 2020 年，80%以上的乡镇通过全国环境优美乡镇验收，所有县（市）达到生态县验收标准，全面建成生态市。

2006 年，市政府委托国家环保总局发展研究中心完成《常德市生态市建设规划》的编制。该《规划》顺利通过国家环保总局组织的专家评审，并于 10 月 17 日在市人大常委会第 36 次会议审议通过，常德生态市建设工作全面启动。2007 年，按照《常德市生态市建设规划》总体部署，各区县（市）生态县（市）建设规划编制工作全面铺开，石门县、桃源县率先完成规划编制工作任务；临澧县、澧县、安乡县、汉寿县、津市市的建设规划送省环保局评审和县人大审议；德山开发区、柳叶湖旅游度假区、西湖管理区、西洞庭管理区分别编制了落实常德生态市建设规划的实施方案。

图 127　武陵区城东街道生态市建设文艺宣传活动

2007 年 9 月 14 日，市长卿渐伟在市环保局主持召开市长办公会议，重点研究生态市建设的工作机构和经费保障问题。10 月下旬，市委办、市政府办共同行文，成立由市长任组长，市人大、市政府、市政协、市委宣传部领导任副组长，市直 23 个部门主要负责人为成员的常德市生态市建设领导小组和以市环保局为主的工作机构。市财政设立生态市建设专项工作经费，根据年度工作任务与目标拨付。市人民政府下发了《常德生态市建设 2007 年行动安排及考核办法》，制定了各区县（市）人民政府、德山开发区、柳叶湖旅游度假区、西湖管理区、西洞庭管理区和 15 个市直部门的任务目标和考核计分标准。12 月下旬，由市生态办牵头，市城市办、市环保局、市监察局组成考核组对目标责任落实情况进行了认真考核，评选出先进单位 6 个，达标单位 15 个，先进个人 17 人，市财政拿出 20 万元给予专项奖励。

2008 年 3 月 5 日，市长卿渐伟主持召开生态市领导小组第一次会议，专题研究部署 2008 年生态市建设工作。市政府制定了《常德市生态市建设 2008 年目标责任制考核实施办法》，充实调整了生态市建设领导小组。3 月 7 日，常德市生态市建设领导小组发布《2007 年生态市建设目标责任考核结果的通报》，石门县政府、市发改委等 6 个单位被评为生态市建设目标责任考核先进单位，桃源县政府、市经委等 15 个单位被评为生态市建设目标责任考核达标单位，石门县壶瓶山镇、石门县子良乡被评为创建环境优美乡镇先进单位，陈本祥、熊大顺等 17 人被评为生态市建设目标责任考核先进个人。4 月 6 日，常德市生态市建设领导小组印发《常德市生态市建设2008年目标责任制考核实施办法》，考核对象29个，分A、B、C三类，考核内容包括加强饮用水源保护、生态县(市区)建设、环境优美乡镇和生态村建设、完成节能减排任务、解决突出环境问题、生态文明和环境保护宣传6个方面。

2009年2月3日，常德市正式发布《2008—2010年生态市建设三年行动计划》。三年中要求建成优美乡镇68个，生态村130个；完成生态建设投资16.958亿元，其中水环境保护投资12.46亿元，大气环境保护投资2.31亿元，生态环境保护投资1.735亿元，生态区县(市)建设0.453亿元。在全部投资中，政府投资占17%，企业和社会自筹占83%。完成项目包括水环境治理、大气环境治理、生态环境治理和生态区县(市)建设四大部分。其中水环境治理包括工业废水治理、城市污水集中处理、畜禽养殖污染防治、农村饮用水源保护及农村改水工程等；大气保护治理包括扬尘污染控制、改善燃料结构、火电厂脱硫、水泥行业污染综合整治等；生态环境治理包括土壤污染治理、乡村绿化建设、绿色食品生产等。

2009年3月16日，市政府办发出生态市建设表彰通报，桃源县、石门县、临澧县、西洞庭管理区、市发改委、市农业局、市水利局、市国土资源局、市财政局、市环保局被评为生态市建设工作先进单位；武陵区、柳叶湖旅游度假区、市农村办、市经委、市建设局、市规划局、市卫生局、市林业局、市畜牧水产局被评为生态市建设工作达标单位；佘洪涛等60人被评为生态市建设工作先进个人。3月30日，常德市生态市建设领导小组印发《常德市生态市建设2009年目标责任制考核实施办法》，主要围绕农村饮用水源保护、生态县建设、环境优美乡镇和生态村创建工作、解决区域突出环境问题、开展生态建设宣传活动五个方面进行考核。

2012年，正式启动洞庭湖生态经济区规划常德部分编制工作。经过近两年的调整、补充、完善，2014年4月14日，国务院正式行文批准了洞庭湖生态经济区规划，洞庭湖地区的生态经济发展正式上升为国家战略。在洞庭湖生态经济区建设规划拟定推进的100个项目中，20个单列项目常德市有7个列入，80个打捆项目常德市均有项目列入。为扎实推进洞庭湖生态经济区建设，常德市决定：开展一次系统宣传，宣传解读生态经济区建设相关政策；搞好一次对接活动，争取省里在资金、政策等方面的支持；形成一套项目体系，明确一批先期启动的重点项目；组建一个专门机构，调动全市上下各方面积极性。

经过近十年努力，常德市生态建设取得了阶段性成效。对照国家生态市建设考核指标，5项基本条件中有3项可以达到考核标准，分别是：市县乡(镇)三级生态建设规划编制、建立健全环保机构和工作机制、完成节能减排任务；有1项接近标准，即中心城市为环保模范城市和生态环境质量评价指数在全省名列前茅；有1项已启动申报，即80%的县创建为国家级生态县。18 项建设指标中，农民人均纯收入、森林覆盖率、环境空气质量、水环境质量、声环境质量、集中式饮用水源达标率、生活垃圾无害化处理率和工业固体废物处置利用率、城镇人均公共绿地面积 8 项指标可以稳定达标，单位 GDP 能耗、公众对城市环境的满意率 2 项指标可以基本达标；第三产业占 GDP 比例、单位工业增加值新鲜水耗和农业灌溉水有效利用系数、应当实施强制性清洁生产企业通过验收的比例、受保护地区占国土面积比例、主要污染物排放强度、城市污水集中处理率和工业用水重复利用率、环保投资占 GDP 的比重、城市化水平等 8 项指标距考核标准还有一定差距。

二、优美乡镇与生态村创建

1997 年 6 月 27 日，中共常德市委、常德市人民政府做出《关于加强环境保护工作的决定》。在这个《决定》中，首次提出建设一批生态村、生态乡（镇），并引入了控制农药、化肥、农膜等对农田和水源的污染，加强对森林植被保护和管理，防治水土流失，积极保护生物多样性，取缔各种破坏自然资源和环境的非法开发建设活动等生态建设与保护概念。

图 128　市领导视察生态乡（镇）、村建设

2002 年，国家环境保护总局下发关于全国环境优美乡镇考核验收规定，组织开展国家级环境优美乡镇考核验收工作。常德市积极按照上级环保部门部署，鼓励和支持自然条件良好、污染防治到位、环保工作重视、群众广泛支持的乡镇（村），开展国家级、省级生态乡镇（村）创建工作，稳步推进农村基层生态环保建设。

2007 年，常德市石门县壶瓶山镇、子良乡正式向国家环境保护总局提出申请，申报国家级环境优美乡镇。经省环保局专家组实地考核验收，两个乡镇均达到考核验收标准。2008 年 4 月 28 日，国家环境保护总局发布第七批全国环境优美乡镇命名的通知，石门县壶瓶山镇、子良乡名列其中，成为常德市首批全国环境优美乡镇。

2008 年起，湖南省启动省级环境优美乡镇和生态村创建工作。常德市积极响应省环保厅号召，首批组织了 11 个乡镇申报省级环境优美乡镇，22 个行政村申报省级生态村。

2009 年，湖南省环保厅发布全省第一批环境优美乡镇和生态村命名通知，申报的 11 个乡镇、22 个行政村均获命名。

2009 年，常德市继续推进环境优美乡镇和生态村创建工作。组织了 14 个乡镇申报省级环境优美乡镇，30 个行政村申报省级生态村，7 个乡镇申报国家级环境优美乡镇，4 个行政村申报国家级生态村。2010 年 3 月 19 日，环保部发布命名公告，常德市申报的 7 个乡镇全部被命名为国家级环境优美乡镇，申报的 4 个村全部被命名为国家级生态村。3 月 29 日，湖南省环保厅发布命名通知，常德市申报的 14 个乡镇全部被命名为省级环境优美乡镇，申报的 30 个村全部被命名为省级生态村。

2010 年 6 月 24 日，环保部下发《关于印发〈国家级生态乡镇申报及管理规定(试行)〉的通知》，将环境优美乡镇创建工作调整为生态乡镇创建工作，并相应调整了创建工作考核标准和考核要求，其中建设指标考核项目由原来的 26 项调整为 15 项。湖南省环保厅也对全省环境优美乡镇创建工作做出相应调整。是年，常德市组织申报了 35 个省级生态乡镇、76 个省级生态村、2 个国家级生态乡镇(仍沿用环境优美乡镇考核标准)、1 个国家级生态村。在 2011 年环保部和省环保厅下发的命名文件中，这些申报乡镇和行政村均获得命名。

2011—2013 年，常德市全面推进国家级(省级)生态乡镇(村)建设工作。三年共申报 104 个省级生态乡镇、282 个省级生态村、45 个国家级生态乡镇、23 个国家级生态村。经过三年创建，全市有 96 个乡镇获得省级生态乡镇命名，202 个村获得省级生态村命名，22 个乡镇获得国家级生态乡镇命名。在此期间，国家和省环保部门暂停了国家级、省级生态村的申报及命名。

2013 年 5 月 28 日，省环保厅下发《关于印发〈湖南省省级生态县(市、区)考核验收与管理办法〉的通知》。常德市按照省环保厅要求，在生态乡镇、村创建工作取得初步成效的基础上，积极开展生态县创建工作，首批推荐石门、桃源两县创建省级生态县。2013 年下半年，两县正式向市环保局提交了省级生态县申报请示，并申请进行了专家组技术评估。2014 年 7 月，石门县通过了省环保厅专家组考核验收；10 月，桃源县通过了省环保厅专家组考核验收；12 月，省环保厅授予石门县、桃源县首批“湖南省省级生态县”称号。

至 2014 年 7 月，常德市已创建国家级生态乡镇 33 个，国家级生态村 5 个；省级生态乡镇 158 个，省级生态村 331 个，分别占全市乡镇、行政村总数的 75.96%、22.8%。省级生态乡镇、生态村命名总数连续 3 年名列全省前茅，其中武陵区所有乡镇，石门县、临澧县、澧县、津市市 80%的乡镇，已获得省级或国家级生态乡镇命名。此外，全市 966 个行政村通过了市级生态村考核验收，并获得市级生态村命名。

常德市美丽乡村示范村名单

表 10-1-1

所在地	个数	示范村村名
武陵区	6	丹洲乡坵湖村、坪湖村，芦荻山乡芦山村、熊家坪村、金狮堤村、黄爱村
鼎城区	12	石板滩镇毛栗岗村、荷花堰村、玉皇庵村，谢家铺镇官桥坪村、向家巷村、港中村，灌溪镇常桃村、白马岗村，蒿子港镇仁和村、长安村，沧山乡沧浪坪村，牛鼻滩镇上林村
汉寿县	10	株木山乡文步桥村、韩家冲村，太子庙镇永兴村，罐头嘴镇合兴村，龙阳镇岩屋场村，聂家桥乡三元村，毛家滩乡牛路村，毓德铺镇毛家冲村，东岳庙乡楼背村，龙潭桥乡白羊湾村
桃源县	12	枫树乡维回新村、苏家堆村、庄家桥村、万福新村、白洋河村，陬市镇高湾村、观音桥村、三里铺村、团结路村，青林乡督粮冲村、白洋河村、三岗村
临澧县	10	四新岗牯牛村、青林村，安福镇清水村，停弦渡镇复船村，经开区太平村，修梅镇高桥村，合口镇龙池村，新安镇古城村，杨板乡仙女村，九里乡同心村
石门县	12	秀坪园艺场，二都乡南峰村，夹山管理处夹山寺村，夹山镇三板桥村、杨坪村、邵福寺村，蒙泉镇礼阳山村、保林桥村，易家渡镇叶家坪村、冉家坪村，维新镇仙阳湖村，三圣乡山羊冲村
澧县	12	车溪乡牌楼村、城头山村，张公庙镇高潮村、石塘村、新庙村，大坪乡东岳村、大兴村，复兴厂镇双堰村，金罗镇顺桥村，盐井镇伍家岗村，如东乡鲁家村，双龙乡枫祥村
安乡县	10	安丰乡出口洲村、黄家台村、复兴村，安裕乡赵家湖渔场，大鲸港镇安庆村，安康乡安兴村、仙桃村，安障乡新剅口村、王家湾村，深柳镇新开口村
津市市	6	灵泉镇关桥村，金鱼岭办事处关山村、大旗村，白衣镇蒲山村，棠华乡岳山村，保河堤镇大山村
经开区	2	德山镇永丰村、石门桥镇何家堤村
柳叶湖	2	白鹤山乡太阳谷、街道办事处白石村
西 湖	2	西洲乡裕民村、东洲乡九狮村
西洞庭	2	望洲办事处白芷湖村，龙泉办事处毡帽湖村
桃花源	2	桃花源镇高田村，桃仙岭办事处双峰村

三、重大生态工程项目

生态市建设工作是一项牵涉全局、关系全市的重要纲领性工作，常德市通过实施一系列重大生态工程项目，逐步提升全市生态环境质量，达到生态市建设目标。

(一)农村环境综合整治项目

2009年，湖南省被环保部、财政部纳入全国农村环境综合整治示范省。2010年，省环保厅、省财政厅批准常德市汉寿县岩汪湖镇、津市市灵泉镇、安乡县黄山头镇、桃源县盘塘镇、临澧县太浮镇5个农村环境连片综合整治示范项目并付诸实施。5个项目共争取中央、省专项补助资金3700万元，地方配套资金1698万元，乡镇还自筹资金80万元，完成了5个乡镇46个村的农村环境综合整治，农村受益人口6.15万人。

2011年，常德市经省环保厅、省财政厅批准，实施了柳叶湖旅游度假区白鹤山乡、澧县张公庙镇、石门县皂市镇3个乡镇29个村的农村环境综合整治示范区建设项目。3个项目共争取中央、省专项补助资金2400万元，地方配套资金1050万元，乡镇自筹资金97.8万元，受益人口5.6万人。此外，常德市2010年实施的桃源县盘塘镇、临澧县太浮镇农村环境连片综合整治示范项目因实施效果良好，验收评分较高，获得后续项目资金支持，共争取后续项目资金700万元，地方配套资金298.6万元，农村受益人口1.4万人。

2012年，常德市经省环保厅、省财政厅批准，实施了西湖管理区西洲乡、鼎城区草坪镇、汉寿县太子庙镇3个乡镇16个行政村的农村环境连片综合整治示范项目。3个乡镇共争取中央、省专项补助资金1500万元，地方配套资金665.7万元，受益人口3.1万人。此外，常德市2011年实施的柳叶湖旅游度假区白鹤山乡、澧县张公庙镇、石门县皂市镇农村环境连片综合整治示范项目均获得后续项目资金支持，共争取后续项目资金340万元，地方配套资金195.1万元，自筹资金20万元，并于2012年完成，受益人口5.9万人。

2013年，经省环保厅、省财政厅批准，常德市实施临澧县修梅镇、澧县车溪乡城头山农村环境连片综合整治示范项目，共争取中央、省专项补助资金850万元，地方配套资金300万元，受益人口约1.5万人。常德市积极争取省环保厅支持，于2013年实施了汉寿县罐头嘴镇、临澧县新安镇农村环境综合整治示范镇项目，共争取上级资金200万元，地方配套和自筹资金51万元，有10个村近3.9万人受益。

2014年初，津市市通过激烈的竞争，以综合评分全省第1的成绩，被省环保厅、省财政厅批准为湖南省首批农村环境综合整治整县市推进项目示范区。该项目通过上级投入、地方配套、乡镇自筹方式，投入资金14636万元，对津市市辖区内存在的突出环境问题实施综合整治。鼎城区石板滩镇拾柴坡村、澧县澧东乡团结村、石门县秀坪园艺场秀山村、临澧县陈二乡兴安村等4个“问题村”环境治理项目也在同期通过省环保厅、省财政厅审查，争取投入资金1164.8万元。

截至2014年8月，常德市已实施并验收的国家农村环境连片综合整治项目20个，总投资14126.2万元，其中争取中央、省专项补助资金9690万元，地方配套资金4258.4万元，乡镇自筹资金177.8万元，有15个乡镇110个村从中受益。

（二）规模化畜禽养殖污染治理项目

2010年，位于西洞庭管理区的湖南永昌畜牧生态养殖有限公司争取省级财政补助资金50万元，自筹资金509.35万元，实施了畜禽养殖废水治理项目建设，确保了化学需氧量、氨氮等主要污染物达标排放。2013年，常德市申报了38个规模化畜禽养殖粪污治理项目，共争取省级财政补助资金1490万元，养殖企业自筹资金2551.78万元。截至2014年。常德市已有40家规模化畜禽养殖场完成污染治理项目，累计投资5亿元。

（三）自然保护区环境保护及监管能力建设项目

2008年，经省环保厅和省财政厅批准，常德市石门县壶瓶山国家级自然保护区开展生态示范项目建设，共争取省级财政专项资金30万元。2009年，桃源县湖南乌云界国家级自然保护区获得中央财政补助资金支持，实施了环境保护和监管能力项目建设，共争取资金300万元。2011年，湖南乌云界国家级自然保护区为进一步加强环境监管能力建设，再次获得中央财政补助资金支持，共争取资金325万元。

（四）沅水工业污水治理项目

至2013年6月30日，常德市完成了10个项目的污染治理工程，4个项目污染防治工程正在建设中，完成监测数据17134个，开展69家排污企业监测，提交了1253个数据，累计完成投资2.43亿元。

（五）洞庭湖污染综合治理项目

洞庭湖污染综合治理项目总投资20亿元。至2013年6月30日，常德市完成河道清淤60多平方千米，湖泊清淤258万立方米，建设了2个区县污水处理厂、1个区县垃圾中转站，另有2个区县污水处理厂、1个区县垃圾填埋场、3个污水处理站和6个污染防治项目正在建设中，累计完成投资10.5亿元。2013年，津市市西毛里湖环境治理项目获批实施，该项目争取上级财政资金逾亿元。

（六）重点行业氮氧化物减排项目

2013年6月底，常德市有2条水泥生产线减排项目已完成，另有2个火电机组和4条水泥生产线减排项目正在实施中，共计投资2.09亿元。

（七）农村废弃物综合利用项目

2013年6月，澧县理昂、临澧凯迪2家生物质发电厂建成运行，累计投资5.02亿元，石门县、汉寿县两家生物质发电厂建设项目获省环保厅批复同意。

(八)土壤环境综合治理项目

2011 年,常德市石门县雄磺矿区土壤治理修复项目获得国务院批准实施,首期开展含砷废渣处理与处置工程,共争取上级投入资金 1400 万元。2012 年,石门县雄磺矿土壤污染治理项目二期工程通过审批,重点对雄磺矿区历史遗留渣场污染土壤实施综合治理,至 2013 年 11 月,该项目一、二期工程通过环保部专家组评审。

2013 年 1 月,国务院出台《关于印发近期土壤环境保护和综合治理工作安排的通知》(国务院[2013]7 号);4 月,环保部下发贯彻落实国务院通知的意见。2014 年 2 月,中共中央政治局常委、国务院副总理张高丽在新华社反映湖南石门雄磺矿污染问题的内参上进行了批示。以此为契机,市环保局围绕国家土壤污染防治的一系列政策和常德土壤污染现状等问题,及时向市政府常务会议进行了专题汇报。6 月,市委、市政府向环保部请求将常德纳入全国土壤污染综合防治示范区;7 月,市政府常务会议再次专题研究全市土壤污染综合防治示范区建设工作,成立由市长任组长的土壤污染综合防治示范区建设工作领导小组,明确各区县和市直有单位的工作职责、目标任务,构建全社会共同参与示范建设的体制和机制;制定示范区建设目标管理考评制度和责任追究制度,强化各级及各单位的主体意识和责任意识,确保土壤污染综合防治示范区建设出经验、出成果。同时,为确保工作顺利推进,市环保局设立土壤污染防治办公室,增加人员编制,安排工作经费,启动示范区建设相关激励政策措施的前期调研工作。2015 年 6 月,石门县磺矿区重金属污染治理方案通过环保部评审。

第二节　创建国家环保模范城市

图 129　创建国家环保模范城市动员大会会场

2001 年 3 月,常德市人民政府向国家环保总局提出创建国家环境保护模范城市(简称“创模”)的申请,常德市创建国家环境保护模范城市工作正式开始。为了搞好“创模”工作,市委、市政府从机关抽调 100 多名干部组成 7 个创建工作队,督导各街道办事处和居委会的创建工作。

2004 年 11 月，常德“创模”规划通过国家环保总局组织的专家评审，2005 年 12 月，常德“创模”工作通过国家环保总局技术评估，2006 年 8 月，常德“创模”工作通过国家环保总局验收。2007 年 5 月 10—19 日，常德市创建国家环境保护模范城市工作在《中国环境报》《湖南日报》《常德日报》进行公示。8 月—9 月，常德市人民政府、省环保局分别向国家环保总局呈报公示期间群众反映的有关环境问题查处落实情况，各类环境投诉问题得到妥善解决。2010 年 8 月，常德“创模”工作通过湖南省环保厅现场检查和档案审查。2011 年 3 月 12 日，市政府向国家环保总局递交“创模”复核申请；7 月，常德按照《国家环保模范城市考核指标及其实施细则(第六阶段)》的新要求，通过省环保厅复核；11 月，常德市人民政府向环保部提出创建国家环境保护模范城市的复核申请。11 月 7—8 日，国家环保部组织 5 名国家级专家对常德的环保创模工作进行技术核查，对常德的环保“创模”工作给予充分的肯定。2012 年 12 月 2 日，湖南省环保厅向国家环保部提出常德市创建国家环保模范城市复核的请示；2013 年 3 月 20—22 日，环境保护部组织国家环保创模专家对常德“创模”进行复核；10 月 13—16 日，国家环保部华南督查中心对常德进行后督查，12 月 6 日，华南督查中心向国家环保部上报督查总结报告。

一、环保创模工作机制

(一)协调推进机制。2002 年，成立常德市城市创建工作领导小组，市委、市人大、市政府、市政协四大家主要领导担任正副组长，武陵区政府、鼎城区政府、德山开发区管委会、柳叶湖旅游度假区管委会(简称市直 4 区)和市直各单位主要负责人为成员，领导小组下设办公室。为了全面落实创建工作责任制，建立了联络员、任务交办和新老指标衔接三大制度。联络员负责定期向领导小组汇报工作进度，领导小组根据工作情况，定期进行调度、督导各项创建工作；市政府对市发改委等 17 个职能部门、9 个区县(市)政府和市直 4 区定期下发“创模”任务交办书，逐项抓落实，分段抓进度；2009 年，环保部对“创模”指标体系进行调整，市创建领导小组及时跟进，重新调整和充实了创模领导小组成员单位、对“创模”方案进行修订，重新部署落实“创模”新任务。

(二)网络覆盖机制。为落实基层创建工作，常德市在创建工作中建立了全覆盖的组织网络机制和集中攻坚的督导网络机制。组织网络机制采取“条”“块”相结合的方法，将“条”上的工作责任划到“块”，将“块”上的管理责任切到“线”，形成了“条”“块”结合、纵横推进、不留死角、集中攻坚的督导网络。

(三)依法管理机制。从 2003 年开始，常德市按照国家和湖南省统一要求，集中开展

"整治不法排污企业保障群众健康"环保专项行动。严格环境准入,2006 — 2010 年,对市本级审批的 798 个新、扩、改建建设项目,均按要求开展环境影响评价,环境影响评价执行率达 100%,"三同时"执行率达 100%。此间,市本级先后否决了 61 个不符合国家产业政策、污染严重的建设项目,拟投资 2 亿元的澳伊化工等一批大项目被拒之门外。2009 年,组织对涉镉、涉砷、涉铬等危险品企业进行大排查,关停企业 2 家,停产整治和限期治理 14 家。2010 年,关闭非法小电镀企业 8 家。至 2010 年,全市共出动 7424 人次,检查企业 3281 家(次),立案查处 167 起,集中关停企业 69 家。先后对炼铟、炼钒企业进行集中整治,叫停炼铟企业 4 家、炼钒企业 19 家。

(四)目标考核机制。从 2002 年开始,市委、市政府将 27 项修改为 26 项,考核指标及有关重点整治工程逐一分解落实到县(市)和市直 4 区,将"创模"指标做为考核党政领导干部政绩的重要依据纳入物质文明和精神文明建设考核体系。2005 年,由市政府督查室牵头,组织城市办、市环保局等部门组成督导组,深入"创模"一线,明察暗访,动态督导,对交办任务落实不力的单位下发督导通报批评,限期整改。2009 年,进一步加大督办工作力度,重点对 2007 年以来,常德市"创模"公示期间群众反映强烈和省级专家组评估时指出的问题,逐一督导。2012 年,为促进环保创模工作落实,市政府召开高规格的任务交办会议,市长向各区县(市)长交办环保创模工作任务。

(五)资金保障机制。2006 — 2010 年,常德市累计投入环保资金 72.1 亿元。在政府加大投入的同时,引导企业加大对环保的投入,充分发挥企业在污染减排中的主体做用。2010—2012 年,全市企业用于污染减排和环境治理方面的资金达 6.5 亿元。从 2011 年开始,市政府设立节能减排专项奖励资金,采用市场化运做的 BOT、POT 等模式,引导社会资金进入环保领域。至 2012 年底,全市有 8 个区县(市)(津市、安乡、石门、临澧、桃源、澧县、鼎城、德山)的污水处理厂按 BOT 方式筹建,沅、澧流域分建的 2 个垃圾发电厂,也是采用 BOT 方式建设。

注:BOT 是英文 Build—Operate—Transfer 的缩写,译为基础设施特许权;POT 是英文 Purchase—Operate—Transfer 的缩写,其意思为购买、经营、转让,是 BOT 模式的变体,其与一般 BOT 的差别就在于"建设"变为"购买"。

二、环保创模措施

(一)编制环保规划

2010 年,市委、市政府启动《常德市城市总体规划(2009 — 2030)》(简称《规划》)修编工作。《规划》按照空间转换、产业转移、功能转型的总体思路,对城市布局进行优化调整,按“一带、两轴、三城、九片”布局城市空间结构，加快市城区扩容提质，充分发挥中心城市在区域经济中的核心做用。在市城区重点规划和建设工业园区、文化和教育园区、行政和商务区、休闲度假区、物流和要素市场园区等五大功能区。江北城区做为城市经济文化行政中心，按“退二进三”的原则，对企业实行“退城进园”。江南城区按“一江两岸”协调发展目标，提升城市品质。柳叶湖旅游度假区立足于生态环境保护，建设低碳旅游示范区。《规划》中编制了环保专章，并在全省率先对城市总体规划实施环境影响评价。对2004年《常德市“创模”规划》进行重大调整，并编制完成了《“十二五”环保专项规划(2010—2015年)》《环洞庭湖生态经济圈建设常德环保专项规划》。2010—2012年，常德市启动了规划环境评价和政策环境评价工作，对常德经济技术开发区、柳叶湖旅游度假区等规划开展规划环评，提升环境保护在宏观调控中的做用，搭建绿色发展的决策平台。

(二)推进新型工业化

2006年6月，市委、市政府出台《关于加速推进新型工业化的若干意见》，提出“积极发展循环经济以促进产业优化升级”的工业强市思路，按照“做特第一产业、做强第二产业、做优第三产业”的目标，加快全市产业的整合，坚持用高新技术改造传统产业，加快部署退出重污染行业，2010—2012年，市县两级关停污染重、耗能高、效益低的工业企业200多家。工业产业初步实现“三个集中”(即城市工业向新型优势产业集中、骨干企业向园区集中、项目投入向战略性新兴产业集中)，继烟草、装备制造业之后，2009年食品产业成为全市第三个百亿产业。常德经济技术开发区依托国家高技术产业基地，以现有优势产业为基础发展集群经济，同时加快发展新材料、生物医药、电子信息等新兴产业。创元工业园按照建设全省循环经济产业示范基地要求，夯实壮大新材料产业。

(三)清洁能源利用

市、县两级政府设立节能专项资金，用于支持能源的合理利用以及新能源、可再生能源和清洁能源的开发、示范和推广。在城区大力推广天然气，截至2012年，投资2.74亿元建成天然气入常工程。在农村大力推行沼气及其综合利用技术，截至2012年，全市发展沼气25万口，沼气入户率达20%，全市清洁能源使用率达71.4%。利用丰富的水资源实施水电能源开发，至2012年，全市建成中小水电站140多座。

(四)环境基础设施建设

1.城市污水处理体系。从2008年起，常德市全面实施城市污水处理设施建设3年行动计划，先后投入10多亿元，建成9座城市污水处理厂并投入运行，配套建设污水管网439千米，生活污水处理设施覆盖所有县城，全市城镇污水集中处理能力达44.5万吨/日。市城区继2001年建成日处理能力15万吨的二级污水处理厂之后，在2010—2012年又在经开区和江南建成污水处理厂，使市城区污水集中处理率达80%以上。以经开区和江南污水处理厂新建为契机，对覆盖 3 个片区的污水输送网络按“清污分流”的原则进行改造，城区排水系统更加通畅。

2.生活垃圾处理。1990 年，常德市按《城市生活垃圾卫生填埋技术规范》要求，在城郊桃树岗建成占地 24.68 公顷、日处理能力 600 吨的生活垃圾处理场，2001 年和 2009 年对其进行提质改造，常德市城区生活垃圾无害化处理率达 100%。为提升无害化处理水平，常德市先后两次对垃圾渗滤液处理工艺进行改进和提高，使出水水质稳定达标排放。2011 年 6 月，湖南省首个生活垃圾焚烧发电项目在德山工业园竣工投产，这是常德市从中科院引进的具有自主知识产权的生活垃圾焚烧技术，垃圾焚烧产生的炉渣用于生产地砖，飞灰用做生产水泥，实现了垃圾处理的无害化和资源化。改进城区垃圾清运和处理工作，积极推广垃圾袋装化，并开始进行垃圾分类收集试点。

3.处置危险废物。2004 年，常德市在全省率先建成医疗废物处置中心，医疗废物处置中心采用先进的回转二次燃烧高温杀菌技术。全市市、县(市)、乡三级各类医疗垃圾全部实现安全处置。辖区内产生、收集、贮存、运输、利用、处置危险废物的单位，按国家《危险废物经营许可证管理办法》等法规的要求，制定意外事故的防范措施和应急预案。强化辐射安全管理，废旧放射源、放射性废物依法安全处置，放射性同位素与射线装置辐射安全许可证持证率达 100%。

(五)城乡环境综合整治

1.建设城区大气环境保护圈(见第三章环境污染防治第一节大气污染防治第三目)。

2.水环境综合整治。2003 年 9 月，常德市启动穿紫河环境综合整治，完成底泥清淤 105 万立方米，河面扩卡工程 40.5 万立方米，河床底部全部疏挖到 29 米高程，新建和改建 5 个截污泵站，城区生产生活污水输送至江北城区污水处理厂处理，城区污水直排穿紫河的状况得到改变。从 2005 年 12 月开始，自来水厂每天向穿紫河送水 13.56 万立方米。清淤、截污、活水三管齐下，穿紫河水质基本达到地表水Ⅳ类标准。与此同时，以沅江常德城区段和柳叶湖为重点，实施流域和区域水环境综合整治，2005 — 2006 年，专项整治沅江常德诗墙外滩水上餐饮，取缔 12 个水上餐饮点，2007 年，又取缔了柳叶湖水上餐饮船 4 艘。2009 年，常德市加强与欧盟水资源管理与治理的合做，利用欧盟城市治水经验开展城市河流治理，穿紫河、护城河环境综合整治走生态化之路，突出城市与河流的传统和个性，“穿紫河模式”为亚洲城市解决水危机提供了一个可借鉴的模本。

3.噪声控制。整合城市噪声监管力量，建立了以城管综合执法为主，环保、公安和文化等部门分工协做的噪声日常监管机制，区域环境噪声和交通干线噪声连续多年稳定达标。在城区开展禁燃烟花爆竹、禁鸣喇叭、控制各类婚丧喜庆噪声等专项行动。环保工作人员常年深入现场，开展建筑施工噪声和娱乐场所噪声动态监控。在全省率先建成常德市城区噪声达标区，为巩固达标成果，以居民小区、文教区、商业区为重点，开展噪声达标区复查，2011年，对城区严重扰民的22个噪声源予以取缔。

4.城区道路改造与城乡接合部管理。2013年，市城区完成90多条主次干道的新、扩、改建，综合治理小街小巷432条。以创建国家交通模范城为契机，城区新建交通标识4100多块，城区道路交通标线施划率达100%。在城区开展临街建筑“穿衣戴帽”、取缔露天夜市烧烤、规范临街人行道停车、清除牛皮癣等整治行动，同时，全面开展城乡结合部环境整治，以出入城通道和区域为重点，完善环境基础设施，建成207国道绕城线和石长铁路绿化带，取缔城乡接合部小煤窑6家、粉煤厂10家。

5.农村环境综合整治。2008 — 2013年，全市争取国家和省级农村环境综合整治项目35个，争取和自筹资金近亿元，完成了生活垃圾处理、珍珠养殖水面污染治理、规模畜禽养殖污染防治、生活污水治理等一批整治项目。从2008年4月起，全市启动大中型水库禁止投肥养殖工作，解除投肥养殖合同20份，全市37座大中型水库禁止投肥。2009年，市政府在全市开展珍珠养殖专项整治行动，通过整治，至2010年，全市水库水质明显好转的有19座，有17座水库水质达到Ⅱ—Ⅲ类标准。在此基础上，2011年，市政府将“禁投”工作范围延伸到全市543座小Ⅱ型水库，全市共压减珍珠养殖水面1.53万公顷，至2012年，全市256座小Ⅰ型以上水库基本消灭Ⅴ类水质。

（六）节能减排（见第十章第三节“总量控制污染减排”）

（七）打造生态亮点

1.自然环境保护。2001—2013年，全市完成人工造林11.07万公顷，封山育林22.81万公顷，累计义务植树1.2亿株，林地面积由2001年的52.03万公顷增加到2013年的71.84万公顷，活立木蓄积量由1300万立方米增加到2297万立方米，森林覆盖率由39.7%提高到46%。自然保护区、风景名胜区和森林公园数量和建设面积逐步增加，受保护面积16.61万公顷，占全市国土面积的9.2%。取缔关闭一批非法矿山企业，基本农田得到有效保护和合理利用。完成了青峰煤矿、广福桥煤矿、赤峰煤矿和白云滑坡等一批地质环境治理项目，实施了壶瓶山矿山生态环境综合整治，恢复植被121公顷、湿地16公顷。

2.城市生态景观建设。市城区按“一带三核多节点”的要求构建绿地和景观系统，丰富独具特点的“三山三水”（三山：太阳山系、德山山系、大河洑山系，三水：沅江、穿紫河、柳叶湖）城市自然山水景观。以太阳山系、德山山系、大河洑山系为重点，建设外围三大绿色屏障，以沅江、穿紫河、柳叶湖三大水系为轴线，建设三条灵动的生态走廊，形成“三山”环伺、“三水”流贯的江南特色的山、水、湖、城生态景观。按全省一流、全国先进的目标加强城市园林绿化工作，2006—2013年，先后改造和新建公园、游园、广场120多处，打造以鸿升等6大精品圆盘、沙河小区等7大精品地块、常德大道等4条精品大道为重点的17大绿色亮点，每年新增公共绿地近100万平方米，常德市建成区绿化覆盖率达43.38%，人均公共绿地面积14.1平方米，相继获得“国家园林城市”“国际花园城市”称号。

3.农村生态环境建设。2006年，在农村开展以“清洁生产、清洁生活、清洁庭院”为主要内容的农村清洁示范工程，相继启动20个示范片、514个示范村、400多个乡镇示范点的连片建设工作，直接惠及20万农民群众和小城镇居民。20个镇村同治示范片基本实现庭院美化、厨房亮化、圈厕净化、道路硬化，生态环境大为改善。2008年，市政府将农村饮水安全纳入办实事工程，出台《常德市农村生活饮用水源保护管理办法》《常德市农村饮水安全集中供水工程运行管理办法》等规范性文件，至2010年，全市共建成农村供水工程5115处，为110万农村人口解决了饮水安全问题。从2010年开始，全市先后完成农村环境连片整治项目15个，农村局部环境明显改善。2011年，全市启动农村环境整治三年行动计划，市财政每年安排“以奖代投”资金1000万元，用于引导社会投入整治农村环境。

图130 常德市创建国家环境模范城市省级验收会议会场

第三节 总量控制污染减排

为了落实《湖南省国民经济和社会发展第十一个五年规划纲要》《湖南省人民政府关于全面落实科学发展观切实加强环境保护的决定》，做好“十一五”期间常德市污染防治工作，实现主要污染物总量控制目标，2006年9月，常德市人民政府与湖南省人民政府签订《常德市“十一五”主要污染物总量削减目标责任书》。根据《“十一五”主要污染物总量削减目标责任书》，常德市人民政府对辖区内污染防治工作负总责，到2008年底，常德市二氧化硫排放总量控制在6.72万吨，在2005年基础上削减6.04%；化学需氧量排放总量控制在 7.8 万吨，在 2005 年基础上削减 10.34％；在上游凌津滩断面达到同期水质目标的情况下，沅江汉寿码头断面满足水质环境功能区要求，达到《地表水环境质量标准》(GB3838—2002)Ⅲ类水质标准；到 2010 年底，常德市二氧化硫排放总量控制在 6.43 万吨，其中火电行业二氧化硫排放量不超过 2.33 万吨，排放总量在 2005 年排放 7.15 万吨的基础上削减 0.72 万吨，削减率 10.1％；化学需氧量排放总量控制在 7.2 万吨，在 2005 年排放 8.70 万吨的基础上削减 1.5 万吨，削减率 17.24％；镉排放总量控制在 0.01 吨，砷排放总量控制在 7 吨，在上游凌津滩断面达到同期水质目标的情况下，沅江汉寿码头断面满足水质环境功能区要求，达到地表水环境质量标准(GB3838—2002)Ⅲ类水质标准。

图 131　常德市 2012 年上半年污染减排核查核算汇报会议会场

为了完成这一目标，常德市人民政府承诺，在主要污染物总量削减工作中，加强统筹协调、实行综合治理、突出重点、防治结合，在 2006 年底前将二氧化硫、化学需氧量排放总量分解到辖区内区县(市)人民政府，削减任务落实到企业。

在减排工作中，市政府结合经济结构调整，根据国务院的有关政策，进一步加大强制淘汰污染严重企业和落后的生产能力、工艺、设备与产品的力度，逐步淘汰辖区内小型造纸企业。同时，根据省政府的要求，现有燃煤发电机组烟气脱硫项目按期开工、建设，并确保稳定运行；新建电厂燃煤机组按规定同步建设脱硫设施，安装烟气污染物在线自动监测装置，确保正常运行，并与环保部门联网；加强对有色、化工、水泥、造纸等行业的污染治理力度，确保“十一五”期间主要污染物稳定达标排放和总量削减目标完成；巩固工业污染源达标排放成果，凡是污染物不能稳定达标的企业实行限期治理，治理期间予以限产、限排，逾期未完成治理任务的，责令其停产整治；加强对全市危险废物管理，规范危险废物经营，杜绝危险废物污染环境。

为了做到有的放矢，市环保部门加强对重点工业污染源的监管，确定辖区内的重点排污企业，增加污染物排放监测和现场执法检查频次，重点监测和检查有毒污染物排放和应急处置设施建设，对常德境内符合《湖南省污染源自动监控管理办法》第五条的排污者，按照环境保护行政主管部门的要求建设、安装自动监控设备及其配套设施。

加快城镇污水处理厂建设步伐。统一规划、分步实施，按照“集中处理为主，集中和分散相结合”的原则优化布局，科学确定建设规模和处理工艺。优先考虑污水收集管网建设，确保管网配套，充分发挥建成设施的经济、社会和环境效益，同时考虑污泥处理设施的建设，防止出现二次污染。

控制农村农业面源污染。开展规模化畜禽养殖污染治理示范工程，实现污水稳定达标排放，逐步达到无害化处理资源化利用要求。

为了全面落实各项结构减排措施，2007 年，常德市人民政府制定减排考核奖惩办法，将污染减排工作分别纳入全市“双文明”建设、新型工业化、县域经济综合考核体系，实行严格的责任追究和“一票否决制”。同时，集中关闭一批能耗大、污染重的小火电及其他企业。开展造纸行业整治行动。通过两个阶段的整治，关停了环洞庭湖 73 家造纸企业，全市造纸企业由 11 家减少为 4 家，产能由 20 万吨提高到 35 万吨，再生造纸企业由 56 家减少为 30 家，产能由 23 万吨提高到 35 万吨，化学需氧量排放比整治前减少 3.4 万吨。开展砖瓦行业整治，对全市 17 家砖瓦厂实施关闭，对逾期不自行关闭的两家砖厂实行强制爆破拆除，削减二氧化硫排放量 4700 多吨。对全市 13 家苎麻生产企业、65 家水泥生产企业进行污染整治，关闭了 7 家苎麻生产企业和 24 家年生产 8.8 万吨以下的小水泥企业，责令 6 家苎麻生产企业和 41 家水泥生产企业进行停产治理，全市共淘汰落后水泥生产产能 70 万吨，有力地促进了全市产业结构调整和优化。

2008 年，市县联动，把实施城镇污水处理“三年行动计划”做为全市污染减排的重中之重，共筹措资金 9.4 亿元，配套建设污水管网 439.45 千米。到 2009 年底，石门县、澧县、津市市、安乡县、桃源县、汉寿县等七座城镇污水处理厂按期投运，全市新增城镇污水处理能力 14.5 万吨／日。为了加强对污染源的监控，是年，常德市成立减排办，投资 250 万元，建起国控重点污染源自动在线监控平台，2009 年 6 月，国控重点污染源自动在线监控平台通过湖南省环保厅组织的验收，联网监控企业 73 家。

2009 年，全市完成化学需氧量减排项目 29 个，完成二氧化硫减排项目 22 个。至年底，国家考核的主要污染物指标二氧化硫排放总量从 2005 年的 7.15 万吨下降到 2009 年的 6.41 万吨，下降 10.38％，基本完成“十一五”任务；化学需氧量排放总量从 2005 年的8.7 万吨下降到 2009 年的 8.07 万吨，下降 7.26％。湖南省确定的“十一五”期间另外两项减排约束性指标砷、镉，也提前完成了削减任务。

2011 年，市政府与湖南省人民政府签订《“十二五”主要污染物总量削减目标责任书》。根据《“十二五”主要污染物总量削减目标责任书》，到 2015 年，常德市化学需氧量和氨氮排放总量（含工业、生活、农业）分别控制在 112000 吨、11534 吨以内，比 2010 年的 121938 吨、12863 吨分别减少 8.15％（其中工业和生活排放量减少 8.85％）、10.33％（其中工业和生活排放量减少10.59%)；二氧化硫和氮氧化物排放总量分别控制在48350吨、51250吨以内，比2010年的53123吨、63221吨分别减少8.99%、18.93%(其中机动车排放量减少8.84%)。

为了确保总量削减目标和重点减排项目按期完成，市政府于2011年底前，将主要污染物排放总量指标和重点任务逐级分解到各级政府、有关部门和重点企业，将主要污染物总量控制指标纳入常德经济社会发展“十二五”规划，制定年度减排计划并严格执行。这些减排计划包括严格控制新增污染物排放量，把污染物排放总量指标做为环评审批的前置条件；严格控制新建造纸、印染、农药、氮肥、煤电、钢铁、水泥等项目，新建项目按照最严格的环保要求建设治污设施，新建燃煤机组要配套建设高效脱硫脱硝设施；新建新型干法水泥窑采用低氮燃烧技术并配套建设烟气脱硝设施，新建的钢铁烧结机、石油石化设备、有色冶炼设备、炼焦炉、燃煤锅炉等重点污染源要安装烟气脱硫设施；按期完成国家下达的淘汰落后产能任务，特别加大小锅炉、小热电、小化工等的淘汰力度，核准审批新建项目时要求关停的产能必须按期关停；到2015年，所有县级行政区及重点建制镇基本建成生活污水集中处理设施，完善城镇污水收集管网，设市城区生活污水理率达到88%以上，县城生活污水处理率达到80%以上，重点建制镇生活污水处理率达到70%以上，改造现有污水处理设施，提高脱氮除磷能力，城镇污水处理厂污泥无害化处理处置率达到50%，再生水回用率达到10%；强化垃圾渗滤液治理，实现达标排放；加大造纸、印染、化工、食品饮料等重点企业工艺技术改造和废水治理力度，确保工业企业废水达标排放；到2015年，现役燃煤机组安装脱硫设施，不能稳定达标排放的要进行更新改造或淘汰，燃煤电厂脱硫设施烟气旁路全部取消，20万千瓦以上燃煤机组全部实施脱硝改造；有色冶炼全面实施烟气脱硫改造，35吨以上燃煤锅炉全部安装脱硫设施；所有现役新型干法水泥窑实施低氮燃烧技术改造，熟料生产规模在4000吨/日以上的生产线必须实施脱硝改造，安装和完善脱硫脱硝设施的在线监测；建立和完善农业源减排监管能力，所有规模化畜禽养殖场和养殖小区配套建设固体废物和废水贮存处理设施，实施废弃物资源化利用；建立和完善机动车的环境标志管理，2015年以前淘汰不能达标排放的机动车，重点淘汰公交、邮政和环卫车辆，以及城市间的长途客、货运车辆，鼓励在城市运营的公交、邮政和出租车进行清洁能源改造，淘汰、以旧换新和清洁能源改造的比例不低于2010年汽车保有量的10%；加强污染减排统计、监测和考核体系建设。

“十二五”期间，主要污染物总量约束性指标由2项增加到4项，减排范围由工业和生活领域扩展到了机动车和农业污染源控制。为保证“十二五”期间主要污染物减排目标的实现，从2011年起，省政府按年度给市政府下达减排任务。2011年，省政府下达给常德市减排任务是化学需氧量、氨氮和二氧化硫等主要污染物的排放总量分别比2010年下降

2%、1.5%和 1.8%,氮氧化物排放总量比 2010 年上升 0.79%。

2011 年,常德市化学需氧量新增总量为 1215 吨,要完成 2%的削减目标需要削减化学需氧量总量 2439 吨,考虑新增因素,需削减化学需氧量 3654 吨,全年工业化学需氧量安排减排项目 53 个,实际削减化学需氧量 3802 吨,2011 年化学需氧量削减任务顺利完成。

2011 年,常德市氨氮新增量为 232 吨,要完成削减 1.5%的目标,需削减氨氮约 425 吨,全年共安排氨氮减排项目 41 个,实际氨氮削减 445 吨, 2011 年氨氮削减任务顺利完成;2011 年常德市二氧化硫新增量为 1225 吨,2010 年污普动态更新二氧化硫排放总量约为 5.3 万吨,要完成削减 1.8%的目标,需削减二氧化硫 2179 吨,2011 年安排电力行业脱硫工程(管理)项目 2 个,完成二氧化硫减排项目 21 个,总共削减二氧化硫 2378 吨,顺利完成 2011 年二氧化硫削减任务;2011 年常德市氮氧化物新增量为 1035 吨,2010 年污普动态更新氮氧化物排放总量为 6.3 万吨,要完成增长不超过 0.79%的目标,即增长不超过 498 吨,由于氮氧化物减排空间主要在于火电行业与水泥行业采用低氮燃烧和脱硝工程,治理成本高,难度大,2011 年只启动水泥行业脱硝项目,2011 年计划安排项目 9 个,完成氮氧化物减排项目 9 个,总共削减氮氧化物 641 吨,基本完成 2011 年氮氧化物削减任务。

2012 年,省政府下达给常德市的主要污染物减排目标为化学需氧量比 2011 年减少 4.3%,氨氮减少 2%,二氧化硫下降 3%,氮氧化物与 2011 年持平。2011 年常德市化学需氧量排放总量为 127974 吨,要完成 4.3%的削减任务,考虑增量因素,全市共需削减化学需氧量 11091 吨,2012 年,全市安排化学需氧量减排项目 76 个,实际削减 12468 吨,完成了 2012 年削减任务;2011 年常德市氨氮排放总量 12368 吨,要完成 2%的削减任务,考虑增量因素,全市需削减氨氮 123 吨,2012 年,全市安排氨氮减排项目 72 个,实际氨氮削减 149 吨,完成 2012 年削减任务;2011 年常德市二氧化硫排放总量为 57777 吨,要完成削减 3%的目标,考虑增量因素,全市共需削减二氧化硫 3923 吨,2012 年安排脱硫工程(管理)项目 10 个,实际削减二氧化硫 12324 吨,完成了 2012 年削减任务;2011 年常德市氮氧化物排放总量为 73811 吨,2012 年要与 2011 年保持持平,考虑增量因素,全市共需削减氮氧化物 2100 吨,2012 年安排氮氧化物减排项目 6 个,实际削减氮氧化物 15304 吨,完成了 2012 年削减任务。2012 年,国家、省下达给常德的 39 个重点减排项目全部完成。

2013 年,省政府向市政府下达的减排目标是二氧化硫和氮氧化物排放总量分别比 2012 年上升 10%和 14%,化学需氧量和氨氮排放总量分别比 2012 年下降 1.5%和 2%。2012 年常德市化学需氧量排放总量 117397 吨,要完成1.5%的削减任务,考虑增量因素,全市需削减化学需氧量 6861 吨。2013 年全市安排化学需氧量减排项目 88 个,实际削减 7827吨,2013年削减任务顺利完成。2012年常德市氨氮排放总量12964吨,要完成2%

的削减任务，考虑增量因素，全市共需削减氨氮 669 吨。2013 年，全市安排氨氮减排项目 84 个，实际削减 891.6 吨，完成了 2013 年削减任务。2012 年常德市二氧化硫排放总量为 45453 吨，要完成上升 10％的目标，考虑增量因素，全市共需削减二氧化硫 2423 吨。2013 年安排脱硫工程（管理）项目 15 个，实际削减 2477 吨，完成了 2013 年削减任务。2012 年常德市氮氧化物排放总量为 58507 吨，要完成上升 14 ％的目标，考虑增量因素，2013 年安排氮氧化物减排项目 14 个，顺利完成了 2013 年削减任务。

图 132　常德市 2012 年城市节水宣传活动启动仪式

2013 年，省政府下达给市政府必须完成的减排项目 37 个，其中国家重点项目 5 个，省重点项目 32 个（含农业源治理项目 24 个）。到年底，完成 36 个项目的建设任务，未完成的桃源漆河镇污水处理厂建设项目（国家重点），是由于市政府拟将该项目调至桃源陬市镇，调整报告尚需上报审批。

第十一章　机构队伍

第一节　常德市环境保护局

一、机构人员

常德市环境保护局是常德市人民政府直属工作部门，主管全市环境保护工作。局长和副局长均由市人大常委会任命。正、副局长组成局的领导集体，履行环境保护行政主管部门的工作职能。同时，在中共常德市委的领导下，市环境保护局设局党组，由党员身份的正、副局长与党的纪律检查组组长组成。市环境保护局对全市各级政府环保行政部门进行业务指导。

1986年年初，常德地区行政公署发文，将常德地区建设委员会的环境保护办公室分设为常德地区环境保护局，为行署直属局级机构，归口地区建设委员会管理。1988年5月，常德撤区建市，常德地区环境保护局更名为常德市环境保护局；12月，常德市编委发文对市环境保护局内部机构设置进行调整，由原来的办公室、环境管理科和监测科研科调整为办公室、政工科、城市环境管理科和农村环境管理科，党的工作部门有局机关党支部和纪律检查组，是时，全局有干部职工16人；局属二级机构有市环境保护监测站、市排污收费监理站和挂靠环保局的市环境科学学会，局属二级机构有干部职工15人。

1988年12月，武陵区环境监测站和排污收费监理站上交市环境监测站和排污收费站。同时，为了有利于武陵区环境保护工作的开展，保留武陵区环保机构，从武陵环保局、环境监测站和排污收费站中选留5人在武陵区从事环保工作。武陵区环保人员上收后，市环保局机关人员增加到17人，局属二级单位人员增加到74人。

1990年5月，撤销武陵区城乡建设环境保护局（环保办），设立武陵区城乡建设局和常德市环保局武陵分局。市环保局武陵分局受市环保局和武陵区政府双重领导，以市环保局为主，其党的关系留在武陵区。9月，市环保局内设机构增加环境宣传法制科。

1991年3月，市环境保护局机关事业编制由16名增加到24名，增加的编制从环境监测站58名事业编制中调拨7名。

1993年10月，常德市环发工贸总公司成立，为全民所有制企业，行政隶属市环保局领导，经济上独立核算、自负盈亏、自主经营。

1995年初，常德市党政机关进行机构改革。10月，常德市环保局机构改革“三定”方案获批，市环保局内设办公室、人事教育科、污染管理科、自然保护科、科技监测科、法制宣传科6个职能科室，核定行政编制21名，其中局领导职数4名(局长1名、副局长2名、纪检组长1名)，正、副科长(主任)职数9名，其他工作人员2名；机关核定事业编制3名，其中机关后勤服务1名，离退休管理服务人员1名。1996年1月，常德市环境监察大队成立，为正科级事业单位，隶属市环保局领导，核定事业编制8名，所需人员经费从收取的排污费中按政策规定提取解决。

2001年11月，常德市人民政府办公室印发《常德市环境保护局职能配置、内设机构和人员编制规定(“三定”方案)》的通知，核准市环保局内设5个职能科(室)，即办公室、法制科、科技标准产业科、污染管理科(加挂自然生态保护科牌子)、人事教育科(监察室与其合署办公)，核定行政编制19名(其中局长1名、副局长3名、纪检组长1名、工会主席1名、总工程师1名)，正副科级领导职数8名，其他工作人员4名，离退休人员管理服务编制1名(编制单列、属行政性质，实行公务员管理)，机关后勤服务编制2名。执法机构和具有行政职能的事业单位两个：常德市环境监察大队，正科级，由环保局管理，核定全额拨款事业编制8名，其中大队长1名，副大队长2名，其他工作人员5名；常德市环境保护局武陵分局，正科级，核定全额拨款事业编制5名，其中局长1名，副局长1名，其他工作人员3名。

2003年8月，常德市环境监测站、常德市环境科学研究所机构编制方案获市编办批准，两单位均为正科级事业单位，市环境监测站核定全额拨款事业编制52名，市环境科学研究所核定自收自支事业编制5名。2005年4月，市环境科学研究所划出事业单位管理范围，原核定的5名自收自支事业编制予以核销。

2003年9月，市环境监察大队和市排污收费监督管理站合并，组建市环境监察支队，为正科级单位，核定全额拨款事业编制24名(支队长1名、政委1名、副支队长2名、副科级纪检员1名、其他管理人员2名、行政执法人员16名、后勤服务人员1名)。

2006年9月，市环境保护局德山分局和柳叶湖分局成立，两分局均为具有行政职能的正科级事业单位，德山分局核定全额拨款事业编制3名(分局领导1名、工作人员2名)；柳叶湖分局核定全额拨款事业编制2名(分局领导1名、工作人员1名)。

2008 年 9 月，市污染减排办公室成立，为具有行政职能的正科级事业单位，核定全额拨款事业编制 3 名(办领导 1 名、工作人员 2 名)。

2011 年 2 月，市环境保护局信息中心成立，为正科级事业单位，核定全额拨款事业编制 2 名。2012 年 10 月，从市交通运输局信息中心连人带编划转 1 名工作人员至市环境保护局信息中心，调整后，市环境保护局信息中心有全额拨款事业编制 5 名。

2011 年 3 月，常德市人民政府办公室印发《常德市环境保护局主要职责内设机构和人员编制规定》，市环境保护局设 8 个内设机构：办公室、人事科、规划财务科、科技标准产业科、环境影响评价科、污染防治科、自然生态保护科、法制科，机关党委负责机关和直属单位的党群工作。全局有行政编制 27 名(局长 1 名、副局长 3 名、工会主席 1 名、总工程师 1 名、正副科级领导职数 10 名、其他工作人员 10 名、机关后勤服务全额拨款事业编制 1 名)。3 月，常德市辐射管理站成立，为具有行政职能的正科级事业单位，核定全额拨款事业编制 3 名(站领导 1 名、工作人员 2 名)。6 月，市环境保护局驻桃花源工作组成立，工作人员控制数为 5 名，分别为组长(正科级)1 名，副组长(副科级)1 名，工作人员 3 名。同时，市环境监察支队加挂市环境应急与事故调查中心牌子。9 月，市环保局行政许可办公室成立，正科级、核定行政编制 3 名。调整后，全局机关行政编制仍为 27 名，内设 9 个职能科室。

2012 年 2 月，常德市环境监测站升为副处级事业单位，仍归口常德市环境保护局管理，1 名主要负责人可享受副处级干部待遇。9 月，常德市环境监测站有内设机构 9 个：办公室、中心分析室、质量控制科、综合技术科、污染源监测科、委托业务监测科、自动监测科、机动车排气监测科、应急监测科。全站有全额拨款事业编制 68 名，其中：站长(副处级)1 名，副站长(正科级)3 名，总工程师(正科级)1 名，正科级纪检员 1 名，正副科长职数 19 名(其中副科级领导职数 9 名)；专业技术人员 40 名，后勤服务人员 3 名。

2013 年 5 月，市环境保护局污染防治科加挂机动车污染监管科牌子，市环境保护局科技科加挂环境监测科牌子，市辐射管理站加挂市固体废物管理中心牌子，市环保局信息中心加挂市环境影响评估中心牌子。2014 年 1 月，市环保局环境影响评估中心加挂市水环境生态工程技术研究中心牌子，增加全额拨款事业编制 2 名，调整后，市环境保护局信息中心人员有编制 7 名(主任 1 名、副主任 1 名、管理人员 5 名)。

市环境保护局机构设置

表 11-1-1

年度	编制数	科室数	科室名称
1986—1989	74	5	办公室、政工科、城管科、排污监理站、环境监测站
1990—1994	99	8	办公室、政工科(人教科)、法制宣传科、城市环境管理科、农村环境管理科、排污监理站、环境监测站、武陵分局
1995	93	9	办公室、人教科、法制宣传科、污染管理科、自然保护科、科技监测科、排污监理站、环境监测站、武陵分局
1996—1998	117	10	办公室、人教科、法制宣传科、污染管理科、自然保护科、科技监测科、排污收费管理站、环境监测站、环境监察大队、武陵分局
1999—2000	116—117	10	办公室、人教科、法制宣传科、污染管理科、自然保护科、科技监测科、排污收费监督管理站、环境监测站、环境监察大队、武陵分局
2001—2002	108	9	办公室、人教科、法制宣传科、污染管理科、科技标准产业科、排污收费监督管理站、环境监测站、环境监察大队、武陵分局
2003—2004	105	9	办公室、人教科、法制宣传科、污染管理科、科技标准产业科、排污收费监督管理站、环境监测站、环境监察大队、武陵分局
2005	106	10	办公室、人教科、法制宣传科、污染管理科、项目审批科、自然保护科、科技标准产业科、环境监察支队、环境监测站、武陵分局
2011	161	9	办公室、人事科、规划财务科、科技标准产业科、环境影响评价科、污染防治科、自然生态保护科、法制科、行政许可办,机关党委负责机关和直属单位的党群工作。

二、领导名录

1988—1997 年

局长、书记： 马盛武

副 局 长： 张良法　刘建军　张义田　吴泽灼　陈建国

纪检组长： 康迎华

1998—2002 年

局长、书记： 佘洪涛

副 局 长： 张义田　陈建国　杨彩星　吴泽灼　卜忠华

纪检组长： 康迎华　卜忠华　陈述明

2003—2009 年

局　　长： 王吉亚

书　　记： 佘洪涛

副 局 长： 陈建国　杨彩星　卜忠华　马　慧　谈应来　杨家珍
丁指南　谢剑平　陈　华

纪检书记： 杨家珍

工会主席： 张明军

总工程师： 魏利权

2010—2014 年

局长、书记： 洪振海

副 局 长： 陈建国　卜忠华　杨家珍　丁指南　谢剑平　陈　华
吴岱镳　唐俊武

工会主席： 张明军

总工程师： 魏利权

2015—2017 年

书　　记： 关建锋

局　　长： 杨成英

副 局 长： 陈建国　卜忠华　丁指南　陈　华　唐俊武　何书元

工会主席： 张明军

总工程师： 魏利权　许　平

纪检组长： 王金华

2017 年—

党组书记： 陈建国

局　　长： 呙滨辰

副 局 长： 周　进　丁指南　唐俊武　何书元

总工程师： 许　平

纪检组长： 陈志明

第二节　区县(市)环保局

一、市环境保护局武陵分局

1.机构

1973 年，常德市“三废”治理办公室成立，是为常德市第一个环境保护专业机构。

1975 年 7 月，成立常德市革命委员会环境保护领导小组，下设办公室。市委副书记曲帮照任领导小组组长，朱斐然任领导小组副组长，办公室主任高福昌，办公室副主任王凤清、王剑芳，工作人员 2 名。

1976 年，常德市革命委员会对市革命委员会环境保护领导小组进行调整，调整后的环境保护领导小组由曲帮照、朱斐然、潘萍海、丁为政、丁世才等 18 人组成，下设办公室。办公室主任丁为政，副主任丁世才。1976 年 2 月，正式启用“常德市革命委员会环境保护领导小组办公室”印鉴。3 月，常德市环境监测站成立，核定事业编制 10 名，归口市计委管理。1978 年 5 月，常德市环境保护领导小组办公室划归市建委领导。

1979 年 12 月，常德地区编制委员会发文，核定常德市环保办、监测站人员编制25 人。

1983 年末，市环保办撤销，组建“常德市城乡建设环境保护委员会”，主任马先奇，副主任张清藻、李仁圣，设置环保股，股长胡元林，副股长彭运武，行政人员和监测站人员总数 26 人。1984 年,从事环保工作的人员增加到 30 人,其中管理人员 13 人,监测站 17 人。

1985 年,常德市环境保护局成立,局长何广辉,副局长丁成英。内设机构有办公室、管理股、监测站,工作人员 28 人,其中环境保护局 12 人,监测站 16 人。

1988 年常德撤区建市后,环保机构划入常德市环保局和常德市环保监测站。原常德市环境保护局 5 位同志并入常德市武陵区人民政府新组建的“武陵区城乡建设环境保护局”,武陵区城乡建设环境保护局下设环保股(编制 4 人),负责武陵区环境保护工作。1989 年 12 月,武陵区城乡环境保护局一分为二,组成“武陵区建设局”和“常德市环境保护局武陵分局”,分局纳入常德市环境保护局统一领导管理,其党的关系仍然留在武陵区,常德市环境保护局武陵分局正式对外挂牌,办公地址迁入常德市环境保护局大院办公,日常工作纳入市环境保护局统一安排,内设办公室、管理股。

2.领导名录

1985—1988 年

局　长： 何广辉

副局长： 丁成英

1989—1990 年

局　长： 高福昌

副局长： 魏利权

1990—1994 年

副局长： 田伟志　周小平

1995—2000 年

局　长： 田伟志

副局长： 吴岱镳

2001—2002 年

局　长： 吴岱镳

副局长： 杨建辉

2003—2005 年

局　长： 曾庆中

副局长： 杨建辉　谌中凡

2006—2010年

局　长：龙新高

副局长：杨建辉

2011—2013年

局　长：赵晋弘

副局长：胡胜飞

2014—

局　长：牟志勇

副局长：胡胜飞

二、市环境保护局常德经济技术开发区分局

1.机构

2006年9月，常德市环境保护局德山分局（科级）成立，隶属于常德市环境保护局，定编3人，其中局长1名，工作人员2名。2010年7月，德山经济开发区升格为国家级开发区，名称改为常德经济技术开发区，常德市环保局德山分局也随之更名为常德市环保局常德经济技术开发区分局，定编4人，其中局长1名，工作人员3名。2014年，人员编制增至5人，其中局长1名，副局长1名，工作人员3名。

2.领导名录

2006.10—2014.3

负责人：刘希彦

2014.4—

局　长：邓　洁

三、市环境保护局柳叶湖分局

1.机构

2006年10月，常德市环境保护局柳叶湖分局成立。柳叶湖分局负责柳叶湖旅游度假区内的环境保护工作，负责组织实施辖区内的排污申报登记、发放排污许可证，负责调

查处理辖区内的污染事故和污染纠纷。定编 7 人。

2.领导名录

2006.10—2012.10

负责人：王宇峰

2012.11—

局　长：王宇峰

四、市环境保护局驻桃花源工作组

2011 年 6 月，常德市环境保护局驻桃花源工作组成立，定编 3 人。

2011.6—

组　长：谌忠凡

五、鼎城区环境保护局

1.机构与编制

1980 年 1 月 30 日，常德县环境保护办公室成立，定事业编制 3 名，为局级机构，负责组织协调全县的环境保护工作，是为县内第一个正式的环境保护机构，办公地点设县人民政府院内。

1984 年，常德县城乡建设环境保护局成立；4 月 25 日，成立常德县环境保护监测站，定事业编制 10 名。常德县环境保护办公室对外保留原名称不变，对内则为环境保护股，与县环境保护监测站同为常德县城乡建设环境保护局二级机构。

1986 年 6 月，常德县城乡建设环境保护局分设为常德县建设委员会和常德县环境保护局，县环境保护局为县人民政府直属局，归口新成立的县建设委员会管理。8 月 14 日，常德县征收排污费监督管理站成立，为股级事业单位，定编 3 名，与县环境保护监测站实行两块牌子一套人马，合署办公。1988 年 4 月，两站编制增至 14 个。地改市后，常德县环境保护局更名为常德市鼎城区环境保护局。

1995 年 12 月 26 日，区环保局归口鼎城区政府管理，内设办公室、环境管理股、法制宣传股，核定行政编制 10 名，其中局领导 3 名，股级职数 3 名，其他工作人员 4 名，另核定后勤服务人员事业编制 1 名。

1996 年 10 月，鼎城区环境执法监察大队成立，为正股级事业单位，隶属于鼎城区环境保护局，核定编制 7 个。

2002 年，鼎城区实施机构改革，区建设局与区环保局合并为鼎城区建设和环境保护局，简称建设环保局，为正科级单位。

2005 年 4 月，鼎城区实施机构调整，撤销区建设和环境保护局，环保局单设，为区人民政府工作部门。

2006 年 11 月，鼎城区排污征收管理站与区环境执法监察大队合并组建为常德市鼎城区环境监察大队，为鼎城区环境保护局的二级独立事业单位。核定全额拨款事业编制 24 名。

2011 年 6 月，鼎城区环境保护局有综合办公室、法制与宣传股、环境管理股 3 个内设机构，有 8 名行政编制和 1 名全额拨款的机关后勤服务事业编。

2.人员

1980 年，常德县环境保护办公室有工作人员 3 名。1984 年，常德县城乡建设环境保护局环境保护股有工作人员 6 名。

1986 年，常德县环境保护局有工作人员 8 名，1990 年增至 25 人，其中行政干部 16 人，6 名工作人员有专业技术职称。

1991—1995 年，全局有工作人员 59 人，其中专业技术人员 10 人。

2000 年，全局有干部职工 64 人，其中公务员 10 人，专业技术人员 15 人。

2005 年，全局有干部职工 67 人，其中公务员 12 人，专业技术人员 16 人。

2010 年，全局有干部职工 67 人，其中公务员 14 人，专业技术人员 28 人（具有中级以上职称的 11 人）。

2013 年，全局有干部职工 63 人，其中公务员 14 人，专业技术人员 30 人（具有中级以上职称的 12 人），党员 48 人。

3.领导名录

1980.1—1986.5

主　　任：朱寿廷

1986.5—1987.11

副 局 长：文正达

1987.11—1993.2

党组书记、局长：许章金

1993.2—1995.1

局　　　　长：张国芳

党　组　书　记：许章金

1995.1—1999.1

党组书记、局长：张国芳

1999.1—2001.9

党组书记、局长：孙启林

2001.9—2003.3

局　　　　长：鲍明月

党　组　书　记：张桐桥

2003.3—2012.12

党组书记、局长：鲍明月

2012.12—

党　组　书　记：郭高文

局　　　　长：胡小芳

六、汉寿县环境保护局

1.机构人员

1980 年 1 月，汉寿县革命委员会环境保护办公室（简称县环保办）成立，为正局级事业单位，归口县革命委员会工交办公室领导。5 月，孟庆中任环保办主任，8 月，曾华希任副主任。定编 3 人，实有 3 人。

1983 年 10 月，环保办与县基本建设局合并，组成汉寿县城乡建设环境保护局，孟庆中任局长，内设环保股（对外称环境保护监测站），宋腊梅任副股长。定编 3 人，实有 3 人。

1985 年 5 月，撤销环保股，恢复县环保办和县环境监测站，为汉寿县建设委员会的独立二层机构，由孟庆中分管，定编 10 人，实有 5 人。

1987 年 2 月，成立汉寿县环境保护局，4 月，任命孟庆中为局长，11 月，任命李完珍为副局长，定事业编10人，下设办公室、环境综合管理股，设汉寿县环境监测站和汉寿县征收排污费监督管理站两个独立二级机构，定编9人。全局共定编19人，1987年年底实有14人。

2002年1月，县环境保护局与县建设局合并，成立汉寿县建设和环境保护局。6月，撤销汉寿县征收排污费监督管理站，成立汉寿县环境监察大队。

2004年11月，撤销汉寿县建设和环境保护局，成立汉寿县环境保护局，为县人民政府正科级组阁局。

2005年5月，汉寿县人民政府办公室印发《汉寿县环境保护局主要职责内设机构和人员编制规定》。根据规定，县环保局设办公室、计划财务股、法制宣传股和环境管理股4个股室，设1个具有行政职能的事业单位—汉寿县环境监察大队和1个直属事业单位—汉寿县环境保护监测站，定编42人，其中行政编7人、事业编35人。2011年5月，增加1个行政编，全局编制增至43个。

2012年11月，汉寿县环境监察大队通过全国环境监察标准化建设三级达标验收。2013年12月，汉寿县环境监测站通过三级站达标验收。

2.领导名录

1980.11—1983.10

主　　　任：孟庆中

副　主　任：曾华希

1984.1—1985.1

局长、总支书记：孟庆中

副　局　长：李小琴　饶锦平

1985.1—1985.12

局长、总支书记：樊孝主

副　局　长：李小琴　饶锦平

1985.5—1987.1

分管领导：孟庆中

1987.2—1990.5

局　　　长：孟庆中

副　局　长：李完珍　陈焕军

1990.5—1994.3

局　　　长：蔡发钧

书　　　记：李完珍

副　局　长：陈焕军　张立波　郑胜杰　刘佳辉

1994.4—1998.11

局　　　长：邱德爱

书　　　记：蔡发钧　雷正东

副　局　长：刘佳辉　张立波　胡海波　刘光梅

纪 检 组 长：胡国香

工 会 主 席：韩公政

1998.11—2001.12

局　　　长：雷正东

副　局　长：张立波　胡海波　刘光梅　郑胜杰　王孝勇

纪 检 组 长：胡国香

2002.1—2004.11

局长、党组书记：王金成

副　局　长：黄学龙　徐隆茂　张明喜　郑胜杰　肖　云　伍妙峰

副　书　记：胡中云

纪 检 组 长：张立波

工 会 主 席：郭　钧

2004.11—

局长、党组书记：王在有

副　局　长：郑胜杰　郭　钧　袁雪原　潘敏华　刘再好　杨　凯　章　力（兼党组副书记）

纪 检 组 长：许后顺

工 会 主 席：曹伟平

七、桃源县环境保护局

1.机构

1979 年 8 月，桃源县环境保护办公室成立，负责组织协调全县的环境保护工作，是为县内第一个正式的环境保护机构，为局级单位，隶属县革命委员会直接领导，归口县计划委员会管理。同时，为了搞好全县的环境监测工作，成立桃源县环境监测站，隶属桃源县环境保护局，为股级事业单位。

1983 年 12 月，县环境保护办公室与县基建局合并，组成桃源县城乡建设环境保护局。合并后，桃源县环境保护办公室对外仍保留原名称不变，对内则为环境保护股，与县环境监测站同为县城乡建设环境保护局二级机构。

1986 年 5 月，桃源县人民政府撤销县城乡建设环境保护局，成立桃源县环境保护局，为县人民政府直属局，归口新成立的县建设委员会管理。7 月，县编制委员会批复，同意县环境保护局增编至 15 人，下辖“桃源县环境监测站”和“桃源县征收排污费监督管理站”两个二级机构。桃源县征收排污费监督管理站为股级事业单位，负责辖区内工业企业验收、辖区内“十八小”关停、重点企业排污费征收工作。1991—1995 年，县环境保护局内设办公室、管理股、法制股 3 个职能股室。

1996 年 6 月，桃源县被国家环境保护总局批准为首批全国生态示范区建设试点地区，12 月，桃源县生态示范区领导小组成立。

2002 年 4 月，桃源县环境监察大队成立，定编 2 人，主要负责县城区的排污费征收、服务性企业的环境监督管理、环境宣教和现场执法。

2004 年，桃源县环境监理站更名为桃源县环境监察大队，为财政全额拨款的独立事业法人单位，按标准核编 24 名，隶属桃源县环境保护局，负责全县范围内的工业企业的达标排放、按照国家规定征收超标排污费、对辖区内污染处理设施的监督检查、辖区企业的排污申报工作及污染纠纷的调处、污染事故和信访件的调查处理工作。

2005 年 7 月 21 日，桃源县通过国家级生态示范区省级验收。2006 年 3 月，获“国家级生态示范区”称号。

2012 年 2 月，开通桃源县环境保护局“12369”环保热线。12 月，桃源县环境监察大队通过省厅组织的环境监察标准化建设达标验收工作，达到中部地区三级标准。

2013 年，桃源县环保局设办公室、人事规财股、法制股、环境影响评价股、污染防治股与自然生态股等6个股室和县环境监察大队、县环境监测站2个独立二级机构。

2.人员编制

1986—1990年，全县在68个区、乡、镇聘请了环境监理员，对其中45个区、乡、镇的环境监理员颁发“环境监理证”，全县环境监测管理网络基本形成。是时，全局有干部职工15人，其中行政干部12人，党员7人，有4名工作人员具有专业技术职称。

至1995年年底，全局干部职工增至42人，其中行政干部14人，环境监测人员19人，环境监理人员9人。工作人员中有5名具有专业技术职称。

1996—2000年，全局有干部职工75人，其中，公务员12人，专业技术人员14人。

2006—2010年，全局有干部职工87人，其中，公务员15人，专业技术人员24人(具有中级职称的7人)。

2013年，全局干部职工87人，其中专业技术人员28人(具有中级以上职称的15人)。

3.领导名录

1986.4—1991.12

局　　长：屈元求

副 局 长：伍麦初　郭金龙

1992.1—2002.3

局　　长：万紫卿

副 局 长：郭金龙　张福源　李运初　邓云清　彭惠绒

工会主席：李梅清　刘大云

2002.4—2005.12

局　　长：胡文科

副 局 长：钟吉明　郭金龙　李运初　邓云清　彭惠绒

工会主席：刘大云

2006.1—2013.1

局　　长：王建海

副 局 长：李运初　邓云清　王永忠　罗国清　张云中　袁世均　杜文军　罗中毅

工会主席：袁世钧　姚志均

2013.2 —

局　　长：刘红军

副 局 长：罗国清　杜文军　罗中毅

工会主席：姚志均

八、临澧县环境保护局

1.机构

1981 年 3 月，临澧县首设“临澧县环境保护办公室”，专职负责境内环境保护工作。

1986 年 10 月，临澧县环境保护办公室升级为“临澧县环境保护局”。同时，组建临澧县环境监测站，开始对境内大气、水域、噪声污染实施监测。

1990 年 8 月，县委、县人民政府根据县内环境污染状况，加强对污染源防治的领导力量，成立“临澧环境保护委员会”。1993 年 4 月，批准组建县环境保护监察大队。1994 年 12 月，县人民法院成立“环境保护行政审判执行联络室”。

1995 年 12 月，县委、县人民政府明确县环境保护局为政府工作局，直接对地方政府负责。

2005 年 7 月，根据县委、县人民政府《关于县人民政府机构调整设置的通知》精神，设置临澧县环境保护局(简称县环保局)，为主管全县环境保护工作的县人民政府工作部门，内设办公室(加挂政工人事股、财务股牌子)、法制股、环境管理股 3 个职能股(室)；下辖临澧县环境监察大队(具有行政职能的股级事业单位，由县环保局管理)、临澧县环境监测站(正股级事业单位，由县环保局管理)2 个事业单位。

2011 年 6 月，根据《中共临澧县委临澧县人民政府关于印发〈临澧县人民政府机构改革方案〉的通知》和《中共临澧县委办公室临澧县人民政府办公室关于临澧县人民政府机构设置的通知》，设立临澧县环境保护局(简称县环保局)，为正科级的县人民政府工作部门，内设办公室(政工人事股)、财务室、法制宣传股、环境影响评价股(污染管理股、行政审批股)、信访室 5 个职能股(室)；下辖县环境监察大队(加挂县环境应急管理办公室牌子，为县环保局管理的股级事业单位)、县环境监测站(为县环保局管理的股级事业单位)2 个事业单位。

2.人员编制

1986 年 ，全局定编 13 人，(其中局机关 6 人、环境监测站 4 人、排污收费管理站 3 人)。1990 年，全局有干部职工 16 人。这以后，随着环境污染的加剧和县委县政府对环保工作认识的提高，环保局工作人员随之增加，1995 年 ，全局干部职工增至 24 人。至

1996 年，全局干部职工增至 34 人。1998 年，全局有干部职工 45 人。至 2000 年，全局有干部职工 54 人。

2002 年，临澧县进行机构改革，设置临澧县建设和环境保护局（简称县建设环保局），全局有行政编制 17 名，机关后勤服务编制 2 人，下辖两个事业单位，全局有干部职工 55 人。

2006 年，干部职工人数增至 65 人。2010 年，干部职工增至 71 人。2013 年 全局有干部职工 72 人，核定编制 55 个，其中：行政编制 9 个，具有行政职能事业编制 20 个，自收自支事业编制 25 个，工勤编 1 个。

3.领导名录

1987.2—1990.5

局　　长：陈长庸

副 局 长：周必成（书记）　叶代仗

工会主席：肖年桥

1990.5—1992.2

局　　长：洪振甲

副 局 长：陈长庸　叶代仗

工会主席：肖年桥

1992.2—1994.1

局　　长：胡大新

副 局 长：陈长庸　肖宏金（书记）　戴元新

纪检组长：余景波

工会主席：肖年桥

1994.1—1997.12

局　　长：全柏林

副 局 长：陈长庸　肖宏金（书记）　戴元新　叶正洋

纪检组长：余景波

行政监察员：何清泉

工会主席：肖年桥　陈长庸

1998.1—2000.2

局　　长：邢协桃

副 局 长：戴元新　叶正洋

纪检组长：刘美云

行政监察员：何清泉

工会主席：陈长庸

2000.3—2003.1

局　　长：陈宇教

副 局 长：戴元新　姚定国

纪检组长：刘美云

行政监察员：何清泉

工会主席：陈长庸

2003.2—2012.3

局　　长：王云才

副 局 长：戴元新　姚定国　刘美云　何清泉　酉世国

纪检组长：刘美云　胡彩华　晏学惠

工会主席：周秋明

2012.4—

局　　长：刘艳菊

副 局 长：何清泉　酉世国　周秋明

纪检组长：晏学惠

工会主席：周秋明　李先枝

九、澧县环境保护局

1.机构

1980年3月，澧县环境保护办公室（简称环保办）成立，属局级事业单位，定编3人，负责组织协调全县的环境保护工作，为县内第一个正式的环境保护机构，隶属县革命委员会直接领导，归口县计划委员会管理。1983年12月，在机构改革中，县环境保护办公室与县革命委员会基本建设局合并，组成城乡建设环境保护局，合并后，澧县环境保护办公室对外仍保留原名称不变，对内则为环境保护股。

1984 年 2 月 13 日，澧县环境监测站成立，为二级事业单位，定编 12 人，与城乡建设环境保护局环境保护股合署办公，实行一套人马两块牌子的体制。1985 年时，环境监测站有工作人员 2 人，1987 年增至 6 人，1989 年增至 12 人。

1986 年 11 月 26 日，常德地区编制委员会批复，同意澧县环境保护局从县城乡建设环境保护局分设出来，县环境保护局为县人民政府直属局级机构，归口新成立的县建设委员会管理，定编 9 人，设办公室、管理股、财务室。澧县环境保护监测站划归澧县环保局，定编 12 人。1987 年，澧县征收排污费监督管理站成立，隶属澧县环境保护局，股级事业单位，负责辖区内工业企业验收工作、辖区内“十八小”关停、重点企业排污费征收工作。

1988 年 12 月 5 日，为贯彻落实国务院《关于加强乡镇、街道企业环境管理的规定》，第十五次县长常务会议决定，建立全县环境管理网络，设立区乡镇环境保护监察站，聘请李育槐等 19 名同志为区乡镇环境监察员，协助县环保局及所在地政府宣传贯彻环保法律法规，进行环境数据统计，调查调解环境污染纠纷，开展超标排污费收缴工作，到 1990 年，全县有乡镇环保监察员 64 名。不久，区乡镇环境监察员自行消失。1996 年 4 月，为健全、完善乡镇政府职能，加强乡镇环保工作，试点在大堰垱镇成立建设环境管理站，9 月，其余 31 个乡(镇)亦成立建设环境管理站。建设环境管理站为事业单位，隶属乡镇政府领导。县建设局、县环保局负责其业务指导、技术培训和职称评定等工作。县环保部门根据自身工作实际和以往的经验教训，没有授权乡镇建设环保站环境保护的职能。直到 2013 年，应县人大代表、政协委员要求，经局党组研究，澧县环保局印发《澧县乡镇规划建设环保站环保职责》，授予乡镇规划建设环境保护站环境保护职责，并随即对 32 个乡镇环保站长进行业务培训。

1995 年，县直党政机关机构改革，澧县编制委员会发文，核定澧县环保局为县人民政府的组成机构，内设办公室、管理股、法制股 3 个职能股室。是时，澧县环保局有办公室、监理站、财务室、管理股、法制股 5 个职能股室。

1998 年，环境监察大队成立，负责三产业排污费征收。

2002 年，因机构改革，澧县环境保护局与澧县建设局再次合并为澧县城乡建设和环境保护局，合并后，环保部门仍独立行使环保职能。2002 年 4 月 27 日，监理站与监察大队职能合并，成立澧县环境保护排污监督管理站。

2003年，根据省市统一要求，澧县环境保护排污监督管理站更名为澧县环境监察大队，为财政全额拨款的独立事业法人机构。

2005年1月，为加强环保职能，在县政府机构改革中，撤销县建设和环境保护局，成立澧县环境保护局，明确县环保局为主管全县环境保护工作的政府工作部门，核定行政编制7名，后勤服务编制1名。内设办公室、法制宣传股、污染管理股三个职能股室，下辖澧县环境监察大队（核编25人）、澧县环境保护监测站（核编20人）两个二级事业单位。

2008年，全国第一次污染源普查启动，县环保局成立污染普查统计办，后更名为生态办。2011年，车管股、政工股成立。2012年，污染管理股进驻澧县行政中心，更名为行政审批办公室。2014年，成立污染防治股。

至2014年5月，澧县环保局内设办公室、规划财务股、政工股、车管股、法制宣传股、生态办、污染防治股、行政审批办公室8个股室，下辖监测、监理两个二级机构。

2.人员编制

1986—1990年，全县在19个区、乡、镇聘请了环境监察员，全县环境监测管理网络基本形成。是时，全局有干部职工17人，其中工程技术人员7人，有1人有中级技术职称。

1995年年底，全局干部职工增至30人，党员11人，7名专业技术人员，其中3名具有中级职称。

1996—2000年，全局有干部职工59人，其中，公务员9人，专业技术人员9人，3人具有中级职称。

2001—2005年，全局有干部职工73人（含退休3人），其中，公务员10人，专业技术人员33人（具有中级职称的5人）。

2006—2010年，全局有干部职工90人（含退休11人），其中，公务员10人，专业技术人员29人（具有中级职称的18人）。

2013年，全局干部职工增至100人（含退休13人），其中专业技术人员28人（具有中级以上职称的18人）。

3.领导名录

1987.12—1997.12

局　　长：向多樵

党组书记：彭基学

副 局 长：郭祚南　田朝发　李默林　彭基学　汪泽春　蔡尚国　刘林清　严文和

1998.1—1998.12

局　　长：刘清大

副 局 长：彭基学　汪泽春　蔡尚国　刘林清　严文和

1999.1—1999.12

局　　长：蔡尚国

党组书记：彭基学

副 局 长：彭基学　汪泽春　刘林清　严文和

工会主席：卜迎桂

2000.1—2010.12

局　　长：彭子斌

党组书记：彭基学　王先斌

副 局 长：彭基学　汪泽春　刘林清　严文和　邵国保　王先斌　黄大喜　李　毅　刘慎武　易　平

纪检书记：刘仕斌　易　平　赵克清

工会主席：卜迎桂　刘仕斌　赵克清

2011.1—

局　　长：刘向阳

副 局 长：李　毅　刘慎武　易　平

纪检书记：赵克清

工会主席：黄爱华

总工程师：辛绪硕

十、石门县环境保护局

1.机构

1973年，石门县基本建设局成立。县基本建设局负责全县基本建设的规划建设管理和城乡环境保护工作。1981年1月，石门县环境保护办公室（简称环保办）成立，环保办负责组织协调全县的环境保护工作，为县内第一个正式的环境保护机构，为局级单位，归口县政府办公室管理。

1984年3月，全县机构改革，县环境保护办公室与县基本建设局合并，成立石门县城乡建设环境保护局。3月31日，成立石门县环境保护监测站，原县环保办的牌子保留，与县监测站合署办公，实行一套班子、两块牌子的体制，为县城乡建设环境保护局二级机构，全面负责全县城乡环境监测与保护工作。与此同时，县委、县政府为了加强环境保护工作，根据上级的有关精神，成立了以副县长姚应远为主任的石门县环境保护委员会，以组织、指导和协调全县的环境保护工作。1985年8月28日，石门县排污监理站成立，为城乡建设环保局二级机构。同年，县政府批准在10个建制镇各配备1名环保专干，以强化基层的环保工作。1988年3月，石门县人民政府撤销县城乡建设环境保护局，实行环境保护和城乡规划建设管理职能分开，分别设立石门县建设委员会和石门县环境保护局。新成立的石门县环境保护局，为县人民政府直属事业局，归口新成立的县建设委员会管理。1989年11月9日，石门县环境监测站被省环境保护局验收合格为重点县级站，是全省第一批验收合格的十个重点县级站之一。2002年1月，石门县环境监测站被国家环保总局评为“九五”期间全国百佳环境监测站。

1990年1月，设立县环保局党组。同年，县政府批准在全县二区七镇四乡设立13个环境监察站，在20多家企业建立环境工作管理机构，配备专职或兼职环保专干20多人。1995年，县直机构调整，县环保局归口县政府办公室管理，隶属县政府行政工作局，11月25日，县编委批准县环保局内设机构由原一个办公室增至办公室、财务股、法规管理股三个职能股室，局下设环境监测站和环境监理站2个股级事业单位。2000年6月29日，石门县被国家环保总局正式列入国家级生态示范区建设试点县。2004年6月，通过国家环保总局的全面考核验收，石门县获得国家级生态示范区称号。2005年5月，石门县被国家环保总局授予“国家级生态示范区”称号。

2002年，在全县机构“三定”(定编制、定人员、定岗位)工作中，县环保局机构名称和职能没有改变，只对编制和人员进行调整。2010年3月，石门县环保局被国务院第一次污染源普查领导小组办公室、环境保护部、国家统计局、农业部评为“第一次污染源普查先进集体”。

2011年6月，石门县政府印发《石门县环境保护局主要职责内设机构和人员编制规定》，明确县环境保护局为正科级单位、县人民政府的工作部门，内设6个股室：办公室、人事股、法制股、污染防治股、项目管理股、规划财务股，定行政编制8名，机关后勤服务全额拨款事业编制1名。下设两个事业单位：石门县环境监察大队(加挂石门县环境投诉中心和应急办牌子)、石门县环境监测站。

2011 年,石门县环境监察大队通过省环保厅组织的环境监察标准化建设达标验收,达到中部地区三级标准。2012 年 12 月,石门县环境监测站通过省环保厅组织的环境监测站标准化验收,达到中部地区三级站标准。

2.人员编制

1980 年 1 月成立石门县环境保护办公室时,仅有人员编制 3 名。后随着环保事业的发展,环保机构由办改局,人员编制逐步增多。

1990 年,随着二区七镇四个乡级共 13 个环境监察站的建立,人员编制随之增加。1995 年 11 月 25 日,县编委核定县环保局行政编制 8 名,事业编制 1 名,局下 2 个事业单位有自收自支事业编制 20 名,全局共有干部职工 29 名。

2002 年,在“三定”工作中,县编委核定县环保局行政编制 6 个,全额拨款事业编制 4 个,自收自支事业编制 35 个,全局人员编制总数为 45 个,年末实际在编在册人数 67 名,其中退休 4 名,在岗 63 名。以后,通过自愿申请和竞岗,分流干部职工 18 名,其中提前离岗休息 12 名,自谋职业 2 名,离岗学习 4 名。

2011 年 6 月,石门县政府核定环保局行政编制 8 名,机关后勤服务全额拨款事业编制 1 名。下设两个事业单位中,县环保监察大队核定全额拨款事业编制 49 名,县环境监测站核定全额拨款事业编制 18 名。2013 年末,全局在编在册人员 73 名,其中离岗创业人员 6 名。

3.领导名录

1988.3—1992.12

局　　长: 欧仁忠

党组书记: 杨石雄

副 局 长: 袁盛仁　彭世佰　伍同支

工会主席: 张兆琪

纪检组长: 徐宗会

1992.12—1997.12

局　　长: 晏运儒

党组书记: 杨石雄　欧运忠

副 局 长: 袁盛仁　彭世佰　伍同支　贾亚翔　肖宏刚　林和平　刘芹文

工 会 主 席：张兆琪

纪 检 组 长：徐宗会

1998.1—2007.12

局　　　长：赵忠德

党 组 书 记：杨石雄　赵忠德

副　局　长：林和平　李曰前　贺国际　蔡业洪　何柏林　孟庆德　唐汇栋

工 会 主 席：张兆琪　王其梅

纪 检 组 长：徐宗会　张世杰

2007.12—

局长、党组书记：朱建业

副　局　长：林和平　贺国际　唐汇栋　张世杰　覃举东　张凤玉　蔡　辉　康　勇

工 会 主 席：张凤玉

纪 检 组 长：张世杰　吴贵金

十一、安乡县环境保护局

1.机构

1979 年 5 月，安乡县环境保护办公室（简称县环保办）成立，负责制定全县环境保护规划，并采取相应措施，促进生态平衡。机关设县城潺陵路。

1984 年 1 月，县环保办与县基建局合并，组成安乡县城乡建设环境保护局。合并后，县环保办对外仍保留原名称不变，对内则为环境保护股。9 月，股级事业单位安乡县环境保护监测站成立，隶属安乡县城乡建设环境保护局，为县城乡建设环境保护局二级机构。

1986 年 9 月，安乡县环境保护局从县城乡建设环境保护局析出，成立安乡县环境保护局，为县政府工作机构，归口县建委管理。

1990 年，安乡县征收排污费监督管理站成立，管理站隶属安乡县环境保护局，为股级事业单位，负责辖区内企业的排污费征收和管理工作。

1993 年 3 月，安乡县建设委员会、安乡县环境保护局、安乡县国土局合并为安乡县城建环保国土局，下设环保办。环保办为县城建环保国土局二级机构，负责全县的环境保护工作。8 月，定编 6 名的大鲸港排污站成立，为县建设和环境保护局下属的自收自支股级事业单位，具体负责大鲸港地区生产企业废水外排工作。

1994 年 10 月，单设县环保局，初为事业单位，12 月，县编委发文，将其改为县政府工作局，直属县政府领导。1997 年 10 月，县环保局内设机构有办公室和环境管理股 2 个股室，下辖安乡县环境保护监测站、安乡县征收排污费监督管理站、大鲸港排污站 3 个事业单位。全局共有干部职工 40 人。

2002 年，县环保局与安乡县建设局合并为安乡县建设和环境保护局（简称县建设环保局），全县的环保工作由下设的环保股、县环境监测站和县环境监理站负责。

2005 年 8 月，恢复安乡县环境保护局，内设综合股和环境管理股。是年，安乡县环境监理站更名为安乡县环境监察大队，为全额拨款的股级事业单位，隶属安乡县环保局，核编 25 名，负责对全县范围内建设项目环保设施“三同时”执行情况和全县污染治理设施运行情况进行监督，负责对限期治理项目落实情况特别是造纸业达标排放工作进行督查，负责排污申报登记、排污许可证的发放和排污费征收工作。

2008 年 5 月，安乡县环保局获环境保护部、国家发改委、监察部、工商总局、司法部、安全监管总局、电监会联合颁发的“整治违法排污企业保障群众健康环保专项行动先进集体”称号。

2011 年，安乡县环保局设办公室（政工股）、环境管理股、法制股 3 个股室和县环境监察大队、县环境保护监测站 2 个独立二级机构。

2013 年 1 月，安乡县环境监察大队通过省环保厅组织的环境监察标准化建设达标验收工作，达到中部地区三级标准。12 月，安乡县环境保护监测站通过省环保厅组织的环境监测标准化建设达标验收工作，达到中部地区三级站标准。

2.人员编制

1986—1990 年，全局有干部职工 17 人，其中行政干部 5 人，党员 8 人，有 3 名工作人员具有专业技术职称。

至 1995 年年底，全局干部职工增至 42 人，其中行政干部 8 人，环境监测人员 8 人，环境监理人员 24 人，大鲸港排污站 2 人，工作人员中有 6 名具有专业技术职称。

1996—2000 年，全局有干部职工 60 人，其中，公务员 7 人，专业技术人员 7 人。

2006—2010 年，全局有干部职工 102 人，其中，公务员 9 人，专业技术人员 14 人（具有中级职称的 3 人）。

2013年，干部职工增至104人，其中专业技术人员15人(具有中级以上职称的6人)。

3.领导名录

1986.10—1987.10

局　　长：乔国林

副 局 长：刘仲主

1987.11—1989.1

局　　长：戴开榜

副 局 长：刘仲主

1989.1—1992.3

局　　长：雷志国

副 局 长：刘仲主　杨德慈

1992.3—2002.12

局　　长：庞盛旗

副 局 长：杨德慈　刘荣华　郭毛安　陈献银　周建林　杜德平

纪检书记：张正兴

工会主席：田柏林　袁指粮

2002.12—2003.3

局　　长：谭登发

副 局 长：周建林　杜德平

2003.3—2005.1

局　　长：张廷觉

副 局 长：周建林　杜德平

2005.1—2013.3

局　　长：昌美初

副 局 长：周建林　杜德平　郭先云　袁指粮　阮才富　张友斌　龚伦贵

纪检书记：袁指粮　张友斌

工会主席：袁指粮　周劲松

2013.4—

局长、书记：肖卫国

副　局　长：杜德平　阮才富　张友斌　龚伦贵

工会主席：周劲松

十二、津市市环境保护局

1.机构

1976年，津市市环境保护监测站成立，负责组织协调全市的环境保护工作，是全市第一个正式的环境保护机构。

1985年，津市市环保局成立，为正科级行政事业单位，核定编制数6名，内设办公室、污染管理股2个职能股室，津市环境保护监测站为其二级机构，系股级事业单位。2000年，环境保护监测站核定编制数17个；3月，市环境保护监测站增加事业编制7个；全站事业编制数24个。

1986年，津市市环境监理站成立，为股级事业单位，隶属津市市环保局。2004年，正式成立津市市环境监察大队，为津市市环保局具有独立法人资格的二级机构，核定全额拨款事业编制9名。2009年，市环境监察大队有全额拨款事业编制11个，负责辖区内环境监察、排污申报、排污费征收、污染纠纷调处、污染事故的查处、环保专项行动及环境应急管理工作。

2011年11月，市环境保护局与市建设局合并，组成津市市建设和环境保护局，合并后，其机构性质、级别、经费渠道仍维持原状不变。2012年10月，津市市环境监测站通过国家三级站标准化建设达标验收。

2013年12月，津市市人民政府撤销市建设和环境保护局，成立津市市环境保护局，为市人民政府直属局。至年底，津市市环保局有在职干部职工39人，其中局行政公务员编制10个、工勤编1个；监察大队全额拨款事业编制11人；环境监测站全额拨款事业编制22人。

2013年，津市市环保局设办公室、财务室、法制股、污染管理股、生态办、减排办等6个股室和市环境监察大队、县环境监测站2个独立二级机构。

2014年1月，津市市环境监察大队通过省环保厅组织的环境监察标准化建设达标验收工作，达到中部地区三级标准。

2.领导名录

1976.12—1980.12

主　任：范广杰

1980.12—1985.12

主　任：汪忠直

1985.12—1986.12

局　长：吴掀林

1986.12—1987.12

局　长：周秋平

1987.12—1994.12

局　长：杨　秋

1994.12—2000.12

局　长：刘连胜

2000.12—2002.12

局　长：张远平

2002.12—2005.11

局　长：张宏平

2005.11—2007.12

局　长：姚泽君

2007.12—2012.9

局　长：辛吉忠

2012—

局　长：卜茂平

十三、西洞庭管理区环境保护局

1.机构

1986年，西洞庭农场成立工业办，西洞庭农场的环保工作由工业办负责代管，工业办派1名专业技术人员专门负责农场环保事宜。

1989年，西洞庭管理区设农场环保科，核定行政编制2个（科长、技术人员各1名），全面负责农场环境保护工作。

2001 年 12 月，市机构编制委员会批准设立常德市西洞庭管理区环境保护监测监理站，为股级事业单位。2004 年 1 月，西洞庭管理区环境保护监测监理站更名为西洞庭管理区环境保护局监察大队，监察大队负责全区环境保护、环境监察和环境监测等工作，人员编制核定为 4 名，其中大队长 1 名，工作人员 3 名。

2005 年 8 月，市编委批准西洞庭设立西洞庭管理区环境保护局（简称区环保局），为管委会工作机构，正科级，核定编制 4 名（局长、副局长各 1 名，工作人员 2 名），承担县级环境保护行政职能。区环境保护局成立后，区国土规划建设局不再承担环境保护职能。

2011 年 8 月，西洞庭管理区环境监测站成立，为股级事业单位，归口西洞庭管理区环保局领导，核定编制 3 名（主任 1 名，工作人员 2 名）。

2.领导任职

1989 —1993

科　　长：毛洪杰

1994—

科　　长：丁建明

1995 —

主　　任：周开喜

1996—2000

主　　任：方正华

2001—2004

副 局 长：方正华

2005—

局　　长：康银初

副 局 长：龚永利

十四、西湖管理区环境保护局

1.机构

2007 年以前，西湖管理区没有设专门的环境保护机构，环境保护职能由区经贸局履行。随着经济社会的发展，环境保护工作变得日益重要，2005 年 8 月，常德市编办批复同意设立西湖管理区环境保护局，2007 年年初，“西湖管理区环境保护局”正式挂牌成立。西湖环境保护局为管委会工作机构，正科级，承担县级环境保护行政职能，负责全区水体、大气等环境要素的保护；监督管理全区废水、废气、固体医疗废弃物、有毒化学品、噪声、振动、机动车排气、电磁波辐射以及放射性等污染防治工作；调查处理环境污染事故和生态破坏事件，对环境违法行为实行行政处罚；负责全区建设项目的环境影响审批，污染防治设施的竣工验收，排污申报登记，排污许可证发放；负责对排污单位征收排污费和超标排污费，会同财政部门对环保专项资金进行管理。核定编制 4 人，正副科级领导职数 2 名，辖环境监察大队和环境监测站。

2.领导任职

2007—

局　　长：余天顺

2007—

副 局 长：吴　思

第三节　党群组织

一、机关党组织

(一)机关支部(党委)

市环保局机关党组织归口市直机关工委领导，机关党组织委员会由环保局全体党员大会选举产生，由市直机关工委批准同意。

1991 年 6 月，中共常德市环保局机关支部召开党员大会，对机关支部委员会进行选举，大会采取无记名投票方式，差额选举康迎华、向国太、吴泽灼、陈建国、刘玉山为支部委员，康迎华任支部书记。市环保局机关支部每 2 年举行一次换届选举。

2002 年 6 月，成立市环境监察大队党支部，9 月，市环境监察大队党支部召开党员大会，选举赵立文为监察大队党支部书记。

2006 年 6 月，中共常德市环境保护局机关党总支成立，环保局党总支下辖机关支部、监察大队支部、监测站支部。经全体党员大会选举产生环保局机关总支委员会，杨彩星任党总支书记，龙新高、周波任副书记，周建民、李木银、周应旺、许平任委员。机关总支每 2 年换届一次。2007 年 1 月，市环保局老干支部成立，李晓兰任支部书记。

2011 年 7 月，市环保局直属机关党委成立，谢剑平任机关党委书记，刘设平、李晓兰任机关党委副书记，张帆、赵晋宏、宋湘平、许平任机关党委委员。机关党委下设机关一支部、机关二支部、监察支队支部、环境监测站支部和老干部支部 5 个党支部。

2011 年，市环境监测站党支部被市直机关工委评为"创先争优"先进党支部；2012 年，市环境保护局直属机关党委被市委、市政府办公室评为"先进机关党委"。

历届机关支部(党委)领导人名录

表 11-3-1

年份	书记	副书记	委员
1991	康迎华		向国太　吴泽灼　陈建国　刘玉山
1996	康迎华		向国太　吴泽灼　陈建国　刘玉山
1999	杨彩星		李晓兰　周小平　陈建中　田伟志
2001	陈术明		李晓兰　周小平　曾庆中　吴代彪
2006	杨彩星	龙新高　周　波	周建民　李木银　周应旺　许　平
2008	谢剑平	周　波　李晓兰	牟志勇　罗志伟　胡　玉　曾庆中
2011	谢剑平	刘设平　李晓兰	张　帆　赵晋宏　宋湘平　许　平
2012	吴岱镳	刘设平　李晓兰	张　帆　赵晋宏　宋湘平　许　平
2013	唐俊武	刘设平　李晓兰	张　帆　赵晋宏　宋湘平　许　平

(二)党员

1991 年，全局有党员 47 人。

2011 年，市环保局发展新党员 3 名，全局有党员 135 人，其中机关一支部 35 人、机关二支部 26 人、监察支队支部 18 人、监测站支部 22 人、老干部支队 34 人。

2012 年，全局有党员 139 人，其中机关一支部 37 人、机关二支部 27 人、监察支队支部 18 人、监测站支部 24 人、老干部支队 33 人。

2013 年，市环保局发展新党员 5 人，全局党员增至 145 人，其中机关一支部 35 人、机关二支部 28 人、监察支队支部 19 人、监测站支部 25 人、老干部支队 38 人。

二、市老科协环保分会

依据市委常委办公会议〔2010〕1 号《老科协工作专题办公会议纪要》，同意市环保局组建老科协分会。2010 年 8 月，常老科字〔2010〕10 号《关于成立市老科协环保分会的批复》，同意成立常德市老科学技术工作者协会市直环保分会（简称市老科协环保分会），属市老科协行业系统分支机构，由市环保局直接领导和管理。2010 年 10 月，常老科字〔2010〕13 号《关于成立市老科协环保分会理事会组成人员的批复》，同意丁成英、马盛武、王天发、王金鹏、王银珍、邓洁、向国太、张帆、张良法、张学尧、杨金仓、杨彩星、肖英福、周建民、郑昌恩、骆红卫、诸明清、黄兴文、康迎华、彭中秋、彭运武等 21 名同志为市老科协环保分会理事；马盛武、王天发、邓洁、杨彩星、周建民、郑昌恩、黄兴文等 7 名同志为常务理事；马盛武为会长，杨彩星、郑昌恩任副会长，周建民任秘书长。

人物

一、常德市环境保护局历任书记、局长

马盛武　男，汉族，生于1943年10月，籍贯湖南省澧县，中共党员。1962年考入湖南大学无机物工学专业，1967年9月毕业并参加工作。1968年7月参军，加入中国人民解放军武字156部队。1970年3月转业至湖北省咸宁地区通山县化肥厂，1979年1月转调湖南省常德地区环保办。1983年9月至1985年9月，任常德地区城乡建设环境保护处副处长；1985年9月至1986年1月，任常德地区建设委员会副主任；1986年1月至1988年10月，任常德地区环保局副局长、党组书记；1988年10月至1998年2月，任常德市环保局局长、党组书记；1998年3月，改任常德市环保局调研员。

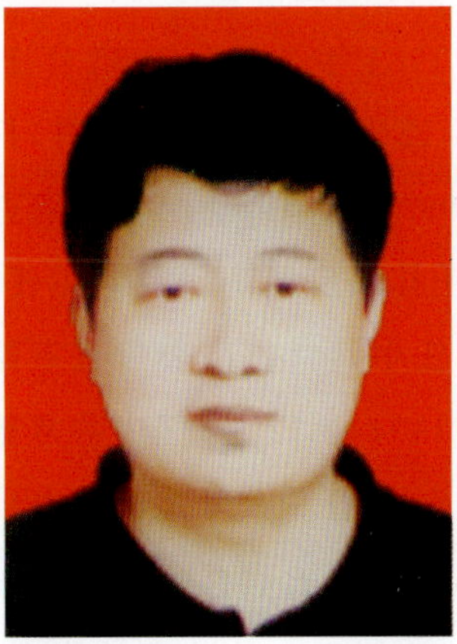

佘洪涛　男，汉族，生于1953年6月，籍贯湖南省石门县，中共党员。1970年3月，在石门县花薮邮电所参加工作。1972年3月至1976年8月，在湖南农学院畜牧兽医系牧医专业学习。1976年9月，毕业分配至常德地区西洞庭农场，后于1981年7月调入石门县团委。1982年3月进入石门县劳动人事局，1984年3月任石门县劳动人事局副局长，1984年9月改任局长兼党组书记。1985年1月至1988年4月，任石门县委常委、县纪委书记；1988年4月至1989年12月，任石门县政府副县长；1989年12月至1992年8月，任石门县委常委、副书记，其间于1991年5月兼三江口水电管理局党委书

记;1992 年 8 月任常德市轻工局局长,1993 年 2 月兼常德市轻工局党组书记,因机构更名于 1995 年 10 月改任常德市轻工业行业管理办公室主任兼党组书记,同年 12 月再兼任常德酿酒工业集团公司经理;1998 年 3 月至 2003 年 3 月,任常德市环保局局长、党组书记;2003 年 3 月,辞去常德市环保局局长职务,专任常德市环保局党组书记;2008 年 9 月,任常德市环保局调研员、中共常德市委督办专员。

王吉亚　男,汉族,生于 1955 年 7 月,籍贯山东省黄县(今龙口市)。1971 年 2 月,在汉寿县机械厂参加工作,后于 1980 年 12 月调入汉寿县财政局。1984 年 3 月至 1992 年 3 月,转调汉寿县审计局,先后于 1986 年 9 月任局办公室主任,1988 年 3 月任副局长,1990 年 3 月任局长。1992 年 3 月至 1994 年 8 月,就读于汉寿县委党校党政专业中专班并毕业。1994 年 8 月,任汉寿县人民政府县长助理;1995 年 9 月,任汉寿县人民政府副县长;其间参加中央党校函授学院经济管理专业本科班学习并毕业。1997 年 5 月至 2000 年 9 月,任常德市招商局副局长。2000 年 9 月至 2001 年 1 月,任常德市外经委副主任兼工委副书记。2001 年 1 月至 2003 年 2 月,任常德市经委(2001 年 8 月更名为经贸委)副主任、工委副书记。2003 年 3 月,任常德市环保局局长、党组副书记,后于 2009 年 2 月被免职。

洪振海　男,汉族,生于 1962 年 5 月,籍贯湖南省澧县,中共党员。1978 年 10 月至 1981 年 7 月,湖南农学院农学系农学专业学习并毕业。1981 年 7 月分配至澧县彭家厂乡政府,1983 年 8 月调入澧县农业局。1984 年 8 月至 1985 年 12 月,调至澧县政府办工作。1985 年 12 月至 1988 年 12 月,任澧县农委秘书。1988 年 12 月至 1990 年 3 月,任澧县政府办公室副主任,后于 1990 年 3 月兼任县政府经济研究室主任。1990 年 9 月至 1994 年 12 月,先后任中共常德市委督查室副主任、正科级督查员、督查室主任。1994 年 12 月,任中共常德市委办公室副处级督查员;1996 年 8 月,任中共常德市委办公室副主任。2000 年 10 月,任中共常德市委政策研究室主任,2005 年 8 月兼任中共常德市委副秘书长,其间通过网络教育完成了西南大学公共事业管理专业本科学习并毕业。

2009年6月，任常德市环保局局长、党组书记。在担任市环保局局长期间，由于成绩突出，2011年、2012年连续两年荣立常德市人民政府三等功。2015年4月，调离常德市环保局，改任常德市卫生计划生育委员会党委书记兼主任。

关建锋　男，汉族，生于1964年1月，籍贯湖南省常德市武陵区，中共党员。1980年12月，在常德通用机械厂参加工作。1984年9月至1987年7月，在湖南电大常德分校工民建专业学习。1994年2月调入华达建设开发公司，1995年7月任华达建设开发公司紫桥物业公司经理。1996年12月至2001年10月，任常德市经济适用住房开发中心主任。1997年8月至1999年12月，参加中央党校函授经管专业本科班学习并毕业。2001年10月至2006年8月，任常德市房产管理局（副处级机构）局长，并于2005年4月兼任常德市房产管理局党组书记；2006年8月至2010年3月，任升格后的常德市房产局（正处级机构）局长兼党组副书记，其间参加湖南省委党校在职研究生经济管理专业学习并毕业。2010年3月至2012年2月，任柳叶湖旅游度假区管委会主任、党工委副书记。2012年2月至2015年4月，任常德市人民政府副秘书长、市城市办主任（党组副书记、书记）。2015年4月，任常德市环保局党组书记。

杨成英　女，汉族，生于1970年4月，籍贯湖南省临澧县，致公党党员。1985年7月考入常德师范学校，1988年7月毕业后在临澧县文家中学参加工作。1990年4月调入临澧县教委工作。1998年1月至2001年1月，任共青团临澧县委副书记，其间参加中央党校函授经管专业本科学习并毕业。2001年1月至8月，任共青团临澧县委书记。2001年9月至2002年5月，任临澧县修梅镇镇长。2002年5月至2008年11月，任澧县人民政府副县长，其间2005年3月至2006年1月，在湖南省教育厅挂职锻炼，任基础教育处副处长。2008年10月，加入致公党。2008年11月至2010年3月，任常德市交通局副局长。2010年3月至2012年12月，任机构改革后的常德市交通运输局副局长。2010年9月，任致公党常德市委主委。2012年12月至2015年4月，任常德市政协港澳台侨外事委主任、致公党常德市委主委。2015年4月，任常德市环保局局长、致公党常德市委主委。

陈建国　男，汉族，出生于1963年12月，籍贯湖南省鼎城区，中共党员，大学本科学历。1981年9月至1984年7月，湖南省环保学校环境管理专业学习。1984年7月至1988年12月在常德市环境监测站、排污收费站工作（其间1984年11月至1986年12月在国防科大数学专业自考大专毕业）。1989年1月至1992年6月，在常德市环保局工作（其间1984年9月至1990年6月在国防科大数学专业自考本科毕业），1991年6月任办公室副主任。1992年6月至1995年6月，任澧县张公庙乡政府任副乡长（挂职锻炼）。1995年6月至2017年2月，任常德市环保局副局长、党组成员（2006年5月至2007年5月在国家环保总局挂职，任生态司农村处副处长），其间2007年3月任副局长、党组副书记。2017年2月，任常德市环保局党组书记。

呙滨辰　男，汉族，出生于1967年1月，籍贯湖南省澧县，九三学社社员，硕士研究生学历。1984年9月至1988年7月，在武汉水利电力学院农田水利系学习。1988年7月至1995年6月，在常德市水电局工作。1995年6月至2001年10月，任武陵区水利水电局副局长，2001年2月兼任芦山水管会主任（正科）。2001年10月至2004年2月，常德市水利局正科级干部，基建办负责人。2004年2月至2012年11月，任常德市水利局副局长，2006年6月兼任九三学社常德市委副主委。其间2000年6月至2004年6月在武汉大学攻读水利工程硕士学位（脱产）。2012年11月至2016年5月，任汉寿县政府副县长、九三学社常德市委副主委。2016年5月至2017年2月，任汉寿县政府副县长、九三学社常德市委主委。2017年2月，任常德市环保局局长、九三学社常德市委主委。

二、担任过常德市(地区)环境保护局(办)领导的离休干部

崔景义 男,1928年2月出生于辽宁省新浜县北四平乡石嘴子村。1945年10月在辽宁通化市入伍,1947年8月加入中国共产党。历任战士、警卫员、班长、副排长、排长、副连长、区队长、连长、股长、营长、副参谋长、副团长。1976年2月转业到常德地区基建局,任地区基建局副局长;1978年12月任常德地区环境保护办公室主任、党组书记;1983年11月任市环境保护处顾问;1990年3月离休。

杨金仓 男,1929年3月出生于河北省行唐县名布村。1945年8月参加八路军,1947年加入中国共产党。参加过抗日战争、解放战争、抗美援朝战争和抗美援越战争。历任战士、警卫员、班长、副指导员、指导员、副教导员、组织股长、团政治处副主任、武装部副政委。1979年转业到常德地区环境保护办公室,任环境保护办公室副主任;1988年任市环境保护局顾问;1990年2月离休,享受副厅级待遇。

三、常德市环境保护局高级技术职称人员

周应旺　男，生于1965年3月，籍贯湖南常德市鼎城区。1988年6月毕业于湘潭大学，获硕士研究生学位。1988年6月进入市环境监测站参加工作，1998年9月被评聘为高级工程师，先后任市环保局办公室主任、市环保局德山分局局长、市环保局污防科科长。

罗志伟　男，生于1964年5月，籍贯湖南省桃源县。1984年7月毕业于湖南环保学校，毕业后被分配到常德市环保监测站工作。1992年12月获同济大学环境工程函授本科文凭。2004年10月被评聘为高级工程师。先后在市环境监测站、市排污达标办、市环境监察支队工作，2011年3月开始自主创业，2014年8月退休。

李民峰　男，生于1968年3月，籍贯湖南省常德市武陵区。1990年7月，常德高等专科学校食品工程系食品工程专业毕业；2005年，取得湖南文理学院化学化工系化学教育专业自考本科文凭。1997年8月被评为工程师，2006年7月被评聘为高级工程师。2010年12月，入选常德市“十百千”人才工程第二层次人选；2011年3月，被聘为常德市人民政府重大行政决策专家咨询委员会委员。先后任市环境监测站污染源室副主任、主任，市环境监测站主任工程师、副站长，现任常德市环境监察支队副支队长。主持建立了常德市主要污染物总量减排监测体系、常德市环境监测预警体系、常德市污染源普查监测体系等，2008年被省质量技术监督局和省环境监测中心站特聘为计量认证省级评审专家。

胡 玉 男，生于1966年1月，籍贯湖南省澧县，中共党员。1985年7月从湖南环保学校环境监测专业毕业后，分配至常德市环境监测站。2005年6月通过自考获得湖南文理学院化学教育专业本科文凭。2008年11月被评聘为环境保护高级工程师，并通过考核获得计量认证评审员、环境影响评价工程师资格。历任市环境监测站副站长、站长职务，2011年3月任市环保局环境影响评价科科长。先后主持完成了常德市水环境容量核定报告、“九五”环境质量报告书、常德市环境监测站质量手册、常德市土壤污染状况报告、石门雄磺矿区域砷污染状况报告、西洞庭水环境质量报告等课题，有五篇论文在专业刊物上发表。

唐 慧 女，生于1973年7月，籍贯湖南省常德市武陵区。1996年6月毕业于常德高等专科学校（现湖南文理学院），2004年5月通过函授获得中央广播电视大学常德分校本科文凭。1996—2009年在常德市环境监测站担任监测分析工作，多次通过省级监测技术人员考核，具备挥发酚、氨氮、总磷、单质磷、高锰酸盐指数、总硬度、总碱度、二氧化硫、氮氧化物、硫化物等二十多个项目的省级上岗资质，获得国家建设项目竣工环保验收人员和站验收监测报告负责人资格，相继在《环境科学》等国家级核心期刊发表学术论文5篇。2004年9月被评聘为环境监测专业工程师，2010年12月被评聘为环境监测专业高级工程师。

唐 嶷 女，生于1974年7月，籍贯湖南省常德市武陵区，中共党员。1993年12月，进入常德市环境保护局。通过函授学习和自学，1999年7月，取得苏州城建环保学院环境监测与管理专科文凭；2003年12月，取得中央党校函授学院经济管理专业本科文凭；2005年6月，取得湖南文理学院化学化工系化学教育专业本科毕业证书。历任环保质量监测室副主任、主任以及质量控制室主任。在微生物、重金属、三氧、三氮、原子吸收、离子色谱、土壤、大气、酸雨方面有深入研究，多篇论文在全国核心期刊发表，2004年被评聘为工程师，2010年12月被评聘为高级工程师。

彭　晖　男，生于1968年7月，籍贯湖南省常德市武陵区，中共党员。1990年9月，获得湖南常德文理学院食品工程专业大专文凭，随后参加环保工作；2009年，获得湖南师范大学分析化学专业本科文凭，并取得学士学位。历任常德市环境监测站分析员、技术开发室副主任、业务室主任、质量控制室主任、技术综合室主任、自动监测室主任，2011年7月至今任环境监测站副站长。1990年9月被评聘为助理工程师，1997年7月被聘评为工程师，2011年7月被评聘为高级工程师。先后完成重大环保科研项目10多个，所撰写的《西洞庭湖水环境质量状况与评价》《常德市五年环境质量报告书(2005—2010年)》分获省环保厅科技二、三等奖，《环境监测质量管理标准及信息化建设初探》一文在SCI/EI源期刊《科技风》上发表。

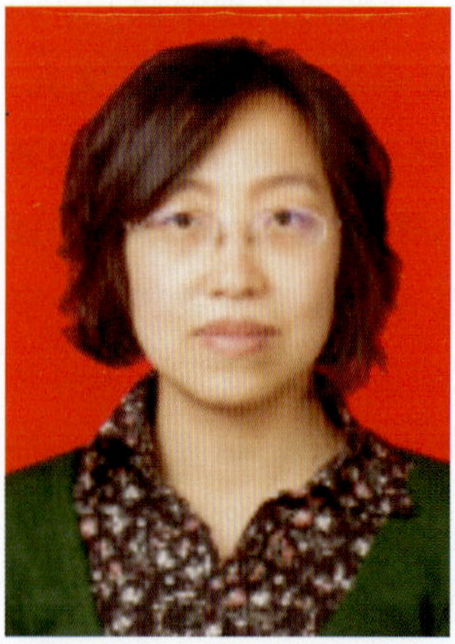

张　鸽　女，生于1973年11月，籍贯湖南省常德市武陵区，中共党员。1995年6月毕业于湖南文理学院。1995年6月被评聘为助理工程师，2002年9月被评聘为工程师，2011年12月被评聘为高级工程师。2002年9月至2012年6月先后任常德市环境监测站中心分析室、综合分析室主任，2012年4月被聘为高级工程师。所主持撰写的《常德市五年环境质量报告书(2001—2005年)》，先后获得湖南省环保局一等奖和国家环境保护部三等奖。

杨春玲　女，生于1977年2月，土家族，籍贯湖南省澧县，中共党员。1996年7月毕业于长沙环境保护学校环境监测专业；2000年7月，通过函授取得苏州城市建设环境保护学院环境监测与管理专业的大专文凭；2005年6月，再次通过函授取得湖南文理学院化学专业本科文凭，获学士学位。1997年1月在常德市环境监测站参加工作，先后在中心化验室、综合技术室、业务室、质量控制室等部门工作，2012年12月被评聘为高级工程师，任委托监测业务科科长。

附　录

一、重要地方性环保文件

常德市人民代表大会常务委员会
关于加快造林绿化步伐的决议

（1988 年 12 月 29 日）

常德市第一届人民代表大会常务委员会第四次会议，听取和审议了市人民政府《关于动员全市力量大办林业，努力实现“五年消灭荒山，十年绿化常德”的奋斗目标的汇报》。会议同意市人民政府提出的绿化常德的各项措施。会议认为，过去十年，我市认真贯彻党和国家关于林业的一系列方针、政策，深化林业改革，造林、育林、护林工作取得了很大成绩。但他仍然是我市国民经济的一条短线，全市有林地面积和森林蓄积量的人均占有量，都大大低于全国、全省平均水平，现有山地、林地经营粗放，单产低，荒山面积大，水土流失严重，部分地区森林资源过量消耗的问题，尚未根本扭转，林业长期徘徊不前。这种状况很不适应我市发展经济和改善生态环境的需要。会议研究确定了往后一个时期内我市发展林业的指导思想：动员全社会力量，自力更生，艰苦奋斗，全面规划，科学营林，讲求效益，加速造林绿化步伐，振兴常德经济。为此，会议特做如下决议：

一、深入宣传发动，努力提高全社会爱林、护林、造林、育林的自觉性。植树造林、绿化国土是改善生态环境、造福人类的基本国策，是振兴常德经济的重大战略举措，是山区人民治穷致富的根本出路。我市林业生产力的潜力很大，山林总面积接近全市总面积的一半，而林业总产值在农业总产值中的比例却很低。各级人民政府要采取多种形式，大力宣传林业生产的地位和做用，宣传林业生产在经济发展中蕴藏的潜力，宣传兴林致富的典型，增强广大干部群众消灭荒山、绿化常德的紧迫感和责任感，积极行动起来，自觉爱林、护林、造林、育林，把林业生产做为振兴常德经济的重要组成部分，做为发展山区经济的基础产业，切实抓紧抓好。

二、坚持国家、集体、个人一起上，用政策调动造林绿化的积极性。要依靠国家、集体的力量，大搞规模造林，以国营林场、集体林场为龙头，在自愿互利的原则下，向周围村、组辐射，实行联合造林，依靠千家万户，发展庭院林业。要积极开展全民义务植树运动，特别是要动员广大青少年造林育林；农村乡、村、组要实行劳动积累工制度，统一组织造林，兴办乡、村、组林场；已划给农户经营的自留山、责任山应限期造林绿化，预期不绿化的要收取荒芜费，或由集体统筹安排进行工程造林或转包给他人造林；荒山集中、绿化任务重的“荒山大户”，可以建立林业开发区，积极引进外地、外单位资金联合开发造林；厂矿、机关、学校、部队和水利、公路、铁路等部门、单位都要划定绿化责任区，限期完成绿化任务。造林绿化的收入，谁投入谁受益。林木允许继承、转让或出售。

三、千方百计增加对林业的投入。要彻底改变过去对林业重取轻予的做法，动员社会各方面向林业增加投入。各级地方财政要从年度总支出中安排1%左右的资金，用于林业基地建设；各级农业银行每年要安排一定比例的低息、贴息贷款以及世界银行贷款，用于发展林业商品生产；公路交通部门每年要从养路费中拿出2%的资金用于公路造林绿化；城建部门每年要从城市建设维护费中拿出3%用于城市绿化，所有基本建设和技术改造项目，都要从总投资中提取一定比例的绿化费，用于本单位造林绿化；水利部门每年要从水利经费中拿出一定的资金用于营造水土保持林、护堤防浪林和水域库区林；煤炭部门每开采一顿煤要提取0.2—0.4元资金，用于坑木林基地建设；国营木材公司及其他经营木材单位每经营15立方米木材要造好1亩用材林；粮食、供销和药材等部门每年要从林产品经营利润中提取3%的育林费，用于经济林基地建设。林业投工要根据山区平湖造林绿化的需要，从公用工中安排一定比例用于造林育林。林业部门要认真收好、管好、用好林业资金，集中起来用于造林育林。分配给林业的粮食、化肥、农药要专项专用，任何单位和个人不得截留或挪做他用。

四、坚持以法治林，强化林政管理。要进一步宣传贯彻《森林法》，采取有效措施，坚决制止乱砍滥伐，严禁超限额采伐和无证采伐；要切实加强木材市场管理，现有木材市场要全面进行清理、整顿，不合规定的要予以取缔，特别是林区和产销结合部的乡镇不准设立木材市场，不准个人贩运、倒卖木材，不准无证经营，不准无证运输，不准黑市交易。对违反者，根据情节轻重，依法处理。要大力提倡节约、代用木材，所有以木柴为燃料的砖瓦、陶瓷、石灰窑等都要限期改为烧煤，生产木炭要列入限额采伐计划，严格控制生产。要积极推广节柴灶，减少森林资源消耗。

五、切实加强领导。造林绿化要列入各级政府重要议事日程，主要领导亲自抓。全面落实领导干部保护和发展森林资源的任期目标责任制。制定任期目标责任制的具体考核办法，每年组织考核检查，兑现奖罚，推动我市造林绿化的不断深入。

中共常德市委　常德市人民政府
关于加强环境保护工作的决定

（1997年6月27日）

为进一步落实环境保护基本国策，实施可持续发展战略，实现我市“九五”和2010年环境保护目标，根据《国务院关于环境保护若干问题的决定》（国发〔1996〕31号）和《中共湖南省委省人民政府关于进一步加强环境保护工作的决定》（湘发〔1996〕20号），结合我市环境保护工作的实际，特做如下决定：

一、切实加强对环境保护工作的领导

各级党委、政府要从政治和战略的高度看待环境问题，真正把环境保护列入重要议事日程，定期研究和及时解决本辖区的环境保护问题；党委、政府一把手是环境保护第一责任人，要对环境保护工作负总责，并明确一名负责同志分管这项工作。

各级人民政府要对本辖区的环境质量负责，实行环境质量行政领导负责制，严格控制污染物总量，建立主要污染物排放总量控制指标体系和定期公布制度。

各级党委、政府要把环境保护纳入“双文明”的考核内容。在考核领导班子和领导干部政绩时，要将环境保护工作做为考核的重要内容，并征求环保部门的意见。

二、全面落实环境保护目标任务

到2000年，我市环境保护必须实现的目标：全市所有工业污染源排放污染物要达到国家或省规定的标准，主要污染物排放量控制在国家规定的排放总量指标内，使我市环境污染和生态破坏加剧的趋势得到基本控制；造纸、化工、建材、能源等重点行业和西洞庭湖地区、临澧新安地区、石门新关地区的工业污染得到有效遏制，常德城区、津市城区和各县县城的环境质量以及沅水、澧水、渫水、道水、涔水、松滋河等河流水质得到较大改善。

各区、县（市）人民政府要根据上述目标，尽快制定具体目标和措施，并报市人民政府备案。

三、认真解决常德城区的环境问题

采取切实有效的措施，尽快解决常德城区废气、废水、噪声、固体废物的污染问题，不断改善城区环境质量。

建立市城区大气环境保护圈，坚决遏制二氧化硫和酸雨污染加重的趋势。保护圈的范围，包括武陵区城区及河洑、护城、南坪、东江、丹洲、东郊、芦山等乡镇，鼎城区武陵镇，柳叶湖旅游度假区，德山开发区。在保护圈内安装、更新、改造生产、生活锅炉，必须先向环保部门申报，严格选型，建成后经环保部门验收合格方能投入使用；所有工业生产锅炉必须在不1998年底前使用燃烧型煤或精洗煤，民用炉灶（包括居民、餐饮服务业炉灶和机关、企事业炊事炉、茶浴炉等）到1998年6月底前禁止燃用原煤；积极发展管道液化气，力争用2—3年的时间，使常德市江北城区气化率达到60％以上；严禁在保护圈内新建砖瓦厂等严重污染大气环境的工业企业，对已建砖瓦厂，在2—3年内予以全部关闭转产；公安、环保部门要加大机动车尾气排放监督管理的力度，到1998年底进入城区的车辆，其尾气必须实现稳定达标排放，否则不允许进入城区行驶。责城市环保局会同市公安局抓紧制订有关防治机动车辆尾气污染的督促检查管理办法。

积极筹措资金，加快常德市江北城区污水净化与资源化程度进度，力争在1997年部分投入使用，彻底消除江北城区生产、生活污水对内河、内湖水体的污染；要依法加强对饮用水源和柳叶湖旅游度假区水体的保护，严禁在饮用水源保护区和柳叶湖旅游度假区内新建污染环境的项目；在1998年底前，饮用水源保护区和柳叶湖旅游度假区内的所有污染源单位，必须实行污染物达标排放，确保人民群众的饮水安全和控制柳叶湖水质污染。

根据《中华人民共和国噪声污染防治法》，加大对常德市城区噪声污染的监督管理力度。对城区范围内工业、建筑施工、饮食娱乐服务业等方面的噪声污染，市环保局要尽快进行一次全面普查，对于超过排放标准的工业、饮食娱乐服务业的噪声污染源，由市政府下达专门的限期治理通知，限期达标。逾期达不到环保要求的，依法予以强行关闭、取缔。严禁在城区夜间进行产生环境噪声的建筑施工作业。对城区交通噪声污染和社会生活噪声污染，由市公安局在1997年8月底前拿出具体的控制管理办法，并且组织实施。

固体废物污染防治要以减量化、无害化和资源化为核心，妥善处置和利用有害固体废物，大力开展综合利用。严禁危险固体废物转入我市。

津市城区及各县县城的废气、废水、固体废物和环境噪声污染防治，要结合各地实际情况，参照常德市城区的办法执行。

四、赋予环保部门建设项目的第一审批权

所有新建、扩建、改建和技术改造项目，要提高技术起点，采用能源物耗低、污染物产生量少的清洁生产工艺，严禁采用国家明令禁止的设备和工艺。凡对环境有影响的建设项目，必须依法严格执行环境影响评价制度和“三同时”制度，把环境质量做为建设项目环境影响评价的重要依据。

各级政府及有关部门必须坚持先评价、后建设原则，严格把好建设项目的立项审批关。今后凡建设对环境有影响的项目，在立项前必须先送环保部门审查，未经环保部门审查或经审查不同意的建设项目，有关部门不得予以立项、征地、贷款、供水、供电、注册登记和发放营业执照，凡违反规定的，必须追究有关审批机关和审批人员的责任。

根据《国务院关于环境保护若干问题的决定》，对没有执行环境影响评价制度，擅自建设或投产使用的新建项目，由县级以上环保部门责令其停止建设或停止投产使用；对验收时达标，但投入生产或使用后不能稳定达到国家或省规定的污染排放标准的新建项目，由县以上环保部门责令其停止超标排放污染物，同时由县级以上人民政府责令停产整顿。

五、各类老污染源必须限期达到国家或省排放标准

对现有超标排放污染物的企业，由县级以上人民政府或委托环境保护行政主管部门依法责令在3年内限期治理，确保到2000年稳定达标排放。对逾期未完成治理任务的，由县级以上人民政府依法责令其关闭、停产或转产。市计委、市经委、市乡镇企业局、市环保局要对重点治理项目加强指导、督促、检查。

排污单位必须保证环境保护设施的正常运行，未经环境保护行政主管部门批准，随意停止或闲置环保设施造成污染物超标排放的，由环境保护行政主管部门责令其恢复正常运行，并依法予以处罚。

切实贯彻国务院和省委、省政府关于取缔关闭严重污染环境的小型企业的决定。凡属于国家、省明令取缔、关闭范围的18种小企业，已关停了的，决不能死灰复燃；漏网没有关停的，一经发现立即予以关停、取缔；以后，不得新建属于这18种小企业范围的工业企业。对虽然不属于18种关停范围的小企业，但污染严重、群众反映强烈而又难以治理的，也要采取强制措施，予以关停、取缔。

六、保护和合理开发利用自然资源

各级政府要切实加强对自然资源和生态环境的保护，合理开发利用自然资源。农业、科技部门和环保部门应密切配合，要以农业综合开发和丘岗山地开发为龙头，把农村环境综合整治与生态农业建设结合起来，建成一批生态村、生态乡（镇），促进我市农业由传统粗放经营型向优质高效规模型转变。要控制农药、化肥、农膜等对农业和水源的污染，大力开展植树造林，加强对森林植被保护和管理，坚决制止乱砍滥伐，努力提高森林覆盖率禁止在河道里淘金和无证采砂，防治水土流失，增强减灾抗灾能力。积极保护生物多样性，坚决取缔各种破坏自然资源和环境的非法开发建设活动。

要在大力发展乡镇企业的同时，切实加强对乡镇企业的环境管理，要结合小城镇和工业小区建设，因地制宜地发展少污染和无污染的产业，提高乡镇企业处理污染能力。认真执行国家有关加强乡镇环境保护的规定和乡镇企业限制、禁止发展行业及产品名录，从根本上遏制有关企业对环境造成污染和生态破坏。对擅自批建不符合国家产业政策、浪费资源、严重污染环境的企业，要坚决依法予以取缔，同时由纪检、监察、环保部门追究有关部门和人员的责任，情节严重的，对有关责任人要依法严肃处理。

七、严格环境保护执法

各级环保行政主管部门必须切实履行对环保工作的统一监督管理职能，加强环境监理执法队伍建设，严格环保执法，规范执法行为，完善执法程序，提高执法水平。开展经常性的环保行政执法检查活动，严肃查处有法不依、执法不严、违法不究和以言代法、以权代法、以罚代刑等违法违纪行为。构成犯罪的，要依法追究其刑事责任。

各级领导干部要依法履行环境保护职责，带头执行环境保护法律、法规和政策，不得以任何借口和理由阻碍、干扰环保部门正常执法。各区县(市)要自觉清理、取消和废止擅自设立的不符合环保法律、法规和政策的文件，并向市委、市政府报告。拒不清理、取消和废止的，由纪检、监察部门追究有关党、政主要负责人的责任。

八、充实和完善各级环境保护机构

各级党委和政府要按照全省机构编制规划方案的要求，加强环保机构和队伍建设，理顺隶属关系。要进一步强化农村环境的监督管理，力争在2年内建成乡镇环保机构，配齐列入乡镇政府编内的专(兼)职环境保护工作人员，形成农村环境监督管理网络。环保任务较重的部门和大、中型企业要设立环保机构，配备专(兼)职人员。

进一步加强各级环境监测站的标准化建设，提高监督质量和应急能力，全市从超标排污费80%部分中提取5 %用于装备监测仪器设备的政策，延长执行3年。

加强环保部门领导班子建设，各区县(市)环保部门主要负责人的任免，应征求市环保部门的意见。

九、增加对环境保护资金投入

各级政府有关部门必须认真贯彻国家关于环保资金渠道的规定，基本建设、更新改造资金用于环境保护的应分别不少于6 %、7 %，逐步提高环境污染防治投入，并建立相应的考核检查制度。到本世纪末，全市环保投入占国民生产总值的比例应增加到1%。

各级政府及财政部门要逐年增加对环保事业的投入，参照其他执法部门的标准，拨足环保行政经费和事业经费，从根本上扭转环保部门“吃排污费”的状况。从1997年起，市财政预算(含城建费)除排污费外，每年安排200万元以上的资金，用于综合性、公益性的环境建设项目和环保示范工程，该资金由环保局统一安排，市财政局负责监督。各区县(市)每年也要安排一定的资金，用于各地重点环保设施的建设。

坚决执行国家现有的排污收费政策，坚持依法足额、全面征收，并按照“收支两条线”的制度严格管理，排污费和超标排污费必须按规定使用，不得任意挤占、挪用和截留。全市要按照省政府统一部署，积极稳妥地开征餐饮、娱乐等服务性行业和汽车尾气、放射性废物排污费，为城市环境综合整治积累资金。积极开展环境保护对外合做，引进外国政府或组织环保贷款，加快我市环保基础设施建设，促进我市环保事业的发展。

十、提高公民环境意识和法制观念

各级党委宣传部门和新闻媒体要把环境宣传做为一项重要职责和经常性任务列入宣传工作计划并进行年度考核，深入持久地宣传环保方针、政策、法律、法规和好坏典型，公开揭露和批评污染环境、破坏生态的违法行为，普及环境科学和法律知识；各级普法机构要将环保法律法规列入普法教育内容；各级教育行政主管部门要着重抓好青少年的环保基本知识教育；各级党校要将环境保护教育列入必设课程，提高各级领导干部对经济发展和环境保护的综合决策能力。

常德市城区大气环境保护圈建设管理暂行办法

（2000年4月20日）

第一条　为保护城区大气环境，提高人民生活质量，促进经济持续发展，根据《中华人民共和国大气污染防治法》《建设项目环境保护管理条例》《湖南省大气污染防治实施办法》告等法律、法规的有关规定，结合我市实际，制定本办法。

第二条　本办法所称城区大气环境保护圈，是指德山、河洑山、花山、白鹤山最高山脊环状内的武陵区中心城区及河洑、护城、南坪、东江、丹洲、东郊、芦山等乡镇，鼎城区武陵镇、白鹤山乡及武陵监狱、柳叶湖旅游度假区、德山开发区。

第三条　城区大气环境保护圈的主要目标是防治煤烟型污染、粉尘污染和机动车尾气污染，有效遏制城区酸雨危害，使城区空气质量稳定达到国家规定的二类大气环境质量标准。

第四条　环境保护行政主管部门对城区大气环境保护圈内的污染防治实施统一监督管理。计划、技术监督、公安、交通、城管、工商、国土、建设等部门根据各自职责，对城区大气环境保护圈内的煤烟型污染、粉尘污染和机动车尾气污染实施监督管理。

第五条　新建、扩建、改建产业大气污染的建设项目，必须按照规定程序报环境保护部门审批环境影响报告书、环境影响报告表或环境影响登记表，未经环境保护部门审批的，有关部门不得予以立项、批地、办理工商登记、发放有关证照等手续。

建设项目需要配套建设的环境保护设施必须与主体工程同时设计、同时施工、同时验收、同时投产使用。

第六条　严禁新建扩建实心黏土砖瓦厂（点），已建成的必须在2000年12月31日前关闭或转产。

第七条　严禁新建1蒸吨以下的燃煤锅炉；1蒸吨以下和1蒸吨以上但污染物排放未达到国家规定标准的燃煤锅炉，在2000年12月31日前予以关停，强制淘汰燃煤窑炉。

第八条　推广使用管道燃气、型煤、清洗煤等清洁燃料。饮食服务业应使用管理燃气或其他清洁燃料，并采取措施防治油烟对附近居民居住环境的污染。

第九条　严禁在人口集中地区焚烧沥青、油毡、橡胶、塑料、皮革及其他可能产生有毒有害烟尘和恶息气体的物质，确需焚烧的，经环保部门批准，采取处理措施后方可进行。

建筑施工熔化沥青，应采取密闭方式或者使用带有处理装置的加热设备。

第十条　2000年5月31日后运输垃圾、渣土以及其他能够散发粉尘物质的机动车辆必须采取全部密闭装置,减轻粉尘、垃圾扬尘污染危害。

第十一条　严格机动车排气污染监督管理,强化对在用车的排放性能检测。公安交通管理部门与环保部门必须将机动车排气污染检验纳入初次检验、年度检验及道路行驶抽检内容。对初次检验达不到国家规定的排放标准的汽车不发牌证;年检达不到国家规定的排放标准的汽车不得继续行驶。对抽检的车辆,其排气达不到国家标准的,由公安交通管理部门、环保部门依法给予处罚,并责令其进行维修保养和治理。

严禁手扶拖拉机在道路交通管理部门规定的时段内进入城区进驶。

第十二条　违反本办法第五条第二款、第九条规定的,由环境保护部门依法给予行政处罚。

第十三条　违反本办法第六条、第七条规定的,由市政府组织有关部门强制关、停。

第十四条　2000 年 12 月 31 日后,因操做不当致使烟尘超标排放的锅炉,由技术监督部门依法吊销其锅炉使用登记证和司炉工操做资格证。

第十五条　违反本办法第八条规定的,由环境保护部门责令限期改正,并依法加强倍征收排污费。

第十六条　违反本办法第十条规定的,由城管、公安、交通管理部门根据各自职责,依法给予行政处罚。

第十七条　环境保护部门和有关监督管理部门的工作人员滥用职权、玩忽职守、徇私舞弊的,依法给予行政处分;构成犯罪的,依法追究刑事责任。

第十八条　本办法自发布之日起施行。

常德市人民代表大会常务委员会关于进一步加强环境保护 建设生态市的决议

（2004 年 8 月 27 日常德市第四届人民代表大会常务委员会第十五次会议审议通过）

良好的生态环境是社会生产力持续发展和人类生存质量不断提高的重要基础。为用科学发展观指导进一步加强环境保护，努力把我市建设成生产发展、生活富裕、生态良好的生态市，根据宪法和有关法律法规，结合常德实际，特做如下决议：

一、明确目标，制定规划，落实责任

市、县两级人民政府要把建设生态市（县）、市城区建成生态城市做为长远发展目标。要制定好建设生态市（县）的长远发展规划、区域环境保护规划以及本行政区域内的三年环境保护滚动发展计划、年度工作计划。每年要将工作计划实施情况向同级人民代表大会常务委员会报告。市人民政府应制定好建设市级生态城市的规划。

全市各级人民政府要对本行政区域范围内的环境质量负责，将环境损失和环境效益纳入经济发展水平的评价体系，建立健全环境质量年度考核制、环境保护过错责任追究制。

二、突出重点，认真解决区域环境主要问题

全市各级人民政府及其工作部门当前要重点抓好水污染、大气污染、噪声污染、固体废物污染防治工作。要从确保人民生活用水安全和工农业生产需求出发，切实加强水污染防治，建设污水处理厂，保护好沅水、澧水、柳叶湖及大中型水库等江河湖库的水体和地下水资源。加强在沅、澧两水主河道行政区域交界段面的水质监测与监控。凡有饮用水保护功能的水体，水质要保证优于地表水环境质量Ⅲ类标准。进一步加强市城区大气环境保护圈和县（市）人民政府所在城镇烟尘控制区建设，彻底关闭大气环境保护圈内砖瓦窑，加强机动车尾气污染治理，实现各类在用机动车尾气达标排放，治理燃煤锅炉、大灶，减少烟尘、二氧化硫和氮氧化合物的排放量。加强市城区和城镇噪声达标区的建设和管理，逐步降低酸雨和烟尘污染危害，减少工业、建筑施工、交通和社会生活带来的噪声污染。加强对固体废物的污染防治，严格规范危险废物的处置和监督管理。所有排污单位必须加强污染治理，提高治理水平，做到达标排放。加强对农产品生产、加工、销售环节的环境保护，保证食品安全。

三、严格项目审批，控制污染排放总量

认真落实环境保护第一审批权。所有新建、扩建、改建和技术改造项目必须依法严格执行环境影响评价制度和环境保护设施与主体工程同时设计、同时施工、同时投产的“三同时”制度。所有建设项目污染物排放总量控制在许可范围之内，减少新的污染。各级人民政府不得违法擅自批准建设未经环境影响评价的项目。凡违反规定的，必须依法追究有关审批机关和审批人员的责任。

四、统筹兼顾，注重生态环境建设和保护

全市各级人民政府要切实加强生态示范区、生态示范工业区以及自然保护区、风景名胜区、森林公园的建设和保护。继续开展植树造林，封山育林，不断提高森林覆盖率。注重生物多样性保护。搞好土壤保护、水土保持。保护池塘水域，禁止直接向水体排污倒渣，禁止乱填水体、乱占公共绿地搞建设开发。市城区和县（市）人民政府所在城镇建设项目的绿地率不得低于国家规定的标准。要建立环境保护的长效机制，统筹城乡生态环境建设保护协调发展。

五、推行清洁生产，发展循环经济

全市各级人民政府及其工作部门要采取有效措施，综合运用法律、行政、经济手段，发展轻污染、低消耗、科技含量高、实行循环经济的行业，淘汰高污染、高消耗的设备和工艺，促进废弃物的减量化、资源化和无害化。积极推广使用天然气、液化石油气、沼气和太阳能等清洁能源和新型能源。任何单位和个人，不得在市人民政府划定的禁止使用高污染燃料区内使用高污染燃料。推广使用新型建筑材料。市人民政府要按国家规定，划定禁止使用实心粘土砖的区域。

生产企业要按照清洁生产的要求，采用新的设计和技术，通过废弃物交换、循环利用和清洁生产，减少废弃物的排放。

发展生态农业，推广生物防治病虫害技术，科学使用农药、化肥、农膜。发展生态旅游，保护和合理开发、利用生态旅游资源。倡导绿色消费。

六、增加投入，大力推广环境保护的新技术

全市各级人民政府要遵循经济建设和环境建设同步发展的原则，加强环境保护基础设施建设，调动各方面的积极因素，切实增加环境保护投入，逐步提高环境污染防治投入占本地区同期国民生产总值的比重。

依法足额征收排污费，加强排污费管理、使用的监督。对征收的排污费，严格实行“收支两条线”制度，只能用于污染防治，不得挪用、截留。

大力发展环境保护产业，努力采用高新技术和实用技术，不断提高环境监测、污染治理、清洁生产、节约能源的水平。

七、严格执法，建立和完善环境保护的公共安全管理体系

市、县两级人民政府应建立环境保护监督管理机构，统一行使环境保护监督管理职能，配备必要的人员，保证其工作经费。进一步加大环境保护行政执法检查和监督管理力度，严肃查处破坏环境和生态的违法行为，构成犯罪的，应依法追死刑爭责任。

建立和完善重大环境污染事故和突发事件的预警、处置机制，健全环境事故社会救助体系。定期对全市危险化学物品的生产、运输、加工、储存开展专项检查。落实环境状况通报制度，维护好群众的环境知情权。重大环境政策和环境开发建设活动决策前，按照有关法律规定，举行听证会或论证会。

八、加大宣传，增强全社会环境意识

各级各部门都要进一步提高对环境保护工作重要性的认识，进一步加强环境保护宣传教育，广泛普及和宣传环境科学知识和法律知识。在发展经济、利用自然资源过程中，决不能采取耗竭自然资源、破坏生态和污染环境的方式，不以牺牲环境为代价，不走先污染后治理的老路。今后，在全市各级人民政府及其工作部门有关领导人提请任命前的法律考试中应有环境保护法律法规知识内容。大、中、小学要抓好在校学生的环境保护基础知识教育。要建立公众参与机制，发挥社会团体的做用，加强绿色学校、绿色社区等创建工作的指导，鼓励公众参与和监督环境保护工作。新闻媒体要及时报道和表彰环境保护工作中的先进典型，公开揭露和批评污染、破坏生态环境的违法行为，发挥新闻舆论的监督做用。

常德市人民政府
关于加强生态市建设的意见

（2005 年 8 月 17 日）

各区县(市)人民政府，德山开发区、柳叶湖旅游度假区、西湖管理区、西洞庭管理区管委会，市直各单位：

良好的生态环境是社会生产力持续发展和人类生存质量不断提高的重要基础，加强环境保护和生态建设是构建和谐社会的重要内容和必然要求。为进一步促进我市经济、社会和环境的全面、协调和可持续发展，现就加强生态市建设提出以下意见：

一、明确生态市建设的指导思想和目标任务

我市生态市建设的指导思想是：以邓小平理论和“三个代表”重要思想为指导，坚持科学发展观，以保障广大市民生态环境安全、提高市民生活质量为出发点和落脚点，坚持政府引导与市场运做相结合、统筹规划与分类指导相结合、重点突破与全面推进相结合的原则，实施污染防治和生态建设并举，力争通过 10—15 年的努力，把我市建成生产发展、生活富裕、生态良好的生态市。

我市生态市建设的总体目标和任务是：①生态经济日趋发达。以循环经济为特征的社会经济加速发展，经济结构合理。到 2020 年，全市人均国内生产总值达到 35000 元以上，年人均财政收入超过 3800 元，农民人均纯收入达到 8000 元，城镇居民人均可支配收入超过 18000 元，第三产业占 GDP 比重大于 45%。②生态环境更为和谐。环境污染基本消除，稳定可靠的生态安全保障体系基本形成。到 2020 年，城市空气质量好于或等于Ⅱ级标准的天数每年达 330 天以上，城市水环境功能区水质达标率达 100%，每万元 GDP 二氧化硫和 COD 排放强度分别小于 5 千克，人均公共绿地面积达到 12 平方米，森林覆盖率、退化土地恢复率、受保护地区占国土面积比例分别大于 40%、90%和 17%。③生态文化日益繁荣。人与自然和谐共处，城乡环境整洁优美，生活质量全面改善，生态文化特色显著。到 2020 年，公众对环境满意率超过 90%，旅游区环境达标率达 100%，城市化水平大于 55%，城市气化率大于 90%，恩格尔系数小于 40%，基尼系数在 0.3～0.4 之间，高等教育入学率超过 30%。

按统一规划与分步实施结合的原则，到 2010 年争取 30%以上的乡镇通过全国优美乡镇验收，30%的县(市)达到生态县验收标准；2015 年 50%的乡镇通过全国环境优美乡镇验收，50%的区县(市)达到生态县验收标准；到 2020 年，80%以上的乡镇通过全国环境优美乡镇验收，所有县(市)达到生态县验收标准，全面建成生态市。

二、突出工作重点，加快推进生态市建设进程

(一)加强自然资源保护和有序利用

合理控制城市用地规模，切实保护耕地资源，维持总量动态平衡。推广使用新型建筑材料，从2005年10月1日起，市城区禁止使用实心黏土砖。加强森林资源的培育，实现从采伐到管护的过渡，继续开展植树造林、封山育林，不断提高全市森林覆盖率，搞好退耕还林，防止水土流失。按照国家生态园林城市的创建要求，实施城市绿色工程和秀美工程，继续提高城市绿地率和绿化覆盖率。

加强洞庭湖湿地资源、野生动植物、古树名木和植被、矿山、文化遗产等生态文化资源的保护，逐步增加“两区一园”(自然保护区、风景名胜区、森林公园)的数量和建设面积，建立一批市、县级自然保护区和特殊生态功能保护区。严格按照“在保护中开发、在开发中保护”的原则进行自然资源开发，在花山、太阳山及其他“两区一园”旅游开发建设规划中明确环境保护要求，所有建设项目均按规定进行环境影响评价，区内禁止开矿和滥采乱挖等破坏自然生态的行为，水域内禁止投肥养殖，违者追究当地政府和有关人员的责任。

(二)全面开展城乡环境综合整治

突出抓好水环境综合整治。切实保护沅水、澧水、柳叶湖及大中型水库等江河湖库水体和地下水资源，确保有饮用水保护功能的水体水质达到国家地面水环境质量Ⅲ类标准。建成德山污水处理厂和江南城市污水处理厂，使城区生活污水全部处理并达标排放。抓紧实施穿紫河等市城区内河河段恢复、水质改善和岸边绿化美化工程，使其水质达到景观娱乐用水标准。禁止直接向池塘水域和城区水体排污倒渣，禁止乱填水体、乱占公共绿地搞建设开发。

巩固和加强市城区大气环境保护圈建设。关停圈内所有以煤为燃料的砖瓦厂。市城区和各区县(市)政府所在地城镇要全面建成烟尘控制区和高污染燃料禁燃区，关闭区内燃煤炉灶。加快天然气、液化石油气、沼气、太阳能等清洁能源推广步伐，普及燃气或其他清洁能源锅炉。强化机动车尾气污染控制，实现各类在用机动车尾气达标排放。

加强城市噪声污染控制。继续开展城市噪声达标区建设，重点治理工业噪声，严格控制社会生活噪声、建筑施工噪声和城市交通噪声。加强固体废弃物和放射源管理。严格禁止境外危险废物流入我市，推行危险废物经营许可和转移联单制度，做到无危险废物排放。逐步建立和完善城市生活垃圾分类回收处理系统，严格控制“白色污染”。所有放射源实行年度安全检查，尽快建立安全监测和管理动态台账。

倡导可持续消费。宾馆、旅店逐步取消一次性洗漱用具，餐饮服务取消一次性餐具。进一步规范环保产品和环保产业市场，加强对国家、省认定和认证的环保标志产品的监督检查，对直接影响群众生活的建材、食品等开展监测和监控，确保饮食和居住环境安全。

控制污染物排放总量。严格控制主要污染物排放强度，逐步实现企业全面稳定的达标排放。突出抓好造纸、医药、化工、纺织印染等行业的污染治理，按国家产业政策要求限期关闭标准生产能力以下的造纸企业，所有制浆造纸企业都要配套碱回收工程。

（三）切实加大人居环境建设力度

加快建设生态城市。按照打造江南一流山水城市的目标加强市城区人居环境建设，完善独具特色的滨湖生态景观和人文景观，率先建成生态城市。提高城市规划和城市形象设计水平，建设布局合理、景观优美、适应现代化城市发展需要的“点、线、面”有机结合的城市绿地系统。积极推广生态型住宅小区建设，采用节能、节材、节地建筑新工艺、新技术，发展生态型建筑。

积极建设生态村镇。实施农村小康环保行动计划，开展环境优美乡镇、文明生态村、文明生态户试点。以集镇建设为重点，加强绿化、美化建设，推行污水、垃圾污染集中处理。推广生物防治病虫害技术，科学合理使用农药、化肥和农膜，控制农药、化肥施用强度，搞好农膜回收，抓好秸秆综合利用。

广泛开展绿色创建活动。贯彻落实教育部《中小学环境教育实施指南》，在大中专院校、中小学校和幼儿园广泛开展“绿色学校”创建活动。扩大公众环保参与面和参与途径，进一步开展“绿色社区”“绿色机关”创建活动，努力开发地方生态文化资源。

（四）大力发展循环经济

结合新一轮产业结构调整，大力发展循环工业。走新型工业化道路，按规定淘汰高污染、高消耗的设备和工艺。按照“减量化、再利用、资源化”的原则，鼓励企业循环式生产，推动产业循环式组合，倡导社会循环式消费，促进资源循环式利用。全面推行清洁生产，对污染物排放超标的企业、使用有毒有害原料进行生产或排放有毒有害物质的企业，实施强制性清洁生产审核。倡导产业集聚化和企业集约化，各类工业园区都要按循环经济和生态理念指导布局、招商和建设。根据农业发展的自然条件和比较优势，因地制宜发展生态农业。山区发展以名果、笋竹、药材、高山蔬菜等为主的生态种植，丘陵区发展以立体种植和农牧渔相结合的生态种养，平湖区发展以粮畜渔为基础的生态产业。加强无公害、绿色和有机食品生产，力争2010年前全市主要农产品中无公害农产品比重大于90%，有机食品和绿色食品的比重大于50%；2015年前农产品生产基本实现无公害，绿色及有机食品的比重达到70%左右，培育发展一批绿色及有机食品基地和知名品牌。

推进现代服务业发展，加强资源的循环利用。大力发展生态旅游。积极发展绿色物流、绿色商贸等现代服务业，推进生态型第三产业的发展。开展资源综合利用，鼓励发展和支持社区再生资源回收体系网络建设项目、专项再生资源回收利用项目以及节能、节电、节水型商业服务业项目，实现资源、能源的循环利用。

三、强化工作措施，完善生态市建设机制

（一）进一步加强组织领导

成立常德市生态市建设工作领导小组，负责生态市建设的领导、组织和协调工作。各区县（市）要成立相应工作机构，负责本地生态县、环境优美乡镇建设的领导、组织和协调工作。各级人民政府要对本行政区域内的环境质量负责，把环境保护列入重要工作日程，建立和完善政府任期环保目标责任制。从2005年起，滚动制定环境保护三年行动计划，制定控制主要污染物排放总量、改善生态环境质量的具体目标和措施，突出重点，认真解决主要环境问题。

（二）多渠道加大投入

各级政府要把生态市建设投入纳入财政预算，增加财政投入，重点支持环境保护公共基础设施和环境执法监管能力建设。依法征收排污费，建立环境保护基金。改革投融资体制，鼓励社会资本积极参与环境保护和生态建设。改革环境保护基础设施和污染治理设施管理体制和运营机制，引入市场竞争，实现环境保护设施建设和运营管理的市场化、产业化。建立健全自然资源和生态环境补偿机制。

（三）建立健全工作机制

建立健全协调推进机制。市政府成立环境与资源保护协调推进委员会，发改委、经委、财政、规划、环保、建设、城管、文化、旅游、工商、国土资源、司法、水利、交通、农业、林业、畜牧水产等有关部门要各司其职，按规定严把环境准入关，共同做好环境监察和资源保护工作。

建立健全依法管理机制。严格执行环境保护和资源管理的法律法规，所有规划和建设项目必须执行环境影响评价制度，建设项目污染防治设施必须与主体工程同时设计、同时施工、同时投产使用。进一步加大环境保护执法检查和监督力度，依法严肃查处违反“三同时”、治理设施擅自停运、超标排污、破坏生态环境等各类环境违法行为。

建立健全考核约束机制。建立健全环境质量年度考核机制和任期环境审计制度，将考评结果与各级领导干部的任用挂钩。建立健全环境保护过错责任追究制，按“谁决策谁负责”的原则，对造成生态破坏、环境污染和环境质量下降的责任人追究过错责任；对造成严重污染事故触犯法律的，依法追究刑事责任。

建立健全重大污染事故和突发事件的预警、处置机制。制定重大污染事故和突发事件的应急、快速反应预案，健全环境事故社会求助体系。

（四）加大宣传教育力度

各级各部门要进一步提高对生态市建设的认识，不断加强宣传教育，广泛宣传和普及

环境保护和生态建设的科学知识和法律知识。宣传部门要制订宣传计划，公开环境信息，营造生态市建设的良好舆论氛围。加强对各级领导干部和企业法人、经营者的教育和培训，将生态环境教育纳入各级各类学校的日常教学内容。鼓励共青团、妇联、工会等社会团体和非政府环保组织、环保志愿者参与环境保护和生态市建设，动员公民积极参与植树造林、种草养花、清除污染等各种形式的环保义务活动，对在环境整治和生态建设中做出突出贡献的单位和个人给予表彰和奖励。

常德市城市垃圾管理暂行办法

（2007年7月9日）

第一章　总则

第一条　为加强城市垃圾管理，改善城市市容和环境卫生，根据国务院《城市市容和环境卫生管理条例》和建设部《城市生活垃圾管理办法》，结合我市实际，制定本办法。

第二条　凡在市区（武陵区、鼎城区武陵镇和德山开发区的建成区）内产生、倾倒、收集、运输、处理城市垃圾的单位和个人，均应遵守本办法。

本办法所称城市垃圾指生活垃圾、建筑垃圾、医疗垃圾，不包括工业固体废弃物。工业固体废物的处理，按有关法律、法规执行。

第三条　常德市环境卫生行政主管部门负责市区范围城市垃圾的管理监督工作，根据城市规划，会同计划、环保、卫生等部门制定城市垃圾治理规划，并组织实施。

鼎城区环境卫生行政主管部门负责本区范围内城市垃圾管理监督工作。

第四条　积极推广袋装收集，做到分类收集、运输和处理，逐步实现无害化、资源化、减量化，搞好综合利用。

第五条　城市垃圾处理场的建设与管理，按国家有关法律、法规执行。

第六条　凡要求从事经营城市垃圾收集、运输、处理服务的单位和个人，须经市环境卫生行政主管部门审批后方可经营。

第七条　对城市垃圾的清扫收集、运输和处理的服务，实行收费制度。收费项目和标准由市物价局制定。

第二章　生活垃圾的管理

第八条　城市中的单位和居民在日常生活及为生活服务中所产生的废弃物为城市生活垃圾。

第九条　市区应按国家规定设置公共垃圾容器、垃圾站、转运站等垃圾收集设施。市区各单位应按院子大小在院内合理自置符合卫生要求的垃圾容器、垃圾站。

第十条　垃圾收集设施应当保持完好和外观整洁，任何单位和个人不得私自占用、移动和损坏。

第十一条　严禁将生活垃圾倒在街道上和沅江及市区其他水体内。

环境卫生做业单位负责清扫、清运市区主干道上和公共垃圾站、垃圾容器内的垃圾和场地保洁。

街道办事处、居民委员会明确专人负责清扫、清运居民区、街巷道等地的生活垃圾和街巷道保洁。居民生活垃圾可委托民办卫生队定时清运，倒入环境卫生行政主管部门指定的垃圾站、容器或处理场。

单位负责清扫、清运本单位内部的生活垃圾。无力运输的，可委托环境卫生做业单位或其他从事经营城市垃圾收集、运输、处理服务的单位和个人清运处理。

停车场、各类市场等公共活动场所的生活垃圾，各管理单位必须设专人及时清扫、收集、清运。

临街经营门面与各种摊点（担）产生的生活垃圾，经营者必须自备容器随时收集，及时倒入公共垃圾站或垃圾容器内，不得随地抛撒。

疏浚下水道或检修其他地下工程而产生的垃圾，做业单位必须及时清运。

第十二条　生活垃圾应日产日清，不得积存市内。收集、运输单位必须将其运往环境卫生行政主管部门指定的垃圾转运站、处理场，不得任意倾倒。

第十三条　生活垃圾运输车辆必须密闭化，保证垃圾运输途中不遗撒、泄漏。经常清洗、检修，保持垃圾运输车的整洁、卫生和完好状态。

第三章　建筑垃圾的管理

第十四条　在工程建筑施工中产生的废弃物和工程余渣为建筑垃圾。

第十五条　建筑垃圾的收集、运输和处理由工程施工或建设单位负责，环境卫生行政主管部门监督检查。

第十六条　临街建设工地必须围挡封闭做业，其建筑垃圾要及时清理。严禁占用城市道路堆放建筑垃圾。

第十七条　建筑垃圾必须运往指定的场所，运输途中不得遗撒、泄漏。

第十八条　需要建筑垃圾的单位和个人应当同环境卫生做业单位联系，由环境卫生做业单位统一安排。

第十九条　医疗单位或个人在医疗活动中产生的病原体废弃物为医疗垃圾。

医疗垃圾由产生单位和个人负责收集、运输、处理。防疫部门与环境卫生行政主管部门负责检查、监督。

第二十条　医疗垃圾必须按卫生要求进行消毒处理，用专用容器运往环境卫生行政主管部门指定地点，不得混倒入生活垃圾和建筑垃圾中。

第二十一条　焚烧医疗垃圾须经环境卫生行政主管部门同意。焚烧后的垃圾残渣必须运往指定的垃圾处理填埋。

第四章　奖励与处罚

第二十二条　环境卫生行政主管部门应经常检查城市垃圾管理工作。对管理工作成绩突出的单位和个人，当地政府及环境卫生行政主管部门应给予表彰奖励。

第二十三条　环境卫生行政主管部门要加强内部管理，抓好环卫监察工作。环卫监察人员要公正执法，严明执法，不得徇私枉法。

第二十四条　下列各项处罚，由环境卫生行政主管部门执行：

（一）未经环境卫生行政主管部门批准，从事经营城市垃圾收集、运输、处理服务的，责令限期改正，并可处200元至1000元的罚款。

（二）不按规定的地点、时间和本办法的要求倾倒垃圾的，责令清除，并按每吨50元处以罚款。

（三）私自占用、移动公用城市垃圾专用设施的，责令改正，并处50元至200元罚款；损坏设施的，责令赔偿，并处200元至500元罚款。

（四）垃圾运输车辆不封闭，沿途遗撒、泄漏垃圾的，对其驾驶员按每次50元至200元处以罚款。

（五）违反本办法第十一条的规定，不及时清运卫生责任区内的垃圾的，按污染面积每平方米10元处以罚款，或按每吨垃圾50元处以罚款。

（六）临街建设工地不围挡做业，责令改正，并按应围挡的长度每米50元处以罚款。

（七）占用人行道或街道堆放垃圾的，按堆放面积每平方米100元处以罚款。

（八）将医疗垃圾倒入生活垃圾或建筑垃圾中的，处以100元至500元罚款。

城市环境卫生管理工作人员违反本办法的规定，未充分履行职责，造成较大影响的，由所在单位给予行政处分；后果严重的，还要追究单位负责人的责任。

违反本办法，同时又违反国家法律、法规的，由有关部门依法处理；构成犯罪的，由司法机关依法追究刑事责任。

当事人对行政处罚决定不服的，可依法向本级人民政府或上级环境卫生行政主管部门申请行政复议，或向人民法院提起诉讼。

本办法规定按计量单位计算处罚的，不足一基本计量单位的，按一基本计量单位进行处罚。

本办法由市环境卫生行政主管部门组织实施。各县（市）可参照本办法执行。

本办法自颁布之日起施行。

常德市农村生活饮用水水源保护管理办法

（2008年5月19日）

第一条　为加强农村生活饮用水水源保护和管理，防治水污染，保障农村饮水安全，根据《中华人民共和国水法》《中华人民共和国水污染防治法》等法律、法规和有关规定，结合我市实际，制定本办法。

第二条　本办法适用于本市行政区域内农村生活饮用水水源的保护管理工作。

第三条　本办法所称农村生活饮用水水源（以下简称农村饮用水水源）是指为农村集中提供生活饮用水水源的江河、湖泊、溪潭、水库、涵渠等地表水资源和地下水资源。

第四条　全市农村饮用水重点保护水源分为市级重点保护水源和县级重点保护水源，市级重点保护水源由市人民政府划定，县级重点保护水源由区县（市）人民政府划定。

第五条　农村饮用水水源保护管理工作实行政府统一领导，部门分工负责，行政主要负责人为第一责任人。

第六条　水行政主管部门负责对农村饮用水水资源实施监督管理；负责农村饮用水水源地的水土保持和水环境监测工作；查处农村饮用水水源保护区内的水事违法行为；会同有关部门编制水资源保护规划和农村饮用水水源建设规划，划定农村饮用水水源，报同级人民政府批准后实施。

第七条　水文部门负责农村饮用水水源保护区水质监测工作，并定期报告和适时公布监测结果。

第八条　环境保护行政主管部门负责对农村饮用水水源环境保护实施监督管理；查处投放化学物品、肥料养殖鱼类、珍珠和未按规定排放工业废水等污染农村饮用水水源的违法行为和事故；根据农村饮用水水源建设规划，会同有关部门划分农村饮用水水源保护区。

第九条　建设行政主管部门负责城镇排污管网及生活污水处理设施、生活垃圾处理设施建设的管理，防止城镇生活污水、垃圾污染农村饮用水水源。

第十条　国土资源行政主管部门负责农村饮用水水源保护区土地管理，纠正、查处违法用地和非法采矿行为。

第十一条　农业行政主管部门负责农村饮用水水源保护区内农药、化肥等农业投入品的监管；制订相关政策，引导农民发展有机农业，防止农药、化肥污染饮用水水源；推进农村生活污水净化处理和清洁饮用水工程建设。

第十二条　畜牧水产行政主管部门负责农村饮用水水源保护区内养殖业的监督管理。

第十三条　林业行政主管部门负责农村饮用水水源涵养林等植被的保护和管理。

第十四条　卫生行政主管部门负责农村饮用水水源卫生质量的监督管理；制定农村饮水公共卫生事件应急预案，并对农村饮用水水源的卫生状况进行定期监测；加强对农民饮水卫生知识的教育和宣传。

第十五条　发展改革、财政、公安、规划、工商、旅游等行政主管部门，根据各自职责，做好农村饮用水水源保护管理工作。

第十六条　农村饮用水水源保护区所在地乡（镇）人民政府、村（居）民委员会，应教育和督促村民保护饮用水水源，逐步建立农村生活污水、垃圾收集处理系统，设立保护警示牌，支持、配合有关行政主管部门查处污染、破坏农村饮用水水源的违法行为。

第十七条　任何单位和个人都有保护农村饮用水水源的义务，有权对污染和破坏农村饮用水水源的行为进行劝阻、检举和控告。

第十八条　各级人民政府及其有关部门应当组织开展农村饮用水水源保护的科学技术研究，推广使用先进的水污染防治和饮用水水源保护实用技术，推行节约用水和清洁生产。

对保护农村饮用水水源做出突出贡献的单位和个人，给予表彰奖励。奖励办法另行制定。

第十九条　根据农村饮用水水源水质保护要求，划定农村饮用水水源保护区，农村饮用水水源保护区分为农村饮用水水源一级保护区、二级保护区。

农村饮用水水源保护区的划分，由市环境保护行政主管部门根据《饮用水水源保护区划分技术规范》（HJ/T338—2007）会同有关部门和区县（市）人民政府提出方案，经市人民政府审定，报省人民政府批准。

第二十条　各区县（市）人民政府应当对农村饮用水水源保护区设立界碑，禁止任何单位和个人改变、破坏界碑。

第二十一条　农村饮用水水源一级保护区和二级保护区的范围为：

（一）河流型饮用水水源

1.河流型饮用水水源一级保护区水域范围为取水口上游1000米、下游100米，有防洪堤河段为防洪堤内水域，没有防洪堤的宽度为5年一遇洪水所能淹没的区域；

2.河流型饮用水水源一级保护区陆域范围为一级保护区水域沿岸纵深与河岸的水平距离50米的区域；

3.河流型饮用水水源二级保护区水域范围为一级保护区的上游边界向上游（包括汇入的上游支流）延伸2000米，下游边界向下游延伸200米，有防洪堤河段为防洪堤内水域，没有防洪堤的宽度为10年一遇洪水所能淹没的区域；

4.河流型饮用水水源二级保护区陆域范围为二级保护区水域沿岸纵深与河岸的水平

距离 1000 米的区域。

（二）湖泊、水库饮用水水源

1.小型水库和单一供水功能的湖泊、水库一级保护区水域范围为正常水位线以下的全部水域面积；

2.小型湖泊、中型水库一级保护区水域范围为取水口半径 300 米范围内的区域；

3.大中型湖泊、大型水库一级保护区水域范围为取水口半径 500 米范围内的区域；

4.湖泊、水库一级保护区陆域范围为取水口侧正常水位线以上 200 米范围内的陆域，但不超过流域分水岭范围；

5.小型湖泊、中小型水库二级保护区水域范围为一级保护区水域边界外水域面积；

6.大中型湖泊、大型水库二级保护区水域范围为一级保护区水域边界距离 2000 米区域，但不超过水面面积；

7.小型水库二级保护区陆域范围为上游整个流域(一级保护区陆域外的区域)；

8.小型湖泊、平原型中型水库二级保护区陆域范围为正常水位线以上(一级保护区以外)、水平距离 2000 米区域，山区型中型水库二级保护区陆域范围为水库周边山脊线以内(一级保护区以外)及入库河流上溯 3000 米的汇水区域；

9.大中型湖泊、大型水库二级保护区陆域范围为一级保护区外 3000 米的区域。

（三）地下水饮用水水源

地下水饮用水水源一级保护区为开采井周边 100 米的圆形区域；二级保护区为一级保护区外周边 1000 米的圆形区域。

第二十二条　在农村饮用水水源二级保护区内，应当遵守下列规定：

（一）禁止新建、扩建向水体排放污染物和可能污染地下水水源的建设项目，改建项目必须削减污染物排放量；

（二）禁止新设排污口，原有排污口应当符合国家或者地方规定的废水排放标准和污染物排放总量控制指标；

（三）禁止设立装卸垃圾、油类和有毒物品的码头；

（四）禁止堆放、填埋、倾倒剧毒、高残留农药和其他剧毒物品等危险废物，禁止向饮用水水源水域倾倒生活垃圾、建设工程渣土和其他废弃物；

（五）船舶应当设置贮存废弃物的容器、生活污水处理或储存装置，机动船舶应当安装油水处理或接收贮存装置，禁止船舶将残油、废油和含油污水垃圾等废弃物排入水体；

（六）禁止设立剧毒物品仓库和堆栈，以及污染饮用水水源的工业废物和其他废物回收场、加工场；

（七）禁止破坏农村饮用水水源涵养林、护岸林以及与饮用水水源保护相关的植被；

（八）禁止通过投放化学物品和肥料等从事鱼类、珍珠等水产养殖活动；

（九）禁止利用污水灌溉农田；

（十）禁止利用含有有毒污染物的污泥做肥料；

（十一）禁止利用渗坑、渗井排放有毒有害污水；

（十二）禁止修建渗水厕所和污水明渠；

（十三）码头应当设置残油、废油、含油污水或船舶垃圾等废弃物的接收处理设施；

（十四）旅游区应当设置生活污水和垃圾收集处理设施，防止污染饮用水水源；

（十五）存放、运输和使用酸液、碱液、油类、农药、化肥以及其他可能污染饮用水水源的物品，应当采取防溢、防渗、防漏措施和事故应急措施，防止污染饮用水水源。

第二十三条　在饮用水水源一级保护区内，除遵守本办法第二十二条的规定外，还应当遵守下列规定：

（一）禁止新建、扩建与地表水供水设施和保护地表水饮用水水源无关的建设项目；

（二）禁止向水域排放污水，已设置的排污口应当立即停止使用，限期拆除；

（三）禁止采砂、取土、淘金、弃置砂石；

（四）不得设置码头；

（五）禁止设置油库和建立墓地；

（六）禁止新建、扩建规模化畜禽养殖场、屠宰场，为改善水质从事水面养殖的，应当经有关部门批准；

（七）禁止从事旅游、游泳和其他可能污染水源的活动。

第二十四条　在重点农村饮用水水源水域内禁止投放任何化学物品和肥料等从事鱼类、珍珠等水产养殖活动。

第二十五条　任何单位和个人不得将农村饮用水水源保护区内的土地、建（构）筑物租借给他人从事本办法禁止的污染饮用水水源的生产经营和其他活动。

第二十六条　在农村饮用水水源保护区内从事开发建设、生产经营和其他可能影响农村饮用水水源的活动，必须依法经过有关部门批准并采取有效措施，防止植被破坏、水土流失及农村饮用水水源污染。

第二十七条　农村饮用水水源监测和保护工作经费纳入财政预算。

第二十八条　发生造成或者可能造成农村饮用水水源污染的突发性事故或者公共卫生事件时，有关责任单位和责任人必须按照相关应急预案要求及时报告，迅速采取排除或者减轻污染危害的措施。

第二十九条　违反本办法规定的，由水利、环保、国土资源、农业、畜牧水产、林业、卫生、公安和建设等行政主管部门按照各自职责，责令当事人改正，并依据有关法律法规予以处罚。

第三十条　拒绝、阻碍国家机关工作人员依法执行公务，违反《中华人民共和国治安管理处罚法》的，由公安机关依法予以处罚；构成犯罪的，依法追究其刑事责任。

第三十一条　国家机关及其工作人员滥用职权、玩忽职守、徇私舞弊的，依据国家有关规定给予处分；构成犯罪的，依法追究其刑事责任。

第三十二条　本办法自发布之日起施行。有关部门应根据本办法分别制订实施细则。

常德市柳叶湖区域环境保护管理办法

（2008年12月24日）

第一条　为加强对柳叶湖区域环境的保护和管理，改善柳叶湖区域环境质量，实现柳叶湖旅游资源的可持续利用，根据《中华人民共和国环境保护法》《中华人民共和国水污染防治法》等有关法律、法规，制定本办法。

第二条　本办法所称柳叶湖区域，是指根据湖南省人民政府批准的《常德市柳叶湖旅游度假区总体规划（2004—2020）》所确定的包括柳叶湖（沾天湖）、太阳山、花山、白鹤山、月亮山和白鹤山乡、南坪岗乡、东江乡、灌溪镇、太阳山林场、万金障等在柳叶湖规划区内的区域。

第三条　柳叶湖旅游度假区管委会应当制定柳叶湖区域环境保护的中长期规划和实施方案，依法对柳叶湖区域环境保护实行统一监督管理。

市环保、国土、规划、建设、水利、交通、卫生、农业、林业、畜牧水产、城管、公安等部门，根据各自的职责，做好柳叶湖环境保护和管理工作。

第四条　柳叶湖区域内的单位和个人都有保护柳叶湖环境的义务，对违反本办法的行为，有权进行监督和检举；对保护柳叶湖环境有突出成绩的单位和个人，由市人民政府或有关部门予以表彰奖励。

第五条　所有进入柳叶湖规划区的建设项目，必须遵守《建设项目环境保护管理条例》和《开发建设项目水土保持方案编报审批管理规定》的有关规定，依法进行环境影响评价和编制水土保持方案报告书。建设项目的环境影响评价文件，由建设单位报环保部门审批，水土保持方案由建设单位报水行政主管部门审批。

建设项目的污染防治设施，必须与主体工程同时设计，同时施工，同时投产使用。污染防治设施必须经过环保部门竣工验收，达不到规定要求的，该建设项目不得投入生产或者使用。

第六条　经批准在柳叶湖进行建设的单位和个人，必须采取有效措施保护水生生物和水体，防止建筑渣土、污水污染水体；施工所建的临时建筑、设施，在工程完工后应当及时拆除；损坏的湖坎、护坡及植被，应当及时修复。

第七条　在柳叶湖区域内，凡涉及矿产资源开发、森林资源开发以及其他影响柳叶湖景观生态环境的行为，相关部门在审批前应当征求柳叶湖旅游度假区管委会的意见。

第八条　柳叶湖区域内的所有单位和居民的生产、生活污水不得直接排入柳叶湖水体;暂不能排入城市污水排放管网的,必须采取污染治理措施,使排入柳叶湖水体的污水达到国家和地方规定的排放标准。

第九条　禁止在柳叶湖区域内进行下列行为:

(一)新建有污染的工业企业和畜禽养殖企业;

(二)采矿(含取土、挖砂、采石等);

(三)乱砍滥伐,非法征占用林地,非法侵占湿地;

(四)围湖造田、围建鱼塘;

(五)非法采掘珍稀植物、猎捕野生动物;

(六)其他破坏柳叶湖水环境、生态环境和景观的行为。

第十条　禁止在柳叶湖水体内进行下列行为:

(一)电鱼、炸鱼、毒鱼;

(二)投肥养殖,网箱、围网养殖;

(三)未经批准采捞水生动植物;

(四)水上餐饮经营;

(五)向水体丢抛生活垃圾和其他废弃物;

(六)在柳叶湖沿岸倾倒或者堆放垃圾、粪便、渣土;

(七)在柳叶湖水体及沿岸清洗机动车辆或者洗涤残留有毒、有害物质或者装储过油类的容器;

(八)向柳叶湖水体排放油类、酸液、碱液或者有毒有害废液;

(九)将含有汞、镉、铬、砷、铅、氰化物、黄磷等可溶性剧毒废渣或者放射性废渣直接埋入柳叶湖沿岸。

第十一条　禁止在城市蓝线内擅自填埋、占用水域,因特殊情况需要临时占用城市蓝线内的用地或水域的,应报经市规划主管部门同意,并依法办理相关审批手续;涉及占用绿线的,还需报经市园林绿化行政主管部门审批。

第十二条　禁止在柳叶湖行驶柴油船舶,提倡采用电力、人力或者太阳能等无污染的动力源。

在柳叶湖行驶的船舶,必须在界定的水域范围内按照规定的航线航行,船舶垃圾和废油、残油必须回收到岸,实行集中处理,禁止排入柳叶湖水体。

在柳叶湖行驶的所有船舶,必须配备必要的卫生器具。

第十三条　在柳叶湖行驶的经营性船舶的从业人员,应当履行保护柳叶湖环境卫生的责任,主动向游客进行环境保护的宣传,制止污染柳叶湖水体的行为。

第十四条　使用农药、兽药、化肥、饲料及植物生长激素应当符合国家的规定和标准,提倡使用有机肥料、无公害农药。

第十五条　柳叶湖旅游度假区管委会负责定期疏浚柳叶湖，保持柳叶湖清淤积量的平衡。

第十六条　在柳叶湖开展水上训练、竞赛、航模及其他体育、娱乐活动，应当事前报经柳叶湖旅游度假区管委会和相关部门批准，在规定的时间和指定的水体内进行；开展大型水上活动，应当报经市人民政府批准。

开展水上活动，不得污染水体；造成水体污染的，应当采取有效措施恢复或改善水体环境质量，产生的费用，由活动组织方承担。

第十七条　对柳叶湖水体造成污染的排污单位，应当提交限期治理的计划，定期报告治理进度，按期完成治理任务。

排污单位发生事故或者其他突发性事件，造成柳叶湖水污染事故的，必须立即采取应急措施，并向柳叶湖旅游度假区管委会和市环保局报告。

第十八条　违反本办法规定，在柳叶湖区域内有下列行为的，由渔政管理部门依法给予行政处罚：

在水体电鱼、毒鱼、炸鱼或者使用小于规定的最小网目尺寸的网具进行捕捞的，处50元以上1000元以下的罚款。

第十九条　有下列行为之一的，由环保部门负责停止违法行为，限期采取治理措施，消除污染，处以罚款；逾期不采取治理措施的，环保部门可以指定有治理能力的单位代为治理，所需费用由违法者承担。

（一）违反本办法规定，在柳叶湖水体从事水上餐饮活动和投肥养殖，造成水体污染的。

（二）集中向柳叶湖滩地、岸坡堆放或者倾倒工业废渣、城市生活垃圾及其他固体废物的，处2万元罚款，情节特别严重的处10万元罚款。

（三）在水体清洗装储过油类、有毒污染物的车辆和容器的，处1万元罚款，情节特别严重的处10万元罚款。

（四）向水体倾倒船舶垃圾或者排放船舶的残油、废油的，处5000元罚款，情节特别严重的处1万元罚款。

（五）未采取相应防范措施，造成工业固体废物扬散、流失、渗漏或者造成其他环境污染的，处1万元罚款，情节特别严重的处10万元罚款。

（六）向水体倾倒、排放畜禽粪便的，责令停止违法行为，限期改正，可以处1万元以下的罚款。

（七）违反国家有关规定或者标准，向水体排放含低放射性物质的废水、热废水或者含病原体的污染水的，处1万元罚款，情节特别严重的处10万元罚款。

（八）向水体排放、倾倒放射性固体废物或者含有高、中放射性物质的废水的，处 5 万元罚款，情节特别严重的处 10 万元罚款。

（九）向水体排放油类、酸液、碱液的，处 2 万元罚款，情节特别严重的处 10 万元罚款。

（十）向水体排放剧毒废液，或者将含有汞、镉、铬、砷、铅、氰化物、黄磷等可溶性剧毒废渣向水体排放、倾倒或者直接埋入柳叶湖沿岸的，处 5 万元罚款，情节特别严重的处 10 万元罚款。

第二十条　违反本办法规定，在柳叶湖区域内有下列行为的，由林业管理部门依法给予行政处罚：

非法进行开垦、采石、采砂、采土、采种、采脂和其他活动，致使森林、林木受到毁坏的，责令停止违法行为，补种毁坏株数 1 倍以上 3 倍以下的树木，可处毁坏林木价值 1 倍以上 5 倍以下的罚款。

第二十一条　违反本办法规定，在柳叶湖区域内有下列行为的，由国土管理部门给予行政处罚：

（一）未经批准或者采取欺骗手段骗取批准、非法占用土地的，责令退还非法占用土地。对违反土地利用总体规划，擅自将农用地改为建设用地的，限期拆除在非法占用土地上新建的建筑物和其他设施，恢复土地原状；对符合土地利用总体规划的，没收在非法占用的土地上新建的建筑物和其他设施，并处非法占用土地每平方米 30 元以下罚款。

（二）未取得采矿许可证擅自采矿的，责令停止开采，没收采出的矿产品和违法所得，处以违法所得 50%以下的罚款。

第二十二条　建设单位未依法报批建设项目环境影响评价文件，擅自开工建设的，责令停止建设，限期补办手续；逾期不补办手续的，可以处 5 万元罚款，情节特别严重的处 10 万元罚款。

建设项目环境影响评价文件未经批准，建设单位擅自开工建设的，责令停止建设，可以处 5 万元罚款，情节特别严重的处 10 万元罚款。

第二十三条　企事业单位违反国家有关规定，造成水体污染事故的，责令限期采取治理措施，消除污染。

第二十四条　影响柳叶湖区域环境的行为违反治安管理规定的，依法给予治安管理处罚；构成犯罪的，依法追究刑事责任。

第二十五条　相关行政主管部门工作人员在柳叶湖区域环境保护管理工作中徇私舞弊、滥用职权、玩忽职守的，依法给予行政处分；构成犯罪的，依法追究刑事责任。

第二十六条　本办法自 2008 年 12 月 1 日起施行。

常德市排污费征收管理制度

（2009 年 2 月 3 日）

一、依据《排污费征收使用管理条例》和《湖南省实施〈排污费征收使用管理条例〉办法》，结合本市实际，制定本制度。

二、征收排污费要依照《排污费征收标准管理办法》，严格执行排污费征收标准，坚持“依法、全面、足额、按时”的征收原则。做到征收依据充分，核算金额准确，操做程序合法。

三、排污费征收执行“排污申报—排污核定—缴纳通知—限期缴纳—强制征收”的工作程序。

四、环境监察机构按照规定认真组织排污者开展排污申报登记工作，指导排污者如实申报其排污情况。

五、环境监察机构根据排污申报、环境监测、物料衡算、现场核查、查阅资料对排污者的排污情况进行核定，并书面下达《核定通知书》。排污者对核定通知有异议的，可以在规定期限内，申请复核；环境监察机构对排污者的复核申请应当在规定期限内，做出书面复核决定。

六、环境监察机构根据排污核定情况，核算排污费，下达《缴费通知单》，送达排污者。当面送达时，受达人在送达回执上签名或盖章；受达人拒绝签收的，送达人邀请见证人到场，说明情况，留置送达。缴费通知单可通过挂号邮寄或其他有效方式送达。

七、环境监察机构应将排污费征收标准和排污者排放的污染物种类、数量以及应缴排污费数额在同级媒体予以公告，每年公告次数不少于一次。

八、排污费征收实行统一票据、统一征收、统一账户、统一管理。

九、严格执行排污费征收减、免、缓的规定。排污者申请减免排污费数额在 50 万元（含 50 万元）以下的，由市财政、物价、环保部门审批。符合减免缓条件的，由排污者提出申请，按规定程序审批。

十、排污费应按照规定及时结清，按时解缴国库。

常德市城市建筑垃圾管理办法

（2012年8月25日）

第一章　总则

第一条　为加强建筑垃圾管理，提高市容环境卫生质量，根据国务院《城市市容和环境卫生管理条例》、原建设部《城市建筑垃圾管理规定》和《湖南省实施〈城市市容和环境卫生管理条例〉办法》等有关法规规章，结合我市实际，制定本办法。

第二条　本办法适用于本市规划区范围内（武陵区、常德经济技术开发区、柳叶湖旅游度假区及鼎城区武陵镇、灌溪镇）建筑垃圾的倾倒、运输、中转、回填、消纳、利用等处置活动。

本办法所称建筑垃圾，是指新建、改建、扩建工程项目和拆除建筑物、构筑物以及装饰装修过程中所产生的弃土、弃料及相关废弃物。

第三条　市市容环境卫生行政管理部门（市环境卫生管理处）负责本市规划区范围内建筑垃圾的管理工作。

市城市管理行政执法局应加强对建筑垃圾管理工作的领导和协调，规划、住房和城乡建设、交通运输、公路、公安交警等部门按照各自职责，配合做好建筑垃圾管理工作。

第二章　建筑垃圾处置许可

第四条　建设单位在编制建设工程概算、预算时，必须专门列支建筑垃圾处置所产生的相关费用。

第五条　凡对建筑垃圾倾倒、运输、中转、回填、消纳和利用等处置的单位和个人，必须经市市容环境卫生行政管理部门核准，并按照核准的内容和要求进行处置；未经核准，不得处置建筑垃圾，也不得改变核准内容，擅自处置。

第六条　申请城市建筑垃圾处置核准，应当具备以下条件：

（一）提交书面申请（申请文书由市市容环境卫生行政管理部门统一制做、提供）；

（二）申请人为建设单位、施工单位或建筑垃圾运输单位；

（三）有消纳场的土地用途证明、场地平面图、进场路线图，有相应的摊铺和碾压、除尘、照明等机械和设备，有排水、消防等设施，有健全的环境卫生和安全管理制度并得到有效执行；

（四）具有建筑垃圾分类处置的方案和对废混凝土、金属、木材等回收利用的方案；

（五）具有合法的道路运输经营许可证、车辆行驶证；

（六）具有健全的运输车辆运营、安全、质量、保养、行政管理制度并得到有效执行；

（七）运输车辆具备全密闭运输机械装置或密闭苫盖装置，安装行驶及装卸记录仪和相应的建筑垃圾分类运输设备；

（八）法律、行政法规规定的其他条件。

第七条　市市容环境卫生行政管理部门从受理申请之日起20日内，做出是否核准的决定，在办理过程中，应征求公安交通管理部门审查意见。符合条件的，核发《常德市城市建筑垃圾处置许可证》；不符合条件的，应书面告知申请人并说明理由。

第八条　建设单位、施工单位或建筑垃圾运输单位，因工程需要变更时间、处置数量和消纳场地的，应向市市容环境卫生行政管理部门申报变更处置计划，市市容环境卫生行政管理部门应在3日内重新审查，符合条件的，核发《常德市城市建筑垃圾处置许可证》；不符合条件的，应书面告知申请人并说明理由。

第九条　市市容环境卫生行政管理部门进行处置核准时，可以对申请人提出的建筑垃圾处置活动中的某一项或某几项处置申请，依法予以核准，并在《常德市城市建筑垃圾处置许可证》中对具体的处置活动内容予以载明。

第十条　建设建筑垃圾消纳场，应当符合城市总体规划和城市市容环境卫生专业规划的要求，通过环境保护主管部门的环境影响评价，并征求市市容环境卫生行政管理部门意见；不符合相关要求的，不得擅自受纳建筑垃圾。

第十一条　在建设中需要利用场外建筑垃圾回填的，施工单位应按照本办法第六条规定，办理《常德市城市建筑垃圾处置许可证》，方可受纳进行回填基坑、洼地等。

第十二条　建筑垃圾消纳场自行运进建筑垃圾的，运输车辆应符合本办法第六条第（七）项规定。

第十三条　建设项目施工图设计文件应包含建筑垃圾处置等环卫设施施工设计。住房和城乡建设部门审查施工图设计文件时，应征求市市容环境卫生行政管理部门意见。

第十四条　建设单位与施工单位签订文明施工责任书，应将建筑垃圾处置纳入责任书内容，文明施工责任书应附有市市容环境卫生行政管理部门核发的建筑垃圾处置核准文件。有关部门在办理建设工程质量安全监督备案手续时，应审查是否具有市市容环境卫生行政管理部门核发的建筑垃圾处置核准文件。

第十五条　市市容环境卫生行政管理部门可建立建筑垃圾处置信息交流平台，及时发布建筑垃圾处置信息和需求信息。

第三章　施工现场管理

第十六条　房屋建筑施工现场应沿工地四周设置连续封闭围挡。主干道围挡高度不低于 2.5 米，次干道围挡高度不低于 1.8 米。

市政工程施工现场，应根据路段情况封闭围挡。其中主次干道必须设置不低于 2.2 米的组合装配式硬质围挡，支路施工现场必须设置不低于 2 米的硬质围挡。

道路挖掘施工现场必须设置不低于 1.5 米的固定式硬质围挡。

第十七条　建筑施工现场应设置固定的出入口，出入口必须设置密闭式金属大门和值班室，配备专人值班，并设置建筑垃圾清运公示牌。固定出入口必须设置冲洗池、减震带；对小型工地不适合设置冲洗池、减震带的，要设置移动式洗车设备或临时洗车池，确保车辆净车上路。

第十八条　施工现场的主要道路必须进行硬化处理，土方应集中堆放。裸露的场地和集中堆放的土方应采取覆盖、固化或绿化等措施。

第十九条　拆除建筑物、构筑物时，应采用隔离、洒水等措施，防止扬尘。水泥和其他细颗粒建筑材料应采取密闭存放或覆盖等措施。

第二十条　施工现场建筑垃圾、生活垃圾应分类存放，并应及时清运出场。建筑物内建筑垃圾的清运，必须采用相应容器或管道运输，严禁凌空抛掷；施工现场严禁焚烧各类废弃物。

第二十一条　施工现场应设置沉砂井、排水沟，保持排水畅通，严禁污水未经处理直接排入城镇排水管网和河流。

第二十二条　施工现场应逐步推广使用视频监控系统，单位工程建筑面积超过 2 万平方米或层数超过 20 层的施工现场必须使用视频监控系统。

第二十三条　居民因装饰装修房屋产生的建筑垃圾，本区域已实行物业管理的，应当按照物业管理企业指定地点临时堆放，并在 2 日内清运；未实行物业管理的，应当按照街道办事处指定地点临时堆放，并做到日产日清。

第四章　运输管理

第二十四条　建设单位、施工单位或个人应当在经市市容环境卫生行政管理部门核准从事建筑垃圾运输的单位中选择具体的承运单位，有关部门在实施运输企业质量信誉考核和等级评定时，应征求市市容环境卫生行政管理部门意见。

第二十五条　从事建筑垃圾运输的车辆，必须遵守以下规定：

（一）随车携带建筑垃圾处置核准文件，按规定的路线、时间运输，倾倒在核定的消纳场地，不得超出核准范围承运建筑垃圾，不得随意倾倒；

(二)建筑垃圾运输车辆改装、登记必须符合质量技术监督和公安交通管理部门的要求;

(三)保持车容整洁,出场前应当清理车身的建筑垃圾,不得带泥土等建筑垃圾出场;

(四)运输建筑垃圾时必须具备全密闭运输机械装置或密闭苫盖装置,不得丢弃、遗撒建筑垃圾;

(五)市容环境卫生管理法律法规的其他规定。

第二十六条　建筑垃圾运输单位必须使用符合建筑垃圾运输统一标准的车辆,不得使用无牌无证照车、套牌车、敞篷车等车辆参与建筑垃圾运输。

建筑垃圾运输单位必须加强对所属建筑垃圾运输车辆的管理,经常检查车辆密闭情况,及时对车辆进行维修,确保车辆密闭完好。相关部门在办理建筑垃圾运输车辆报废、变更、转籍、抵号等手续时,应征求市市容环境卫生行政管理部门意见。

建筑垃圾运输时间严格控制在晚 22:00 至晨 7:00 之间。确因工程建设需要在禁行时间运输的,须得到市市容环境卫生管理部门许可,并到相关部门办理手续。

第二十七条　禁止涂改、倒卖、出租、出借或者以其他形式非法转让城市建筑垃圾处置核准文件。

第二十八条　运送沙砾、石料、粉煤灰、矿渣、混凝土等散体、流体材料的车辆必须做到外观整洁、密闭运输,不得有泄漏、遗撒物污染路面。

第五章　法律责任

第二十九条　将建筑垃圾混入生活垃圾或将危险废物混入建筑垃圾的,由主管部门对单位处 3000 元以下罚款,对个人处 200 元以下罚款;擅自设立弃置场受纳建筑垃圾的,对单位处 5000 元以上 1 万元以下罚款,对个人处 3000 元以下罚款。

第三十条　建筑垃圾消纳场受纳工业垃圾、生活垃圾和有毒有害垃圾的,由主管部门责令限期改正,给予警告,处 5000 元以上 1 万元以下罚款。

第三十一条　施工单位未及时清运工程施工过程中产生的建筑垃圾,造成环境污染的,由主管部门责令限期改正,给予警告,处 5000 元以上 5 万元以下罚款。

施工单位将建筑垃圾交给个人或者未经核准从事建筑垃圾运输的单位处置的,责令限期改正,给予警告,处 1 万元以上 10 万元以下罚款。

第三十二条　处置建筑垃圾的单位在运输建筑垃圾过程中沿途丢弃、遗撒建筑垃圾的,由主管部门责令限期改正,给予警告,处 5000 元以上 5 万元以下罚款。

第三十三条　涂改、倒卖、出租、出借或者以其他形式非法转让城市建筑垃圾处置核准文件的,由主管部门责令限期改正,给予警告,处 5000 元以上 2 万元以下罚款;对非法改装建筑垃圾运输车辆的移交有关部门依法处理。

第三十四条　未经核准擅自处置建筑垃圾或处置超出核准范围的建筑垃圾的，由主管部门责令限期改正，给予警告，对施工单位处1万元以上10万元以下罚款，对建设单位、运输建筑垃圾的单位处5000元以上3万元以下罚款。

第三十五条　任何单位和个人随意倾倒、抛撒或者堆放建筑垃圾的，由主管部门责令限期改正，给予警告，并对单位处5000元以上5万元以下罚款，对个人处200元以下罚款。

第三十六条　建筑垃圾管理工作人员滥用职权、玩忽职守、徇私舞弊的，依法依纪给予行政处分；构成犯罪的，依法追究刑事责任。

第六章　附则

第三十七条　本办法自发布之日起施行。

常德市人民政府关于加强市城区环境噪声污染防治管理的通告

（2013年5月16日）

为防治市城区环境噪声污染，保护和改善城市生活环境，保障人民群众身心健康，根据《中华人民共和国环境噪声污染防治法》《中华人民共和国治安管理处罚法》《湖南省环境保护条例》的有关规定，现就加强市城区环境噪声污染防治管理有关事项通告如下：

一、建设可能产生环境噪声污染的项目，建设单位必须按规定进行环境影响评价，未经环保行政主管部门批准不得建设，验收达不到规定要求的，该建设项目不得投入生产或者使用。

新建营业性文化娱乐场所的边界噪声不符合国家规定的环境噪声排放标准的，文化行政主管部门不得核发文化经营许可证，工商行政管理部门不得核发营业执照。

二、向周围生活环境排放工业噪声的，应当符合国家规定的工业企业厂界环境噪声排放标准；在商业经营活动中使用空调器、冷却塔等可能产生环境噪声污染的设备、设施的，应当采取措施，使边界噪声不超过国家规定的环境噪声排放标准。

在噪声敏感建筑物集中区域内造成严重环境噪声污染的，县级以上人民政府依法授权所属环保行政主管部门责令其限期治理，被限期治理的单位必须按期完成治理任务。

三、建筑施工排放噪声应当符合建筑施工场界环境噪声排放标准。在噪声敏感建筑物集中区域内禁止夜间进行产生环境噪声污染的建筑施工作业；因抢修、抢险做业和因生产工艺上要求或者特殊需要必须进行连续施工作业的，必须经建设行政主管部门证明、环保行政主管部门同意后方可施工，并向附近居民公告。

四、禁止在商业经营活动中使用高音广播喇叭或者采用其他发生高噪声的方法招揽顾客。禁止任何单位和个人在居民集中区使用高音广播喇叭或电喇叭叫卖。

在居民住宅楼进行室内装修活动，应当限制做业时间，并采取其他有效措施，以减轻或避免对周围居民造成环境噪声污染。禁止在夜间进行产生噪声污染的装修做业。

使用家用电器、乐器或者进行其他室内娱乐活动时，应当控制音量，不得对周围居民造成环境噪声污染。

五、汽车、摩托车应当按照规定使用音响装置。公安交通管理部门根据城区区域声环境保护需要，划定禁止机动车辆行驶和禁止其使用声响装置的路段和时间，并向社会公布。

六、本通告规定的工业环境噪声及商业经营等活动中使用固定设备产生的环境噪声由环保行政主管部门负责监督管理，建筑施工噪声由环保和建设行政主管部门负责监督管理，社会生活噪声（包括室内装修噪声）由公安机关负责监督管理，交通运输噪声由公安交通管理部门负责监督管理；城管执法部门按照行政处罚权相对集中规定行使相关的监管和处罚职能。

违反本通告规定，依法应予行政处罚的，由有关行政主管部门依法给予行政处罚。

七、本通告规定的夜间指晚22:00至晨6:00之间的期间；“噪声敏感建筑物”是指医院、学校、机关、科研单位、住宅等需要保持安静的建筑物。

八、本通告自发布之日起施行。

常德市机动车排气污染防治监督管理办法(试行)

(2013 年 7 月 15 日)

第一条　为加强机动车排气污染防治,保护和改善大气环境,促进经济、社会与环境的协调发展,根据《中华人民共和国大气污染防治法》《中华人民共和国道路交通安全法》、《湖南省机动车排气污染防治办法》等相关法律、法规,结合我市实际,制定本办法。

第二条　在本市行政区域内登记、生产、销售、维修、使用的机动车的排气污染防治适用本办法。

本办法所称机动车,是指以燃油、燃气为动力能源的各种车辆(拖拉机、农用车除外);机动车排气污染是指机动车上路行驶向大气环境排放污染物所造成的污染。

第三条　机动车排气污染防治坚持预防为主、防治结合的原则。

第四条　市和县级环境保护行政主管部门负责对本辖区机动车排气污染防治工作实施统一监督管理。

公安、发改、交通、财政、物价、质监、工商、商务等行政管理部门根据各自的法定职责,协同做好机动车排气污染防治管理工作。

第五条　本市机动车排气污染物排放执行上级规定的机动车污染物排放标准。

禁止排放不达标的机动车上路行驶。

第六条　实行机动车环保检验合格标志管理制度。经检测合格的机动车,环境保护行政主管部门按相关规定核发绿色环保检验合格标志或者黄色环保检验合格标志。

禁止伪造、涂改、转让、出借机动车环保检验合格标志。

上路行驶的机动车应当取得环保检验合格标志,环保检验合格标志应当张贴于机动车前窗右上角。不得使用过期的环保检验合格标志。

第七条　加强机动车排气污染防治监管能力建设,大力发展公共交通,鼓励开发、推广、使用环保机动车及优质车用燃油、清洁能源,推进汽车“以旧换新”工作。

第八条　新购属于国家发布的环保达标车型名录的机动车,环境保护行政主管部门直接核发机动车环保检验合格标志。未列入名录的,应接受机动车排气检测,污染物排放达不到国家阶段性排放标准的,公安交通管理部门不予办理注册登记。

第九条　加强机动车环保定期检测,机动车排气定期检测按照国家规定的车辆安全技术检验周期进行。机动车安全技术检验时,必须同时进行排气检测,对排气鉴定不合格的机动车,环境保护行政主管部门不予核发机动车环保检验合格标志,公安交通管理部门不予核发机动车安全技术检验合格标志。

机动车由外省转入本市的，在办理转移登记时，应当接受排气检测。对污染物排放不符合机动车排气污染物排放标准的，公安交通管理部门不予办理机动车转移登记手续。

第十条 环境保护行政主管部门会同公安交通管理部门在不影响正常交通情况下，可以在城区范围内对机动车的污染排放状况进行抽检。抽检不得收取检测费。被抽检的机动车所有者或者使用者不得拒绝抽检。环境保护行政主管部门应当场出示抽检报告。对污染物排放不符合机动车排气污染物排放标准的，暂扣其环保检验合格标志，并下达限期整改通知书；逾期不达标的，注销其环保检验合格标志。

第十一条 机动车排气检测站点按照方便群众、经济高效、社会化运做的原则，与安全技术检测站点统筹建设。

第十二条 从事机动车排气检测的机构必须具备省技术监督行政主管部门认证的资质并受省环境保护行政主管部门委托，同时遵守下列规定：

（一）检测人员持证上岗；

（二）检测仪器、设备经过质量技术监督行政主管部门定期计量检定合格；

（三）能够严格执行国家和省颁布的机动车或者机动车发动机污染物检测方法和标准，出具客观真实的检测报告；

（四）建立健全检测档案并按照环境保护行政主管部门规定上报机动车排气污染检测信息数据；

（五）公开检测资格、制度、程序、检测方法、污染物排放限值、收费标准，并接受监督；

（六）不得从事机动车排气污染维修治理业务。

第十三条 机动车维修企业从事机动车排气污染维修治理应当具备相应的条件，按机动车排气污染防治要求和有关技术规范进行维修，维修后的机动车污染物排放达到国家规定的排放标准。

环境保护等相关行政管理部门、机动车排气污染检测机构及其工作人员不得向机动车所有人指定维修治理单位或者产品。

第十四条 禁止生产、销售不符合国家标准的车用燃油、车用清净剂。

第十五条 质监、工商等部门应当依法对车用燃料的质量进行监督检查。

第十六条 机动车排气污染检测机构违反本办法规定，依法应予以行政处罚的，由环境保护行政主管部门、质量技术监督行政主管部门依法处罚。

第十七条 环境保护行政主管部门及其他行政管理部门工作人员滥用职权、玩忽职守、徇私舞弊的，依法给予行政处分；构成犯罪的，依法追究刑事责任。

第十八条 本办法自发布之日起施行。

常德市分布的国家重点保护动物名录

国家一级保护 10 种、二级 65 种，合计 75 种国家重点保护动物

1.哺乳类 MAMMAILA

鳞甲目 PHOLIDOTA

鲮鲤科 Manidae

　　穿山甲 Manis pentadactyla

灵长目 PRIMATES

猴科 Cercopithecidae

　　猕猴 Macaca mulatta

　　藏酋猴 Macaca thibetana

食肉目 CANIVORA

犬科 Canidae

　　豺 Cuon alpinus

熊科 Ursidae

　　黑熊 Selenarctos thibetanus

鼬科 Mustelidae

　　青鼬（黄喉貂）Martes flavigula

　　水獭 Lutra lutra

灵猫科 Viverridae

　　大灵猫 Viverra zibetha

　　小灵猫 Viverricula indica

　　斑林狸 Prionodon paricolor

猫科 Felidae

　　云豹 Neofelis nebulosa　Ⅰ

　　华南虎 Panthera tigris amoyensis　Ⅰ

金猫 Felis temmincki

　　豹 Panthera pardus　Ⅰ

　　金钱豹 Panthera pardus fusca　Ⅰ

偶蹄目 ARTIODACTYLA

麝科 Moschidae

林麝 Moschus berezovskii

鹿科 Cervidae

河麂(獐)Hydropotes inermis

牛科 Bovidae

(鬣羚)苏门羚 Capricornis sumatraensis

斑羚 Naemorhedus goral

2.鸟类 AVES

鹳形目 CICONIIFORMES

鹮科

白琵鹭 Plata leucorodia

鹳科

黑鹳 Ciconia nigra Ⅰ

雁形目 ANSERIFORMES

鸭科 Anatidae

中华秋沙鸭 Merus squamaus Ⅰ

鸳鸯 Aix galericulata

小天鹅 Cygnus columbianus

大天鹅 Cygnus cygnus

白额雁 A. albifrons

隼形目 FALCONIFORMES

鹰科 Accipitridae

鸢 Milvus migrans lineatus

松雀鹰 Accipiter virgatus gularis

黑冠鹃隼 Aviceda leuphotes

苍鹰 Accipiter gentilis

赤腹鹰 Accipiter soloensis

普通鵟 Buteo buteo japonicus

金雕 Aquila chrysaetos Ⅰ

白尾鹞 Circus cyaneus

凤头鹰 Accipiter trivirgatus

雀鹰 Accipiter nisus

大鵟 Buteo hemilasius

白腹鹞 Circus spilonotus

白头鹞 Circus aeruginosus

鹊鹞 Circus melanoleucos

蛇雕 Spilornis cheela ricketti

鹗 Pandion haliaetus

白尾海雕 Haliaeetus albicilla I

隼科 Falconidae

游隼 Falco peregrinus

红隼 Falco tinnunculus

灰背隼 Falco columbarius

燕隼 Falco subbuteo

小隼 Microhierax melanoleucos

阿穆尔隼 F. amurensis

鸡形目 GALLIFORMES

雉科 Phasianidae

红腹锦鸡 Chrysolophus pictus

白冠长尾雉 Syrmaticus reevesii

白颈长尾雉 Syrmaticus eliioti I

红腹角雉 Tragopan temminckii

勺鸡 Pucrasia macrolopha darwini

鹤形目 GRUIFORMES

鹤科

白鹤 Grus leucogeranus I

灰鹤 Grus grus

鸻形目 CHARADRIIFORMES

鹬科 Scolopacidae

小青脚鹬 Tringa guttifer

小杓鹬 Numenius minutus

鸽形目 COLUMBIFORMES

鸠鸽科 Columbidae

红翅绿鸠 Treron sieboldii fopingensis

鹃形目 CUCULIFORMES

杜鹃科 Cuculidae

褐翅鸦鹃 Centropus sinensis

小鸦鹃 Centropus bengalensis

鸮形目 STRGIFROMS

草鸮科 Tytonidae

草鸮 Tyto capensis

鸱鸮科 Strigidae

红角鸮 Otus scops

领角鸮 Otus bakkamoena

雕鸮 Bubo bubo

短耳鸮 Asio f. flammeus

领鸺鹠 Glaucidium brodiei

斑头鸺鹠 Glaucidium cuculoides

灰林鸮 Strix aluco

褐渔鸮 Ketupa zeylonensis

长耳鸮 Asio otus

鹰鸮 Ninox scutulata

佛法僧目 CORACIIFORMES

蜂虎科 Meropidae

栗头蜂虎 Merops leschenaulti Ⅱ

3.两栖类 AMPHIBIA

有尾目 CAUDATA

隐鳃鲵科 Cryptobranchidae

大鲵 Andrias davidianus Ⅱ

无尾目 ANURA

蛙科 Ranidae

虎纹蛙 Rana tigrina Ⅱ

4.爬行类 REPTILIA

5.昆虫

拉步甲 Carabus Lafossei Coelestis Stew Ⅱ

双叉犀金龟 Allyomyrina dighotomaL. Ⅱ

双尾褐凤蝶 Bhutanitis mansfieldi (无名录记载,但有文字记载)(列入 CITES 附录) Ⅱ

常德市分布的省重点保护野生动物名录

（合计230种）

一、两栖类 AMPHIBIA

1.有尾目 CAUDATA

蝾螈科 Salamandridae

无斑肥螈 Pachytriton labiatum

黑斑肥螈 Pachytriton brevipes

2.无尾目 ANURA

蟾蜍科 Bufonidae

中华大蟾蜍 Bufo gargarizans

角蟾科 Megophryidae

小角蟾 Megaphrys minor

峨眉髭蟾 Vibrissaphora boringii

淡肩角蟾 Megophrys boettgeri

树蟾科 Hylidae

无斑树蟾 Hyla immaculata

蛙科 Ranidae

黑斑蛙 Rana nigromaculafa

花臭蛙 Rana schmackeri

崇安湍蛙 Amolops chunganensis

华南湍蛙 Amolops ricketti

棘腹蛙 Paa boulengeri

棘胸蛙 Paa spinosa

弹琴蛙 Rana adenopleura

峨眉林蛙 Rana omeimontis

沼蛙 Rana guentheri

泽蛙 Rana limnocharis

绿臭蛙 Rana margratae

湖北侧褶蛙 Rana hubeiensis

隆肛蛙 Rana quadranus

树蛙科 Rhacophoridae

金甫泛树蛙 Polypedates chenfui

大泛树蛙 Polypedates dennysi

斑腿泛树蛙 Polypedates megacephalus

姬蛙科 Microhylidae

小弧斑姬蛙 Microhyla heymonsi

饰纹姬蛙 Microhyla ornate

花姬蛙 Microhyla pulchru

二、爬行类 REPTILIA

1.龟鳖目 TESTUDINATA

平胸龟科 Platysternidae

大头平胸龟 Platysternon megacephalum

淡水龟科 Bataguridae

乌龟 Chinemys reevesii

鳖科 Trionychidae

中华鳖 Pelodiscus sinensis

2.蜥蜴目 LACERTILIA

壁虎科 Gekkonidae

多疣壁虎 Gekko japonicus

石龙子科 Scincidae

石龙子 Eumeces chinensis

铜蜓蜥 Sphenomorphus indics

蜥蜴科 Larcertidae

北草蜥 Takydromus septentrionalis

蛇蜥科 Anguidae

脆蛇蜥 Ophisaurus harti

3.蛇目 SERPENTES

游蛇科 Colubridae

草腹链蛇 Amphiesma stolatum

绞花林蛇 Boiga kraepelini

钝尾两头蛇 Calamatia septentrionalis

翠青蛇 Cyclophiops major

黄链蛇 Dinodon flavozonatum

赤链蛇 Dinodon rufozonatum

王锦蛇 Elaphe carinata

玉斑锦蛇 Elaphe mandarina

紫灰锦蛇 Elaphe porphyracea

黑眉锦蛇 Elaphe taeniura

红点锦蛇 Elaphe rufodorsata

中国水蛇 Enhydris chinensis

小头蛇 Oligodon chinensis

饰纹小头蛇 Oligodon ornatus

山溪后棱蛇 Opisthotropis latouchii

钝头蛇 Pareas chinensis

福建颈斑蛇 Plagiopholis styani

横纹斜鳞蛇 Pseudoxendon bambusicola

斜鳞蛇 Pseudoxendon macrops

灰鼠蛇 Ptyas korros

虎斑颈槽蛇 Rhabdophis tigrinus

黑头剑蛇 Sibynophis chinensis

环纹华游蛇 Sinonatrix aequifasciata

赤链华游蛇 Sinonatrix annularis

华游蛇 Sinonatrix percarinata

渔游蛇 Xenochrophis piscator

乌梢蛇 Zaocys dhumnades

眼镜蛇科 Elapidae

眼镜蛇 Naia atra cantor

银环蛇 Bungarus multicinctus

丽纹蛇 Calliophis macclellandi

舟山眼镜蛇 Naja atra

双全白环蛇 Lycodon fasciatus(新)

蝰科 Viperidae

尖吻蝮 Deiagkistrodon acutus

短尾蝮 Gloydius brevicaudus

烙铁头 Trimeresurus?? mucrosquamatus

山烙铁头 Ovophis monticola

菜花原矛头蝮 Protobothrops jerdonii

原矛头蝮 Protobothrops mucrosquamatus

竹叶青 Trimeresurus stejnegeri

三、鸟类 AVES

1.䴙䴘目 PODICIPEDIFORMES

䴙䴘科 Podicipedidae

小䴙䴘 Tachybaptus ruficollis

凤头䴙䴘 Podiceps cristatus

2.鹈形目

鸬鹚科

普通鸬鹚 Phalacrocorax carbo

3.鹳形目 CICONIIFORMES

鹭科 Ardeidae

池鹭 Ardeola bacchus

绿鹭 Butorides striatus

大白鹭 Casmerodius albus

中白鹭 Edretta intermedia

白鹭 Egretta garzetta

苍鹭 Ardea cinerea rectirotris

牛背鹭 Bubclcus ibis coromandus

草鹭 Ardea pmpurea

夜鹭 Nycticorax nycticorax

黄苇鳽 Ixobrychus sinensis

栗尾鳽 Ixobr cinnamomeus

紫背苇鳽 Ixobrychus eurhythmus

黑鳽 Dupetor flavicollis

鹳科

东方白鹳 Ciconia boyciana

4.雁形目 ANSERIFORMES

鸭科 Anatidae

棉凫 Nettapus coromandelianus

鸿雁 Anser Fabalis

豆雁 Anser Fabalis

灰雁 Anser anser

翘鼻麻鸭 Tadona tadrna

赤膀鸭 Anas strepera

琵嘴鸭 Anas clypeata

赤颈鸭 Anas formosa

赤麻鸭 Tadona ferruginea

罗纹鸭 Anas falcata

绿头鸭 Anas Platyrhynchos

针尾鸭 Anas acuta

白眉鸭 Anas querquedula

绿翅鸭 Anas erecca

凤头潜鸭 Aythya fuligula

青头潜鸭 Aythya baeri

斑嘴鸭 Anas poecilorhyncha

花脸鸭 Anas formosa

小白额雁 A. erythropus

普通秋沙鸭 Mergus merganser

5.鸡形目 GALLIFORMES

雉科 Phasianidae

灰胸竹鸡 Bambusicola thoracica

环颈雉 Phasianus colchicus torquatus

6.鹤形目 GRUIFORMES

秧鸡科 Rallidae

白胸苦恶鸟 Amaurornis phoenicurus

董鸡 Gallicrex c. cinerea?

黑水鸡 Gallinula chloropus

骨顶鸡 Fulica atra

7.鸻形目 CHARADRIIFORMES

雉鸻科

水雉 Hydrophasianus chirurgus

鸻科

凤头麦鸡 Vanellus vanellus

环颈鸻 Charadrius alexandrinus

鹬科 Scolopacidae

丘鹬 Scolopax rusticola rusticola

白腰草鹬 Tringa ochropus

红脚鹬 Tringa totanus

青脚鹬 Tringa nebularia

矶鹬 Actits hypoleucos

白腰杓鹬 Numenius arquata

黑腹滨鹬 Calidris alpina

针尾沙锥 Gallinago stenura

扇尾沙锥 Gallinago gallinago

8.鸥形目

鸥族

红嘴鸥 Larusridioundus

9.鸽形目 COLUMBIFORMES

鸠鸽科 Columbidae

珠颈斑鸠 Streptopelia c.chinensis

山斑鸠 Streptopelia o. orientalis

火斑鸠 Streptopeilia tranquebarica

10.鹃形目 CUCULIFORMES

杜鹃科 Cuculidae

四声杜鹃 Cuculus micropterus

大杜鹃 Cuculus canorus

中杜鹃 Cuculus saturatus

噪鹃 Eudynamys scolopacea chinensis

鹰鹃 Cuculus sparverioides

11.夜鹰目 CAPRIMULGIFORMES

夜鹰科 Caprimulgidae

夜鹰 Caprimulgus indicus jotaka

12.雨燕目 APODIFORMES

雨燕科 Apodidae

白腰雨燕 Apus pacificus

小白腰雨燕 Apus affinis subfurcatus

短嘴金丝燕 Aerodramus brevirostris

13.佛法僧目 CORACIIFORMES

翠鸟科 Alcedinidae

普通翠鸟 Alcedo atthis bengalensis

蓝翡翠 Halcyon pileata

佛法僧科 Coraciidae

三宝鸟 Eurystomus orientalis calonyx

戴胜科 Upupidae

戴胜 Upupa epops saturata

14.鴷形目 PICIFORMES

啄木鸟科 Picidae

蚁鴷 Jynx torquilla

斑姬啄木鸟 Picumnus innominatus

大斑啄木鸟 Picoides major

星头啄木鸟 Picoides canicapillus

黑枕绿啄木鸟 Picus canus sobrinus

栗啄木 Micropternus brachyurus fokiensis

15.雀形目 PASSERIFORMES

燕科 Hirundinidae

家燕 Hirundo rustica gutturalis

金腰燕 Hirundo daurica japonica

山椒鸟科 Campephagidae

赤红山椒鸟 Pericrocotus flammeus

鹎科 Pynonotidae

黑短脚鹎 Hypsipetes madagascariensis

绿鹦嘴鹎 Spizixos s. semitorques

白喉红臀鹎 Pycnonotus aurigaster

白头鹎 Pycnonotus sinensis sinensis

黄臀鹎 Pycnonotus xanthorrhous

伯劳科 Laniidae

红尾伯劳 Lanius cristatus

虎纹伯劳 Lanius tigrinus

棕背伯劳 Lanius s. schach

黄鹂科 Oriolidae

黑枕黄鹂 Oriolus chinensis diffusus

卷尾科 Dicruridae

灰卷尾 Dicrurus leucophaeus

黑卷尾 Dicrurus macrocercus

发冠卷尾 Dicrurus hottentottus

椋鸟科 Sturnidae

八哥 Acridotheres c. cristatellus

鸦科 Corvidae

松鸦 Garrulus glandarius sinensis

红嘴蓝鹊 Urocissa e. erythrorhynch

喜鹊 Pica pica sericea

灰喜鹊 Cyanopica cyanus

大嘴乌鹊 Corvus macrorhynchus

白颈鸦 Corvus torquatus

鹟科 Muscicapidae

鸫亚科 Turdinae

小燕尾 Enicurus scouleri

黑背燕尾 Enicurus leschenaulti

紫啸鸫 Myiophoenus c. caeruleus

乌鸫 Turdus merula mandarinus

斑鸫 Turdus naumanni

红胁蓝尾鸲 Tarsiger cyanurus

画眉亚科 Timaliinae

画眉 Garrulax c. canorus

红嘴相思鸟 Leiothrix l. lutea

棕头鸦雀 Paradoxornis webbianus

锈脸钩嘴鹛 Pomatorhinus erythrogenys

棕颈钩嘴鹛 Pomatorhinus ruficollis

黑领噪鹛 Garrulax pectoralis

黑脸噪鹛 Garrulax perspicillatus

鹟亚科 Muscicapinae

寿带 Terpsiphone paradisi

山科 Paridae

大山雀 Parus major commixtus

黄腹山雀 Parus venustulus

红头长尾山雀 Aegithalos concinnus

绿背山雀 Parus monticolns

鳾科 Sittidae

普通鳾 Sitta europaea

太阳鸟科 Nectarniidae

蓝喉太阳鸟 Aethopyga gouldiae

绣眼鸟科 Zosteropidae

暗绿绣眼鸟 Zosterops japonica

文鸟科 Ploceidae

树麻雀 Passer montanus saturaus

雀科 Fringillidae

金翅雀 Carduelis s. sinica

黑尾蜡嘴 Eophona migratoria migratoria

黑头蜡嘴 Eophona personata magnirostris

黄胸鹀 Emberiza aureola aureola

黄喉鹀 Emberiza elegans

四、哺乳类 MAMMAILA

1.食虫目 INSECTIVORA

猬科 Erinaceidae

普通刺猬(刺猬)Erinaceus europaeus

鼹科 Talpidae

缺齿鼹 Mogera insularis

2.翼手目 CHIROPTERA

蝙蝠科 Vespertilionidae

褐山蝠 Nyctalus notula

普通伏翼 Pipistrellus abramus

东方蝙蝠 Vespertilio s.superans

蹄蝠科 Hipposideridae

普氏蹄蝠 Hipposideros pratti

大蹄蝠 Hipposigeros armiger

菊头蝠科 Rhinolophidae

马铁菊头蝠 Rhinolophus ferrumequinum

中菊头蝠 Rhinolophus affinis

小菊头蝠 Rhinolophus blythi

皮氏菊头蝠 Rhinolophus pearsoni

3.兔形目 LAGOMORPHA

兔科 Leporidae

华南兔 Lepus s. sinensis

4.啮齿目 RODENTIA

鼠科 Muridae

白腹巨鼠 Leopoldamys edwardsi

松鼠科 Sciuridae

赤腹松鼠 Callosciurus erythraeus

隐纹花松鼠 Tamiops swinhoei

豪猪科 Hystricidae

豪猪 Hystrix brachyura

帚尾豪猪 Atherurus macrourus

鼯鼠科 Petauristidae

红白鼯鼠 Petaurista alborufus

竹鼠科 Rhizomyidae

银星竹鼠 Rhizomys pruinosus

中华竹鼠 Rhizomys sinensis

5.食肉目 CANIVORA

犬科 Canidae

赤狐 Vulpes vulpes

貉 Nycterentes procyonoides

鼬科 Mustelidae

黄鼬 Mustela sibirica

黄腹鼬 Mustela kathiah

鼬獾 Melogale moschata

狗獾 Meles meles

猪獾 Arctonyx collaris

灵猫科 Viverridae

果子狸 Paguma larvata

食蟹獴 Herpestes urva

猫科 Felidae

豹猫 Felis bengalensis

6.偶蹄目 ARTIODACTYLA

猪科 Suidae

野猪 Sus scrofa

鹿科 Cervidae

小麂 Muntiacus reevesi

毛冠鹿 Elaphodus

常德市分布的国家重点保护野生植物名录

（共35种）

(一)苏铁科 CYCADACEAE

1 苏铁 * Cycas revoluta Thunb. Ⅰ

(二)银杏科 GINKGOACEAE

2 银杏 Ginkgo biloba L. Ⅰ

(四)松科 PINACEAE

金钱松 Pseudolarix amabilis (Nelson) Rehd.(Pseudolarix kaempferi Gord.) Ⅱ

12 黄杉 Pseudotsuga sinensis Dode Ⅱ

(五)杉科 TAXODIACEAE

17 水杉 * Metasequoia glyptostroboides Hu et Cheng Ⅰ

(八)三尖杉科 CEPHALOTAXACEAE

31 篦子三尖杉 Cephalotaxus oliveri? Mast. Ⅱ

(九)红豆杉科 TAXACEAE

33 红豆杉 Taxus wallichiana Zucc.chinensis (Pilger.) Florin (Taxus chinensis(Pilger) Rehd.) Ⅰ

34 南方红豆杉 Taxus wallichiana Zucc.var.mairei (Lemee et Levl.) L.K.Fu et N.Li) Ⅰ

35 巴山榧树 Torreya fargesi Franch. Ⅱ

36 榧树(香榧)Torreya grandis Fort.ex Lindl. Ⅱ

37 白豆杉 Pseudotaxus chienii (Cheng) Cheng Ⅱ

(十)木兰科 MAGNOLIACEAE

38 鹅掌楸 Liriodendron chinense (Hemsl.) Sarg. Ⅱ

43 厚朴 Magonlia officinalis Rehd.et Wils. Ⅱ

44 凹叶厚朴 Magnolia officinalis Rehd.et Wils.ssp.biloba (Rehd.et Wils.) Law Ⅱ

(十三)水青树科 TETRACENTRACEAE

60 水青树 Tetracentron sinense Oliv. Ⅱ

(十五)连香树科 CERCIDIPHYLLACEAE

62 连香树 Cercidiphyllum japonicum Sieb.et Zucc. Ⅱ

(十六)樟科 LAURACEAE

67 樟树 Cinnamomum camphora (L.) Presl. Ⅱ

111 闽楠(楠木)Phoebe bournei (Hemsl.) Yang Ⅱ

(四十二)蓼科 POLYGONACEAE

384 金荞麦 Fagopyrum dibotrys (D.Don) Hara Ⅱ

(九十四)榆科 ULMACEAE

1051 大叶榉 Zelkova schneideriana H.－M. Ⅱ

1052 光叶榉 Zelkova serrata (Thunb.) Makino Ⅱ

(一百一十)楝科 MELIACEAE

1267 红椿 Toona ciliata Roem.(T.ciliata Roem.ar. pubescens (Franch.) H.－M.毛红椿) Ⅱ

(一百一十一)无患子科 SAPINDACEAE

1270 伞花木 Eurycorymbus cavaleriei (Levl.) Rehd.et H.－M. Ⅱ

(一百一十三)钟萼木科 BRETSCHNEIDERACEAE

1274 钟萼木(伯乐树)Bretschneidera sinensis Hemsl. Ⅰ

(一百二十一)蓝果树科 NYSSACEAE

1369 喜树(旱莲木)Camptotheca acuminata Decne. Ⅱ

1370 珙桐 Davidia involucrata Baill. Ⅰ

光叶珙桐 D.involucrata baill.var.vilmoriniana (Dode) Wanger. Ⅰ

(一百三十一)安息香科 STYRACACEAE

1488 长果秤锤树 Sinojackia dolichocarpa C.J.Qi Ⅱ

(一百三十七)茜草科 RUBIACEAE

1574 香果树 Emmenopterys henryi Oliv. Ⅱ

(一百八十九)禾本科 GRAMINEAE

2468 中华结缕草 Zoysia sinica Hance Ⅱ

(九十三)壳斗科 FAGACEAE

1018 台湾水青冈(巴山水青冈)Fagus hayata Palib.ex Hayata (F.pashanicaC.C.Yang) Ⅱ

(八十三)蝶形花科 PAPILIONACEAE

888 野大豆 Glycine soja Sieb.et Zucc. Ⅱ

914 花榈木 Ormosia henryi Prain Ⅱ

915 红豆树 Ormosia hosiei Hemsl.et Wils. Ⅱ

(一百五十二)玄参科 SCROPHULARIACEAE

崖白菜 Triaenophora rupestri (Hemsl.) Soler. Ⅱ

常德市分布的省重点野生植物保护名录

一、松科 PINACEAE

1.铁坚油杉(铁坚杉)Keteleeria davidiana (Bertr.) Beissn.

2.黄山松(台湾松)Pinus taiwanensis Hayata.

3.铁杉 Tsuga chinensis (Franch.) Pritz. (Tsuga tchekiangensis Flous)

二、罗汉松科 PODOCARPACEAE

4.竹柏 Nageia nagi(Thunb.)Kuntze (Podocarpus nagi)
(Thunb.)Zoll.et Mor.ex Zoll.)

5.罗汉松 Podocarpus macrophylla(Thunb.)D.Don

三、木兰科 MAGNOLIACEAE

6.乐昌含笑 Michelia chapensis Dandy(Michelia tosi Dandy)

7.多花含笑 Michelia floribunda Finet et Gagnep.

8.金叶含笑 Michelia foveolata Merr.

9.黄心夜合 Michelia martini (Levl.) Dandy

10.巴东木莲 Manglietia patungensis Hu

11.武当玉兰 Magnolia sprengeri Pampan.

12.乐东拟单性木兰 Parakmeria lotungensis (Chun et C.H.Tsoong) Law

四、领春木科 EUPTELEACEAE

13.领春木 Euptelea pleiospermum Hook.f.et Thoms.

五、樟科 LAURACEAE

14.沉水樟 Cinnamomum micranthum (Hayata) Hayata

15.少花桂(山桂皮)Cinnamomum pauciflorum Nees.
(C.jensenianum H.－M.野黄桂)

16.川桂 Cinnamomum wilsonii Gamble

17.黄樟 Cinnamomum parthenoxylon (Jack) Meissn.
(C.porrectum (Roxb.) Kosterm.)

18.猴樟 Cinnamomum bodinieri Levl.

19.竹叶楠 Phoebe faberi (Hemsl.) Chun

六、毛茛科 RANUNCULACEAE

20.尾囊草 Aquilegia henryi (Oliv.) Finet et Gagnep.

21.川鄂獐耳细辛 Hepatica henryi (Oliv.) Steward

(二十)睡莲科 NYMPHAEACEAE

197 睡莲 * Nymphaea tetragona Georgi

(二十一)小檗科 BERBERIDACEAE

203 小八角莲(红八角莲)Dysosma difformis (Hemsl.et Wils.) T.H.Wang ex Ying

204 六角莲 Dysosma pleiantha (Hance) Woodson

205 八角莲 Dysosma versipellis (Hance) M.Cheng ex Ying

(五十一)千屈菜科 LYTHRACEAE

尾叶紫薇 Lagerstroemia caudata Chun et How ex S.Lee et L.Lau

8 川黔紫薇 Lagerstroemia excelsa (Dode) Chun ex S.Lee et L.Lau

(L.kweichouensis Tsong nom,nud.)

(六十五)山茶科 THEACEAE

584 紫茎 Stewartia sinensis Rehd.et Wils.(S.nanlingensis S.Z.Yan 南岭紫茎)

(六十六)猕猴桃科 ACTINIDIACEAE

562 中华猕猴桃 Actinidia chinensis Planch.

毛花猕猴桃 Actinidia eriantha Benth.

(一百一十二)七叶树科 HIPPOCASTANACEAE

1273 天师栗 Aesculus wilsonii Rehd.

(七十二)梧桐科 STERCULIACEAE

瑶山梭椤树 Reevesia glaucophylla Hsue

(八十五)金缕梅科 HAMAMELIDACEAE

963 红继木 Loropetalum chinense (R.Br) Oliv.var.rubrum Yieh.

(八十三)蝶形花科 PAPILIONACEAE

(九十一)桦木科 BETULACEAE

989 香桦 Betula insignis Franch.

(九十三)壳斗科 FAGACEAE

1019 水青冈 Fagus longipetiolata Seem.

1018 台湾水青冈(巴山水青冈)Fagus hayata Palib.ex Hayata

(F.pashanica C.C.Yang)

赤皮青冈 Cyclobalanopsis gilva (Bl.) Oerst.

(Cyclobalanopsis hunanensis (H.-M.) Cheng et Hong 湖南石槠)

(九十四)榆科 ULMACEAE

1045 青檀 Pteroceltis tatarinowii Maxim.

(九十五)桑科 MORACEAE

1073 长穗桑(湘桂桑)Morus wittiorum H.—M.

(九十八)冬青科 AQUIFOLIACEAE

1123 五棱苦丁茶 Ilex pentagona S.K.Chen,Y.X.Feng et C.L.Liang

(一百零八)芸香科 RUTACEAE

1238 柑橘 * Citrus reticulata Blance (C. daoxianensis S.W.He et G.F.Liu 道县野橘;C.mangshanensis S.W.He.et G.F.Liu 莽山野柑)

(一百一十四)槭树科 ACERACEAE

1286 血皮槭 Acer griseum (Franch.) Pax

1291 毛果槭 Acer nikoense Maxim.

1301 金钱槭 Dipteronia sinensis Oliv.

(一百一十六)省沽油科 STAPHYLEACEAE

1319 银鹊树(瘿椒树)Tapiscia sinensis Oliv.

(一百一十八)胡桃科 JUGLANDACEAE

1332 湖南山核桃 Carya hunanensis Cheng et R.H.Chang

1333 青钱柳(摇钱树)Cyclocarya paliurus (Batal.) Iljingsk.

(一百二十二)五加科 ARALIACEAE

1388 竹节参(大叶三七)Panax japonicus C.A.Mey.

1385 刺楸 Kalopanax septemlobus (Thunb.) Koidz.

(一百六十二)水鳖科 HYDROCHARITACEAE

2050 龙舌草(水白菜、水车前)Ottelia alismoides (L.) Pers.

(一百七十二)百合科 LILIACEAE

巴山重楼 Paris bashanensis F.T. Wang & T. Tang

矮重楼 Paris polyphylla Smith var.nana H.Li

壶瓶重楼 Paris hupingshanensis D.G.Zhang sp nov.

(一百七十八)香蒲科 TYPHACEAE

2193 香蒲(东方香蒲)Typha orientalis Prel.

(一百八十九)禾本科 GRAMINEAE

竹亚科 BUMBUSOIDEAE

方竹 Chimonobambusa qundrangularis (Fenzi) Makino

2359 紫竹 Phyllostachys nigra (Lodd ex Lindl.) Munro

二、重要环保会议

（一）1990 年全市环境保护工作会议

1990 年 5 月 25—26 日，市政府召开全市环境保护工作会议，主要任务是贯彻落实 1989 年 4 月召开的第三次全国环境保护工作会议和 1990 年 4 月召开的湖南省环境保护工作会议精神，总结 1983 年第二次全国环境保护工作会议召开以来常德市环境保护工作，部署本届政府任内全市环境保护工作。省环保局副局长欧阳梓、市政府副市长杨万柱、副秘书长张安中，以及各区县（市）分管环保工作的区县（市）长、环保局长，市直有关单位及部分大中型企业主要负责人，市环保局全体干部职工参加会议。

会议分两天举行，第一天集中召开会议，共 6 项议程，第二天分组讨论。在第一天的大会上，市环保局局长马盛武做题为《建立环保工作新秩序，为保护和改善我市环境而奋斗》的工作报告。报告指出，常德市自第二次全国环境保护工作会议以来，认真执行环境保护基本国策，坚持经济建设、城乡建设、环境建设同步规划、同步实施、同步发展，认真贯彻执行“预防为主、防治结合”“谁污染谁治理”和“强化环境管理”三大政策，环境保护工作取得了明显成效，主要表现在工业污染初步得到控制，生态保护得到加强，局部地区的环境质量有所改善，一批污染扰民大户已经或正在得到治理。报告还客观分析了常德市环境保护工作面临的严峻形势和主要问题，明确了今后一段时期全市环保工作目标和 7 大主要任务，即：把治理整顿与环境保护结合起来，充分发挥环境管理的宏观调控做用；以目标责任制为龙头，狠抓环境保护目标责任制、城市环境综合整治定量考核、排污许可、污染集中控制、限期治理等“新五项”制度的落实；结合农业升温，加强农业环境保护；加强宣传教育，提高环保国策意识；加快科技进步，发展环保产业；加强环境保护法制建设；抓好环保部门自身建设。随后，津市市政府、市化工局、汉寿县政府、桃源纺织印染厂等 4 家单位分别做了典型发言；对获得 1989 年环境保护工作目标管理先进单位的区县（市）政府及环保局进行了表彰；市政府与各区县（市）政府现场签订了环境保护责任状；省环保局副局长欧阳梓代表省环保局发表了热情洋溢的讲话，提出了希望和要求。最后，副市长杨万柱做了题为《加强领导，强化管理，为改善我市环境质量而奋斗》的总结讲话，要求全市上下提高认识，增强环境保护责任感，动员全社会力量搞好环境保护，努力建立环保工作的新秩序，使常德的天更蓝、水更绿、山更青、人更美，经济建设和各项事业更加兴旺发达。

（二）1991 年全市环境保护工作会议

1991 年 3 月 12 日，常德市召开环境保护工作会议，各区县（市）环保局长参加会议，市人大常委会副主任揭乐田、市政府副市长杨万柱出席会议并发表讲话。

会上，常德市环保局局长马盛武做了题为《乘东风，鼓干劲，把我市环保工作推向一个新的台阶》的报告。报告分两部分：第一部分回顾总结了过去一年环保工作取得的主要成绩：工业污染进一步得到控制，城区环境质量略有好转，农村环境综合整治探索了一些新路子。与1989年相比，全市工业废水年排放量减少3.76%，工业废水排放达标量增加169.37%；废气中二氧化硫排放量减少19.53%，烟尘减少5.0%；工业固体废物产生量减少7.83%，处置量增加103.43%，排放量减少25.84%；“三废”综合利用产品产值增长18.28%。第二部分对当年工作做了安排部署：要把思想统一到党的十三届七中全会精神上来，牢固树立为经济建设服务的指导思想，认真贯彻国务院《关于加强环境保护工作的决定》，贯彻省环保会议精神，宣传求“深”，执法求“准”，管理求“严”，监测求“灵”，做风求“实”，队伍求“硬”，力争使沅、澧两水常德段的水质稳定在去年水平上，涔水、道水综合整治初步取得实效，市城区、各城关镇大气环境质量略有好转，噪声污染显著减轻，农村环境整治取得新的经验，努力实现“八五”环保目标，为全市人民创造一个优美、舒适的生产、生活环境。

（三）1996年12月市政府常务会议

1996年12月11日至12日，市长张昌平主持召开市政府常务会议，研究加强环境保护工作相关决议。经过多次研究、反复修订，《中共常德市委常德市人民政府关于加强环境保护工作的决定》（常发〔1997〕9号）于1997年6月27日出台。

《决定》共十项：一是切实加强对环境保护工作的领导。各级党委、政府一把手是环境保护的第一责任人。各级人民政府要对本辖区的环境质量负责，实行环境质量行政领导负责制。各级党委、政府要把环境保护纳入“双文明”考核内容。二是全面落实环境保护目标任务。到2000年，全市所有工业污染源排放污染物要达到国家或省规定的标准，主要污染物排放总量控制在国家规定的排放总量指标内，使常德市环境污染和生态破坏加剧的趋势得到基本控制；造纸、化工、建材、能源等重点行业和西洞庭地区、新安地区、新关地区的工业污染得到有效遏制，市城区、津市市城区和各县县城的环境质量以及沅水、澧水、渫水、道水、涔水、松滋河等河流水质得到较大改善。三是认真解决市城区环境问题。建立市城区大气环境保护圈，加快江北城区污水净化与资源化工程进度，加大噪声污染监管，妥善处置和利用有害固体废物。四是赋予环保部门对建设项目的第一审批权。五是各类老污染源必须限期达到国家或省排放标准。对现有超标排放污染物的企业，由县级以上人民政府或委托环境保护行政主管部门依法责令在3年内限期治理，确保到2000年稳定达标排放。六是保护和合理开发利用自然资源。七是严格环境保护执法。八是充实和完善各级环境保护机构。力争在2年内建成乡镇环保机构，形成农村环境监管网络。

加强各级环境监测站的标准化建设，提高监测质量和应急能力，全市从超标排污费80%部分中提取5%用于装备监测设备的政策，延长执行3年。九是增加对环境保护资金投入。到20世纪末，全市环保投入占国民生产总值的比例应增加到1%。从1997年起，市财政预算(含城建费)除排污费外，每年安排200万元以上的资金，用于综合性、公益性的环境建设项目和环保示范工程建设。十是提高公民环境意识和法制观念。各级党委宣传部门和新闻媒体要把环境宣传纳入年度工作计划并进行年度考核，各级普法机构要将环保法律法规列入普法教育内容，各级教育行政主管部门要着重抓好青少年的环保基本知识教育，各级党校要将环境保护教育列入必设课程，提高各级领导干部对经济发展和环境保护的综合决策能力。

(四)1999常德环保世纪行活动总结表彰暨工业企业排污达标会议

2000年1月13日，1999年常德环保世纪行活动总结表彰暨工业企业排污达标会议在常德君蓓宾馆召开，市直有关单位负责人，各区县(市)人大分管环保工作负责人、环保局长，市控60家工业企业负责人，市环保局副科级以上干部参加会议，市人大常委会主任彭孟芝，市委常委、常务副市长陈君文出席会议并讲话。

市人大常委会副秘书长、城环委主任鲁秉群就常德环保世纪行活动做了发言。1999年，常德环保世纪行活动以“还我蓝天、还我碧水、还我绿地”为主题，以新闻舆论和执法查处为手段，发动全民参与，营造了浓厚的环保氛围，取得了良好的社会效应，被三湘环保世纪行组委会授予优秀组织奖。2000年，常德市环保世纪行活动的主题是“推进排污达标工作，还我蓝天碧水绿地”。随后，市环保局局长余洪涛做题为《推进排污达标，保护蓝天碧水》的工作报告。报告总结了前段常德市达标排放工作进展和取得的基本经验。全市5673家工业企业，已有5123家实现达标排放，达标率为90.3%，其中，由市直接监管的60家重点达标企业(含省管7家)中，达标基本完成的37家，竣工调试的8家，正在施工的8家，自然关停的2家，进行方案设计的5家，达标率61.7%；区县(市)监管的228家达标重点企业(含市管60家)，已经完成的115家，竣工调试的35家，正在组织施工的24家，进行方案设计的45家，达标率50.4%。报告还对下一步排污达标工作做了安排部署。强调要处理好达标工作中的“三个关系”，即：正确处理企业达标评定与日常监管标准的关系，淘汰落后工艺、设备与环保达标的关系，以及环境达标与停产企业的法律地位的关系；要加强分类指导和典型引路，做到一厂一策、一地一策；要强化日常监管，严格依法行政；要把环保世纪行和达标排放工作结合起来，加强宣传与舆论监督，营造良好的达标氛围。最后，市委常委、常务副市长陈君文发表重要讲话。他指出，常德环保世纪行活动取得的最主要成绩体现在三个方面：一是全社会环境意识显著增强；二是全市上下对建设常德市城区大气环境保护圈达成了共识；三是促进了工业企业排污达标工作。他强调，要紧扣重点，营造声势把环保世纪行活动变成一场实实在在的环保“攻坚战”，要做到“四个结合”：一是要与党委政府的中心工作相结合，自觉服务经济建设，促进经济发展；二是要与企业达标排放工作相结合；三是要与人大执法检查相结合；四是要与为民办实事相结合。要明确责任，强化措施，确保2000年工业企业排污达标，切实做到“六落实”，即达标任务落实、项目落实、单位落实、措施落实、资金落实、责任人落实。

（五）2004年全市环境保护工作会议

2004年4月9日，全市环境保护工作会议在常德芷园宾馆召开，主要任务是贯彻落实全国、全省环境保护工作会议精神，讨论落实《排污费征收使用管理条例》的具体措施，部署2004年全市环境保护工作，对创建国家环境保护模范城市工作进一步动员部署。各区县（市）政府分管环保工作副区县（市）长、政府办副主任、环保局局长，德山开发区、柳叶湖旅游度假区、西湖管理区和西洞庭管理区管委会主要负责人，市直有关单位主要负责人，有关企业分管负责人、安环处（科）长参加会议，市政府副市长刘剑英出席会议并讲话。

常德市环保局局长王吉亚做题为《以科学发展观为指导，推动环保工作再上新台阶》报告。报告全面回顾总结了2003年全市环保工作，指出了存在的主要问题。2003年，市委、市政府做出了力争用3到5年时间创建国家环境保护模范城市的重要决策，要求以“创模”为契机促进城市环境基础设施的改善，打造具有常德特色的城市环境品牌。全年共审查审批建设项目365个，总投资29亿元，其中环保投资9136万元，环评执行率审批率均达100%，否决了一批不符合国家产业政策、对环境有较大影响的项目。在全市范围开展“清理整顿不法排污企业、保障群众健康”环保行动，共检查企业300多家，责令40多家不法排污企业停产整顿；共查处环境违法案件377起，处罚金27万元。市直新开征排污收费单位54家，征收排污费870万元。“两区一园”建设和保护工作稳步推进，新建农业生态示范区和无公害生产基地10个，一批无公害产品和绿色、有机食品通过检测认可。扎实开展环保世纪行活动，环境宣传教育渗透到学校、社区等基础层面。完成了全市水环境功能区划，并通过了国家环保总局的验收；出台了《常德市环保系统十三条禁令》，组建了110专职办公室，赢得了民心民意。报告还明确了2004年环保工作的总体思路和主要任务，提出抓好七件大事，努力实现新形势下环保工作的新突破：一是深化“创模”工作，攻克创建“瓶颈”；二是用足舆论和法律监督两大手段，将“环保世纪行”活动抓出实效；三是开展环保专项整治行动，遏制污染反弹；四是严把规划和建设项目“三同时”关，全面实施排污申报登记和排污许可证制度，从制度上控制新老污染负荷；五是规范排污费征收使用管理工作，顺利推进排污收费体制改革；六是立足自然资源大市的市情，力争生态环境保护抓出特色；七是加强队伍建设，提高支撑保障能力。随后，市环保局副局长陈建国、卜忠华分别就《排污费征收使用管理条例》贯彻落实、建设项目环境管理工作做了发言。最后，市政府副市长刘剑英做了总结讲话，要求全市各部门各单位正确认识和把握科学发展观的内涵和实质，以科学发展观指导环境保护工作；要认清形势，增强做好新形势下环保工作的紧迫感和责任感；要切实加强对环境保护工作的领导，坚持党政一把手亲自抓、负总责，强化依法治理和能力建设。他强调，要明确重点和方向，突出改善环境质量。一要倾听群众的意见和呼声，尽快解决一批污染扰民问题；二是依法严格环境准入，认真清理违法建设项目；三是积极推进清洁生产，大力发展循环经济。

（六）2006年省、市重点造纸企业治污工作专题会议

2006年7月11日，市委书记武吉海、市长陈君文主持召开重点造纸企业治污工作专题会议。会议议定：对达到规模、有能力解决环保治污问题的企业，银行要支持解决资金问题；对企业扩大规模和治污需征用的土地，市直企业由市政府负责协调落实，区县（市）属企业由各区县（市）政府负责协调落实；达到规模的造纸企业环保治污达标后，三年缴纳的所得税留成部分、增值税地方留成部分的50％及排污费地方所得部分可实行同级财政先征后返，专项用于企业治污贷款贴息和归还治污贷款。

同年11月，省政府组织召开了洞庭湖区造纸企业污染整治专题会议，常德市在会上进行了专题陈述，反馈了整治意见。省政府决定，从2006年11月起到2007年12月31日止，全面启动洞庭湖区造纸企业污染集中整治行动。整治内容：突出抓好环洞庭湖区现有造纸厂污染整治。整治共分三个阶段：第一阶段，12月31日前，凡无有效的污染防治设施或长期超标排污的化学制浆造纸企业，一律由当地县级以上人民政府责令停止生产。第二阶段，2007年3月31日前，无碱回收装置或虽有碱回收装置但污染物排放不能稳定达标的化学制浆造纸企业、无有效的环保设施或污染物排放不能稳定达标的废纸造纸企业，一律由当地县级以上人民政府责令停止生产。第三阶段，2007年12月31日前，年生产能力在5万吨以上、碱回收装置等污染防治设施齐全且能稳定达标排放的化学制浆造纸企业，经省、市、县三级环保部门验收合格后，方准恢复生产；关闭年生产能力1万吨以下的废纸造纸企业；年生产能力1万吨以上的废纸造纸企业，必须上废水处理设施，并安装污染源在线监控系统，实施清洁生产和污染物达标排放，经省市县三级环保部门验收合格后，方准恢复生产。整治进度：2006年11月至12月为工作部署和宣传动员阶段，各市制定具体实施方案，常德、益阳、岳阳三市人民政府与省人民政府签订目标责任书；2006年12月31日前为集中整治第一阶段，由地方政府下达第一阶段停止生产的化学制浆造纸企业名单；2007年1月1日至2007年3月31日为集中整治第二阶段，由地方政府下达第二阶段停止生产企业名单，各市区要按要求完成第二阶段整治工作任务；2007 年 4 月 1 日至 2007 年 12 月 31 日为第三阶段，各市按要求完成第三阶段治理工作任务，各级环保部门做好整治验收工作；2008 年年初，省政府办公厅组织联席会议成员单位对造纸企业整治工作进行全面考核验收。

（七）2008 年生态市建设领导小组第一次会议

2008 年 3 月 5 日，市长卿渐伟主持召开生态市建设领导小组第一次会议，专题研究部署 2008 年生态市建设工作，调整生态市建设领导小组，由市长任组长，两位常委副市长及市人大、市政协各一名分管领导任副组长。

会议讨论了《常德市生态市建设领导小组关于 2007 年生态市建设目标责任制考核结果的通报》。石门县政府、市发改委、市林业局、市环保局、市财政局、市农业局 6 家单位被评为 2007 年生态市建设目标责任考核先进单位；桃源县政府、安乡县政府、武陵区政府、津市市政府、德山开发区管委会、柳叶湖旅游度假区管委会、市经委、市规划局、市水利局、市国土局、市建设局、市畜牧水产局、市卫生局、市广电局、常德日报社 15 家单位被评为 2007 年生态市建设目标责任考核达标单位；石门县壶瓶山镇、石门县子良乡被评为 2007 年创建环境优美乡镇先进单位。

会议还研究制定了《常德市生态市建设 2008 年目标责任制考核实施办法》。《实施办法》明确了六个方面的工作任务，即：进一步加强饮用水源保护、继续抓好生态县建设、组织开展环境优美乡镇和生态村创建工作、突出抓好污染物减排工作、认真解决区域突出环境问题、开展生态建设宣传活动。提出了三大保障措施，即：加强组织领导，成立由市长任组长的常德市生态市建设领导小组，各区县（市）也要成立相应的工作机构；健全工作机制，实行生态市建设目标责任制，采取年终检查与日常督查相结合的方式，加强现场督查，严格目标考核；加大宣传力度，采取多种形式，加强生态市建设的宣传教育。确定了考核实施办法和奖励办法，分考核对象制定了 A、B、C 三类考核细则：《区县（市）人民政府生态市建设考核实施细则》（A 类），《德山、柳叶湖、西湖、西洞庭管委会生态市建设考核实施细则》（B 类），《市直部门生态市建设考核实施细则》（C 类）；考核内容、计分办法和考核方式根据类别不同而分别设置。按年终考核综合得分，80 分以上的单位为“常德市 2008 年生态市建设达标单位”；A 类单位得分前 3 名且在 90 分以上，B 类单位得分第 1 名且在 90 分以上，C 类单位得分前 5 名且在 90 分以上为“常德市 2008 年度生态市建设先进单位”；“常德市 2008 年度生态市建设先进单位”的代表，以及在创建环境优美乡镇和生态村活动中成效显著的乡镇和行政村主要负责人被授予“常德市 2008 年度生态市建设先进个人”荣誉称号。

(八)2012 年全市环保工作、创模工作会议暨环保世纪行动员大会

2012 年 3 月 8 日,全市环保工作、创建国家环保模范城市工作暨环保世纪行动员大会在常德芷园宾馆召开,各区县(市)政府(管委会)副区县(市)长(副主任)、环保局(分局)长、市直有关单位主要负责人参加会议,市委常委、副市长卢武福到会并讲话,市人大常委会副主任王孝山宣读了《中共常德市委办公室常德市人民政府办公室关于印发〈2012 年常德环保世纪行活动方案〉的通知》,武陵区人民政府和澧县人民政府分别做了典型发言。

市环保局局长洪振海做工作报告。报告分四个部分:第一部分,肯定成绩,回顾总结 2011 年的环保工作。主要体现在三个方面。一是全年工作目标较好实现。以污染减排、农村环境连片整治、生态创建、环境监管为突出重点,狠抓工作落实,全面实现了年度环保工作目标,全市没有发生一起重特大环境污染事故,没有因环境问题引发群体性事件。市城区空气质量达标率为 88.8%,与上年基本持平,沅、澧两水水质稳定在Ⅱ—Ⅲ类之间,其他各项指标均达到规定标准。二是服务经济发展成效显著。市本级共审批项目 177 个,办结时间市县平均不到 3 天;完成了空气质量监测设备升级改造工程,市本级地表水分析能力达到 109 项全指标,市城区空气质量监测能力由原来的 3 项提升到 5 项,新增了 PM2.5 和臭氧监测指标;市本级共接待环境信访、投诉 982 起,全部进行了处理回复。三是环保基础工作更加扎实。第二部分,突出重点,认真抓好 2012 年环保工作。总体目标是,在保证经济社会又好又快发展的同时,确保环境质量总体稳定并有所改善,确保不发生重特大环境污染事故和群体性事件,确保以污染减排为核心的各项工作任务圆满完成。围绕目标,突出抓好五大工程,即:污染减排工程、生态创建和农村环境治理工程、环境监管工程、环保服务工程和环保能力建设工程。第三部分,齐心协力,确保环保创模成功夺牌。通过两年努力,常德市环保创模工作在复核前的各项程序基本完成,顺利通过了省环保厅的预评估,计划在 2012 年 5 月接受环保部的复核。为推动创模,报告提出了三点要求:一是抓好环保创模宣传,二是进一步补充完善创模资料,三是做好迎检现场准备。第四部分,明确主题,扎实开展环保世纪行活动。以“统筹城乡生态环保,打造宜居幸福家园”为活动主题,突出抓好三项工作:一是抓好环保宣传教育,二是扎实开展法律和舆论监督,三是着力解决群众关心的环境问题。

最后,市委常委、副市长卢武福发表重要讲话。他指出,抓好环保工作是经济社会发展的迫切要求,是全社会的共同愿望,是环境管理现状的形势所逼,必须深化思想认识,增强抓好环保工作的责任感。要做到“五个确保”,即:确保污染减排任务全面完成、确保环保模范城市成功夺牌、确保经济社会发展不受阻碍、确保自然生态环境安全稳定、确保城乡环境质量有所改善。他强调,环保工作是一项事关全局的工作,是一项系统工程,必须

动员和依靠全社会的力量，合力推进。要增强“三种意识”，即领导的责任意识、部门的协做意识、群众的义务意识，抢抓机遇、开拓创新、扎实工作，努力开创环保工作的新局面，为建设现代常德、幸福家园做出新的更大的贡献。

三、重大环境污染事件

(一)石门县二都乡双龙村夏木湾砂石场毁林事件

从 2007 年至 2012 年期间，石门县二都乡双龙村村民李金武挖沙、采石，损毁位于该村夏木湾地段承包责任山林 3.34 公顷(按照被毁山林表面积估算)。石门县林业、国土部门先后数次介入调查，并于 2012 年 5 月 21 日将此案移送石门县森林公安局立案查处。立案查处后，国土资源部通过卫星遥感监控，监测到李金武的违法开采行为不但没有停止，反而加快了开采进度，经多年封山保护的夏木湾双龙村森林植被仍在大面积损毁且无法恢复。国家、省、市国土部门要求石门县国土资源局对该情况进行彻底调查。石门县国土资源管理局、石门县林业局先后数次进入双龙村进行实地调查，责令该沙石场停止开采，并依照相关法律法规对相关责任人追究了法律责任。

图 133　毁林采砂现场

被毁的山林

(二)汉寿蒋家嘴苎麻企业黑污直排洞庭湖事件

蒋家嘴是汉寿县工业重镇，有 10 多家苎麻脱胶企业，素称“亚洲苎麻脱胶第一镇”。考虑到环境污染问题，2006 年，汉寿县委、县政府关闭了泰亿德造纸厂以及洞庭、供销等 6 家苎麻脱胶厂。保留下来的广源、紫阳等 5 家苎麻脱胶厂投资 9000 多万元，建成高标准苎麻脱胶废水处理设施。

2012 年 12 月 26 日，在湖南省人大环境与资源保护委员会的带领下，红网、潇湘晨报等数家媒体与一批环保志愿者，一同来到汉寿县蒋家嘴镇暗访当地企业排污情况。结果发现排污口白色泡沫翻滚，洞庭湖千亩湿地成垃圾堆，处于湖床上端的湖南广源麻业有限公司的两个排污口，肆意排出的污水发出刺鼻的味道，排污口产生的白色泡沫绵延几十米。湖床显露部分可见厚度达 2 米的黑色淤泥，面积上千亩。污水穿过淤泥层，直接流入西洞庭湖水域。污水是用于苎麻脱胶的高浓度硫酸等化学物质混合污水，黑色污泥则是麻厂锅炉用的谷壳和煤燃烧后的产物。蒋家嘴镇的几家麻厂，虽然建了污水处理厂，但因为耗电大、运做成本高等原因很少启动。污水直排洞庭湖，导致不少鱼类鸟类死亡，特别是制造金刚麻排出的污水，导致周边鱼类碱性超标、味道偏苦。因为麻厂以谷壳和煤为燃料，大气受到严重污染，周边居民房间每天布满黑色灰尘。

蒋家嘴镇麻厂污染事件经媒体曝光后，12 月 27 日，省环保厅厅长蒋益民紧急约谈常德市、汉寿县环保局局长和涉嫌污染排放的广源麻业负责人，并责令省环境监察总队总队长王盛才带领专业检测人员，前往蒋家嘴镇，对企业展开检查。根据省环境监察总队 28 日下午公布的取样化验结果，pH 值以及悬浮物、COD、氨氮含量等指标均在规定值以内；除了污水问题，现场 2 米多厚的黑色不明沉积物，省环境监测中心站开展了成分分析。而据当地环保部门的常规监测，该厂偶有排放不达标现象。

汉寿县成立了由一名副县长牵头的联合调查组，对蒋家嘴镇现有污染问题开展调查；请专家对已排放的废料进行评估，鉴定污染程度，并动用铲车对湿地表面堆积的垃圾进行搬运，集中进行无害化处理；由县环保局负责，检查 2012 年来环保行政许可落实情况，严格查处违法案件，并对涉事企业及人员依法依规启动问责程序，并将处理情况向各级媒体及时公开。

图 134　黑色污水冲积而成的黑色沟壑

污水流出后产生的白色泡沫绵延几十米

(三)挂牌督办的常德天宏纸业顶风超标排污事件

常德天宏纸业有限责任公司，位于常德市西洞庭管理区东北湾，占地面积 80 万平方米，于 2002 年 2 月 25 日成立。2007 年 10 月，常德天宏纸业有限责任公司更名为湖南中冶美隆纸业有限公司，由厦门安妮股份有限公司提供资金支持。湖南中冶美隆纸业有限公司，是常德市最大的制浆造纸企业，以生产中高档复印纸、热敏纸、无碳复写纸为主。

2006 年 9 月 5 日，湖南省人大常委会环保执法检查组在省人大常委会副主任庞道沐带领下，检查了常德天宏纸业有限责任公司环保情况，查看了企业附近牛屎湖水质，所见污染情况触目惊心。该企业生产过程中产生的污水直接排入澧水，再经澧水排入洞庭湖，所排放的粉尘直接导致空气严重污染，使周边居民苦不堪言。庞道沐当即要求天宏纸业抓好“四个整改”：围绕温家宝总理提出的“三个转变”，抓好环保思想观念上的整改；围绕洞庭湖的环境保护，抓好具体工作上的整改；围绕强化环境管理，抓好制度上的整改；围绕以法治污，抓好执法环境的整改。

2007 年 10 月，湖南中冶美隆纸业有限公司正式接手常德天宏纸业后，宣布全面停止制浆造纸生产流程，采用购买商品纸浆造纸，并号称造纸废水达到排污标准。但事实并非如此，2010 年 5 月，国家环保部华南环保督查中心在对天宏纸业暗访调查中发现，该公司造纸废水冒着白沫从墙外地下水沟直接流入生活水渠，取样结果 COD 超标近 10%。由于不正常使用污染物处理设施，废水超标排放，将其列为 2010 年环境保护部第一批挂牌督办案件，并督促常德市环保局依法对该公司超标排放问题进行处罚并限期治理，逾期未完成限期治理任务，报请有批准权的人民政府责令其关闭。2010 年 7 月 7 日，该公司执意生产，顶风超标排污，常德市环保局副局长谢剑平赶赴现场，对湖南中冶美隆纸业有限公司下达停产整顿通知。

图 135　天宏纸业污水经澧水排入洞庭湖　　　当地居民堵住天宏纸业大门投诉

(四)临澧湘瑞健农牧有限公司生猪养殖污染事件

湖南湘瑞健农牧有限公司地处柏枝乡雨台村郝家垭水库旁。2008 年建场以来，养猪污水直接排入水库，1.2 平方千米水面颜色变黑，鱼虾死亡，村民无法饮用，各家各户所采地下水也伴有异味。污水流经的农田种出的水稻均呈黑色，无法食用。该养猪场开业至今6年，一直无“环境影响评价”手续，当地环保部门曾3次下发警告通知，村民为此上访多年。这样的生猪养殖场，竟然悬挂着“公安局重点保护”的金字招牌。

2009年，村民雷子荣便开始维权上访。村民周道兵曾层层递交“临澧县柏枝乡雨台村养猪场污水流入水库造成严重污染”信访件，直至省环保厅。2012年10月15日，村民张丽军向法院状告养猪场影响其生产生活。法院一审二审认为，养猪场确实存在排污问题，要求被告在判决生效后(2013年1月22日)3个月内通过“环境影响评价”，并按环境影响报告书的规定完善防治措施。2013年6月25日，村民雷霖开始在凤凰论坛发帖子，投诉猪场污染问题，并上告国务院信访局和环保部。由于问题长期得不到解决，2013年12月，200多名雨台村村民向当地政府递交按了手印的请愿书，请求关停猪场。

2014年4月24日，当地媒体报道该养猪场造成水库大面积死鱼和数百亩稻田受污染的消息后，当地公安局摘下了企业自行挂上的“重点保护”的牌子，并对企业责任人做出处罚。2014年7月，市环保局对该养猪场立案，要求治污整改必须在2014年9月30日之前完工，若未完工，将上告法院强制执行。市环保局整改通知发出后，该养猪场行动较为迅速，已经建成了1000立方米的沼气池，配置了干湿分离机和生物净水设备，净水设备也完成了细菌培养环节，生猪养殖污水外排已基本达标。

图136　污水流向下游郝家垭水库

当地村民没卖出去的发黑稻谷

索 引

说明：

1.本索引的标目内容分为两类，一是志书中一个或几个自然段内容的概括，一般为目或子目的标题，个别专指度较高的章节标题也在选取之列；二是主题要素，包括志书所涉及的人物、机构、事件、著作、文件、论文等。

2.标引词后面的阿拉伯数字表示内容所在页面。

3.为方便检索，书中机构按习惯称谓标引。

4.本索引采用汉语拼音字母顺序排列，第一字相同，按第二字音序排列，依此类推。

后　记

2010年，常德市人民政府着手第二轮地方志编修工程，《常德市环境保护志》幸列其中。根据统一安排，《常德市环境保护志》编修工作于2013年9月22日正式启动，经过篇目拟写、资料收集、初稿撰写、统一编纂、审查修改、评审定稿等多个阶段，终于付梓成书。

《常德市环境保护志》以常德市环保事业发展进程为经，以环保局各部门工作为纬，共分11章，约70万字。考虑到第一轮《常德市环境保护志》未撰“大事记”，故循“可补前志之缺”的修志惯例，增加了“大事记”，并突破1988年的起始年限，上溯至新中国成立时的1949年。因时代久远，1988年前资料难寻，“大事记”只能找到多少记载多少，遗缺在所难免，在此一并致歉。

《常德市环境保护志》的成书，是“众手成志”的典范。在编修工作中，得到了常德市方志办的精心指导、常德市环保局领导的鼎力支持以及市环保局各科、室、队和区县(市)环保局的通体配合。全志的每一个章节中，都渗透了他们的智慧与心血。在成志过程中，常德市档案局、常德市林业局、常德市环卫处等兄弟单位无私提供了大量宝贵资料，有些资料甚至直接拿来入志，编者在此表示诚挚的谢意。

金无足赤，书无善本。编修《常德市环境保护志》，编者虽然倾尽了全力，但无奈水平有限，阅历受制，再加上该志起止年限长达20余年，在资料收集、逻辑章法、语言表达、文字规范等方面肯定存在不少纰漏，敬请各位读者海涵包容。

编　者

2015年10月27日

[illegible]

[illegible]

[illegible]

[illegible]

[illegible]

[illegible]